W0305827

Arduino

Thomas Brühlmann

Arduino

Praxiseinstieg

mitp

Bibliografische Information der Deutschen Nationalbibliothek
Die Deutsche Nationalbibliothek verzeichnet diese Publikation in der Deutschen Nationalbibliografie; detaillierte bibliografische Daten sind im Internet über <http://dnb.d-nb.de> abrufbar.

Bei der Herstellung des Werkes haben wir uns zukunftsbewusst für umweltverträgliche und wiederverwertbare Materialien entschieden. Der Inhalt ist auf elementar chlorfreiem Papier gedruckt.

ISBN 978-3-95845-070-7
3. Auflage 2015

www.mitp.de
E-Mail: mitp-verlag@sigloch.de
Telefon: +49 7953 / 7189 -079
Telefax: +49 7953 / 7189 -082

Lektorat: Sabine Schulz
Sprachkorrektorat: Knut Lorenzen
Coverbild: Produktbild Arduino Uno Rev.3, © 2012, arduino.cc
Satz: III-satz, Husby, *www.drei-satz.de*
Druck: Medienhaus Plump GmbH, Rheinbreitbach

Inhaltsverzeichnis

Kapitel 1

Einleitung

1.1 3. Auflage

Die 3. Auflage von »Arduino Praxiseinstieg« liegt vor Ihnen und ist eine aktuelle Einführung in die Programmierung der Arduino-Boards. In dieser Auflage wurden weitere, spannende Projekte mit Sensoren und Aktoren ergänzt.

Mit dem Arduino Yun hat das Arduino-Team ein erstes Linux-basiertes Board entwickelt, das durch das integrierte WiFi-Modul viele Möglichkeiten für komplexere und drahtlose Anwendungen bietet.

Kompakte Anwendungen mit dem Arduino sind ein Wunsch vieler Arduino-Anwender. Dank der Mikrocontroller der ATtiny-Serie können kleine Arduino-Anwendungen ohne hohen Bauteilaufwand umgesetzt werden.

Viele Maker realisieren nicht nur eigene Projekte, sondern entwickeln mittlerweile auch eigene Leiterplatten dafür. Dank der Leiterplattenhersteller, die sich im Open Source-Bereich etabliert haben, kann auch ein Hobby-Anwender kostengünstig stabile Boards für kleinere Serien produzieren lassen.

Kurz vor Veröffentlichung dieser 3. Auflage hat das Arduino-Team die Entwicklungsumgebung der Version 1.6 freigegeben. Nun können alle verfügbaren Arduino-Boards über die gleiche Software-Umgebung programmiert werden.

Dieses Praxisbuch soll ein Führer beim Einstieg in das Thema Arduino sein und den Leser dabei unterstützen, Schritt für Schritt Hard- und Software kennenzulernen, um die ersten Erfolgserlebnisse feiern zu können. Die hier zum Einsatz kommende Art des Mixes von Hard- und Software wird »Physical Computing« genannt. Physical-Computing-Projekte haben meist einen künstlerischen Hintergrund und verbinden den Menschen mit den digitalen Systemen. Die Verbindung zwischen Mensch oder Umwelt und digitalen Systemen wird auch in vielen Selbstbau- oder Bastelprojekten umgesetzt. Dabei geben Eingabeelemente und Sensoren Signale an Computersysteme weiter, in unserem Fall das Arduino-Board, und diese verarbeiten die Informationen in Form einer Reaktion, beispielsweise einer Ausgabe auf ein Display oder das Ansteuern einer Lampe, eines Motors oder eines Servos.

Bestimmt sind viele Inhalte und Beispiele in diesem Buch auch an anderen Orten in ähnlicher Form zu finden. Wichtige und grundlegende Informationen müssen trotzdem erwähnt werden, damit das Verständnis für den nächsten Schritt vorhanden ist.

Darum gibt es im Buch auch viele Verweise auf Lösungen und Beispiele, die bereits realisiert wurden. Einige sagen jetzt vielleicht, dass man für eine Linkliste normalerweise kein Geld bezahlt. Aber oft ist es schwierig, das Richtige in der großen Masse von Informationen im Internet zu finden. Gute Ideen sollten auch erwähnt werden, da sie wieder neue Ideen für eigene Anwendungen generieren.

1.2 Aufbau des Buches

Am besten arbeitet man das Buch der Reihe nach durch, da die einzelnen Kapitel aufeinander aufbauen. In den ersten Kapiteln werden zunächst die wichtigsten Grundlagen der Hard- und Software des Arduino-Projekts beschrieben. Wer dieses Wissen bereits erworben hat, kann diese Kapitel natürlich überspringen.

In **Kapitel 2** wird kurz über die Entstehung des Arduinos berichtet und die Idee vom Basteln, Testen und Ausprobieren erläutert. Das Ganze ist aber kurz gehalten, da das Ziel dieses Buches die praktische Arbeit ist. Im Anschluss beginnt dann der praktische Teil. Sie lernen zuerst die Hardware und die verschiedenen Arduino-Boards kennen. Begriffe werden erklärt und dann startet schon die eigentliche Installation der Software, der Entwicklungsumgebung. Nach erfolgreicher Installation und Verbindung mit der Arduino-Plattform schließt das Kapitel mit dem ersten Programm, dem Testprogramm Blink. Es folgt eine Einführung in die Oberfläche der Entwicklungsumgebung, und schon ist sie für die ersten Programme bereit.

Kapitel 3 startet mit einem Hardwareteil, in dem Sie die Arduino-Boards und den Schaltungsaufbau mit dem Steckbrett kennenlernen. Anschließend werden die Begriffe Strom, Spannung und Widerstand sowie die wichtigsten elektronischen Bauelemente erklärt. Als Nächstes werden die wichtigsten Begriffe rund um den Programmcode erklärt: Was ist eine Variable und wie ist eine Funktion aufgebaut? Nach der Einführung in die Struktur der Arduino-Programme wird das Testen und Debuggen des Programmcodes beschrieben. Hier wird aufgezeigt, wie man den seriellen Monitor zur Fehlersuche nutzen kann.

Digitale Eingänge lesen und Ausgänge schalten sind die nächsten Schritte in **Kapitel 4**. Die erste Leuchtdiode wird zum Leuchten gebracht. Im Anschluss befassen wir uns mit der analogen Welt. Es werden grundsätzliche Themen wie die Auflösung von Analogwandlern erklärt. Das erste richtige Programm liest die Sensorspannung eines Temperatursensors ein und gibt den Wert im seriellen Monitor aus. Nach dem Einlesen von analogen Werten werden analoge Signale mittels Pulsweitenmodulation ausgegeben.

Das nächste Thema in Kapitel 4 ist die serielle Kommunikation über die serielle Schnittstelle (RS232). Es werden Daten ausgegeben und eingelesen. Anschließend wird der Datentransfer über einen 2-Draht-Bus (I^2C-Bus und Two-Wire-Bus) beschrieben. Daten werden von einem Master zum Slave versendet, wodurch ein Miniatur-Servo gesteuert wird. Weiter werden praktische I^2C-Anwendungen wie ein serieller Sensor und eine busfähige Uhrenanwendung realisiert. Zum Schluss wird noch eine drahtlose Kommunikation mittels 433-MHz-Technologie erklärt. Ein Projekt, in dem ein elektronischer Würfel aufgebaut wird, schließt dieses Kapitel ab.

In **Kapitel 5** werden Sensoren wie ein Fotowiderstand und viele Temperatursensoren sowie weitere Sensoren zur Umwelterfassung beschrieben. Danach folgt die Beschreibung sonstiger Sensoren. Mit einem Beschleunigungssensor wird eine kleine Wasserwaage realisiert. Als Kapitelprojekte werden ein elektronischer Kompass und ein Gefrierschrankwächter realisiert.

Als Nächstes folgen in **Kapitel 6** die Aktoren wie Relais und Servo. Bei einer Servoanwendung wird ein Servo zu einer analogen Temperaturanzeige umgebaut. Nun lernt der Leser die verschiedenen Motoren und deren Ansteuerung kennen. Die Erläuterung der Frage, wie man hohe Lasten schaltet, schließt das Thema Aktoren ab. Als Kapitelprojekt wird ein kleiner Roboter realisiert. Der kleine Roboter kann dabei mittels einer bekannten Komponente aus dem Spieleboxbereich gesteuert werden, dem Wii Nunchuk, dem Joystick für die Wii-Spielkonsole.

Kapitel 7 behandelt die verschiedenen Anzeigeelemente. Es wird erklärt, wie man diese ansteuert und wie man die Helligkeit regeln oder fest begrenzen kann. Beispiele von Ansteuermöglichkeiten für LC-Displays und LED-Matrix und ein Beispiel mit einem Nokia-Display runden das Thema Anzeigen ab. Ein Geschwindigkeitsmesser fürs Fahrrad und ein Schrittzähler für Jogger schließen dieses Kapitel ab.

Kapitel 8 beschreibt die verschiedenen Arten der Datenverarbeitung. Es werden Daten in ein EEPROM und auf eine SD-Karte geschrieben. Danach wird die Weiterverarbeitung der Daten mit Processing genauer angeschaut. Zum Schluss erfahren Sie, wie man mit einem externen Programm die Datenverarbeitung für verschiedene Aufgaben auslagern kann. In einem praktischen Projekt wird ein programmierbarer Signalgeber zur Erzeugung analoger Signale realisiert. Dabei lernen Sie eine neue Variante der Ansteuerung von Digitalports kennen. Als Abschlussprojekt wird ein Netzteil aufgebaut, das über eine Folientastatur bedient wird.

In **Kapitel 9** werden verschiedene Softwarebibliotheken zur Erweiterung der Arduino-Funktionalität vorgestellt. Der zweite Teil dieses Kapitels behandelt die Hardwareerweiterungen, »Shields« genannt. Einige wichtige und nützliche Shields werden etwas genauer betrachtet. Zum Abschluss dieses Kapitels wird eine praktische Lösung zur Herstellung eines Wii-Adapters vorgestellt.

Kapitel 10 beschreibt verschiedene praktische Arduino-Lösungen und wie man mittels Ethernet-Erweiterung mit dem Arduino kommunizieren kann. Wir werden einen E-Mail-Checker realisieren und unsere Mailbox abfragen. Eine Anwendung wird Meldungen an Twitter senden. Zum Abschluss dieses Kapitels werden Sensordaten gesammelt und an ein Auswertungstool übertragen. Im Schlussprojekt dieses Kapitels wird eine kleine Wetterstation aufgebaut, die das aktuelle Wetter und die Wettervorhersage für den kommenden Tag anzeigt.

Fehlersuche und Troubleshooting sind die Themen in **Kapitel 11**. Es wird gezeigt, wie man die eigene Schaltung oder das neu erstellte Programm zum Laufen bringt.

Kapitel 12 beschreibt verschiedene Arduino-Clones und wie man sich einen minimalen Arduino auf dem eigenen Steckbrett aufbauen kann.

In **Kapitel 13** werden verschiedene Werkzeuge beschrieben, die bei den Arduino-Projekten nützlich und hilfreich sind. Neben Steckbrett, Lötkolben und Zangen werden auch Messgeräte wie Multimeter und Oszilloskop erläutert. Im Teil zum Thema Softwaretools lernen Sie Programme zur Schaltplan- und Leiterplattenerstellung kennen. Abschließend wird die auf einem Arduino-Board basierende Variante eines Oszilloskops beschrieben.

Im Schlussteil und Anhang des Buches finden Sie eine Codereferenz, eine Board-Übersicht sowie Informationen über Bezugsquellen. Das letzte Kapitel im Anhang listet die Anpassungen auf, die bei der Migration von älteren Arduino-Anwendungen auf die aktuelle Version 1.0 nötig sind.

1.3 Mehr Informationen

Weitere Informationen zu den Anwendungen und Beispielen im Buch sind auf der Buchwebsite erhältlich:
`http://arduino-praxis.ch`

Die Beispielskripte stehen im Downloadbereich zur Verfügung.

Für Anmerkungen oder Anregungen zu diesem Thema und die Kontaktaufnahme mit dem Autor stehen die Kontaktseite der Buchwebsite, E-Mail und Twitter zur Verfügung.

Die E-Mail-Adresse zum Buch lautet:
`kontakt@arduino-praxis.ch`

Der Twitter-Account lautet:
`http://twitter.com/arduinopraxis` oder der User `@arduinopraxis`.

Im Blog zum Buch werden laufend neue und interessante Projekte sowie Produktvorstellungen aus der Arduino-Welt publiziert.

1.4 Weitere Quellen

Die größte Quelle für weitere Fragen zum Arduino ist natürlich das Internet. Zu fast jedem Problem gibt es bereits realisierte Lösungen oder Ansätze.

Für Arduino-Anwender sind folgende Websites ideale und empfehlenswerte Anlaufstellen bei Problemen und Fragen.

Arduino-Website:
`http://arduino.cc/`

Arduino-Forum:
`http://www.arduino.cc/forum/`

Make:Blog:
`http://blog.makezine.com/`

Ladyada.net:
`http://www.ladyada.net/learn/arduino/`

1.5 Danksagung

Mein Dank geht vor allem an meine Familie, meine Frau Aga und meine beiden Jungs Tim und Nik. Auch während der Arbeit an der 3. Auflage dieses Buches mussten sie wieder viele Stunden ohne mich auskommen. Die Skiferien haben sie abermals allein verbracht und auch viele Stunden an den Wochenenden waren für das Schreiben des Buches verplant. Aber alle haben sehr viel Verständnis gezeigt und mich dabei unterstützt. Mein MintyBoost ist, dank der perfekten Lötarbeit von Tim, bei mobilen Arduino-Anwendungen weiterhin im Einsatz.

Einen Dank möchte ich auch meinem Hardwarelieferanten aussprechen. Die Firma Boxtec (`http://shop.boxtec.ch/`) hat meine Arbeit am Buch mit Musterkomponenten und Vergünstigungen beim Hardwareeinkauf unterstützt. Lieber Christoph, herzlichen Dank dafür.

Ein weiterer Dank geht an die Arduino-Community. Ohne sie wäre dieses Buch nicht entstanden, niemand hätte originelle Lösungen und Lösungsansätze realisiert, die mich zu meinem Buch inspirierten. Viele nette und konstruktive E-Mails und Kommentare zum Buch haben mir Auftrieb für die 3. Auflage gegeben.

Natürlich möchte ich auch einen Dank an das Arduino-Core-Team aussprechen. Die Realisierung dieses Open-Source-Projekts ist eine Bereicherung für die Hardwaregemeinde. Die Idee einer Open-Source-Plattform, offener Hardware und kostenloser Entwicklungstools ist einfach großartig.

Zum Schluss möchte ich mich wiederum bei meiner Lektorin Sabine Schulz bedanken. Sie hat mir die nötige Zeit gegeben, um diese 3. Auflage mit vielen neuen Projekten zu schreiben.

Abb. 1.1: Tim beim Ausmessen des aufgebauten MintyBoost

Kapitel 2

Arduino-Plattform

2.1 Am Anfang war der König

Arduin von Ivrea war in den Jahren 1001 bis 1015 der Markgraf von Ivrea, einer italienischen Stadt in der Region Piemont. Dieser Graf Arduin, in den Jahren 1002 bis 1004 auch König von Italien, ist der indirekte Namensgeber des Arduino-Projekts. Indirekt, weil er das Projekt nicht selbst so getauft hat, dies haben Dozenten am *Interaction Design Institute Ivrea* (IDII) getan. Andere meinen, dass die Bar in der Nähe des Instituts der Namensgeber für das Arduino-Board sei.

Tatsache ist, dass die Dozenten und Studenten vor dem Problem standen, dass es zum damaligen Zeitpunkt keine einfachen und kostengünstigen Mikrocontroller-Systeme für Designstudenten und deren Design- und Kunstprojekte gab. Zusammen mit Elektronikingenieuren wurde daher eine erste Serie von Arduino-Boards produziert. Als Entwicklungsumgebung stand die Processing-Umgebung Pate, und daraus wurde eine Programmiersprache für den Arduino entwickelt.

Durch die Offenheit dieser Plattform – die Entwicklungsumgebung ist kostenlos verfügbar und die Hardware kann man fertig kaufen, oder man stellt sie sich selbst her – hat sich die Arduino-Community schnell vergrößert. Viele Studenten und Bastler haben Lösungen und eigene Boards realisiert und die Projektinformationen und Daten im Internet publiziert.

Die Rechte für die Marke »Arduino« gehören der Firma tinker.it. Der Rest des Arduino-Projekts ist frei verfügbar und kann kostenlos genutzt werden.

Viele findige Tüftler haben neue Board-Varianten erstellt und Firmen bieten einzelne Komponenten oder ganze Bausätze zum Verkauf an, wobei Stromlaufpläne und auch Programme für diese fertigen Produkte und Lösungen bereitgestellt und von den Bastlern weiterverwendet werden dürfen. So verhält es sich beispielsweise auch mit den Daten des Standardboards des Arduino. Auf der Website des Arduino-Projekts sind die technischen Daten des Boards ausführlich beschrieben. Über die verschiedenen Distributoren können interessierte Anwender die fertig aufgebauten und geprüften Standardboards bestellen. Praktisch begabte Anwender, die auch die technischen Kenntnisse und die nötige Infrastruktur besitzen, können die Boards anhand der CAD-Daten selbst herstellen oder sie von einem professionellen Leiterplattenhersteller produzieren lassen.

Die zuvor beschriebene Offenheit hat sich also als Erfolg herausgestellt, und der Name des Königs von Italien ist wieder in aller Munde.

Darüber hinaus bringt diese freie Verfügbarkeit Entwickler immer wieder auf neue Ideen, so dass neue Boards entstehen. Die Präsentation und Vorstellung solcher Lösungen in den verschiedenen Bastler-Foren erhöht natürlich auch die Bekanntheit des Arduinos. Selbst die Medien greifen das Thema immer wieder auf. Einzelne Projekte erscheinen sogar in den täglichen Nachrichtensendungen im Fernsehen, in den News-Portalen im Internet und in vielen Zeitungen oder Zeitschriften.

Zu erwähnen ist in diesem Zusammenhang beispielsweise das Projekt `Baker Tweet` (`http://www.bakertweet.com`). Dieses Projekt informiert die Welt über Twitter darüber, welche frischen Leckereien soeben aus dem Ofen des Bäckers gekommen sind. Und wer kennt nicht das Projekt `Botanicalls` (`http://www.botanicalls.com`)?! Die Pflanze im Wohnzimmer, die mit einem intelligenten Sensor bestückt ist, meldet über Twitter, dass sie etwas Wasser benötigt. Aus einer originellen Idee entsteht plötzlich ein Produkt, das man als fertiges Gerät oder als Bausatz mit allen Komponenten zum Selbstaufbau erstehen kann.

2.2 Be a Maker

Basteln, Spaß und Lernen ist das Motto bei den Arduino-Anwendungen. Die Anwendungen sollen nämlich nicht nur von Ingenieuren realisiert werden, die die Schaltungsentwicklung an Hochschulen erlernt haben. Die Entwicklung von Anwendungen soll auf praktischem Weg durch Aufbauen und Testen erfolgen. Das ingenieurmäßige Vorgehen durch Planen und Berechnen ist hier nicht das Wesentliche. Eine Lösung sollte schnell als Prototyp aufgebaut sein, und anschließend kann man überprüfen, ob das Resultat auch der Idee entspricht und ob die Anwendung das gewünschte Verhalten aufweist. Natürlich geht dabei auch mal etwas schief, zum Beispiel brennt ein Widerstand durch oder der Servo bleibt am Anschlag stehen.

Das Basteln und Probieren sollte Spaß machen. Dabei sollte der Kreativität freier Lauf gelassen werden. Beim Aufbau der Prototypen können plötzlich wieder neue Ideen entstehen, und vielleicht verändern sich auch die im Voraus angedachten Vorgaben.

Beim Entwickeln von Elekronikprojekten kommen oftmals auch vorhandene Geräte zum Einsatz, die man im Haushalt findet. Einen automatischen Raumlufterfrischer, den es in verschiedenen Discountergeschäften oder Drogeriemärkten zu kaufen gibt, nutzt man üblicherweise im Haus oder in der Wohnung, um die Luft zu erfrischen. Nimmt man diesen auseinander und versieht ihn mit einer intelligenteren Logik in Form eines Arduino-Boards, entsteht aus einem einfachen Gegenstand ein ganz neues Produkt. Das Resultat ist in diesem Fall ein automatischer Luftbefeuchter für das heimische Terrarium. Mit einem intelligenten Regensensor kann die Lufterfrischerlösung sogar zu einer internetbasierten Pflanzenbewässerung erweitert werden.

Wie das Beispiel zeigt, kann man für seine Bastelprojekte mit dem Arduino viele Gegenstände aus dem Haushalt verwenden oder diese umbauen und um eine Logik erweitern.

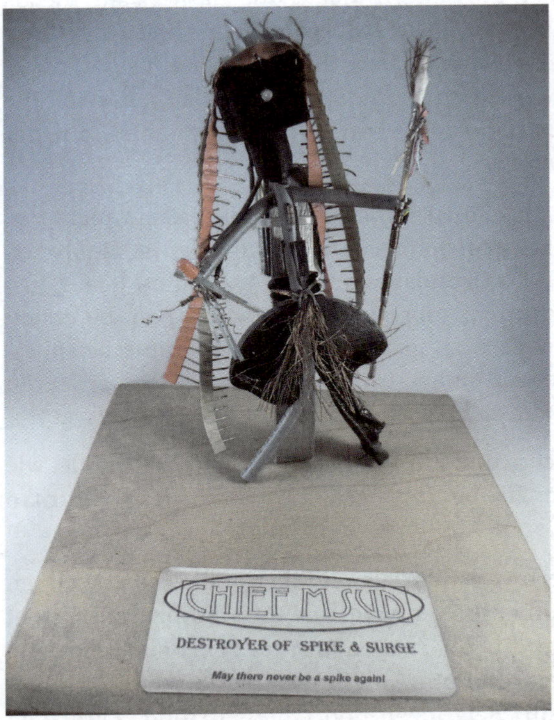

Abb. 2.1: Indianerfigur aus Abfallteilen einer Elektronikproduktion

Das Basteln und Entwickeln mit Arduino ist eine Sache, die Spaß macht und die Vorstellungskraft und Kreativität fördert. Dabei muss nicht alles im Voraus geplant und berechnet werden. Es soll auseinandergebaut, geforscht und gebastelt werden, damit viele spannende und auch lustige Anwendungen entstehen. Währenddessen gilt es, immer wieder verschiedene Herausforderungen und Hürden zu nehmen. Läuft das Arduino-Programm und funktioniert das Zusammenspiel mit den externen Sensoren und Aktoren, kommt der nächste Schritt, der Aufbau der Lösung in einer stabilen Form.

Elektronik-Basteln als Hobby hat sich zu einem richtigen Markt entwickelt. Viele Online-Elektronikplattformen und Community-Websites bilden die sogenannte Maker-Community und liefern Anleitungen, Ideen, Bausätze und Komponenten für den Selbstbau. Stellvertretend für diese Anbieter sind Adafruit Industries (`http://www.adafruit.com`) und Sparkfun (`http://www.sparkfun.com`) zu erwähnen. Beide Firmen bieten auf ihren Websites viele Tutorials und Anleitungen für Arduino-Anwender. Damit man umgehend mit den Experimenten und Basteleien loslegen kann, liefern sie auch alle nötigen Bauteile und Werkzeuge. In den Onlineshops können sich Bastler alle Teile, vom einzelnen Widerstand über Leiterplatten und Stecker bis zum kompletten Toolkit mit Bauteilen, Zangen und Lötkolben, besorgen. Weltweit finden Messen für Maker und Bastler statt, die als Maker Faire bezeichnet werden, auf denen sich Hobbyanwender und Profis treffen und austauschen. Auf der Maker-Faire-Website (`http://makerfaire.com/`) werden jeweils die kommenden Messen angekündigt. In Europa ist speziell die Maker Faire Rome (`http://www.makerfairerome.eu/`) zu erwähnen, auf der sich die Maker aus ganz Europa treffen.

Das Schöne an diesem Hobby ist, dass man in das Elektronik-Basteln nicht viel Geld investieren muss. Viele Teile hat man bereits im Haushalt oder im Hobbykeller. Zu Beginn kauft man sich meist als Grundausstattung ein Arduino-Board, installiert die kostenlose Entwicklungsumgebung, und schon kann man die ersten Tutorials durcharbeiten und originelle Lösungen aufbauen. So könnte beispielsweise eine dimmbare LED-Lampe mit einem Lampengehäuse aus einer leeren Milchflasche das heimische Wohnzimmer verschönern.

Mit den Projekten kommen die Ideen, und die dann noch fehlenden Bauteile, wie beispielsweise einen Infrarotsensor für berührungslose Lichtschalter, kauft man jeweils von Fall zu Fall.

Neben den verschiedenen Anbietern von Tutorials und den nötigen Werkzeugen und Bauteilen fördert auch eine immer größer werdende Community im Internet das Tinkering. Das Arduino-Forum (`http://www.arduino.cc/forum`), die erste Adresse bei Problemen oder Fragen rund um Arduino, bietet für jeden Arduino-Bastler, egal ob Anfänger oder Profi, viele Ideen und Unterstützung. Zusätzlich stehen beim Arduino-Playground (`http://www.arduino.cc/playground/`) viele Anleitungen, Tutorials und Beispielprogramme für eigene Projekte bereit. Im Wiki kann jeder Anwender seine Projekte und Lösungen vorstellen und dokumentieren.

Die Do-it-yourself-Plattform Instructables (`http://www.instructables.com/`) gehört zu den größten Bastel-Portalen im Internet. Diese Selbstbauplattform wird von vielen Bastlern genutzt. Tausende von Usern präsentieren hier ihre Selbstbauprojekte. Genaue Anleitungen, meist durch Bilder oder Videos ergänzt, unterstützen den Bastler beim Nachbau des vorgestellten Projekts. Der Benutzer findet für fast jedes Problem eine Anleitung oder die Beschreibung einer bereits realisierten Lösung. Kompetente Benutzer unterstützen den Anfänger oder Einsteiger bei Fragen und Problemen.

2.3 Arduino-Plattform

Die Arduino-Plattform besteht aus zwei Teilen: einem Hardwareteil und einem Softwareteil.

Der Hardwareteil der Arduino-Plattform besteht aus einem Mikrocontroller-Board, das mittels Ein- und Ausgangsports die Verbindung zur physischen Welt herstellt. Die digitalen und analogen Eingänge können Daten von Sensoren wie Schaltern, Temperatursensoren oder GPS-Modulen einlesen. Die Ausgänge können Leuchtdioden, Relais, Servos oder Motoren ansteuern.

Die Entwicklungsumgebung, auch IDE (Integrated Development Environment) genannt, ist der Softwareteil. Die Entwicklungsumgebung basiert auf Processing (`http://www.processing.org`) und ist die Plattform, in der die ausführbaren Programme erstellt werden, die dann von dem Hardwareteil ausgeführt werden.

Die »Programmiersprache« ähnelt C++ und ist so ausgelegt, dass man ohne allzu tiefe Programmierkenntnisse Programme erstellen kann.

Die Software selbst wird auf einem Computer installiert und ist für verschiedene Plattformen (Windows, Mac OS und Unix/Linux) verfügbar.

Das erstellte Programm, auch »Sketch« genannt, wird via USB-Port von der Entwicklungsumgebung in den Speicher des Arduino-Boards geladen. Diese physische Verbindung zum Hardwareteil muss während der Entwicklungs- und Testphase immer vorhanden sein. Diese Übertragung erfolgt seriell.

Seit Anfang 2015 befinden sich die Arduino-Gründer (Arduino LLC) und die bisherigen Board-Produzenten (Arduino S.R.L.) im Rechtsstreit um die Marke Arduino. Dies hat zur Folge, dass beide Parteien eine eigene Website für das Arduino-Projekt betreiben (arduino.cc und arduino.org). Auf beiden Websites wird die Entwicklungssoftware (IDE) mit einer unterschiedlichen Versionsnummer angeboten. Um das Projekt für die Zukunft zu sichern, hat Arduino LLC, die die Namensrechte für die USA besitzt, die Marke Genuino eingeführt. Arduino-Boards, die außerhalb der USA verkauft werden, führen nun den neuen Markennamen Genuino. Die im Buch erwähnten Software-Versionen beziehen sich auf die Software von `arduino.cc`.

2.4 Hardware

Die Hardware des Arduino-Projektes ist eine Leiterplatte, die mit verschiedenen Elektronik-Bauteilen bestückt ist. In der Praxis wird diese Leiterplatte auch als »Board« bezeichnet.

Im Arduino-Projekt stehen verschiedene Boards zur Verfügung die je nach Anforderungen (Baugröße, Anzahl digitaler Ein- und Ausgänge, Speicherbedarf) verwendet werden können.

Auf jedem Board sind die nötigen elektronischen Komponenten wie Schaltkreise, Widerstände, Kondensatoren etc. platziert. Zusätzlich besitzen die Boards verschiedene Stecker und Schnittstellen für die Verbindung mit der Außenwelt.

Die Spannungsversorgung erfolgt entweder über ein separates, externes Netzteil oder über die angeschlossene USB-Schnittstelle. Die USB-Schnittstelle kann bei 5 Volt Spannung maximal 500 mA liefern. Für kleinere eigene Entwicklungen ist diese Art der Spannungsversorgung meist ausreichend.

Über die USB-Schnittstelle erfolgt neben der soeben beschriebenen Spannungsversorgung auch die Kommunikation mit der Entwicklungsumgebung, sprich das Hochladen von Programmen (Sketche) und die Überwachung via seriellem Monitor.

Das Standardboard des Arduino (Stand März 2015) heißt Arduino Uno und wurde im September 2010 auf der New Yorker Maker Faire (`http://makerfaire.com/newyork/2010/`) vorgestellt. Neben dem Arduino Uno wurde auch ein neues Arduino Mega Board sowie ein neues Logo und Kommunikationskonzept vorgestellt. Alle Erklärungen und Beispiele in diesem Buch beziehen sich auf den Arduino Uno Rev. 3, es sei denn, es wird konkret eine andere Arduino-Variante erwähnt.

Die meisten Boards können von verschiedenen Anbietern (siehe Anhang C, *Bezugsquellen*) bezogen werden. Hier sind komplette Bausätze (Kits), einzelne, bestückte und geprüfte Boards, oder auch nur Leiterplatten und Komponenten erhältlich.

Zusätzlich gibt es eine ganze Anzahl von kompatiblen Boards (Clones) für verschiedene Anwendungsfälle. Zu erwähnen wären hier Boarduino (`http://www.adafruit.com`), Seeeduino (Seeestudio, `http://www.seeedstudio.com`) oder das Bare Bones Board (`http://www.moderndevice.com`).

Neben den Einzelkomponenten und den komplett aufgebauten Boards besteht für den fortgeschrittenen Elektronikbastler auch die Möglichkeit, ein Board mittels CAD-Daten selbst zu erstellen. Auf der Arduino-Website stehen hierzu die Leiterplattendaten für das kostenlose CAD-Programm Eagle zur Verfügung.

Laufend werden von innovativen Bastlern in neuen Projekten neue und originelle Arduino-Boards realisiert. Da neben den unter Open-Source-Lizenz vertriebenen Boards auch das eigentliche Gehirn des Arduino, der programmierbare ATmega-Mikrocontroller, frei verfügbar ist, kann man mit einem Mikrocontroller mit Bootloader und ein paar externen Komponenten schnell einen einfachen Arduino aufbauen. Der Bootloader ist ein kleines Programm, das im Mikrocontroller gespeichert ist und das Hochladen von Programmen erlaubt. Das Bootloader-Programm wird jeweils bei Anschluss der Spannungsversorgung am Mikrocontroller gestartet.

Zu diesen innovativen Projekten gehört der Breadboard Based Arduino Compatible (BBAC), der für den Aufbau auf einem Steckbrett gedacht ist. Weiter ist die Arduino-Board-Version Paperduino zu erwähnen (`http://lab.guilhermemartins.net/paperduino-prints/`), die ein Stück Karton als Leiterplatte verwendet. Die Verbindung der einzelnen Stifte und Drähte der nötigen Komponenten erfolgt auf der Kartonrückseite mittels dünner Drähte.

2.4.1 Arduino Uno/Genuino Uno

`http://arduino.cc/en/Main/ArduinoBoardUno`

Der Arduino Uno ist das aktuelle Standardboard der Arduino-Baureihe. In Abbildung 2.2 ist die aktuelle Version 3 (Revision 3) abgebildet.

Abb. 2.2: Arduino Uno Rev. 3 (Quelle: www.`arduino.cc`)

Auf dem Arduino Uno sind verschiedene Stecker und Anschlussbuchsen montiert. Die Position der verschiedenen Anschlussbuchsen ist fix definiert und stellt die Kompatibilität mit früheren und zukünftigen Boards sicher.

In Abbildung 2.3 sind die Anschlussmöglichkeiten auf der Leiterplatte des Arduino Uno gekennzeichnet.

Abb. 2.3: Arduino Uno: Anschlussmöglichkeiten

Nachfolgend werden die einzelnen Anschlussmöglichkeiten beschrieben.

USB-Buchse: Der USB-Anschluss (Typ B) wird für die Programmierung mit der Entwicklungsumgebung und zur Kommunikation mit dem angeschlossenen Rechner verwendet. Gleichzeitig kann das Board über den USB-Anschluss mit Strom versorgt werden.

Stecker für externe Stromversorgung: Über eine 2,1-mm-Buchse kann das Arduino-Board per externem Steckernetzteil oder Batterie mit Spannung versorgt werden. Die Stromversorgung über den USB-Port wird dabei automatisch deaktiviert.

Vorteilhaft ist vor allem die höhere Leistung, die aus der externen Versorgungsspannung bezogen werden kann, beispielsweise zur Versorgung von Aktoren und Sensoren. Im Falle eines Kurzschlusses wird nicht der USB-Port des angeschlossenen Rechners belastet, sondern der Überlastschutz der externen Stromversorgung.

Steckerleisten für digitale Ein- und Ausgänge (D0-D13): Einreihige Anschlussbuchsen, auf die Erweiterungsplatinen (Shields) oder Steckerleisten gesteckt werden können. Alle vorhandenen digitalen Signale und Schnittstellen sind über diese Anschlussleisten verfügbar.

Steckerleiste für analoge Eingänge (A0-A5) Einreihige Anschlussbuchsen für den Anschluss von sechs analogen Eingangssignalen.

ICSP: Die Stiftreihe für das ICSP (In-Circuit Serial Programming) erlaubt die Programmierung von Sketchen (Programmen) ohne Bootloader mittels eines externen Programmiergeräts, dazu mehr in Kapitel 12.

Neben den Anschlussmöglichkeiten sind auf der Leiterplatte des Arduino Uno Bauteile und Funktionen vorhanden, die in Abbildung 2.4 dargestellt sind.

Abb. 2.4: Arduino Uno: Bauteile und Funktionen

Reset-Taster: Mit dem Reset-Taster kann der Mikrocontroller zurückgesetzt werden. Nach einem Reset erfolgt ein Neustart des Boards.

USB-Seriell-Adapter: Dieser Schaltungsteil wandelt das USB-Signal in ein serielles Signal um, das der Mikrocontroller verarbeiten kann. Die seriellen Signale sind an den digitalen Pins D0 (RX) und D1 (TX) verfügbar.

Quarz: Der Schwingquarz ist das Bauteil, das den Takt für den Mikrocontroller bereitstellt.

Stromversorgungsteil: Im Stromversorgungsteil wird die Versorgungsspannung, die über den schwarzen 2,1-mm-Klinkenstecker zugeführt wird, auf 5V geregelt. Erfolgt die Spannungsversorgung über den USB-Anschluss, so stellt dieser Schaltungsteil die saubere Umschaltung zwischen USB-Versorgung und externer Versorgung sicher.

Mikrocontroller: Der Mikrocontroller ist quasi das Gehirn des Arduino-Boards. Dieser kleine Minicomputer führt die Arduino-Programme aus und verarbeitet die Ein- und Ausgangssignale. Beim Arduino Uno wird ein Mikrocontroller vom Typ ATmega328 vom Hersteller Atmel eingesetzt.

In Tabelle 2.1 sind die technischen Daten des Arduino Uno aufgelistet.

Beschreibung	Detaildaten
Mikrocontroller	ATmega328
Spannungsversorgung	7–12 VDC
Betriebsspannung	5 VDC und 3,3 VDC (intern über Spannungsregler generiert)
Digitale Ein-/Ausgänge	14 (davon 6 als PWM-Ausgänge)
Analoge Eingänge	6
Strom pro digitalem Pin	40 mA DC
Flash Memory	32 KB (ATmega328), wobei 0,5 KB vom Bootloader belegt werden
SRAM	2 KB (ATmega328)
EEPROM	1 KB (ATmega328)
Taktfrequenz	16 MHz
USB-Schnittstelle	ja
Reset-Taster	ja
Onboard-ICSP-Stecker	ja
Abmessungen Board (L × B)	70 × 53 mm

Tabelle 2.1: Technische Daten Arduino Uno

2.5 Software

Für die Entwicklung der Arduino-Programme muss auf dem lokalen Rechner eine Entwicklungsumgebung installiert werden. Die Arduino-Entwicklungsumgebung ist ein Java-Programm und kann kostenlos von der Arduino-Website heruntergeladen werden. Die Software ist für die drei gängigen Betriebssysteme (Windows, Mac OS X und Linux) verfügbar und wird laufend aktualisiert und erweitert. Mit dem Download und der Installation der Software bekommt man eine komplette Entwicklungsumgebung mit Code-Editor, Dokumentation und einer Anzahl von Beispielen, sowie Standardbibliotheken für verschiedene Anwendungen. Die Installation und Konfiguration dieser Entwicklungsumgebung wird im nachfolgenden Abschnitt beschrieben.

Zusätzlich zur Entwicklungsumgebung muss ein spezieller Treiber für die USB-Schnittstelle installiert und konfiguriert werden. Dieser Treiber ermöglicht die serielle Kommunikation des USB-Ports mit dem FTDI-Chip auf dem Arduino-Board. Die Software ist in der Archivdatei der Entwicklungsumgebung enthalten und muss im Anschluss an die Installation der Entwicklungsumgebung installiert werden.

2.6 Installation der Software

Im Downloadbereich der Arduino-Website (`http://arduino.cc/en/Main/Software`) stehen die aktuellen Versionen der Arduino-Entwicklungsumgebungen als Archivdatei zur Verfügung. Mit der Freigabe der Version 1.6 können nun alle Boards aus dem Arduino-Projekt mit der selben Entwicklungsumgebung programmiert werden. Zum Zeitpunkt der Drucklegung dieses Buches (März 2015) lautete die aktuelle Programmversion 1.6.2.

Die nachfolgende Installation bezieht sich auf die Betriebssystemversionen Windows und Mac OS X. Die Installation unter Linux ist etwas komplizierter und von Distribution zu Distribution leicht unterschiedlich. Auf der Arduino-Website sind detaillierte Installationsanleitungen, Problembeschreibungen und Zusatzinformationen für die Installation auf den einzelnen Linux-Distributionen beschrieben (`http://www.arduino.cc/playground/Learning/Linux`).

Zum Download klickt man auf den Downloadlink der jeweiligen Betriebssystemversion und speichert die Software in einem temporären Verzeichnis auf dem Rechner ab. Die Archivdateien haben in der aktuellen Programmversion eine Dateigröße von 118 MB (Mac OS X) und 133 MB (Windows).

Für Windows-Benutzer stehen zwei Versionen zum Download bereit, die Installer-Version und ein Paket, das ohne Administrationsrechte auf dem Rechner installiert werden kann.

Nach erfolgreichem Download der Arduino-Umgebung kann die Software mit einem Archivprogramm entpackt werden, idealerweise in ein Programmverzeichnis.

Für Windows empfiehlt sich die Ablage der Software unter `C:\Programme` oder `C:\Program Files`. Dabei belässt man die Ordnerstruktur, wie sie im Archiv-File war. Die Anwendung ist somit im Verzeichnis `arduino-[Programmversion]` abgelegt.

Unter Mac OS X legt man das ausführbare Programm im Verzeichnis `/Programme` oder `/Applications` ab. Die ausführbare Datei heißt `Arduino.app` (Abbildung 2.5).

Abb. 2.5: Mac OS: Ausführbares Programm

Somit ist die Entwicklungsumgebung installiert beziehungsweise auf den Rechner kopiert.

Bevor aber nun die Programmierung mit der Entwicklungsumgebung beginnen kann, muss der USB-Treiber installiert werden.

Ohne die Treiberinstallation kann keine Verbindung zwischen Rechner und Arduino-Board hergestellt werden.

2.6.1 Installation des USB-Treibers unter Windows 7 und Windows 8

Der erforderliche Treiber für die USB-Schnittstelle ist bereits bei der Installation der Entwicklungsumgebung mitkopiert worden und liegt im Verzeichnis

`arduino-verzeichnis\drivers\`.

Um den Treiber zu installieren, muss eine Verbindung mit dem Arduino-Board hergestellt werden. Zu diesem Zweck wird an einem verfügbaren USB-Anschluss des Rechners ein USB-Kabel angeschlossen und mit dem USB-Port auf dem Arduino-Board verbunden. Auf dem Arduino-Board leuchtet die Leuchtdiode »On« und zeigt an, dass das Board mit Spannung versorgt wird.

Sofort startet auf dem Rechner eine Installationsroutine, die versucht, den Treiber für das Arduino-Board zu installieren. Kurze Zeit später meldet die Installationsroutine, dass der Treiber nicht installiert werden konnte.

Der Treiber muss nun manuell nachinstalliert werden.

1. Auf dem Rechner START|SYSTEMSTEUERUNG auswählen.
2. GERÄTE-MANAGER auswählen.
3. Unter ANSCHLÜSSE (COM & LPT) erscheinen der angeschlossene Arduino und der COM-Port.
4. Arduino-Board anklicken, rechte Maustaste.
5. Option TREIBERSOFTWARE AKTUALISIEREN auswählen.
6. Auf die Frage, wie die Treibersoftware gesucht wird, Option AUF DEM COMPUTER NACH TREIBERSOFTWARE SUCHEN auswählen.
7. Oben genannten Treiberpfad (ORDNER/DRIVERS) auswählen.
8. Nach Bestätigung wird die Treiberinstallation gestartet.
9. Anschließend meldet das System die erfolgreiche Installation des Treibers.

Im Geräte-Manager erscheint nun das Arduino-Board mit korrekt installiertem Treiber und der zugeordneten Schnittstelle (Abbildung 2.6).

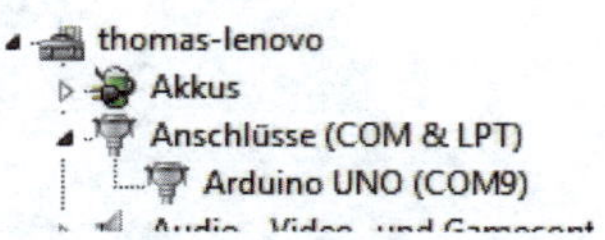

Abb. 2.6: Geräte-Manager mit Arduino Uno und USB-Port

Hinweis

Damit dieser Port im Geräte-Manager angezeigt wird, muss der Rechner mit dem Arduino-Board verbunden sein.

2.6.2 Installation des USB-Treibers unter Windows XP

Der erforderliche Treiber für die USB-Schnittstelle ist bereits bei der Installation der Entwicklungsumgebung mit kopiert worden und liegt im Verzeichnis

`arduino-verzeichnis\drivers\FTDI USB Drivers`.

Um den Treiber zu installieren, muss eine Verbindung mit dem Arduino-Board hergestellt werden. Zu diesem Zweck wird an einem verfügbaren USB-Anschluss des Rechners ein USB-Kabel angeschlossen und mit dem USB-Port auf dem Arduino-Board verbunden. Die Stromversorgung für das Board kann für die ersten Tests über die USB-Schnittstelle erfolgen. Das Board hat also bereits Spannung und zeigt dies durch Leuchten der grünen Leuchtdiode mit der Bezeichnung »PWR« an.

Gleichzeitig öffnet sich auf dem Windows-Rechner ein neues Fenster. Der Hardware-Assistent erkennt die neue Hardware und der Installationsvorgang startet.

1. Der erste Schritt mit VERBINDUNG ZU WINDOWS UPDATE kann übersprungen werden.
2. Im zweiten Fenster meldet der Assistent, dass ein FT232 USB UART installiert wird.
3. Als Nächstes wählen Sie die Option VON EINER LISTE ODER BESTIMMTEN QUELLE INSTALLIEREN aus und bestätigen mit WEITER.
4. Wählen Sie nun DIESE POSITION AUCH DURCHSUCHEN.
5. Mit Hilfe des DURCHSUCHEN-Buttons wird der oben erwähnte Pfad zum Treiber ausgewählt und anschließend mit OK bestätigt.
6. Nach einem Klick auf WEITER wird die Installation durchgeführt, und Windows meldet die erfolgreiche Fertigstellung.
7. Anschließend öffnet sich ein weiteres Fenster des Hardware-Assistenten, der den USB SERIAL CONVERTER installiert.
8. Nun beginnt der Installationsvorgang nochmals bei Schritt 1.

Nach dem zweiten Installationsdurchgang ist der USB-Treiber installiert.

Um zu prüfen, ob der Treiber korrekt installiert wurde, muss der Geräte-Manager gestartet werden. Wählen Sie dazu START|SYSTEMSTEUERUNG|SYSTEM und dann die Registerkarte HARDWARE. Anschließend klicken Sie auf den Button GERÄTE-MANAGER.

Im Geräte-Manager werden alle Hardwarekomponenten wie Schnittstellen, Audiogeräte oder Netzwerkadapter angezeigt.

Unter dem Punkt ANSCHLÜSSE (COM UND LPT) sind die parallelen und seriellen Ports aufgelistet.

Der Port für die serielle USB-Schnittstelle wird als USB SERIAL PORT angegeben. Die Portnummer (COMx) wird anschließend für die Konfiguration in der Entwicklungsumgebung benötigt. Merken Sie sich diese Nummer (Abbildung 2.7).

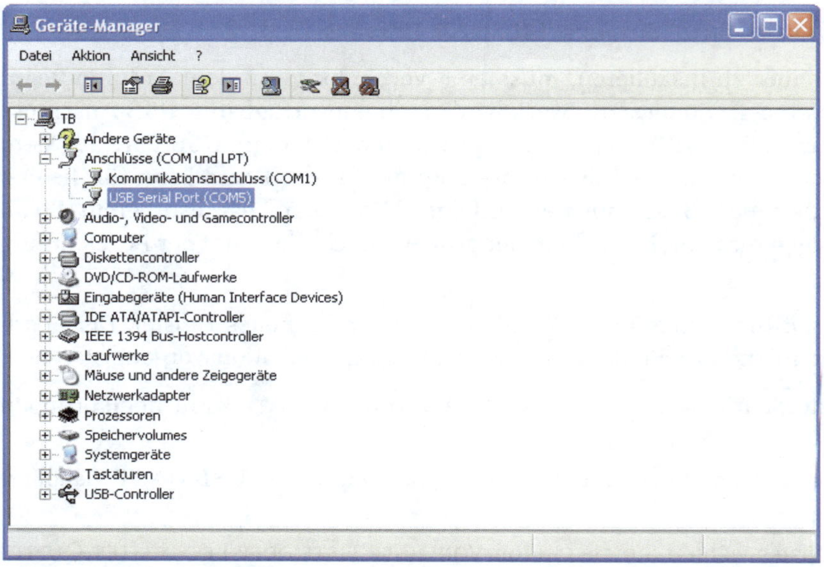

Abb. 2.7: Geräte-Manager mit USB Serial Port

Hinweis

Damit dieser Port im Geräte-Manager angezeigt wird, muss der Rechner mit dem Arduino-Board verbunden sein.

2.6.3 Installation des USB-Treibers unter Mac OS X

Die Installation eines USB-Treibers ist für den Arduino Uno und Arduino Mega 2560 nicht erforderlich.

Für ältere Boards wie Arduino Duemilanove oder Arduino Diecimila sowie für alle Arduino-Clones mit einem FTDI-Chip muss der Treiber installiert werden.

Der Treiber für den USB-Port kann von der Website des Treiberherstellers geladen werden.

Für Intel-basierte Mac-Geräte wie iMac oder MacBook muss der Treiber `FTDI Drivers for Intel Macs (2_2_18).pkg` verwendet werden.

`http://www.ftdichip.com/Drivers/VCP/MacOSX/FTDIUSBSerialDriver_v2_2_18.dmg`

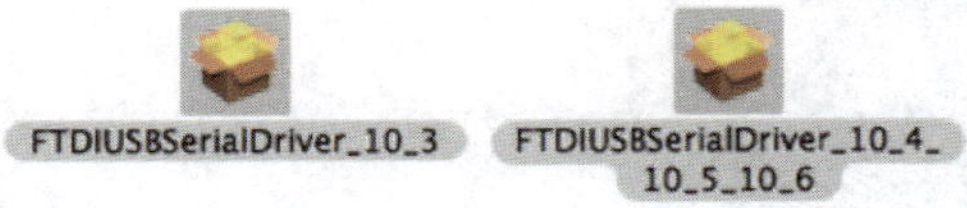

Abb. 2.8: USB-Treiber für Mac OS X

Nach einem Doppelklick auf das Installationspaket startet der Installationsprozess. Befolgen Sie zunächst die Installationsanweisungen und starten Sie zum Schluss den Rechner neu.

2.6.4 Installation des USB-Treibers unter Linux

Der aktuellste Treiber für Linux kann auf der Website des Chip-Herstellers FTDI heruntergeladen werden (`http://www.ftdichip.com/Drivers/VCP.htm`). Nachdem die Archivdatei `ftdi_sio.tar.gz` in ein temporäres Verzeichnis entpackt ist, folgen Sie den Beschreibungen in der README-Datei.

2.7 Get Connected

Mit der Installation der Entwicklungsumgebung (IDE) und des USB-Treibers ist auf dem Rechner alles Nötige für die Entwicklung von Arduino-Anwendungen bereits vorhanden.

Die Kommunikation zwischen der Entwicklungsumgebung erfolgt über den eingerichteten virtuellen COM-Port, wobei die USB-Schnittstelle als physisches Übertragungsmedium verwendet wird.

2.7.1 Verbindungskabel

Für die Verbindung des Rechners mit dem Arduino-Board kann ein Standard-USB-Kabel verwendet werden. Je nach Board-Variante ist hierzu auf der Seite des Arduino ein USB-Stecker vom Typ B (Arduino Uno) oder ein USB-Stecker Typ B-Mini erforderlich. Am Rechner ist meist ein USB-Stecker Typ A im Einsatz.

1. Schließen Sie das USB-Kabel am Rechner an.
2. Verbinden Sie das Arduino-Board mit dem USB-Kabel.

Während der Realisierung eines Projektes und dem Entwickeln des Programmcodes wird das Arduino-Board meist über den USB-Anschluss des angeschlossenen Rechners versorgt (Abbildung 2.9).

Abb. 2.9: Arduino: USB-Verbindung mit dem Rechner

2.7.2 Verbindung und »Blink«

Nachdem das Board mit dem Rechner verbunden ist, wird die Entwicklungsumgebung (IDE) mittels Doppelklick auf das Icon gestartet.

Die Arduino-IDE wird mit einem Skriptfenster geöffnet (Abbildung 2.10).

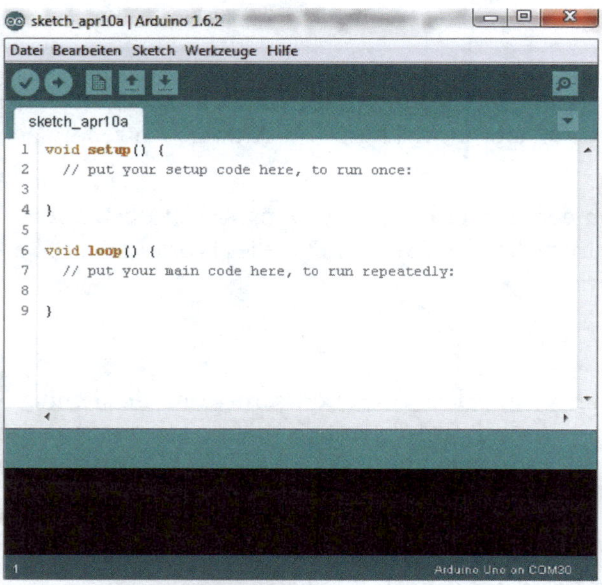

Abb. 2.10: Arduino-IDE

Über den Menüpunkt WERKZEUGE|PLATINE muss im ersten Schritt das verwendete Arduino-Board ausgewählt werden (Abbildung 2.11).

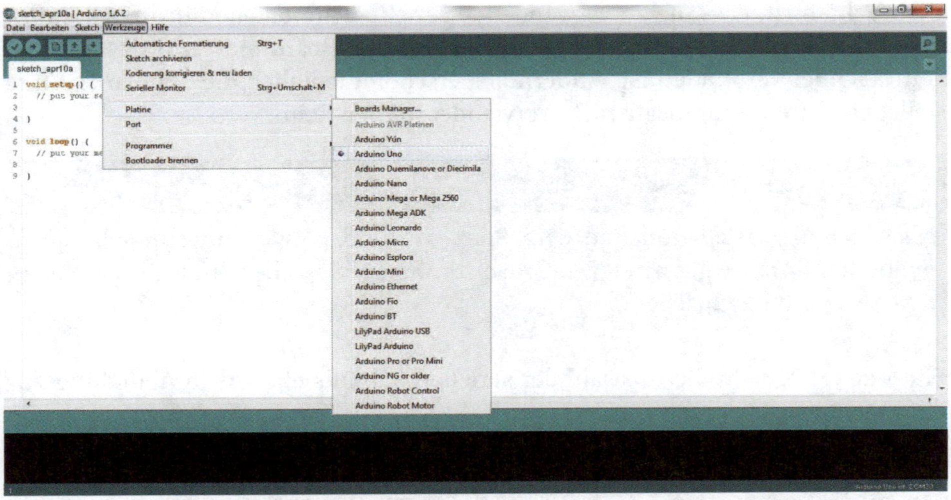

Abb. 2.11: Arduino IDE – Board-Auswahl

Hinweis

Falls bei der erstmaligen Kompilierung eines erstellten Sketches eine Fehlermeldung erscheint, ist der Grund dafür oftmals eine falsche Board-Auswahl.

Im zweiten Schritt muss die vorher installierte virtuelle COM-Schnittstelle via USB-Port ausgewählt werden.

Die Konfiguration erfolgt über den Menüpunkt WERKZEUGE | PORT (Abbildung 2.12).

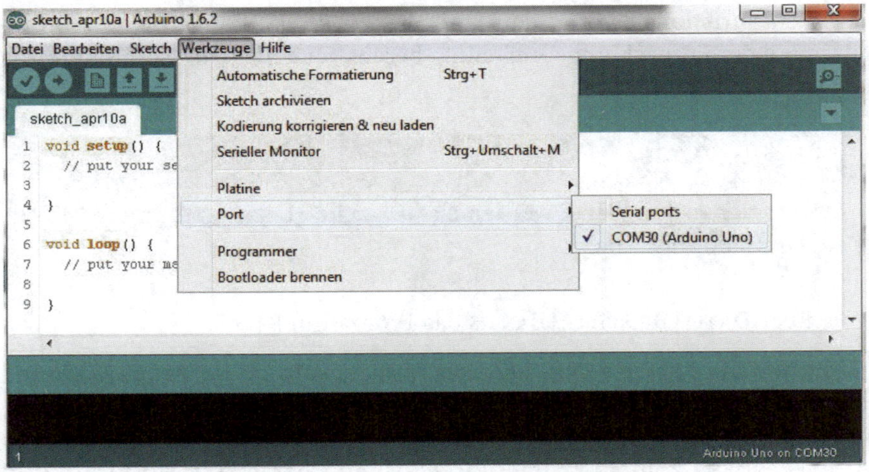

Abb. 2.12: Arduino-IDE – Auswahl COM-Port (Windows)

Zu beachten ist, dass die zu verwendende serielle Schnittstelle nur in der Auflistung der »Serial ports« erscheint, wenn das Arduino-Board mittels USB-Kabel mit dem Rechner verbunden ist. Andernfalls erscheint lediglich die Standardschnittstelle, die für diesen Einsatz nicht verwendet werden kann.

Hinweis

Nach der Erstinstallation und dem Start wird die Entwicklungsumgebung in englischer Sprache gestartet. Die Umschaltung der Sprache wird im nachfolgenden Abschnitt beschrieben.

Für Mac OS X sieht die Auswahl der seriellen Schnittstelle wie in Abbildung 2.13 dargestellt aus.

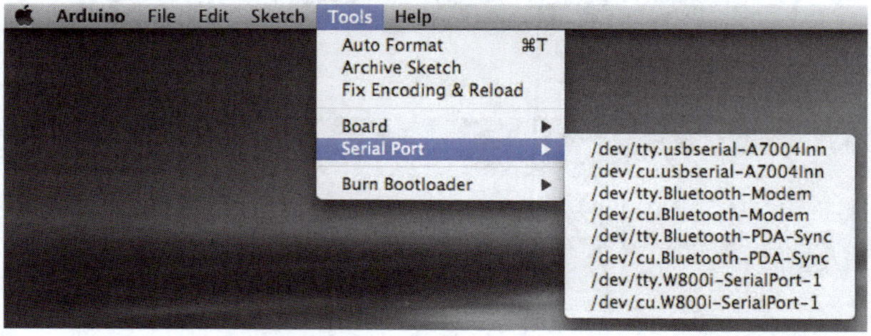

Abb. 2.13: Arduino-IDE – Auswahl Port (Mac OS)

Der Port ist mit `/dev/cu.usbserial-` bezeichnet.

Für den ersten Funktionstest und den Start des ersten lauffähigen Arduino-Programms sind in der Entwicklungsumgebung bereits verschiedene Testprogramme abgelegt.

Hinweis

Programme in der Arduino-IDE werden als »Sketche« bezeichnet und besitzen immer die Dateiendung `.ino`.

Öffnen Sie über DATEI|BEISPIELE|BASICS das Programm `Blink`.

Dieses Testprogramm steuert den digitalen Ausgangspin 13 des Arduino an und lässt die bereits auf der Platine vorhandene Leuchtdiode (LED) im Sekundentakt blinken. Nachdem das Testprogramm geöffnet ist, wird es über den Menüpunkt SKETCH|ÜBERPRÜFEN kompiliert und anschließend über DATEI|HOCHLADEN in den Mikrocontroller auf dem Arduino-Board geladen.

Das erfolgreiche Hochladen wird in der Entwicklungsumgebung mit einer entsprechenden Erfolgsmeldung quittiert (Abbildung 2.14).

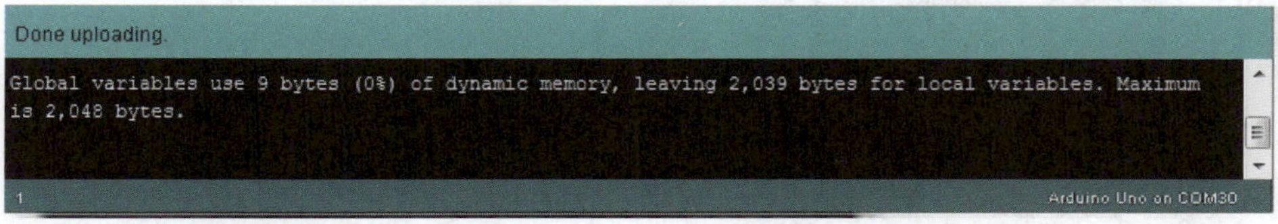

Abb. 2.14: Upload-Test Sketch

Auf dem Board blinkt nun die Leuchtdiode an Pin D13 (Abbildung 2.15).

Abb. 2.15: Arduino BLINK

Herzlichen Glückwunsch zu Ihrem ersten lauffähigen Arduino-Programm!

2.7.3 Projekt Blink

Das erste Arduino-Programm Blink eignet sich ideal für kleine Anwendungen, bei denen eine Leuchtdiode blinkt und so den Betrieb eines Geräts meldet. Damit kann beispielsweise eine Attrappe einer Alarmanlage realisiert werden, die durch Blinken der Leuchtdiode den aktiven Betriebsstatus anzeigt.

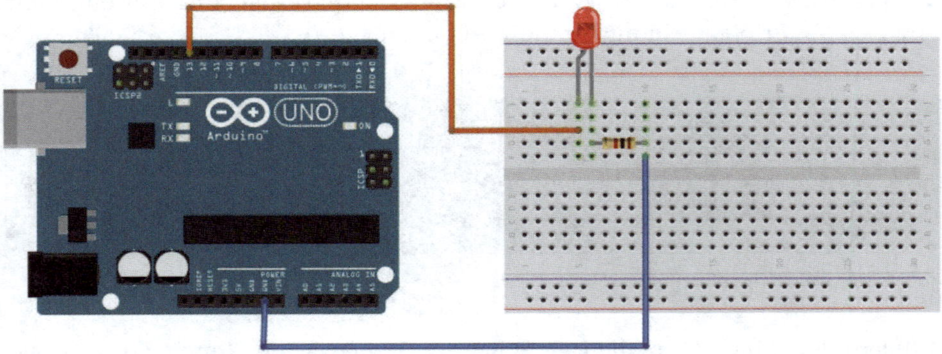

Abb. 2.16: Projekt Blink auf Steckbrett

Abbildung 2.16 zeigt das Projekt Blink, bei dem eine externe Leuchtdiode auf einem Steckbrett angesteuert wird. Für das Projekt werden nur wenige Bauteile benötigt.

Stückliste (Projekt Blink)

1 Arduino-Board

1 Steckbrett

1 Widerstand 1 kOhm (braun, schwarz, rot)

1 LED rot oder Farbe nach Wahl

Anschlussdrähte

Sobald der Steckbrett-Aufbau gemäß Abbildung 2.16 erfolgt ist, leuchtet die rote LED im gleichen Takt wie die Onboard-Leuchtdiode an D13.

Glückwunsch zum ersten erfolgreichen Steckbrett-Projekt.

In Kapitel 3 werden die Grundlagen zu den Bauteilen und zum Steckbrett erklärt. Anschließend wird das Projekt `Blink` genauer untersucht.

2.8 Arduino-Entwicklungsumgebung

2.8.1 Voreinstellungen

Mit dem Ausführen des Blink-Testprogramms in der Arduino-Entwicklungsumgebung ist die IDE nun betriebsbereit und lauffähig.

Beim erstmaligen Start werden die Standardeinstellungen geladen. Diese Einstellungen definieren den Speicherort der Sketche (Sketchbook), die Sprache der Oberfläche, die Schriftgröße im Editor, die Auswahl des Editors und weitere Einstellungen.

Wie bereits erwähnt, ist die Sprache in der Entwicklungsumgebung beim allerersten Start auf Englisch gesetzt (bei Windows). Diese kann in den Einstellungen auf Deutsch umgeschaltet werden.

Die Einstellungen sind im Menü wie folgt zu finden:

Englisch: FILE|PREFERENCES

Deutsch: DATEI|VOREINSTELLUNGEN

Nach einer Änderung der Sprache muss die Entwicklungsumgebung geschlossen und neu geöffnet werden.

Alle weiteren Erklärungen zur Oberfläche der Entwicklungsumgebung beziehen sich auf die deutschsprachige Darstellung.

In Abbildung 2.17 ist das Menü mit den Einstellmöglichkeiten dargestellt.

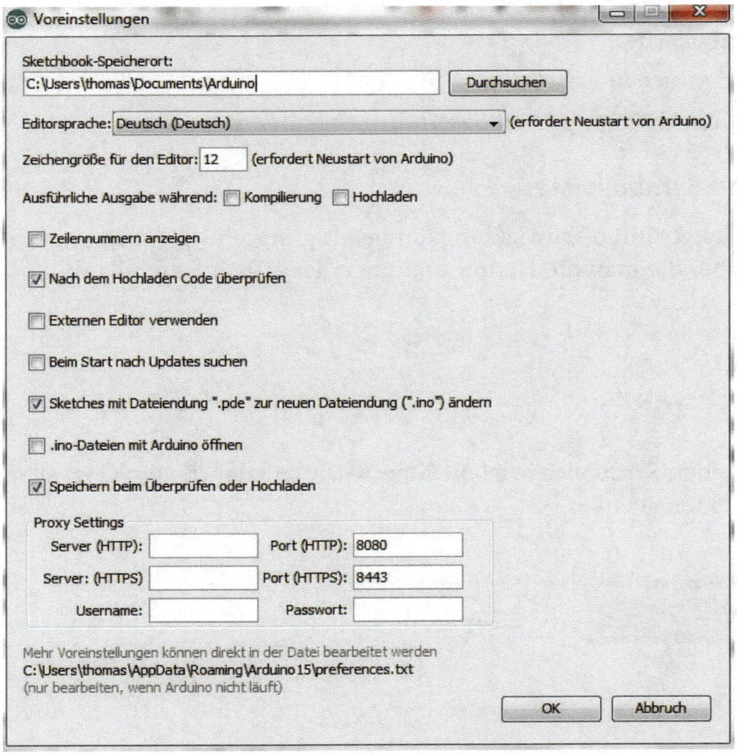

Abb. 2.17: Entwicklungsumgebung – Einstellungen

Die gesamte Konfiguration der Entwicklungsumgebung ist in einer Textdatei `preferences.txt` abgelegt. Fortgeschrittene Anwender können die Einstellungen in dieser Konfigurationsdatei mittels eines Texteditors bearbeiten. Während der Bearbeitung der Konfigurationsdatei sollte die Entwicklungsumgebung geschlossen sein.

Der Pfad zur Konfigurationsdatei `preferences.txt` ist im Menü am Ende aufgelistet.

Zeilennummerierung im Editor

Ab der Version 1.6 der Entwicklungsumgebung kann über das Konfigurations-Menü die Zeilennummerierung im Editor eingeschaltet werden. Diese Möglichkeit ist sehr hilfreich bei langen Sketchen. Der Autor empfiehlt, diese Option einzuschalten.

2.8.2 Aufbau Entwicklungsumgebung

Auf dem Bildschirm ist die Arduino-Entwicklungsumgebung in drei Teilbereiche gegliedert:

- Menü- und Symbolleiste
- Editor für Programmcode-Erstellung
- Ausgabefenster für Meldungen und Systeminformationen

2.8.3 Menü- und Symbolleiste

Die Symbolleiste der Arduino-Entwicklungsumgebung besteht aus sieben grafischen Symbolen, über die man die Hauptfunktionen der IDE aufrufen kann.

Abb. 2.18: Arduino-IDE – Symbolleiste

Oberhalb der grafischen Symbolleiste ist die Menüleiste mit den Textlinks zu allen verfügbaren Funktionen sichtbar.

Abb. 2.19: Menüleiste

Verifizieren

Die Funktion VERIFIZIEREN kompiliert den aktuellen Programmcode und überprüft die Syntax sowie die Verfügbarkeit der im aktuellen Sketch verwendeten Bibliotheken (Libraries). Nach der Kompilierung wird im Konsolenfenster das Resultat angezeigt. Im Falle eines Fehlers wird eine Fehlermeldung mit Verweis auf die fehlerhafte Codezeile ausgegeben. Konnte der Programmcode fehlerfrei kompiliert werden, erscheint im Konsolenfenster eine Erfolgsmeldung sowie eine Angabe über die Größe des kompilierten Codes. Zusätzlich erfolgt eine Angabe über den maximal verfügbaren Speicherplatz im Arduino-Mikrocontroller.

Neben dem eigentlichen Programmcode benötigt der Arduino-Mikrocontroller zusätzlich Platz für das Bootloader-Programm. Der Bootloader benötigt rund 2 KB. Beim Einsatz des ATmega328 stehen dem Nutzer insgesamt 32 KB an Flashspeicher zur Verfügung. Nach Abzug des Platzbedarfs für den Bootloader sind bei diesem Mikrocontroller demnach rund 30 KB Speicherplatz für eigenen Programmcode vorhanden.

Hochladen

Mit der Funktion HOCHLADEN wird der aktuelle Sketch kompiliert und anschließend auf den Arduino-Mikrocontroller hochgeladen.

Nach erfolgreichem Upload wird eine Bestätigungsmeldung sowie die Angabe der Sketchgröße in der Konsole ausgegeben.

Während des Programmuploads blinken auf dem angeschlossenen Arduino-Board die Kommunikations-Leuchtdioden »RX« und »TX«.

Das Arduino-Board führt nach erfolgreichem Upload das hochgeladene Programm aus.

Neu

Mit der Funktion NEU wird der aktuelle Sketchcode beendet und ein neues, leeres Fenster für Programmcode geöffnet. Falls der aktuelle Code nicht gespeichert wurde, erhält der Benutzer einen Hinweis.

Öffnen

Das Symbol ÖFFNEN listet alle auf dem Rechner vorhandenen Arduino-Sketche auf, die im Projektpfad abgelegt sind. Zusätzlich kann mittels Datei-Explorer ein Sketch aus dem lokalen Dateisystem ausgewählt und geöffnet werden.

Speichern

Mit einem Klick auf das Symbol SPEICHERN wird der aktuelle Sketch gespeichert.

Serieller Monitor

Der serielle Monitor ist als Symbol ganz rechts in der Symbolleiste aufrufbar oder kann über den Menüpunkt WERKZEUGE geöffnet werden (Abbildung 2.20).

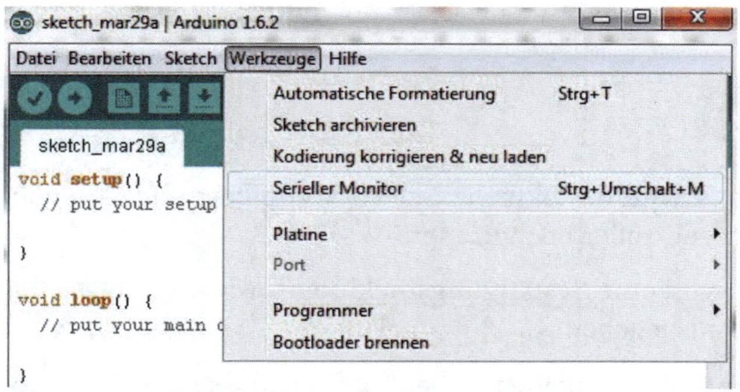

Abb. 2.20: Serieller Monitor

Nach Aufruf öffnet sich der serielle Monitor in einem zusätzlichen Fenster in der Entwicklungsumgebung. Hier wird die Kommunikation auf der seriellen Schnittstelle dargestellt. Über ein Eingabefeld können Daten seriell an das Arduino-Board verschickt werden.

Der serielle Monitor eignet sich auch ideal als Hilfsmittel bei der Programmerstellung. In diesem Fall werden die Daten, Zustände oder Variablenwerte mittels Prozeduraufruf an den seriellen Port verschickt und sind im Infofenster sichtbar. Dieses Vorgehen ist vor allem beim Debugging von fehlerhaften Codezeilen und der Darstellung von an den Analogeingängen anliegenden Signalen sehr hilfreich.

2.8.4 Editor

Der Editor ist das zentrale Element in der Arduino-Entwicklungsumgebung und dient zur Erstellung des Programmcodes. Funktionen wie Syntaxerkennung (SYNTAX HIGHLIGHTING), also das automatische Erkennen von einzelnen Codeanweisungen und die farbige Darstellung dieser Anweisungen, unterstützen den Programmierer bei der Code-Erstellung. Zusätzlich zeigt der Editor beim Programmieren zusammengehörige Klammerpaare an (Abbildung 2.21).

```
void loop() {
  if (irrecv.decode(&results)) {

    digitalWrite(ledPin1, HIGH);   // Taste 1 LED1 EIN

  }
}
```

Abb. 2.21: Syntax-Hervorhebung im Code-Editor

Die zentrale Ablage der Sketche erfolgt im Sketchbook, also dem Skizzenbuch. Für jeden Sketch wird ein eigener Unterordner erstellt. Über das Menü FILE|SKETCHBOOK kann man die bereits erstellten Sketche aufrufen. Der physische Ablageort des Sketchbooks wurde im vorherigen Abschnitt beschrieben.

Beim Neuanlegen eines Sketches vergibt der Editor jeweils einen eigenen Dateinamen. Um die Übersicht zu behalten, sollten Sie eine eigene Namenskonvention verwenden. Beim Experimentieren kommt schnell eine größere Anzahl von Sketchen mit unterschiedlichen Versionen zustande.

2.8.5 Ausgabefenster

Das Ausgabefenster ist der Bereich mit dem grünen und schwarzen Hintergrund unterhalb des Editors. Dieser Bereich dient zur Ausgabe von Informationen des Systems an den Benutzer. Das Ausgabefenster ist nur ein Informationsbereich, der Benutzer kann hier keine Eingaben vornehmen.

Zu beachten ist, dass in früheren Versionen der Entwicklungsumgebung das Ausgabefenster auch die Konsole für den seriellen Monitor beinhaltete. Diese Funktion wird später erklärt und ist in der aktuellen Version der IDE in einem zusätzlichen Fenster untergebracht.

Meldungen über erfolgreiche Aktionen mit dem Arduino-Board, wie eine erfolgreiche Kompilierung oder ein Sketch-Upload, werden als Info ausgegeben (Abbildung 2.22).

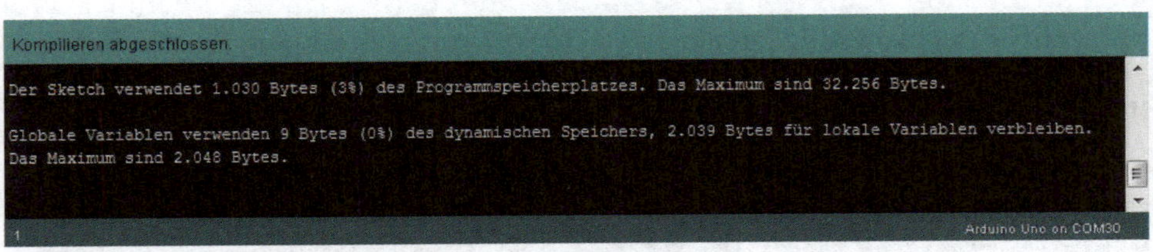

Abb. 2.22: Ausgabe nach erfolgreicher Kompilierung

Meldungen über eine fehlerhafte Programmierung oder eine fehlende Schnittstelle werden im Ausgabefenster in leuchtenden Farben dargestellt (Abbildung 2.23).

Abb. 2.23: Ausgabefenster mit Fehlermeldung

Bei der Kompilierung von fehlerhaftem Programmcode erscheint wie beschrieben eine Fehlermeldung im Ausgabefenster.

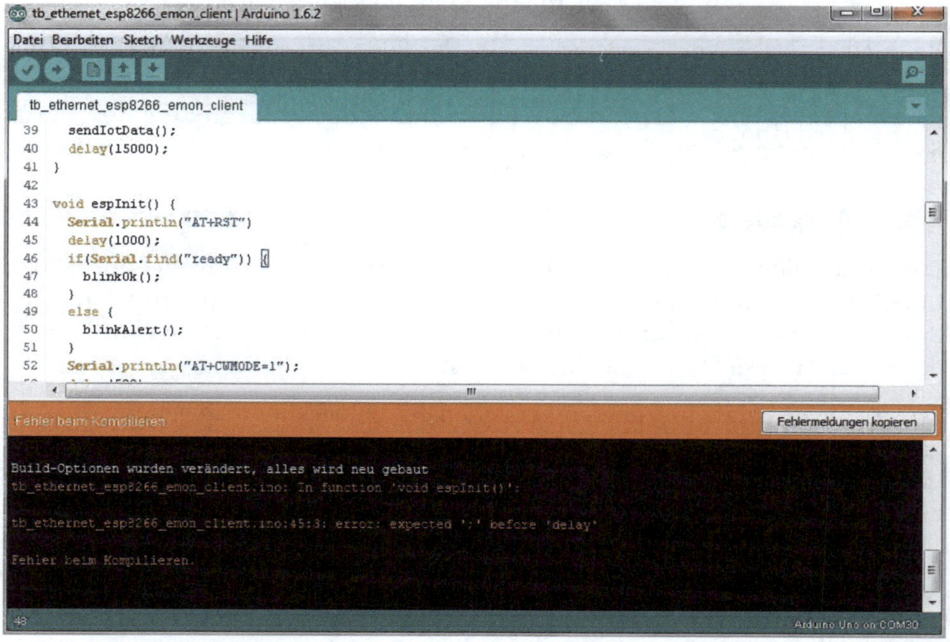

Abb. 2.24: Ausgabe bei Kompilierung mit Fehler im Code

In Abbildung 2.24 fehlt in der Codezeile 44 ein Semikolon. Die Fehlermeldung informiert den Programmierer hier über diesen Fehler und macht eine ungefähre Angabe zur Position der fehlerhafte Zeile.

Hinweis

Leider sind die Fehlermeldungen nicht immer sehr aussagekräftig. In diesem Fall muss der Programmierer den fehlerhaften Code mit weiteren Mitteln debuggen. Das Debuggen von fehlerhaftem Arduino-Code wird in Kapitel 3 näher beschrieben.

2.9 Arduino-Boards

Neben dem Standardboard Arduino Uno sind im Arduino-Projekt etliche weitere Boards verfügbar, die über den Arduino-Shop oder einen Hardwarelieferanten gekauft werden können.

Nachfolgend werden die verschiedenen Arduino-Boards aufgelistet.

Einen Vergleich der gängigsten Arduino-Boards finden Sie in Anhang B.

Auf der Arduino-Website sind jeweils die aktuellen und verfügbaren Arduino-Boards aufgelistet:

`http://arduino.cc/en/Main/Hardware`

2.9.1 Arduino Leonardo

`http://arduino.cc/en/Main/ArduinoBoardLeonardo`

Der Arduino Leonardo wurde im Mai 2012 vorgestellt. Das Board basiert auf einem ATmega32u4-Mikrocontroller. Dieser neue Mikrocontroller übernimmt auch die Kommunikation mit der USB-Schnittstelle. Das Leonardo-Board kann als USB-Device genutzt werden und eine Maus, eine Tastatur oder einen Joystick emulieren.

Die volle Unterstützung dieses Boards ist mit der IDE-Version 1.0.1 und höher vorhanden. Dazu stehen in der Entwicklungsumgebung etliche Beispiel-Sketche für die neue USB-Device-Funktionalität zur Verfügung.

2.9.2 Arduino Duemilanove

Das Duemilanove (benannt nach dem Jahr der Einführung, also 2009) ist der Vorgänger des aktuellen Standardboards der Arduino-Reihe. Der Duemilanove ist bei vielen Händlern weiterhin in kleineren Mengen verfügbar. Meist werden die Duemilanove-Boards zu einem günstigeren Preis angeboten und eignen sich ideal als Experimentierboards für die Entwicklungsphase.

Auf dem Arduino Duemilanove sind standardmäßig die folgenden Anschlussstecker zu finden:

USB-Buchse: Der USB-Anschluss (Typ B) wird für die Programmierung über die Entwicklungsumgebung und zur Kommunikation mit dem angeschlossenen Rechner verwendet. Gleichzeitig kann das Board über den USB-Anschluss mit Strom versorgt werden.

Steckerbuchse für externe Stromversorgung: Über eine 2,1-mm-Buchse kann das Arduino-Board per externem Steckernetzteil oder Batterie mit Spannung versorgt werden. Die Stromversorgung über den USB-Port wird dabei automatisch deaktiviert.

Abb. 2.25: Arduino Duemilanove (Quelle: `www.arduino.cc`)

Vorteilhaft ist vor allem die höhere Leistung, die aus der externen Versorgungsspannung bezogen werden kann, beispielsweise zur Versorgung von Aktoren und Sensoren. Im Falle eines Kurzschlusses wird nicht der USB-Port des angeschlossenen Rechners belastet, sondern der Überlastschutz der externen Stromversorgung.

Steckerleisten für digitale Ein- und Ausgänge: Einreihige Anschlussbuchsen, die auf die Erweiterungsplatinen (Shields) oder Steckerleisten gesteckt werden können. Alle vorhandenen Ports und Schnittstellen sind über diese Anschlussleisten verfügbar.

ICSP: Die Stiftreihe für das ICSP (In-Circuit Serial Programming) erlaubt die Programmierung von Sketchen (Programmen) ohne Bootloader mittels eines externen Programmiergeräts.

Beschreibung	Detaildaten
Mikrocontroller	ATmega168
Spannungsversorgung	7–12 VDC
Betriebsspannung	5 VDC und 3,3 VDC (intern durch FTDI-Controller generiert)
Digitale Ein-/Ausgänge	14 (davon 6 als PWM-Ausgänge)
Analoge Eingänge	6
Strom pro digitalem Pin	40 mA DC
Flash Memory	16 KB (ATmega168) oder 32 KB (ATmega328), wobei 2 KB vom Bootloader belegt werden
SRAM	1 KB (ATmega168) oder 2 KB (ATmega328)
EEPROM	512 Bytes (ATmega168) oder 1 KB (ATmega328)

Tabelle 2.2: Technische Daten Arduino Duemilanove

Beschreibung	Detaildaten
Taktfrequenz	16 MHz
USB-Schnittstelle	ja
Reset-Taster	ja
Onboard-ICSP-Stecker	ja
Abmessungen Board (L × B)	70 × 53 mm

Tabelle 2.2: Technische Daten Arduino Duemilanove (Forts.)

2.9.3 Arduino Diecimila

Das Vorgängermodell des Arduino Duemilanove mit USB. Dieses Board besitzt die gleichen technischen Daten und den gleichen Aufbau wie das Arduino Duemilanove. Einziger Unterschied ist die Umschaltung der Stromversorgung: Die Art der Stromversorgung (über USB-Stecker oder Steckernetzteil) muss mittels Konfigurationsstecker (Jumper) manuell gesetzt werden. Das Board bietet im Gegensatz zum Duemilanove keine automatische Erkennung der Art der Spannungsversorgung.

2.9.4 Arduino Due

`http://arduino.cc/en/Main/ArduinoBoardDue`

Im Herbst 2012 wurde mit dem Arduino Due erstmals ein Arduino-Board mit einem 32-Bit-ARM-Prozessor vorgestellt. Der Arduino Due wird mit einer Taktfrequenz von 84 MHz betrieben.

Im Gegensatz zu den bisherigen Boards läuft der Arduino Due intern mit einer Spannung von 3,3 Volt. Beim Einsatz von Shields muss dieser Umstand jeweils beachtet werden. Die Versorgung des Boards erfolgt wie gewohnt über den USB-Anschluss oder den 2,1-mm-Anschlussstecker.

Zur Programmierung des Arduino Due wird die Entwicklungsumgebung IDE mit Version 1.5 oder höher benötigt.

2.9.5 Arduino Yun

`http://arduino.cc/en/Main/ArduinoBoardYun`

Der Arduino Yun ist im Herbst 2013 auf den Markt gekommen und ist das erste Arduino-Board, das mit einem Linux-Betriebssystem betrieben wird. Neben dem Standard-Mikrocontroller ATmega32u4, der für die Arduino-Funktionalität verantwortlich ist, läuft auf dem Arduino Yun ein zusätzlicher Prozessor, ein Atheros AR9331. Der Atheros-Prozessor läuft mit OpenWrt-Yun, einer auf OpenWrt basierten Linux-Distribution.

Abb. 2.26: Arduino Yun (Quelle: `www.arduino.cc`)

Auf dem Arduino Yun sind eine Ethernet-Schnittstelle und ein WiFi-Modul integriert. Über den USB-Programmierstecker kann das Board programmiert werden. Zusätzlich ist ein USB-Hostanschluss vorhanden.

Arduino-seitig ist der Yun ein Arduino Leonardo. Über eine sogenannte »Bridge« kommuniziert der ATmega32U4 mit der Linux-Umgebung.

Dank des Linux-Betriebssystems und der WiFi-Funktionalität eignet sich der Yun für drahtlose Anwendung mit höheren Anforderungen, da auf der Linux-Plattform auch Python-Anwendungen ausgeführt werden können.

Der Arduino Yun kann mit Entwicklungsumgebungen der Version 1.5.4 und höher programmiert werden.

2.9.6 Arduino Mega 2560

`http://arduino.cc/en/Main/ArduinoBoardMega2560`

Abb. 2.27: Arduino Mega 2560 (Quelle: `www.arduino.cc`)

Der Arduino Mega ist die Powervariante unter den Arduino-Boards. Die aktuelle Mega-Version heißt Arduino Mega 2560 und ersetzt die bisherige Version Arduino Mega. Der Arduino Mega 2560 wird von einem ATmega2560 gesteuert und besitzt 54 digitale Ein- und Ausgänge, von denen 15 Ports als PWM eingesetzt werden können. Zusätzlich stehen dem Anwender 16 analoge Ports und 4 serielle Schnittstellen zur Verfügung.

Der Arduino Mega wird eingesetzt, wenn die Anzahl der benötigten Ports die Möglichkeiten eines Arduino Uno überschreitet (beispielsweise bei Projekten mit einer Vielzahl von LED-Anzeigen) oder der Aufwand für externe Porterweiterungen zu hoch ist.

Da die Anordnung der Steckerleisten bei Arduino Uno und Arduino Mega identisch ist, sind die meisten Standard-Shields (Erweiterungsplatinen) weiterhin verwendbar.

Beschreibung	Detaildaten
Mikrocontroller	ATmega2560
Spannungsversorgung	7–12 VDC
Betriebsspannung	5 VDC und 3,3 VDC (intern durch FTDI-Controller generiert)
Digitale Ein-/Ausgänge	54 (davon 15 als PWM-Ausgänge)
Analoge Eingänge	16
Strom pro digitalem Pin	40 mA DC
Flash Memory	256 KB wobei 8 KB vom Bootloader belegt werden
SRAM	8 KB
EEPROM	4 KB
Taktfrequenz	16 MHz
USB-Schnittstelle	ja
Reset-Taster	ja
Onboard-ICSP-Stecker	ja

Tabelle 2.3: Technische Daten Arduino Mega 2560

2.9.7 Arduino Mega ADK

`http://arduino.cc/en/Main/ArduinoBoardADK`

Dieses Board basiert auf dem Arduino Mega und bildet die Basis für die Entwicklung von hardwarebasierten Android-Anwendungen mittels des Android Open Accessory Development Kit (`http://developer.android.com/guide/topics/usb/adk.html`).

Der Mega ADK wird dabei als USB-Host betrieben und kommuniziert über den USB-Port mit angeschlossenen Android-Lösungen wie Smartphone oder Tablet.

Die Zusammenarbeit von Arduino mit dem Google-Betriebssystem Android wurde anlässlich der Google IO 2011 (`http://www.google.com/events/io/2011/index-live.html`) im Mai 2011 vorgestellt.

2.9.8 Arduino Nano

Wie der Name bereits sagt, ist das Arduino Nano eine Leiterplattenversion von geringer Baugröße. Seine Abmessungen betragen 18,5 × 43 mm. Auf dem Board stehen alle nötigen Komponenten inklusive USB-Schnittstelle und Spannungsregler zur Verfügung.

Das Arduino Nano besitzt dieselbe Funktionalität wie ein Standard-Duemilanove-Board, aber statt sechs besitzt es sogar acht analoge Ports.

Durch den Aufbau der beiden Stiftreihen am Rand kann das Arduino Nano ideal beim Testen der Entwicklung auf Steckbrettern (Breadboards) eingesetzt werden.

2.9.9 Arduino Mini

Auch das Arduino Mini ist eine Arduino-Variante von geringer Baugröße. Die Abmessungen des Boards betragen 20 × 30 mm und passen auf einen DIL24-Sockel. Das Arduino Mini hat dieselbe Portanzahl wie das Arduino Nano. Im Gegensatz zur Nano-Version besitzt es jedoch keine USB-Schnittstelle und den dazugehörigen USB-Anschluss.

Die Programmierung des Arduino Mini erfolgt über die serielle Schnittstelle. Für den Einsatz muss ein passender USB-Adapter (beispielsweise der Mini-USB-Adapter) verwendet werden.

Das Arduino Mini hat sein Einsatzgebiet in Kleinstanwendungen oder als Steckmodul auf einer größeren Leiterplatte. Als Entwicklungs-Board ist das Mini nur bedingt einsetzbar, da, wie bereits erwähnt, die USB-Schnittstelle für den Programmupload fehlt.

2.9.10 Arduino BT

Das Arduino BT (die Bezeichnung BT bedeutet Bluetooth) ist eine spezielle Variante des Arduino. Statt einer USB-Schnittstelle besitzt dieses Board, wie der Name schon sagt, einen Bluetooth-Anschluss zur drahtlosen Kommunikation mit der Außenwelt.

Der Einsatzbereich dieses Boards ist dort, wo keine USB-Schnittstelle mit der Außenwelt verwendet werden kann oder darf.

Wegen der integrierten Bluetooth-Schnittstelle gehört diese Arduino-Variante zu den teureren Boards.

2.9.11 Arduino LilyPad

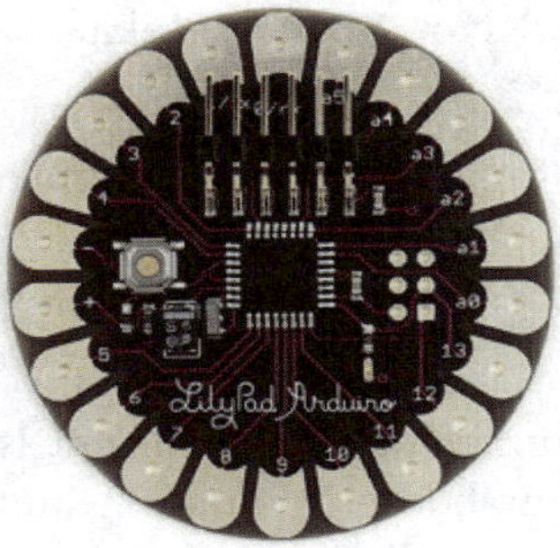

Abb. 2.28: Arduino LilyPad

Das Arduino LilyPad ist als runde Leiterplatte ausgelegt und kann in Kleidung eingenäht werden. Mit zusätzlichen externen Sensoren oder Aktoren können portable, in Kleidungsstücke integrierte Anwendungen realisiert werden (Wearables). Trotz der Größe von nur 5 cm Durchmesser besitzt das LilyPad 14 digitale und sechs analoge Ports. Der Betriebsspannungsbereich ist geringer als bei den anderen Boards und beträgt nur 2,7–5,5 VDC. Dieser kleine Betriebsspannungsbereich erlaubt den Einsatz von kleineren, platzsparenden Batterien.

Da auch das LilyPad keinen USB-Port besitzt, kann es wie das Arduino Mini mittels eines externen Mini-USB-Adapters über die USB-Schnittstelle programmiert werden.

Die Art der externen Adapter für das LilyPad reichen vom Board mit Leuchtdioden oder Tastern bis zum Adapter für den Wireless-Einsatz. Die Verbindung dieser Komponenten kann mit einem speziellen leitfähigen Faden realisiert werden.

Hinweis

Beim Einsatz in Kleidungsstücken sollte natürlich beachtet werden, dass diese eventuell gewaschen werden. In solch einem Fall empfiehlt der Hersteller nur Handwäsche. Vor der Wäsche sollte die Stromversorgung (Batterie) entfernt werden.

2.9.12 Arduino Fio

Mit dem Arduino Fio (Funnel I/O) wurde im März 2010 ein neues Board in die Familie der Original-Arduino-Boards aufgenommen. Das Arduino Fio (`http://arduino.cc/en/Main/ArduinoBoardFio`) ist speziell für den Betrieb von drahtlosen Anwendungen (Wireless Applications) konzipiert und wird mit einem ATmega328 und einer Betriebsspannung von 3,3 Volt betrieben. Dieses neue

Board basiert auf dem Arduino LilyPad und wurde um verschiedene Funktionen erweitert. Für den Einsatz in drahtlosen Anwendungen stehen Anschlussmöglichkeiten für XBee-Module und für eine externe Lithium-Polymer-Batterie inklusive Ladeschaltung zur Verfügung.

Arduino Funnel I/O ist kompatibel zum Funnel-Projekt (`http://funnel.cc`). Funnel ist ein Toolkit für Physical-Computing-Anwendungen und erlaubt mittels verschiedener Skriptsprachen wie ActionScript 3, Processing und Ruby die Verarbeitung von Daten durch Sensoren und Aktoren.

Das Aktualisieren und Hochladen von Arduino-Programmen kann sowohl mittels FTDI-Kabel oder Breakout-Board als auch über eine drahtlose Verbindung mit einem XBee-Modul erfolgen. Die drahtlose Methode ist speziell für den Einsatz in mobilen Geräten und Robotern gedacht. Dazu stehen auf der Website von Sparkfun, dem Produzenten der Leiterplatten, zusätzliche Informationen über die drahtlosen Anwendungen zur Verfügung (`http://www.sparkfun.com/commerce/product_ info.php?products_id=9712`).

2.10 Arduino-kompatible Boards

Neben den originalen Arduino-Boards aus Italien gibt es auf dem Markt viele Arduino-kompatible Boards, die von Makern und Hardware-Entwicklern realisiert wurden. Diese sogenannten Arduino-Clones basieren auf der Schaltung des Original-Arduino und haben oftmals die gleichen Abmessungen wie das Original. Durch unterschiedliche Farben der Leiterplatten und einer eigenen Board-Bezeichnung sind diese Board-Varianten meist gut als Arduino-Clones erkennbar.

Einige dieser Arduino-kompatiblen Boards werden in Kapitel 12 genauer vorgestellt.

Kapitel 3

Startschuss

Mit dem erfolgreichen Ausführen des Test-Sketches Blink aus der Beispielsammlung der Arduino-Entwicklungsumgebung ist nun der Startschuss für das praktische Experimentieren mit dem Arduino-Board gefallen. In diesem Kapitel wird der praktische Umgang des Arduino-Boards mit der Außenwelt erklärt. Sie lernen die Möglichkeiten des Schaltungsaufbaus kennen und werden in die Programmierung der Sketche eingeführt. Nach der Lektüre dieses Kapitels haben Sie sich die Grundlagen für die weiteren Projekte erarbeitet.

Alle Beispiele und Projekte in diesem Buch erfordern minimale Grundkenntnisse der Elektrotechnik, also grundlegende Kenntnisse über einen elektrischen Schaltkreis und die Gesetze zu Strom, Spannung und Widerstand. Das ohmsche Gesetz und die Beziehung zwischen den elektrischen Größen Spannung, Strom und Widerstand werden hierzu kurz erläutert.

Einzelne Bauteile werden zwar kurz erklärt, die Erarbeitung der elektrischen Grundlagen und die genaue Erläuterung der Funktionalität der elektronischen Bauteile würden jedoch den Rahmen dieses Buches sprengen.

Für die Experimente mit den elektronischen Schaltungen lohnt es sich, einen kleinen Arbeitsplatz mit genügend Platz für Rechner, Bauteile und Werkzeug einzurichten. Zur Lagerung elektronischer Bauelemente kann man kleine Aufbewahrungsboxen mit Unterteilungen oder ein Aufbewahrungssystem mit kleinen Schubladen verwenden.

Das kleine Elektroniklabor sollte auch über genügend Steckdosen verfügen. Neben dem Rechner und dem Bildschirm kommen schnell noch Messgeräte, Netzgerät und Lötkolben hinzu.

Für die Ablage der elektronischen Daten, also der Sketche, Stromlaufpläne und Projektunterlagen, sollte man sich auf dem Rechner einen eigenen Bereich einrichten. Beim Experimentieren kommt sehr schnell eine größere Zahl von Programmen und Programmversionen zusammen und ohne ein sauberes Ablagesystem ist dann ruck, zuck die Übersicht über die einzelnen Sketche verloren.

Oftmals findet man für eine Problemlösung einen passenden Sketch im Arduino-Forum (`http://arduino.cc/forum/`). Ohne geeignete Dokumentation wie Quellenangabe, Herkunftsadresse, Bilder, Stromlaufplan und Projektbeschreibungen kann man ein Projekt später jedoch nicht mehr nachvollziehen.

3.1 Das Arduino-Board

Das Arduino-Board ist eine Leiterplatte, auf der elektronische Bauelemente und verschiedene Stecker aufgelötet sind. Das Gehirn des Arduino ist der sogenannte Mikrocontroller. Wie im vorherigen Kapitel bereits erwähnt wurde, gibt es eine Vielzahl von verschiedenen Ausführungen des Arduino-Boards. Bei allen Varianten findet man aber immer wieder die gleichen Bauelemente. Die elektronische Schaltung, also die Verbindung der einzelnen elektronischen Bauteile, ist bei allen Varianten identisch. Um die Kompatibilität mit dem Standardboard zu gewährleisten, dürfen die Entwickler hier natürlich keine eigenen Süppchen kochen und andere Mikrocontroller oder schnellere Taktgeber einsetzen.

Der Unterschied liegt in der Größe der Leiterplatte und dem mechanischen Aufbau. Bei Lösungen mit geringer Baugröße werden meist kleinere Anschlussstecker oder Stiftleisten verwendet.

Die Erklärungen und Beschreibungen in diesem Buch beziehen sich immer auf das aktuelle Arduino-Board Arduino Uno. Natürlich kann man die einzelnen Projekte auch mit anderen Ausführungen des Arduino durchführen.

Die Arduino-Boards, Erweiterungen und elektronischen Bauelemente kann man bei verschiedenen Anbietern einkaufen. Eine Liste mit Anbietern finden Sie in Anhang C.

3.1.1 Stromlaufplan

Der Stromlaufplan, auch elektronischer Schaltplan genannt, erklärt anhand von genormten Symbolen die Verdrahtung der einzelnen elektronischen Komponenten. Jedes Bauteil wie Widerstand, Leuchtdiode oder Kondensator besitzt ein Symbol, das von jedem Fachmann verstanden wird. Das Verbinden der einzelnen Bauelemente und die korrekte Dimensionierung der Bauteilwerte, wie des Widerstandswertes, ergeben die eigentliche Schaltung und entsprechend die funktionsfähige Anwendung.

Der Stromlaufplan für den Arduino Uno und alle anderen Modelle ist auf der Arduino-Website aufrufbar und dient als Grundlage für eigene Arduino-Varianten (`http://arduino.cc/en/uploads/Main/Arduino_Uno_Rev3-schematic.pdf`). Bei kommerziellen Anwendungen und Lösungen wird der Stromlaufplan meist nicht publiziert.

Im Fall des Arduino-Projekts ist der Stromlaufplan öffentlich und darf von jedermann genutzt werden. Auch die Daten der Leiterplatte sind im Arduino-Projekt offen zugänglich und können frei verwendet werden.

Jedermann kann sich also anhand des Stromlaufplans und der Stückliste (Aufzählung aller verwendeten Bauteile und deren Dimensionierung) ein eigenes Arduino-Board aufbauen.

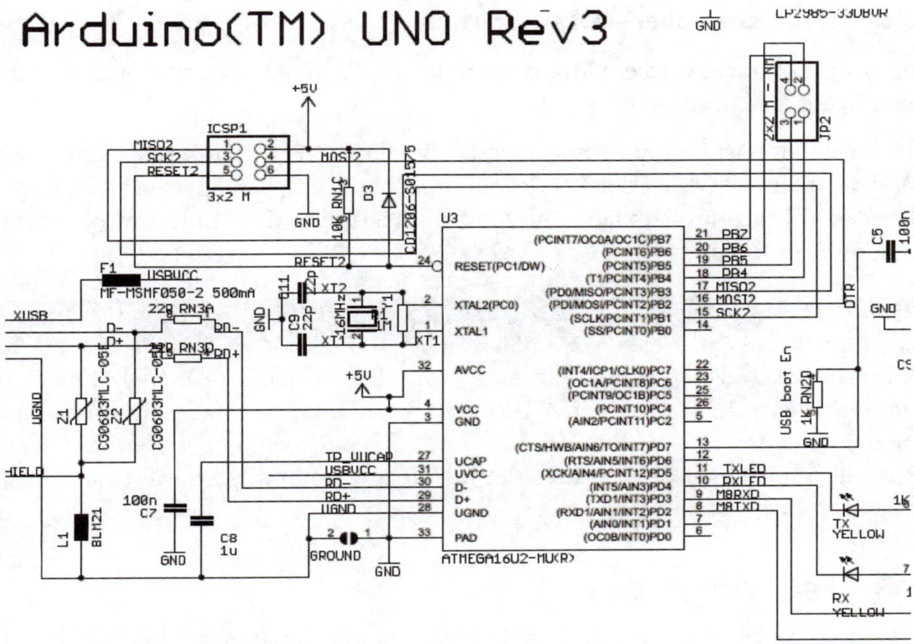

Abb. 3.1: Stromlaufplan des Arduino Uno (Ausschnitt)

Anwendungen und Projekte mit Arduino benötigen neben dem Arduino-Board meist weitere externe elektronische Bauelemente. Für die Dokumentation muss in diesem Fall aber nur die externe Beschaltung detailliert dargestellt werden, da das Arduino-Board quasi als eigenes Bauteil verwendet wird. In diesem Fall wird das Arduino-Board als Blackbox dargestellt. Wie das in der Praxis aussieht, ist der Schaltung in Abbildung 3.2 zu entnehmen, die das Projekt Blink zeigt.

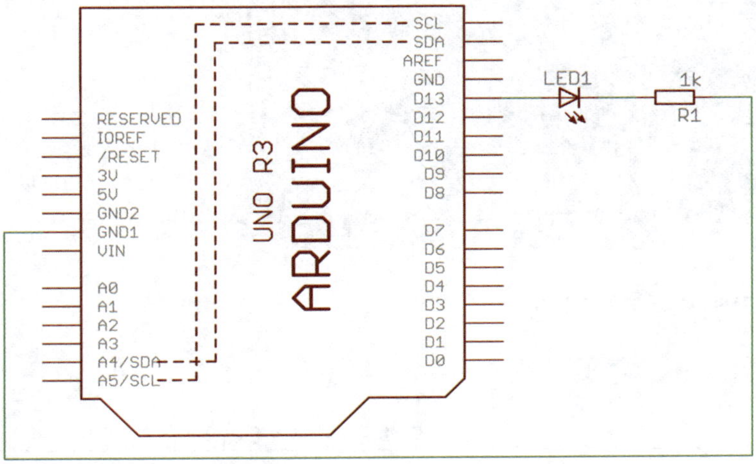

Abb. 3.2: Arduino-Board als Blackbox

3.1.2 Mikrocontroller – Das Gehirn

Im Arduino-Projekt wird ein Mikrocontroller der Firma Atmel eingesetzt. Im aktuellen Board ist das ein ATmega328.

Standardmäßig ist im Mikrocontroller das Bootloader-Programm gespeichert. Wie bereits früher erklärt, ist der Bootloader ein Programm, das Sketche in den Speicher des Mikrocontrollers lädt. Die Anschlussbelegung der Mikrocontroller ist in Anhang B zu finden.

Hinweis

Wird beispielsweise auf einem älteren Arduino-Duemilanove-Board der Mikrocontroller ATmega168 gegen einen ATmega328 getauscht, muss in der Entwicklungsumgebung anschließend die Board-Variante angepasst werden. Andernfalls kann kein Sketch hochgeladen werden. Beim Upload wird in diesem Fall eine Fehlermeldung ausgegeben.

3.1.3 Anschlussbelegung

Die Anschlussbelegung des Arduino Uno (Rev. 3) und der kompatiblen Boards sieht gemäß Abbildung 3.3 aus.

Abb. 3.3: Anschlussbelegung Arduino Uno

Stecker	Beschreibung
USB-Stecker	Typ: USB Typ B USB-Schnittstelle für Programmierung und Kommunikation

Tabelle 3.1: Anschlussstecker von Arduino Uno

Stecker	Beschreibung
Stecker für externe Versorgungsspannung	Typ: 2,1-mm-Power-Jack Externe Versorgungsspannung 6–20 VDC
Spannungsversorgung	Typ: Buchsenleiste 8-polig Spannungsversorgung für Sensoren/Aktoren **IOREF** Spannungserkennungssignal für zukünftige Shields **RESET:** Reset-Signal (Anschluss für Reset-Schalter) **3V3:** Spannung 3,3 VDC vom FTDI-Chip (max. 50 mA) **5V:** +5 VDC von internem Spannungsregler **Gnd:** 0 VDC (GND, Ground) **Vin:** Externe Spannungsversorgung 6–20 VDC
Analoge Eingänge	Typ: Buchsenleiste 6-polig 6 analoge Eingänge 0–5 VDC (Auflösung 10 Bit) Pin A0–5
Digitale Ein- und Ausgänge	Typ: Buchsenleisten 8-polig und 10-polig 14 digitale Ein- und Ausgänge Pin D0–13 Zusätzliche Pins belegen die Signale GND, AREF, SDA und SDL
Stecker für ICSP	Typ: Stiftleiste 2 × 3-polig Stecker für In-Circuit Serial Programming

Tabelle 3.1: Anschlussstecker von Arduino Uno (Forts.)

Einzelne Pins des Arduino-Boards sind für spezielle Aufgaben ausgerüstet oder vorgesehen (Tabelle 3.2).

Serielle Schnittstelle	P0 (RX) P1 (TX)
Interrupts	P2 und P3
PWM	Pin 3, 5, 6, 9, 10 und 11
SPI-Kommunikation	P10 (SS) P11 (MOSI) P12 (MISO) P13 (SCK)
Pin mit LED	P13 mit Onboard-LED
I2C	I2C-Schnittstelle P4 (SDA) P5 (SCL)

Tabelle 3.2: Arduino-Board: Portfunktionen

3.1.4 Stromversorgung

Die Stromversorgung für das Arduino-Board kann auf verschiedene Arten realisiert werden. Wie aus der Tabelle im vorherigen Kapitel hervorgeht, sind auf dem Board verschiedene Anschlüsse für die Spannungsversorgung vorhanden.

Grundsätzlich kann man drei Varianten unterscheiden.

Stromversorgung über	Beschreibung
USB-Stecker	Der USB-Port liefert max. 500 mA und bietet sich idealerweise als Stromversorgung während der Entwicklung an. Keine externe Stromversorgung nötig.
Power Jack 2,1 mm	Anschluss von externer Stromversorgung per Steckernetzteil, Batterie oder Labornetzteil. Vorteil: Verpolungsgeschützt durch Diode
Vin	Stromversorgung per Labornetzteil oder Batterie. Wird verwendet, falls die Versorgungsspannung minimal 6 Volt beträgt. Beispiel: Einsatz von 4 × 1,5-V-Batterien (Typ AA)

Tabelle 3.3: Arduino-Board: Varianten Stromversorgung

Im Gegensatz zu vorherigen Boards muss beim Arduino Uno kein Steckkontakt (PWR SEL) für die Stromversorgung INTERN/EXTERN konfiguriert werden. Die Logik auf dem Board erkennt dies automatisch. Verschiedene Arduino-Clones, wie beispielsweise das Freeduino-Board, besitzen weiterhin diese manuelle Spannungsumschaltung.

Bei der korrekten Versorgung des Boards mit einer Spannungsquelle leuchtet die Leuchtdiode (ON). Der Arduino ist betriebsbereit.

Andere Stromversorgungsvarianten für die Standardboards, wie beispielsweise die Versorgung direkt mit 5 Volt, sind ohne Elektronikkenntnisse und ohne Anpassung der Komponenten auf der Leiterplatte nicht möglich.

Tipp

Die Verwendung des USB-Ports als Stromquelle ist unproblematisch. Der Port ist gegen Überstrom geschützt und schaltet sich bei einem Kurzschluss automatisch ab. Somit ist diese Versorgung ideal für die Entwicklungsphase. Im produktiven Betrieb verwendet man dann meist eine externe Stromversorgung mittels eines Steckernetzteils. Bei der Verwendung des USB-Ports ist natürlich zu beachten, dass die externen Komponenten den USB nicht zu stark belasten.

Tragbare Stromversorgung

Bei Experimenten im Garten oder entfernt vom Rechner benötigt man eine tragbare Spannungsversorgung. Für diese Art der Spannungsversorgung eignen sich

9-Volt-Blockbatterien oder Batteriepakete mit mehreren in Reihe geschalteten AA-Batterien.

Eine sehr praktische Lösung, die nur zwei AA-Batterien benötigt, heißt MintyBoost und ist eine USB-Charger-Lösung von Adafruit (`http://www.adafruit.com/products/14`). Diese tragbare Spannungsversorgung wandelt die 3 Volt der beiden Batterien mittels Spannungswandler-Schaltung in eine 5-Volt-Spannung. Die Ausgangsspannung wird dabei auf eine USB-Buchse geführt, die das Anschließen eines handelsüblichen USB-Kabels erlaubt. Sehr praktisch ist bei dieser Lösung, dass man damit auch sein Smartphone laden kann.

Abb. 3.4: Tragbare Spannungsversorgung mit MintyBoost

MintyBoost wird als Bausatz geliefert und kann je nach Bedarf in eine kleine Metallbox oder Bonbon-Dose eingebaut werden. Abbildung 3.4 zeigt ein MintyBoost des Autors, das in eine kleine metallene Halsbonbon-Dose eingebaut wurde.

3.2 Steckbrett – Experimentieren ohne Löten

Ein Steckbrett (engl. Breadboard) ist eine Art Leiterplatte mit Steckanschlüssen, in die man handelsübliche Bauelemente wie Widerstände, Leuchtdioden oder integrierte Schaltungen (IC) stecken kann. Die Steckanschlüsse sind untereinander verbunden und erlauben den schnellen Aufbau einer Schaltung, ohne zu löten.

Bei den meisten Steckbrettern sind jeweils fünf Anschlüsse in vertikaler Richtung miteinander verbunden. Bei größeren Varianten sind zusätzlich auf der Außenseite Steckanschlüsse in horizontaler Richtung vorhanden. Diese Anschlüsse können zur Signalverteilung oder Stromversorgung eingesetzt werden.

Abbildung 3.5 zeigt ein Steckbrett mittlerer Größe. Jeweils außen befinden sich die verbundenen Kontakte für Signale oder Spannungsversorgung. In der Mitte sind die Steckkontakte für Bauelemente angebracht. Der Abstand der einzelnen Steckkontakte beträgt jeweils 0,1 Zoll (entspricht 2,54 mm).

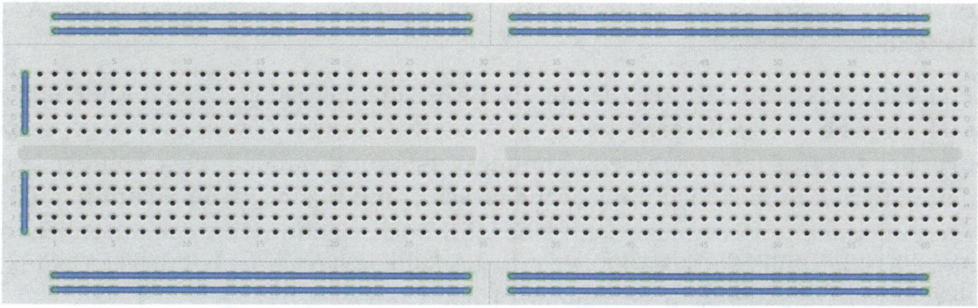

Abb. 3.5: Steckbrett mit verbundenen Kontakten (blaue Linien)

Steckbretter werden üblicherweise in der Entwicklungs- und Testphase eingesetzt. Bei produktiven Anwendungen wird die Schaltung meist auf einer Lochrasterplatine (Experimentierplatine mit Leiterbahnen oder Lötpunkten) oder auf einer speziell für die Anwendung entwickelten Platine betrieben.

Abb. 3.6: Steckbrett mit Schaltung

Bei beiden Platinenvarianten, Lochrasterplatine und kundenspezifischer Platine, werden die elektronischen Bauelemente, die Stecker und Anschlüsse mit Lötzinn auf die Platine gelötet.

Beim Aufbau einer Schaltung auf dem Steckbrett werden die Anschlussdrähte der Bauelemente direkt in die Steckkontakte des Steckbretts gesteckt. In den meisten Fällen sind die Anschlüsse lang genug. Andernfalls muss ein Bauelement mit längeren Anschlussbeinchen verwendet werden oder die Anschlüsse müssen mit kurzen Drähten verlängert werden. Dazu kann man beispielsweise abgeschnittene Anschlussdrähte von verlöteten Komponenten verwenden.

Vorsicht

Lötarbeiten an Bauteilen, die im Steckbrett montiert sind, sollten vermieden werden. Durch die Hitze beim Löten kann der Kunststoff des Steckbretts weich werden und die Kontakte verschieben sich. Es besteht die Gefahr, dass dadurch ein Kurzschluss im Steckbrett entsteht.

Für die Verbindungen zwischen den einzelnen Bauelementen verwendet man am besten isolierte Drähte. An beiden Enden ist jeweils ein Stück Isolierung entfernt. Diese Anschlussdrähte können nun in die Steckkontakte gesteckt werden.

Vorgefertigte Drahtverbindungen für den Einsatz mit Steckbrettern gibt es im Elektronikhandel. Diese sind meist in verschiedenen Längen und Farben verfügbar. Im Maker-Umfeld und unter Bastlern haben sich die sogenannten Jumper-Wire durchgesetzt. Diese flexiblen Drahtverbindungen können einfach und sicher in die Steckbrettkontakte oder die Buchsen des Arduino-Boards gesteckt werden (Abbildung 3.7).

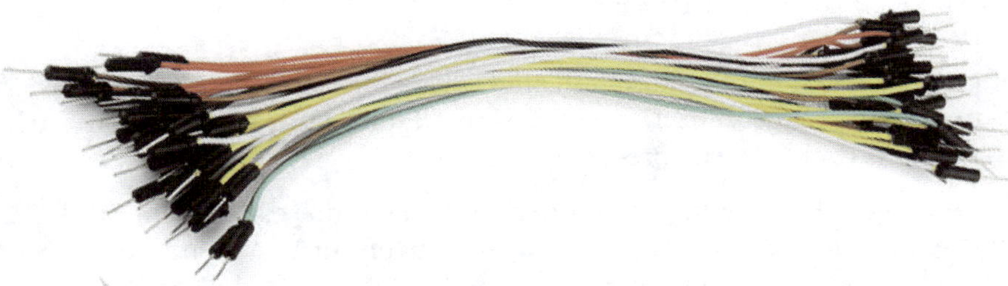

Abb. 3.7: Jumper-Wire für Steckbrett (Quelle: Sparkfun)

Praxis-Tipp

Natürlich kann man sich diese Verbindungen fürs Steckbrett auch selbst herstellen. Dazu besorgt man sich eine Rolle isolierten Draht (Durchmesser 0,64 mm, entspricht AWG22) und schneidet mit einer Zange einzelne Drähte in verschiedenen Längen ab. Damit die Drähte sauber in die Steckkontakte passen, isoliert man mit einer geeigneten Zange jeweils die Enden ab.

Die Verbindung vom Steckbrett mit den Sensoren und Erweiterungsschaltungen zum Arduino-Board erfolgt mittels der oben genannten Drahtverbindungen. Um einen sauberen Aufbau zu erreichen, legt man das Steckbrett neben das Arduino-Board und schneidet entsprechend lange Drähte zu (Abbildung 3.8). Diese können auf dem Arduino-Board direkt in die Steckleisten gesteckt werden.

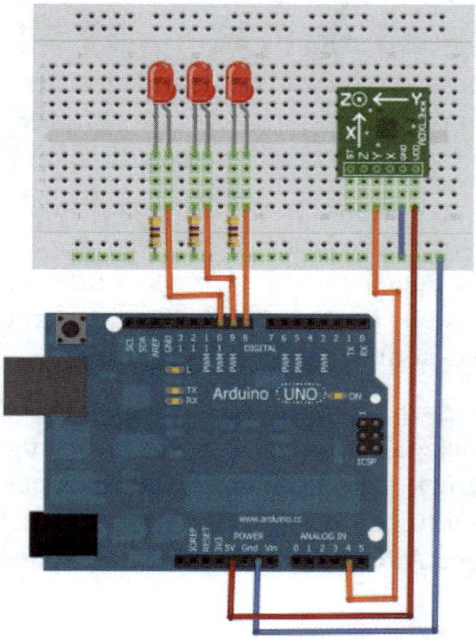

Abb. 3.8: Verbindung Arduino/Steckbrett

Schaltungsaufbauten mit Steckbrettern sind, wie bereits erwähnt, für die Entwicklungs- und Testphase gedacht. Da die einzelnen Bauteile nur gesteckt sind, ist die mechanische Verbindung entsprechend empfindlich.

Bei regelmäßigen Entwicklungen mit dem Arduino lohnt es sich, ein Steckbrett aufzubauen, bei dem die Stromversorgungsleitungen für +5 Volt und GND, vom Arduino oder aus externer Versorgung, fix verdrahtet sind. Auf diese Weise müssen nur noch die externen Komponenten wie Sensoren oder Leuchtdioden speziell verdrahtet werden. Bei der Stromversorgung durch ein externes (Labor-)Netzteil kann man die Stromzufuhr mittels 5-mm-Standardkabel (Laborkabel) realisieren. Auf größeren Steckbrettern stehen meist mehrere 5-mm-Buchsen (Bananenstecker) zur Verfügung (Abbildung 3.9).

Oftmals sieht man Arduino-Projekte, in denen die Schaltung auf dem Steckbrett realisiert wurde. Der fertige Aufbau wird dann in ein Gehäuse verfrachtet oder direkt an einem Gerät montiert. Diese Art von Aufbau bei einem »produktiven« Gerät birgt eine gewisse Gefahr, denn allzu leicht können Drähte herausfallen oder im schlimmsten Fall einen Kurzschluss verursachen.

Vorsicht

Schaltungsaufbauten mit Steckbrettern sind nur für den Niederspannungsbereich (bis maximal 30 Volt Gleichspannung) gedacht. Falls höhere Spannungen verwendet oder höhere Ströme geschaltet werden, sollten diese Schaltungsteile auf eine externe Lochrasterplatine ausgelagert werden.

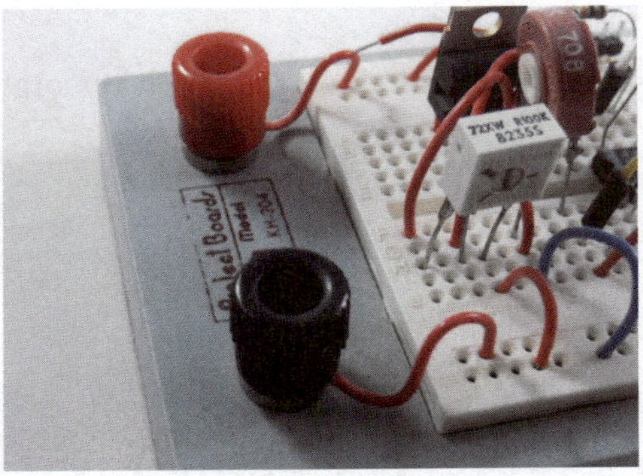

Abb. 3.9: Steckbrett mit Bananenstecker für Stromversorgung

3.2.1 Spannungsversorgung auf dem Steckbrett

Wie im vorherigen Abschnitt über das Steckbrett erklärt wird, können die externen Komponenten, Sensoren und Aktoren auf dem Steckbrett vom Arduino-Board oder über ein externes Netzgerät versorgt werden.

Bei der Verwendung der internen 5-Volt-Versorgung des Arduino-Boards muss der maximale Strom beachtet werden. Bei einem Stromverbrauch von mehr als 200 mA (Milliampere) sollte auf eine externe 5-Volt-Versorgung umgeschaltet werden.

Bei der Versorgung des Arduino-Boards über die USB-Schnittstelle muss zudem beachtet werden, dass der USB-Port maximal 500 mA liefern kann. Damit die USB-Schnittstelle im Falle eines Kurzschlusses auf dem Arduino-Board nicht zerstört wird, ist auf dem Arduino-Board eine Polyfuse eingebaut, welche bei Überstrom den Strom begrenzt. Wird in diesem Fall die Verbindung zum USB-Port unterbrochen, wird die Polyfuse wieder zurückgesetzt.

Im Stromlaufplan ist diese Sicherung mit der Bezeichnung F1 gekennzeichnet (Abbildung 3.10).

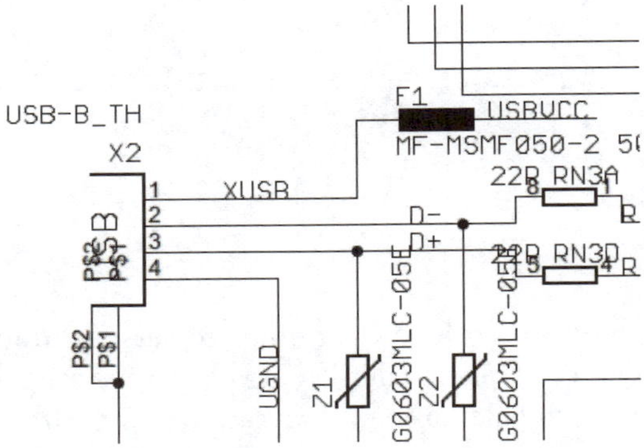

Abb. 3.10: Sicherung F1 im Stromlaufplan des Arduino Uno

Stromversorgung mit Arduino-interner 5-Volt-Versorgung

Mit zwei Drähten wird bei interner Versorgung das Steckbrett mit 5 Volt versorgt (Abbildung 3.11).

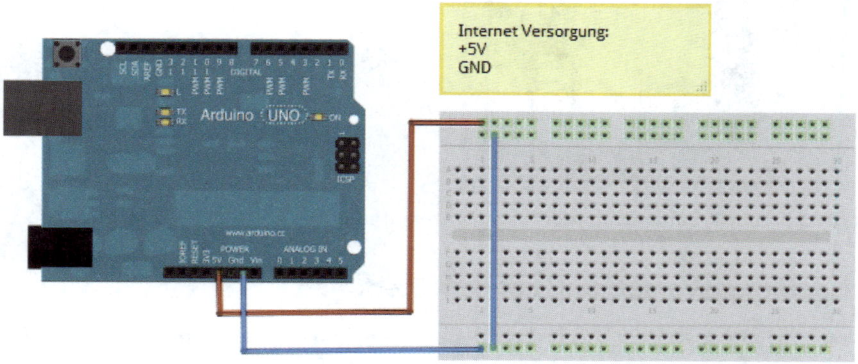

Abb. 3.11: Interne Versorgungsspannung aufs Steckbrett geführt

Stromversorgung mit externer 5-Volt-Versorgung

Bei externer Zuführung der 5 Volt muss beachtet werden, dass die Bezugpotenziale (GND) beider Schaltungsteile, also Arduino-Schaltung und externe Versorgung, zusammengeführt werden.

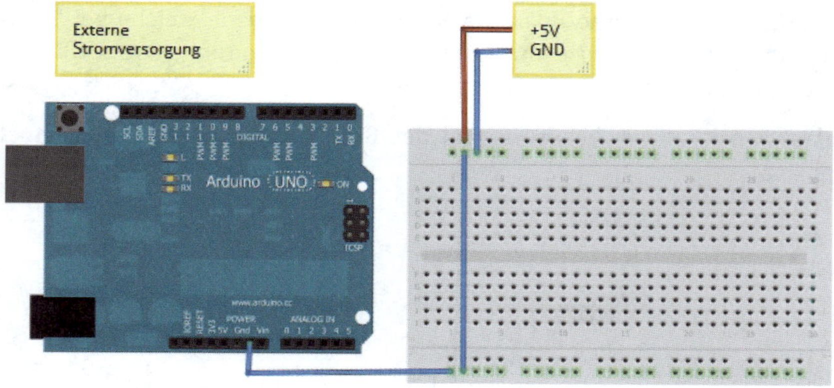

Abb. 3.12: Externe Stromversorgung des Steckbretts

Wird für die externe Versorgung eine eigene, offene Spannungsreglerschaltung eingesetzt, sollte diese auf einer fertigen Leiterplatte oder Lochrasterplatine aufgebaut werden. Die stabilisierten Ausgangssignale können dann auf das Steckbrett geführt werden.

Verschiedene Anbieter haben kleine Spannungsreglermodule als Bausatz für Steckbretter im Programm. Diese kleinen Schaltungen sind meist Schaltungen mit linearen Spannungsreglern. Solche Schaltungsregler-Lösungen baut man praktischerweise auf der Leiterplatte auf und steckt die ganze Leiterplatte auf das Steckbrett. Die stabilisierten Ausgangsspannungen führt man dann über verlängerte Anschlusskontakte auf der Unterseite der Leiterplatte auf das Steckbrett.

Spannungsversorgung mit Steckbrett-Adapter

Der Steckbrett-Adapter Black Wing (`http://www.elecfreaks.com/2027.html`) von ElecFreaks ist eine Leiterplatte mit Spannungsregler, die auf verschiedene Steckbrett-Bauformen aufgesteckt werden kann. Die Eingangsspannung kann dabei über einen USB-Stecker oder einen 2,1-mm-Anschluss zugeführt werden. Der Adapter liefert eine umschaltbare Ausgangsspannung von 3,3 oder 5 Volt. Die obere und die untere Spannungsversorgungsleiste des Steckbretts können dabei getrennt versorgt werden.

In Abbildung 3.13 ist das aufgesteckte Spannungsadapter-Board dargestellt. Die Zuführung der Eingangsspannung erfolgt über den USB-Anschluss. Eine blaue Leuchtdiode zeigt an, ob eine Eingangsspannung anliegt.

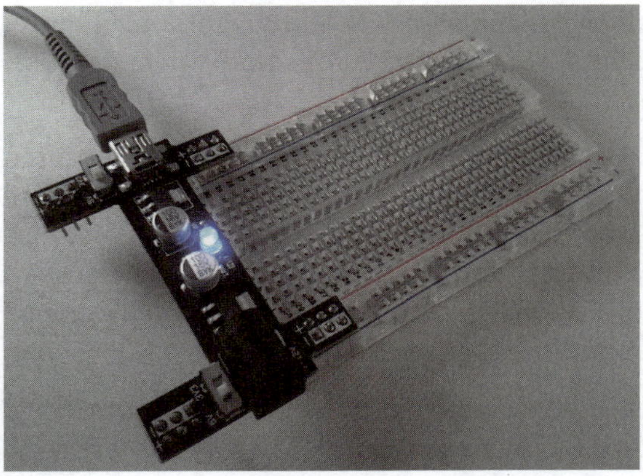

Abb. 3.13: Spannungsversorgung von Steckbrett mit Black-Wing-Adapter

Neben dem Black-Wing-Adapter sind im Elektronik-Handel weitere Modelle von Adaptermodulen für Breadboards verfügbar. Zu erwähnen ist hier das Bread Board Power Supply von Seeedstudio.

`http://www.seeedstudio.com/wiki/5V/3.3V_Breadboard_Power_Supply`

In Abbildung 3.14 ist der Adapter dargestellt, der auch Versorgungsspannungen von 3,3V und 5V für Anwendungen auf dem Steckbrett liefert.

Beide erwähnten Adapter-Module fürs Steckbrett sind bei vielen Distributoren oder direkt bei den Herstellern erhältlich.

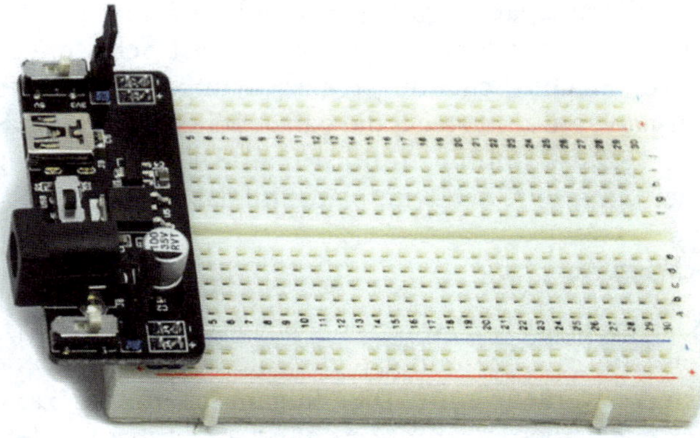

Abb. 3.14: Spannungsadapter für Steckbrett (Bild Seeedstudio)

3.3 Spannung, Strom und Herr Ohm

Elektronische Schaltungen sind immer eine Anordnung von verschiedenen elektronischen Komponenten. Die unterschiedliche Anordnung und Verdrahtung bewirkt schlussendlich die gewünschte Funktion.

Trotz unterschiedlicher Funktionalität der einzelnen Schaltungen sind die drei elektrischen Größen der Elektrotechnik, Spannung, Strom und Widerstand, in jeder Schaltung zu finden.

Bei Experimenten mit Arduino und angeschlossenen Schaltungen und Sensoren sollte mindestens der Zusammenhang von Spannung, Strom und Widerstand bekannt sein. Die Beziehung zwischen diesen drei elektrischen Größen wird als »ohmsches Gesetz« bezeichnet. Wie der Name sagt, wurde das Verhalten von Spannung und Strom durch Georg Simon Ohm (`http://de.wikipedia.org/wiki/Georg_Simon_Ohm`) im Jahre 1826 nachgewiesen.

Das ohmsche Gesetz sagt aus, dass in einem einfachen Stromkreis der Strom steigt, wenn die Spannung erhöht wird. Umgekehrt vermindert sich der Strom, wenn die Spannung reduziert wird. Der Strom ist also proportional zur Spannung.

In Tabelle 3.4 sind die drei Größen mit der Bezeichnung und der Einheit aufgelistet, und sie werden bei jeder Schaltung, unabhängig von deren Größe und Komplexität, benötigt.

Größe	Formelzeichen	Einheit
Spannung	U	Volt (V)
Strom	I	Ampere (A)
Widerstand	R	Ohm (Ω)

Tabelle 3.4: Elektrische Größen: Spannung, Strom und Widerstand

Die Grundformel des ohmschen Gesetzes lautet nämlich:

Spannung (U) = Strom (I) * Widerstand (R)

Also

$U = R * I$

Im Zusammenhang mit den drei elektrischen Größen wird auch immer der Begriff »Stromkreis« erwähnt. Wie der Name aussagt, ist das ein Kreis, in dem Strom fließt. Der einfachste Stromkreis in der Elektrotechnik benötigt nur zwei Komponenten, eine Spannungsquelle und einen Widerstand.

Trotz des minimalen Aufbaus ist auch hier das ohmsche Gesetz wirksam. Abbildung 3.15 zeigt diesen einfachen Stromkreis mit Spannungsquelle und Widerstand.

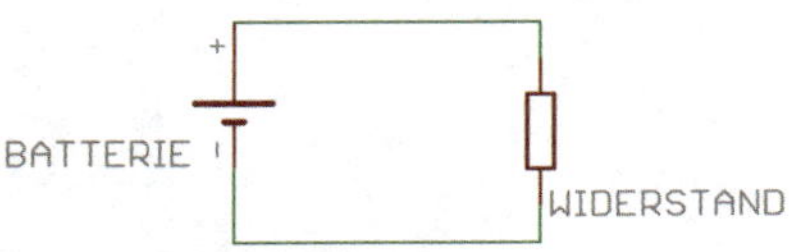

Abb. 3.15: Elektrischer Stromkreis

Vom Pluspol der Batterie führt eine Leitung bis zum oberen Anschluss des Widerstands. Vom unteren Anschluss des Widerstands führt eine weitere Leitung zum Minuspol der Batterie. Somit ist dieser Stromkreis geschlossen.

Die drei elektrischen Größen sind auch in diesem Stromkreis zu finden. Die Batterie hat eine Spannung von beispielsweise 1,5 Volt. Diese kann man messen, indem man ein Messgerät für Spannungen, ein sogenanntes Voltmeter, parallel zum Widerstand anschließt (Abbildung 3.16).

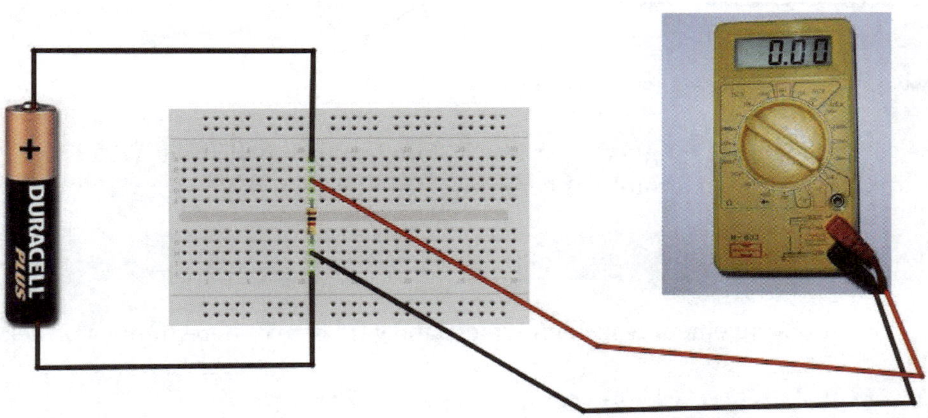

Abb. 3.16: Spannung messen

Auf dem Voltmeter kann man nun rund 1,5 Volt messen. Der Widerstand selbst hat einen Wert von 1000 Ohm.

Mit diesen zwei Werten haben wir bereits zwei von drei Werten des ohmschen Gesetzes. Es fehlt nur noch der Strom. Dieser fließt im Stromkreis vom Pluspol der Batterie durch den Widerstand und dann wieder zurück zum Minuspol der Batterie.

Wenn wir nun das ohmsche Gesetz anwenden, ist der Strom gemäß Formel:

$$I = U / R = 1{,}5\ V / 1000\ Ohm = 0{,}0015\ A \text{ oder } 1{,}5\ mA$$

In unserer Schaltung fließt also ein Strom von 1,5 Milliampere, abgekürzt mA.

Wird die Schaltung nun durch einen zweiten Widerstand gemäß Abbildung 3.17 erweitert, ergibt dies einen Gesamtwiderstand von

$$R = R_1 + R_2 = 1000\ Ohm + 1000\ Ohm = 2000\ Ohm$$

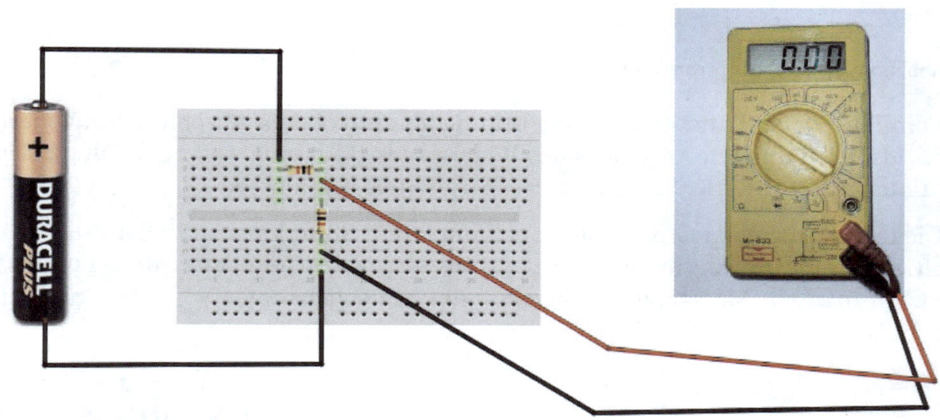

Abb. 3.17: Reihenschaltung von Widerständen

Bei der Reihenschaltung, oder Serienschaltung, addieren sich die Widerstandswerte. Der Strom im Stromkreis berechnet sich nun:

$$I = U / R = 1{,}5\ V / 2000\ Ohm = 0{,}00075\ A = 0{,}75\ mA$$

Die Spannung an einem einzelnen Widerstand wird gemäß Berechnungsformel:

$$U = I * R = 0{,}00075\ A * 1000\ Ohm = 0{,}75\ V$$

Diese Spannung kann nun mit dem Messgerät gemäß Abbildung 3.16 gemessen werden.

Wir können also zusammenfassen, dass bei der Reihenschaltung von Widerständen die Einzelwiderstände addiert werden. Der Gesamtwiderstand wird dadurch größer und daraus ergibt sich ein kleinerer Strom im Schaltkreis. Die Spannungen an den einzelnen Widerständen gemessen sind durch den geringeren Strom auch kleiner. Wenn wir aber beide Spannungen an den Widerständen messen, ergibt dies wieder die Gesamtspannung, welche die Batterie liefert.

$U = UR_1 + UR_2 = 0{,}75\ V + 0{,}75\ V$

In der letzten Schaltung gemäß Abbildung 3.18 werden die Widerstände parallel geschaltet, eine sogenannte Parallelschaltung.

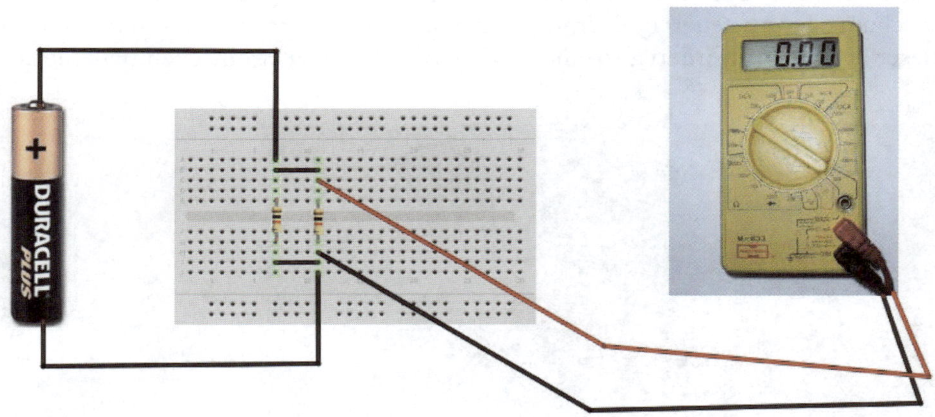

Abb. 3.18: Parallelschaltung von Widerständen

Mit dem Messgerät messen wir an beiden Widerständen eine Spannung von 1,5 Volt. Gemäß ohmschen Gesetz fließt ein Strom von:

$I = U / R = 1{,}5\ V / 1000\ Ohm = 0{,}0015\ A$ oder 1,5 mA

In der Parallelschaltung teilt sich der Strom durch jeden Widerstand (Verbraucher). Somit ist der Gesamtstrom:

$I = IR_1 + IR_2 = 0{,}0015\ A + 0{,}0015\ A = 0{,}003\ A$ oder 3 mA

Da wir hier plötzlich doppelten Strom berechnen, muss sich der Widerstand durch die Parallelschaltung im Vergleich zur Reihenschaltung vermindert haben. Gemäß Berechnung ist der Gesamtwiderstand nun:

R = U / I = 1,5 V / 0,003 A = 500 Ohm

In einer Parallelschaltung von Widerständen wird der Gesamtwiderstand kleiner, in einer Reihenschaltung größer.

Mit dem Verständnis der Beziehungen zwischen Spannung, Strom und Widerstand sollte man in der Lage sein, die Schaltungen in diesem Buch zu verstehen.

Darum sollte beim Schaltungsaufbau jeweils ein Voltmeter bereitstehen, um Spannungen an den einzelnen Schaltungsteilen zu messen.

3.4 Widerstand & Co.

Elektronikprojekte mit dem Arduino-Board bestehen meist aus dem Arduino-Board, also dem Gehirn dieser Lösung, und externen Komponenten wie Schaltern, Leuchten oder Ansteuer- und Umformschaltungen für Sensoren und Aktoren. Jede dieser Lösungen erfordert also eine gewisse Anzahl an elektronischen Bauteilen.

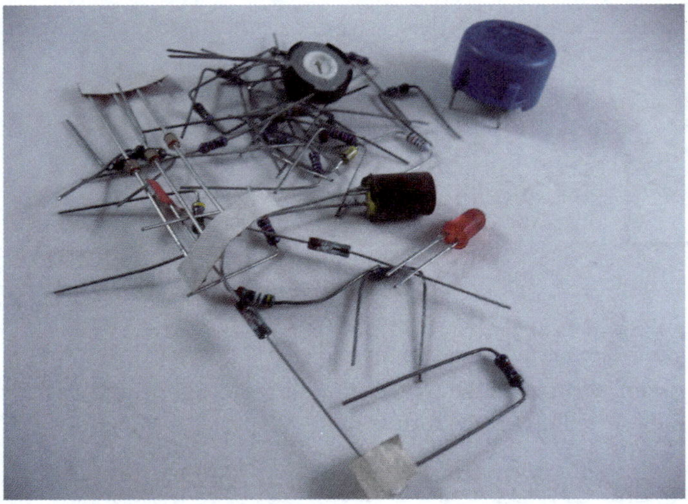

Abb. 3.19: Elektronische Bauelemente

Die elektronischen Bauteile sind die eigentlichen Arbeitstiere in einer elektronischen Schaltung. Die korrekte Zusammenschaltung und Dimensionierung der einzelnen Bauteile ergibt die vom Entwickler ausgetüftelte Lösung.

In jeder elektronischen Schaltung werden immer wieder die gleichen Bauelemente verwendet. Diese Bauelemente kann man als Standardkomponenten bezeichnen: Ohne sie ist keine elektronische Schaltung funktionsfähig.

Dieser Abschnitt erklärt die Standardbauelemente und beschreibt ihre wichtigsten Eigenschaften.

In den Erklärungen werden auch Berechnungsformeln erwähnt, um die einzelnen Bauelemente korrekt zu dimensionieren. Diese Dimensionierung erfordert Grundkenntnisse der Elektrotechnik, also das Wissen über das Verhalten von Strom und Spannung. Die elektrotechnischen Grundlagen sind Voraussetzung für eine richtige Dimensionierung der Komponenten und somit die Basis für einen fehlerfreien und sicheren Betrieb der realisierten Schaltung.

Bei den Erklärungen und Beschreibungen der einzelnen Bauteile und Schaltungen in diesem Buch wird davon ausgegangen, dass Sie die Grundkenntnisse der Elektrotechnik beherrschen und einfache Berechnungen anhand der Grundformeln der Elektrotechnik durchführen können.

Die verschiedenen elektronischen Bauelemente gibt es von vielen Herstellern und Lieferanten, und sie sind meist in verschiedenen Ausführungen, Dimensionen und Größen verfügbar. Trotz ihrer sonstigen Unterschiede haben alle Bauelemente Anschlussdrähte oder mechanische Anschlüsse für die Verdrahtung mit anderen Komponenten. Meist sind die Anschlüsse so ausgelegt, dass man sie in eine Leiterplatte oder ein Steckbrett stecken kann. Je nach Funktion oder Leistung sind diese Anschlüsse kleiner oder größer dimensioniert.

Aufgrund der verschiedenen Funktionen besitzen die einzelnen Bauelemente auch eine unterschiedliche Anzahl von Anschlüssen.

Die meisten Bauteile haben eine Typenbezeichnung, die von Hersteller zu Hersteller unterschiedlich sein kann. Alle Informationen zu den einzelnen Bauteilen sind in den Datenblättern oder Datenbüchern der einzelnen Hersteller beschrieben, meist sehr ausführlich. Diese Datenblätter mit den technischen und mechanischen Daten kann man einfach über das Internet beziehen oder man bestellt sie bei einem Lieferanten oder Hersteller in Papierform (Faltblatt oder Buch).

3.4.1 Widerstand

Bezeichnung	Widerstand
Bild	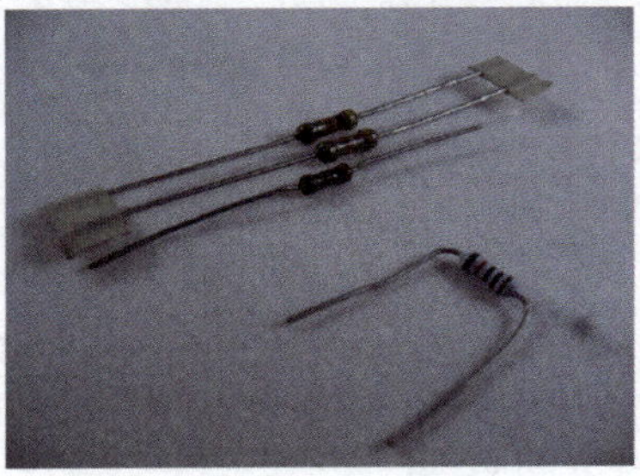

Bezeichnung	Widerstand
Schaltzeichen	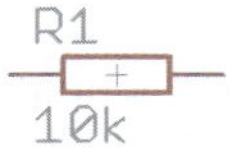
Werte	Ohm
Formel	Widerstand = Spannung/Strom R = U/I R in Ohm U in Volt I in Ampere

Der Widerstand ist das häufigste Bauelement und dient zur Begrenzung des Stroms im Schaltkreis. Das Bauteil besitzt zwei Anschlussdrähte und ist in verschiedenen Größen verfügbar. Die Größe hängt hauptsächlich von der Leistung P ab. Die Formel für die Leistungsberechnung lautet:

Leistung (P) = Spannung (U) * Strom (I).

Der Wert des Widerstands wird in den Einheiten Ohm, Kiloohm oder Megaohm angegeben.

Anwendungsbeispiel: Strombegrenzung für Leuchtdioden.

3.4.2 Potentiometer

Bezeichnung	Potentiometer
Bild	
Schaltzeichen	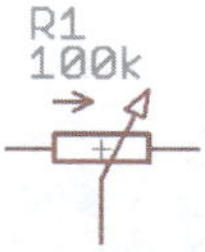
Werte	Ohm
Formel	Wie beim Widerstand

Das Potentiometer ist ein verstellbarer Widerstand und bei einem Gerät von außen meist als Drehregler sichtbar. Bei den Standard-Potentiometern ist der Drehbereich üblicherweise 270 Grad.

Das Einstellen des Widerstands erfolgt über die Drehachse oder mittels Schraubendreher.

Anwendungsbeispiel: Referenzwert für Analogeingang einstellen.

3.4.3 Kondensator

Bezeichnung	Kondensator
Bild	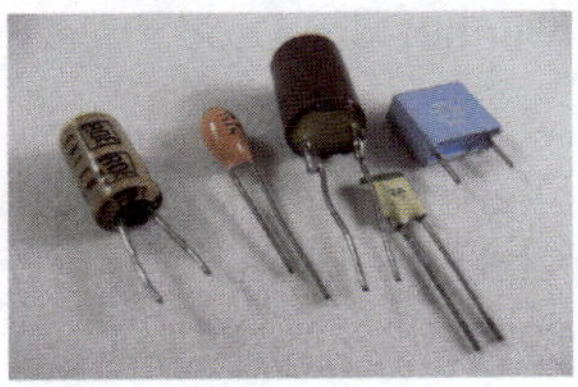
Schaltzeichen	
Werte	Farad uF: Mikrofarad nF: Nanofarad pF: Picofarad

Ein Kondensator ist eine Art »Spannungsspeicher«. Das Bauelement gibt es in gepolter (Schaltzeichen links) oder ungepolter Ausführung (Schaltzeichen rechts). Elektrolytkondensatoren sind gepolte Bauelemente und müssen bei der Montage richtig gepolt eingesetzt werden. Zu den ungepolten Kondensatoren gehören die Folien- oder Keramikkondensatoren.

Der Kondensator wird in elektronischen Schaltungen für verschiedene Zwecke eingesetzt. Elektrolytkondensatoren werden in Netzteilen zum Glätten der Spannung verwendet. Folien- und Keramikkondensatoren nutzt man bei Taktgebern oder Quarzen, zur Signalkopplung oder zur Signalglättung.

3.4.4 Diode

Bezeichnung	Diode
Bild	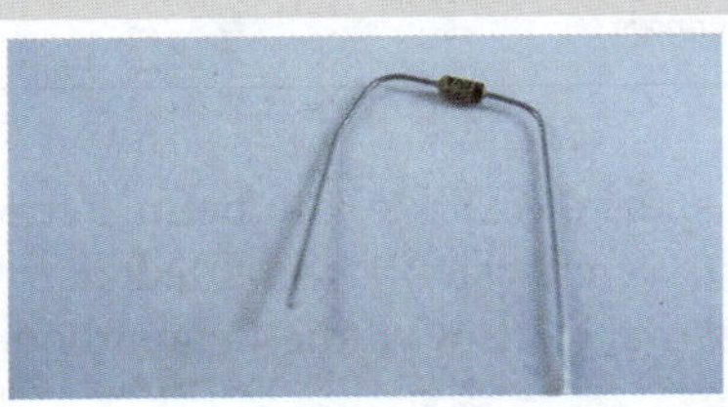

Bezeichnung	Diode
Schaltzeichen	

Dioden sind Bauelemente, die den Strom nur in eine Richtung fließen lassen. In Gegenrichtung (Sperrrichtung) arbeitet die Diode wie ein Ventil und sperrt den Stromfluss.

Dioden werden meist als Schutzelemente (Freilaufdioden bei Relais) oder in Netzteilen zur Gleichrichtung der Wechselspannung eingesetzt. In digitalen Schaltungen können mit Dioden Signale verknüpft werden.

Die Diode besitzt zwei Anschlussdrähte. Die Größe des Bauteilkörpers ist abhängig vom maximalen Durchgangsstrom. Die Durchlassspannung beträgt rund 0,7 Volt.

3.4.5 Leuchtdiode

Bezeichnung	Leuchtdiode
Bild	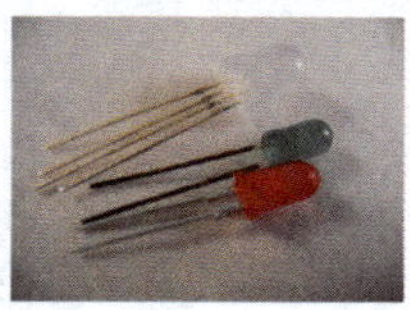
Schaltzeichen	
Eigenschaften	Durchlassstrom: 1–50 mA (abhängig vom Typ)
Anschluss	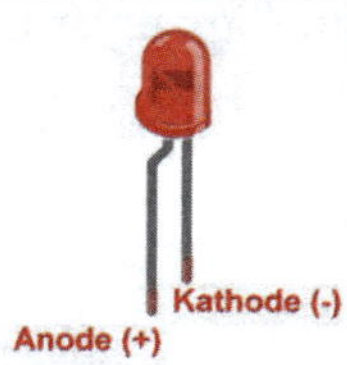

Die Leuchtdiode ist eine spezielle Diode, die beim Betrieb in Durchlassrichtung Licht abgibt, also leuchtet. Es gibt sie in verschiedenen Größen und Farben. Im Schaltplan oder umgangssprachlich wird die Leuchtdiode meist als »LED« (Light Emitting Diode) bezeichnet.

Eine Leuchtdiode benötigt für den Betrieb immer einen Vorwiderstand zur Strombegrenzung. Den maximal erlaubten Durchlassstrom kann man aus dem Datenblatt der jeweiligen LED ablesen. Für einen Normalbetrieb reichen gewöhnlich 1–20 mA.

Beim Einsatz von Leuchtdioden muss immer die Polarität beachtet werden. Die Leuchtdiode leuchtet nur, wenn der Strom in Durchlassrichtung, also von der Anode zur Kathode fließt. In der Praxis hat die LED meist zwei unterschiedlich lange Anschlussdrähte, der Anschluss der Kathode ist dabei kürzer.

Leuchtdioden werden oft als Anzeigeelemente eingesetzt. In Abbildung 3.20 ist ein Anwendungsbeispiel dargestellt.

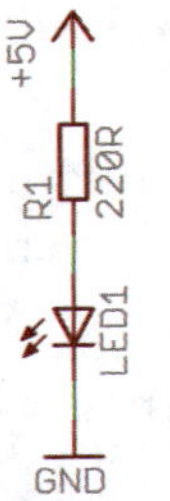

Abb. 3.20: Anzeige von Versorgungsspannung mit Leuchtdiode

Neben den »normalen« Leuchtdioden sind noch die Leuchtdioden für den Infrarotbereich zu erwähnen. Diese sogenannten »IR-Dioden« geben Signale im Infrarotbereich ab, daher ist keine Lichtemission erkennbar, und sie werden für Fernsteuerungen und Datenübertragungen verwendet.

3.4.6 Transistor

Bezeichnung	Transistor (auch bipolarer Transistor genannt)
Bild	
Schaltzeichen	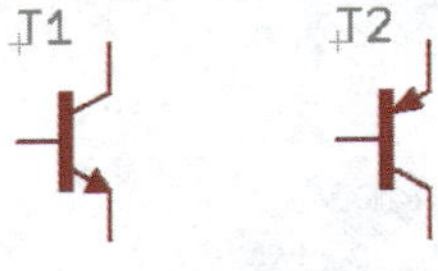 T1: NPN-Transistor (links) T2: PNP-Transistor (rechts)
Eigenschaften	Stromverstärkungsfaktor 50–500 (je nach Typ)

Transistoren sind elektronische Schaltelemente, mit denen man höhere Spannungen oder Ströme schalten kann. Mit einem kleinen Eingangsstrom kann ein hoher Strom oder ein Relais, Servo oder Motor geschaltet werden.

Transistoren werden in zwei Gruppen unterteilt – bipolare und unipolare Transistoren. Wenn man umgangssprachlich von Transistoren spricht, meint man bipolare Transistoren. Zur Gruppe der unipolaren Transistoren gehören Feldeffekttransistoren, abgekürzt FET. Feldeffekttransistoren werden mit einer Spannung angesteuert und haben einen hohen Eingangswiderstand. Im Projekt Netzteil in Kapitel 8 wird ein FET als Leistungsschalter verwendet.

Bipolare Transistoren werden meist für Schalt- und Verstärkerschaltungen verwendet. Je nach Aufbau der internen Struktur werden diese Transistoren als NPN- oder PNP-Transistor bezeichnet. NPN-Transistoren werden mit einem HIGH-Signal angesteuert, PNP-Transistoren mit einem LOW-Signal.

Transistoren besitzen immer drei Anschlüsse und sind in vielen verschiedenen Gehäuseformen und für verschiedene Anwendungsbereiche und Leistungen erhältlich.

Abbildung 3.21 zeigt ein Anwendungsbeispiel eines Transistors. Der NPN-Transistor arbeitet hier als Schalter und schaltet das Relais ein und aus.

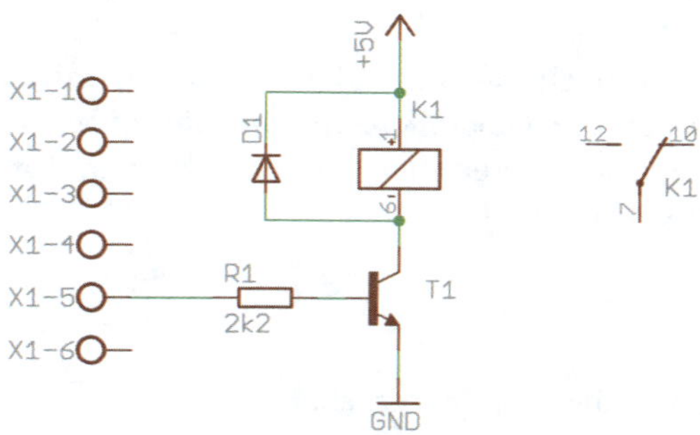

Abb. 3.21: Ansteuerung eines Relais mittels NPN-Transistor

3.4.7 Integrierte Schaltung (IC)

Bezeichnung	Integrierte Schaltung (IC)
Bild	

Bezeichnung	Integrierte Schaltung (IC)
Schaltzeichen	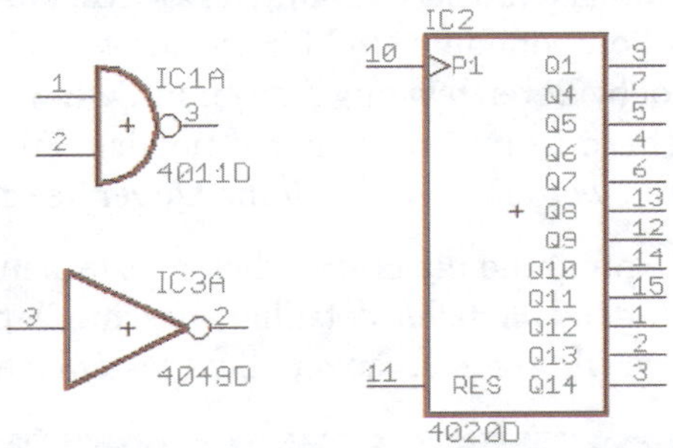

Integrierte Schaltungen (IC) werden im Volksmund »Chips« genannt und sind elektronische Bauelemente mit verschiedensten Funktionen. Die Bausteine mit acht oder mehr Anschlusspins (Anschlussbeinchen) beinhalten die vielfältigsten Funktionen, vom kleinen Verstärker bis zum hochintegrierten Mikrocontroller, der mit Tausenden von Transistoren aufgebaut wurde.

Auch der schwarze Baustein mit 28 Anschlusspins, der auf dem Arduino-Board zu finden ist, gehört in diese Kategorie.

Durch den Einsatz integrierter Schaltungen können komplexe Funktionen platzsparend realisiert werden.

Man erinnere sich an die ersten Handys, die sehr klobig und mit geringer Funktionalität auf den Markt kamen. Mittlerweile wurden in die mobilen Alleskönner dank der fortwährenden Entwicklung und Miniaturisierung auf dem Halbleitermarkt zusätzliche Funktionen wie Digitalkamera, GPS oder MP3-Player integriert.

Auf dem PC-Markt ist die schnelle Entwicklung in der Halbleiterbranche am rasanten Fortschritt der verwendeten Prozessoren erkennbar: Sie werden zunehmend schneller und die Halbleiterspeicherbausteine können immer mehr Daten auf engstem Raum speichern.

Die große Vielfalt an verschiedenen integrierten Schaltungen erschwert es dem Benutzer, die Übersicht zu behalten. Dank des Internets und der Datenbanken der verschiedenen Hersteller findet man aber dennoch die gewünschten Bausteine.

Neben den vielfältigsten Funktionen gibt es auch eine große Anzahl an Gehäuseformen, wobei sich einige Standards gebildet haben. Sehr verbreitet ist die Gehäuseform DIL (Dual In-Line). Sie besitzt zwei Reihen von Anschlussstiften mit einem Pinabstand von 0,1 Zoll (2,54 mm). Die beiden Stiftreihen selbst haben einen Abstand von 0,3 Zoll (7,62 mm) oder 0,6 Zoll (15,24 mm). Die Anzahl der Pins liegt zwischen 8 und 28, wobei durch die zweireihige Anordnung nur gerade Zahlen möglich sind.

Durch die fortwährende Miniaturisierung haben sich auch die Gehäuseformen für die Oberflächenmontage (Surface Mounted Devices, kurz SMD genannt) durchgesetzt. Diese SMD-Komponenten sind für die automatisierte Bestückung ausgelegt und finden im Hobby-Bereich wenig Anwendung. Ein Einsatz dieser Gehäuseformen auf Steckbrettern ist nur mit Adapter möglich. Für das Löten der SMD-Komponenten von Hand werden spezielle, feine Lötgeräte und -spitzen benötigt.

Die Anschlussbelegung und die erforderlichen externen Komponenten werden in den Datenblättern der Hersteller detailliert beschrieben. Alle technischen Daten und viele Beispielschaltungen ergänzen diese Datenblätter.

Vorsicht

Beim Einsatz von integrierten Schaltungen sollte man beachten, dass diese Bausteine sehr empfindlich gegen elektrostatische Aufladung sind. Entsprechende Schutzmaßnahmen wie spezielle Arbeitsflächen und geerdete Lötgeräte sind zu empfehlen.

3.4.8 Relais

Bezeichnung	Relais
Bild	
Schaltzeichen	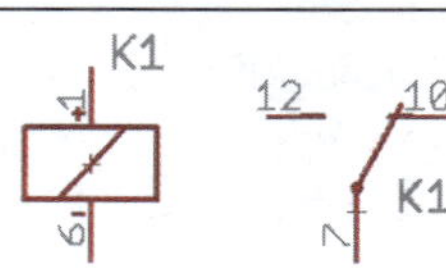

Ein Relais ist ein elektromagnetischer Schalter. Eine Spule mit Magnet zieht beim Anlegen einer Spannung einen Anker an. Dieser Anker wiederum schaltet auf mechanische Weise einen Kontakt. Zwischen der Ansteuerung der Spule und dem Kontakt besteht keine Verbindung. Diese Potenzialtrennung erlaubt es, mit einer kleinen Steuerspannung, meist im Bereich von 5–24 Volt Gleichspannung, eine höhere Last zu schalten (bis zu 380 Volt Wechselspannung). Die Schaltleistung der Kontakte kann mehrere Ampere betragen. Somit kann mit einem kleinen Mikrocontroller wie dem Arduino eine Heizung mit einer Leistung von mehreren Kilowatt gesteuert werden.

Die Ansteuerung eines Relais mittels eines Transistors ist weiter oben beschrieben.

3.4.9 Schalter

Bezeichnung	Schalter
Schaltzeichen	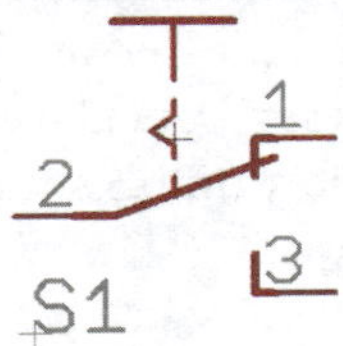

Schalter sind mechanische Bauteile und dienen zur Trennung von Schaltkreisen oder zur Signaleingabe.

Im Mikrocontroller-Bereich werden Schalter meist als Power-On-Schalter verwendet.

Die Bauformen und -größen sind sehr vielfältig, je nach Anwendungsfall und der zu schaltenden Spannung oder Leistung.

3.4.10 Taster

Bezeichnung	Taster
Bild	
Schaltzeichen	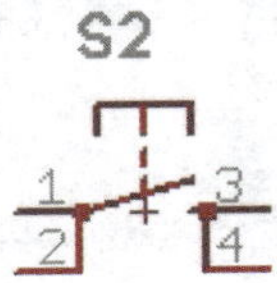
Steckbrett	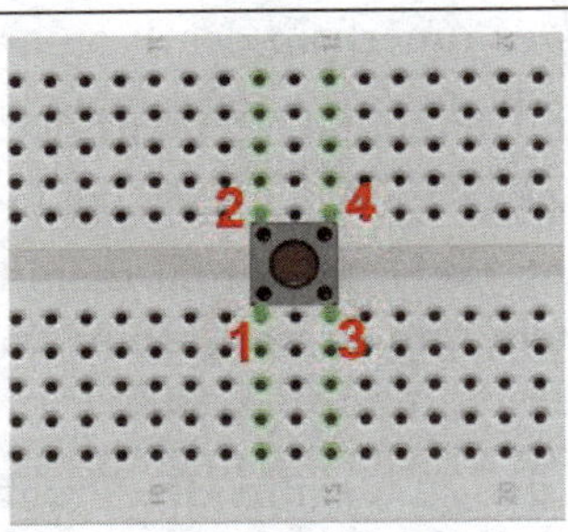

Taster oder Drucktaster (im Englischen als *push button* bezeichnet) sind mechanische Bauteile und dienen zur Signaleingabe oder als Reset-Knopf.

Im Arduino-Umfeld werden diese einfachen Drucktaster gerne als Eingabeelemente auf dem Steckbrett oder der Leiterplatte verwendet. Wie man anhand des Schaltzeichens erkennen kann, besitzt dieser Drucktaster vier Anschlusspins die mit 1–4 bezeichnet sind. Pin 1 und 2 sowie 3 und 4 sind jeweils miteinander verbunden.

3.5 Programmcode

Mit dem Ausführen des Testprogramms Blink nach der Installation der Treiber und der Entwicklungsumgebung hat das Arduino-Board schon das erste Programm, »Sketch« genannt, erfolgreich ausgeführt.

Der Einstieg in die Programmierung des Arduino ist recht einfach, denn die Struktur der Sketche ist übersichtlich. Die Arduino-Programmiersprache ist von der bekannten Programmiersprache C abgeleitet und schnell erlernbar. Für die ersten erfolgreichen Sketche benötigt man nur wenige Zeilen Code, und schon hat man das erste Erfolgserlebnis.

Das Erlernen der Syntax fällt leichter, wenn man in der Anfangsphase vorhandene Programme durcharbeitet und diese anschließend für eigene Anwendungen erweitert. Dank der recht großen Community lassen sich zu diesem Zweck über die Arduino-Website oder Suchmaschinen zahlreiche lauffähige Sketche und Lösungen finden.

3.5.1 Integer, Typen und Variablen

In der Programmierung werden verschiedene, unabhängig von der Programmiersprache genutzte Begriffe und Bezeichnungen verwendet.

Variablen

In einem Programm werden Werte, die für eine Weiterbearbeitung gespeichert sind, mit einem Bezeichner benannt. Dieser Bezeichner, also der Variablenname, sollte so gewählt werden, dass er innerhalb des Programms gut lesbar und verständlich ist.

Der Wert einer Variablen kann sich laufend ändern oder durch das Programm verändert werden.

Eine Variable besitzt neben einem Namen auch einen Datentyp, der den Wertebereich definiert.

Bei der Variablendeklaration, die zu Beginn des Programms erfolgt, wird der Datentyp, der Variablenname und der Wert der Variablen gesetzt. Erfolgt keine

Wertangabe, wird der Variablenwert auf 0 gesetzt. Bei Stringvariablen ist der Wert leer.

```
Datentyp Variablenname = Wert;
```

Beispiel:

```
int IRAbstand = 453; // Variable IRAbstand als Integer (ganzzahlig)
```

Verständliche Variablennamen wie `AbstandSensor` oder `EingabePin` verbessern die Lesbarkeit eines Programms, da anhand des Variablennamens bereits die Funktion im Programm erkennbar ist.

```
// Ideale Variablennamen
int AbstandSensor = 100;
int EingabePin = 2;
float TempWertAussen = 32.45;

// Schlecht gewählte Variablennamen
int x = 123;
float valy = 34.45;
```

Datentypen

Ein Datentyp beschreibt den erlaubten Wertebereich und die möglichen Operationen einer Variablen. Da die Datentypen der Variablen unterschiedlich viel Speicherplatz beanspruchen, muss sich der Programmierer bei der Programmerstellung genau darüber im Klaren sein, welche möglichen Werte eine von ihm definierte Variable besitzen kann: Handelt es sich nur um einen digitalen Zustand mit den Werten `ja` und `nein` oder kann die Variable einen ganzen Text aufnehmen? Entsprechend muss der Datentyp gewählt werden.

Die wichtigsten Datentypen und deren Wertebereiche für die Erstellung von Arduino-Programmen sind in Tabelle 3.5 aufgelistet.

Datentyp	Wertebereich/Speicherbedarf	Erklärungen/Beispiele
`int`	-32.768 bis 32.767 Speicherbedarf: 2 Bytes	Ganzzahlige Werte für Zähler, Schleifen oder Messwerte ohne Kommastellen Beispiel: `int Abstand=234;`
`byte`	0 bis 255 Speicherbedarf: 1 Byte	Niedrige Werte (und entsprechend kleiner Speicherbedarf) Beispiel: `byte Helligkeit=126;`

Tabelle 3.5: Wichtige Datentypen für Arduino-Programme

Datentyp	Wertebereich/Speicherbedarf	Erklärungen/Beispiele
`long`	-2.147.483.648 bis 2.147.483.647 Speicherbedarf: 4 Bytes	Ganzzahlige Zahlen mit hohen Werten Beispiel: `long durchgaenge=12345;`
`float`	-3.4028235E+38 bis 3.4028235E+38 Speicherbedarf: 4 Bytes	Werte mit Kommastellen Beispiel: `float TempWert=23.45;`
`double`	Entspricht dem Datentyp `float`	Beispiel: `Double IRAbstand=432.45;`
`char`	-128 bis 127 Speicherbedarf: 1 Byte	Wert für die Speicherung eines Zeichens Beispiel: `Char MyBuchstabe='A'`
`boolean`	TRUE/FALSE Speicherbedarf: 1 Byte	Wert für 1/0, Ja/Nein oder Ein/Aus, also Status EIN oder AUS Beispiel: `Boolean StopStatus=true;`
`string`	Länge je nach Definition Speicherbedarf: je nach Bedarf	Zeichenketten wie Texte oder mehrere Zeichen Beispiel: `String MyString[ ]="Arduino"`
`array`	Array mit Größe gemäß Definition Speicherbedarf: je nach Array-Größe	Werte in Variablen mit Tabellenform speichern, wie z.B. Listen von Ports oder Konfigurationswerte Beispiel: `int myPorts[ ] = {8, 9, 10, 11};`

Tabelle 3.5: Wichtige Datentypen für Arduino-Programme (Forts.)

Zusätzliche Informationen und Beispiele zu den Datentypen sind in Anhang A, »Codereferenz«, beschrieben.

Funktionen

Eine Funktion ist innerhalb eines Programms eine geschlossene Einheit und wird über den Namen aufgerufen. Meist werden beim Funktionsaufruf noch Werte übergeben, die dann innerhalb der Funktion verarbeitet werden. Diese Werte werden als »Parameter« bezeichnet. Nach Ausführung der Funktion, die eine Berechnung, eine Umwandlung oder eine Signalausgabe auf einen Ausgangsport sein kann, ist dieses »kleine Programm« ausgeführt und das Hauptprogramm, das die Funktion aufgerufen hat, wird fortgesetzt. Im nachfolgenden Abschnitt »Struktur« wird der Aufbau eines Arduino-Programms mit den Funktionen `setup()` und `loop()` beschrieben.

Oftmals liefert aber die aufgerufene Funktion eine Antwort zurück. Dies kann das Resultat einer Berechnung sein oder ein Status wie der Zustand eines Pins. Die Antwort wird als »Rückgabewert« bezeichnet.

Der Grundaufbau einer Funktion sieht also so aus:

```
Typ NameDerFunktion (Parameter)
{
  // Anweisungen
  Rückgabewert a;
}
```

Der Typ einer Funktion gibt an, welche Art Wert die Funktion zurückgibt. Hierbei kann es sich um einen Text, eine Zahl oder einen Zustand handeln. Entsprechend wird der Datentyp dieses Rückgabewertes im Aufruf der Funktion vor dem Funktionsnamen angegeben.

Der Aufruf einer Funktion erfolgt meist aus dem Hauptprogramm.

```
void loop() // Hauptprogramm
{
  int SensorPin = 2;
  tempwert = AussenTemperatur(SensorPin);
  // weitere Anweisungen
}

float AussenTemperatur(int PortSensor)
{
  //Analogwert einlesen und in Variable speichern
  tempwert = AnalogRead(PortSensor);
  //Rückgabe des eingelesenen Werts
  return tempwert;
}
```

Listing 3.1: Aufruf einer Funktion mit Rückgabewert

Listing 3.1 zeigt den Aufruf einer Funktion aus dem Hauptprogramm (Hauptschleife). Der Rückgabewert ist ein Temperaturwert mit dem Datentyp `float`.

Bei einer Funktion, die keinen Rückgabewert besitzt, wird für die Typenbezeichnung das Schlüsselwort `void` verwendet.

```
void loop() // Hauptprogramm
{
  AusgabeWert(SensorPin)
  // weitere Anweisungen
}

void AusgabeWert(PortSensor)
```

```
{
  //Einlesen des Analogwertes
  tempwert = AnalogRead(PortSensor);
  //Ausgabe des Analogwertes an die serielle Schnittstelle
  Serial.println(tempwert);
}
```

Listing 3.2: Aufruf einer Funktion ohne Rückgabewert

In Listing 3.2 besitzt die Funktion `AusgabeWert()` keinen Rückgabewert. Somit wird als Datentyp das Schlüsselwort `void` verwendet.

3.5.2 Struktur

Die Struktur eines Arduino-Programms teilt sich in zwei Bereiche auf: `setup()` und `loop()`.

```
void setup() // Programmstart
{
  // Anweisungen
}

void loop() // Hauptschleife
{
  // Anweisungen
}
```

Listing 3.3: Arduino-Sketch: Struktur

Die `Setup`-Funktion wird einmalig beim Start des Arduino-Boards oder nach einem Reset ausgeführt. In dieser Funktion werden Grundeinstellungen wie Variablendeklarationen oder die Konfiguration der seriellen Schnittstelle vorgenommen. Zusätzlich werden die Ein- und Ausgänge gesetzt.

```
int ledPin = 13;     // LED an Pin 13
int buttonPin = 2;   // Button an Pin 2

void setup()
{
  pinMode(ledPin, OUTPUT);    // Pin 13 als Ausgang
  pinMode(buttonPin, INPUT);  // Pin 2 als Eingang
  Serial.begin(9600);         // Initialisierung der seriellen Schnittstelle
}
```

Listing 3.4: Setup-Funktion: Definition von Ein- und Ausgängen und Konfiguration der seriellen Schnittstelle

Die Setup-Funktion ist zwingend notwendig und muss immer vorhanden sein, auch wenn keine Deklarationen erfolgen müssen. In diesem Fall bleibt die Funktion ohne Anweisungen.

```
void setup()  // Setup ohne Deklaration oder pinMode-Konfiguration
{
}
```

Listing 3.5: Arduino-Sketch: Setup-Funktion ohne Deklaration

Die Loop-Funktion ist der zweite Bereich der Grundstruktur eines Arduino-Programms und hat die Aufgabe eines Hauptprogramms. Nach dem einmaligen Durchlaufen der Setup-Funktion wird die Loop-Funktion durchlaufen – wie der Name schon sagt, als endlose Schleife. In dieser Schleife werden alle weiteren Anweisungen und Funktionsaufrufe untergebracht, die im Normalbetrieb für die gewünschte Lösung benötigt werden.

```
void loop()  // Schleife des Hauptprogramms
{
  digitalWrite(ledPin, HIGH);    // LED einschalten
  delay(1000);                   // 1 Sekunde warten
  digitalWrite(ledPin, LOW);     // LED ausschalten
  delay(500);                    // 0,5 Sekunden warten
  // und weiter geht's am Start des Loops
}
```

Listing 3.6: Arduino-Sketch: Hauptschleife loop()

3.6 Testen

Das Testen der Soft- und Hardware wird in mehreren Schritten und fortlaufend durchgeführt. Beim Erstellen des Codes kann der Programmierer die Syntax mittels Compiler direkt in der Entwicklungsumgebung prüfen.

Diese Syntaxprüfung gibt aber keinen Hinweis auf eine fehlerhafte Strukturierung oder einen falschen Ablauf des Programms. Die korrekte Ablaufsteuerung muss direkt auf dem Board und zusammen mit den externen Komponenten geprüft werden.

Die Prüfung der Hardware, speziell bei Verwendung von vielen oder komplexen externen Sensoren und Aktoren, erfolgt idealerweise mit einzelnen kleinen Prüfprogrammen. Im Voraus muss natürlich sichergestellt werden, dass die elektrische Verdrahtung der Motorstufe oder des Servos korrekt ist. Die ersten Tests der externen Hardware kann man ohne Arduino-Board durchführen.

Zustände von Ein- und Ausgängen können über LED-Anzeigen sichtbar gemacht werden.

Mit dem Zusammenschalten aller Hardwareteile und dem erstmaligen Ausführen des gesamten Programms erfolgt der erste wichtige Test. Oftmals läuft die aufgebaute Lösung bei den ersten Tests noch nicht oder teilweise fehlerhaft. Hier beginnt nun das Debuggen der einzelnen Aktionen und Funktionen des Programms.

Die Anzeige von einzelnen Variablenwerten oder Signalzuständen innerhalb des Programmablaufs kann mittels des seriellen Monitors realisiert werden, indem man die gewünschten Werte über die serielle Schnittstelle ausgibt. In der Konsole werden die Daten während des Programmablaufs dargestellt und unterstützen den Programmierer bei der Fehlersuche.

3.6.1 Serieller Monitor

Der serielle Monitor ist innerhalb der Entwicklungsumgebung ein nützliches Werkzeug und erlaubt die Darstellung der über den seriellen Port übertragenen Daten.

Wie bereits früher erwähnt, wird der serielle Monitor über die Symbolleiste oder den Menüpunkt TOOLS aufgerufen (Abbildung 3.22).

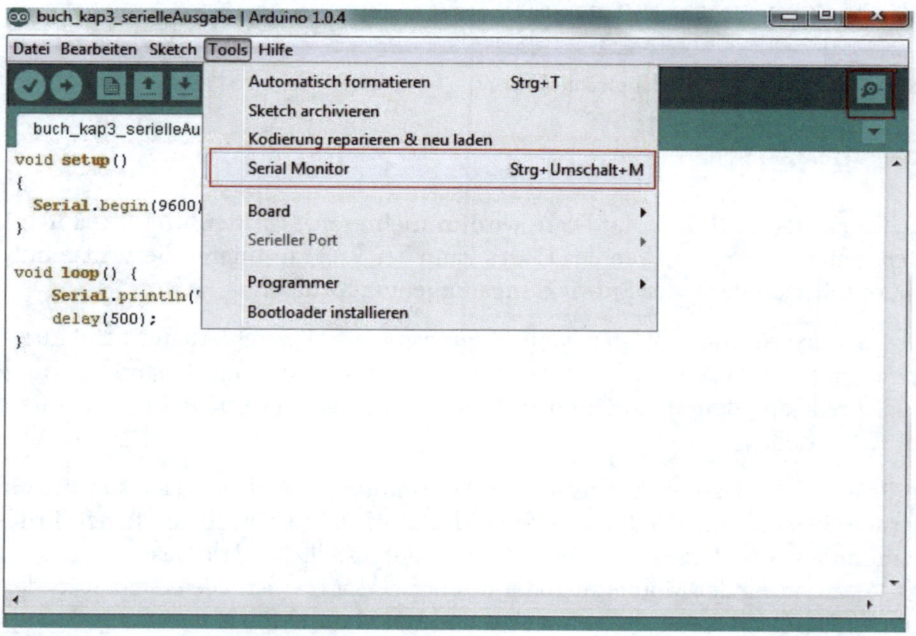

Abb. 3.22: Serieller Monitor – Symbolleiste

Nach einem Klick auf »Serial Monitor« öffnet sich ein neues Fenster ohne Inhalt.

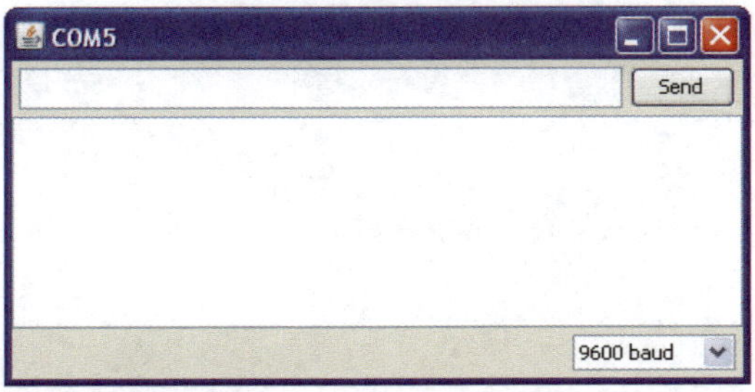

Abb. 3.23: Serieller Monitor

Der serielle Monitor kann nun genutzt werden, um Daten vom Arduino zu empfangen oder Daten zu senden (Abbildung 3.23).

Damit Daten vom Arduino im seriellen Monitor erscheinen, muss das Arduino-Board ein Programm ausführen, und im Code müssen Anweisungen für eine serielle Ausgabe definiert sein.

```
void setup()
{
  Serial.begin(9600); // Konfiguration serielle Schnittstelle
}

void loop()
{
  Serial.println("Hallo Arduino Welt"); // Ausgabe
}
```

Listing 3.7: Code: Serielle Ausgabe

Nun muss noch die Übertragungsrate in Baud mit der Einstellung im Code übereinstimmen. Dann sollten die ersten Daten erscheinen.

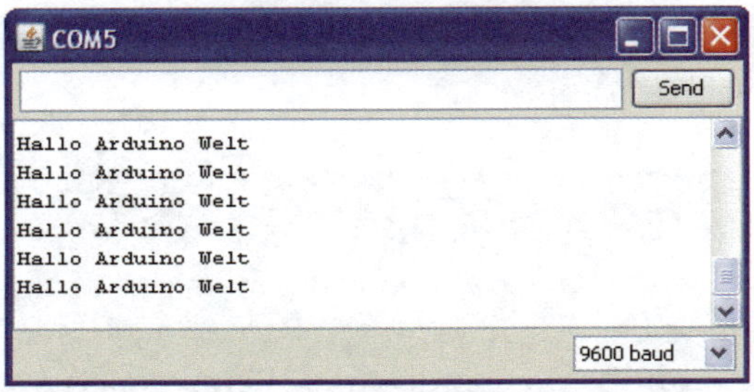

Abb. 3.24: Daten vom Arduino im seriellen Monitor

Damit die Daten vom Arduino-Board empfangen werden, muss im Code die entsprechende Anweisung vorhanden sein.

```
int gesendeterWert = 0;

void setup()
{
  Serial.begin(9600); // Konfiguration serielle Schnittstelle
}

void loop() {
  if (Serial.available() > 0) {
    gesendeterWert = Serial.read();
    if (gesendeterWert == '1')
    {
     Serial.println("Wert war 1"); // Ausgabe, falls Wert = 1
    }
    else
    {
     Serial.println("Wert war nicht 1"); // Ausgabe, falls Wert <> 1
    }
  }
  delay(500);
}
```

Listing 3.8: Code: Serielles Senden und Empfangen

Zum Senden von Daten mit dem seriellen Monitor wird ein Text in das Eingabefeld geschrieben und der Button SEND gedrückt.

Abb. 3.25: Serieller Monitor: Senden und Empfangen

Hinweis

Beim Testen der Schaltung ist zu beachten, dass das Arduino-Board beim Aufruf des seriellen Monitors zurückgesetzt und der geladene Sketch kurze Zeit später neu gestartet wird. Dies gilt für die Arduino-Standardboards. Beim neuesten Board, dem Arduino Leonardo, ist dieses Verhalten deaktiviert.

3.6.2 Code-Debugging

Wo programmiert wird, treten Fehler auf. Das merkt man schnell, wenn man die ersten eigenen Codezeilen für sein Arduino-Board erstellt. Ein fehlendes Semikolon oder eine vergessene Deklaration und schon reklamiert der Editor beim Kompilieren des Programmcodes.

Bei kleineren Projekten hat man den Fehler meist schnell gefunden und behoben und kann das Programm wieder kompilieren.

Ein Fehler heißt aber nicht zwingend ein fehlendes Zeichen oder ein Schreibfehler im Code. Bei umfangreicheren Projekten mit einer größeren Anzahl an verwendeten Ein- und Ausgängen, Analogdaten oder PWM-Ausgängen kann ein syntaktisch korrekter Programmcode trotzdem einen Fehler in der Ausführung bedeuten. Ein Servo dreht sich nicht oder der angeschlossene Motor des Selbstbauroboters stoppt nicht, obwohl der Abstandssensor die nahe Wand registriert hat.

In diesem Fehlerfall ist kein Programmfehler zu erkennen, da dieser beim Kompilieren des Programmcodes aufgefallen wäre. Die weiteren möglichen Ursachen sind vielfältig: Im Programmaufbau wird eine Prozedur nicht aufgerufen, ein Wert einer Variablen ist wider Erwarten falsch oder eine getroffene Entscheidung geht in die falsche Richtung.

Es muss also einen Weg geben, damit man in solch einem Fall tiefer in den Programmablauf blicken kann. Wichtig ist natürlich, dabei sicherzustellen, dass die externen Komponenten wie Temperatursensor, Entfernungssensor oder auch Endschalter korrekte Werte oder Signale liefern. Die Prüfung der einzelnen externen Elemente führt man mittels kleiner Sketche aus und kontrolliert so die korrekte Funktionsweise. Diese Sketche können idealerweise Ausschnitte aus dem Hauptprogramm sein.

Erfahrungsgemäß ist eine Prüfung von Einzelfunktionen einfacher zu realisieren, denn auf diese Weise stellt man sicher, dass die einzelnen Teile laufen.

Bei der Prüfung von Einzelfunktionen oder auch einer Gesamtfunktion muss man die internen Daten im Programm sichtbar machen. Da viele Projektlösungen keinen Bildschirm oder ein sonstiges Anzeigeelement besitzen, müssen die zu prüfenden Daten bei der Fehlersuche im Code auf eine andere Art sichtbar gemacht werden.

Angesichts der Tatsache, dass das Arduino-Board bei der Programmierung mit dem Rechner und der Entwicklungsumgebung verbunden ist, liegt es nahe, die Daten auf den Rechner auszugeben. Die Ausgabe erfolgt über die serielle Schnittstelle und kann mit dem seriellen Monitor oder einem Hyperterminal-Programm sichtbar gemacht werden.

Programmtechnisch heißt das nun, dass der zu prüfende Sketch durch verschiedene Debug-Ausgaben erweitert wird (Listing 3.9).

```
// Variablen
boolean DEBUG = true;     // Debugging aktivieren mit TRUE
int SerSpeed =9600;

void setup()
{
  Serial.begin(SerSpeed); // Konfiguration serielle Schnittstelle
  ....
  if(DEBUG)
  {
   Serial.println("Debugging aktiviert");
  }
}

void loop()
{
  ..
  ..
  if(DEBUG)
  {
   Serial.print("Wert A0: ");
   Serial.println(analog0);
   Serial.print("Wert A1: ");
   Serial.println(analog1);
  }
}
```

Listing 3.9: Code: Debugging mittels serieller Ausgabe

Durch Setzen der Variablen **debug** auf TRUE können die Werte im seriellen Monitor überprüft werden. Für den Produktiveinsatz wird die Variable auf FALSE gesetzt, und es erfolgt keine Ausgabe auf die serielle Schnittstelle.

Digitale Zustände können neben der Ausgabe im seriellen Monitor auch mittels Leuchtdioden sichtbar gemacht werden. Dazu wird ein kleines Steckbrett mit Leuchtdioden und Vorwiderständen mit dem Arduino-Board verbunden. Dann werden die Leuchtdioden an die zu prüfenden Ein- und Ausgänge angeschlossen und machen so die digitalen Zustände sichtbar.

Für einen stabilen Aufbau kann auch ein Proto-Shield (Erweiterungsplatine mit Platz für eigene Schaltungen) mit den Leuchtdioden als Statusanzeige realisiert werden. Dieses kann sauber auf das Arduino-Board gesteckt werden.

Mit diesen Debug-Methoden sollte ein möglicher Programm- oder Ablauffehler schnell lokalisiert werden können.

Weitere Informationen zur Fehlersuche in Soft- und Hardware erhalten Sie in Kapitel 11.

3.7 Projekt Blink

In Kapitel 2 wurde zur ersten Inbetriebnahme das Beispiel-Programm `Blink` auf das Arduino-Board geladen. Mit diesem ersten Projekt auf dem Steckbrett ist eine Leuchtdiode zum Blinken gebracht worden.

Dieses Projekt wollen wir nun nochmals im Detail untersuchen.

Der Steckbrett-Aufbau ist nochmals in Abbildung 3.26 dargestellt.

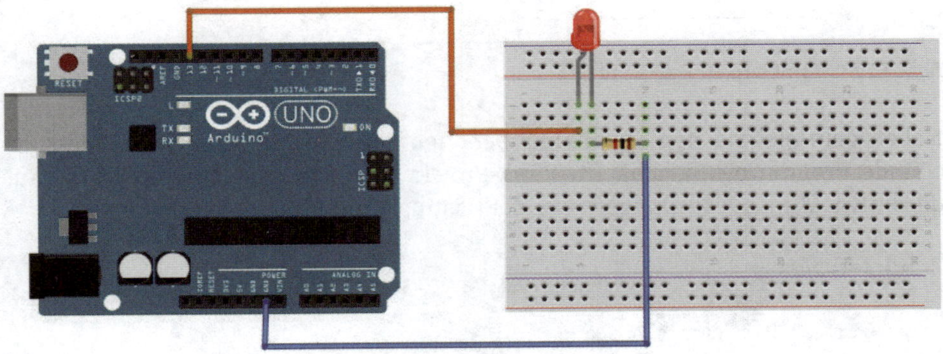

Abb. 3.26: Projekt Blink auf Steckbrett

Wie in Abschnitt 3.1.1 erwähnt, stellt ein Stromlaufplan alle Komponenten einer Schaltung und deren Verbindungen dar. Der Stromlaufplan für das Projekt Blink ist recht kompakt, da neben dem Arduino-Board nur noch 2 elektronische Bauelemente, nämlich eine Leuchtdiode und ein Vorwiderstand, benötigt werden.

Abbildung 3.27 zeigt den Stromlaufplan für dieses Projekt. Das Steckbrett wird dabei im Stromlaufplan nicht dargestellt. Das Arduino-Boards selbst wird als »Blackbox« mit einzelnen Anschlusspins angezeigt wobei einzelne Schaltungsteile wie der Mikrocontroller, der USB-Anschluss und die Versorgungsspannung nicht detailliert aufgezeigt werden.

Aus dem Stromlaufplan kann man erkennen dass am digitalen Ausgang D13 eine Drahtverbindung zur Leuchtdiode LED1 und anschließend zum Widerstand R1 führt. Vom Widerstand aus führt dann eine Drahtverbindung zum GND-Signal. Somit ist der Stromkreis geschlossen.

Falls nun ein HIGH-Signal an D13 anliegt, fließt ein Strom durch die Leuchtdiode und den Widerstand, und die Leuchtdiode leuchtet. Liegt ein LOW-Signal an D13, erfolgt kein Stromfluss, da ein LOW jeweils 0 Volt entspricht.

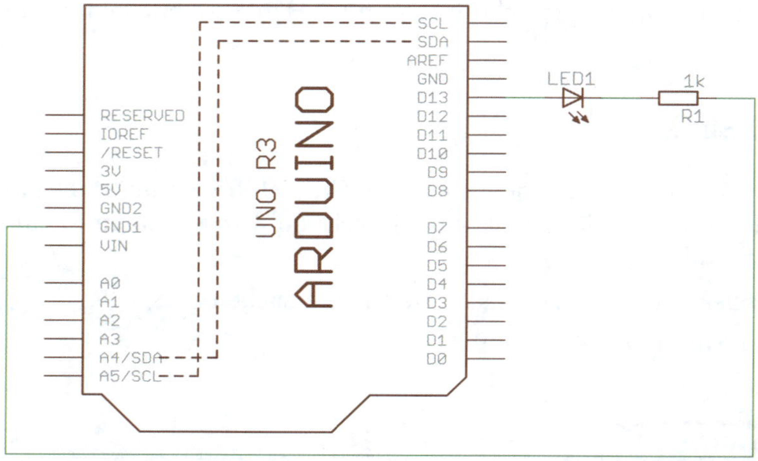

Abb. 3.27: Stromlaufplan Projekt Blink

Neben dem elektrischen Stromkreis benötigt jedes Arduino-Projekt ein entsprechende Programm (Sketch). Im Blink-Projekt wird dazu das Beispiel `Blink` aus der Entwicklungsumgebung verwendet (Listing 3.10).

```
void setup()
{
  // Digital Pin 13 als Ausgang
  pinMode(13, OUTPUT);
}

void loop()
{
  // LED an D13 Ein
  digitalWrite(13, HIGH);
  // 1 Sekunde warten
  delay(1000);
  // LED an D13 Aus
  digitalWrite(13, LOW);
  // 1 Sekunde warten
  delay(1000);
}
```

Listing 3.10: Sketch Blink

Wie zu Beginn dieses Kapitel beschrieben, teilt sich die Struktur eines Arduino-Programmes immer in eine Setup-Routine `setup()` und ein Hauptprogramm `loop()` auf.

Im Blink-Projekt wird in der Setup-Routine der digitale Pin 13 als Ausgang definiert.

```
void setup()
{
  // Digital Pin 13 als Ausgang
  pinMode(13, OUTPUT);
}
```

Im Hauptprogramm läuft dann der ganze Blink-Prozess ab. Im ersten Schritt wird der digitale Ausgang auf HIGH gesetzt, und die Leuchtdiode geht an.

```
void loop()
{
// LED an D13 Ein
digitalWrite(13, HIGH);
```

Anschließend wird mittels `delay()` eine Pause von 1000 Millisekunden gemacht.

```
// 1 Sekunde warten
delay(1000);
```

Nun wird der digitale Ausgang D13 auf LOW gesetzt. Die Leuchtdiode geht somit aus.

```
// LED an D13 Aus
digitalWrite(13, LOW);
```

Nach einer weiteren Pause von 1000 Millisekunden ist ein Durchgang des Hauptprogrammes abgeschlossen und der gesamte Vorgang beginnt wieder vorn vorn.

```
// 1 Sekunde warten
delay(1000);
}
```

Die Ausführung der Funktion `loop()` erfolgt solange, bis die Versorgungsspannung des Arduino-Boards entfernt wird oder der Arduino-Mikrocontroller durch einen Reset neu gestartet wird.

Das Blink-Programm ist eine gute Basis für das Erlernen der Arduino-Programmierung. Schrittweise kann nun die Struktur von `Blink` erweitert werden.

3.8 Projekt Wechselblinker

Ein Wechselblinker ist eine kleine Schaltung mit 2 Leuchtdioden die abwechselnd blinken. Die Wechselblinker-Schaltung kann im Modellbau oder in einem Modelleisenbahn-Projekt eingesetzt werden.

Der Wechselblinker in diesem Projekt basiert auf dem bekannten Projekt `Blink` und kann einfach an die eigenen Bedürfnisse angepasst werden.

Abbildung 3.28 zeigt den Schaltungsaufbau auf dem Steckbrett mit zwei Leuchtdioden unterschiedlicher Farbe.

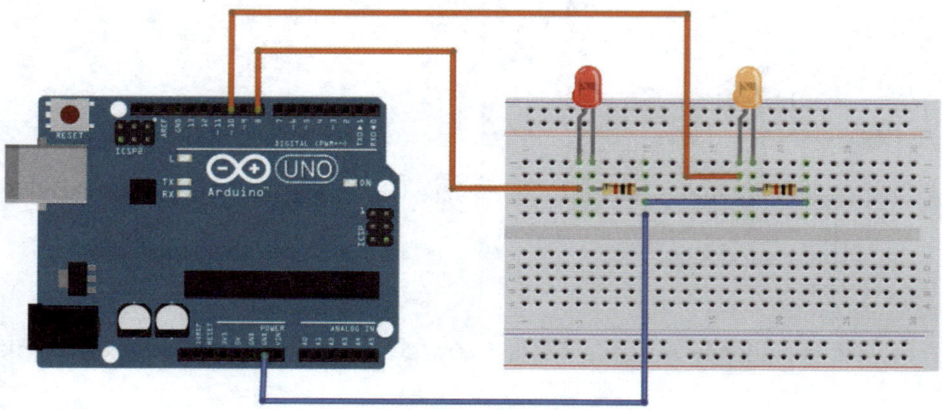

Abb. 3.28: Steckbrett-Aufbau Wechselblinker

Stückliste (Projekt Wechselblinker)

1 Arduino-Board

1 Steckbrett

2 Widerstände 1 kOhm (R1, R2, braun, schwarz, rot)

1 LED rot (LED1)

1 LED orange (LED2)

Anschlussdrähte

Aus der Steckbrett-Ansicht ist zu erkennen, dass beide Leuchtdioden an getrennten Arduino-Pins angeschlossen werden. In Abbildung 3.29 ist der komplette Stromlaufplan dargestellt. Die rote LED wird an D8 und die orangefarbene LED an D10 angeschlossen. Beide Leuchtdioden werden jeweils mit einem Vorwiderstand von 1kOhm betrieben.

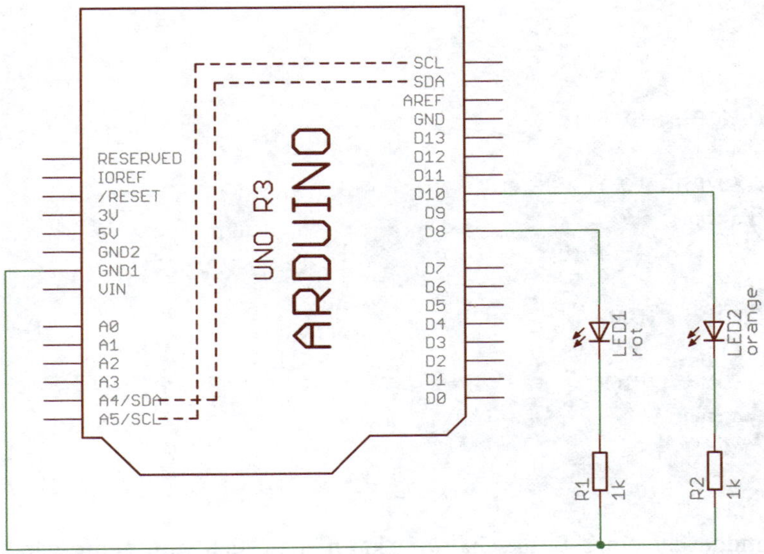

Abb. 3.29: Stromlaufplan Wechselblinker

Der Sketch für den Wechselblinker basiert auf dem bekannten `Blink`. Für den Wechselblinker wird das Programm optimiert und erweitert.

Da mehr als ein Arduino-Pin verwendet wird, speichern wir die Pin-Nummern für die beiden LEDs in Variablen.

```
int LED1Pin=8;
int LED2Pin=10;
```

In der Setup-Routine werden nun die beiden für die Leuchtdioden verwendeten Pins als Ausgänge definiert.

```
void setup()
{
  // Digital Pin 8 als Ausgang
  pinMode(LED1Pin, OUTPUT);
  // Digital Pin 10 als Ausgang
  pinMode(LED2Pin, OUTPUT);
}
```

Im Hauptprogramm werden nun die beiden Ausgänge alternierend ein- beziehungsweise ausgeschaltet. Das Resultat ist ein wechselndes Blinken der beiden farbigen Leuchtdioden. Zwischen jedem Schaltvorgang erfolgt jeweils eine Pause von einer Sekunde.

```
void loop()
{
  // LED an D8 Ein
  digitalWrite(LED1Pin, HIGH);
  // LED an D10 Aus
  digitalWrite(LED2Pin, LOW);
  // 1 Sekunde warten
  delay(1000);
  // LED an D8 Aus
  digitalWrite(LED1Pin, LOW);
  // LED an D10 Ein
  digitalWrite(LED2Pin, HIGH);
  // 1 Sekunde warten
  delay(1000);
}
```

Mit diesem Grundgerüst einer Blinkschaltung kann man sich nun seine ganz eigene Blink-Anwendung realisieren. Dazu kann man die Schaltung durch unterschiedliche Farben der Leuchtdioden, die Anzahl der Leuchtdioden oder veränderte Pausenzeiten an seinen Anwendungsfall anpassen. Daraus werden dann Blinklichter auf der Modelleisenbahn, Warnsignale für Baustellen, Signallichter für Polizei-Modellautos oder Lauflichter.

Kapitel 4

Eingänge und Ausgänge

Die Eingänge und Ausgänge des Arduino-Boards sind die Schnittstellen zur Außenwelt, um Umweltdaten, wie Temperaturen oder Luftfeuchtigkeit, Abstandsmeldungen von einem Infrarotsensor oder Signale von einem Endschalter auf einem mobilen Roboter einzulesen, oder aber Lampen, Relais oder Motoren anzusteuern. Ein Mikrocontroller ohne Ein- und Ausgänge ist wie ein Internet-PC ohne Internetverbindung.

In diesem Kapitel werden die Möglichkeiten der digitalen und analogen Ein- und Ausgänge des Arduino-Boards beschrieben.

Der Arduino Uno besitzt 14 digitale und 6 analoge Ports. Als »Port« wird ein Anschlusspin des Mikrocontrollers bezeichnet, der als Ein- oder Ausgang programmiert werden kann. Einzelne Ports besitzen zusätzliche spezielle Aufgaben wie das Sendesignal (Port D1) oder Empfangssignal (Port D0) der seriellen Schnittstelle oder die Pulsweitenmodulation (PWM).

Im Startprojekt Blink wurde ein einzelner digitaler Ausgang für die Ansteuerung einer Leuchtdiode auf dem Steckbrett verwendet.

Durch den Einsatz von Erweiterungsplatinen (Shields) kann die Anzahl der Ports oder deren Funktionalität erweitert werden. Zu beachten ist in diesem Fall, dass die Shields Ports belegen, die von den Anwendungen auf den Erweiterungen nicht mehr verwendet werden können. Als Beispiel ist hier das Ethernet-Shield mit den Signalen der Ports 10 bis 13 (SPI-Kommunikation) zu erwähnen.

In Abbildung 4.1 ist nochmals ein Arduino Uno mit den digitalen und analogen Ein-und Ausgängen abgebildet.

Für den praktischen Einsatz sind auf dem Arduino-Board alle Signalnummern sauber und gut lesbar aufgedruckt. Auch die serielle Schnittstelle an D0 und D1 ist dargestellt.

Bei den Port D3, D5, D6, D9, D10 und D11 ist zusätzlich eine Tilde (~) sichtbar. Diese Signalleitungen können als analoge Ausgänge in Form eines PWM-Signales genutzt werden. Die Funktion des PWM wird in Abschnitt 4.3.2 genauer erklärt.

Abb. 4.1: Ein- und Ausgänge des Arduino Uno

4.1 Digitale Eingänge

Digitale Eingänge kennen nur zwei Zustände: 1 und 0 oder HIGH und LOW, wobei 1 einer Spannung von 5 Volt entspricht und 0 einer Spannung von 0 Volt.

Die einzulesenden Signale an den digitalen Eingängen stammen von anderen digitalen Schaltkreisen oder von Sensoren mit digitalen Ausgängen.

4.1.1 Port als Eingang setzen

Die digitalen Ports des Arduino-Mikrocontrollers sind standardmäßig als Eingänge programmiert und besitzen einen hohen Eingangswiderstand. Grundsätzlich muss keine Konfiguration für einen Eingang vorgenommen werden. In den meisten Programmen werden Eingänge aber trotzdem mit der Methode `pinMode()` definiert.

Wie bereits in Kapitel 3 erklärt, erfolgt die Konfiguration in der Funktion `setup()`.

```
void setup()
{
  pinMode(8, INPUT);  // Port 8 als Eingang setzen
}
```

Listing 4.1: Digitalen Port als Eingang setzen

Möchte man den Status eines Schalters einlesen, beispielsweise des Endschalters eines Roboters, muss der digitale Eingang mittels eines Widerstandes auf ein festes Potential gesetzt werden, damit der Eingang bei nichtaktiviertem Schalter ein definiertes Potential besitzt. Andernfalls können Störungen von Außen den Eingang beeinflussen. Das heißt, dass der Eingang ein High-Signal misst, obwohl der Schalter am Eingang nicht aktiviert ist.

Definiertes Potential wiederum heißt, dass man den Eingang mittels eines hochohmigen Widerstandes auf GND oder 5V setzt.

In Abbildung 4.2 ist der Eingang D2 mittels sogenanntem »Pull-up-Widerstands« auf HIGH gesetzt. »Pull-up« bedeutet hochziehen, der Eingang wird also auf hohes Potential, in unserem Fall 5V gesetzt. Der Eingang D4 wiederum besitzt einen Widerstand, der gegen GND geht. Diesen Widerstand nennt man »Pull-down-Widerstand«.

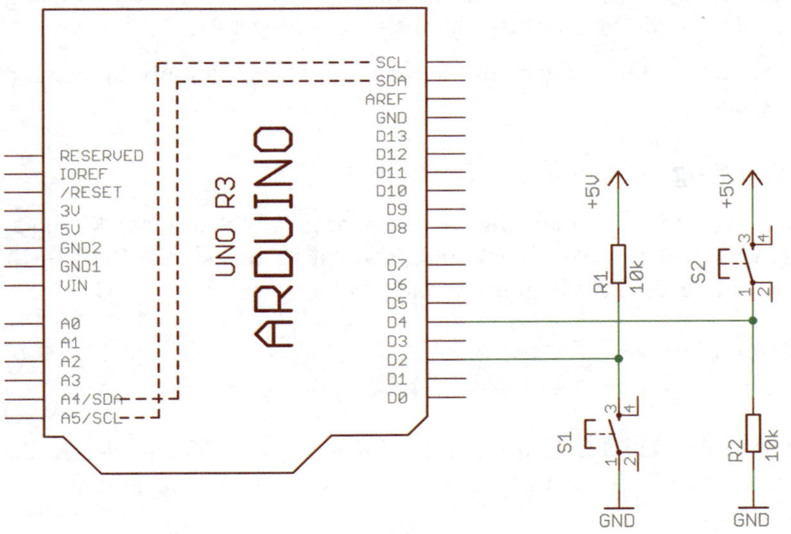

Abb. 4.2: Digitaler Eingang mit externem Pull-up-Widerstand

Je nach Schaltungsart mit Pull-up oder Pull-down liest der Mikrocontroller bei nicht aktiviertem Schalter ein LOW oder ein HIGH ein. Dies muss im entsprechenden Code berücksichtigt werden.

Ob man nun einen Pull-up- oder einen Pull-down-Widerstand verwendet, spielt keine Rolle. Bei einem Pull-down-Widerstand muss der Eingang quasi Strom liefern. Darum hat sich in der Praxis die Pull-up-Variante durchgesetzt.

Ein weiterer Vorteil der Pull-up-Lösung ist, dass im Mikrocontroller auf dem Arduino-Board intern bereits Pull-up-Widerstände integriert sind.

Diese integrierten Widerstände können bei Bedarf pro Eingang aktiviert werden. Standardmäßig sind die Pull-up-Widerstände nicht eingeschaltet. Die Variante mit Pull-down-Widerständen ist im Mikrocontroller nicht vorgehen. Falls diese Lösung erforderlich ist, müssen die Widerstände extern angeschlossen werden.

Die Aktivierung des internen Pull-up-Widerstands erfolgt einmalig in der Funktion `setup()`.

```
void setup()
{
  pinMode(2, INPUT);       // Pin 2 als Eingang setzen
  digitalWrite(2, HIGH);  // internen Pull-up einschalten
}
```

Listing 4.2: Digitaler Eingang: Pull-up einschalten

Mit der Methode `digitalWrite()` in Listing 4.2 wird ein HIGH-Signal am Eingang D2 ausgegeben, obwohl dieser Pin nicht als Ausgang definiert ist.

Auf diese Weise kann an einem digitalen Eingang der interne Pull-up-Widerstand eingeschaltet werden.

4.1.2 Digitalen Eingang lesen

Das Einlesen des Wertes für einen digitalen Eingang erfolgt mit der Methode `digitalRead(PinNummer)`. Das eingelesene Resultat ist immer ein Wert HIGH oder LOW. Die Nummer des Pins liegt im Bereich von 0 bis 13.

```
// Eingang Port 8 einlesen
digitalRead(8);       // Port 8 einlesen
```

Im Listing 4.3 wird im Hauptprogramm laufend der Eingang D8 eingelesen. Zu beachten ist, dass vorher in der Setup-Routine der verwendete digitale Port als Eingang definiert wurde.

```
void setup()
{
  pinMode(8, INPUT);    // Port 8 als Eingang setzen
}

void loop()
{
  digitalRead(8);       // Port 8 einlesen
}
```

Listing 4.3: Digitalen Eingang einlesen

Wie man in Listing 4.3 sieht, kann die Pin-Nummer direkt in den Methoden `pinMode()` und `digitalRead()` übergeben werden. Für eine einzelne Abfrage eines Eingangs ist diese Lösung ausreichend. In einem größeren Programm mit vielen Eingängen empfiehlt es sich, die Pin-Nummer in einer Variablen abzulegen und dann jeweils die Variable zu nutzen.

```
// Digitalen Eingangsport einlesen
int TasterPin=8;          // Pinnummer festlegen
```

In Listing 4.4 wird die Pin-Nummer in der Variable `TasterPin` gespeichert. Nun kann der Eingang gesetzt werden, indem man statt auf die Pin-Nummer auf die Variable verweist.

```
void setup()
{
  pinMode(TasterPin, INPUT);    // Port 8 als Eingang setzen
}
```

Im Hauptprogramm wird dann der Eingang eingelesen indem man der Read-Methode die Variable mit der gespeicherten Pin-Nummer übergibt.

```
void loop()
{
  digitalRead(TasterPin);       // Port 8 einlesen
}
```

Das erweitere Programm ist in Listing 4.4 dargestellt.

```
// Digitalen Eingangsport einlesen
int TasterPin=8;          // Pin-Nummer festlegen

void setup()
{
  pinMode(TasterPin, INPUT);    // Port 8 als Eingang setzen
}

void loop()
{
  digitalRead(TasterPin);       // Port 8 einlesen
}
```

Listing 4.4: Digitalen Eingang einlesen, Pin-Nummer als Variable

Vorteil dieser Lösung ist, dass die Pin-Nummer nur einmal eingetragen werden muss. Falls der Eingang 8 auf 9 geändert wird, muss nur der Wert der Variablen `TasterPin` geändert werden.

```
int TasterPin=9;          // Pinnummer festlegen
```

Das bisherige Beispiel liest zwar einen Eingang ein, aber es erfolgt keine Weiterverarbeitung des eingelesenen Wertes.

Das nachfolgende Projekt soll den eingelesenen Zustand des Einganges mit Hilfe einer Leuchtdiode anzeigen. Bei einem LOW ist die Leuchtdiode aus, bei einem HIGH soll die Leuchtdiode leuchten.

Projekt Eingang

In Abbildung 4.3 ist der Aufbau des Projektes auf dem Steckbrett dargestellt. Das Eingabeelement ist dabei der kleine Drucktaster auf der rechten Seite.

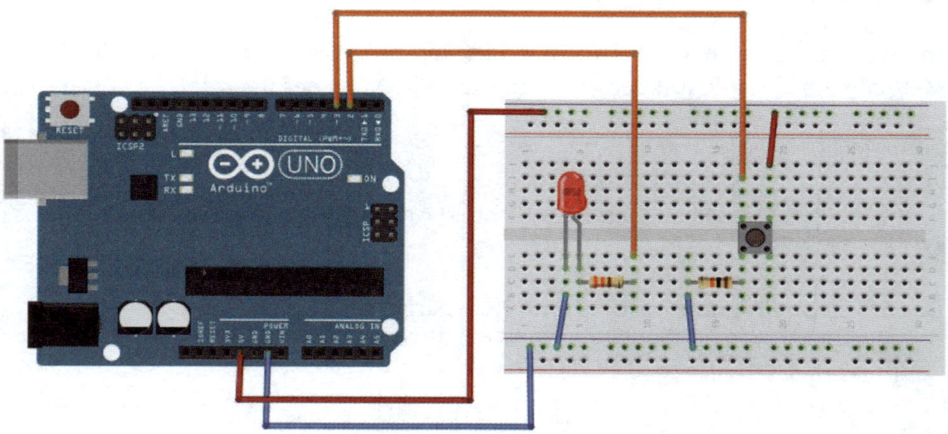

Abb. 4.3: Steckbrettaufbau Projekt Eingang

Stückliste (Projekt Eingang)

1 Arduino-Board

1 Steckbrett

1 Widerstand 330 Ohm (R1)

1 Widerstand 10 kOhm (R2)

1 Leuchtdiode rot (LED1)

1 Drucktaster (S1)

Anschlussdrähte

Aus dem Stromlaufplan in Abbildung 4.4 ist zu erkennen, dass die Leuchtdiode mit Vorwiderstand an Pin 2 angeschlossen ist. Der Drucktaster simuliert das Eingangssignal und sendet dieses an Pin 3. Der Widerstand R2 wirkt hier als Pull-down-Widerstand. Er zieht den Eingang im unbetätigten Zustand des Tasters auf GND. Wird der Taster gedrückt, bekommt der Eingang D3 ein HIGH-Signal, und das Programm setzt den Ausgang D2 auf HIGH.

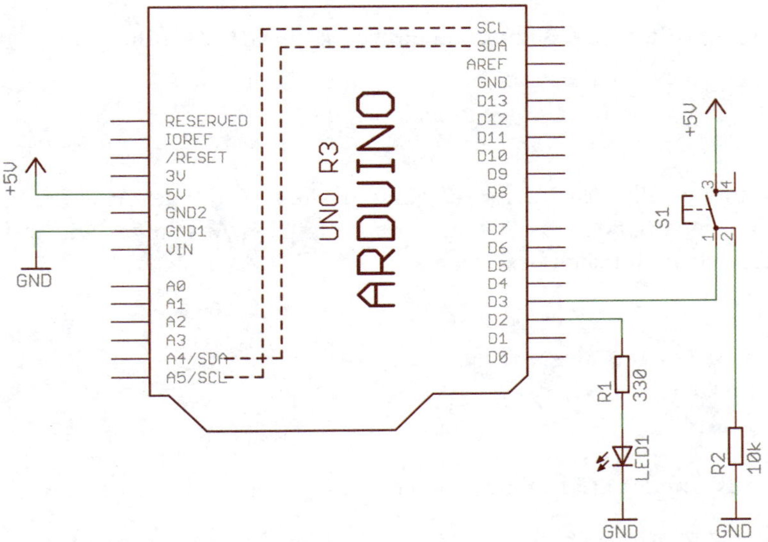

Abb. 4.4: Stromlaufplan Projekt Eingang

Wie im vorherigen Kapitel beschrieben, werden die Pin-Nummern der verwendeten Ein-und Ausgänge in entsprechenden Variablen abgespeichert.

```
int LEDPin=2;       // Pin für LED
int ButtonPin=3;    // Pin für Drucktaster
int ButtonWert=0;   // Wert von Drucktaster, 0 = nicht gedrückt, 1 = gedrückt
```

Im Setup werden nun der Ausgang für die Leuchtdiode und der Eingang für den Drucktaster definiert.

```
void setup()
{
  // Pin 2 als Ausgang
  pinMode(LEDPin, OUTPUT);
  // Pin 3 als Eingang
  pinMode(ButtonPin, INPUT);
}
```

Im Hauptprogramm wird bei jedem Programmdurchgang zuerst der Wert am Eingang D3 eingelesen

```
void loop()
{
// Abfrage Eingang mit Drucktaster
ButtonWert=digitalRead(ButtonPin);
```

Anschließend wir geprüft, ob die Bedingung `Buttonwert==HIGH` erfüllt ist.

```
// falls Wert = High
if (ButtonWert == HIGH)
```

Wenn die Bedingung erfüllt ist, wird der Ausgang für die LED mit der Anweisung `digitalWrite()` eingeschaltet. Das Schalten eines digitalen Ausganges wird im nächsten Kapitel noch ausführlich beschrieben.

```
{
    // dann Ausgang von LED einschalten
    digitalWrite(LEDPin, HIGH);
  }
```

Sonst bleibt der Ausgang D2 auf LOW und die Leuchtdiode aus.

```
Else
  {
    // sonst Ausgang von LED aus
    digitalWrite(LEDPin, LOW);
  }
}
```

Der Programmdurchlauf ist hiermit abgeschlossen und der Vorgang beginnt wieder am Anfang.

In Listing 4.5 ist das vollständige Programm des Projekts Eingang aufgelistet.

```
int LEDPin=2;       // Pin für LED
int ButtonPin=3;    // Pin für Drucktaster
int ButtonWert=0;   // Wert von Drucktaster, 0 = nicht gedrückt, 1 = gedrückt

void setup()
{
  // Pin 2 als Ausgang
```

```
  pinMode(LEDPin, OUTPUT);
  // Pin 3 als Eingang
  pinMode(ButtonPin, INPUT);
}

void loop()
{
  // Abfrage Eingang mit Drucktaster
  ButtonWert=digitalRead(ButtonPin);
  // falls Wert = High
  if (ButtonWert == HIGH)
  {
    // dann Ausgang von LED einschalten
    digitalWrite(LEDPin, HIGH);
  }
  else
  {
    // sonst Ausgang von LED aus
    digitalWrite(LEDPin, LOW);
  }
}
```

Listing 4.5: Projekt Eingang – Abfrage eines Drucktasters

4.1.3 Digitalen Eingang entprellen

Beim Einlesen von digitalen Signalen von Tastern oder Endschaltern kommt es oft vor, dass bei nur einem Tastendruck mehrere Signale mit HIGH und LOW hintereinander gesendet werden. In der Fachsprache nennt man dieses Verhalten »Prellen« oder »Bouncing«.

Das gleiche Verhalten kann auch durch lange Leitungen hervorgerufen werden. Hier werden die einzelnen Signale nicht durch das Schalten verursacht, sondern durch Störsignale aus der Umwelt.

Um ein sicheres Schalten und ein korrektes Einlesen der Zustände zu erreichen, kann das Prellverhalten mittels elektronischer Komponenten (Hardwarelösung) oder eines kleinen Zusatzprogramms (Softwarelösung) unterbunden werden.

Entprellen mit Widerstand und Kondensator

Das Entprellen eines Eingangs mit Widerstand (R) und Kondensator (C) erfolgt gemäß Abbildung 4.5. Dabei wirken R2 und C1 als so genannter Tiefpass. Der Widerstand R1 dient als Pull-up-Widerstand und setzt den Eingang bei nicht aktiviertem Taster S1 auf ein Eingangssignal HIGH.

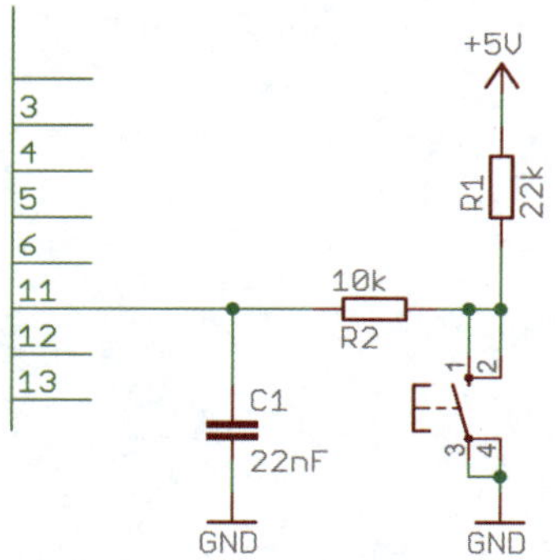

Abb. 4.5: Digitalen Eingang mit RC-Glied entprellen

Für die Berechnung der Zeiten sind elektrotechnische Grundkenntnisse erforderlich. Berechnungsformeln und weitere Beispiele sind unter `http://www.mikrocontroller.net/articles/Entprellung` detailliert beschrieben. In der Praxis werden Widerstandswerte von rund 10kOhm und Kondensatoren mit Werten von 22 bis 100nF verwendet.

Entprellen mit der Bounce-Bibliothek

Ohne externe Bauelemente kommt eine Softwarelösung aus. Für Arduino-Anwendungen ist eine spezielle Bibliothek verfügbar. Die BOUNCE-Library (`http://www.arduino.cc/playground/Code/Bounce`) entprellt das Signal am digitalen Eingang, indem sie nach einer Signaleingabe den Eingang für eine bestimmte Zeit in Millisekunden sperrt. Auf diese Weise werden die nachfolgenden Signaländerungen während der eingestellten Zeit unterdrückt.

Nach dem Einbinden der Bibliothek

```
#include <Bounce.h>
```

werden die Variablen für den Eingang des Tasters und den LED-Ausgang definiert.

```
#define InpTaster 3
#define OutLED 13
```

Nun wird ein `Bounce`-Objekt instanziiert und angegeben, wie viele Millisekunden der Eingang nicht eingelesen wird. Wir wählen einen Wert von 20 Millisekunden (ms).

```
// Bounce-Objekt instanziieren für eine Zeit von 20 Millisekunden
Bounce bouncer = Bounce(InpTaster,20);
```

In der Setup-Routine werden nun der Eingangsport für den Taster und der Port für den Ausgang mit der Leuchtdiode gesetzt.

```
void setup()
{
  pinMode(InpTaster,INPUT);  // Eingang setzen
  pinMode(OutLED,OUTPUT);    // Ausgang setzen
}
```

Im Hauptprogramm wird nun das Bounce-Objekt aktualisiert. Falls sich der Zustand vom Eingangsport `InpTaster` verändert hat, von HIGH auf LOW oder von LOW auf HIGH, wird der Rückgabewert des Bounce-Objektes auf HIGH gesetzt.

```
// Debouncer aktualisieren
  bouncer.update();
```

Anschließend wird der Rückgabewert gelesen und in der Variablen `inpval` gespeichert.

```
// Wert einlesen
int inpval = bouncer.read();
```

Im letzten Schritt wird nun geprüft, ob der Wert der Variablen `inpval` gleich HIGH ist. Wenn ja, wird der Ausgang mit der Leuchtdiode auf HIGH gesetzt, und die Leuchtdiode leuchtet. Andernfalls bleibt der Ausgang auf LOW, und die Leuchtdiode ist aus.

```
// LED schalten
 if (inpval == HIGH)
 {
   digitalWrite(OutLED, HIGH);  // LED ein
 }
 else
 {
   digitalWrite(OutLED, LOW);  // LED aus
 }
```

Listing 4.5 zeigt ein ganzes Beispiel, um Tasteneingaben zu entprellen. Als Basis kann für dieses Beispiel die Steckbrettschaltung des Blink-Projekts verwendet werden.

```
#include <Bounce.h>

#define InpTaster 3
#define OutLED 13

```

```
// Bounce-Objekt instanziieren für eine Zeit von 20 Millisekunden
Bounce bouncer = Bounce(InpTaster,20);

void setup()
{
  pinMode(InpTaster,INPUT);  // Eingang setzen
  pinMode(OutLED,OUTPUT);    // Ausgang setzen
}

void loop()
{
 // Debouncer aktualisieren
  bouncer.update();

 // Wert einlesen
 int inpval = bouncer.read();

 // LED schalten
 if (inpval == HIGH)
 {
   digitalWrite(OutLED, HIGH);  // LED ein
 }
 else
 {
   digitalWrite(OutLED, LOW);  // LED aus
 }
}
```

Listing 4.6: Entprellen mit BOUNCE-Bibliothek

Der Vorteil dieser Lösung ist die einfache Verwendung als Bibliothek.

Da die Softwarelösung keine externen Bauelemente benötigt und einfacher zu dimensionieren ist, empfiehlt sich diese Lösung.

Beim Einsatz vieler entprellter Eingänge kann es zu einer Behinderung des Programmablaufs kommen, da die vielen Verzögerungen es verlangsamen.

Hinweis

Zwischenzeitlich gibt es eine erweiterte Variante der Bounce-Bibliothek. Diese nennt sich Bounce2 und ist nicht kompatibel mit der ersten Version. Details zum Upgrade sind auf der Webseite zur Bibliothek erwähnt.

4.1.4 Hohe Eingangssignale

Die bisherigen Erläuterungen über die digitalen Eingänge gehen immer davon aus, dass die Signalpegel 5 Volt betragen.

Für höhere Eingangsspannungen, beispielsweise von Motoren oder Automobilanwendungen, müssen die Signale mit entsprechenden Mitteln wie Spannungsteilerschaltung mit Widerständen oder auch Optokopplern (Bauteile zur Trennung von Signalen) angepasst werden.

Für eine sichere Signaltrennung oder -umwandlung empfehlen sich in vielen Fällen Relais (siehe Kapitel 3).

Ein Spannungsteiler für die Signalanpassung ist die einfachste Lösung und benötigt nur wenige Bauteile. Abbildung 4.6 zeigt eine Signalanpassung für digitale Signale mit 12 Volt.

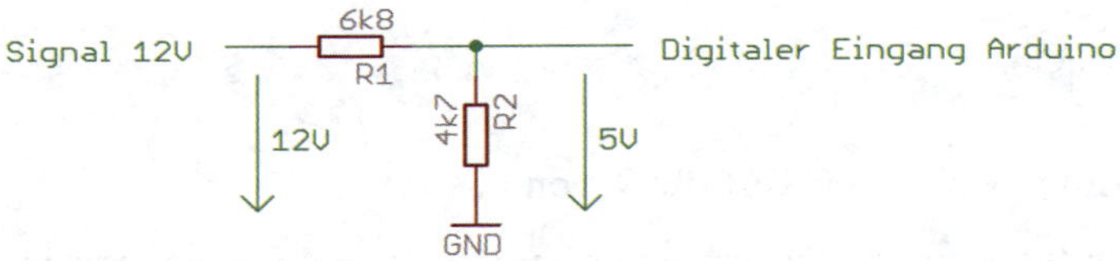

Abb. 4.6: Digitaler Eingang mit 12 Volt

Die Verhältnisse für diesen Spannungsteiler sehen wie folgt aus:

$$12V / R_1 + R_2 = 5 V / R_2$$

Die Spannungen über den einzelnen Widerständen sind demnach:

$$U_{R1} = 7 V$$
$$U_{R2} = 5 V$$

Addiert ergibt das wieder die gesamte Eingangsspannung von:

$$7 V + 5 V = 12 V$$

Für den Strom, der in den Spannungsteiler fließt, nehmen wir einen Wert von 1 Milliampere (mA) an. Da der digitale Eingang des Arduino recht hochohmig ist, vernachlässigen wir den Strom, der in den Eingang fließt. Der gesamte Strom fließt also vom 12-Volt-Eingang über die beiden Widerstände R_1 und R_2.

Der Widerstand R_2 wird also mit dem ohmschen Gesetz berechnet.

$R_2 = 5\ V / 1\ mA = 5000\ Ohm$

Aus der Normreihe nehmen wir nun einen Wert für R_2 von 4,7 kOhm.

Da wir wissen, dass sich das Spannungsverhältnis von U_{R1} zu U_{R2} wie folgt verhält:

$U_{R1} / U_{R2} = 7\ V / 5V$

und der Strom durch beide Widerstände gleich ist, wird auch das Verhältnis der Widerstände gleich, also:

$R_1 / R_2 = 7 / 5$

Mit einem R_2 von 4,7 kOhm ergibt das nun einen Widerstand R_1 von:

$R_1 = 7 * 4700 / 5 = 6580\ Ohm$

Aus der Normreihe nehmen wir einen Wert für R_1 von 6,8 kOhm.

Nachgeprüft mit den beiden Widerstandswerten ergibt das dann ein Eingangssignal am Arduino von:

$12\ V * 4700 / 6800 + 4700 = \mathbf{4{,}90\ V}$

Mit diesen einzelnen Schritten kann man einen Spannungsteiler für verschiedene Spannungen berechnen.

Neben der Berechnung von Hand kann man auch ein Online-Tool für die Berechnung nutzen. Ein sehr nützliches Tool liefert sogar Resultate mit Widerstandswerten aus Normreihen.

`http://www.shosworld.de/Elektronik/spannungsteiler.html`

4.2 Digitale Ausgänge

Die digitalen Ausgänge des Arduino, auf dem Standardboard Uno sind es maximal 14, sind die Signalgeber an die Außenwelt, die Anzeigen, Relais, Servos oder Motoren ansteuern.

Die Ausgänge liefern digitale Signale, also 1 und 0 oder HIGH oder LOW. Die Spannungspegel betragen standardmäßig 5 Volt bei Signal HIGH und 0 Volt bei Signal LOW. Bei einer Versorgungsspannung von 3,3 Volt betragen die Ausgangssignale bei Signal HIGH natürlich nur 3,3 Volt.

Der maximale Strom pro Ausgang beträgt bei 5 Volt 40 Milliampere (mA). Dieser Strom erlaubt die direkte Ansteuerung eines digitalen Eingangs oder einer Leuchtdiode mit entsprechendem Vorwiderstand.

Die Ansteuerung von Lampen, Relais oder Motoren erfordert zusätzliche Treiberstufen mittels Transistoren oder Treiber-IC. Die Ansteuerung dieser Aktoren ist in Kapitel 6 genauer beschrieben.

Neben der »normalen« digitalen Ausgabe eines Signals besteht für einige der Ausgabeports die Möglichkeit der Ausgabe als PWM (Pulsweitenmodulation). Diese Zusatzfunktionalität ist in Abschnitt 4.3 beschrieben.

4.2.1 Ausgang setzen und ausgeben

Da ein digitaler Port standardmäßig als Eingang gesetzt ist, muss ein Ausgang in der Funktion `setup()` einmalig initialisiert werden.

```
void setup()
{
  pinMode(13, OUTPUT);  // Port 13 als Ausgang setzen
}
```

Anschließend kann der Ausgang in der Funktion `loop()` für ein Blinkverhalten auf HIGH oder LOW gesetzt werden.

```
void setup()
{
  pinMode(13, OUTPUT);  // Port 13 als Ausgang setzen
}

void loop()
{
  digitalWrite(13, HIGH);      // Port 13 auf HIGH setzen
  delay(500);                  // 500 Millisekunden warten
  digitalWrite(13, LOW);       // Port 13 auf LOW setzen
  delay(500);                  // 500 Millisekunden warten
}
```

Tipp

Da digitale Ausgänge oftmals zur Ansteuerung von Leuchtdioden (LED) als Statusanzeige verwendet werden, ist auf dem Arduino Uno der Port 13 direkt mit einer Leuchtdiode verdrahtet. Somit kann man Ausgang 13 zu Testzwecken direkt als Anzeigeelement verwenden, ohne dass zusätzliche externe Bauteile erforderlich sind.

4.2.2 Praxis-Tipp: Status eines Ausgangs lesen

Der Status eines digitalen Ausgangs wird wie oben beschrieben mit der Methode `digitalWrite()` gesetzt. In gewissen Fällen möchte man nun wissen, wie der aktuelle Zustand eines Ausgangs ist. Meist wird ein weiterer Port als Eingang gesetzt und mit dem zu überprüfenden Ausgang verbunden.

Diese Lösung ist korrekt, hat aber den Nachteil, dass man für diese einfache Prüfung zusätzliche digitale Ports benötigt.

Mit einem kleinen Trick kann man dies umgehen. Für diese Lösung sind keine zusätzlichen digitalen Eingänge nötig (Listing 4.7).

```
// Einlesen des Status eines Ausgangsports
// und Anzeigen des Status auf zusätzlichem Ausgang

int ledPin1 =  13;   // Onboard-LED
int ledPin2 =  2;    // Status-LED
int val=0;           // Status von Ausgang 13

void setup()
{
  // Ausgang 13 als Ausgangsport
  pinMode(ledPin1, OUTPUT);
  // Ausgang 2 als Statusanzeige von Ausgang 13
  pinMode(ledPin2, OUTPUT);
}

void loop()
{
  // Ausgang 13 auf HIGH
  digitalWrite(ledPin1, HIGH);
  // Status von Ausgang 13 einlesen
  val = digitalRead(ledPin1);
  // Status von Ausgang 13 an Ausgang 2 ausgeben
  digitalWrite(ledPin2, val);
  delay(1000);

  // Ausgang 13 auf LOW
  digitalWrite(ledPin1, LOW);
  val = digitalRead(ledPin1);
  digitalWrite(ledPin2, val);
  delay(1000);
}
```

Listing 4.7: Digitaler Ausgang: Status einlesen und anzeigen

In Listing 4.7 wird Port 13 mit der Methode `digitalRead()` eingelesen, obwohl er eigentlich als Ausgang definiert ist. Der eingelesen Wert wird nun in der Variable `val` gespeichert.

```
val = digitalRead(ledPin1);
```

Anschließend wird der gespeicherte Wert in der Variable `val` an den Ausgang D2 mit der Statusanzeige-Leuchtdiode ausgegeben.

```
digitalWrite(ledPin2, val);
```

Auch diese Schaltung kann mit dem Steckbrett-Aufbau des Blink-Projektes getestet werden.

4.3 Analoge Welt

Viele Sensoren wie Temperaturfühler oder Abstandsmesser liefern als Ausgangssignal eine analoge Spannung, die dem aktuellen Wert der Temperatur beziehungsweise dem Abstand entspricht.

Ein Analogsignal besitzt im Gegensatz zum Digitalsignal nicht nur zwei Werte, sondern kann jeden Wert eines Spannungsbereichs annehmen. In der Arduino-Welt kann dieser Spannungsbereich von 0 bis 5 Volt beziehungsweise 3,3 Volt reichen. Ob 5 Volt oder 3,3 Volt hängt von der verwendeten Versorgungsspannung des Boards ab.

Abbildung 4.7 zeigt ein analoges Sinussignal, das mittels eines Arduino-Signalgebers generiert wurde. Dieses Projekt ist in Abschnitt 8.5 beschrieben.

Die analogen Signale der Sensoren können nun vom Arduino-Board eingelesen und verarbeitet werden. Der Mikrocontroller des Arduino-Boards besitzt dazu intern für die Verarbeitung der analogen Eingangssignale einen so genannten »A/D-Wandler« (Analog/Digital-Wandler). Mittels dieses A/D-Wandlers können sechs analoge Signale parallel verarbeitet werden. Die dazu vorhandenen analogen Eingänge sind auf dem Arduino-Board mit A0 bis A5 bezeichnet.

Die Auflösung des A/D-Wandlers beträgt 10 Bit. Bei einer Referenzspannung von 5 Volt können somit Eingangssignale von 0 bis 5 Volt eingelesen werden, die vom A/D-Wandler in Werte von 0 bis 1023 digitalisiert werden. Die Auflösung von 10 Bit entspricht also $2^{10} = 1024$ Werten. Somit ergibt sich eine Genauigkeit von:

$$5\ \text{V} / 1024 = 4{,}9\ \text{mV}$$

Die oben erwähnte Referenzspannung wird aus der Versorgungsspannung generiert und kann mit dem Befehl `analogReference` umgestellt werden.

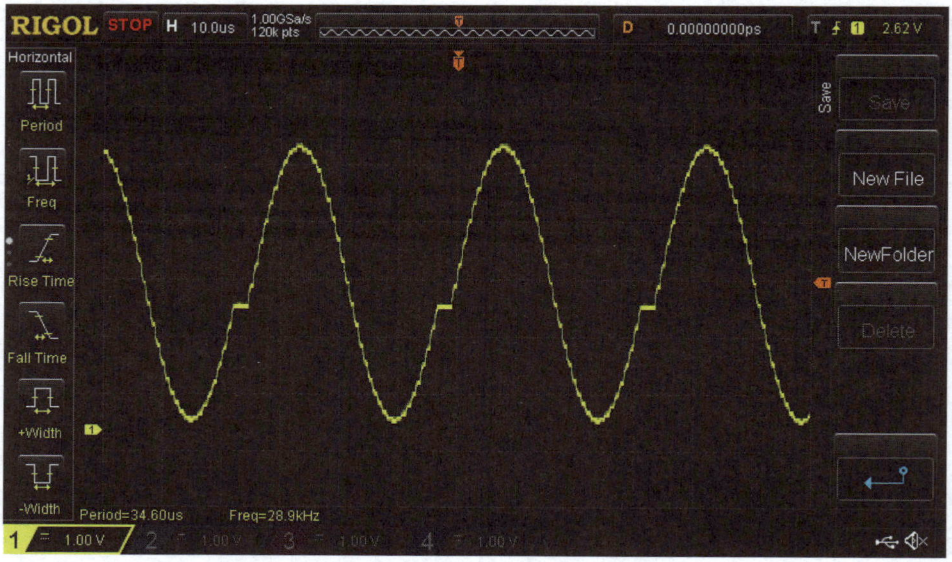

Abb. 4.7: Analoges Sinussignal des Projekts Signalgeber (Kapitel 8)

Die Verwendung einer anderen Referenzspannung als der Standardspannung von 5 Volt kann den Mikrocontroller bei unsachgemäßer Nutzung zerstören und sollte somit nur von fortgeschrittenen Anwendern eingesetzt werden.

Durch die Auflösung von 10 Bit ist der A/D-Wandler sehr empfindlich. Bei kleinen Signalen können Störungen den Signalwert verfälschen. Auch lange oder nicht abgeschirmte Leitungen (Kabel mit einer Schutzschicht aus Metallfolie oder Drahtgeflecht) können das zu messende Signal verfälschen. Ein vom A/D-Wandler ermittelter Wert muss somit immer mit einer gewissen Toleranz betrachtet werden.

Neben dem Lesen analoger Eingangssignale kann der Arduino auch analoge Signale ausgeben. Diese Analogausgabe wird mittels Pulsweitenmodulation (PWM) realisiert. Mit dieser Technik kann durch die Ausgabe eines digitalen Signals mit variabler Pulszeit ein Analogsignal generiert werden.

Das PWM-Signal ändert seinen Zustand immer wechselnd zwischen HIGH und LOW. Die Ausgabefrequenz liegt bei rund 500 Hertz. Durch die veränderbaren Zeiten der HIGH-Phase (Pulszeit) kann ein Wert von 0 bis 100% ausgegeben werden. Die Auslösung liegt bei 8 Bit, entspricht also Werten von 0 bis 255.

Mit dieser Art der analogen Ausgabe können Leuchtdioden gedimmt oder Motoren oder Servos angesteuert werden.

Die Analogausgabe auf dem aktuellen Arduino-Board kann an den Pins 3, 5, 6, 9, 10 und 11 verwendet werden.

4.3.1 Analoge Signale einlesen

Das Einlesen eines Analogwertes erfolgt mit dem Befehl `analogRead()`. Als Übergabeparameter wird die Nummer des verwendeten Ports angegeben.

```
valAnalog = analogRead(0);
```

Im Beispiel wird der Analogport A0 abgefragt und der gemessene Wert in der Variable `valAnalog` gespeichert. Der Analogwert kann dabei von einem Sensor oder auch von einem Potentiometer stammen.

Für Testzwecke kann mit einem Potentiometer ein analoger Wert simuliert werden. In Abbildung 4.8 ist eine einfache Schaltung dargestellt. Das Potentiometer kann einen Wert von 0 bis 5 Volt liefern. Der Wert wird anschließend am analogen Eingang A0 des Arduino gemessen.

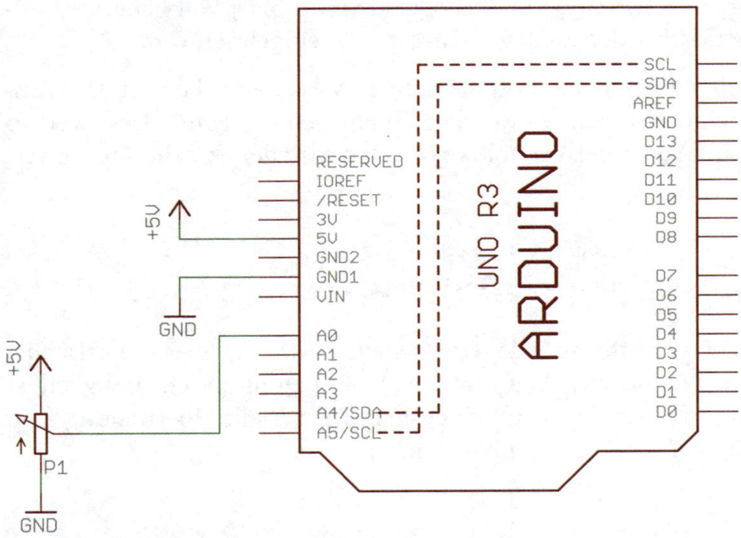

Abb. 4.8: Analogwert mit Potentiometer

Stückliste (Analoger Eingang)

1 Arduino-Board

1 Steckbrett

1 Potentiometer 10-100 kOhm (P1)

Anschlussdrähte

Der Steckbrettaufbau für diese Schaltung ist in Abbildung 4.9 dargestellt. Es werden nur die 3 Verbindungen vom Potentiometer zu Arduino-Board benötigt.

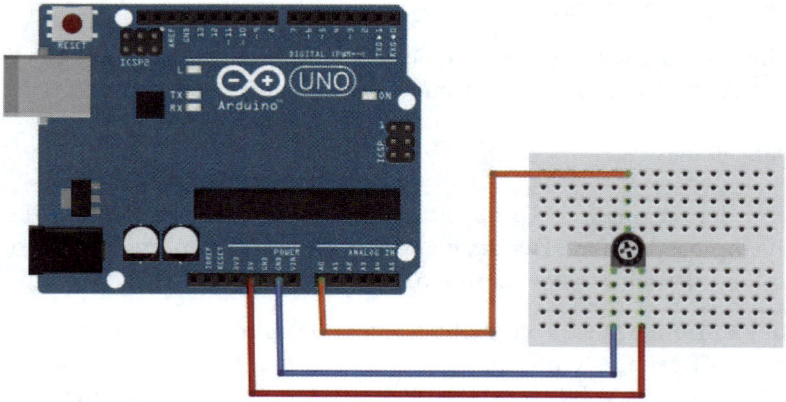

Abb. 4.9: Steckbrettaufbau für analoger Eingang

Mit dem Potentiometer kann nun ein Analogwert von 0 bis 5 Volt generiert werden, der anschließend über den analogen Eingang A0 eingelesen wird.

Im Programm werden im ersten Schritt die nötigen Variablen deklariert. Die Variable `AnalogPin` beinhaltet den verwendeten analogen Eingang. Der Wert 0 bezieht sich somit auf A0. In der Variable `valAnalog` wird der aktuelle Analogwert gespeichert.

```
int AnalogPin = 0;    // Analoger Eingang A0
int valAnalog = 0;    // eingelesener Analogwert
```

In der Setup-Routine wird die serielle Schnittstelle definiert, über die anschließend der gemessene Wert ausgegeben wird. Die Übertragungsgeschwindigkeit ist dabei auf 9600 Bit pro Sekunde (Baud) eingestellt. Die serielle Übertragung wird später in diesem Kapitel noch genauer beschrieben.

```
void setup()
{
  // Serielle Kommunikation
  Serial.begin(9600);
}
```

Im Hauptprogramm wird nun der analoge Wert am Eingang A0 eingelesen und in der Variable `valAnalog` gespeichert.

```
void loop()
```

```
{
  // Analogwert Einlesen
  valAnalog = analogRead(AnalogPin);
```

Anschließend wird der gemessene Wert über die serielle Schnittstelle im seriellen Monitor dargestellt. Nach einer halben Sekunde Pause beginnt dann der Messvorgang wieder von vorne.

```
// Ausgabe auf seriellen Monitor
  Serial.print("Wert: ");
  Serial.print(valAnalog);
  delay(500);
}
```

Je nach Position des Potentiometers wird ein Wert von 0 bis 1023 angezeigt.

In Listing 4.8 ist das ganze Programm dargestellt.

```
int AnalogPin = 0;    // Analoger Eingang A0
int valAnalog = 0;    // eingelesener Analogwert

void setup()
{
  // Serielle Kommunikation
  Serial.begin(9600);
}

void loop()
{
  // Analogwert Einlesen
  valAnalog = analogRead(AnalogPin);
  // Ausgabe auf seriellen Monitor
  Serial.print("Wert: ");
  Serial.print(valAnalog);
  delay(500);
}
```

Listing 4.8: Analogen Eingang messen

Projekt Temperatursensor

Im nachfolgenden Beispiel wird ein Temperatursensor des Typs LM35 abgefragt, der an einem analogen Port des Arduinos angeschlossen ist.

Der LM35 liefert eine analoge Ausgangsspannung von 10 mV/Grad. Bei einer Umgebungstemperatur von 50 Grad Celsius liefert der Sensor somit eine Spannung von 500mV.

```
50 * 10mV = 500mV
```

In Listing 4.9 wird der Temperatursensor abgefragt und der gemessen Wert über die serielle Schnittstelle ausgegeben.

```
// Einlesen von Analogwert von Temperatursensor LM35
float tempC;
float tempF;
int tempPin = 0;   // Port A0

void setup()
{
  // Serielle Schnittstelle initialisieren
  Serial.begin(9600);
}

void loop()
{
  // Analogport einlesen
  tempC = analogRead(tempPin);
  // Wert konvertieren,
  tempC = (5.0 * tempC * 100.0)/1024.0;
  // Wert an serielle Schnittstelle senden
  // Ausgabe als Grad Celsius
  Serial.print("Grad C: ");
  Serial.println(tempC);
  // Umrechnung Grad C/Grad F
  tempF=(tempC * 9 / 5) + 32;
  // Ausgabe als Grad Fahrenheit
  Serial.print("Grad F: ");
  Serial.println(tempF);
  // warten 1 Sekunde
  delay(1000);
}
```

Listing 4.9: Analogen Eingang lesen mit analogRead()

Mittels Umrechnungsformel wird zusätzlich der Temperaturwert in Grad Fahrenheit ausgegeben.

```
// Umrechnung Grad C/Grad F
tempF=(tempC * 9 / 5) + 32;
```

Die Schaltung in Abbildung 4.10 zeigt die Grundschaltung des LM35 als Temperatursensor für den Bereich von 0 bis 50 Grad Celsius.

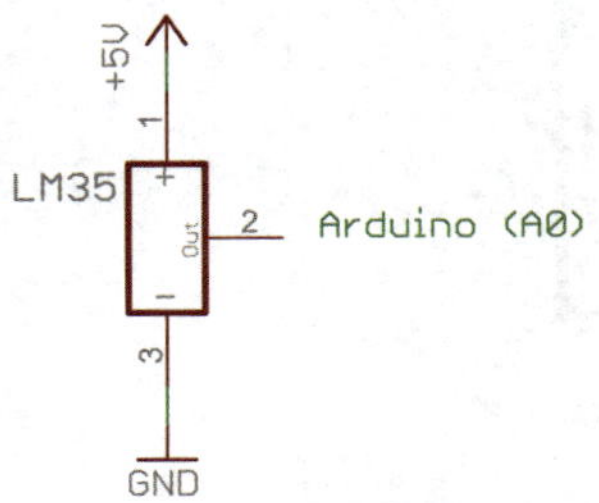

Abb. 4.10: Analogen Eingang einlesen: Temperatursensor LM35

Stückliste (Grundschaltung LM35)

1 Arduino-Board

1 Steckbrett

1 LM35 (IC1)

Anschlussdrähte

Der Temperatursensor LM35 wird meistens im Gehäuse TO92 eingesetzt. Abbildung 4.11 zeigt das Gehäuse mit den drei Anschlussbeinen in der Ansicht von unten.

Abb. 4.11: Gehäuse To-92 des LM35 (Bild Ausschnitt Datenblatt National)

Der Aufbau auf dem Steckbrett und die Verbindung zum Arduino sind in Abbildung 4.12 dargestellt.

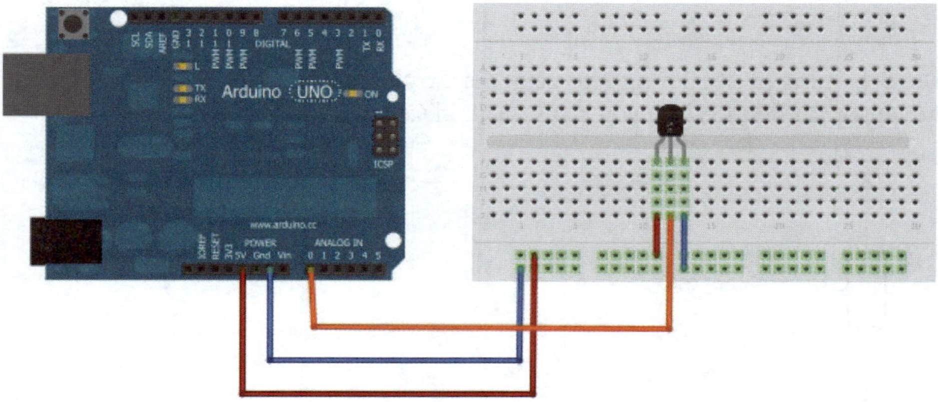

Abb. 4.12: Grundschaltung LM35

Weitere Informationen zu diesem Sensor erhalten Sie in Kapitel 5.

Ausführliche technische Daten und viele Schaltungsbeispiele liefert der Hersteller im Datenblatt unter `http://www.ti.com/product/lm35`.

Tipp: Analoge Eingänge als digitale Ports nutzen

Falls man mehr als die 14 digitalen Ports (D0 bis D13) nutzen möchte, können auch die sechs analogen Eingänge als digitale Eingänge oder Ausgänge eingesetzt werden. Dabei erhalten die Eingänge A0 bis A5 die Portnummern 14 bis 19.

4.3.2 Analoge Signale ausgeben

Die Ausgabe einer analogen Spannung mittels Pulsweitenmodulation (PWM) erfolgt mit dem Befehl `analogWrite()`. Das Ausgabesignal ist kein richtiges Analogsignal, sondern ein digitales Rechtecksignal mit veränderbarer HIGH-Phase. Dabei bleibt die Frequenz unverändert. Im Beispiel in Abbildung 4.13 beträgt die Frequenz 491 Hz.

Die Syntax für die Ausgabe des Analogwertes lautet:

```
analogWrite(Pin, Wert)
```

Der Parameter `Pin` definiert den Ausgabeport für das PWM-Signal, der `Wert` definiert die Länge der HIGH-Phase und liegt zwischen 0 und 255, was 0 bis 100 Prozent entspricht.

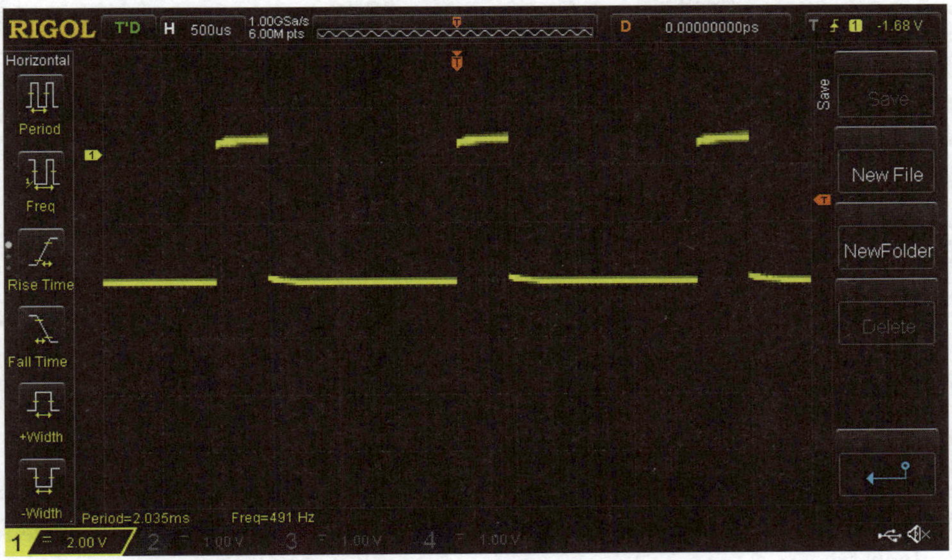

Abb. 4.13: Ausgangssignal des PWM

Somit gibt es folgende HIGH- und LOW-Phasen bei unterschiedlichen Werten:

Wert	HIGH-Phase (%)	LOW-Phase (%)
0	0	100
127	50	50
255	100	0

Tabelle 4.1: PWM-Ausgang: HIGH- und LOW-Phasen

Auf dem Arduino Uno stehen die Ports 3, 5, 6, 9, 10 und 11 für die Ausgabe eines PWM-Signals zur Verfügung.

In Listing 4.10 wird ein PWM-Signal an Port 10 ausgegeben. Der Wert für das PWM-Signal ist dabei fix mit 55 angegeben.

```
// Port für PWM
int PWMPin = 10;
// PWM-Wert
int PWMWert = 0;

void setup()
{
  // PWM-Port als Ausgang
  pinMode(PWMPin, OUTPUT);
```

```
}

void loop()
{
  // PWM setzen (0-255)
  // entweder fix oder als Wert von anderem Programm
  int PWMWert = 55;
  // PWM ausgeben
  analogWrite(PWMPin, PWMWert);
}
```

Listing 4.10: Ausgabe des PWM-Signals

Bei der Verwendung der Ports mit PWM-Ausgang ist zu beachten, dass die einzelnen PWM-Signale unterschiedliche Frequenzen aufweisen, da sie von drei internen Timern gesteuert werden.

In Tabelle 4.2 sind die PWM-Ports sowie deren Timer und Ausgangsfrequenzen aufgelistet.

Port-Nr.	Frequenz des PWM-Signals (Hz)	Timer-Register
Port 3	488	TCCR2B
Port 5	976	TCCR0B
Port 6	976	TCCR0B
Port 9	488	TCCR1B
Port 10	488	TCCR1B
Port 11	488	TCCR2B

Tabelle 4.2: Arduino PWM: Zuordnung der Ports zu Timer-Registern

Um die Frequenz des PWM-Signals zu verändern, muss in der Setup-Routine der Teilungsfaktor für die Frequenz verändert werden. Das Beispiel in Listing 4.11 zeigt die Veränderung für Pin 3 oder 11, die durch Timer 2 gesteuert werden.

```
// PWM Pin 3 oder 11
int PWMPin = 11;

void setup()
{
  //Änderung der Frequenz, Wert 7 ergibt Frequenz von 31 Hertz
  int pwmfreq = 7;
  TCCR2B = (TCCR2B & 0xF8) | pwmfreq;
  // PWM Port
  pinMode(PWMPin, OUTPUT);
```

```
}

void loop()
{
  PWMWert = 123;
  // PWM ausgeben
  analogWrite(PWMPin, PWMWert);
}
```

Listing 4.11: PWM-Frequenz verändern

Die Frequenzen und deren Konfigurationswerte für Timer 2 sehen wie folgt aus:

Frequenz (Hz)	Wert
31372	1
3921	2
980	3
490	4 (Standardwert)
245	5
122	6
31	7

Tabelle 4.3: PWM-Frequenzen für Pins 3 und 11 (Timer 2)

Den Spickzettel mit allen Timern und der möglichen Frequenzen gibt's für den Praktiker unter:

`http://www.arduino.cc/playground/Main/TimerPWMCheatsheet`

Der fortgeschrittene Anwender findet zum Thema »PWM-Secrets« weitere Informationen, wie man die Timer verändern kann, unter folgender Adresse:

`http://arduino.cc/en/Tutorial/SecretsOfArduinoPWM`

Umwandlung des PWM-Signals in eine Analogspannung

Eine Schaltung mit Widerstand und Kondensator wie in Abbildung 4.14 kann aus dem digitalen Pulssignal eine analoge Spannung erzeugen.

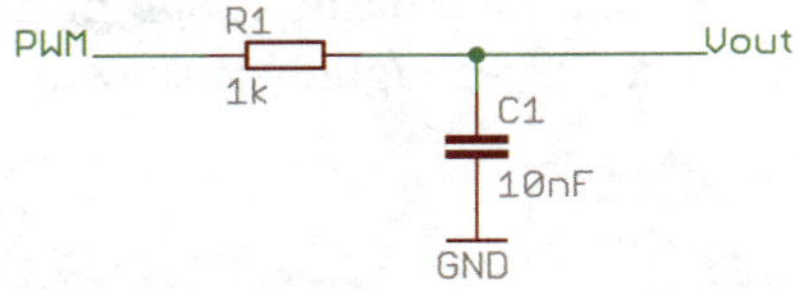

Abb. 4.14: Analoge Ausgabe – Spannung aus einem PWM-Signal erzeugen

Wie man eine analoge Spannung ohne PWM-Signal generieren kann, wird in Kapitel 8 im Projekt Signalgeber beschrieben.

4.4 Serielle Kommunikation

Die serielle Kommunikation erlaubt die Übertragung von Informationen und Daten zwischen dem Arduino-Board und externen Modulen wie GPS-Modul, LC-Display oder einem externen Computer. Bei der seriellen Übertragung werden die Datenbits hintereinander, also seriell übertragen. Damit die empfangenen Daten richtig interpretiert werden können, muss bei der Datenübertragung eine gemeinsame Übertragungsgeschwindigkeit vereinbart sein, und das verwendete Protokoll der Übertragung muss beiden Seiten bekannt sein.

Beim Einsatz des Arduino während der Entwicklungsphase wird jeweils eine serielle Kommunikation zwischen dem Board und dem Rechner mit der Arduino-IDE verwendet. Diese serielle Kommunikation nutzt die physischen Leitungen des USB-Ports. Darum musste bei der Installation der Entwicklungsumgebung (siehe Kapitel 2) ein spezieller USB-Treiber installiert werden.

Diese Lösung erlaubt eine einfache Datenübertragung zwischen dem Arduino-Board und der Entwicklungsumgebung. Mit dem seriellen Monitor in der Entwicklungsumgebung können auf diese Art die übertragenen Daten sichtbar gemacht werden.

Auf dem Rechner sind durch die USB-Treiberinstallation eine oder mehrere serielle Schnittstellenports sichtbar. Diese seriellen Schnittstellen werden landläufig auch »RS232« genannt.

Neben der seriellen Schnittstelle RS232 gibt es noch weitere Möglichkeiten, um eine serielle Kommunikation mit der Umwelt des Arduino zu realisieren.

Bei allen seriellen Übertragungslösungen besteht einer der größten Vorteile in der geringen Anzahl der erforderlichen Übertragungsleitungen. Meist reichen Leitungen zum Senden und Empfangen und Signale für die Spannungsversorgung.

4.4.1 Serielle Schnittstelle (RS232)

Die serielle Schnittstelle des Arduino-Boards ist an den digitalen Ports 0 und 1 verfügbar und kann wie oben beschrieben mittels des seriellen Monitors sichtbar gemacht werden. Das Senden und Empfangen von Daten im Arduino-Programm ist relativ einfach. Der Benutzer muss sich, außer um die Übertragungsgeschwindigkeit, um keine technischen Dinge kümmern.

```
char empfangeneDaten = 0;

void setup()
```

```
{
  // Konfiguration serielle Schnittstelle
  Serial.begin(9600);  // Übertragungsgeschwindigkeit
}

void loop() {
  // Serielle Daten sind vorhanden
  if (Serial.available() > 0) {
    // Daten einlesen
    empfangeneDaten = Serial.read();
    // Ausgabe des empfangenen Wertes
    Serial.print("Du hast ");
    Serial.print(empfangeneDaten);
    Serial.print(" gesendet.");
  }
  delay(500);
}
```

Listing 4.12: Serielle Übertragung: Senden und Empfangen

Das Beispiel in Listing 4.12 zeigt das Senden und Empfangen von Daten über die Standardschnittstelle des Arduino-Boards.

Bevor die serielle Kommunikation gestartet werden kann, muss in der Setup-Routine die Übertragungsgeschwindigkeit definiert werden. Der Wert wird in Bits pro Sekunde (Baud) angegeben und kann die Werte 300, 600, 1200, 2400, 4800, 9600, 14400, 19200, 28800, 38400, 57600 oder 115200 annehmen. Bei normalen Arduino-Anwendungen wird meist eine Übertragungsgeschwindigkeit von 9600 Baud verwendet.

```
void setup()
{
  // Konfiguration serielle Schnittstelle
  Serial.begin(9600);  // Übertragungsgeschwindigkeit
}
```

Im Hauptprogramm wird nun geprüft, ob im Empfangspuffer der seriellen Schnittstelle Daten vorhanden sind. Der Rückgabewert gibt die Anzahl der vorhandenen Bytes zurück.

```
// Serielle Daten sind vorhanden
  if (Serial.available() > 0) {
  ...
```

Falls Daten vorhanden sind, werden die Daten aus dem Puffer gelesen und in der Variablen `empfangeneDaten` gespeichert.

```
empfangeneDaten = Serial.read();
```

Nun können die Daten wieder über die serielle Schnittstelle ausgegeben werden.

```
// Ausgabe des empfangenen Wertes
Serial.print("Du hast ");
Serial.print(empfangeneDaten);
Serial.print(" gesendet.");
```

Der Test im seriellen Monitor (Abbildung 4.15) zeigt, dass beim Empfangen des Strings »rs232« Zeichen um Zeichen gelesen und anschließend wieder ausgegeben wird.

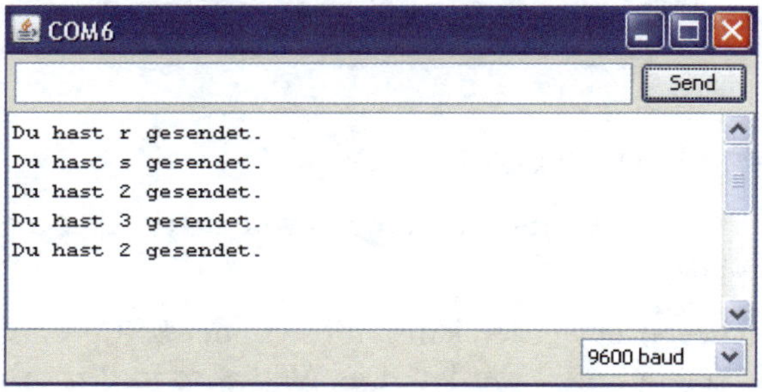

Abb. 4.15: Serielle Übertragung: Empfangen und Senden von Daten

Bei der Verwendung der seriellen Schnittstelle muss man sich also im Voraus darüber im Klaren sein, welche Art von Daten gesendet und empfangen werden. Wird ein längerer String, beispielsweise von einem GPS-Modul oder einem seriellen Temperatursensor gesendet, muss der Empfangspuffer entsprechend initialisiert werden.

Damit die einzeln gesendeten Zeichen als Gesamtes weiterverwendet werden können, müssen diese Daten zusammen gespeichert werden. Dazu werden die empfangenen Daten in einem Array zwischengespeichert und nach vollständigem Empfang ausgegeben (Listing 4.13).

```
// String über die serielle Schnittstelle empfangen
int laenge=255;
char empfangeneDaten[255];

void setup()
{
  // Konfiguration serielle Schnittstelle
  Serial.begin(9600);  // Übertragungsgeschwindigkeit
```

```
}

void loop() {
  int i=0;
  // Serielle Daten sind vorhanden
  if (Serial.available()) {
    // Daten einlesen
   while (Serial.available()) {
     empfangeneDaten[i++] = Serial.read();
     // Warten zwischen den einzelnen Zeichen
     delay(2);
    }
  // Ausgabe des empfangenen Wertes
  Serial.print("Du hast ");
  Serial.print(empfangeneDaten);
  Serial.println(" gesendet.");
  }
  // Daten in Array löschen
  ClearArray();
}

void ClearArray()
{
  for (int x=0; x<laenge; x++)
{
empfangeneDaten[x]=NULL;
}
}
```

Listing 4.13: Serielle Übertragung: Daten als String empfangen

Nach vollständiger Ausgabe der Daten wird das Array mit den empfangenen Daten mittels der Funktion `ClearArray()`wieder gelöscht und ist bereit für die nächste Datenausgabe. In der Funktion selbst wird das ganze Empfangsarray gelöscht, indem jeder Indexwert mit `NULL` gefüllt wird.

```
// Daten in Array löschen
ClearArray();

void ClearArray()
{
  for (int x=0; x<laenge; x++)
{
empfangeneDaten[x]=NULL;
}
```

Serielle Input/Output-Anwendung

Eine Input/Output-Anwendung mit Monitorfunktion empfängt Daten über die serielle Schnittstelle und steuert einen Digitalausgang an. Der Status des Ausgangs und der Zustand eines digitalen Eingangs werden über die serielle Schnittstelle ausgegeben (Listing 4.14).

```
int val = 0; // Variable für digitale Eingangswerte
int empfangeneDaten = 0; // Empfangene Daten auf Empfangsport
int LEDOut = 13; // Port mit LED auf Board
int EinPin = 7;  // Port 7 für Schalter

void setup()
{
  // Port als Ausgang setzen
  pinMode(LEDOut, OUTPUT);
  digitalWrite(LEDOut, LOW);
  // Port als Eingang setzen
  pinMode(EinPin, INPUT);

  // Konfiguration serielle Schnittstelle
  Serial.begin(9600);  // Übertragungsgeschwindigkeit
}

void loop() {
  // Daten von digitalem Eingang einlesen und Status senden
  val=digitalRead(EinPin);
  if (val == HIGH){
    Serial.println("Eingang 1");
   }
  else
  {
    Serial.println("Eingang 0");
  }

  // Daten empfangen
  // Serielle Daten sind vorhanden
  if (Serial.available() > 0) {
    // Daten einlesen
    empfangeneDaten = Serial.read();

    // Ausgang setzen 1/0, je nach empfangenem Wert
    if (empfangeneDaten == '1') {
      // Ausgabe des empfangenen Wertes
      Serial.println("Ausgang 1");
      // LED leuchtet
      digitalWrite(LEDOut, HIGH);
    }
```

```
    if (empfangeneDaten == '0') {
      // Ausgabe des empfangenen Wertes
      Serial.println("Ausgang 0");
      digitalWrite(LEDOut, LOW);
    }
  }
  delay(1000);
}
```

Listing 4.14: Praxisbeispiel Input/Output-Lösung mit seriellem Monitor

Die Ausgabe auf Port 13 steuert zusätzlich die fest auf dem Arduino-Board verlötete Leuchtdiode (LED) an und dient zur Statusanzeige. Der Eingang an Port 7 wird mit einem HIGH oder LOW angesteuert.

Die Darstellung der Zustände an den Eingängen und Ausgängen kann über den seriellen Monitor in der Entwicklungsumgebung, in einem Terminalprogramm oder auf einem seriellen LC-Display umgesetzt werden.

Diese universelle Lösung könnte in einem Weiterausbau zur seriellen Input/Output-Box ausgebaut werden. Zwei Arduino-Boards kommunizieren über die RS232-Schnittstelle. Das eine Board ist die Zentraleinheit mit LC-Anzeige, das zweite Board dient als Input/Output-Unit und ist die Schnittstelle zur Außenwelt.

RS232 im Praxiseinsatz

In der Praxis wird die serielle Schnittstelle RS232 oft bei externen Geräten für Computer verwendet, beispielsweise bei Computermäusen, Lesegeräten wie Barcodelesern und ähnlichen Komponenten. Diese externen Geräte senden auf der seriellen Schnittstelle andere Signalpegel als die auf dem Arduino-Board verwendete Schnittstelle. Solche Praxisgeräte arbeiten mit Signalpegeln von -12 Volt für das HIGH-Signal und +12 Volt für das LOW-Signal. Dadurch wird die Störanfälligkeit der Kommunikation verringert. Um diese Signalpegel mit einem Mikrocontroller zu verarbeiten, muss ein Pegelwandler verwendet werden. Einer der bekanntesten Pegelwandler ist die integrierte Schaltung MAX232. Dieser IC benötigt als externe Komponenten nur fünf Kondensatoren. Informationen zu diesem Baustein liefert der Hersteller MAXIM. Eine praxisnahe Beschreibung ist auf der Website des *Elektronik-Magazins* (`http://www.elektronik-magazin.de/page/der-pegelumsetzer-max232-15`) zu finden.

4.4.2 Schnittstellenerweiterung

Der Arduino Uno und der darauf verwendete Mikrocontroller bietet hardwaremäßig eine serielle Schnittstelle mit den Datenleitungen Senden (TX) an Port 1 und Receive (RX) an Port 0. Da mittlerweile etliche Sensoren und externe Komponenten über eine serielle Schnittstelle angesteuert werden, kommt man schnell an den Punkt, an dem man noch zusätzliche Schnittstellen für die serielle Kommunikation benötigt. Dazu kann man entweder auf ein größeres Arduino-Board wechseln – das Arduino Mega bietet hardwaremäßig vier serielle Schnittstellen – oder man verwendet eine Softwarelösung in Form einer Bibliothek (Library).

Durch den Einsatz einer Arduino-Bibliothek kann man softwaremäßig weitere Schnittstellen für die serielle Kommunikation realisieren. Die Bibliothek SOFTWARESERIAL steht ab der Arduino-IDE 1.0 standardmäßig zur Verfügung und ersetzt die bisherige Bibliothek NEWSOFTSERIAL.

Per Code können nun weitere Schnittstellen realisiert werden, wobei alle digitalen Ein- und Ausgänge als Schnittstellenport verwendet werden können.

Nach Einbinden der Bibliothek

```
#include <SoftwareSerial.h>
```

kann man nun mehrere serielle Schnittstellen einrichten, indem man für jedes neue Objekt die verwendeten Ports für RX und TX angibt.

```
// Serielles GPS-Modul
// Objekt (RX, TX)
SoftwareSerial GPS(2, 3);
// Serielles LC-Display
SoftwareSerial LCD(4, 5);
```

In der Setup-Routine werden jetzt für die einzelnen seriellen Schnittstellenobjekte die Übertragungsgeschwindigkeiten eingestellt.

```
void setup()
{
  // Konfiguration serielle Schnittstellen
  // Übertragungsgeschwindigkeiten
  // GPS
  GPS.begin(4800);
  //LCD
  LCD.begin(9600);
}
```

Im Hauptprogramm können nun wie bereits bekannt die seriellen Daten eingelesen oder ausgegeben werden.

In Listing 4.15 werden zwei serielle Schnittstellen für ein GPS-Modul und ein serielles LC-Display eingerichtet und die Daten gelesen und dargestellt.

```
#include <SoftwareSerial.h>

// Serielles GPS-Modul
// Objekt (RX, TX)
SoftwareSerial GPS(2, 3);
// Serielles LC-Display
SoftwareSerial LCD(4, 5);

void setup()
{
  // Konfiguration serielle Schnittstellen
  // Übertragungsgeschwindigkeiten
  // GPS
  GPS.begin(4800);
  //LCD
  LCD.begin(9600);
}

void loop() {
  while (GPS.available())
  {
  // Daten von GPS
  int valgps = GPS.read();
  // Anweisung für GPS-Dekodierung
  // ..
  // Ausgabe auf LCD
  LCD.write("Daten von GPS");
  }
}
```

Listing 4.15: Serielle Schnittstelle: Weitere Schnittstellen mittels der Bibliothek NEWSOFTSERIAL hinzufügen

Für alle Instanzen der konfigurierten Schnittstellen stehen die Standardmethoden wie `begin()`, `read()` und `available()` sowie weitere zur Verfügung.

4.4.3 I²C/2-Wire (Two-Wire)

Die Kommunikation des Arduino mit externen Komponenten ist eine praktische Sache. Man benötigt wenig Verdrahtungsaufwand und für die Kommunikation selbst stehen meist Bibliotheken zur Verfügung. Der Verbindungsaufbau und das Senden und Empfangen ist mit wenigen Zeilen Programmcode realisiert.

Was aber nun, wenn man mehrere serielle Komponenten über die gleiche Verdrahtung abfragen möchte? Hier kommt die RS232-Schnittstelle an ihre Grenzen.

Zur Kommunikation mit mehreren Geräten an derselben seriellen Leitung wurden das Two-Wire-Interface (TWI) und das I^2C-Protokoll (Inter-Integrated Circuit, in der Praxis I-Quadrat-C genannt) realisiert. Diese beiden seriellen Datenübertragungen können mit der WIRE-Bibliothek für Arduino (`http://www.arduino.cc/en/Reference/Wire`) genutzt werden.

Der I^2C-Bus benötigt für die Kommunikation eine Datenleitung (SDA, Data) und eine Taktleitung (SCL, Clock). Die Signale des I^2C-Busses sind beim Standard-Arduino-Board und beim Arduino Mega gemäß Tabelle 4.4 angeordnet.

I2C-Signal	Arduino Uno	Arduino Mega
Daten (SDA)	Pin A04	Pin 20
Takt (SCL)	Pin A05	Pin 21

Tabelle 4.4: I^2C-Bus an Arduino Uno und Arduino Mega

Der I^2C-Bus ist als Master/Slave-Bus konzipiert. Dabei werden alle Geräte an die beiden Busleitungen angeschlossen. Ein Master-Gerät sendet Daten auf dem Bus und die Slave-Geräte reagieren auf diese Kommandos. Mit der WIRE-Bibliothek kann man ein Arduino-Board am I^2C-Bus sowohl als Master als auch als Slave einsetzen.

Die Grundschaltung des I^2C-Busses benötigt für beide Signalleitungen (SDA und SCL) einen Pull-up-Widerstand, der an 5 Volt angeschlossen wird. Die Schaltung in Abbildung 4.16 zeigt den grundsätzlichen Aufbau des I^2C-Busses.

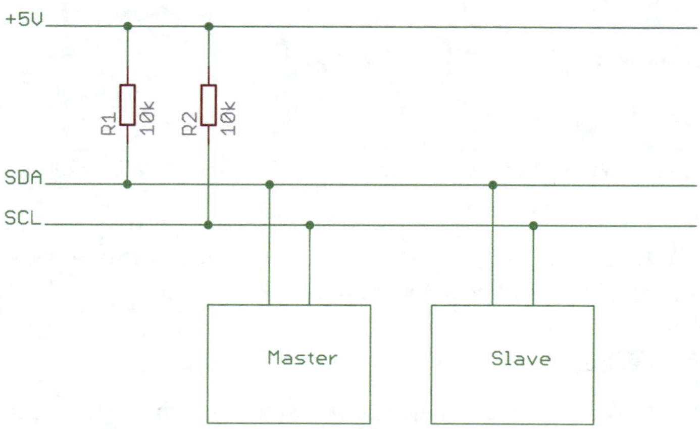

Abb. 4.16: I^2C-Bus: Grundschaltung

In der Praxis wird als Master meist ein Mikrocontroller-Board, beispielsweise ein Arduino verwendet. Die Slave-Geräte sind externe Module oder Schaltungen wie Sensoren, EEPROM, Zeitmodul, Anzeigen oder Analog/Digital-Wandler.

Datenkommunikation

Die Datenkommunikation auf dem Bus läuft nun immer so, dass das Master-Modul Daten sendet und die Slave-Module die Daten empfangen und entsprechend reagieren. In einem EEPROM werden Daten gespeichert, auf der Anzeige Daten dargestellt und ein A/D-Wandler sendet den umgewandelten Analogwert an den Master.

Das folgende Beispiel zeigt die Kommunikation zwischen zwei Arduino-Boards. Der eine Arduino wird als Master betrieben, der andere als Slave. Auf jedem der beiden Busteilnehmer muss das entsprechende Programm geladen werden.

Im Programm für den Master (Listing 4.16) wird zuerst die Standard-WIRE-Bibliothek geladen.

```
// Master-Board
#include <Wire.h>
```

In der Setup-Routine startet die Datenkommunikation am Bus. Beim Master muss dafür in der Anweisung `Wire.begin()` keine Geräteadresse angegeben werden.

```
void setup()
{
  // teilnehmen am I2C-Bus
  // keine Adresse, da Master
  Wire.begin();
}
```

Im Hauptprogramm startet nun die Datenübertragung zum Slave-Gerät mit der Adresse »3«.

```
// Datenübertragung an Empfänger mit Adresse 3 starten
Wire.beginTransmission(3);
```

Die zu übertragenden Daten werden in der Variablen `dataval` abgelegt und dann übermittelt.

```
// Wert zum Senden
int dataval=123;
// Daten senden
Wire.write(dataval);
```

Nach dem Senden der Daten wird die Datenkommunikation wieder gestoppt und das Programm kann, falls vorhanden, weitere Anweisungen ausführen. Andernfalls wird der Programmablauf wieder am Anfang des Hauptprogramms fortgesetzt.

```
  // Datenübertragung stoppen
  Wire.endTransmission();
  // weitere Anweisungen
```

Der Master sendet Daten (Listing 4.16):

```
// Master-Board
#include <Wire.h>

void setup()
{
  // teilnehmen am I²C-Bus
  // keine Adresse, da Master
  Wire.begin();
}

void loop()
{
  // Datenübertragung an Empfänger mit Adresse 3 starten
  Wire.beginTransmission(3);
  // Wert zum Senden
  int dataval=123;
  // Daten senden
  Wire.write(dataval);
  // Datenübertragung stoppen
  Wire.endTransmission();
  // weitere Anweisungen
}
```

Listing 4.16: I^2C-Bus: Master sendet Daten

Ohne Angabe einer Adresse in der Anweisung `Wire.begin()` wird dieser Busteilnehmer automatisch als Master definiert. Der übertragene Wert kann ein Analogwert oder auch der Status eines Ausgangs sein.

```
Wire.write(123)      // Wert senden
Wire.write(HIGH)     // Status senden
```

Der am Bus angeschlossene Slave-Teilnehmer mit der Adresse »3« empfängt nun den gesendeten Wert (Listing 4.17).

Im Slave-Programm wird auch zuerst die WIRE-Bibliothek eingebunden.

```
// Slave-Board
#include <Wire.h>
```

In der Setup-Routine wird nun das Slave-Gerät mit der Adresse »3« am Bus angemeldet und anschließend beginnt der Slave mit dem Empfangen von Daten.

```
void setup()
{
  // teilnehmen am Bus als Slave mit Adresse 3
  Wire.begin(3);
  // falls Daten empfangen wurden, Funktion aufrufen
  Wire.onReceive(receiveData);
}
```

Mit der Methode `Wire.onReceive()` wird auf dem Slave definiert, welche Funktion aufgerufen wird, falls der Slave vom Master aufgerufen wird.

```
// Slave-Board
#include <Wire.h>

void setup()
{
  // teilnehmen am Bus als Slave mit Adresse 3
  Wire.begin(3);
  // falls Daten empfangen wurden, Funktion aufrufen
  Wire.onReceive(receiveData);
}

void loop()
{
  delay(100);
}

// Funktion ausführen, falls Daten empfangen
void receiveData(int AnzahlBytes)
{
  // Daten empfangen und in Variable ablegen
  int recData =  Wire.read();
  // Verarbeitung der empfangenen Daten
}
```

Listing 4.17: I^2C-Bus: Slave empfängt Daten

Servo über I^2C-Bus steuern

Der Schaltungsaufbau in Abbildung 4.17 zeigt die Master- und Slave-Lösung für die Ansteuerung eines Servos über den I^2C-Bus.

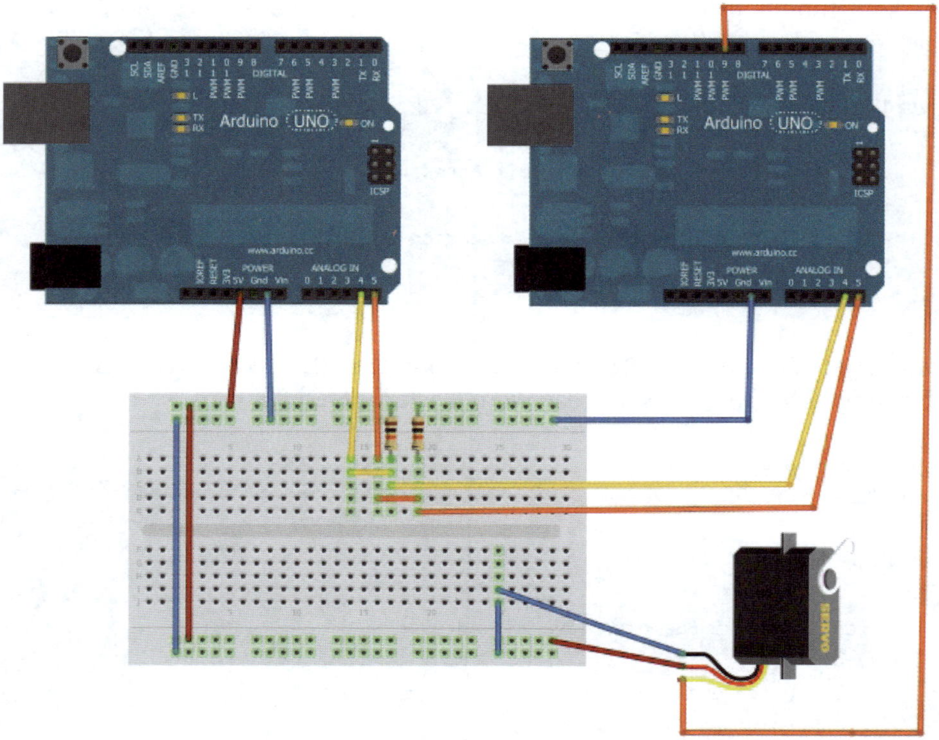

Abb. 4.17: I^2C-Bus: Ansteuerung eines Servos. Arduino links (Master), Arduino rechts (Slave)

Stückliste (Servo über I^2C-Bus)

2 Arduino-Boards

1 Steckbrett

2 Widerstände 10 kOhm

1 Servo 5V

Anschlussdrähte

Die Datenkommunikation für die Servoansteuerung arbeitet mit zwei Arduino-Boards. Der Master sendet einen Analogwert und das Slave-Board empfängt die gesendeten Daten und steuert den Servo.

Sketch für den Master:

```
#include <Wire.h>

int AnalogOutPin = 5;
```

```
void setup()
{
  // Initialisierung Schnittstelle
  Serial.begin (9600);
  // teilnehmen am Bus
  Wire.begin();
}

void loop()
{
  // Analogwert 0-255 erzeugen
  for (int i = 0; i < 255; i++){
    // Ausgabe auf Analogport (zur möglichen Weiterverarbeitung oder Test)
    analogWrite(AnalogOutPin, i);
    // Übertragung starten für Slave 4
    Wire.beginTransmission(4);
    // Daten senden
    Wire.write(i);
    // Übertragung abbrechen
    Wire.endTransmission();
    // Analogwert auf serieller Schnittstelle anzeigen
    Serial.println(i);
    delay (100);
  }
}
```

Listing 4.18: I^2C-Bus: Analogwert senden (Master)

Sketch für den Slave:

```
#include <Wire.h>
#include <Servo.h>

int servoval;

// Servo-Objekt erstellen
Servo myservo;

void setup()
{
  // teilnehmen am Bus mit Adresse 4
  Wire.begin(4);
```

```
  // falls Daten vom Master
  Wire.onReceive(getData);
  Serial.begin(9600);
  myservo.attach(9);
}

void loop()
{
  delay(100);
}

void getData(int AnzahlBytes)
{
  // Wert einlesen
  int AnalogVal = Wire.read();
  // Analogwert mit Servobereich mappen
 // 0-255 = 0 - 179 Winkelgrad
  servoval = map(AnalogVal, 0, 254, 0, 179);
  // Servo ansteuern
  myservo.write(servoval);
  // Analogwert an seriellen Port ausgeben
  Serial.println(AnalogVal);
}
```

Listing 4.19: I^2C-Bus: Analogwert empfangen und Servo steuern (Slave)

Wichtig

Beim Betrieb von mehreren Arduino-Boards am I^2C-Bus muss man speziell die Führung der Versorgungsspannung beachten. Das Bezugspotenzial ist die 0-Volt-Leitung (GND). GND muss an beiden Boards angeschlossen werden. Die 5-Volt-Versorgung für den Bus sollte von einem der Boards geliefert werden. Das Verbinden beider +5-Volt-Leitungen ist nicht zu empfehlen.

Praktische I^2C/2-Wire-Anwendungen mit Arduino

Neben der Datenübertragung zwischen zwei Arduino-Boards gibt es viele I^2C-Anwendungen, bei denen nur ein Mikrocontroller-Board verwendet wird.

In der Praxis ist der Mikrocontroller meist der Master und steuert eine ganze Anzahl von Slave-Anwendungen über den I^2C-Bus. Dabei sendet der Master Anweisungen und Steuersignale an die Slave-Anwendungen, steuert I/O-Anwendungen und empfängt Signale von busgesteuerten Sensoren.

Temperatursensoren am Bus

Beim Einsatz von mehreren Temperatursensoren zur Erfassung der Innentemperaturen in einem Gebäude ist der 2-Wire-Bus eine ideale Buslösung. Es werden nur wenige Signale für die Übertragung benötigt und jeder einzelne Sensor arbeitet als Slave-Modul am Bus.

Der Digitalsensor LM75 (`http://www.national.com/ds/LM/LM75.pdf`) von National Semiconductor ist ein integrierter Temperatursensor mit 2-Wire-Interface. Er wird als 8-Pin-Baustein im Miniaturgehäuse (SO-8) ausgeliefert und kann direkt auf eine Leiterplatte für die Oberflächenmontage aufgelötet werden. Für erste Tests mit dem Sensor empfiehlt sich der Einsatz der Prototypenerweiterung Proto-Shield (`http://www.ladyada.net/make/pshield/`), auf der die Lötaugen für einen Baustein im SO-Gehäuse bereits vorhanden sind. Mit etwas Fingerspitzengefühl lässt sich der Baustein gut auflöten.

Experimente mit integrierten Schaltungen für Oberflächenmontage (SMD) kann man mit einem so genannten »Breakout-Board« erweitern, damit man die Bausteine wie gewohnt auf das Steckbrett stecken kann. Breakout-Boards sind kleine Leiterplatten mit Anschlussstiften, auf die man die Bausteine für die Oberflächenmontage auflötet. Die Leiterbahnen auf den Leiterplatten verbinden nun die Anschlusspins der Miniaturbauteile mit den Anschlussstiften.

Diese Breakout-Boards gibt es bei verschiedenen Lieferanten und Herstellern:

Sparkfun:
`http://www.sparkfun.com/commerce/product_info.php?products_id=494`

Watterott:
`http://www.watterott.com/SOIC-to-DIP-Adapter-8-Pin`

Detaillierte Anwendungsbeispiele mit busfähigen Temperatursensoren sind in Kapitel 5 beschrieben.

Uhren- und Kalenderbausteine am Bus

Mit dem Erfassen von Umweltdaten wie Temperaturwerten möchte man oftmals auch die dazugehörigen Zeitpunkte der Messung erfassen. Da die Temperaturdaten mit dem I^2C-Bus übertragen werden, ist es naheliegend, dass auch die Uhrzeit und das Datum über diesen Bus abgefragt werden.

Für Uhren- und Kalenderanwendungen stehen dem Elektronikanwender verschiedene Bausteine für den Einsatz am I^2C-Bus zur Verfügung.

DS1307
`http://www.maxim-ic.com/quick_view2.cfm/qv_pk/2688`

PCF8583
`http://www.datasheetcatalog.net/de/datasheets_pdf/P/C/F/8/PCF8583.shtml`

Die IC-Typen DS1307 und PCF8583 sind Uhrenbausteine, die mit minimaler externer Beschaltung für die Bereitstellung von Uhrzeit und Datum verwendet werden können.

Beide Bausteine werden im Standardgehäuse DIL8 geliefert und sind pinkompatibel. Der PCF8583 besitzt neben der Uhrenfunktionalität außerdem ein eingebautes EEPROM für die Datenspeicherung sowie Zusatzfunktionalität zur Realisierung einer Alarmfunktion. Der DS1307 von MAXIM bietet nur die Uhrenfunktionalität. Für die Speicherung der Uhrzeit kann extern an Pin 3 eine 3-Volt-Batterie (Lithium) angeschlossen werden.

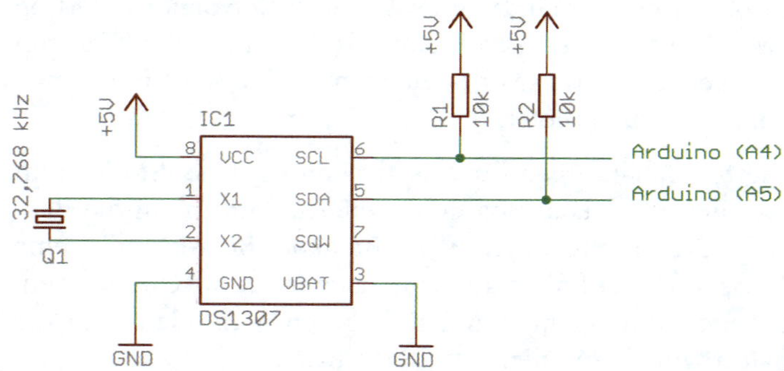

Abb. 4.18: I^2C-Bus: Anwendung mit Uhrenbaustein DS1307 oder PCF8583

Die Kommunikation über den I^2C-Bus sowie die Abfrage der Uhrzeit werden mit der bekannten WIRE-Bibliothek sowie einer speziellen Bibliothek für den Uhrenbaustein DS1307 realisiert. In vielen Anwendungsfällen wurde die bekannte DS1307-Bibliothek verwendet (`http://code.google.com/p/sjunnesson/downloads/detail?name=DS1307.rar&can=2&q=`).

Seit dem Umstieg auf die Arduino-IDE 1.0 wurde diese einfach zu nutzende Bibliothek nicht mehr aktualisiert. Verschiedene Entwickler haben neue Bibliotheken erstellt. Diese sind aber meist recht komplex und für den Einsteiger schwierig zu verstehen.

Dank eines Users aus der Arduino-Community ist nun die bisherige Funktionalität wieder nutzbar, da die Bibliothek für Arduino 1.0 angepasst wurde.

Die aktualisierte Bibliothek für den DS1307-Uhrenbaustein kann über folgenden Forumlink angefordert werden:

`http://arduino.cc/forum/index.php/topic,93077.msg699434.html`

Die Bibliothek selber kann unter folgendem Download-Link bezogen werden.

`http://bricofoy.free.fr/forums/arduino/DS1307.zip`

Das einfache Setzen der Uhrzeit erfolgt einmalig in der Setup-Routine. Nach dem korrekten Setzen der Uhrzeit, inklusive Datum, können die Zeilen für die Eingabe der Uhrzeit auskommentiert werden. Durch die am DS1307 angeschlossene Lithium-Batterie bleibt die Uhrzeit auch bei Ausschalten der Anwendung erhalten.

Beispiel von Datum/Uhrzeit: 14.1.2010/23:59:01

Im ersten Schritt werden die nötigen Bibliotheken geladen. Zu beachten ist, dass ab Arduino 1.0 die Datei `WProgramm.h` durch `Arduino.h` ersetzt wird.

```
#if defined(ARDUINO) && ARDUINO >= 100
#include "Arduino.h"
#else
#include "WProgram.h"
#endif
#include <Wire.h>
// written by  mattt on the Arduino forum and modified by D. Sjunnesson
#include <DS1307.h>
```

In der Setup-Routine wird die serielle Schnittstelle initialisiert und die Ausführung der Uhrenfunktion gestoppt. Anschließend werden die Daten der Uhrzeit und des Datums einzeln mit der Anweisung `RTC.set(Feld, Wert)` gesetzt. Der Parameter `Feld` entspricht dem Feld für Sekunden, Minuten etc., der Parameter `Wert` ist der reale Wert für das entsprechende Feld. Nach dem Setzen der Felder wird die Uhrenfunktion mit `RTC.start()` wieder gestartet.

```
void setup()
{
  Serial.begin(9600);      // Serielle Schnittstelle für Ausgabe
  RTC.stop();
  RTC.set(DS1307_SEC,1);  // Sekunden setzen
  RTC.set(DS1307_MIN,59); // Minuten setzen
  RTC.set(DS1307_HR,23);  // Stunden setzen
  RTC.set(DS1307_DOW,4);  // Tag der Woche setzen
  RTC.set(DS1307_DATE,14);// Datum Tag setzen
  RTC.set(DS1307_MTH,1);  // Datum Monat setzen
  RTC.set(DS1307_YR,10);  // Datum Jahr
  RTC.start();
}
```

In der Hauptroutine `loop()` wird nun laufend die aktuelle Zeit vom Uhrenbaustein gelesen und über die serielle Schnittstelle ausgegeben.

```
void loop()
{
  // Daten vom Uhrenbaustein lesen
  // und Ausgabe über seriellen Port
```

```
  // Uhr lesen und Update aller Werte
  Serial.print(RTC.get(DS1307_HR,true));
  Serial.print(":");
  Serial.print(RTC.get(DS1307_MIN,false));
  Serial.print(":");
  Serial.print(RTC.get(DS1307_SEC,false));
  Serial.print("      ");
  Serial.print(RTC.get(DS1307_DATE,false));
  Serial.print("/");
  Serial.print(RTC.get(DS1307_MTH,false));
  Serial.print("/");
  Serial.print(RTC.get(DS1307_YR,false));
  Serial.println();
  // 1 Sekunde warten
  delay(1000);
}
```

Mit den jeweiligen Abfragen der einzelnen Werte vom Uhrenbaustein wird die Anzeige aktualisiert.

`RTC.get(DS1307_HR,true)`

Mit dem Parameter TRUE in der Stundenabfrage wird der Puffer (Array mit allen Werten) über den I^2C-Bus aktualisiert. Die weiteren Werte für Minute, Sekunden und Datum werden direkt aus dem Array gelesen, indem der Parameter auf FALSE gesetzt wird.

Das Beispiel zeigt die einfache Verwendung dieses Bausteins, wobei zu beachten ist, dass bei einem Neustart die Daten für Uhrzeit und Datum wieder über die Setup-Routine neu gesetzt werden, es sei denn, die entsprechenden Zeilen sind bereits deaktiviert.

Stückliste (Uhr mit DS1307)

1 Arduino-Board

1 Steckbrett

1 DS1307 (IC1)

1 Quarz 32,768 kHz (Q1)

2 Widerstände 10 kOhm (R1, R2)

1 Lithium-Zelle 3 V, Typ CR2032

1 Halter für Lithium-Zelle

Anschlussdrähte

In Abbildung 4.19 ist die Uhrenschaltung auf dem Steckbrett aufgebaut.

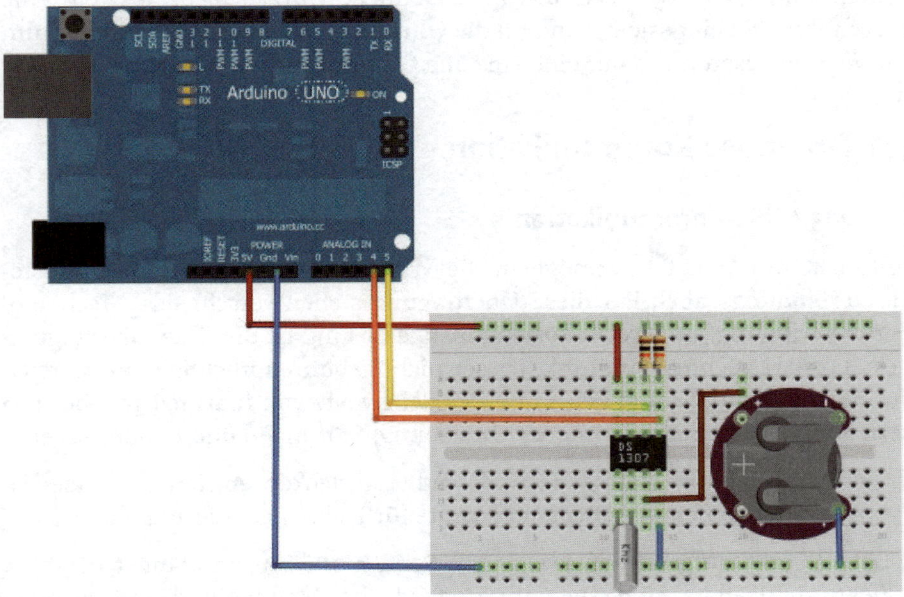

Abb. 4.19: Uhr mit DS1307

Dank der wenigen Bauteile kann die Uhrenschaltung einfach auf einem Proto-Shield oder einer Lochrasterplatine aufgebaut werden.

Verschiedene Entwickler und Händler bieten Breakout-Boards oder Module mit der kompletten Uhrenschaltung.

Real Time Clock Modul (Sparkfun)

`http://www.sparkfun.com/products/99`

DS1307 Real Time Clock breakout kit (Adafruit)

`https://www.adafruit.com/products/264`

RTC Modul (Seeedstudio)

`http://www.seeedstudio.com/depot/grove-rtc-p-758.html`

Neben den verschiedenen Hardwaremodulen für Uhrenanwendungen gibt es außer der verwendeten DS1307-Bibliothek noch weitere Bibliotheken für diesen Uhrenbaustein.

RTClib (Adafruit)

`http://www.ladyada.net/make/logshield/rtc.html`

Diese Uhrenbibliothek erfordert auch recht wenig Programmieraufwand. Die RTClib unterscheidet sich aber von der DS1307-Bibliothek bei der Funktion der Uhreneinstellung. Bei der RTClib wird die aktuelle Uhrzeit nicht über einzelne Einstellfunktionen eingestellt, sondern die Uhrzeit aus dem Kompilierungsdatum herausgelesen. Dazu muss nur eine einzelne Codezeile aktiviert werden.

4.5 Drahtlose Kommunikation

4.5.1 433-MHz-Kommunikation

Drahtlose Kommunikation ermöglicht die Verbindung zweier Geräte ohne störende Verbindungskabel. Für diese Übertragung stehen verschiedene Technologien zur Verfügung. Eine recht kostengünstige Lösung ist die Datenübertragung mittels 433-MHz-Schmalbandfunk. Dieser nicht gebührenpflichtige Funkbereich ist für räumliche Anwendungen mit einer Reichweite von maximal 100 bis 300 Metern ausgelegt – abhängig von der Umgebung, Störungen und Hindernissen.

Praktische Anwendungen dieser Technik sind Funksteckdosen, Temperatursensoren von Wetterstationen oder Bedienelemente für Heizungssteuerungen.

Zur Datenübertragung werden jeweils ein Sender und ein Empfänger benötigt. Im Elektronik-Handel sind viele unterschiedliche Module und Leiterplatten-Lösungen verfügbar, die man mit wenig Aufwand für eigene Arduino-Anwendungen einsetzen kann (Abbildung 4.20).

Abb. 4.20: Module für 433-MHz-Übertragung (links: Sender, rechts: Empfänger)

Diese Sender-und Empfängermodule kosten meist nur wenige Euro und sind ideal zur Datenübertragung in Haus und Garten geeignet. Die Module beinhalten dabei nur die Elektronik zum Senden und Empfangen der Daten durch die Luft. Das Bereitstellen der zu sendenden Daten und die Auswertung der empfangenen

Daten müssen von einer angeschlossenen Logik, beispielsweise einem Arduino-Board, vorgenommen werden.

Für Experimente und Anwendungen mit Arduino sind folgende Module zu empfehlen.

433 MHz RF Link Kit (Seeedstudio)

Art.Nr: WLS107B4B

`http://www.seeedstudio.com/depot/433mhz-rf-link-kit-p-127.html?cPath=101_103`

Sende- und Empfängermodulset 433 MHz (Conrad)

Art. Nr. 130428-62

`http://www.conrad.de/ce/de/product/130428/`

Die beiden Modul-Lösungen beinhalten jeweils ein Sende- und ein Empfängermodul, das direkt über digitale Ports des Arduino angesteuert werden kann.

Das nachfolgende Projekt zeigt eine 433-MHz-Datenübertragung mit dem RF-Link-Kit von Seeedstudio.

Abbildung 4.21 zeigt den Grundaufbau für die Datenkommunikation mit zwei Arduino-Boards.

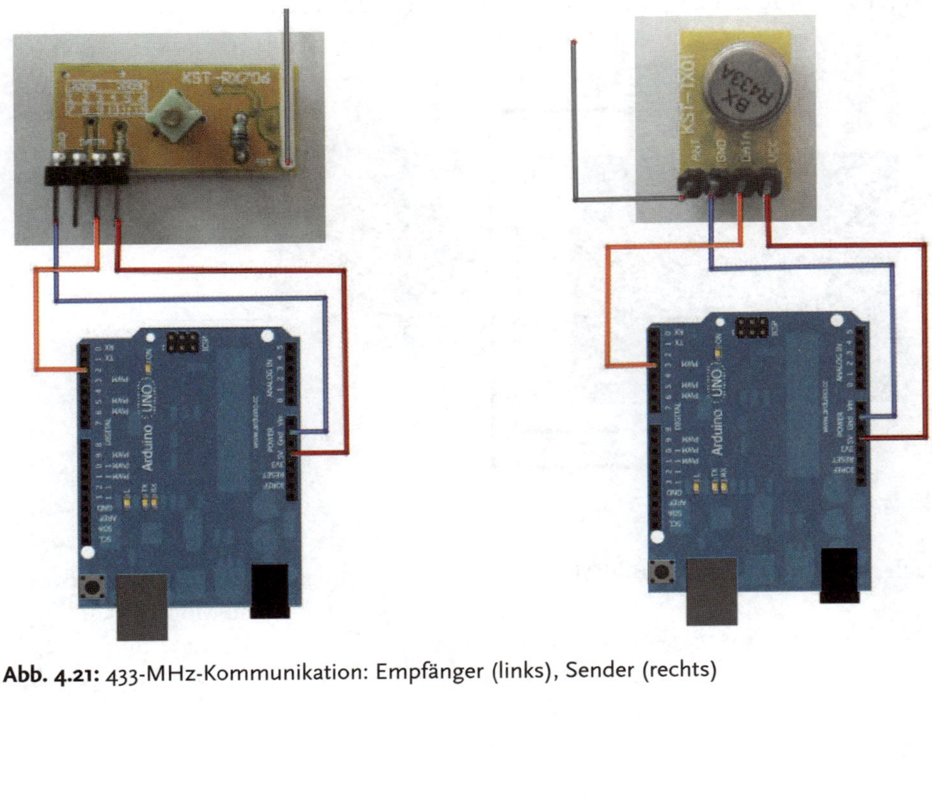

Abb. 4.21: 433-MHz-Kommunikation: Empfänger (links), Sender (rechts)

Stückliste (433-MHz-Kommunikation)

2 Arduino-Boards

1 433-MHz-Sendermodul

1 433-MHz-Empfängermodul

Anschlussdrähte

Für die Datenübertragung werden, wie Abbildung 4.21 zeigt, zwei Arduino-Boards benötigt. Ein Arduino-Board wird als Sender betrieben, das zweite Arduino-Board ist der Empfänger. Auf jedem Board wird das entsprechende Programm, Sender oder Empfänger, geladen.

Mit der Verwendung der VIRTUALWIRE-Bibliothek wird der Programmieraufwand (`www.open.com.au/mikem/arduino/`) stark reduziert, da alle nötigen Funktionen bereits vorhanden sind. Eine Verbindung zur Datenübertragung von digitalen und analogen Informationen ist somit schnell aufgebaut.

Sender

Abbildung 4.22 zeigt die nötigen Verbindungen zwischen dem Arduino-Board und dem Sendermodul. Die graue Leitung ist die Antenne, die eine Länge von genau 170 mm haben muss. Das serielle Sendesignal vom Arduino zum Sendermodul wird am digitalen Pin 3 des Arduino angeschlossen.

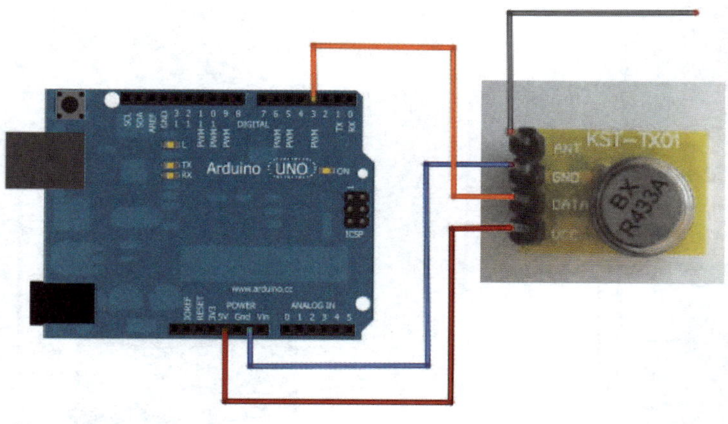

Abb. 4.22: 433-MHz-Sender

Nach dem Einbinden der Bibliothek

```
#include <VirtualWire.h>
```

werden verwendete Variablen »undefiniert« (außer Kraft gesetzt und bereit für Neudefinition)

```
#undef int
#undef abs
#undef double
#undef float
#undef round
```

und der Ausgang für die Datenkommunikation zwischen Arduino und 433-MHz-Sendermodul definiert.

```
int TxPin = 3;
```

In der Setup-Routine wird die Initialisierung der Übertragung konfiguriert und die Übertragungsgeschwindigkeit sowie der Arduino-Pin mit dem Sendesignal definiert.

```
void setup()
{
  // Initialisierung
  vw_set_ptt_inverted(true);
  // Geschwindigkeit (Bits pro Sekunde)
  vw_setup(2000);
  vw_set_tx_pin(TxPin);
}
```

Im Hauptprogramm wird die zu versendende Meldung als Text in der Variablen msg gespeichert

```
void loop()
{
  // Textmeldung die verschickt wird
  const char *msg = "24.3";
```

und anschließend wird die Meldung mittels Angabe der Länge verschickt.

```
vw_send((uint8_t *)msg, strlen(msg));
```

Nach dem Versenden wird gewartet, bis der Sender wieder bereit ist.

```
vw_wait_tx();
```

Nach einer kurzen Wartezeit kann die Datenübertragung wieder von vorne beginnen.

```
// warten
  delay(200);
}
```

Das Senden der Textnachricht erfolgt alle 200 Millisekunden. Dabei erfolgt die Datenkommunikation bei dieser Lösung nur in einer Richtung, vom Sender zum Empfänger (One-Way oder Simplex genannt). Der Sender erhält also keine Rückmeldung, ob die Daten angekommen sind.

Empfänger

Das Arduino-Board in Abbildung 4.23 arbeitet als Empfänger und empfängt die vom soeben beschriebenen Sender verschickten Daten. Wie beim Sender benötigt auch der Empfänger eine Antenne, die direkt am 433-MHz-Empfängermodul angelötet wird. Die Antenne besitzt eine Länge von 170 mm. Das Empfangssignal wird vom Arduino-Board an Pin 2 eingelesen.

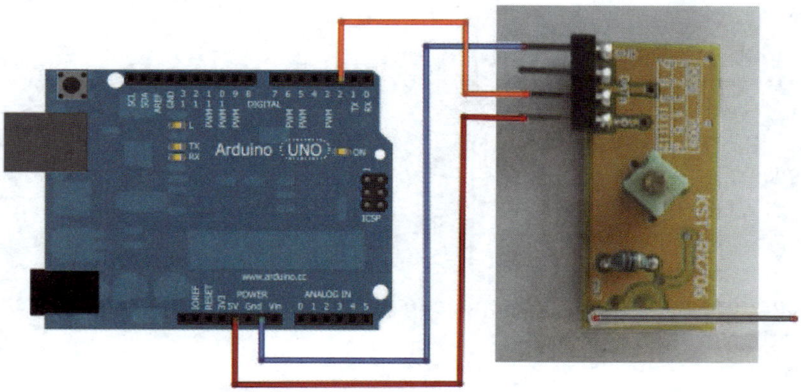

Abb. 4.23: 433-MHz-Empfänger

Auch für den Empfänger wird die bereits erwähnte VIRTUALWIRE-Bibliothek verwendet.

Nach dem Einfügen der Bibliothek

```
#include <VirtualWire.h>
```

werden verwendete Variablen wieder »undefiniert« (außer Kraft gesetzt und bereit für Neudefinition).

```
#undef int
#undef abs
```

```
#undef double
#undef float
#undef round
```

Anschließend wird der zu verwendende Eingang des Arduino festgelegt.

```
int RxPin = 2;
```

In der Setup-Routine wird die serielle Schnittstelle gestartet, auf der die empfangenen Daten ausgegeben werden, die drahtlose Kommunikation initialisiert und Übertragungsgeschwindigkeit sowie Empfangspin eingestellt. Anschließend wird die Kommunikation gestartet.

```
void setup()
{
  // serielle Schnittstelle
  Serial.begin(9600);
  // Initialisierung
  vw_set_ptt_inverted(true);
  // Geschwindigkeit (Bits pro Sekunden)
  vw_setup(2000);
  vw_set_rx_pin(RxPin);
  // Start des Empfängers
  vw_rx_start();
}
```

Im Hauptprogramm wird zuerst ein Pufferarray `buf[Laenge]` mit der maximalen Länge von 30 Bytes erstellt. Der Wert der maximalen Länge ist dabei fix im Code der Bibliothek eingetragen.

```
void loop()
{
  // Puffer mit Empfangsdaten erstellen
  uint8_t buf[VW_MAX_MESSAGE_LEN];
```

Nun wird der Wert für die maximale Länge in der Variablen `buflen` für die weitere Verwendung gespeichert.

```
  // maximale Pufferlänge
  uint8_t buflen = VW_MAX_MESSAGE_LEN;
```

Falls Empfangsdaten vorhanden sind, werden Daten in `buf` kopiert.

```
// Prüfen ob Daten empfangen
  if (vw_get_message(buf, &buflen))
```

Anschließend werden die empfangenen Daten Zeichen für Zeichen bis zur maximal definierten Länge einzeln auf der seriellen Schnittstelle ausgegeben.

```
{
    int i;
    // falls Checksumme ok
    // Zeichen aus Puffer einzeln ausgeben
    for (i = 0; i < buflen; i++)
    {
      // Ausgabe von Zeichen auf serieller Schnittstelle
      Serial.print(buf[i]);
    }
```

Zum Schluss wird ein Zeilenumbruch ausgegeben, und das Programm setzt die Verarbeitung wieder am Anfang des Hauptprogramms fort.

Im Beispiel wurde bisher nur eine einfache Mitteilung verschickt.

```
const char *msg = "24.3";
```

Diese Mitteilung könnte der Temperaturwert eines drahtlosen Sensors sein.

Im nachfolgenden etwas erweiterten Programm eines Sendermoduls (Listing 4.20) wird ein analoger Wert am Analogeingang A0 eingelesen und übermittelt.

```
#include <VirtualWire.h>

#undef int
#undef abs
#undef double
#undef float
#undef round

// Definitionen
int TxPin = 3;
float tempC;
float tempF;
// Port A0
int tempPin = 0;

char msg[10];
```

```
void setup()
{
  // Initialisierung
  vw_set_ptt_inverted(true);
  // Geschwindigkeit (Bits pro Sekunde)
  vw_setup(2000);
  vw_set_tx_pin(TxPin);
}

void loop()
{
  // Temperaturwert ermitteln
  tempC = analogRead(tempPin);
  msg[0]=map(tempC,0,1023,0,1023);
  vw_send((uint8_t *)msg, strlen(msg));
  vw_wait_tx();
  // warten
  delay(200);
}
```

Listing 4.20: 433-MHz-Kommunikation: drahtloser Temperatursensor

Im Empfangsmodul wird nun der gesendete Wert wieder empfangen und in eine Temperatur von 0 bis 100 Grad umgewandelt (Listing 4.21).

```
void loop()
{
    int TempC;
    float TempCC;
    int msg[VW_MAX_MESSAGE_LEN];
    uint8_t buf[VW_MAX_MESSAGE_LEN];
    uint8_t buflen = VW_MAX_MESSAGE_LEN;

    if(vw_have_message() == HIGH)
    {
      vw_get_message(buf, &buflen);
      //Temperatur als ganzzahliger Wert
      TempC = map(buf[0],0,1023,0,1023);
      // Temperatur umgewandelt in 0 - 100
      TempCC = (5.0 * TempC * 100.0)/1024.0;
      Serial.println(TempCC, DEC);
    }
```

```
    delay (1000);
}
```

Listing 4.21: 433-MHz-Kommunikation: Hauptprogramm für Empfangsmodul

433 oder 868 MHz?

Die auf dem Markt erhältlichen Billigprodukte mit Funktechnik wie Babyphone, Wetterstationen, Funksteckdosen oder Garagentoröffner werden meist mit der 433-MHz-Übertragungsfrequenz betrieben. Zusätzlich wird diese Frequenz von Handfunkgeräten genutzt. In einem Haushalt gibt es oft mehrere Produkte, welche diesen Frequenzbereich zur Datenübertragung verwenden. Darum ist dieser Frequenzbereich ziemlich stark genutzt und viele »Dauerstörer« (Babyphones senden fortwährend) produzieren Störsignale im Frequenzband. Im 868-MHz-Band dürfen keine Dauerstörer verwendet werden, es sind nur kurze Sendezeiten erlaubt (`http://de.wikipedia.org/wiki/Short_Range_Devices`). Darum ist der 868-MHz-Bereich weniger überlastet. Nachteilig sind die etwas höheren Hardwarekosten und die Sendebedingungen, die beachtet werden müssen.

4.5.2 Daten übertragen mit RFM12B Transceiver

Das Modul RFM12B ist ein briefmarkengroßer Sender und Empfänger (Transceiver) und kann auch im Frequenzbereich von 433 und 868 MHz eingesetzt werden.

Der kleine Baustein (Abbildung 4.24) wird von der Firma Hope RF hergestellt (`http://www.hoperf.com/upload/rf/RFm12b.pdf`) und wird als Modul zum Auflöten auf eine Leiterplatte geliefert.

Abb. 4.24: RFM12B Transceiver (Bild: boxtec.ch)

Da das RFM12B-Modul Lötanschlüsse besitzt, die nicht dem Zoll-Raster entsprechen, ist ein direktes Auflöten auf eine Lochrasterplatine oder ein Aufstecken auf ein Steckbrett ohne Adapter nicht möglich. Für erste Versuche hat der Autor alte Anschlussdrähte von Widerständen, an das Modul gelötet (Abbildung 4.25).

Abb. 4.25: RFM12B Prototyp mit Anschlussdrähten

Dieser Aufbau ist aber recht heikel und eignet sich nur für Prototypen-Schaltungen.

Für die häufigsten Anwendungen ist auf der Leiterplatte des Projektes eine für das Transceivermodul passende Lötfläche vorgesehen. Der Autor hat für Prototypen-Anwendungen ein kleines Breakout-Board entwickelt (Abbildung 4.26). Technische Daten zum Board findet man auf der Projektseite unter:

`http://arduino-praxis.ch/2013/01/rfm12b-breakout-board/`

Abb. 4.26: Breakout-Board für RFM12B Transceiver

Diese Leiterplatte ist bei verschiedenen Lieferanten verfügbar.

Boxtec

`http://shop.boxtec.ch/breakout-board-fuer-rfm12b-modul-p-41254.html`

EXP Tech

`http://www.exp-tech.de/Shields/Schnittstelle/Breakout-Board-fuer-RFM12B-Modul.html`

Für den Betrieb in einer Mikrocontroller-Anwendung benötigt das RFM12B-Modul außer einer Antenne keine externe Beschaltung. Das Modul wird über die SPI-Schnittstelle (Serial Peripheral Interface) angesteuert. In Abbildung 4.27 ist die Anschlussbelegung des RFM12B dargestellt.

Abb. 4.27: RFM12B Anschlussbelegung

Das RFM12B-Modul kann mit einer Versorgungspannung von 2,2–3,8 Volt betrieben werden. Für Arduino-Anwendungen müssen darum die Datensignale, die vom Arduino-Board zum RFM12B führen, mittels einer Spannungsteilerschaltung mit Widerständen auf den 3,3-V-Pegel angepasst werden. Falls das Arduino-Board bereits mit 3,3 Volt betrieben wird, ist diese Signalanpassung nicht erforderlich.

Abbildung 4.28 zeigt die Grundschaltung für den Betrieb mit einem Standard-Arduino. Die Versorgungsspannung von 3,3 Volt wird dabei vom Arduino geliefert.

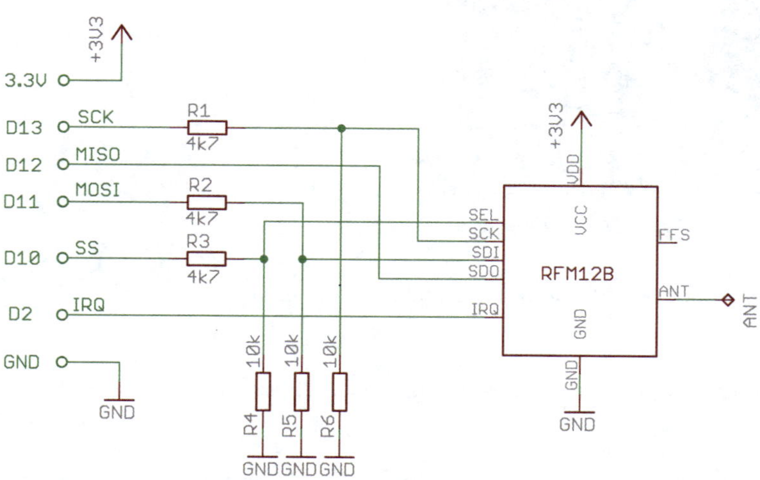

Abb. 4.28: Ansteuerung RFM12B mit Arduino

Neben den Widerständen für die Signalpegel-Anpassung (R1–R6) und der externen Antenne werden keine zusätzlichen Bauteile benötigt.

Sender und Empfänger

Für die Datenübertragung mit RFM12B-Modulen sind 2 Arduino-Boards nötig, ein Sender und ein Empfänger. Beide Boards werden dabei auf dieselbe Weise mit dem Transceiver-Modul verdrahtet. In unserem Projekt wird am Sender-Board zusätzlich ein Temperatursensor des Typs LM35 angeschlossen, dessen Temperaturwert an das Empfängerboard gesendet wird.

Antenne

Die Länge der externen Antenne ist abhängig von der verwendeten Übertragungsfrequenz. In Tabelle 4.5 sind die Antennenlängen aufgelistet. Als Antenne kann ein isolierter Draht verwendet werden.

Frequenz in MHz	Antennenlänge in mm
433	165
868	83
915	78

Tabelle 4.5: Antennenlängen für RFM12B-Anwendungen

Hinweis

Der Autor hat in seinem Sensor-Node-Projekt (`http://arduino-praxis.ch/2013/02/sensor-nodes/`) viele Versuche mit den Antennen gemacht und die besten Resultate erhalten, wenn eine gerade Antenne verwendet wird. In einzelnen Projekten sieht man Antennen, die auf einen Stift aufgedreht wurden. Diese »gekringelte« Form der Antenne benötigt zwar weniger Platz, verursacht aber einen schlechteren Empfang und somit eine kürzere Reichweite.

Software

Mit dem Projekt JeeNode hat der Software-Ingenieur Jean-Claude Wippler eine universelle Arduino-Bibliothek für Anwendungen mit dem Transceiver RFM12B realisiert (`http://jeelabs.net/projects/hardware/wiki/_Microcontroller_Boards`).

Die JeeLib-Library wird in vielen Wireless-Projekten verwendet und hat sich zu einem »Quasi-Standard« entwickelt.

`http://jeelabs.net/projects/jeelib/wiki`

Neben der Wireless-Funktionalität liefert die Bibliothek viele weitere Funktionen und Anwendungsbeispiele. Nach dem Download der Library `https://github.com/jcw/jeelib/archive/master.zip` muss diese entpackt und im Library-

Ordner der Arduino-IDE abgelegt werden. Nach einem Neustart der Entwicklungsumgebung steht die Bibliothek `JeeLib` zur Verfügung.

Stückliste (Sender)

1 Arduino-Board

1 Steckbrett

1 RFM12B Transceiver

1 LM35

3 Widerstände 4,7kOhm

3 Widerstände 10kOhm

Anschlussdrähte

Abbildung 4.29 zeigt den Steckbrettaufbau des Senders.

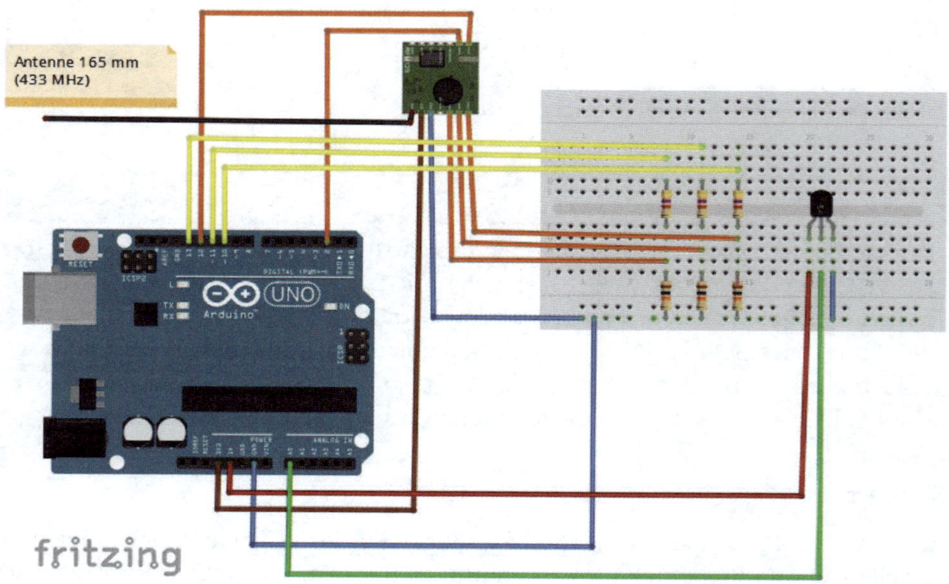

Abb. 4.29: RFM12B Sender mit Temperatursensor

Das Senden der Sensordaten erfolgt nun über die installierte Bibliothek:

```
#include <JeeLib.h>
```

Für die Datenübertragung werden nun die ID des Sensormodules (Node), die Netzwerkgruppe und die Frequenz definiert.

```
#define NodeID 20
#define NetID 100
#define band RF12_433MHZ
//#define freq RF12_868MHZ
```

Unser Sensor besitzt die ID 20 und die Netzwerkgruppe hat den Wert 100. Die ID der Nodes kann bei der verwendeten Library im Bereich von 0 bis 31 liegen. Der Wertebereich für die Netzwerkgruppe liegt zwischen 0 und 255).

Die auskommentierte Zeile zeigt die Einstellung für das 868-MHz-Frequenzband.

Nach einer Variablendeklaration

```
// Sensor
int tempPin=0;
int valTemp=0;
```

wird die Struktur der zu sendenden Daten definiert. Dabei wir der Datentyp `struct` mit einem Feld `temp` verwendet.

```
typedef struct {
  int temp;
} Payload;
```

Nun wird eine Struktur `Payload` mit dem Namen `tinytx` instanziiert.

```
Payload tinytx;
```

In der Setup-Routine wird nach der Bereitstellung der seriellen Schnittstelle die RF-Datenübertragung initialisiert. Dabei werden die ID des Nodes, die Frequenz und die Netzgruppe übergeben.

```
void setup ()
{
  // Serielle Schnittstelle
  Serial.begin(9600);
  Serial.println("Start RF");
  // Initialisierung RF
  rf12_initialize(NodeID, band, NetID);
}
```

Im Hauptprogramm wird über den analogen Eingang A0 der Wert des Temperatursensors eingelesen.

```
void loop ()
{
  // Analogwert lesen
  valTemp = analogRead(tempPin);
```

Dieser Temperaturwert wird nun dem Feld `temp` aus der Struktur übergeben.

```
tinytx.temp=valTemp;
```

Anschließend werden die Daten gesendet.

```
// Daten senden
rf12_sendNow(0, &tinytx, sizeof tinytx);
```

Nach dem Senden wird eine Sendebestätigung über die serielle Schnittstelle ausgeben und mit `delay(10000)` eine Warteschleife von 10 Sekunden aufgerufen.

```
// Daten gesendet
  Serial.println("Daten gesendet");
  delay(10000);
}
```

Abschließend ist in Listing 4.22 das ganze Programm des Sende-Nodes aufgelistet.

```
#include <JeeLib.h>

#define NodeID 20
#define NetID 100
#define band RF12_433MHZ
//#define freq RF12_868MHZ

// Sensor
int tempPin=0;
int valTemp=0;

typedef struct {
  int temp;
} Payload;

Payload tinytx;

void setup ()
```

```
{
  // Serielle Schnittstelle
  Serial.begin(9600);
  Serial.println("Start RF");
  // Initialisierung RF
  rf12_initialize(NodeID, band, NetID);
}

void loop ()
{
  // Analogwert lesen
  valTemp = analogRead(tempPin);
  tinytx.temp=valTemp;
  // Daten senden
  rf12_sendNow(0, &tinytx, sizeof tinytx);
  // Daten gesendet
  Serial.println("Daten gesendet");
  delay(10000);
}
```

Listing 4.22: Daten senden mit RFM12B

Zum Test des Senders wird dieser mit Spannung versorgt. Im seriellen Monitor kann nun überprüft werden, ob er Daten versendet (Abbildung 4.30).

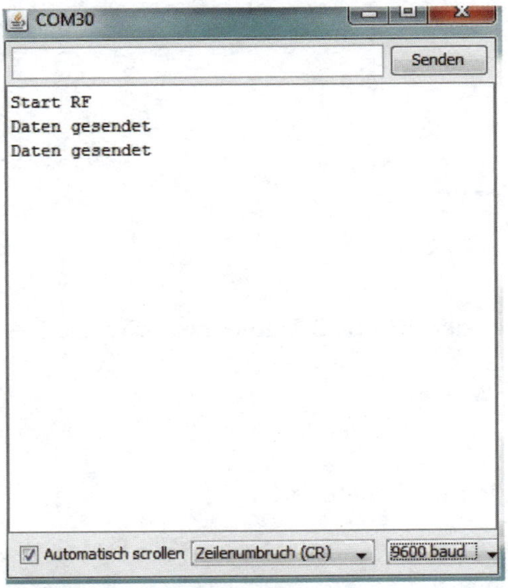

Abb. 4.30: Serieller Monitor: Daten senden mit RFM12B Node

Stückliste (Empfänger)

1 Arduino-Board

1 Steckbrett

1 RFM12B Transceiver

3 Widerstände 4,7kOhm

3 Widerstände 10kOhm

Anschlussdrähte

Der Steckbrettaufbau in Abbildung 4.31 entspricht dem des Senders, außer dass kein Temperatursensor benötigt wird.

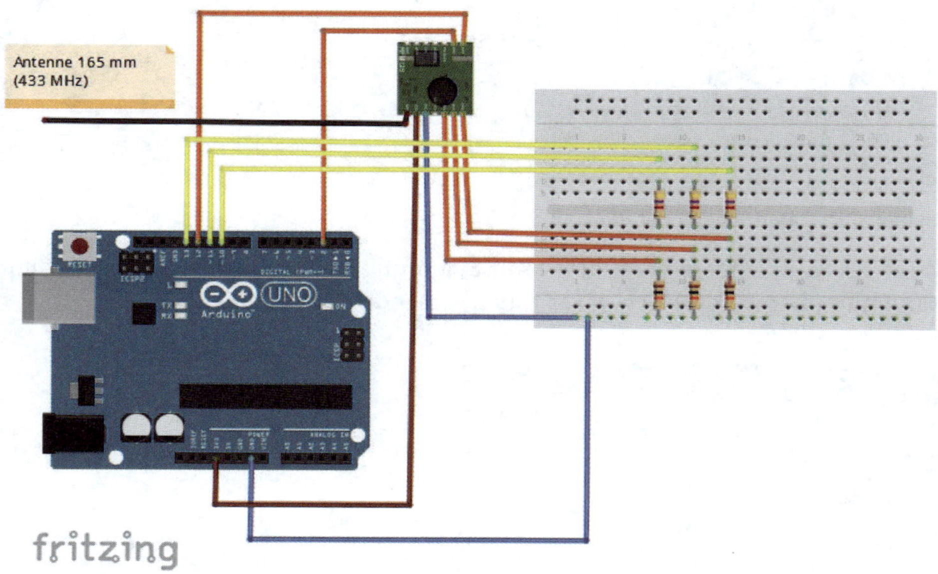

Abb. 4.31: RFM12B Empfänger

Auch für das Empfangen von Daten über den RFM12B-Transceiver wird die JeeLib-Bibliothek verwendet.

```
#include <JeeLib.h>
```

Nun werden die Parameter für den Datenempfang definiert.

```
#define NodeID 2
#define NetID 100
```

```
#define band RF12_433MHZ
//#define freq RF12_868MHZ
```

Die ID des Empfängers muss sich hier von der ID des Senders unterscheiden. Um Daten empfangen zu können, müssen Netzwerkgruppe und Frequenz identisch mit denen des Sendemoduls sein.

Die Struktur der zu empfangenden Daten wird nun definiert. Wie beim Sender wird hier eine Struktur verwendet.

```
typedef struct {
  int temp;
} Payload;
```

Eine Instanz dieser Variablen wird nun als `rx` instanziiert.

```
Payload rx;
```

Der Deklarationsteil wird mit verschiedenen Variablendeklarationen abgeschlossen. In der Variable `nodeID` wird die ID des Senders abgelegt.

```
// ID von Sender
int nodeID;

int temp;
float tempC;
```

Im Setup wir die serielle Schnittstelle bereitgestellt und die RF-Kommunikation initialisiert.

```
void setup ()
{
  // Serielle Schnittstelle
  Serial.begin(57600);
  Serial.print("Start RF");
  // Initialisierung RF
  rf12_initialize(NodeID, band, NetID);
}
```

Im Hauptprogramm wird nun laufend geprüft, ob Daten empfangen wurden.

```
void loop ()
{
```

```
  if (rf12_recvDone() && rf12_crc == 0 && (rf12_hdr & RF12_HDR_CTL) == 0)
  {
```

Falls Daten von einem Sender empfangen wurden, werden diese aus den Sendedaten ausgelesen. Im Beispiel werden die ID des Senders und die Nutzdaten (Temperaturwert) ermittelt.

```
// NodeID abfragen
nodeID = rf12_hdr & 0x1F;
rx = *(Payload*) rf12_data;
```

Der Temperaturwert wird nun in ein lesbares Ergebnis umgewandelt.

```
temp = rx.temp;
// Umwandlung in Temperatur
tempC=(5.0 * temp * 100.0)/1024.0;
```

Zur Kontrolle werden die empfangenen Daten noch auf der seriellen Schnittstelle ausgegeben.

```
// Datenausgabe
    Serial.println("Daten empfangen:");
    Serial.print("Sender: ");
    Serial.println(nodeID);
    Serial.print("Wert: ");
    Serial.println(tempC);
    Serial.println("--------------------");
  }
}
```

Das komplette Programm für den Empfänger ist in Listing 4.23 dargestellt.

```
#include <JeeLib.h>

#define NodeID 2
#define NetID 100
#define band RF12_433MHZ
//#define freq RF12_868MHZ

typedef struct {
  int temp;
} Payload;
```

```
Payload rx;

// ID des Senders
int nodeID;

int temp;
float tempC;

void setup ()
{
  // Serielle Schnittstelle
  Serial.begin(57600);
  Serial.print("Start RF");
  // Initialisierung RF
  rf12_initialize(NodeID, band, NetID);
}

void loop ()
{
  if (rf12_recvDone() && rf12_crc == 0 && (rf12_hdr & RF12_HDR_CTL) == 0)
  {
    // NodeID abfragen
    nodeID = rf12_hdr & 0x1F;
    rx = *(Payload*) rf12_data;
    temp = rx.temp;
    // Umwandlung in Temperatur
    tempC=(5.0 * temp * 100.0)/1024.0;
    // Datenausgabe
    Serial.println("Daten empfangen:");
    Serial.print("Sender: ");
    Serial.println(nodeID);
    Serial.print("Wert: ");
    Serial.println(tempC);
    Serial.println("--------------------");
 }
}
```

Listing 4.23: Daten empfangen mit dem RFM12B

Mit dem Start des Empfängers ist die drahtlose Kommunikation aufgebaut. Im seriellen Monitor des Empfängers werden nun die empfangenen Daten des Senders (ID 20) dargestellt (Abbildung 4.32).

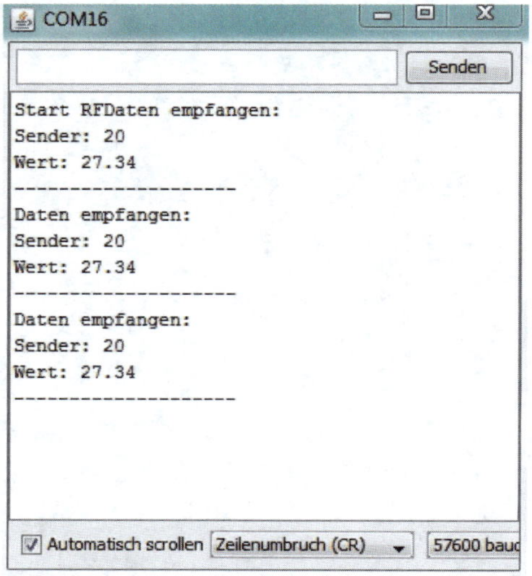

Abb. 4.32: Serieller Monitor: Daten empfangen mit dem RFM12B

Erweiterte Daten übertragen

Im beschriebenen Beispiel der Datenübertragung mit dem Transceiver RFM12B wird ein einzelner Wert (Temperatur) übertragen. Die verwendete Bibliothek erlaubt die Übertragung von maximal 66 Bytes. Dies ermöglicht das Senden und Empfangen weiterer Sensordaten.

Um weitere Daten senden zu können, muss im Sendemodul die Datenstruktur entsprechend erweitert werden. Listing 4.24 zeigt diese Erweiterung um zwei zusätzliche Werte (Temp2, Luftfeuchtigkeit).

```
typedef struct {
  int temp;
  int temp2;
  int hum;
} Payload;
Payload tinytx;
```

Listing 4.24: Erweiterung Struktur für Sender

Diesen Daten muss anschließend im Programm ein Wert zugeordnet werden. Diese Werte können von einem weiteren Sensor oder aus einem anderen Teil des Programmes stammen.

```
tinytx.temp=valTemp;
tinytx.temp2=33.45;
tinytx.hum=45.23;
```

Im Empfangsteil wird die gleiche Strukturerweiterung vorgenommen.

```
typedef struct {
  int temp;
  int temp2;
  int hum;
} Payload;
Payload rx;
```

Das Auslesen der Daten erfolgt dann nach dem gleichen Prinzip wie beim ersten Wert.

```
rx = *(Payload*) rf12_data;
temp = rx.temp;
temp2 = rx.temp2;
hum=rx.hum ;
```

Shield für RFM12B

Für den endgültigen und festen Betrieb der Sender und Empfänger mit dem RFM12B-Transceiver hat der Autor ein eigenes Shield realisiert (Abbildung 4.33).

Abb. 4.33: RFM12B Shield

Dies erlaubt das saubere Auflöten des Transceivermoduls. Gleichzeitig steht auf der Leiterplatte genügend Platz für eigene Schaltungen zur Verfügung.

Dieses Shield ist als Open Source-Hardware-Projekt realisiert. Die Daten der Leiterplatte können von der Projektseite geladen werden.

`http://arduino-praxis.ch/projekte-2/arduino-rf-sensor-shield/`

RFM12B Board

Für kleinere Anwendungen mit dem RFM12B-Transceiver kann auch das vom Autor entwickelte RFM12B Board genutzt werden. Diese kleine Leiterplatte ähnelt dem Breakout-Board, hat aber die zusätzlichen Widerstände für die Pegelanpassung bereits integriert. Darum eignet sich das RFM12B Board ideal für Arduino-Boards mit 5-V-Pegeln und Anwendungen auf dem Steckbrett.

Abbildung 4.34 zeigt die Schaltung des RFM12B Boards. Alle nötigen Anschlüsse zur Ansteuerung und Spannungsversorgung sind auf eine 7-polige Stiftleiste geführt.

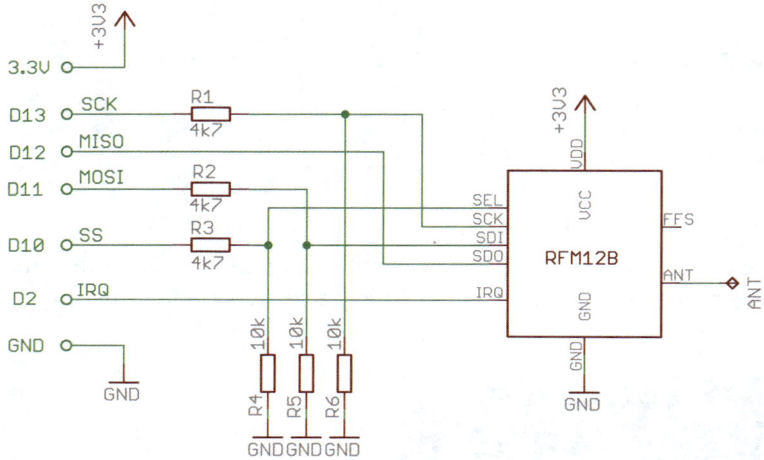

Abb. 4.34: Stromlaufplan des RFM12B Boards

Das auf einem Steckbrett montierte RFM12B Board ist in Abbildung 4.35 zu sehen.

Das Board ist über die Online-Plattform Tindie verfügbar:

`https://www.tindie.com/products/arduinopraxis/rfm12b-board/`

Auf der Website zum Projekt können alle Details wie auch Leiterplatten-Daten abgerufen werden.

`http://arduino-praxis.ch/projekte-2/rfm12b-board/`

Hinweis: RFM12B mit Arduino Leonardo oder Yun

Die bisher beschriebenen Beispiele mit dem RFM12B beziehen sich auf den Arduino Uno. Wird für ein Projekt ein Arduino Leonardo oder ein Arduino Yun eingesetzt, müssen die Signale des SPI (MOSI, MISO, SCK) über die 6-polige Stiftleiste des ICSP kontaktiert werden. Zusätzlich muss das Signal IRQ für diese beiden Boards an Pin 3 statt an Pin 2 angeschlossen werden. Im Code oder der JeeLib-Bibliothek selbst müssen keine Änderungen vorgenommen werden.

Abb. 4.35: RFM12B Board für Steckbrettanwendungen

Projekt Gefrierschrankwächter

Die Datenübertragung mit dem Transceiver RFM12B ist eine einfache und günstige Technik, die sich ideal für ein Sensornetzwerk eignet und auch im Bereich Hausautomation einsetzbar ist.

In Kapitel 5 wird diese Technik zusammen mit einem seriellen Sensor zu einem Gefrierschrankwächter ausgebaut.

4.6 Projekt: Würfel

Ein Würfel verwendet bekanntlich sieben verschiedene Punkte, um die Zahlenwerte von 1 bis 6 darzustellen. Diese Punkte wollen wir in diesem Projekt mittels Leuchtdioden darstellen. Die Ansteuerung erfolgt dabei über die digitalen Ausgänge des Arduino-Boards. Die Würfelschaltung wird dabei von einem Drucktaster in Bewegung gebracht. Bei Betätigung der Taste startet der Würfelvorgang. Wird der Taster losgelassen, stoppt der Würfelvorgang und der gewürfelte Wert wird über die Leuchtdioden angezeigt.

Abbildung 4.36 zeigt den Schaltungsaufbau für die Ansteuerung der Würfelschaltung.

Für jede Leuchtdiode wird ein digitaler Ausgang des Arduino benötigt. Das Startsignal für den Würfel wird über den Taster an einen digitalen Eingang geführt.

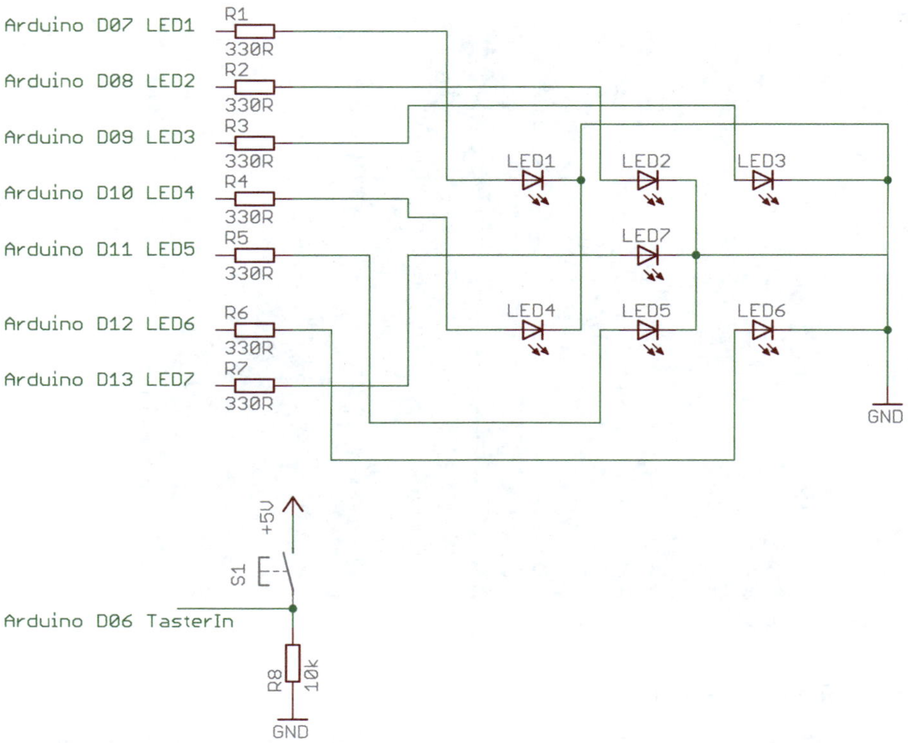

Abb. 4.36: Projekt: Digitaler Würfel

Das Programm zur Ansteuerung der Leuchtdioden kann auf verschiedene Arten realisiert werden. Die einfachste Lösung ist die Verwendung einer `switch/case`-Anweisung.

Beispiel:

```
switch (Zahl)
{
 case 1:
  // LEDs für 1
  digitalWrite(LED1, LOW);
  digitalWrite(LED2, LOW);
  digitalWrite(LED3, LOW);
  digitalWrite(LED4, LOW);
  digitalWrite(LED5, LOW);
  digitalWrite(LED6, LOW);
  digitalWrite(LED7, HIGH);
  break;
```

```
  case 2:
   // LEDs für 1
   digitalWrite(LED1, HIGH);
   // ....
   break;
}
```

Für jede Zahl von 1 bis 6 werden im entsprechenden Fall (`case`) die digitalen Signale auf HIGH oder LOW gesetzt, um das richtige Muster auf dem Würfel darzustellen.

Diese Lösung ist zwar einfach zu verstehen, benötigt aber relativ viele Anweisungen und Codezeilen.

Wenn man die Punkte auf dem Würfel für jede Zahl betrachtet, ergibt sich folgendes Verhalten:

Leuchtdiode	Leuchtet bei Zahl
LED1	2, 3, 4, 5, 6
LED2	6
LED3	4, 5, 6
LED4	4, 5, 6
LED5	6
LED6	2, 3, 4, 5, 6
LED7	1, 3, 5

Tabelle 4.6: LED-Muster der Augenzahlen eines Würfels

In der Tabelle 4.6 sind mehrere Muster erkennbar:

LED 1 und LED 6:

Leuchten bei Zahlen größer 1

LED 2 und LED 5:

Leuchten bei der Zahl 6

LED 3 und LED 4:

Leuchten bei Zahlen größer 3

LED 7:

Leuchtet bei ungeraden Zahlen

Mit diesen Bedingungen kann nun die Funktion zur Ansteuerung der Leuchtdioden realisiert werden.

```
void LeuchtdiodenAnzeigen(int zahl)
{
  // Alle Ausgänge auf 0
  digitalWrite(LED1, LOW);
  digitalWrite(LED2, LOW);
  digitalWrite(LED3, LOW);
  digitalWrite(LED4, LOW);
  digitalWrite(LED5, LOW);
  digitalWrite(LED6, LOW);
  digitalWrite(LED7, LOW);

  // Zahl größer 1
  if (zahl > 1)
  {
    digitalWrite(LED1, HIGH);
    digitalWrite(LED6, HIGH);
  }

 // Zahl = 6
 if (zahl == 6)
 {
   digitalWrite(LED2, HIGH);
   digitalWrite(LED5, HIGH);
 }

 // Zahl größer 3
 if (zahl > 3)
 {
   digitalWrite(LED3, HIGH);
   digitalWrite(LED4, HIGH);
 }

 // Zahl ist ungerade
 if ((zahl % 2) == 1)
 {
   digitalWrite(LED7, HIGH);
 }

}
```

Für jedes Muster wird eine eigene `if`-Abfrage vorgenommen. Stimmt die Bedingung, werden die entsprechenden Leuchtdioden eingeschaltet.

Für das Prüfen der ungeraden Zahlen wird die Modulo-Formel `Zahl % 2` verwendet. Bei geraden Zahlen ergibt das Resultat jeweils 0, bei ungeraden Zahlen 1.

Neben der Ausgabe des Zahlenwertes benötigt der Würfel natürlich noch eine Funktion zum Ermitteln einer Zahl, die den eigentlichen Würfelvorgang simuliert, der startet, sobald die Taste gedrückt ist.

In der Setup-Routine `setup()` (Listing 4.25) werden die Variablen definiert und die Ports gesetzt.

```
// Portpins
int TasterPin=6;
int LED1=7;
int LED2=8;
int LED3=9;
int LED4=10;
int LED5=11;
int LED6=12;
int LED7=13;

// Variablen
int TasterValue=0;
int state=0;
int zahl = 1;
int zahlEnde = 7;

void setup (void)
{
  // Ausgänge für LED setzen
  pinMode (LED1, OUTPUT);
  pinMode (LED2, OUTPUT);
  pinMode (LED3, OUTPUT);
  pinMode (LED4, OUTPUT);
  pinMode (LED5, OUTPUT);
  pinMode (LED6, OUTPUT);
  pinMode (LED7, OUTPUT);
  // Eingang für Taster
  pinMode(TasterPin, INPUT);
}
```

Listing 4.25: Projekt Würfel: Setup()

Anschließend geht es im Hauptprogramm `loop()` weiter.

```
void loop (void)
{
  // Taster abfragen
  ReadTaster();

  // Ausführen, solange Taster gedrückt
  while (ReadTaster()==1)
  {
    if (zahl == zahlEnde)
    {
      zahl=1;
    }

    LeuchtdiodenAnzeigen(zahl);
    delay (20);
    zahl = zahl + 1;
  }
}
```

Listing 4.26: Projekt Würfel: Loop()

Zu Beginn jedes Durchgangs im Hauptprogramm wird eine Funktion `ReadTaster()` aufgerufen, die den Status des Drucktasters prüft. Ist das Resultat gleich 1, wird die Zählerschleife aufgerufen. Bei jedem Durchgang der Zählerschleife wird der Zahlenwert an die Anzeigefunktion `LeuchtdiodenAnzeigen()` übergeben und dann um 1 erhöht. Nach einer kurzen Verzögerung mit `delay()` beginnt die Zählerschleife mit der nächsten Zahl. Der Zählvorgang geht dadurch schnell und für das Auge ist nur ein Flackern aller Leuchtdiodenpunkte des Würfels sichtbar. Lässt man nun den Taster los, so bleibt der Zähler stehen und der Würfel zeigt die gewürfelte Zahl an.

Die Funktion zur Prüfung des Tasters liest den digitalen Tastereingang ein und gibt dann als Rückgabewert einen Statuswert 0 (offen) oder 1 (gedrückt) zurück.

```
int ReadTaster (void)
{
  TasterValue=digitalRead(TasterPin);
  if (TasterValue==HIGH) {
    state = 1;
    return state;
  }
  else
  {
    state= 0;
```

```
    return state;
  }
}
```

Durch den modularen Aufbau dieses Würfelprogramms kann als Betätigungstaster auch ein Fotowiderstand (*Light Dependent Resistor*, LDR), ein Rüttelkontakt oder ein Reed-Kontakt verwendet werden. Dabei muss nur die Abfrage des Eingabeelements angepasst werden.

Das gesamte Würfelprojekt baut man idealerweise auf einer Erweiterungsplatine auf, die anschließend auf das Arduino-Board gesteckt wird. Dazu eignet sich die Erweiterungsplatine Proto-Shield. Erweiterungsplatinen werden in Kapitel 9 genauer beschrieben. Auf dem Proto-Shield lötet man dann die Leuchtdioden wie auf einem Spielwürfel an.

Mit einer Batterie als Spannungsversorgung bekommt man so einen praktischen und portablen elektronischen Würfel.

Kapitel 5

Sensoren

Sensoren, Aktoren und Anzeigen sind die externen Komponenten, die das Arduino-Board zum Leben erwecken und den Kontakt mit der Außenwelt sicherstellen. Verschiedene Arten von Sensoren ermitteln Daten aus der Umwelt, wie beispielsweise den Abstand des Roboters zur Wand, die relative Luftfeuchtigkeit in einem zu überwachenden Silo oder auch die Trockenheit der Erde einer Pflanze im Wohnzimmer. Aufgrund der erfassten Daten erfolgt meist eine Reaktion mittels eines Aktors. Diese Reaktion kann ein Ausschalten eines Relais oder Motors sein oder auch eine Meldung über ein Netzwerk an eine externe Anwendung oder Datenbank. Der Zustand der Erde im Topf der Pflanze wird via Ethernet-Verbindung an Twitter gesendet, und gleichzeitig schaltet ein Ventil die Wasserzufuhr zum Topf ein und die Pflanze bekommt Wasser. Schlussendlich steuert das Arduino-Board ein Anzeigeelement an und zeigt dem Benutzer Informationen über die Umgebungstemperatur, den Abstand oder auch den geografischen Standort an.

Neben diesen praktischen Anwendungen werden Arduino-Boards mit den angeschlossenen Sensoren und Aktoren aber auch für ungewöhnlichere Einsätze verwendet, um physische Objekte zu regeln und zu steuern. Die NETWORKED CAT ist ein Projekt, bei dem die Schlafstelle einer Katze mit Sensoren erweitert wurde, um dem Besitzer mitzuteilen, wann die Katze auf der Schlafmatte liegt. Per Webcam und E-Mail kommuniziert dieses Projekt mit der Umwelt. Das Projekt von Tom Igoe ist in seinem Buch »Making Things Talk« beschrieben (`http://oreilly.com/catalog/9780596510510/`).

Grundsätzlich kann jeder Sensor, jeder Aktor oder jede Anzeige an ein Arduino-Board angeschlossen werden. Einzelne Sensoren liefern Signale, die auf dem Arduino direkt verarbeitet werden können. Andere Signale von Sensoren müssen mittels einer elektronischen Schaltung in eine Form gebracht werden, die auf dem Arduino gelesen werden kann. Bei Sensoren anderer Anwendungen, beispielsweise einem Wii Nunchuk, ist meist die mechanische Verbindung eine Hürde. Der Nunchuk kann über den I^2C-Bus angesprochen werden. Zur Verbindung mit dem Arduino-Board muss aber ein spezieller Adapter verwendet werden, oder man schneidet den Anschlussstecker am Ende des Kabels ab und verdrahtet die Anschlüsse neu.

In diesem Kapitel werden verschiedene Sensoren, Aktoren und Anzeigen erklärt. Sie erlernen anhand vieler praktischer Beispiele die Funktionalität und die Verwendung der einzelnen Komponenten.

5.1 LDR (Fotowiderstand)

Ein LDR (*Light Dependent Resistor*), auch Fotowiderstand genannt, ist ein lichtempfindliches Halbleiterelement. Der Widerstandswert des Fotowiderstands ändert sich je nach Lichteinfall: Je mehr Licht auf die empfindliche Fläche des LDR fällt, umso kleiner wird sein Widerstandswert.

Ein Fotowiderstand besitzt zwei Anschlussdrähte und kann grundsätzlich wie ein normaler Widerstand behandelt werden. Mit einem Ohmmeter kann der Widerstandswert gemessen werden. Je nach verwendetem LDR-Typ liegt der Widerstandswert bei Dunkelheit im Megaohm-Bereich. Bei Helligkeit besitzt der Fotowiderstand einen Widerstandswert im Bereich von 100 bis 300 Ohm.

Fotowiderstände verändern ihren Widerstandswert bei Veränderung der Helligkeit relativ langsam. Darum werden diese lichtempfindlichen Bauteile für Anwendungen eingesetzt, die nicht zeitkritisch sind. Meist werden Fotowiderstände in Dämmerungsschaltern oder berührungslosen Bedienungselementen eingesetzt.

In der Praxis wird der Fotowiderstand meist in einer Serienschaltung mit einem Festwiderstand eingesetzt. Dabei wirkt der Fotowiderstand als verstellbarer Widerstand und ändert entsprechend der Helligkeit den Widerstandswert. Die daraus resultierende Spannung wird mit der nachfolgenden Schaltung ausgewertet.

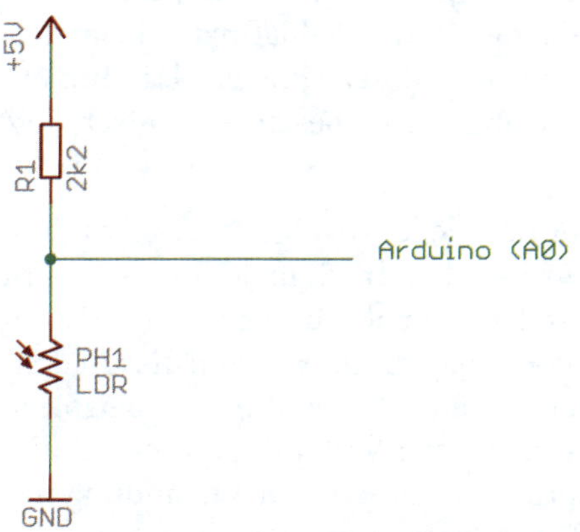

Abb. 5.1: Fotowiderstand (LDR): Helligkeit einlesen über einen Analogport

Die über dem Fotowiderstand abgefallene Spannung wird direkt dem Analogeingang des Arduinos zugeführt.

Stückliste (Helligkeitsmesser):

1 Arduino-Board

1 Steckbrett

1 LDR (PH1)

1 Widerstand 2,2 kOhm (R1)

Drahtbrücken

Abbildung 5.2 zeigt den Aufbau des Helligkeitsmessers auf dem Steckbrett.

Abb. 5.2: Helligkeit messen mit einem LDR

In Listing 5.1 wird der am Analogport A0 gemessene Wert mit einem fixen Wert verglichen. Im Testaufbau war bei eingeschaltetem Licht ein Wert von 500 Ohm gemessen worden, bei ausgeschaltetem Licht lag der Wert bei 960 Ohm. Sobald die Lampe nun ausgeschaltet wird, leuchtet die LED.

```
int LEDPin = 13;   // LED-Port
int valLDR = 0;    // Analogwert von LDR
int LDR = 0;       // Analogeingang

void setup() {
  pinMode(LEDPin, OUTPUT);
  Serial.begin(9600);
}
```

```
void loop() {
  // Wert des LDRs einlesen
  valLDR = analogRead(LDR);
  // falls größer 800, LED EIN
  if (valLDR > 800) {
    digitalWrite(LEDPin, HIGH);
  }
  // sonst LED AUS
  else
  {
    digitalWrite(LEDPin, LOW);
  }
  // Ausgabe des Werts auf der seriellen Schnittstelle
  Serial.println(valLDR);
  delay(1000);
}
```

Listing 5.1: Fotowiderstand: LED einschalten, wenn es dunkel wird

Je nach Umgebung muss der Wert der Schaltschwelle individuell angepasst werden.

5.2 NTC/PTC

NTCs oder Heißleiter sind Temperatursensoren, die ihren Widerstand abhängig von der Temperatur verändern. Ein NTC weist bei Kälte einen hohen Widerstandswert auf, bei Hitze besitzt er einen niedrigen Widerstandswert. Darum auch der Name NTC, was *Negative Temperature Coefficient*, also negativer Temperaturkoeffizient, bedeutet.

Heißleiter gibt es mit verschiedenen Widerstandswerten. Der angegebene Widerstandswert ist der Wert bei 25 Grad Celsius.

Die Betriebstemperatur für NTCs erstreckt sich über einen Bereich von unter -50 Grad bis über 200 Grad. Diese Temperatursensoren werden darum für viele Industrieanwendungen oder Mess- und Regelsysteme verwendet. Neben dem großen Temperaturbereich ist auch der günstige Preis dieser Sensoren erwähnenswert.

Die Grundschaltung für die Temperaturmessung kann mit einem einfachen Spannungsteiler realisiert werden. Die resultierende Spannung kann nun direkt am Analogport des Arduino angeschlossen werden. In Abbildung 5.3 wird der Analogwert auf Port A0 des Arduino geführt.

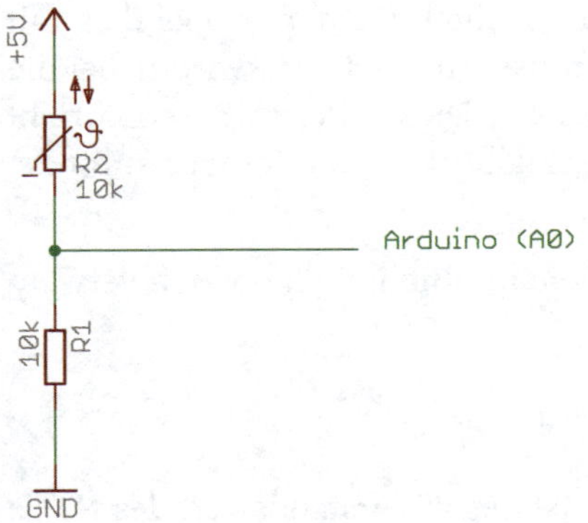

Abb. 5.3: Sensoren: Grundschaltung für NTC (Heißleiter)

Stückliste (NTC-Grundschaltung)

1 Arduino-Board

1 Steckbrett

1 NTC (R2)

1 Widerstand 10 kOhm (R1)

Drahtbrücken

Die Grundschaltung des NTCs ist in Abbildung 5.4 dargestellt.

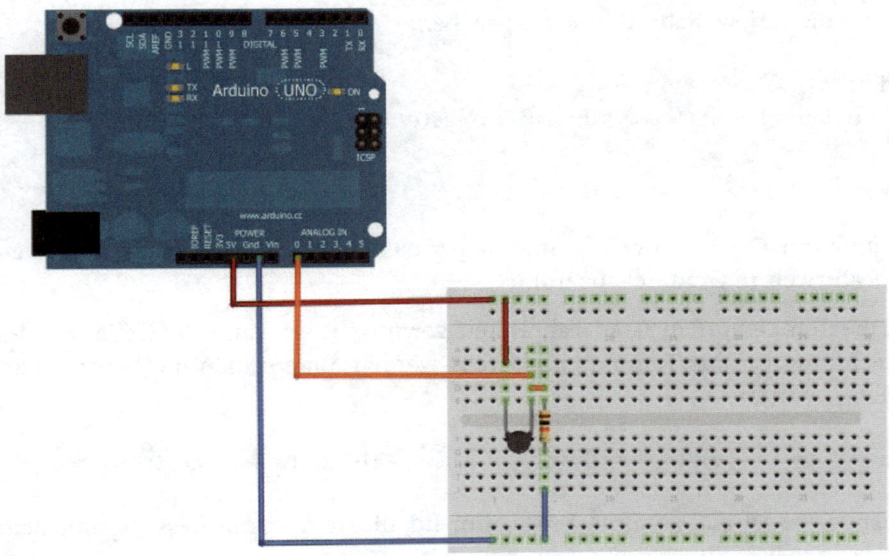

Abb. 5.4: Grundschaltung NTC

Aus dem Analogwert kann nun die Temperatur ermittelt werden, wobei dies mit einer etwas kniffligen Formel erledigt werden muss. In der Praxis wird dabei die so genannte »Steinhart-Hart-Gleichung« eingesetzt. Diese Gleichung beschreibt die Veränderung der Widerstandswertes eines Halbleiters bei Temperaturänderung in mathematischer Form.

Zur Berechnung wird im Programm die Mathematik-Bibliothek `math.h` verwendet. Diese wird zuerst eingebunden.

```
#include <math.h>
```

Soll die absolute Temperatur bestimmt werden, ist der Widerstandswert des NTCs bei 25 Grad Celsius erforderlich. Im Beispiel sind das 10 kOhm oder 10000 Ohm.

```
// Widerstandswert des NTCs bei 25 Grad C
int ResValue= 10000;
```

Im Setup wird nun die serielle Schnittstelle initialisiert.

```
void setup()
{
 Serial.begin(115200);
}
```

Im Hauptprogramm wird nun der analoge Eingang A0 abgefragt und der Wert anschließend der Funktion `Thermistor()` übergeben. Das Resultat wird daraufhin über die serielle Schnittstelle ausgegeben.

```
void loop() {
 Serial.println(int(Thermistor(analogRead(0))));
 delay(100);
}
```

Die Funktion `Thermistor()` rechnet den Analogwert direkt in einen absoluten Tempeaturwert in Grad Celsius um.

Falls die Temperatur in Grad Fahrenheit gewünscht ist, kann die Zeile mit der Umrechnung Celsius/Fahrenheit aktiviert werden, indem man die Kommentarzeichen // entfernt.

```
Temp = (Temp * 9.0)/ 5.0 + 32.0; // Convert Celsius to Fahrenheit
```

In Listing 5.2 ist das gesamte Programm für die Temperaturmessung mit dem NTC dargestellt.

```
// Quelle:
// http://www.arduino.cc/playground/ComponentLib/Thermistor2
//
#include <math.h>

// Widerstandswert des NTCs bei 25 Grad C
int ResValue= 10000;

 void setup() {
 Serial.begin(115200);
}

void loop() {
 Serial.println(int(Thermistor(analogRead(0))));
 delay(100);
}

double Thermistor(int RawADC) {
 double Temp;
 Temp = log(((10240000/RawADC) - ResValue));
 Temp = 1 / (0.001129148 + (0.000234125 * Temp) + (0.0000000876741 * Temp * Temp * Temp));
 // Wert in Celsius oder Fahrenheit
 Temp = Temp - 273.15;            // Convert Kelvin to Celsius
 //Temp = (Temp * 9.0)/ 5.0 + 32.0; // Convert Celsius to Fahrenheit
 return Temp;
}
```

Listing 5.2: NTC als Temperaturmessgerät

Neben dem Heißleiter (NTC) gibt es auch noch einen sogenannten Kaltleiter, auch PTC genannt.

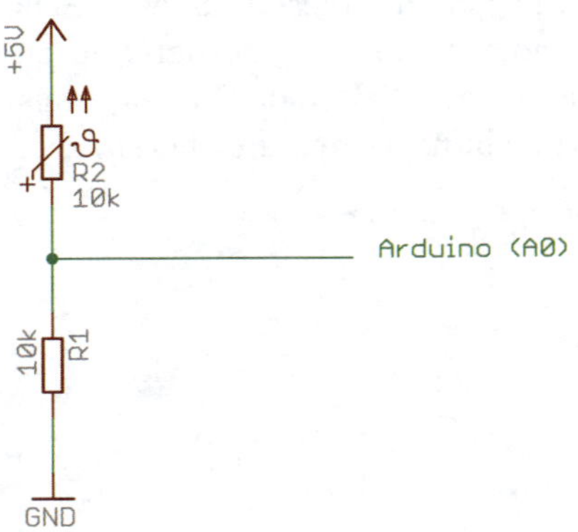

Abb. 5.5: Kaltleiter (PTC) als Temperaturfühler

Bei diesem Sensor ist das Verhalten des Widerstandswertes umgekehrt: Er erhöht sich mit steigender Temperatur, darum auch der Name PTC (*Positive Temperature Coefficient*, also positiver Temperaturkoeffizient). Abbildung 5.5 zeigt die Grundschaltung mit dem PTC.

5.3 Integrierte Temperatursensoren

Ein nicht linearer Widerstandsverlauf und eine komplizierte Berechnung dieses Widerstandswertes sind die Nachteile der günstigen Heißleiter.

Durch den stetig wachsenden Halbleitermarkt wurden integrierte Schaltungen und Transistoren immer komplexer. Die in den Halbleiterschaltungen verwendeten Technologien zeigen ein temperaturabhängiges Verhalten, dessen Ausmaß durch höhere Frequenzen oder hohe Schaltströme verstärkt wird. Darum muss das Temperaturverhalten kompensiert werden.

Auf der anderen Seite kann aber das temperaturabhängige Verhalten der Halbleiterstoffe sinnvoll genutzt werden, um damit einfache und lineare Temperatursensoren herzustellen. Die unerwünschten Eigenschaften bei den Transistoren und integrierten Schaltungen können nun für integrierte Temperatursensoren verwendet werden, wobei die gleichen Herstellungsprozesse wie bei den anderen Halbleitern genutzt werden können.

Die daraus entstandenen integrierten Temperatursensoren sind sehr linear und einfach in der Anwendung. Mittlerweile gibt es viele verschiedene Typen und Hersteller.

LM35

Der Temperatursensor LM35 (`http://www.ti.com/product/lm35`) ist ein Präzisionssensor von National Semiconductor und liefert eine lineare Ausgangsspannung von 10 Millivolt (mV) pro Grad Celsius. Ein großer Eingangsspannungsbereich und eine einfache Handhabung kennzeichnen diesen Sensor. Die Genauigkeit liegt dabei im Bereich von ca. 0,2 Grad, wobei keine externen Komponenten zur Kalibrierung benötigt werden. Mit dem Anschließen der Versorgungsspannung ist der Sensor für die Messung der Umgebungstemperatur bereit.

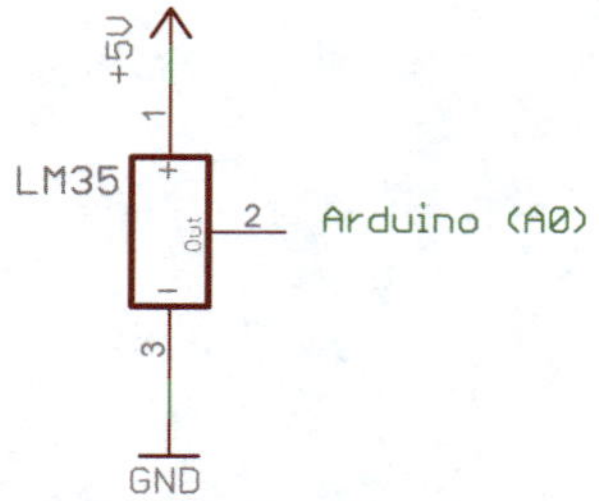

Abb. 5.6: Sensoren: Temperatursensor LM35

Wie anhand des Beispiels in Kapitel 4 zu erkennen ist, kann die Eingangsspannung direkt mit dem Befehl analogRead() eingelesen werden mit:

```
int tempPin = 0;   // Port A0
// Analogport einlesen
float tempC = analogRead(tempPin);
// Wert konvertieren
tempC = (5.0 * tempC * 100.0)/1024.0;
```

Je nach Anwendungsfall kann man durch die Erfassung mehrerer Temperaturwerte und die anschließende Mittelwertbildung eine Verbesserung des Messergebnisses erreichen. In Listing 5.3 wird die Messung fünfmal durchgeführt, und anschließend wird das Gesamtresultat durch 5 geteilt.

```
// Listing mehrfache Messungen
float tempC = 0;
int tempPin = 0;   // Port A0
int messung[5];  //  5 Messungen zur Verbesserung des Messwertes
float valTemp;
int i;

void setup()
{
  // Serielle Schnittstelle initialisieren
  Serial.begin(9600);
}

void loop()
{
  // Schleife über die 5 Messungen
  for(i=0;i<=4;i++)
  {
  // Analogport einlesen
  valTemp = analogRead(tempPin);
  // Wert konvertieren
  messung[i] = (5.0 * valTemp * 100.0)/1024.0;
  tempC=tempC+messung[i];
  delay(500);
  }
  // Mittelwert der Messungen
  tempC = tempC/5;

  // Wert an serielle Schnittstelle senden
  // Ausgabe als Grad Celsius
```

```
    Serial.print("Grad C: ");
    Serial.println(tempC);
    tempC=0;
    // warten 1 Sekunde
    delay(1000);
}
```

Listing 5.3: Sensor LM35: Mehrfachmessung und Mittelwert ermitteln

Der Temperatursensor erlaubt bei der Verwendung des Typs LM35 oder LM35A eine Temperaturerfassung von -55 bis +150 Grad Celsius. Um negative Spannungswerte zu bekommen, muss ein zusätzlicher Widerstand (R1) am Ausgang angeschlossen und mit einer negativen Hilfsspannung (-V) verbunden werden.

Die Berechnung des Widerstandswertes erfolgt nach folgender Formel, die dem Datenblatt des LM35 entstammt.

R1 = -V / 50 uA

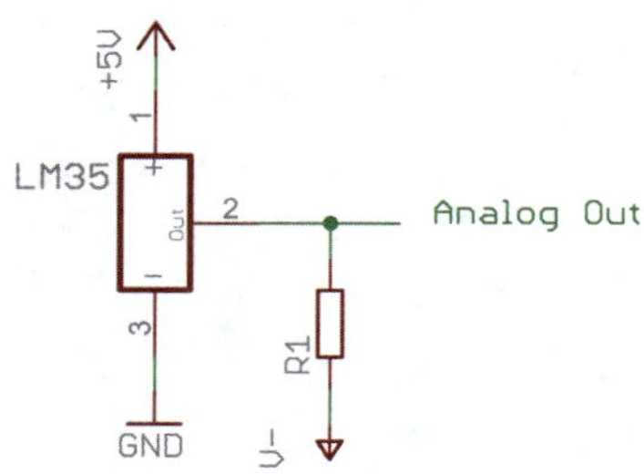

Abb. 5.7: Sensor LM35: Gesamter Temperaturbereich -50 bis +150 Grad Celsius

Vorsicht

Die Lösung in Abbildung 5.7 liefert zwar die korrekten Spannungen für den negativen und positiven Temperaturbereich. Der Analogeingang des Arduino-Mikrocontrollers kann aber keine negativen Spannungen verarbeiten.

Um auch negative Temperaturen ohne negatives Eingangssignal zu verarbeiten, kann man einen ähnlichen Sensortyp verwenden. Der TMP36 von Analog Devices (`http://ww.analog.com/static/imported-files/data_sheets/TMP35_36_37.pdf`) behilft sich hier mit einem Trick. Mittels einer internen Offset-Spannung können negative Spannungen verarbeitet werden, indem die Ausgangsspannung bei 0 Grad, wo eigentlich 0 Volt am Ausgang zu erwarten wären, leicht angehoben wird, und zwar laut Datenblatt um 500 Millivolt. Diese Offset-Spannung von 500 mV muss anschließend bei der Berechnung wieder subtrahiert werden.

Beispiele:

Temperatur	Ausgangsspannung	Berechnung
50 Grad Celsius	(TMP) 1.000 mV (LM35): 500 mV	(1.000 mV – 500 mV) / 10 = 50 Grad Celsius 500 mV / 10 = 50 Grad Celsius
0 Grad Celsius	(TMP) 500 mV (LM35): 0 mV	(500 mV – 500 mV) / 10 = 0 Grad Celsius 0 mV / 10 = 0 Grad Celsius
-20 Grad Celsius	(TMP) 300 mV (LM35): --	(300 mV – 500 mV) / 10 = -20 Grad Celsius --

Tabelle 5.1: Sensoren LM35/TMP36: Berechnung der Ausgangsspannungen

Bei der Auswahl des richtigen Sensortyps lohnt es sich, Zeit zu investieren. Für Tests auf dem Steckbrett kann man aber meist einen günstigen Typ nutzen.

Tipp

Wird der Sensor in einer Anwendung außerhalb eines Raumes verwendet, muss speziell auf die Verdrahtung der Anschlüsse geachtet werden. Feuchtigkeit kann die Schaltung stören. Um diesem Problem vorzubeugen, kann man die Verdrahtung nach erfolgreichem Test mit Silikonmasse oder ähnlichem Material aus dem Baumarkt wasserfest verpacken.

LM335

Der LM335 (`http://www.ti.com/product/lm335`) ist ein integrierter Temperatursensor für den Messbereich von -40 bis +100 Grad C und eignet sich somit ideal für Außentemperatur-Messungen und Wetterstation-Anwendungen. Der Sensor wird wie eine Diode in Sperrrichtung betrieben und benötigt einen Vorwiderstand (R1) gemäß Abbildung 5.8. Der Vorwiderstand begrenzt den Strom, welcher gemäß Datenblatt des Herstellers zwischen 0,4 und 5 Milliampere betragen soll.

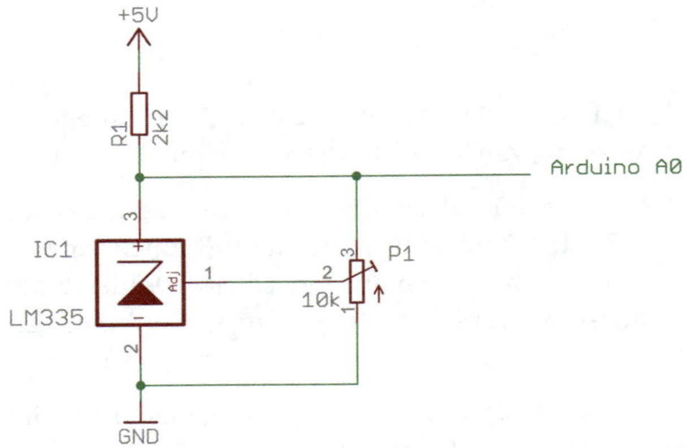

Abb. 5.8: Grundschaltung LM335

Stückliste (LM335)

1 Arduino-Board

1 Steckbrett

1 Widerstand 2,2 kOhm (R1)

1 Potentiometer 10 kOhm (P1)

1 LM335 (IC1)

Der Aufbau der Schaltung erfolgt gemäß Abbildung 5.9 auf dem Steckbrett.

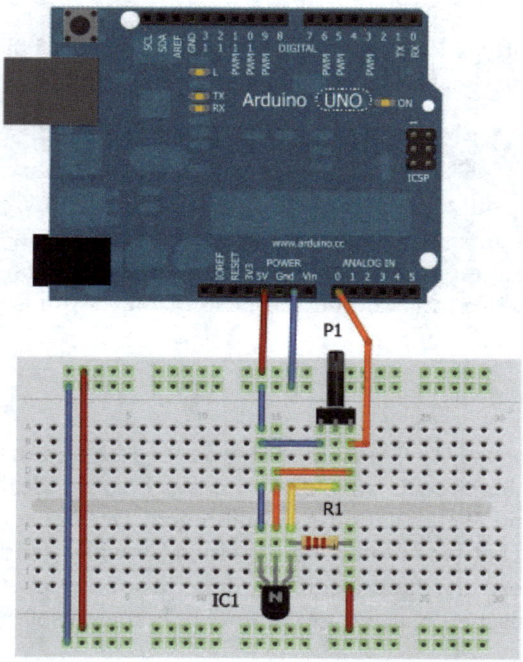

Abb. 5.9: Schaltung LM335

Im Gegensatz zum LM35 benötigt der Sensor LM335 keine zusätzliche Komponente oder Spannungsversorgung zur Messung von Temperaturen im Minusbereich.

Das analoge Ausgangssignal des LM335 verändert sich um 10 mV/Grad Kelvin, wobei das Ausgangssignal bei 0 Grad Kelvin (entspricht einer Temperatur von -273.15 Grad Celsius) genau 0 Volt entspricht. Mit einem verstellbaren Widerstand, einem Potentiometer, kann am `Adj`-Anschluss des LM335 (Pin 1) die Ausgangsspannung abgeglichen werden.

Auf den gesamten Messbereich von -40 bis +100 Grad Celsius umgerechnet ergibt das nun den Ausgangsspannungsbereich gemäß Tabelle 5.2.

Temperatur in Grad C	Ausgangsspannung
-40	2,33 V
0	2,73 V
25	2,98 V
50	3,23 V
100	3,73 V

Tabelle 5.2: Ausgangsspannungsbereich LM335

Das analoge Ausgangssignal des LM335 kann nun direkt von einem analogen Port des Arduino eingelesen werden. Für die Ermittlung des Temperaturwertes wird eine ähnliche Formel wie beim LM35 verwendet.

```
tempKelvin=(Referenzspannung * Analogwert * 100.0) / 1024
```

Zur Umrechnung von Kelvin in Celsius wird anschließend der Wert 273,15 subtrahiert.

```
tempCelsius = TempKelvin - 273.15
```

Um die Schwankungen der Messwerte etwas zu verringern, wird ein Mittelwert aus mehreren Messwerten gebildet – wie auch schon beim LM35-Beispiel. Dabei werden zehn Messungen durchgeführt. Zwischen den einzelnen Messwerten erfolgt eine kurze Wartezeit von 100 Millisekunden (ms).

Die Messwerte werden jeweils addiert und aus dem Gesamtwert wird anschließend ein Mittelwert berechnet (Listing 5.4).

```
int messungen = 10;          // Anzahl der Durchläufe
int MessWarteZeit = 100;     // ms zwischen Durchläufen
int WarteZeit = 5000;        // Intervall für Serial Output
tempCTotal = 0;
  for(int i = 0;i<messungen;i++)
  {
    tempC = analogRead(tempPin);
    tempC=((5.0 * tempC * 100.0) / 1024) - 273.15;
    tempCTotal = tempCTotal + tempC;
    delay(MessWarteZeit);
  }

// Mittelwert ermitteln
tempCMittel = tempCTotal / messungen;
```

Listing 5.4: LM335 mit Mittelwertbildung

Im Listing 5.5 wird nun im Zyklus von fünf Sekunden ein Messdurchgang gestartet. Der aus den Messungen berechnete Mittelwert wird für die weitere Verarbeitung an die serielle Schnittstelle übergeben.

```
//Variablen
int tempPin = 0;
float tempC;
float tempCMittel;
float tempCTotal;
int messungen = 10;           // Anzahl der Durchläufe
int MessWarteZeit = 100;      // ms zwischen Durchläufen
int WarteZeit = 5000;         // Intervall für serielle Ausgabe

void setup()
{
  Serial.begin(9600);
}

void loop()
{
  // Messung aufrufen
  ReadTemp();
  // Ausgabe auf seriellem Port
  Serial.println(tempCMittel);
  // Warten bis zur nächsten Messung
  delay(WarteZeit);
}

float ReadTemp()
{
  tempCTotal = 0;
  for(int i = 0;i<messungen;i++)
  {
    tempC = analogRead(tempPin);
    tempC=((5.0 * tempC * 100.0) / 1024) - 273.15;
    tempCTotal = tempCTotal + tempC;
    delay(MessWarteZeit);
  }
  // Mittelwert ermitteln
  tempCMittel = tempCTotal / messungen;
  return(tempCMittel);
}
```

Listing 5.5: Messungen mit LM335

Praxis-Tipp

Dank des Messbereichs von -40 bis +100 Grad eignet sich der Temperatursensor LM335 ideal für Messungen der Umgebungstemperatur im Außenbereich. Um den Sensor vor Feuchtigkeit zu schützen, isoliert man die Anschlussdrähte und den gesamten Sensor mit Schrumpfschlauch oder Silikonmasse.

Sensor für 1-Wire-Bus (Dallas 1820)

Zur Überwachung mehrerer Temperaturen sind die entsprechende Anzahl von Temperatursensoren und auf dem Arduino-Board genügend freie Analogeingänge erforderlich.

Umgehen kann man die Problematik der notwendigen Analogeingänge mit einer Bus-Lösung. Temperatursensoren für den 1-Wire- oder I^2C-Bus sind mittlerweile kostengünstig und einfach verwendbar. Mit der integrierten Schaltung DS1820 von Dallas Semiconductor (Datenblatt unter `http://www.micropik.com/PDF/ds1820.pdf`) wird die externe Verdrahtung auf ein Minimum beschränkt. Der Sensor im TO-92-Gehäuse besitzt drei Signalanschlüsse.

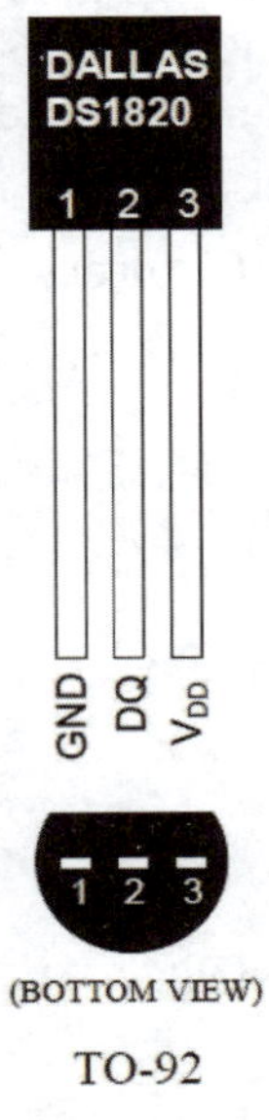

Abb. 5.10: DS1820 – Anschlussbelegung, Ansicht von unten (Quelle: Datenblatt Dallas Semiconductor)

Die drei Anschlusspins des DS1820 besitzen folgende Bezeichnungen:

Pin 1: GND

Pin 2: DQ (Datensignal)

Pin 3: VDD (+Versorgung)

Jeder Sensor besitzt eine eindeutige 64-Bit-Adresse, die über den Bus abfragbar ist.

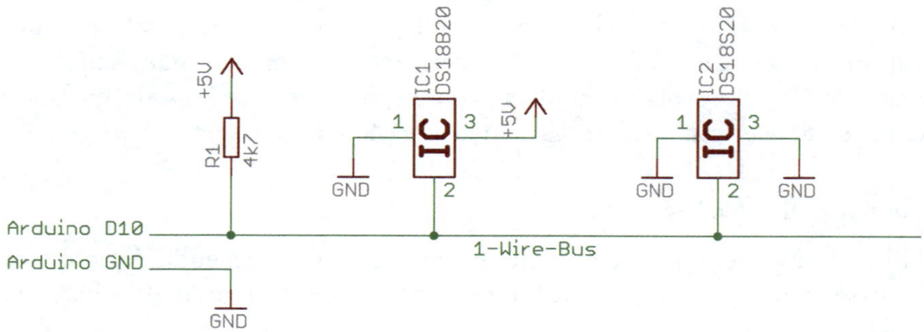

Abb. 5.11: 1-Wire-Bus: Sensorbus mit DS1820-Temperatursensoren

Abbildung 5.11 zeigt den Sensorbus mit den Temperatursensoren. Hier ist zu beachten, dass der erste Sensor als Master und die weiteren Sensoren als Slave verdrahtet werden. Der Master wird zusätzlich an +5 Volt angeschlossen, bei den Slave-Elementen wird der rechte Anschluss (Pin 3) mit 0 Volt (GND) verbunden.

Die Abfrage der am 1-Wire-Bus angeschlossenen Sensoren erfolgt mit der Bibliothek `OneWire.h`. Zusätzlich wird eine spezielle Bibliothek für die Dallas-Temperatursensoren eingesetzt. Die Bibliothek sowie detaillierte Erklärungen und Beispiele stehen auf der Website des Autors zum Download bereit.

`http://milesburton.com/index.php?title=Dallas_Temperature_Control_Library`

Nach dem Einfügen der nötigen Bibliotheken

```
#include <OneWire.h>
#include <DallasTemperature.h>
```

wird die Pin-Nummer, an dem der 1-Wire-Bus betrieben wird, definiert.

```
// 1-Wire-Bus an Port 10
#define ONE_WIRE_BUS 10
```

Anschließend werden das Bus-Objekt und das Sensor-Objekt bereitgestellt.

```
// 1-Wire-Bus instanziieren
OneWire oneWire(ONE_WIRE_BUS);

// Instanziieren der Dallas-Sensoren
DallasTemperature sensors(&oneWire);
```

Mit dem Start des 1-Wire-Busses in der Setup-Routine ist die Datenabfrage der Sensoren bereit.

```
// Start der Sensorübertragung
  sensors.begin();
```

```
// Anzahl Sensoren angeben
Serial.println("Sensoren suchen...");
Serial.print(sensors.getDeviceCount(), DEC);
Serial.println(" Sensoren");
```

Im Hauptprogramm werden nun die Temperaturen aller Sensoren abgefragt.

```
// Temperaturen abfragen
sensors.requestTemperatures();
```

Anschließend werden sie einzeln ausgegeben.

```
// Sensor 0
float tempC1 = sensors.getTempCByIndex(0);
// Anzeige Grad C
Serial.print("Sensor 0: ");
Serial.println(tempC1);

// Sensor 1
float tempC2 = sensors.getTempCByIndex(1);
Serial.print("Sensor 1: ");
Serial.println(tempC2);
```

In Listing 5.6 ist das gesamte Programm zur Abfrage zweier 1-Wire-Sensoren des Typs DS1820 dargestellt.

```
// 1-Wire-Bus an Port 10
#define ONE_WIRE_BUS 10

// 1-Wire-Bus instanziieren
OneWire oneWire(ONE_WIRE_BUS);

// Instanziieren der Dallas-Sensoren
DallasTemperature sensors(&oneWire);

// Übertragungsgeschwindigkeit
int datarate = 9600;

void setup(void)
{
  // Start serieller Port
  Serial.begin(datarate);
```

```
  // Start der Sensorübertragung
  sensors.begin();

  // Anzahl Sensoren angeben
  Serial.println("Sensoren suchen...");
  Serial.print(sensors.getDeviceCount(), DEC);
  Serial.println(" Sensoren");
  delay(2000);
}

void loop(void)
{
  // Temperaturen abfragen
  sensors.requestTemperatures();

  // Sensor 0
  float tempC1 = sensors.getTempCByIndex(0);
  // Anzeige Grad C
  Serial.print("Sensor 0: ");
  Serial.println(tempC1);

  // Sensor 1
  float tempC2 = sensors.getTempCByIndex(1);
  Serial.print("Sensor 1: ");
  Serial.println(tempC2);
  delay(4000);
}
```

Listing 5.6: 1-Wire-Bus: Abfrage und Anzeige von Temperaturen mit Sensoren des Typs DS1820

Stückliste (DS1820 am Datenbus)

1 Arduino-Board

1 Steckbrett

1 Widerstand 4,7 kOhm (R1)

2 DS1820 (IC1, IC2)

In Abbildung 5.12 ist der DS1820 am Datenbus als Steckbrett-Aufbau dargestellt.

LM75

`http://www.datasheetcatalog.org/datasheet/nationalsemiconductor/DS012658.PDF`

Auch der LM75 ist ein Bus-fähiger Temperatursensor mit I2C-Interface und kann mit der `Wire`-Bibliothek abgefragt werden. Damit der richtige Sensor abgefragt wird, muss beim Aufruf die Adresse des Sensors mitgegeben werden.

```
#define SensorAdresse 0x90
```

Abb. 5.12: 1-Wire-Bus: Temperatursensoren des Typs DS1820, Master-Sensor (links), Slave-Sensor (rechts)

Die Sensor-Adresse ist im HEX-Format angegeben, im Binärformat wird die Adresse mit 1001000 angegeben. Die drei niedrigsten Bits, also 000, entsprechen der Adresse, die am LM75 an den Anschlüssen A0 bis A2 definiert werden kann. Der Wert 000 wird erreicht, indem die Anschlüsse A0 bis A2 an 0 Volt angeschlossen werden.

Bit 8	Bit 7	Bit 6	Bit 5	Bit 4	Bit 3	Bit 2	Bit 1
1	0	0	1	0	A2	A1	A0

Da die `Wire`-Bibliothek nur die 7 höchstwertigen Bits der Adresse erwartet, wird aus der oben genannten Adresse 0x90 (HEX) die Deviceadresse 0x48 (HEX).

Bitadresse	HEX-Adresse
1001 0000	0x90
1001 000	0x48

Der LM75 wird als Bauteil zur Oberflächenmontage (SMD) geliefert, daher muss die Verbindung mittels Breadboard erstellt werden. In der Praxis heißt das, dass der Sensor auf die Adapterplatine gelötet wird. Die Adapterplatine selbst wird dann wiederum mit Anschlussstiften auf die Leiterplatte der Anwendung gelötet oder aufs Steckbrett gesteckt.

Durch den Aufbau auf einem Breakout-Board oder einer Adapterplatine eignet sich dieser Sensor eher für Anwendungen in trockener Umgebung. Für den praktischen Einsatz empfiehlt es sich, die Adapterplatine in einem Gehäuse zu montieren. In Abbildung 5.13 ist die LM75-Grundschaltung dargestellt.

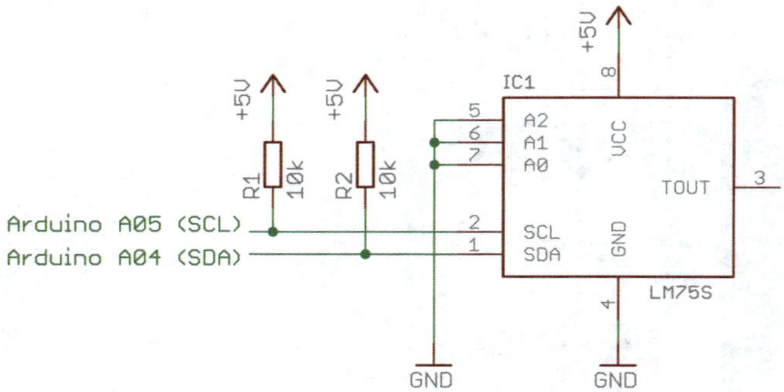

Abb. 5.13: Temperaturmessung über den I^2C-Bus mit dem LM75

Stückliste (LM75)

1 Arduino-Board

1 Breakout-Board, Adapterplatine oder Proto-Shield

1 Steckbrett

1 LM75

2 Widerstände 10 kOhm (R1, R2)

Die Adressierung des Sensors erfolgt nach Laden der `Wire`-Bibliothek.

```
#include <Wire.h>

// 7-Bit-Adresse
// 1001000
#define SensorAdresse 0x48
```

Alternativ kann die 8-Bit-Adresse mittels Rechts-Bit-Shift in eine 7-Bit-Adresse umgewandelt werden.

```
// 8-Bit-Adresse durch Rechts-Bit-Shift konvertieren
#define SensorAdresse 0x90 >> 1
```

Abfrage und Ausgabe der Temperaturdaten des Temperatursensors LM75 über den I^2C-Bus (Listing 5.7).

```
#include <Wire.h>

// 7-Bit-Adresse
// 1001000
```

```
#define SensorAdresse 0x48

void setup()
{
  Wire.begin();
  Serial.begin(9600);
}

void loop()
{
  Wire.beginTransmission(SensorAdresse);
  Wire.write((byte)0x00);
  Wire.requestFrom(SensorAdresse, 1);
  int tempVal;
  if (Wire.available()) {
     tempVal = Wire.read();
  }
  Wire.endTransmission();
  Serial.print("Temp 0: ");
  Serial.println(tempVal);
  delay(1000);
}
```

Listing 5.7: I^2C-Bus: Abfrage des Temperatursensors LM75

Praxis-Tipp

Da das erwähnte Breakout-Board für SMD-Komponenten nicht überall im Handel verfügbar ist, kann man den Sensor auch auf die vorbereiteten SMD-Lötaugen auf einem Proto-Shield auflöten.

Lego-NXT-Temperatursensor

Die Produktreihe Mindstorms (`http://mindstorms.lego.com/`) des Spielzeugherstellers Lego besteht aus intelligenten Modulen mit digitalen Ein- und Ausgängen für Sensoren und Aktoren. Die Zentraleinheit von Mindstorms ist ein Mikrocontroller-Modul, das über eine grafische Oberfläche programmiert werden kann.

Die aktuelle Mindstorms-Serie nennt sich »Mindstroms NXT 2.0«. Die Zentraleinheit wird über I^2C-Busleitungen mit den Sensoren und Aktoren verbunden. Dabei werden spezielle Kabel und Steckverbindungen verwendet, über die auch die Stromversorgung geliefert wird.

Zur Realisierung von Robotern, intelligenten Fahrzeugen und beweglichen Modellen können handelsübliche Legobausteine mit den speziellen Mindstorms-Sensoren und Aktoren kombiniert werden. Die Palette der Sensoren beinhaltet Druckkontaktsensor, Geräuschsensor, Ultraschallsensor und Farbsensor. Von Drittfirmen werden weitere Sensortypen wie Kompass, oder Gyroskope angeboten.

Neben den bereits erwähnten Sensoren gibt es auch einen Bus-fähigen Temperatursensor (Lego Nr. 9749). Dieser digitale Sensor zur Erfassung von Temperaturen arbeitet im Temperaturbereich von -40 bis +120 Grad und kann auch über den I^2C-Bus angesteuert werden.

Im nachfolgenden kleinen Projekt wird nun der Lego-Sensor über den I^2C-Bus mit dem Arduino-Board verbunden und abgefragt.

Ein mehradriges Kabel mit einem speziellen Anschlussstecker verbindet die Sensoren der Mindstorms-Reihe mit der Zentraleinheit. Die Anschlussbelegung dieses Steckers ist in Tabelle 5.3 aufgelistet.

Pin	Name	Bezeichnung	Farbe
1	ANA	Analog Interface	Weiß
2	GND	Ground	Schwarz
3	GND	Ground	Rot
4	IPOWERA	+4,3-V- Versorgung	Grün
5	DIGIAI0	I^2C SCL	Gelb
6	DIGIAI1	I^2C SDA	Blau

Tabelle 5.3: Anschlussbelegung Lego-NXT-Kabel

Beim Testaufbau des Autors wurde am Temperatursensor der Stecker abgeschnitten und die nötigen Anschlussdrähte auf eine Stiftleiste geführt, siehe Abbildung 5.14. Auf diese Weise kann man den Sensor ganz einfach an einem Steckbrett anschließen.

Abb. 5.14: Lego NXT: Temperatursensor mit präpariertem Stecker

Die Verbindungen vom Sensor zum Arduino-Board werden nun gemäß Tabelle 5.4 erstellt.

Arduino-Board	Sensor-Kabel
GND	Pin 2, 3
+5 V	Pin 4
A05 (SCL)	Pin 5
A04 (SDA)	Pin 6

Tabelle 5.4: Anschluss des Temperatursensors Lego NXT am Arduino

Die externe Beschaltung des Sensors beschränkt sich auf zwei Pull-up-Widerstände von je 82 kOhm für die beiden Signalleitungen des I^2C-Busses.

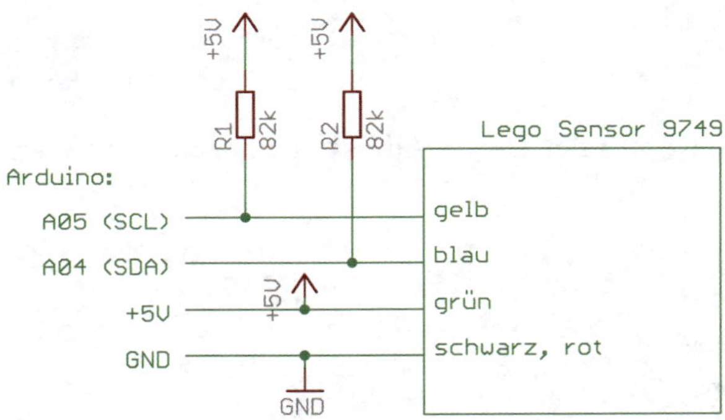

Abb. 5.15: Der Lego-Sensor 9749 ist mit dem Arduino verbunden.

Abbildung 5.15 zeigt den Stromlaufplan mit den Verbindungen zwischen Temperatursensor und Arduino-Board. Gemäß nicht-offizieller Angaben im Lego-Temperatursensor ist ein integrierter Sensor des Typs TMP275 im Einsatz.

Die Abfrage des Lego-Temperatursensors erfolgt, wie bei allen I^2C-Bus-Anwendungen, mittels der `Wire`-Bibliothek. Der Sensor arbeitet dabei als Slave am Bus und wird mit der Device-Adresse angesprochen.

```
#include <Wire.h>
```

Da auch hier nur wieder sieben Bits der I^2C-Adresse verwendet werden, erfolgt ein Bit-Shift nach rechts.

```
// Rechts-Shift, da nur 7 Bits verwendet werden
int sensorAddress = 0x98 >> 1;
```

Dadurch wird aus der Adresse 0x98 die Adresse 0x4C.

Nun werden die Variablen zum Speichern der Temperaturdaten deklariert.

```
byte msb;
byte lsb;
int temperature;
```

Nach der Setup-Routine mit der Initialisierung der seriellen Schnittstelle und des I²C-Busses

```
void setup()
{
  // Serielle Kommunikation
  Serial.begin(9600);
  // teilnehmen am I²C-Bus
  // keine Adresse, da Master
  Wire.begin();
}
```

wird in der Hauptschleife der Slave mit der Device-Adresse aufgerufen um zwei Bytes an Daten anzufordern.

```
void loop()
{
  // 2 Bytes vom Slave anfordern
  Wire.requestFrom(sensorAddress,2);
```

Falls mindestens zwei Bytes vorhanden sind, werden sie nacheinander eingelesen.

```
  // falls 2 Bytes vorhanden sind
  if (2 <= Wire.available())
  {
    // 1. Byte empfangen
    // entspricht höherwertigem Byte (MSB)
    msb = Wire.read();
    // 2. Byte empfangen
    // entspricht niederwertigem Byte (LSB)
    lsb = Wire.read();
```

Mit einem Links-Bit-Shift des ersten Bytes wird aus dem 8-Bit-Wert ein 12-Bit-Wert, der damit der Auflösung des Sensors entspricht.

```
// MSB Byte speichern als 12-Bit-Wert
temperature = ((msb) << 4);
```

Das niederwertige Byte wird nun mit einem Rechts-Bit-Shift im 12-Bitwert nach rechts verschoben, mit dem höherwertigen Byte addiert und in der Variablen `temperatur` gespeichert.

```
// LSB Byte hinzufügen
temperature |= (lsb >> 4);
```

Vor der Ausgabe wird der Temperaturwert mit der Auflösung (gemäß Datenblatt) multipliziert, danach wird der Absolutwert der Temperatur in Grad Celsius ausgegeben. Zum Schluss wartet das Programm 2 Sekunden und der Messvorgang beginnt wieder von vorne.

```
Serial.print("Temperature: ");
    // Umrechnung der Temperatur mit Auflösung von 0,0625 Grad pro Bit
    // und Ausgabe auf seriellen Port
    Serial.println(temperature*0.0625);
  }
  // 2 Sekunden warten
  delay(2000);
}
```

Listing 5.8 zeigt das gesamte Programm der Sensorabfrage.

```
#include <Wire.h>

// Rechts-Shift, da nur 7 Bits verwendet werden
int sensorAddress = 0x98 >> 1;
byte msb;
byte lsb;
int temperature;

void setup()
{
  // Serielle Kommunikation
  Serial.begin(9600);
  // teilnehmen am I2C-Bus
  // keine Adresse, da Master
  Wire.begin();
}

void loop()
{
  // 2 Byte vom Slave anfordern
```

```
  Wire.requestFrom(sensorAddress,2);
  // falls 2 Bytes vorhanden sind
  if (2 <= Wire.available())
  {
    // 1. Byte empfangen
    // entspricht höherwertigem Byte (MSB)
    msb = Wire.read();
    // 2. Byte empfangen
    // entspricht niederwertigem Byte (LSB)
    lsb = Wire.read();

    // MSB Byte speichern
    temperature = ((msb) << 4);
    // LSB Byte hinzufügen
    temperature |= (lsb >> 4);
    Serial.print("Temperature: ");
    // Umrechnung der Temperatur mit Auflösung von 0.0625 Grad pro Bit
    // und Ausgabe auf seriellem Port
    Serial.println(temperature*0,0625);
  }
  // 2 Sekunden warten
  delay(2000);
}
```

Listing 5.8: Abfrage Lego-Sensor im I²C-Bus

Praxis-Tipp

Falls man bei I²C-Anwendungen nicht genau weiß, welche Adresse der Slave im I²C-Bus besitzt oder ob ein Device im Bus erkannt wird, kann man mit einem Testsketch die Clients abfragen und auflisten. Der I²C-Scanner gehört zu den Beispielsketchen der NXT I²C-Library (`https://launchpad.net/nxti2cdevice`).

5.4 Pt100 und Thermoelemente

Pt100

Mess- und Regelanwendungen im industriellen Umfeld verwenden für die Erfassung von Temperaturen im Bereich von -100 bis 300 Grad Celsius oft Platinsensoren, sogenannte »Pt100-Sensoren«. Diese Art Temperatursensor macht sich das Widerstandsverhalten von Platin zunutze. Der Widerstandswert hängt von der Temperatur ab, wobei er bei 0 Grad genau 100 Ohm beträgt. Pt100-Sensoren werden in den verschiedensten Gehäuseausführungen hergestellt.

Im Gegensatz zu Thermistoren (NTC und PTC) und integrierten Temperatursensoren werden die Pt100-Sensoren in vielen unterschiedlichen Bauformen hergestellt. Verschiedene Hersteller entwickeln kundenspezifische Sensoren für die vielfältigen mechanischen Anforderungen im Maschinenbau.

Bekannte Hersteller von Temperatursensoren für professionelle Anwendungen sind dabei die Firmen JUMO (`http://www.jumo.net`) und Endress+Hauser (`http://www.endress.com`). Verschiedene Elektronikanbieter liefern auch Pt100-Sensoren für den Hobbybereich.

Die Auswertung der Widerstandsänderung erfolgt meist in aufwendigen Widerstandsbrückenschaltungen mit nachfolgenden Verstärkerstufen. Entsprechende Messwandler und Umformer sind am Markt erhältlich.

Durch die genormten Nennwiderstände sind die Sensoren gut austauschbar. Anhand der Widerstandstabellen können die Sensoren und die Wandlerschaltungen überprüft und genau kalibriert werden.

Eine einfache und recht genaue Schaltung zeigt Abbildung 5.16. Diese Pt100-Schaltung mit einem Temperaturbereich von -48 bis +127 Grad Celsius stammt aus dem Projekt microSPS von Holger Buss (`http://microsps.com`) und erfordert keine Kalibrierung.

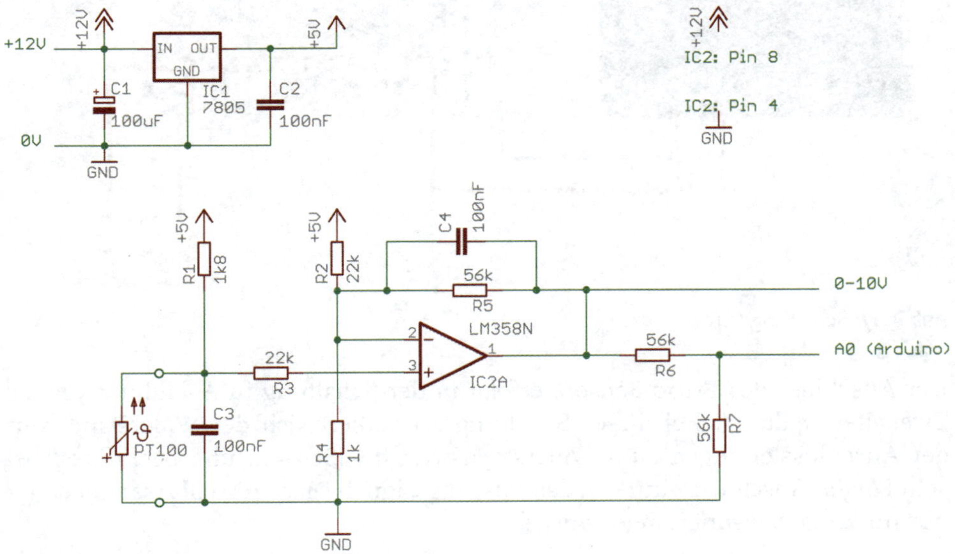

Abb. 5.16: Pt100-Schaltung, Messbereich von -48 bis +127 Grad

Stückliste (Pt100-Schaltung)

1 Arduino-Board

1 Steckbrett

1 Widerstand 1 kOhm/0.5% (R4)

1 Widerstand 1,8 kOhm/0.5% (R1)

2 Widerstände 22 kOhm/0.5% (R2, R3)

3 Widerstände 56 kOhm/0.5% (R5, R6, R7)

3 Keramikkondensator 100 nF (C1, C3, C4)

1 Elko 100 uF/35 V (C2)

1 Sensor Pt100

1 Spannungsregler 7805 (IC1)

1 Operationsverstärker LM358 (IC2)

Drahtbrücken

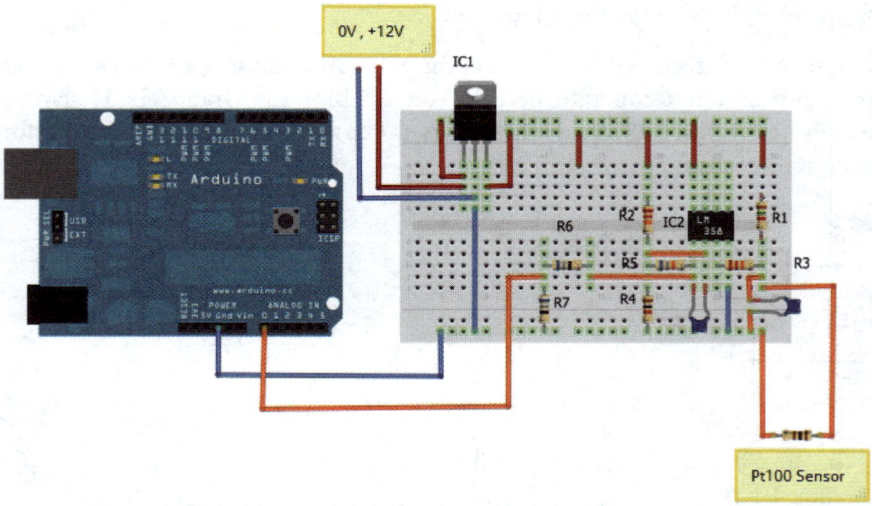

Abb. 5.17: Schaltung Pt100

Der Anschluss des Pt100-Sensors erfolgt in der Schaltung in Abbildung 5.17 als Zweileiterschaltung. Bei dieser Schaltungsart addiert sich der Widerstandswert der Anschlussleitungen zum Widerstandswert des Sensors und beeinflusst bei sehr langen Anschlussleitungen das Ausgangssignal. Diese Anschlussart ist daher nur für kurze Sensorleitungen ausgelegt.

Für Anwendungsfälle mit langen Anschlussleitungen muss eine Anschlussart verwendet werden, bei der der Leitungswiderstand keinen Einfluss auf die Messung nimmt. Die Anschlussart, die diese Anforderung erfüllt, wird Vierleiterschaltung genannt. Die Schaltung in Abbildung 5.18 zeigt die Messschaltung mit der Vierleitertechnik, bei der, wie der Name aussagt, vier Anschlussleitungen vom Sensor zur Messwandlerschaltung geführt werden.

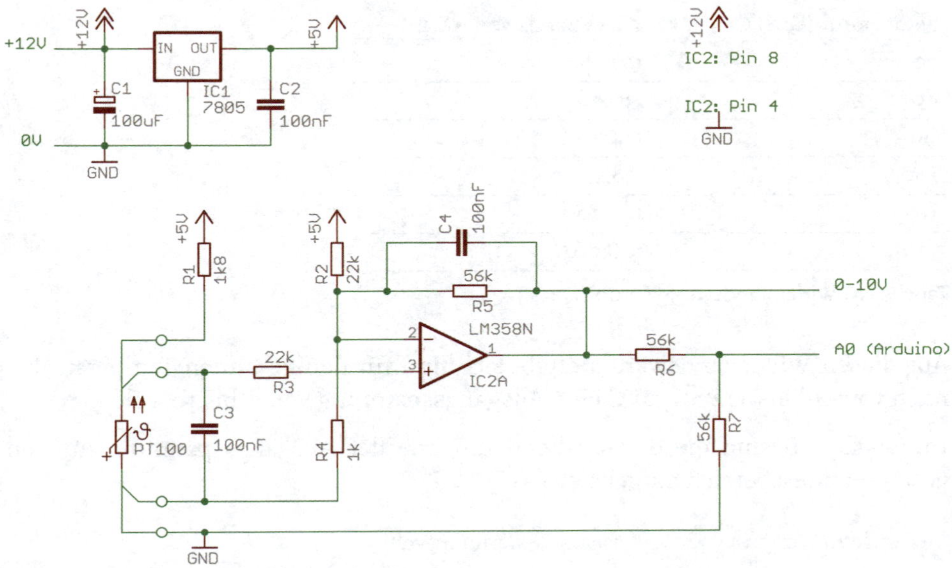

Abb. 5.18: Pt100-Schaltung mit Vierleitertechnik

Die beiden zusätzlichen Anschlussleitungen werden auch als Kompensationsleitungen bezeichnet und leiten das Messsignal an die Verstärkerschaltung. Da über diese Kompensationsleitungen nur ein sehr kleiner Strom fließt, ist der Spannungsabfall über diesen Anschlussleitungen vernachlässigbar.

Prüfung Messbereich

Wie bereits in der Einleitung erklärt, verändert sich bei Temperaturänderung der Widerstandswert des Pt100-Sensors. In Tabelle 5.5 sind die Temperaturen und die daraus resultierenden Widerstandswerte des Pt100-Sensors aufgelistet, die für die Prüfung der Schaltung benötigt werden.

Temperatur (Grad C)	Widerstandswert (Ohm)
-20	92,16
-10	96,09
0	100
10	103,9
20	107,79
30	111,67
40	115,54
50	119,39
60	123,24

Tabelle 5.5: Widerstandswerte Pt100

Temperatur (Grad C)	Widerstandswert (Ohm)
70	127,07
80	130,89
90	134,7
100	138,5
110	142,29
120	146,06

Tabelle 5.5: Widerstandswerte Pt100 (Forts.)

Aus diesen Widerstandswerten ergibt sich nun für den gesamten Temperaturbereich von -48 bis +127 Grad C eine Ausgangsspannung von 0 bis 10 Volt.

In Tabelle 5.6 sind die entsprechenden Werte der Ausgangsspannung für den gesamten Messbereich aufgelistet.

Temperatur (Grad C)	Ausgangsspannung (Volt)
-48	0,00
-40	0,59
-30	1,18
-20	1,78
-10	2,36
0	2,94
10	3,52
20	4,09
25	4,39
30	4,66
40	5,23
50	5,79
60	6,35
70	6,90
80	7,46
90	8,00
100	8,54
120	9,62
127	10,00

Tabelle 5.6: Pt100-Schaltung – Ausgangsspannungen

Die Prüfung der Pt100-Schaltung erfolgt nun gemäß Schaltungsaufbau in Abbildung 5.19. Der Pt100-Sensor wird für die Prüfung durch einen verstellbaren Widerstand (Potentiometer) ersetzt. Dabei simuliert man den Widerstandswert eines Sensors über den gesamten Bereich. Das Ausgangssignal als Spannungswert kann nun an Pin 1 des Verstärkers (IC2) gemessen werden. Gleichzeitig kann der umgerechnete Widerstandswert im seriellen Monitor der Entwicklungsumgebung geprüft werden.

Mit einem genauen Ohmmeter stellt man nun den Widerstandswert des Potentiometers (Poti) auf eine Temperatur von 120 Grad ein, also 146,06 Ohm. Anschließend schließt man das so eingestellte Potentiometer an die Schaltung und prüft die Ausgangsspannung, die ungefähr 9,62 Volt, also 120 Grad, betragen soll. Die Toleranz der Ausgangsspannung und des Temperaturwertes sollte maximal 2–4 Prozent betragen. Das gleiche Prüfverfahren kann man noch für eine Temperatur von -20 Grad vornehmen. Der Widerstandswert wird auf 92,16 Ohm eingestellt. In der Schaltung sollte die Ausgangsspannung ungefähr 1,78 Volt betragen, was einer Temperatur von -20 Grad Celsius entspricht.

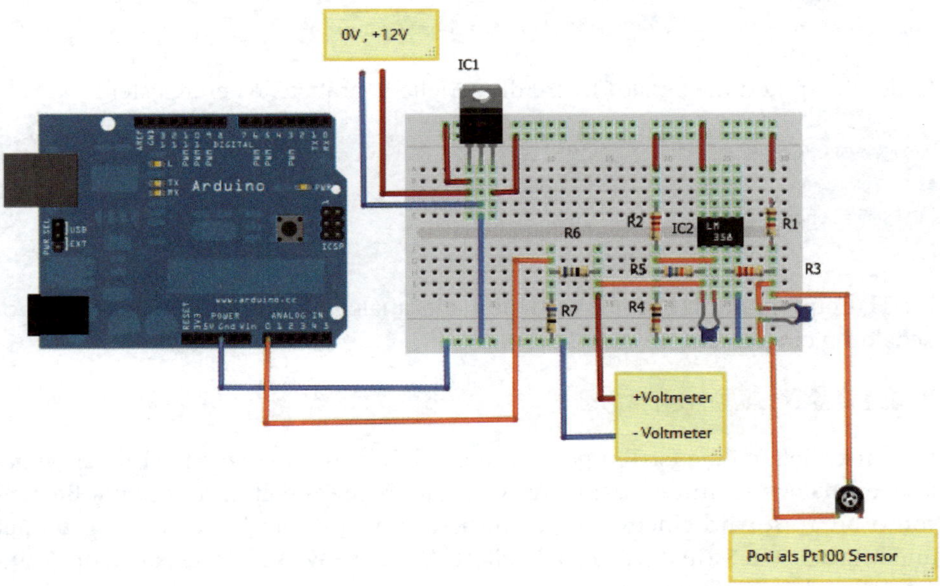

Abb. 5.19: Pt100-Schaltung prüfen

Je nach Toleranz der verwendeten Widerstände gibt es eine kleinere Abweichung. Darum notiert man sich die beiden gemessenen Temperaturwerte. Im Programm 5.9 für den Pt100-Wandler kann anschließend ein mittlerer Korrekturfaktor in

Grad eingegeben werden. In den Testschaltungen des Autors betrug der Korrekturfaktor im Durchschnitt -4 Grad.

Hinweis

Da das Arduino-Board nur analoge Signale von maximal 5 Volt messen kann, wurde in den Pt100-Schaltungen in Abbildung 5.16 und 5.18 am Ausgang des Verstärkers jeweils ein zusätzlicher Spannungsteiler mit den Widerständen R6 und R7 eingebaut. Dieser Spannungsteiler verringert die Ausgangsspannung von 0 bis 10 Volt auf einen Bereich von 0 bis 5 Volt.

Im Arduino-Sketch wird nun die analoge Spannung der Pt100-Schaltung eingelesen, umgerechnet und über die serielle Schnittstelle ausgegeben.

Als Vorbereitung werden die nötigen Variablen gesetzt.

```
//Variablen
float tempC;          // gemessene Temperatur
float tempKorr = 8;   // Korrekturfaktor
int tempPin = 0;      // Pin A0 für Analogmessung
```

In der Setup-Routine `setup()` wird die serielle Schnittstelle bereitgestellt.

```
void setup()
{
  Serial.begin(9600);
}
```

Im Hauptprogramm `loop()` wird nun die analoge Spannung von der Pt100-Schaltung eingelesen.

```
tempC = analogRead(tempPin);
```

Um anschließend die Ist-Temperatur in Grad Celsius zu erhalten, wird der eingelesene Analogwert mittels `map()`-Anweisung umgewandelt. Der gesamte Bereich von 0 bis 1023 wird einem Temperaturbereich von -4800 bis 12700 zugeordnet und im nächsten Stritt durch 100 dividiert. Auf diese Weise können auch die Kommastellen dargestellt werden.

```
tempC = map(tempC, 0, 1023, -4800, 12700);
tempC=tempC/100.00;
```

Ist bei der Schaltungsprüfung eine Abweichung festgestellt worden, kann diese nun im nächsten Schritt mittels eines Korrekturwertes korrigiert werden. Dabei ist eine Addition oder Subtraktion des Wertes möglich. In den Prototyp-Testschaltungen waren die gemessenen Werte jeweils zu hoch, darum wird der Korrekturwert subtrahiert.

```
// Korrektur addieren/subtrahieren
tempC=tempC-tempKorr;
```

Nun kann der Temperaturwert auf der seriellen Schnittstelle ausgegeben, geprüft und zur Verarbeitung weitergegeben werden.

```
// Ausgabe des Temperaturwerts
Serial.print(tempC);
Serial.println(" Grad C");
```

Nach einer Pause von einer Sekunde beginnt der Messdurchgang wieder von vorne.

Das ganze Programm für die Pt100-Schaltung auf einen Blick (Listing 5.9):

```
//Variablen
float tempC;          // gemessene Temperatur
float tempKorr = 4;   // Korrekturwert
int tempPin = 0;      // Pin A0 zur Analogmessung

void setup()
{
  Serial.begin(9600);
}

void loop()
{
  tempC = analogRead(tempPin);
  // eingelesener Wert umrechnen
  // 0-5 Volt entspricht 0-1023
  // 0-1023 entspricht dem Temperaturbereich von -48 bis +127
  tempC = map(tempC, 0, 1023, -4800, 12700);
  tempC=tempC/100.00;
  // Korrektur addieren/subtrahieren
  tempC=tempC-tempKorr;
  // Ausgabe des Temperaturwerts
  Serial.print(tempC);
  Serial.println(" Grad C");
  delay(1000);
}
```

Listing 5.9: Messung des Temperaturwerts mit Pt100

Praxis-Tipp

In der Praxis werden Pt100-Schaltungen mit so genannten Pt100-Simulatoren oder Widerstandsdekaden geprüft und kalibriert. In diesen Prüfgeräten sind sehr genaue Widerstände eingebaut, die über Um- oder Drehschalter zu einer Reihenschaltung von Widerständen zusammengeschaltet werden und somit den Widerstandswert für eine bestimmte Temperatur ergeben. Falls Sie Zugang zu solch einem Testgerät haben, kann die Schaltungsprüfung damit durchgeführt werden.

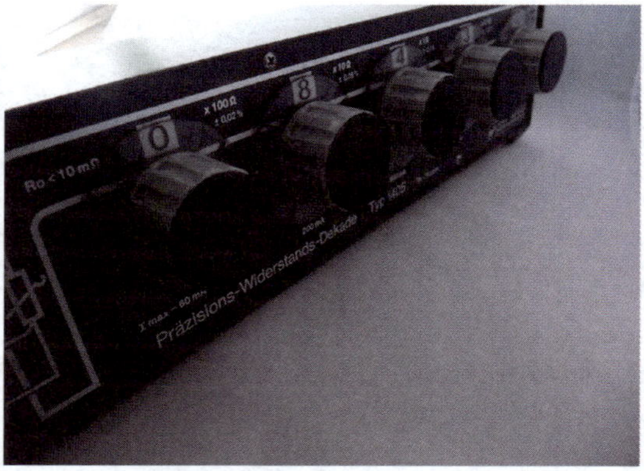

Abb. 5.20: Widerstandsdekade

Hinweis

Für eine höhere Genauigkeit der Pt100-Schaltung empfiehlt es sich, für R2, R4, R5, R6 und R7 Widerstände mit einer Genauigkeit von 0,1 % zu verwenden.

Thermoelement

Thermoelemente (`http://de.wikipedia.org/wiki/Thermoelement`) sind Temperatursensoren, die durch Thermoelektrizität Wärme in Spannung umwandeln. Diese Sensoren bestehen aus zwei unterschiedlichen Metallen, die sich an der Spitze des Temperaturfühlers berühren. Die Spannung, die dadurch am Sensor erzeugt wird, wird Thermospannung genannt und verhält sich relativ linear zur Temperatur. Dieser physikalische Effekt der Thermospannung wurde im 18. Jahrhundert von Thomas Seebeck entdeckt. Darum wird dieses Verhalten auch Seebeck-Effekt genannt.

Wie Pt100-Sensoren werden auch Thermoelemente hauptsächlich in der industriellen Mess- und Regelungstechnik und im Maschinenbau verwendet. Die unterschiedlichen Arten der Thermoelement-Sensoren werden für Temperaturbereiche von -250 bis +1800 Grad Celsius eingesetzt.

Aufgrund der höheren Kosten und der aufwendigeren Kalibrierungs- und Prüfanforderungen werden die Platin-Sensoren und Thermoelemente im Hobbybereich nur von fortgeschrittenen Entwicklern verwendet. Dabei werden Thermoelement-Anwendungen oft mit integrierten Schaltungen realisiert. Häufig verwendete IC-Typen sind der MAX6675 und der AD595. Zum Einsatz dieser beiden Halbleiterbausteine sind nur wenige externe Komponenten erforderlich.

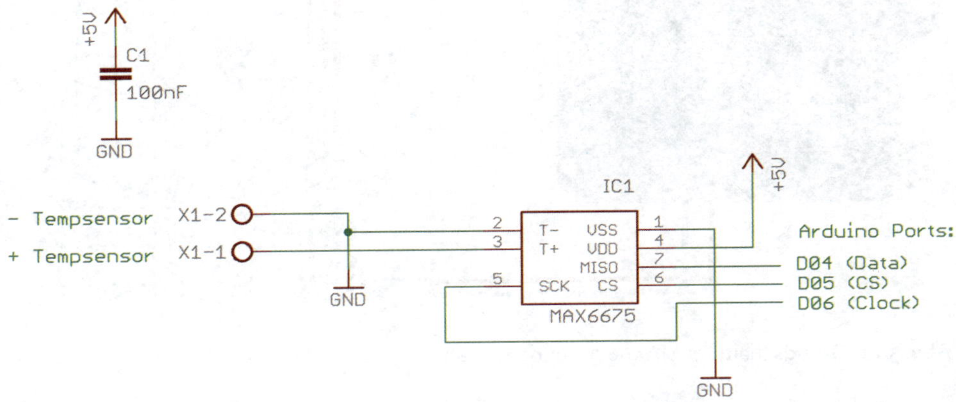

Abb. 5.21: Grundschaltung MAX6675 für Thermoelement-Sensoren (Typ K)

Der MAX6675 des Herstellers MAXIM (`http://www.maxim-ic.com/datasheet/index.mvp/id/3149`) ist ein integrierter Wandlerbaustein für Thermoelement-Sensoren vom Typ K (Nickel-Chrom/Nickel). Der Baustein wird über einen seriellen Datenbus mit drei Signalen angesteuert. Die Schnittstelle ist kompatibel zum SPI (*Serial Peripheral Interface*) und wird darum auch 3-Wire-Interface genannt.

Die Thermoelement-Sensoren vom Typ K werden in der Praxis sehr häufig eingesetzt und sind auf dem Markt in vielen verschiedenen Bauformen und Baugrößen verfügbar.

Abbildung 5.21 zeigt die Grundschaltung für den MAX6675 mit dem K-Typ-Sensor.

Stückliste (Grundschaltung MAX6675)

1 Arduino-Board

1 Leiterplatte wie Breakout-Board, Proto-Shield oder Steckbrett

1 IC MAX6675 (IC1)

1 Keramik-Kondensator 100 nF (C1)

Zum Schaltungstest und für erste Experimente mit Thermoelementen kann die Grundschaltung gemäß Abbildung 5.22 auf einem Steckbrett aufgebaut werden.

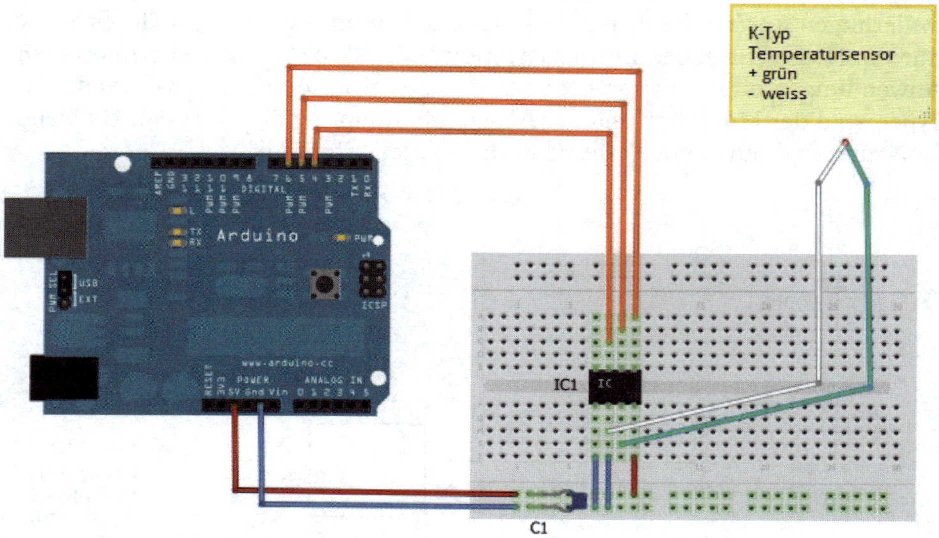

Abb. 5.22: Grundschaltung MAX6675 auf dem Steckbrett

Wie man dem Stromlaufplan in Abbildung 5.21 entnehmen kann, wird der Thermoelement-Sensor direkt an den Wandlerbaustein angeschlossen. Idealerweise nimmt man dafür Schraubklemmen, um eine feste und saubere Verbindung zu erhalten. In der Praxis werden oftmals spezielle Anschlussstecker für Thermoelemente verwendet.

Beim Anschließen eines Thermoelementes ist zu beachten, dass der Sensor einen Plus- und einen Minus-Anschluss besitzt. Die Anschlüsse dürfen nicht vertauscht werden. Darum sind die Anschlussdrähte von Thermoelement-Sensoren mit unterschiedlich farbigen Isolierungen ausgeführt.

Die verschiedenen Industrienormen verwenden dazu unterschiedliche Farben, die in Tabelle 5.7 aufgelistet sind.

Norm	Anschluss (+)	Anschluss (-)
IEC	grün	weiß
DIN	rot	grün
ANSI	gelb	rot

Tabelle 5.7: Farbkodierung der Anschlusskabel von Thermoelementen desTyps K

Der Baustein MAX6675 wird mit einer Spannung von 3 bis 5 Volt betrieben. Bei Anwendungen mit dem Arduino kann man dabei direkt die 5-Volt-Versorgung des Arduinos verwenden. Das Breakout-Board von Adafruit (`http://www.ada-`

fruit.com/index.php?main_page=product_info&products_id=269) verwendet sogar zwei digitale Ports zur Stromversorgung. Dabei werden Port D2 auf LOW und Port D3 auf HIGH gesetzt. Der Keramik-Kondensator C1 filtert etwaige Störungen auf der Versorgungsspannung.

Der serielle Bus zur Ansteuerung des MAX6675 besteht aus den drei Signalen Clock (Takt), Data (Datensignal) und CS (Chip Select), die am Arduino-Board an den 3 Ports D4, D5 und D6 angeschlossen werden.

Für die Ansteuerung des MAX6675 steht eine entsprechende Arduino-Bibliothek zur Verfügung, die den Programmieraufwand auf ein Minimum verringert. Die Bibliothek wurde von Adafruit erstellt und ist unter folgender Adresse zu finden:

https://github.com/adafruit/MAX6675-library

Nach dem Einbinden der Bibliothek werden die Arduino-Ports zur seriellen Ansteuerung definiert.

```
#include "max6675.h"

// Ports für Ansteuerung von MAX6675
int thermoDO = 4;   // Data
int thermoCS = 5;   // Chip Select
int thermoCLK = 6;  // Clock
```

Anschließend wird ein Objekt Thermo erstellt.

```
// Thermoelement Objekt erstellen
MAX6675 Thermo(thermoCLK, thermoCS, thermoDO);
```

Falls die Spannungsversorgung der Schaltung über Arduino-Ports erfolgt, was der Fall ist, wenn man das Breakout-Board von Adafruit verwendet, werden die beiden nötigen Ports definiert. Andernfalls können die Zeilen auskommentiert werden.

```
// Port für Spannungsversorgung
int vccPin = 3;
int gndPin = 2;
```

In der Setup-Routine wird die serielle Schnittstelle zur Ausgabe der Daten und Versorgungspins konfiguriert. Nach einer kurzen Verzögerung ist die Messschaltung dann bereit.

```
void setup()
{
  Serial.begin(9600);
```

```
  // Falls Arduino Ports zur Spannungsversorgung
  pinMode(vccPin, OUTPUT);
  digitalWrite(vccPin, HIGH);
  pinMode(gndPin, OUTPUT);
  digitalWrite(gndPin, LOW);
  Serial.println("Temperatur mit MAX6675");
  // Stabilisierungsphase
  delay(500);
}
```

Im Hauptprogramm wird nun der Temperaturwandler angefragt. Dabei stehen Methoden zur Abfrage von Celsius- und Fahrenheit-Werten bereit. Das Resultat wird anschließend über die serielle Schnittstelle ausgegeben.

```
void loop()
{
  // Ausgabe auf der seriellen Schnittstelle
  Serial.print("Temp C: ");
  Serial.println(Thermo.readCelsius());
  Serial.print("Temp F: ");
  Serial.println(Thermo.readFahrenheit());
  delay(1000);
}
```

Da der verwendete Halbleiter-Baustein MAX6675 nur im Gehäuse zur Oberflächenmontage (SMD) geliefert wird, muss der IC auf eine Adapterplatine (SO-DIL) oder auf ein Proto-Shield mit SMD-Lötaugen gelötet werden.

Nachfolgend sind noch ein paar mögliche Aufbauvarianten für Messverstärker mit dem MAX6675 aufgelistet.

Breakout-Board (komplett):

```
http://www.adafruit.com/index.php?main_page=product_info&products_id=269
```

Leiterplatte

`https://github.com/adafruit/MAX6675-breakout-board`

Thermoelement Shield für Arduino

`https://github.com/mcleng/Quad-Thermocouple-Shield`

Der MAX6675 ist ein praktischer Wandlerbaustein für den Aufbau einer Temperatur-Messeinrichtung mit Thermoelement-Sensoren des Typs K. Neben dem großen Vorteil des einfachen Aufbaus ohne viele externe Bauteile müssen auch die

Nachteile dieser Lösung erwähnt werden. Der Baustein ist nur als SMD-Variante verfügbar und kostet als Einzelstück rund 15 Euro.

Nach dem Aufbau der Schaltung und dem Hochladen des Sketches auf das Arduino-Board ist der Temperaturwandler betriebsbereit. Eine Konfiguration oder Kalibrierung ist nicht erforderlich. Für die Kontrolle der gemessenen Werte kann man mit Referenzmessungen bei 0 Grad (Eiswasser) und bei 100 Grad (kochendes Wasser) die Messwerte überprüfen.

Die Kontrolle von Messwerten über den gesamten Messbereich des Sensors muss durch eine Vergleichsmessung mit einem genauen Temperaturmessgerät oder mittels eines Kalibriergeräts, beispielsweise dem Prozesskalibrator PCE-123 (`http://www.warensortiment.de/technische-daten-1a/kalibriergeraet-sollwertgeber-pce-123.htm`), durchgeführt werden.

Hinweis

Mittlerweile wird der MAX6675 vom Hersteller nicht mehr produziert und ist somit für Neuentwicklungen nicht mehr zu empfehlen, obwohl das Modell bei verschiedenen Elektroniklieferanten weiterhin lieferbar ist. Als Ersatz bietet sich der Typ MAX31855 an.

5.5 Feuchtesensoren

Feuchtesensoren werden eingesetzt, um den Anteil von Wasser oder Wasserdampf zu ermitteln. Die bekanntesten Feuchtesensoren messen den Anteil von Wasserdampf in der Luft, das Resultat ergibt dann die relative Luftfeuchtigkeit. Diese Messgröße wird von vielen kleinen und großen Wetterstationen ermittelt. Im privaten Umfeld sind das meist kleine, funkferngesteuerte Miniaturwetterstationen.

Für den engagierten Gartenbesitzer ist neben der relativen Luftfeuchtigkeit vor allem der Zustand der Erde wichtig. Um die Feuchtigkeit der Erde zu messen, verwendet man einen Bodenfeuchtesensor. Neben kommerziellen Produkten gibt es viele Selbstbaulösungen für den Hobbygärtner. Im Arduino-Umfeld werden solche Lösungen oft als Garduino bezeichnet. Eine der bekanntesten Gartenanwendungen mit dem Arduino und Bodenfeuchtesensoren ist das Projekt GardenBot (`http://gardenbot.org`).

Luftfeuchtigkeit

Sensoren zur Erfassung der relativen Luftfeuchtigkeit werden meist bei Wetterstationen eingesetzt. Als Ausgabewert wird ein Prozentwert zwischen 0 und 100 angezeigt. Es sind etliche Sensoren und Ausführungen am Markt erhältlich. Der Aufwand für die externe Beschaltung sollte beim Aufbau einer kleinen Wetterstation gering sein, darum lohnt sich der Einsatz eines integrierten Sensors.

Bodenfeuchtigkeit

Bodenfeuchtesensoren ermitteln, wie in der Einleitung erwähnt, den Wassergehalt in der Erde. Der Feuchtezustand gibt an, ob man dem Gartenbeet oder der Topfpflanze Wasser zuführen muss.

Selbstbausensor für Bodenfeuchtigkeit

Das Grundprinzip der Selbstbausensoren, das in vielen Projekten verwendet wird, ist recht einfach. Zwei Metallstifte oder Nägel werden in die Erde gesteckt und durch Anschlussdrähte mit der Messschaltung verbunden. Abbildung 5.23 zeigt einen solchen Selbstbausensor. Je nach Feuchtezustand der Erde ist der Widerstand zwischen den beiden Stiften größer (Erde ist trocken) oder kleiner (Erde ist feucht).

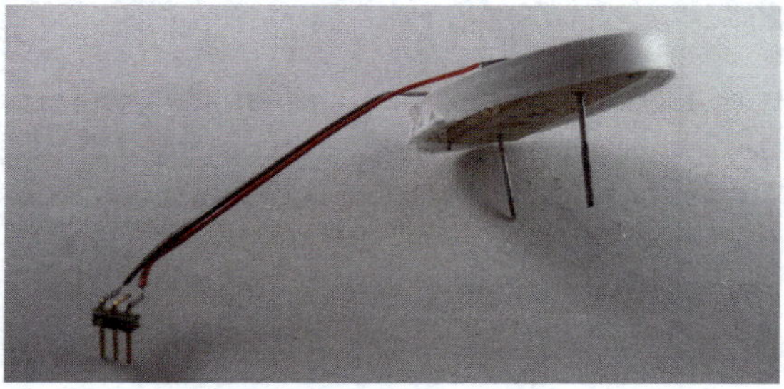

Abb. 5.23: Bodenfeuchtesensor mit Nägeln

Wie die Schaltung 5.24 zeigt, ergeben der Widerstand zwischen den beiden Nägeln und der Widerstand R1 zusammengeschaltet einen Spannungsteiler. Die am Widerstand R1 gemessene Spannung ermöglicht eine Aussage über die Feuchtigkeit der Erde. Diese analoge Spannung wird anschließend an einem analogen Eingang des Arduinos eingelesen. Der Kondensator C1 wirkt als Filter und dämpft Störungen, die auf den Leitungen am Messeingang auftreten können.

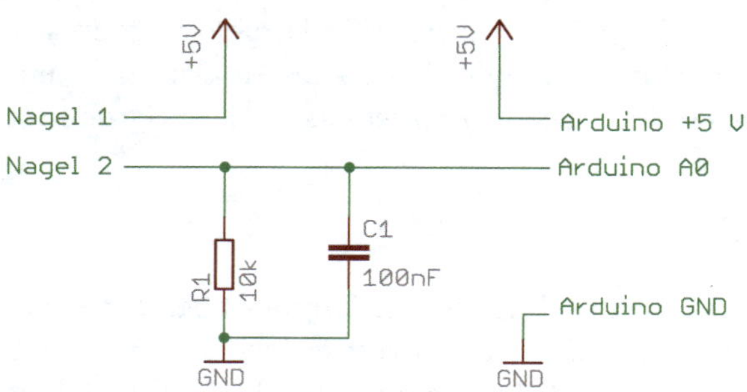

Abb. 5.24: Messung Bodenfeuchtigkeit mit Nägeln

Bei trockenem Boden ist der Widerstand zwischen Nagel 1 und Nagel 2 groß und durch die Spannungsteilerschaltung ergibt das eine kleine Spannung am Analogport A0 des Arduino. Wird die Erde nun befeuchtet, verringert sich der Widerstand zwischen Nagel 1 und Nagel 2 und die Messspannung an A0 wird höhernimmt zu. Die Messspannung ändert sich also umgekehrt proportional zum Widerstandswert zwischen Nagel 1 und Nagel 2.

Verschiedene Messreihen und Vergleiche mit einem professionellen Bodenfeuchtesensor haben gezeigt, dass diese einfache Lösung mit zwei Nägeln als Sensor eine recht lineare Messkurve erzeugt.

Neben dem Sensor mit Nägeln und dem kommerziellen Bodenfeuchtesensor VG400 wurde in dieser Messreihe zusätzlich noch ein Sensor mit Nägeln, die in einem Gipsröhrchen eingebaut sind, eingesetzt. Diese Sensorlösung ist sehr träge und die Messkurven weichen teilweise leicht von den Messkurven der anderen beiden Sensoren ab.

Vor dem produktiven Einsatz des Bodenfeuchtesensors der Wahl empfiehlt es sich, einen Messaufbau zu errichten und die Messwerte für trockene und feuchte Erde zu ermitteln. Auf diese Weise erhält man Referenzwerte, die anschließend zum Vergleich genutzt werden können.

Das Grundprogramm zur Abfrage des Sensors beschreibt Listing 5.10. Der Wert in der Variablen `valSensor` entspricht dem Feuchtewert und kann anschließend weiter genutzt werden.

```
int valSensor=0;
int SensorPort=0;

void setup()
{
  // Setup serielle Schnittstelle
  Serial.begin(9600);
}

void loop()
{
  // Abfrage Sensorwert
  valSensor=analogRead(SensorPort);
  // Ausgabe Sensordaten
  Serial.println(valSensor);
  // 2 Sekunden warten
  delay(2000);
}
```

Listing 5.10: Abfrage des Analogwerts des Bodenfeuchtesensors

Nachteil der Nagellösung

Durch die beiden metallenen Stifte, die Säure im Boden und durch den Stromfluss entsteht eine chemische Reaktion, die sogenannte Elektrolyse (http://de.wikipedia.org/wiki/Elektrolyse), bei der Material von einem Nagel zum anderen Nagel übertragen wird, was die Leitfähigkeit der Nägel und der Erde beeinflusst. Details zu dieser Thematik sind auch im Gartenprojekt GARDEN BOT erklärt. Zusätzlich ist außerdem ein Beispiel beschrieben, das zeigt, wie sich die Problematik der Elektrolyse durch eine Umkehrschaltung minimieren lässt (http://gardenbot.org/howTo/soilMoisture).

VG400-Bodensensor

http://www.vegetronix.com/Products/Soil-Moisture-Sensor-Probes.phtml

Die VG-Sensoren sind kommerzielle Feuchtesensoren von Vegetronix. Der VG400 wird direkt in die Erde gesteckt und verfügt über ein zwei Meter langes Anschlusskabel zum direkten Anschluss an der Auswertungsschaltung.

Der Feuchtewert der Erde wird als analoges Signal im Bereich von 0 bis 3 Volt geliefert. Der Sensor kann in einem großen Versorgungsspannungsbereich von 3,3 bis 20 Volt betrieben werden und benötigt zum Betrieb nur wenige Milliampere.

Der Sensor VG400 kann somit direkt an einen analogen Eingang des Arduinos angeschlossen werden. Die Spannungsversorgung des Sensors erfolgt dabei über die 5-Volt-Versorgung des Arduino-Boards.

Stückliste (VG400)

1 Arduino-Board

1 Sensor VG400 (Vegetronix)

Die Verdrahtung gemäß Abbildung 5.25 ist einfach, da keine externen Bauteile benötigt werden.

Der VG400-Sensor verwendet dasselbe Arduino-Programm wie die Nagelsensoren.

```
int valSensor=0;
int SensorPort=0;

void setup()
{
  // Setup serielle Schnittstelle
  Serial.begin(9600);
}
```

```
void loop()
{
  // Abfrage Sensorwert
  valSensor=analogRead(SensorPort);
  // Ausgabe Sensordaten
  Serial.println(valSensor);
  // 2 Sekunden warten
  delay(2000);
}
```

Listing 5.11: Messung mit dem Bodensensor VG400

Je nach Anwendungsfall werden die gemessenen Daten wie im Beispiel auf der seriellen Schnittstelle zur Weiterverarbeitung ausgegeben.

Weitere mögliche Funktionen und Erweiterungen wären beispielsweise:

- Funktion mit zwei Schwellwerten (trocken und nass)
- Auswertung der Schwellwerte mit Statusausgabe per LED
- Einstellbare Schwellwerte über Analogpotentiometer

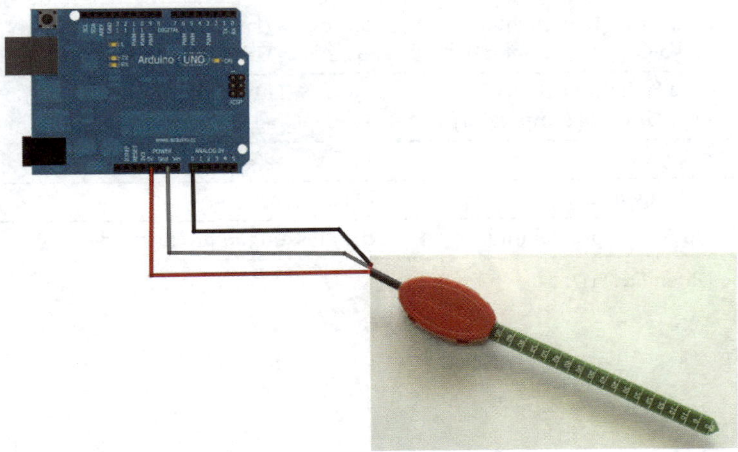

Abb. 5.25: Anschluss VG400 am Arduino-Board

5.6 Kombinierte Umweltsensoren

Kombinierte Umweltsensoren erfassen nicht nur einen einzelnen Umweltparameter, beispielsweise die Temperatur, sondern mehrere meteorologische Größen und geben diese als Analog- oder Digitalwert aus.

Die wichtigsten Messgrößen dabei sind Temperatur, Luftfeuchte und Luftdruck.

Diese integrierten Sensoren zur Umweltdatenerfassung sind meist zur Leiterplattenmontage geeignet und werden dabei mittels Anschlusspins auf eine Leiterplatte gelötet. Oder der Sensor ist auf einer Adapterplatine (Breakout-Board) montiert, die dann über Stiftleisten auf die Grundplatine gelötet wird.

Für den produktiven Einsatz als Sensor in einer Wetterstation ist bei den meisten Sensoren ein zusätzliches Gehäuse zum Schutz des Sensors und der Elektronik vor Umwelteinflüssen wie Feuchtigkeit erforderlich.

DHT11/22 (Luftfeuchtigkeit/Temperatur)

Die integrierten Sensoren DHT11 und DHT22 sind Low-Cost-Sensoren und eignen sich ideal für Anwendungen im Hobbybereich. Diese Sensoren werden über eine 1-Wire-Verbindung angesprochen. Beide Sensortypen besitzen je einen analogen Sensor für Luftfeuchtigkeit und Temperatur. Ein integrierter Analog/Digital-Wandler wandelt die Messwerte in ein Digitalsignal um, das anschließend über die 1-Draht-Schnittstelle ausgegeben wird.

Beide DHT-Typen besitzen dieselbe Anschlussbelegung, unterscheiden sich aber bei den technischen Daten, die Tabelle 5.8 zeigt.

	DHT11	DHT22
Messbereich	20...90 % (Luftfeuchte) 0...50 Grad C (Temperatur)	0...100 % (Luftfeuchte) -40...+125 Grad C (Temperatur)
Genauigkeit	+/- 2 % (Luftfeuchte) +/- 2 Grad C (Temperatur)	+/- 2 % (Luftfeuchte) +/- 0,5 Grad C (Temperatur)
Versorgung	3...5,5 V	3...6 V
Stromverbrauch	Max. 2,5 mA	Max. 1,5 mA
Abtastrate	1 Messung pro Sekunde	0.5 Messungen pro Sekunde

Tabelle 5.8: Technische Daten DHT11/22

Anschlussbelegung

Pin 1: +5 V

Pin 2: Data

Pin 3: -

Pin 4: GND

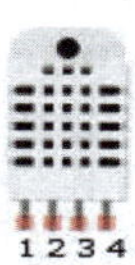

Abb. 5.26: Anschlussbelegung DHT11/22

Stückliste (DHT11/22)

1 Arduino-Board

1 Steckbrett

1 Sensor DHT11 oder DHT22 (Sensor 1)

1 Widerstand 10 kOhm (R1)

Anschlussdrähte

Der Stromlaufplan 5.27 zeigt die Verdrahtung des DHT-Sensors mit dem Arduino.

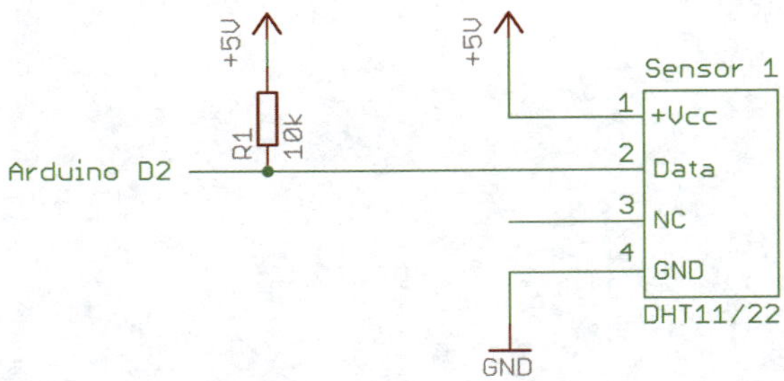

Abb. 5.27: Schaltung DHT11/22 mit dem Arduino

Abbildung 5.28 zeigt die Schaltung mit dem DHT-Sensor auf dem Steckbrett.

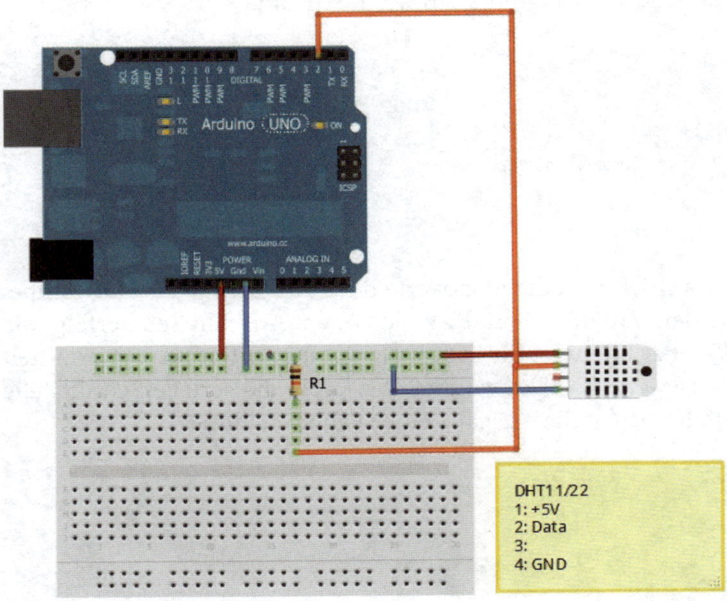

Abb. 5.28: Schaltung DHT11/22

Die Abfrage des Umweltsensors erfolgt mittels der Bibliothek von Adafruit (`https://github.com/adafruit/DHT-sensor-library`) und erfordert somit nur einen geringen Programmieraufwand.

Die Sensorabfrage ist dadurch einfach in eigene Anwendungen und Funktionen zu integrieren.

Nach dem Einbinden der Bibliothek

```
#include "DHT.h"
```

wird der Port für den Datenaustausch definiert, der entsprechende Sensortyp gewählt und ein Sensor-Objekt erstellt.

```
// Data Pin
#define DHTPIN 2

// Auswahl Sensor-Typ
#define DHTTYPE DHT11     // DHT 11
//#define DHTTYPE DHT22   // DHT 22  (AM2302)
//#define DHTTYPE DHT21   // DHT 21 (AM2301)

// Sensor-Objekt erstellen
DHT dht(DHTPIN, DHTTYPE);
```

In der Setup-Routine wird die serielle Schnittstelle zur Ausgabe der Messdaten vorbereitet und die serielle Übertragung zum DHT-Sensor gestartet.

```
void setup()
{
  Serial.begin(9600);
  Serial.println("DHTxx Temp/Humidity Sensor");
  dht.begin();
}
```

Im Hauptprogramm werden nun die Messwerte der Luftfeuchtigkeit und Temperatur eingelesen und den Variablen `h` und `t` zugewiesen. Anschließend erfolgt die Prüfung, ob ein gültiger Zahlenwert für Luftfeuchtigkeit und Temperatur ermittelt wurde. Sind beide Messwerte korrekt, werden diese über die serielle Schnittstelle ausgegeben, andernfalls erfolgt die Ausgabe einer Fehlermeldung.

```
void loop()
{
  // Sensor einlesen
  // Luftfeuchtigkeit
  float h = dht.readHumidity();
  // Temperatur
```

```
  float t = dht.readTemperature();

  // Prüfen, ob richtiger Rückgabewert
  if (isnan(t) || isnan(h))
  {
    Serial.println("Fehler beim Zugriff auf DHT");
  }
  else
  {
    // Ausgabe der Daten
    Serial.print("Luftfeuchtigkeit: ");
    Serial.print(h);
    Serial.print("% / ");
    Serial.print("Temperatur: ");
    Serial.print(t);
    Serial.println(" Grad C");
  }
}
```

In Kapitel 10 wird im Projekt WETTERSTATION jeweils ein Sensor des Typs DHT11 und DHT22 zur Umweltdatenerfassung verwendet.

BMP085 (Luftdruck/Temperatur)

Der Sensor BMP085 des Herstellers Bosch ist ein digitaler Drucksensor und misst den Luftdruck im Bereich von 300 bis 1100 hPa (Hektopascal). Zusätzlich misst der Sensor die Umgebungstemperatur. Der BMP085 wird über den I^2C-Bus angesteuert.

Der Drucksensor BMP085 wird in einer Bauform zur Oberflächenmontage (SMD) geliefert. Das Auflöten auf eine Leiterplatte erfordert Löterfahrung. Darum liefern verschiedene Anbieter diesen Sensor komplett montiert auf einer kleinen Leiterplatte (Breakout-Board).

Abb. 5.29: BMP085-Breakout-Board (Quelle: Sparkfun)

Lieferbare Varianten sind dabei der Pressure Plug von JeeLabs (`http://jeelabs.com/products/pressure-plug`) und das BMP085-Breakout von Sparkfun (`http://www.sparkfun.com/products/9694`).

> **Hinweis**
>
> Mittlerweile ist der BMP085 nicht mehr im Handel erhältlich. Der Sensor wurde durch den Nachfolgetyp BMP180 (`https://www.sparkfun.com/products/11824`) abgelöst. Alle nachfolgenden Beschreibungen und Beispiele gelten aber sowohl für den BMP085 wie auch für den BMP180.

Abbildung 5.30 zeigt die Schaltung des Breakout-Boards von Sparkfun. Alle nötigen Signale sind auf die Stiftleiste ST1 geführt. Die Anschlussbelegung kann unterschiedlich sein, je nach Typ des Breakout-Boards. Die nötigen Signale sind aber immer VCC und GND für die Spannungsversorgung sowie SDA und SCL für den I^2C-Bus.

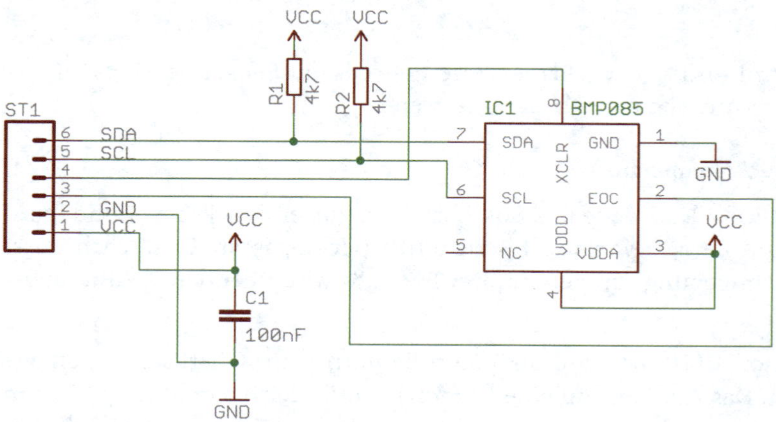

Abb. 5.30: Schaltung BMP085 Breakout

Die Verbindung zum Arduino-Board zeigt Abbildung 5.31. Zu beachten ist, dass die Spannungsversorgung des Sensors am 3,3-Volt-Anschluss des Arduino-Boards angeschlossen wird.

Die Abfrage des Drucksensors erfolgt mittels `Wire`-Bibliothek. Die Device-Adresse des Sensors ist fix eingestellt. Gemäß Datenblatt des Herstellers werden die Adressen 0xEF (Read) und 0xEE (Write) verwendet. Wie bereits von anderen I^2C-Komponenten bekannt, werden auch beim BMP085 nur die sieben höchstwertigen Bits verwendet. Dazu wird die Device-Adresse mittels Rechts-Bit-Shift umgewandelt.

```
0xEF >> 1 = 0x77
```

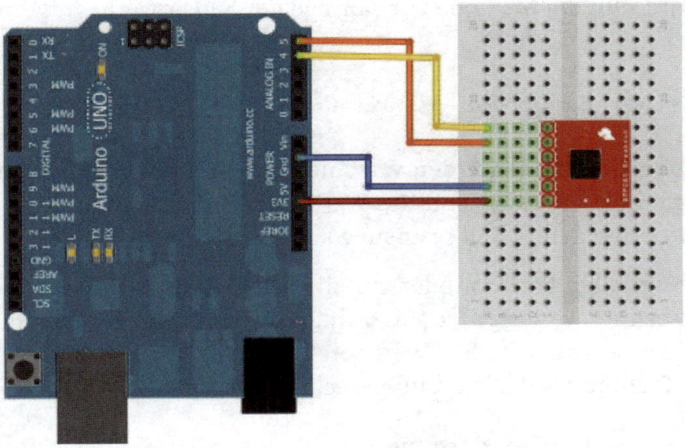

Abb. 5.31: Drucksensor BMP085 mit Arduino

Daraus resultiert die zu verwendende Adresse 0x77.

Die Ermittlung der aktuellen Werte für Temperatur und Luftdruck erfolgt in mehreren Schritten. In der Setup-Routine werden die Kalibrationsparameter des Sensors abgefragt.

```
bmp085_get_cal_data();
```

Die aufgerufene Methode liefert eine Liste von Parametern zurück, die zum Debugging genutzt werden können. Wird bei der Sensorabfrage kein Wert angezeigt, kann im seriellen Monitor geprüft werden, ob beim Setup die Kalibrationsparameter gelesen und dargestellt werden (Abbildung 5.32).

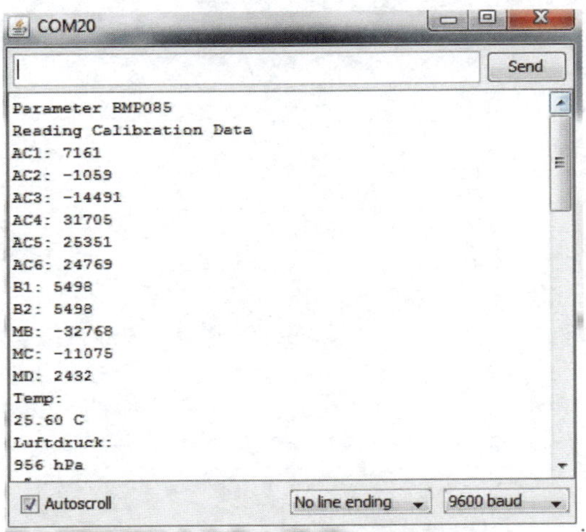

Abb. 5.32: BMP085-Kalibrierungsparameter

Im Hauptprogramm wird nun die Methode zur Abfrage der Sensorwerte aufgerufen.

```
bmp085_read_temperature_and_pressure(&temperature,&pressure);
```

Mit dem Aufruf der Abfragemethode werden verschiedene Abfrage- und Berechnungsmethoden gestartet, die anschließend die Werte für Temperatur und Luftdruck in den Variablen `temperature` und `pressure` speichern.

Vor der Darstellung im seriellen Monitor oder auf einem LC-Display müssen die Messwerte noch umgerechnet werden. Der ganzzahlige Wert für die Temperatur entspricht direkt dem Temperaturwert. Ein Wert von 244 ergibt eine Temperatur von 24.4 Grad Celsius. Dazu muss der Wert umgerechnet werden.

```
float valTemp = temperature * 10.00 / 100.00;
```

Der Wert für den Luftdruck wird in Pascal (Pa) zurückgegeben. Im praktischen Einsatz wird der Luftdruck aber in Hektopascal (hPa) angegeben. Dazu muss der ermittelte Wert durch 100 geteilt werden.

```
int valDruck = pressure / 100;
```

Listing 5.12 mit den einzelnen Abfragen und Umrechnungsfunktionen basiert auf den Lösungen verschiedener Autoren.

```
#include "Wire.h"
// Adresse des BMP085-Sensors
#define I2C_ADDRESS 0x77

const unsigned char oversampling_setting = 3; //Oversampling für Messung
const unsigned char pressure_waittime[4] = { 5, 8, 14, 26 };

// Parameter des Datenblatts
int ac1;
int ac2;
int ac3;
unsigned int ac4;
unsigned int ac5;
unsigned int ac6;
int b1;
int b2;
int mb;
int mc;
int md;
```

```
void setup()
{
  // Start serielle Schnittstelle
  Serial.begin(9600);
  Serial.println("Parameter BMP085");
  Wire.begin();
  // Ausgabe Kalibrierungsparameter
  bmp085_get_cal_data();
}

void bmp085_read_temperature_and_pressure(int& temperature, long& pressure);
void loop()
{
  int temperature = 0;
  long pressure = 0;
  bmp085_read_temperature_and_pressure(&temperature,&pressure);
  // Umrechnung Temperatur
  float valTemp = temperature * 10.00 / 100.00;
  // Umrechnung Pa in hPa
  int valDruck = pressure / 100;

  // Ausgabe auf serielle Schnittstelle
  Serial.println("Temp: ");
  Serial.print(valTemp);
  Serial.println(" C");
  Serial.println("Luftdruck: ");
  Serial.print(valDruck);
  Serial.println(" hPa");
  delay(1000);
}

// Funktionen BMP085
void bmp085_read_temperature_and_pressure(int* temperature, long* pressure)
{
  long ut = bmp085_read_ut();
  long up = bmp085_read_up();
  long x1, x2, x3, b3, b5, b6, p;
  unsigned long b4, b7;

  // Temperatur berechnen
  x1 = ((long)ut - ac6) * ac5 >> 15;
  x2 = ((long) mc << 11) / (x1 + md);
  b5 = x1 + x2;
```

```
  *temperature = (b5 + 8) >> 4;

  // Druck berechnen
  b6 = b5 - 4000;
  x1 = (b2 * (b6 * b6 >> 12)) >> 11;
  x2 = ac2 * b6 >> 11;
  x3 = x1 + x2;

  if (oversampling_setting == 3) b3 = ((int32_t) ac1 * 4 + x3 + 2) << 1;
  if (oversampling_setting == 2) b3 = ((int32_t) ac1 * 4 + x3 + 2);
  if (oversampling_setting == 1) b3 = ((int32_t) ac1 * 4 + x3 + 2) >> 1;
  if (oversampling_setting == 0) b3 = ((int32_t) ac1 * 4 + x3 + 2) >> 2;

  x1 = ac3 * b6 >> 13;
  x2 = (b1 * (b6 * b6 >> 12)) >> 16;
  x3 = ((x1 + x2) + 2) >> 2;
  b4 = (ac4 * (uint32_t) (x3 + 32768)) >> 15;
  b7 = ((uint32_t) up - b3) * (50000 >> oversampling_setting);
  p = b7 < 0x80000000 ? (b7 * 2) / b4 : (b7 / b4) * 2;

  x1 = (p >> 8) * (p >> 8);
  x1 = (x1 * 3038) >> 16;
  x2 = (-7357 * p) >> 16;
  *pressure = p + ((x1 + x2 + 3791) >> 4);
}

unsigned int bmp085_read_ut()
{
  write_register(0xf4,0x2e);
  delay(5); // warten länger als 4.5 ms
  return read_int_register(0xf6);
}

void bmp085_get_cal_data()
{
  Serial.println("Reading Calibration Data");
  ac1 = read_int_register(0xAA);
  Serial.print("AC1: ");
  Serial.println(ac1,DEC);
  ac2 = read_int_register(0xAC);
  Serial.print("AC2: ");
  Serial.println(ac2,DEC);
  ac3 = read_int_register(0xAE);
  Serial.print("AC3: ");
```

```
  Serial.println(ac3,DEC);
  ac4 = read_int_register(0xB0);
  Serial.print("AC4: ");
  Serial.println(ac4,DEC);
  ac5 = read_int_register(0xB2);
  Serial.print("AC5: ");
  Serial.println(ac5,DEC);
  ac6 = read_int_register(0xB4);
  Serial.print("AC6: ");
  Serial.println(ac6,DEC);
  b1 = read_int_register(0xB6);
  Serial.print("B1: ");
  Serial.println(b1,DEC);
  b2 = read_int_register(0xB8);
  Serial.print("B2: ");
  Serial.println(b1,DEC);
  mb = read_int_register(0xBA);
  Serial.print("MB: ");
  Serial.println(mb,DEC);
  mc = read_int_register(0xBC);
  Serial.print("MC: ");
  Serial.println(mc,DEC);
  md = read_int_register(0xBE);
  Serial.print("MD: ");
  Serial.println(md,DEC);
}

long bmp085_read_up()
{
  write_register(0xf4,0x34+(oversampling_setting<<6));
  delay(pressure_waittime[oversampling_setting]);

  unsigned char msb, lsb, xlsb;
  Wire.beginTransmission(I2C_ADDRESS);
  Wire.write((byte)0xf6); // Leseregister
  Wire.endTransmission();

  Wire.requestFrom(I2C_ADDRESS, 3); // Byte einlesen
  while(!Wire.available()) {
    // warten
  }
  msb = Wire.read();
  while(!Wire.available()) {
    // warten
```

```
  }
  lsb |= Wire.read();
  while(!Wire.available()) {
    // warten
  }
  xlsb |= Wire.read();
  return (((long)msb<<16) | ((long)lsb<<8) | ((long)xlsb)) >>(8-
oversampling_setting);
}

void write_register(unsigned char r, unsigned char v)
{
  Wire.beginTransmission(I2C_ADDRESS);
  Wire.write(r);
  Wire.write(v);
  Wire.endTransmission();
}

char read_register(unsigned char r)
{
  unsigned char v;
  Wire.beginTransmission(I2C_ADDRESS);
  Wire.write(r); // Leseregister
  Wire.endTransmission();
  Wire.requestFrom(I2C_ADDRESS, 1); // Byte einlesen
  while(!Wire.available()) {
    // warten
  }
  v = Wire.read();
  return v;
}

int read_int_register(unsigned char r)
{
  unsigned char msb, lsb;
  Wire.beginTransmission(I2C_ADDRESS);
  Wire.write(r); // Leseregister
  Wire.endTransmission();

  Wire.requestFrom(I2C_ADDRESS, 2); // Byte lesen
  while(!Wire.available()) {
    // warten
  }
  msb = Wire.read();
```

```
  while(!Wire.available()) {
    // warten
  }
  lsb = Wire.read();
  return (((int)msb<<8) | ((int)lsb));
}
```

Listing 5.12: Barometer mit BMP085

Abfrage mit der Bibliothek für den BMP085/BMP180

`https://github.com/adafruit/Adafruit-BMP085-Library`

Adafruit hat die komplexe Abfrage der BMP-Sensoren in einer eigenen Bibliothek zusammengestellt und so die Nutzung dieser praktischen Barometer-Sensoren vereinfacht. Die Bibliothek kann für die Sensortypen BMP085 und BMP180 verwendet werden.

Barometer-Shield

Eine komplett aufgebaute Lösung ist das BaroTemp-Shield (`http://schmelle2.de/wp/arduino/shields/barotemp-shield`). Diese Lösung verwendet das Breakout-Board von Jeelabs, das über eine Stiftleiste auf das BaroTemp-Shield gelötet wird. Zusätzlich sind auf dieser Erweiterungsplatine ein Uhrenbaustein des Typs DS1307 und zwei 64kB-EEPROM zur Speicherung der Messwerte vorhanden.

5.7 Schaltersensoren

Sensoren mit schaltender Wirkung werden als Endschalter in Industrieanlagen und in Robotern verwendet. Zum Einsatz kommen dabei mechanische Druckschalter oder elektronische Schalter. Die mechanischen Schalter schalten einen Kontakt, sobald seitens der Umwelt eine Kraft auf den Schalter oder Schaltknopf wirkt. Elektronische Schalter arbeiten meist als induktive oder kapazitive Schalter. Bei induktiven Schaltern erfolgt eine Schaltung, sobald ein metallischer Gegenstand in die Nähe der Schaltfläche kommt. Kapazitive Schalter können auch nicht metallische Gegenstände erkennen. Die Schaltabstände liegen bei diesen Schaltern im Bereich von 10 bis 30 mm. Eine direkte Berührung ist bei den elektronischen Schaltern nicht nötig.

Eine weitere Art von induktivem Schalter sind die Reed-Kontakte oder Reed-Relais. Bei diesen induktiven Schaltern wird ein Schaltkontakt, der in einem vakuumgefüllten Glaskolben platziert ist, durch einen Magneten von außen aktiviert. Beim Reed-Relais besteht dieser Magnet aus einer Spule mit Kern, die beim Anlegen einer Schaltspannung magnetisch wird und so den Reed-Kontakt auslöst.

5.8 Abstandssensoren

Abstandssensoren gehören zur Grundausstattung eines mobilen Roboters und erfassen den Abstand zu den Gegenständen, die sich in seiner Reichweite befinden.

Methoden und Technologien zur Messung des Abstands vom Sensor gibt es viele. Je nach Anforderung muss ein genauer Abstandswert des Gegenstands, ein großer Bereich oder nur ein Status ermittelt werden. Entsprechend den Anforderungen sind die Sensoren recht unterschiedlich.

Ultraschallsensoren

Ein Ultraschallsensor sendet ein Signal (Schall), das oberhalb des menschlichen Hörbereichs liegt. Trifft der Schall auf einen Gegenstand, so wird das Signal zurückgeworfen und vom Sensor wieder empfangen. Die zwischen dem Senden und dem Empfangen des Signals vergangene Zeit ist ein Maß für den Abstand des Gegenstands vom Sensor. Bekanntlich erkunden in der Natur Fledermäuse auf diese Art die Umwelt und die Objekte um sie herum.

Der vermutlich bekannteste Ultraschallsensor in der Arduino-Welt ist der PING))) Ultrasonic Sensor von Parallax (`http://www.parallax.com`). Der auf einer Leiterplatte aufgebaute Sensor sendet ein Signalpaket aus und empfängt anschließend das Echo des Signals.

Das Tutorial auf der Arduino-Website (`http://arduino.cc/en/Tutorial/Ping`) zeigt die Verdrahtung des Sensors sowie ein Beispielprogramm zur Ermittlung des Abstands. Der Arduino sendet ein Signalpaket und mit dem Befehl `pulseIn()` wird die Dauer bis zum Empfang des Echos gemessen. Bei einer Schallgeschwindigkeit von 340 m/s (das entspricht einer Laufzeit von 29 Mikrosekunden pro cm) kann mit einer einfachen Formel die Distanz ermittelt werden:

```
Abstand in cm = gemessene Zeit / 29 / 2
```

Die Division durch 2 ergibt sich dadurch, dass Hin- und Rückweg des Schalls gemessen wurden.

Der PING-Sensor ist eine praktische Sensorlösung für Roboter, um entfernte Gegenstände zu erfassen. Er arbeitet gemäß Hersteller in einem Bereich von 2 bis 300 cm.

Infrarotsensor

Infrarotsensoren für die Abstandsmessung versenden ein Lichtsignal im Infrarotbereich und empfangen die am Gegenstand reflektierten Lichtwellen wieder.

Roboteranwendungen mit Arduino verwenden oftmals den Infrared-Proximity-Sensor GPD2D120 von Sharp. Dieser Infrarotsensor besitzt einen Analogausgang, der direkt vom angeschlossenen Arduino-Board ausgewertet werden kann. Die Ausgangsspannung liegt im Bereich von 3 Volt (3 cm Abstand) und 0,3 Volt (40 cm Abstand).

Der Sensor kostet rund 14 Euro und ist bei verschiedenen Elektronikhändlern erhältlich.

Ein praktisches Beispiel für den Einsatz des Abstandssensors zeigt die Abstandsvisualisierung mit Infrarotsensor:

`http://www.uchobby.com/index.php/2009/03/08/visualizing-sensor-with-arduino-and-processing/`

Der vom Infrarotsensor erkannte Gegenstand im Erfassungsbereich wird optisch dargestellt. Der Lösungsansatz kann ein Teil eines Roboters sein, der während der Fahrt die Umwelt im Bereich von 0 bis 180 Grad abfragt. Das Beispiel zeigt auch, wie man über die serielle Schnittstelle Informationen ausgeben kann, die anschließend durch eine Visualisierungslösung, in diesem Fall Processing, dargestellt wird.

5.9 Beschleunigungssensor

Beschleunigungssensoren messen Beschleunigungen und Neigungen. Die Sensoren werten Kapazitätsänderungen oder Druckänderungen von piezokeramischen Plättchen aus und wandeln diese in ein elektrisches Ausgangssignal um. Die Beschleunigungssensoren liefern meist Signale für verschiedene Richtungsänderungen.

Mit der Spielkonsole Wii und den externen Bedienelementen Wii Remote und Wii Nunchuk hat der Bedarf an Beschleunigungssensoren stark zugenommen. Der Wii-Nunchuk-Controller besitzt neben verschiedenen anderen Sensoren einen 3-Achsen-Beschleunigungssensor, um die Bewegung des Spielers in den verschiedenen Spielen zu erfassen.

Beschleunigungssensoren zum Einsatz in eigenen elektronischen Schaltungen werden im Elektronikhandel vertrieben und sind meist zusammen mit der nötigen Auswertelektronik und Anschlusstechnik auf einer kleinen Leiterplatte montiert. Zu erwähnen sind dabei die Sensoren Memsic 2125 und der ADXL3xx. Der Memsic 2125 wird als Sensor auf einer Minileiterplatte mit sechs Anschluss-Pins geliefert und ist ein 2-Achsen-Beschleunigungssensor. Dieser Sensor liefert als Ausgangssignal ein Pulssignal, das mit dem Befehl `pulseIn()` eingelesen werden kann.

`http://arduino.cc/en/Tutorial/Memsic2125?from=Tutorial.AccelerometerMemsic2125`

Der ADXL3xx ist ein 3-Achsen-Sensor und liefert pro Achse ein lineares Analogsignal, das direkt weiterverarbeitet werden kann.

Ein kleines Projekt (Abbildung 5.33) mit dem ADXL335 zeigt eine Wasserwaage, bei der der Y-Kanal des Sensors als Neigungsmesser verwendet wird. Das analoge Ausgangssignal des Sensors wird eingelesen und mit zwei Schaltschwellen verglichen. Je nach Lage des Sensors zeigt eine von drei Leuchtdioden die Tendenz der Neigung an.

Stückliste (Wasserwaage)

1 Arduino-Board

1 Steckbrett

1 ADXL335-Breakout-Board

3 LED rot

3 Widerstände 470 Ohm

Anschlussdrähte

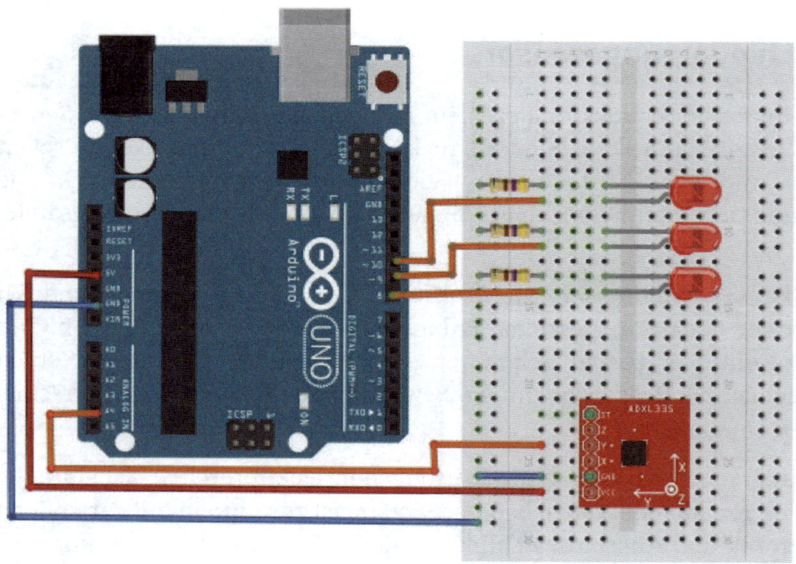

Abb. 5.33: Schaltung einer Wasserwaage mit dem Beschleunigungssensor ADXL335

Die Abfrage des Y-Kanals des Beschleunigungssensors erfolgt mittels des analogen Eingangs A04.

```
// Analogsignal von y-Richtung lesen
yVal = analogRead(yPin);
```

Der gemessene Wert wird in der Variablen yVal gespeichert und anschließend mit den beiden Leveln für links und rechts verglichen. Listing 5.13 zeigt das ganze Programm für die Wasserwaage.

```
// Wasserwaage mit Beschleunigungssensor

// Portdefinitionen
#define yPin 4
#define LEDLinks 10
#define LEDMitte 9
#define LEDRechts 8

//Schaltlevel
int LevelLinks=510;
int LevelRechts=520;

int yVal = 0;

void setup()
{
  // Ausgänge der LEDs
  pinMode(LEDLinks, OUTPUT);
  pinMode(LEDMitte, OUTPUT);
  pinMode(LEDRechts, OUTPUT);
  Serial.begin(9600);
}

void loop()
{
  // Analogsignal von y-Richtung lesen
  yVal = analogRead(yPin);

  // kleiner LevelLinks,  LED links Ein
  if (yVal<LevelLinks+1)
  {
   digitalWrite(LEDLinks,HIGH);
  }
 else
  {
   digitalWrite(LEDLinks,LOW);
  };

  // LED Mitte Ein
```

```
  if ((yVal<LevelRechts) && (yVal>LevelLinks))
  {
   digitalWrite(LEDMitte,HIGH);
  }
  else
  {
   digitalWrite(LEDMitte,LOW);
  };

  // großer LevelRechts, LED rechts Ein
  if (yVal>LevelRechts-1)
  {
   digitalWrite(LEDRechts,HIGH);
  }
  else
  {
   digitalWrite(LEDRechts,LOW);
  };

  Serial.print(yVal);
  Serial.println();
  delay(500);
}
```

Listing 5.13: Beschleunigungssensor im Einsatz als Wasserwaage

5.10 Kompass

`http://www.magneticsensors.com/magnetometers-compasses.php`

Der HMC6352 von Honeywell ist ein digitaler Kompassbaustein, der über den I^2C-Bus angesteuert wird.

Dieser Kompass-Sensor eignet sich für allgemeine Kompass-Anwendungen und richtungsgesteuerte Roboter. Der integrierte Baustein hat eine Auflösung von 0,5 Grad und benötigt keine externe Zusatzbeschaltung.

Für den praktischen Einsatz bietet Sparkfun eine Leiterplatte (`http://www.sparkfun.com/products/7915`), auf der bereits die Pull-up-Widerstände für den I^2C-Bus aufgelötet sind. Der Anwender muss nur noch die Versorgungsspannung und die Signalleitungen SCL und SDA des I^2C-Busses anschließen.

In Abbildung 5.34 ist die Grundschaltung des Kompasssensors abgebildet.

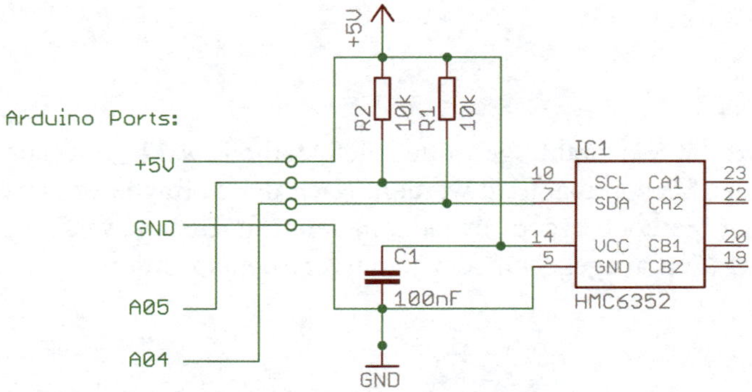

Abb. 5.34: HMC6352-Kompasssensor mit Arduino

Stückliste (Kompass)

1 Arduino-Board

1 Steckbrett

1 HMC6352-Breakout-Board

Anschlussdrähte

Bei Verwendung der Arduino-Bibliothek von Ruben Laguna muss sich der Anwender nicht mehr um die serielle Kommunikation kümmern. Die Bibliothek liefert einen Zahlenwert von 0 bis 360 zurück, was direkt dem Abweichungs-Winkel zur Nordrichtung entspricht.

`http://rubenlaguna.com/wp/2009/03/19/arduino-library-for-hmc6352/index.html`

Nach Laden der nötigen Bibliotheken

```
#include <Wire.h>
#include <hmc6352.h>
```

wird ein Kompass-Objekt erstellt.

```
// HMC6352 Objekt
Hmc6352 hmc6352;
```

In der Setup-Routine wird die serielle Schnittstelle zur Ausgabe bereitgestellt.

```
void setup()
{
  Serial.begin(9600);
  delay(100);
```

```
  Serial.print("Start HMC6352");
  delay(100);
}
```

Im Hauptprogramm wird die Sensorabfrage mittels der Methode `wake()` gestartet. Anschließend kann der Sensor abgefragt werden. Nach der Abfrage des Sensors wird dieser mittels der Methode `sleep()` wieder in den Ruhezustand versetzt. Nun kann der eingelesene Wert ausgegeben oder weiterverarbeitet werden.

```
void loop()
{
  hmc6352.wake();
  // Winkel lesen und in a speichern
  float a = hmc6352.getHeading();
  hmc6352.sleep();
  // Ausgabe Winkel
  Serial.println((int)a,DEC);
}
```

Der ermittelte Wert kann nun als Zahlenwert auf einem Display dargestellt werden, oder man wertet den Winkelwert aus und zeigt dies in einer gewünschten Form an.

In Listing 5.14 ist das gesamte Programm für die Kompassabfrage dargestellt.

```
#include <Wire.h>
#include <hmc6352.h>

// HMC6352 Objekt
Hmc6352 hmc6352;

void setup()
{
  Serial.begin(9600);
  delay(100);
  Serial.print("Start HMC6352");
  delay(100);
}

void loop()
{
  hmc6352.wake();
  // Winkel lesen und in a speichern
  float a = hmc6352.getHeading();
```

```
  hmc6352.sleep();
  // Ausgabe Winkel
  Serial.println((int)a,DEC);
}
```

Listing 5.14: Kompass mit dem HMC6352

Am Ende dieses Kapitels wird ein kleines Projekt beschrieben, das den Kompasssensor abfragt und das Resultat als Richtungsanzeige auf einem aus Leuchtdioden aufgebauten Kreis darstellt.

5.11 Hall-Sensor

Der Hall-Sensor dient zum Messen des Magnetismus. Die Funktionsweise des Hall-Sensors basiert auf dem sogenannten Hall-Effekt, der im 18. Jahrhundert von Edwin Hall (`http://de.wikipedia.org/wiki/Edwin_Hall`) entdeckt wurde. Der Hall-Effekt erklärt, warum sich in einem stromdurchflossenen Leiter, der einem Magnetfeld ausgesetzt ist, eine elektrische Spannung aufbaut.

Hall-Sensoren werden in der Praxis unter anderem für drahtlose Signalübertragung, Strommessung oder Umdrehungs- und Geschwindigkeitsmessungen eingesetzt.

In der Praxis besitzen Hall-Sensoren meist drei Anschlussdrähte oder -Pins. Als Ausgangssignal steht je nach Typ eine analoge Ausgangspannung oder direkt ein digitales Signal zur Verfügung.

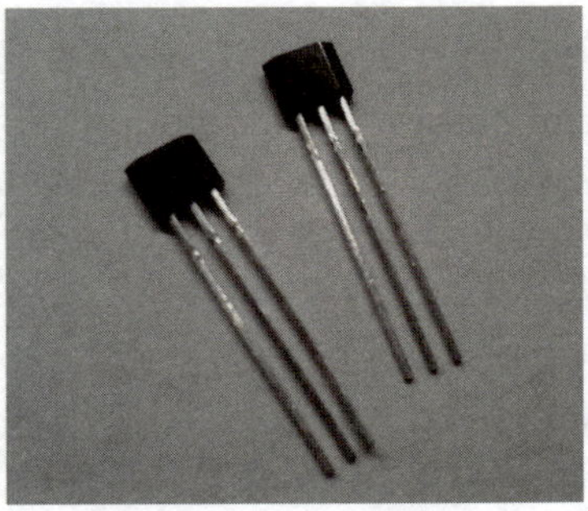

Abb. 5.35: Hall-Sensor Typ A3144

Abbildung 5.35 zeigt einen Hall-Sensor des Typs A3144, der als Ausgangssignal ein digitales Signal liefert. Dabei ist der Ausgang als Transistorausgang ohne Last geschaltet (*Open Collector*). Im Blockdiagramm aus dem Datenblatt (Abbildung 5.36) sind die Ausgangsschaltung und die einzelnen Funktionsbereiche des Sensors dargestellt.

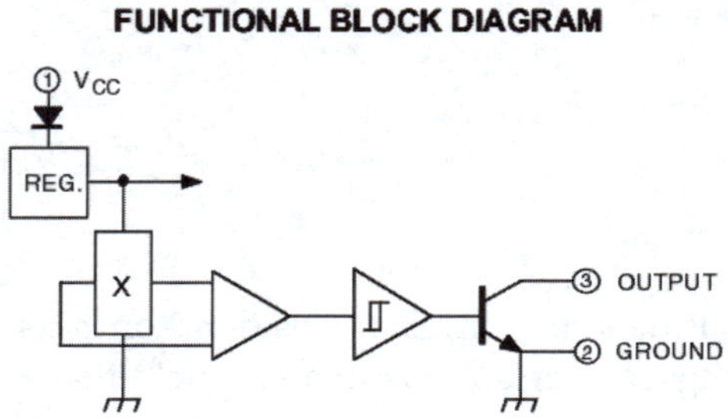

Abb. 5.36: Blockdiagramm des Hall-Sensors A3144

An Anschlusspin 1 wird eine Versorgungsspannung an den Hall-Sensor angelegt, die einen Stromfluss durch das Hall-Modul bewirkt, dargestellt als Rechteck und mit »X« bezeichnet. Das Ausgangsignal wird über einen Verstärker und eine Vergleicher- oder Komparatorschaltung an einen Transistor geführt. Am Ausgang (Pin 2) kann direkt ein Verbraucher angeschlossen werden. Der Strom darf dabei maximal 25 mA betragen.

Die Anschlussbelegung des A3144 ist in Abbildung 5.37 dargestellt.

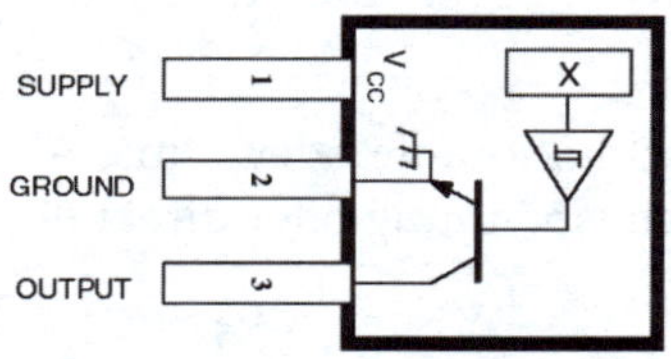

Abb. 5.37: Hall-Sensor A3144 – Anschlussbelegung

Im nachfolgenden Projekt wird der Hall-Sensor zur Zustandsüberwachung verwendet. Der kleine Magnet mit Sensor kann beispielsweise an einem Fenster oder einer Tür angebracht werden. Der Hall-Sensor meldet jeweils den Zustand, nämlich entweder geöffnet oder geschlossen.

Stückliste (Fensterkontakt-Überwachung)

1 Arduino-Board

1 Steckbrett

1 Hall-Sensor A3144 oder ähnlich (IC1)

1 LED rot (LED1)

1 Widerstand 10 kOhm (R1)

1 Widerstand 1 kOhm (R2)

1 Magnet

Drahtbrücken

In Abbildung 5.38 ist die Schaltung des Fensterkontakt-Projektes dargestellt. Der Sensor wird über das Arduino-Board mit 5 Volt versorgt. Der Widerstand R1 dient als Last für den Transistorausgang. Das Signal wird anschließend an Pin 7 des Arduino geführt. Erkennt der Hall-Sensor einen externen Magneten, wird der Transistor angesteuert und an Pin 7 des Arduino-Boards liegt ein LOW-Signal. Bei nicht aktiviertem Ausgang liegt an Pin 7 ein HIGH-Signal.

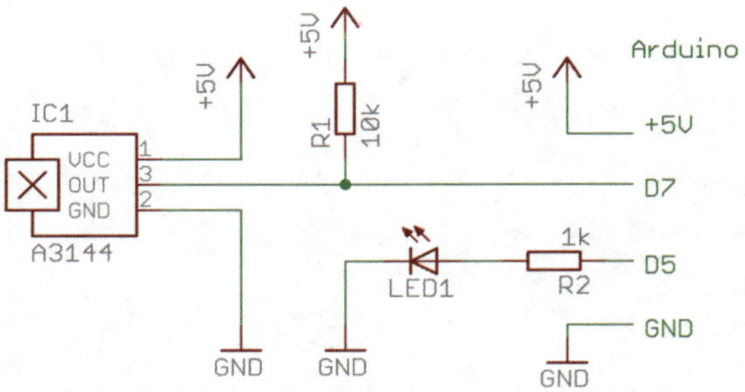

Abb. 5.38: Schaltung Fensterkontakt-Überwachung

Für die Anzeige des Schaltzustandes wird eine Leuchtdiode (LED1) verwendet, die von Pin 5 angesteuert wird.

Der Steckbrett-Aufbau der Hall-Sensor-Schaltung ist in Abbildung 5.39 dargestellt.

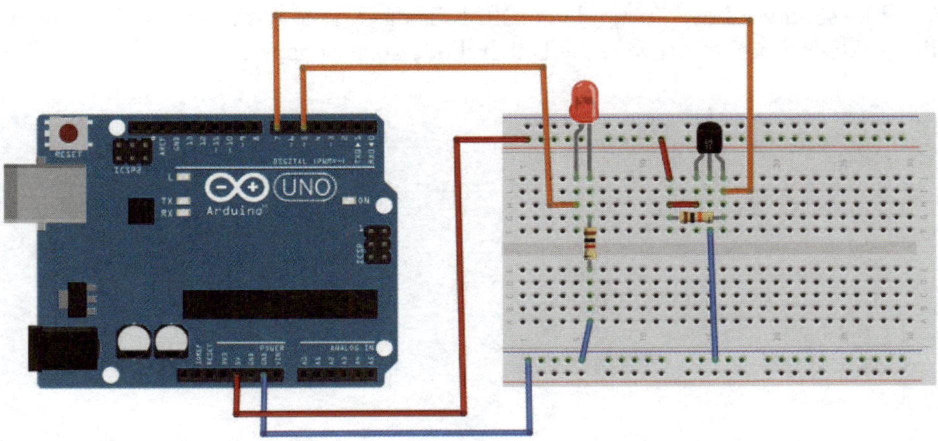

Abb. 5.39: Steckbrettaufbau: Fensterkontakt-Überwachung

Die Abfrage des Hall-Sensors ist relativ einfach und benötigt keine zusätzlichen Bibliotheken.

Bei der Deklaration werden Variablen für die Pins der LEDs und des Hall-Sensors sowie für den Schaltzustand definiert.

```
int hallPin = 7;  // Eingang Signal des Hall-Sensors
int ledPin =  5;  // Ausgang der Status-LED

// Status
int hallState = 0;
```

In der Setup-Routine werden der Eingang für den Hall-Sensor sowie der Ausgang für die Leuchtdiode gesetzt.

```
void setup()
{
  // Eingang Hall-Sensor
  pinMode(hallPin, INPUT);
  // Ausgang LED
  pinMode(ledPin, OUTPUT);
}
```

Zu Beginn des Hauptprogrammes wird der aktuelle Schaltzustand des Hall-Sensors eingelesen.

```
void loop()
{
  // Status des Sensors einlesen
  hallState = digitalRead(hallPin);
```

Anschließend wird der Zustand geprüft. Falls das Signal LOW ist, wird die Leuchtdiode aktiviert. Bei HIGH wird die Leuchtdiode ausgeschaltet.

```
// LOW = Magnet aktiv
// HIGH = Magnet nicht aktiv

  if (hallState == LOW)
  {
    // LED ein
    digitalWrite(ledPin, HIGH);
  }
  else
  {
    // LED aus
    digitalWrite(ledPin, LOW);
  }
}
```

Listing 5.15 zeigt das gesamte Programm zur Fensterkontakt-Überwachung.

```
int hallPin = 7;
int ledPin =  5;
```

```
// Status
int hallState = 0;

void setup()
{
  // Eingang Hall-Sensor
  pinMode(hallPin, INPUT);
  // Ausgang LED
  pinMode(ledPin, OUTPUT);
}

void loop()
{
  // Status des Sensors einlesen
  hallState = digitalRead(hallPin);

  // LOW = Magnet aktiv
  // HIGH = Magnet nicht aktiv
  if (hallState == LOW)
  {
    // LED ein
    digitalWrite(ledPin, HIGH);
  }
  else
  {
    // LED aus
    digitalWrite(ledPin, LOW);
  }
}
```

Listing 5.15: Fensterkontakt-Überwachung mit Hall-Sensor

Für den praktischen Einsatz hat der Autor seinen Hall-Sensor mit Anschlussdrähten versehen und die verlöteten Anschluss-Pins mit Schrumpfschlauch geschützt (Abbildung 5.40).

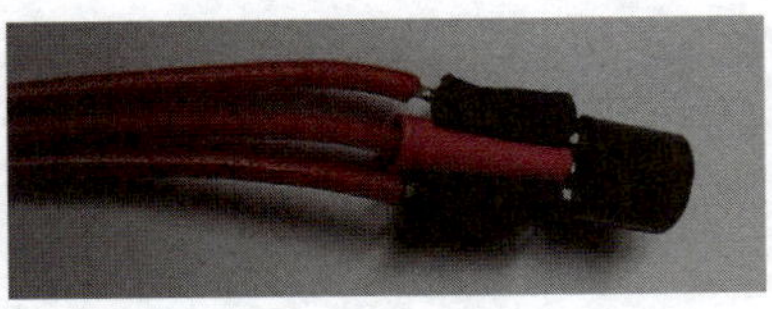

Abb. 5.40: Hall-Sensor mit Anschlussdrähten

Nun werden der Sensor und der Magnet am zu überwachenden Fenster platziert (Abbildung 5.41).

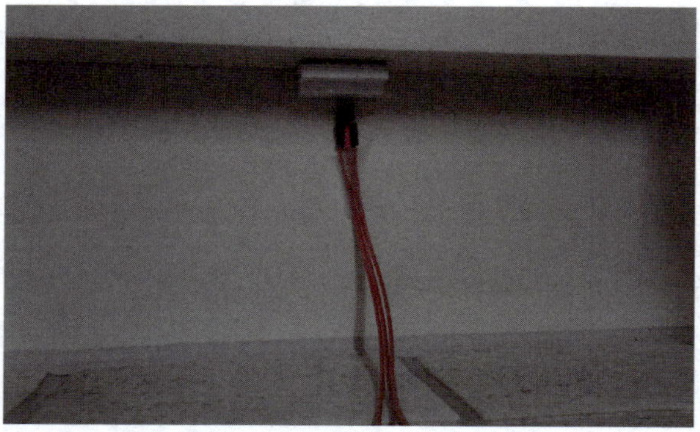

Abb. 5.41: Montage von Hall-Sensor und Magnet

Der Magnet wird dabei am Fenster und der Sensor parallel dazu am Rahmen befestigt. Wird nun das Fenster geöffnet, so entfernt sich der Magnet vom Hall-Sensor und dessen Ausgang ändert sich von LOW auf HIGH.

Im Beispiel ist die Leuchtdiode eingeschaltet, wenn der Magnet den Sensor aktiviert, also wenn das Fenster geschlossen ist.

Falls man lieber ein geöffnetes Fenster anzeigen will, muss nur die Ansteuerung der Leuchtdiode invertiert werden.

```
void loop()
{
  // Status des Sensors einlesen
  hallState = digitalRead(hallPin);

  // LOW = Magnet aktiv
  // HIGH = Magnet nicht aktiv
  if (hallState == LOW)
  {
    // LED aus, Fenster geschlossen
    digitalWrite(ledPin, LOW);
  }
  else
  {
    // LED ein, Fenster geöffnet
    digitalWrite(ledPin, HIGH);
  }
}
```

In einem weiteren Projekt in Kapitel 7, einem Geschwindigkeitsmesser fürs Fahrrad, wird der gleiche Hall-Sensor zur Erfassung der Geschwindigkeit eines Fahrrades eingesetzt.

5.12 Projekt Kompass mit Richtungsanzeige

Der digitale Kompassbaustein HMC6352 aus Abschnitt 5.10 dient in diesem Projekt als zentraler Sensor für einen kleinen Kompass mit elektronischer Richtungsanzeige. Die Richtungsanzeige wird dabei in Form von acht Leuchtdioden (LED) aufgebaut und zeigt jeweils die Nordrichtung an.

Mit dem Einsatz von acht Leuchtdioden wird dabei jeweils ein Winkelbereich von 45 Grad angezeigt.

Berechnung:

```
360 / 8 = 45
```

In Abbildung 5.42 ist die gesamte Schaltung des Kompasses dargestellt.

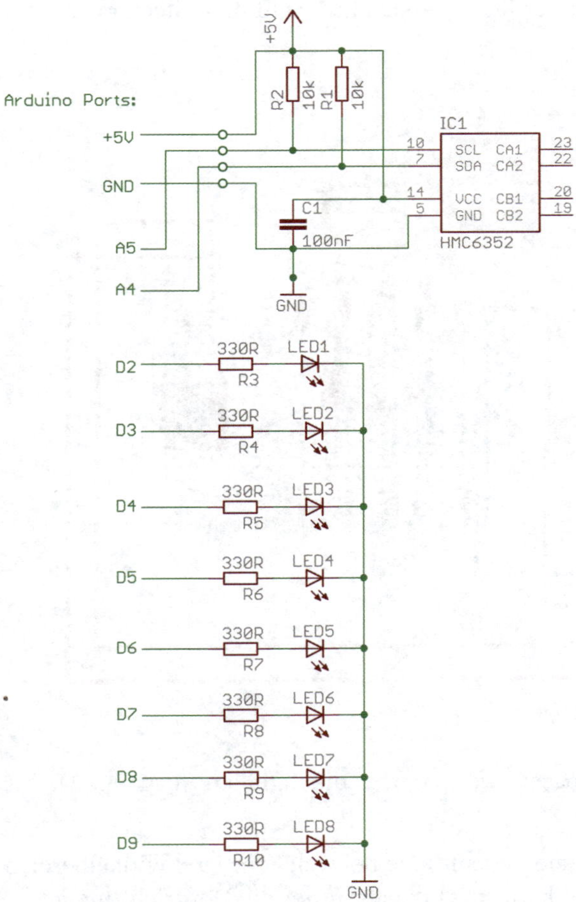

Abb. 5.42: Kompass mit Richtungsanzeige

Die acht Leuchtdioden können direkt von acht digitalen Ausgängen des Arduinos angesteuert werden (D02 bis D09). Der Sensor (IC1) wird wie in der Schaltung aus Abbildung 5.34 über die beiden Signalleitungen des I^2C-Busses angesteuert (SDA an A04 und SCL an A05).

Stückliste (Kompass mit Richtungsanzeige)

1 Arduino-Board

1 Steckbrett oder Proto-Shield

1 Kompass-Sensor HMC6352 Breakout-Board (IC1)

8 Leuchtdioden (LED1–LED8)

2 Widerstände 10 kOhm (R1, R2, sind bereits auf dem Breakout-Board aufgelötet)

8 Widerstände 330 Ohm (R3–R10)

Abbildung 5.43 zeigt den Aufbau der Kompassschaltung auf dem Steckbrett.

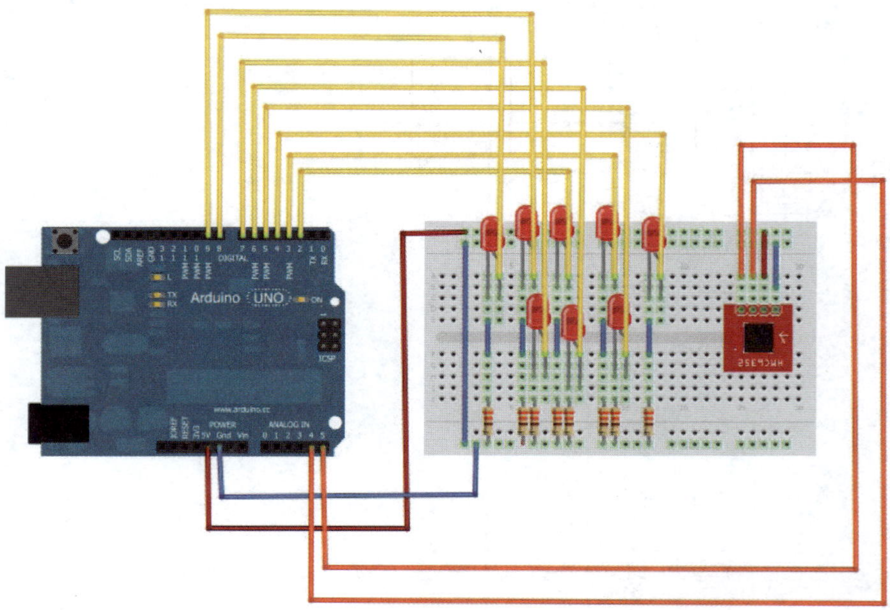

Abb. 5.43: Kompass mit Richtungsanzeige

Die acht Leuchtdioden des Kompasses werden über die digitalen Ausgänge D2 bis D9 angesteuert.

In Tabelle 5.9 ist dargestellt, welche Leuchtdiode bei welchem Drehwinkelbereich leuchtet. Die angesteuerte Leuchtdiode zeigt dabei immer die Nordrichtung an.

Ausgang des Arduino	Drehwinkel-Bereich (Grad)
D2	337,5–360, 0–22,5
D3	22,5–67,5
D4	67,5–112,5
D5	112,5–157,5
D6	157,5–202,5
D7	202,5–247,5
D8	247,5–292,5
D9	292,5–337,5

Tabelle 5.9: Zuordnung der aktiven Ausgänge zu den Drehwinkelbereichen

Die acht Leuchtdioden werden nun in einem Kreis auf dem Steckbrett oder Proto-Shield platziert. Abbildung 5.44 zeigt die Anordnung der Leuchtdioden zur Richtungsanzeige auf einem Proto-Shield Basic der Firma Freetronics (`http://shieldlist.org/freetronics/protoshieldbasic`). Dieses Proto-Shield besitzt eine große Fläche mit freien Lötaugen und bietet Platz für die gesamte Schaltung.

Neben den Leuchtdioden wird auf der Erweiterungsplatine auch der Kompasssensor, der auf einem Breakout-Board montiert ist, platziert. Über eine 4-polige Stiftleiste wird die Sensorplatine auf das Proto-Shield gelötet.

Abb. 5.44: Kompass mit Richtungsanzeige auf dem Proto-Shield

Für die Abfrage des Abweichungswinkels zur Nordrichtung wird das bereits bekannte Programm aus Abschnitt 5.10 verwendet. Statt der Ausgabe des Winkels auf der seriellen Schnittstelle wird dann der entsprechende Ausgang des Arduinos auf HIGH gesetzt.

Nach dem Importieren der nötigen Bibliotheken

```
#include <Wire.h>
#include <hmc6352.h>
```

werden die Variablen für den Winkel und die Portdefinitionen gesetzt.

```
float winkel;
int w;

// Portdefinitionen
#define LED1 2
#define LED2 3
#define LED3 4
#define LED4 5
#define LED5 6
#define LED6 7
#define LED7 8
#define LED8 9
```

Anschließend wird das Kompassobjekt erstellt.

```
// HMC6352 Objekt
Hmc6352 hmc6352;
```

In der Setup-Routine werden die verwendeten Ports als Ausgang gesetzt und die serielle Schnittstelle initialisiert. Die Ausgabe auf dem seriellen Port meldet den Start der Anwendung.

```
void setup()
{
 // Ausgänge setzen
 pinMode(LED1, OUTPUT);
 pinMode(LED2, OUTPUT);
 pinMode(LED3, OUTPUT);
 pinMode(LED4, OUTPUT);
 pinMode(LED5, OUTPUT);
 pinMode(LED6, OUTPUT);
 pinMode(LED7, OUTPUT);
 pinMode(LED8, OUTPUT);

 // Serieller Port
```

```
 Serial.begin(9600);
 delay(100);
 Serial.print("Start Kompass mit HMC6352");
 delay(100);
}
```

Im Hauptprogramm wird der Kompasssensor angesprochen, der Winkelwert ausgelesen und der Sensor wieder in den Sleep-Zustand gesetzt.

```
void loop()
{
  hmc6352.wake();
  winkel = hmc6352.getHeading();
  hmc6352.sleep();
```

Der Winkelwert in der Variablen `winkel` wird anschließend in einer ganzzahligen Variablen `w` gespeichert.

```
// Winkel als Integer
  w = winkel;
```

Anschließend wird der Winkelwert aus der Variablen `w` mit den Winkelbereichen der einzelnen Leuchtdioden verglichen. Liegt der Wert innerhalb eines Bereiches, wird die entsprechende Leuchtdiode eingeschaltet.

```
// Ausgabe des Winkels Aktivierung der zugehörigen LED

  // D1, 337.5 - 360, 0-22.5
  if (w > 337.5 &&  w < 361)
  {
    digitalWrite(LED1, HIGH);
  }
  else
  {
    digitalWrite(LED1, LOW);
  }
  if (w > 0 &&  w < 22.5)
  {
    digitalWrite(LED1, HIGH);
  }
   else
  {
    digitalWrite(LED1, LOW);
```

```
}

// D2, 22.5-67.5
if (w > 22.5 &&  w < 67.5)
{
  digitalWrite(LED2, HIGH);
}
else
{
  digitalWrite(LED2, LOW);
}

// D3, 67.5-112.5
if (w > 67.5 &&  w < 112.5)
{
  digitalWrite(LED3, HIGH);
}
else
{
  digitalWrite(LED3, LOW);
}

// D4, 112.5-157.5
if (w > 112.5 &&  w < 157.5)
{
  digitalWrite(LED4, HIGH);
}
else
{
  digitalWrite(LED4, LOW);
}

// D5, 157.5-202.5
if (w > 157.5 &&  w < 202.5)
{
  digitalWrite(LED5, HIGH);
}
else
{
  digitalWrite(LED5, LOW);
}
```

```
  // D6, 202.5-247.5
  if (w > 202.5 &&  w < 247.5)
  {
    digitalWrite(LED6, HIGH);
  }
  else
  {
    digitalWrite(LED6, LOW);
  }

  // D7, 247.5-292.5
  if (w > 247.5 &&  w < 292.5)
  {
    digitalWrite(LED7, HIGH);
  }
  else
  {
    digitalWrite(LED7, LOW);
  }

  // D8, 292.5-337.5
  if (w > 292.5 &&  w < 337.5)
  {
    digitalWrite(LED8, HIGH);
  }
  else
  {
    digitalWrite(LED8, LOW);
  }

  // Ausgabe Winkelgrad
  Serial.print("Winkel: ");
  Serial.println(w);
}
```

Listing 5.16: Kompass mit Richtungsanzeige

Nach dem Aufbau des Proto-Shields mit der Leuchtdiodenanzeige kann die Erweiterungsplatine auf das Arduino-Board gesteckt und geprüft werden.

Für den praktischen Einsatz wird der Arduino-Kompass idealerweise mit einer Batterie versorgt und in ein passendes, durchsichtiges Gehäuse aus Plastik verpackt.

5.13 Projekt Gefrierschrankwächter

Dieses Projekt beschreibt einen Gefrierschrankwächter, der die Temperatur des Gefrierschranks mittels 433 MHz-Technologie drahtlos an einen Empfänger übermittelt. Für diese Datenübertragung eignet sich ideal das in Abschnitt 4.5 beschriebene Sensormodul mit dem Transceiver RFM12B.

Statt des Sensors LM35 wird ein 1-Wire-Sensor des Typs DS1820 eingesetzt, da dieser einen Temperaturbereich von -55 bis +125 Grad C messen kann.

Der Temperatursensor ist als vergossene Version im Handel erhältlich. Andernfalls lötet man die drei Anschlussdrähte an den Sensor und verpackt diesen in einen Schrumpfschlauch. Anschließend wird der Sensor direkt in den Gefrierschrank gelegt und das Kabel herausgeführt. In Abbildung 5.45 ist die Lösung des Autors dargestellt.

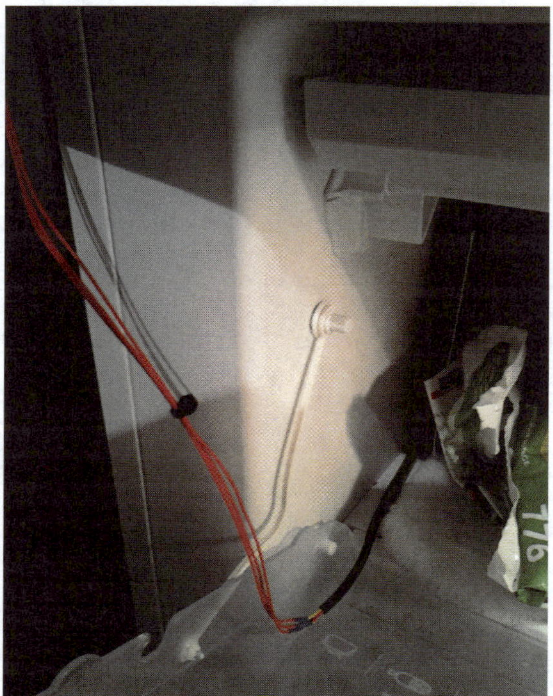

Abb. 5.45: Sensor des Gefrierschrankwächters

Stückliste (Gefrierschrankwächter)

1 Arduino-Board

1 Steckbrett

1 RFM12B Transceiver

1 DS1820

4 Widerstände 4,7 kOhm

3 Widerstände 10 kOhm

Anschlussdrähte

Der Steckbrettaufbau des Gefrierschrankwächters ähnelt dem RF-Sender. Der Aufbau ist in Abbildung 5.46 dargestellt.

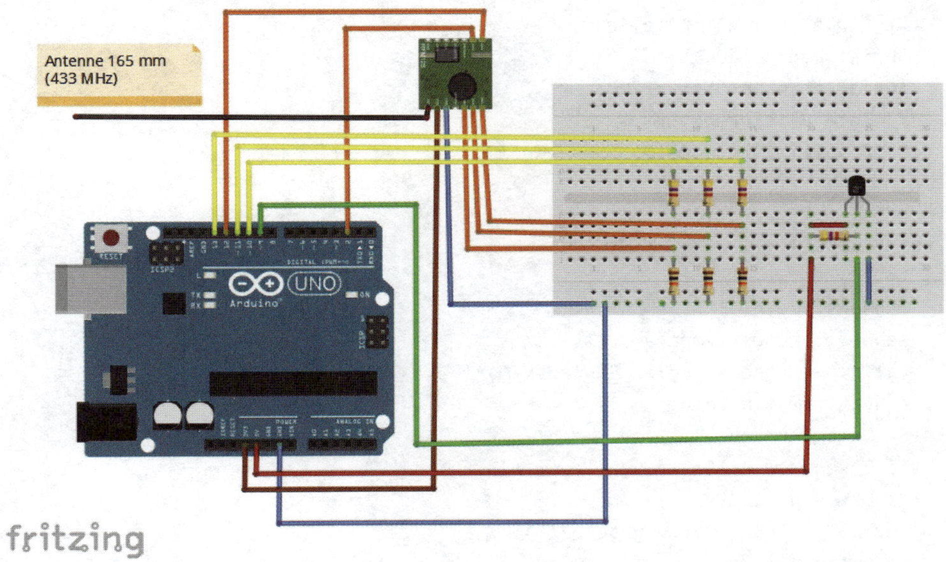

Abb. 5.46: Steckbrettaufbau des Gefrierschrankwächters

Wie beim RF-Sender werden die Messdaten in regelmäßigen Abständen versendet. Beim Gefrierschrankwächter sind 20 Sekunden eingestellt. In Listing 5.17 ist das komplette Programm aufgelistet.

```
#include <OneWire.h>
#include <DallasTemperature.h>
#include <JeeLib.h>

#define NodeID 22
#define NetID 100
#define band RF12_433MHZ

int sensorPin=9;
OneWire oneWire(sensorPin);
```

```
DallasTemperature sensors(&oneWire);
int valTemp=0;
int delayTime=20000;

typedef struct {
  int temp;
} Payload;
Payload tinytx;

void setup ()
{
  // Serielle Schnittstelle
  Serial.begin(9600);
  Serial.println("Start RF");
  // Initialisierung RF
  rf12_initialize(NodeID, band, NetID);
}

void loop ()
{
  sensors.begin();
  sensors.requestTemperatures();
  valTemp=(sensors.getTempCByIndex(0)*100);
  tinytx.temp=valTemp;
  // Daten senden
  rf12_sendNow(0, &tinytx, sizeof tinytx);
  // Daten gesendet
  Serial.println("Daten gesendet");
  delay(delayTime);
}
```

Listing 5.17: Gefrierschrankwächter

Für den Empfänger kann das Programm aus Kapitel 4 verwendet werden. Je nach Anwendungsfall können die Temperaturdaten auf einem Display dargestellt oder weiterbearbeitet werden. Der Autor sendet die Daten seines Gefrierschrank-Wächters via RF/Internet-Gateway an eine Instanz der Internet of Things-Plattform Emoncms (`http://emoncms.org/`), siehe Abbildung 5.47.

22	Freezer	REALTIME		5s ago	-19.80

Abb. 5.47: Daten des Gefrierschrankwächters auf einer IoT-Plattform

Im produktiven Einsatz wird nun das dünne Kabel für den Sensor aus dem Gefrierschrank geführt. Statt auf einem Steckbrett baut man die Schaltung auf einem Proto-Shield oder einem Perma-Proto-Board auf. Das Arduino-Board mit der Erweiterungsplatine verpackt man in ein entsprechendes Gehäuse und platziert dieses in der Nähe des Gefrierers. Der Autor hat seinen Gefrierschrankwächter direkt auf dem Gefrierschrank platziert. Auf diese Weise konnte die Länge des Sensoranschlusskabels auf 50 cm minimiert werden.

Ideen für weitere Ausbaumöglichkeiten

- Gefrierschrankwächter mit Miniatur-Board (Arduino Nano, Arduino Pro Mini)
- Schaltung mit ATtiny-Mikrocontroller für kleine Bauformen
- Erweiterung mit Sleep-Modus (Funktionen sind in JeeLib verfügbar)
- Batteriebetrieb

Kapitel 6

Aktoren

Als Aktoren bezeichnet man (Schalt-)Elemente, die eine Eingangsgröße in eine Ausgangsgröße umwandeln. Aktoren werden in Regelsystemen als »Stellglieder« bezeichnet und erzeugen eine Aktion. Meist ist diese Aktion ein Schaltvorgang, der einen Motor, eine Lampe, ein Relais oder ein Ventil schaltet.

Im täglichen Leben sind wir oft mit Aktoren in Kontakt. Bei Betätigung eines Druckschalters in einem Raum wird in der Gebäudesteuerung ein Signal erzeugt und die Ausgangsschaltung steuert ein Schaltrelais an. Über die Schaltkontakte des Relais bekommt die Beleuchtung im Raum die Spannung zugeschaltet und leuchtet.

Wie Aktoren mittels eines Arduino-Boards angesteuert und betrieben werden, zeigen die folgenden Abschnitte im Detail.

6.1 Relais

Relais gehören zu den häufig verwendeten Aktoren. Ein Relais besitzt eine Spule, mit der ein Magnet erzeugt wird. Dieser Magnet schaltet auf mechanische Art einen oder mehrere Kontakte. Relais gibt es in den verschiedensten Ausführungen und Bauarten, für kleine und große Ansteuerspannungen und Lasten.

Schaltrelais

In den meisten Fällen kann ein Relais nicht direkt von einem digitalen Ausgang eines Mikrocontrollers angesteuert werden. Darum wird zur Ansteuerung eine Verstärkerstufe mit Transistor dazwischengeschaltet.

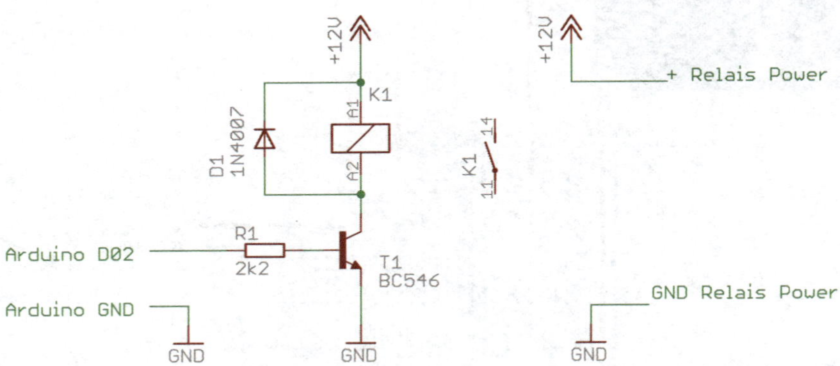

Abb. 6.1: Aktoren: Ansteuerung eines Gleichspannungsrelais mit NPN-Transistor

Über einen Vorwiderstand (R1) wird ein NPN-Transistor angesteuert. Ein HIGH-Signal am digitalen Ausgang des Arduino schaltet den Transistor ein, das Relais wird angesteuert und der Relaiskontakt geschlossen. Die Diode (D1) parallel zur Relaisspule ist eine Freilaufdiode und dient zum Schutz vor Überspannungen beim Ausschalten.

Die Relaisversorgung im rechten Teil der Abbildung 6.1 beträgt im Beispiel 12 Volt und muss der Relaisspannung entsprechen. Diese Versorgungsspannung wird von einem externen Netzteil bereitgestellt.

Der Relaiskontakt des Relais (K1) ist ein Schließer und bei angesteuertem Relais geschlossen. Die Verdrahtung des Relaiskontakts mit der Last erfolgt am besten mittels stabiler Schraubkontakte.

Stückliste (Schaltrelais)

1 Arduino-Board

1 Steckbrett

1 NPN-Transistor BC546

1 Widerstand 2,2 kOhm (R1)

1 Diode 1N4007 (D1)

1 Relais 12 VDC

1 Netzteil 12 V (zur Relaisversorgung)

Anschlussdrähte

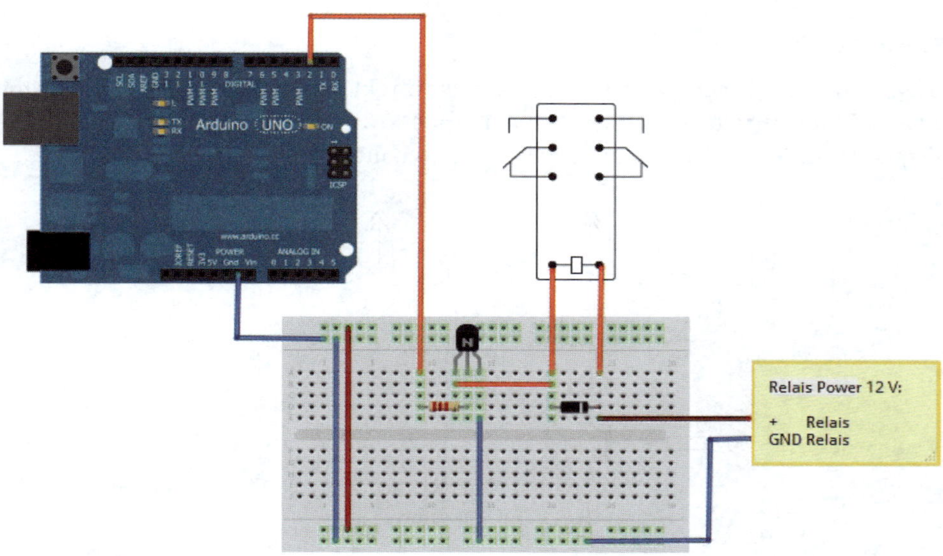

Abb. 6.2: Ansteuerung eines Relais

Vorsicht

Beim Schalten von Spannungen höher als 30 Volt müssen die Abstände zwischen der Ansteuerelektronik und dem Schaltkreis der Last beachtet werden. Ein direkter Kontakt mit der hohen Spannung kann die Gesundheit gefährden. Bei Unsicherheit sollte man einen Fachmann zu Rate ziehen.

Halbleiterrelais

Ein Halbleiterrelais oder *Solid State Relay* (SSR) arbeitet wie ein Schaltrelais (Abbildung 6.3). Die Halbleiterrelais besitzen meist vier Anschlüsse: zwei Anschlüsse zur Ansteuerung und zwei Anschlüsse für den Schaltkreis. Im Gegensatz zu konventionellen Schaltrelais besitzen Halbleiterrelais keine mechanischen Teile. Wie der Name aussagt, sind sie aus Halbleitermaterialien hergestellt.

Abb. 6.3: Halbleiterrelais (Solid State Relais)

Die Ansteuerung erfolgt mit einer Gleichspannung von 3 bis 30 Volt. Der Lastkreis kann nun eine Wechselspannung schalten, wobei beide Stromkreise, Ansteuerung und Lastkreis, galvanisch getrennt sind. Es besteht keine elektrische Verbindung zwischen den beiden Stromkreisen.

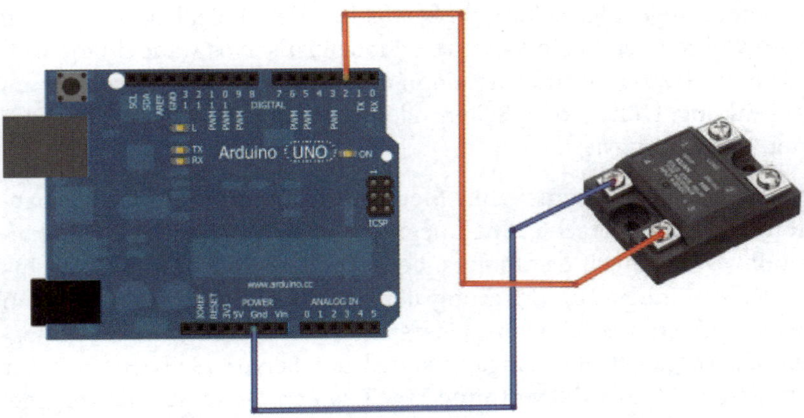

Abb. 6.4: Ansteuerung eines Halbleiterrelais

Bei der Ansteuerung des Halbleiterrelais muss der nötige Strom beachtet werden. Der Steuerstrom liegt meist bei etwa 10 Milliampere (mA) und kann somit direkt von einem digitalen Ausgang des Arduinos angesteuert werden.

Im Lastkreis können, je nach Typ, Lasten von bis zu 50 Ampere geschaltet werden.

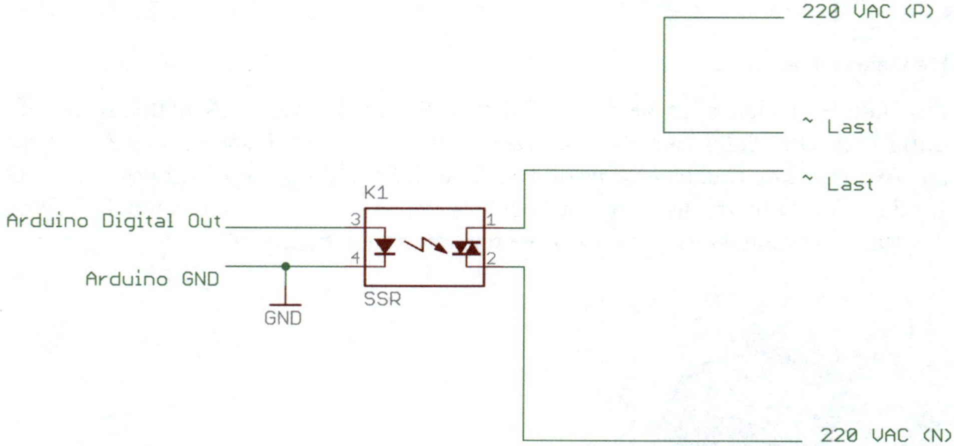

Abb. 6.5: Halbleiterrelais: Ansteuerung mit einem Arduino-Port

Mit der Schaltung in Abbildung 6.5 können Lasten wie Lampen, Motoren oder Heizelemente, die mit Wechselspannung betrieben werden, durch einen digitalen Ausgang des Arduino gesteuert werden.

6.2 Servos

Als Servo bezeichnet man eine elektrische Einheit aus einem Elektromotor und einer Ansteuer- oder Regelungselektronik. Servos für den Modellbau gehören zu den am meisten verbreiteten Servo-Varianten. Modellbauservos wandeln die vom Sender übermittelte elektrische Information in eine mechanische Bewegung um. Dabei werden Lenkung, Höhen- oder Seitenruder und andere bewegliche Teile des ferngesteuerten Modells aktiviert.

In einem Servo sind auf engstem Raum Steuerelektronik und ein Gleichspannungs-Elektromotor untergebracht. Eine integrierte Schaltung ermittelt die aktuelle Drehposition (Drehwinkel) des Motors, der sich nach links und nach rechts drehen muss. Diese Einheit zur Erfassung der Position wird meist mit einem Potentiometer, also einem verstellbaren Widerstand realisiert. Die im Servo integrierte Regeleinheit vergleicht das Eingangssignal des Servos (Sollwert) mit der aktuellen Position des Motors (Istwert) und regelt so den Motor auf die vorgegebene Position.

Modellbauservos werden hauptsächlich mittels eines PWM-Signals (Pulsweitenmodulation) angesteuert. Die Breite des Pulssignals (HIGH-Signal) entspricht dem Sollwert. Das PWM-Signal besitzt meist eine Frequenz von 50 Hertz. Dies entspricht einer Periodendauer von 20 ms. Die Pulsweite des Sollwertes liegt dann im Bereich von 1 ms (linker Anschlag) und 2 ms (rechter Anschlag). Die Mittelposition liegt bei 1,5 ms. Die restliche Zeit der Periode bleibt das Signal auf LOW. Der Winkel zwischen linkem und rechtem Anschlag beträgt üblicherweise 180 Grad.

Ein Servo besitzt jeweils drei Anschlusskabel: +Spannung, Ground (GND) und das PWM-Signal. Das Kabel am Servo kann direkt auf eine 3-polige Stiftleiste gesteckt werden.

Handelsübliche Servos verwenden die folgende Anschlussbelegung:

1: GND (Schwarz)

2: PWM (Weiß, Gelb oder Orange)

3: +5 V (Rot)

Vor dem Einsatz in einer Anwendung sollte aber immer die Anschlussbelegung des verwendeten Servos überprüft werden.

Kleinere Servos benötigen zur Ansteuerung nur rund 20 mA und können von einem PWM-Ausgang des Arduino direkt angesteuert werden.

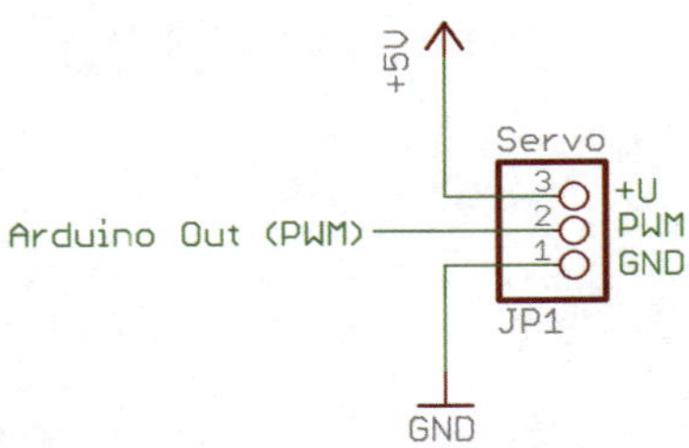

Abb. 6.6: Servo: Ansteuerung eines Modellbauservo

Die Ansteuerung eines Servos mit dem Arduino erfordert ein Programm, das die nötigen Pulssignale erzeugt. Dies kann einerseits von Hand programmiert werden – oder man nutzt die Standardbibliothek `Servo`. Beim Einsatz der `Servo`-Bibliothek muss man sich keine Gedanken um die korrekten Impulsbreiten und Frequenzen machen.

`http://www.arduino.cc/en/Reference/Servo`

Die `Servo`-Bibliothek unterstützt auf den meisten Boards den Einsatz von bis zu zwölf Servos. Bei Verwendung der `Servo`-Bibliothek muss beachtet werden, dass die normale PWM-Funktionalität der Pins 9 und 10 deaktiviert ist. Die beiden Ports sind in diesem Fall für den Servobetrieb reserviert.

Die Grundschaltung (Abbildung 6.7) steuert einen Servo an Port 9, indem der Sollwert eines externen Potentiometers eingelesen wird.

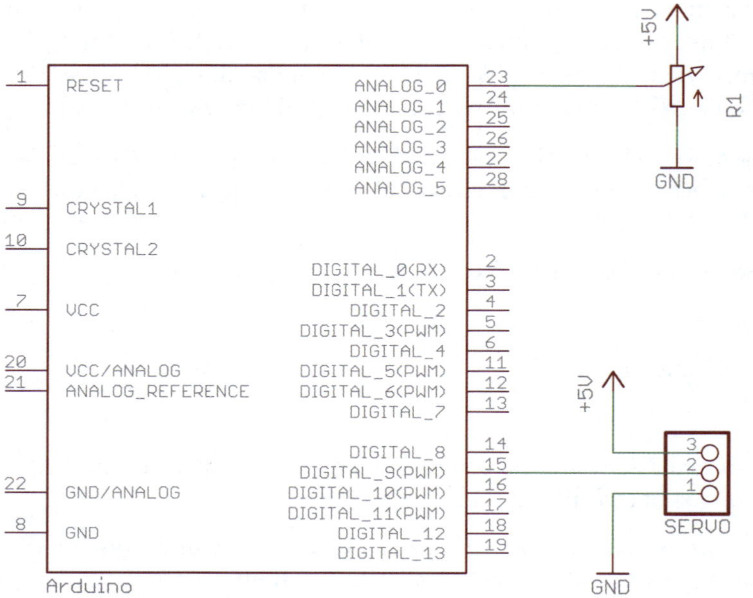

Abb. 6.7: Servo: Ansteuerung eines Servos mit dem Sollwert eines Potentiometers

Stückliste (Servo)

1 Arduino-Board

1 Steckbrett

1 Potentiometer 10 kOhm

1 Servo 5 V

Anschlussdrähte

Abbildung 6.8 zeigt die Ansteuerung des Servos auf dem Steckbrett.

Das Eingangssignal für den Sollwert der Servoposition liefert das Potentiometer P1 in Form eines analogen Spannungswertes von 0 bis 5 Volt. Dieser Wert wird am Analogport 0 eingelesen. Mittels der Anweisung `map()` kann ein Eingangssignal mit einem zugehörigen Ausgangswert verlinkt werden.

Im Beispielprogramm (Listing 6.1) wird der analoge Wert von 0 bis 5 Volt, was einem Wert von 0-1023 entspricht, auf den Bereich der möglichen Stellwinkel des Servos abgebildet, also 0 bis 180 Grad.

```
val = map(val, 0, 1023, 0, 179);
```

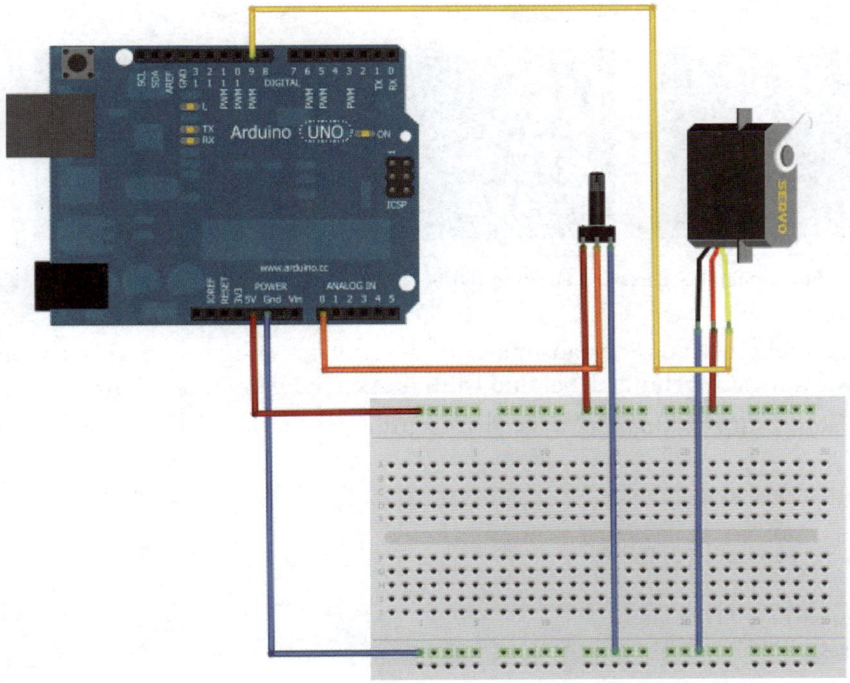

Abb. 6.8: Ansteuerung eines Servos

Durch das Verstellen des Analogwertes am Potentiometer wird die Position des Servos gesteuert.

Das Signal, das den Servo über den digitalen Port D09 steuert, ist ein Pulssignal mit fester Frequenz und einer veränderlichen Breite des Pulssignals. Üblicherweise beträgt die Frequenz 50 Hz (Hertz), was einer Wiederholzeit von 20 ms (Millisekunden) entspricht. Der Puls selbst hat bei Linksanschlag des Servos, also bei Wert 0, eine Pulsbreite von ca. 1 ms. Bei Rechtsanschlag des Servos, also 180 Grad, ist eine Pulsbreite von ca. 2 ms zu messen. Bei Mittelposition des Servos, also 90 Grad, beträgt die Pulsbreite ca. 1,5 ms. Die Frequenz und die Pulsbreiten sind von Servo zu Servo unterschiedlich.

In Tabelle 6.1 sind die Pulsbreiten des Servosignals und die jeweilige Position des Servos dargestellt.

0 Grad	90 Grad	180 Grad
Wert 0 = 0 V	Wert 512 = 2.50 V	Wert 1023 = 5 V
Servoposition: Links	Servoposition: Mitte	Servoposition: Rechts

Tabelle 6.1: Pulsbreiten bei Servoansteuerung

0 Grad	90 Grad	180 Grad
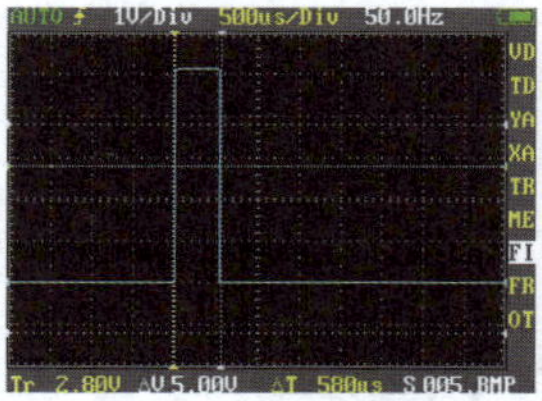	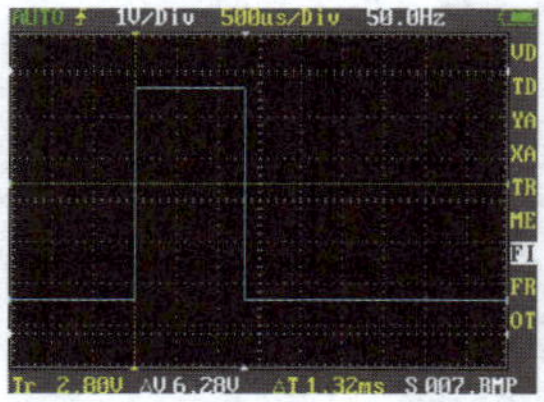	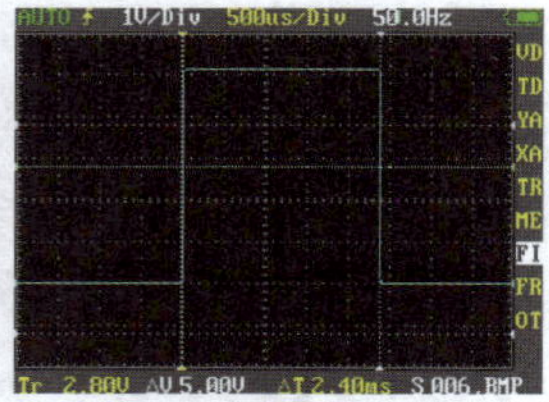

Tabelle 6.1: Pulsbreiten bei Servoansteuerung (Forts.)

Die `Servo`-Bibliothek zur Servoansteuerung ist standardmäßig bei der Installation der Entwicklungsumgebung dabei und kann umgehend genutzt werden.

Nach Einbinden der Bibliothek

```
#include <Servo.h>
```

wird ein Servo-Objekt erstellt.

```
// Servo-Objekt erstellen
Servo myservo;
```

Nach der Variablendeklaration

```
// Analogpin 0
int AnalogPin = 0;
// Sollwert des Servos
int val;
```

wird in der Setup-Routine das Servo-Objekt mit einem Servoport verknüpft.

```
void setup()
{
  // Servo an Port 9
  myservo.attach(9);
}
```

Im Hauptprogramm kann nun der Sollwert der Servoposition, der am Potentiometer eingestellt wird, eingelesen werden. Anschließend wird der Sollwert in der Variablen `val` mittels der Anweisung `map()` mit dem Stellwert in Grad verlinkt.

```
  // Einlesen des Sollwertes für die Servoposition
  val = analogRead(AnalogPin);
```

```
  // Skalieren des Sollwertes für den Servo
  // 0-1023 entsprechen 0-180 Grad
  val = map(val, 0, 1023, 0, 179);
```

Mit der Angabe von 0 bis 179 in der Map-Funktion wird ein Wertebereich von 180 Werten angegeben.

Nun kann der Sollwert der Servoposition am Servo gesetzt werden.

```
// Sollwert der Servoposition schreiben
  myservo.write(val);
```

Nach einer kurzen Pause beginnt dann der Vorgang wieder von vorne.

```
  // warten
  delay(15);
```

Im praktischen Einsatz verändert sich nun der Drehwinkel der Servoachse, an der beispielsweise ein Sensor oder ein bewegliches Teil eines Roboters montiert ist (Listing 6.1).

```
#include <Servo.h>

// Servo-Objekt erstellen
Servo myservo;

// Analogpin 0
int AnalogPin = 0;
// Sollwert für Servo
int val;

void setup()
{
  // Servo an Port 9
  myservo.attach(9);
}

void loop()
{
  // Einlesen des Sollwertes für die Servoposition
  val = analogRead(AnalogPin);
  // Skalieren des Sollwertes für den Servo
  // 0-1023 entsprechen 0-180 Grad
  val = map(val, 0, 1023, 0, 179);
```

```
    // Sollwert der Servoposition schreiben
    myservo.write(val);
    // warten
    delay(15);
}
```

Listing 6.1: Ansteuerung des Servos mit der Servo-Bibliothek

6.2.1 Analoge Temperaturanzeige

In der digitalen Welt sind die meisten Temperaturanzeigen und Wetterstationen mit Digitalanzeigen ausgestattet. Mit einer kleinen Servoanwendung kann man aber auch eine analoge Temperaturanzeige realisieren. Die Position des analogen Zeigers, der die aktuelle Umgebungstemperatur auf der Analogskala anzeigt, wird mit dem Servo gesteuert. Dazu wird eine runde Skala mit einem Winkel von 180 Grad auf ein Blatt Papier oder einen Karton gezeichnet. Im Drehpunkt wird eine Öffnung für den Servo ausgestanzt und an der Drehachse des Servos wird nun ein Zeiger aus Papier oder Karton befestigt.

Das Temperatursignal ermittelt ein LM35-Temperatursensor. Der Servo steuert dann den Zeiger zur Anzeige von 0 bis 50 Grad. Wobei der maximale Temperaturwert von 50 Grad Celsius dem maximalen Winkels des Servo entspricht.

Nach der Deklaration der Variablen und der Bereitstellung des Servo-Objektes an Pin 9

```
#include <Servo.h>

//Variablen
int tempval;
int tempPin = 0;
int servoval;

// Servo-Objekt erstellen
Servo myservo;

void setup()
{
// Servo an Port 9
myservo.attach(9);
}
```

wird im Hauptprogramm der analoge Temperaturwert eingelesen.

```
void loop()
{
```

```
// Temperaturwert des Analogports 0 lesen
// Daten vom LM35
// 0-50 Grad ergeben 0-500 mV = 0-103
tempval = analogRead(tempPin);
```

Der geplante Messbereich des Temperatursensors von 0 bis 50 Grad Celsius entspricht einem analogen Signal von 0 bis 500 Millivolt. Über den analogen Eingang eingelesen, ergibt das einen Wertebereich von 0 bis 103.

Der Wert von 103 ergibt sich aus der Berechnung

$$1023 * 500 / 5000 = 102.3$$

wobei 5000 dem maximalen Eingangssignal am Analogeingang entspricht. Aufgerundet also 103.

Der Wert von 103 soll nun einem Winkelwert des Servos von 180 entsprechen. Mit der Funktion `map()` kann man nun den Wertebereich von 0 bis 103 dem Wertebereich 0 bis 180 zuordnen.

```
// Skalieren des Sollwertes für den Servo
// 103 entspricht 180 Grad
// 103, maximale Temp (linker Anschlag)
// 0, minimale Temp Grad (rechter Anschlag)
// tempval=103; // Wert für Servoprüfung
servoval = map(tempval, 103, 0, 0, 179);
```

Bei 0 Grad soll die Analoganzeige nach Links zeigen. Steigt nun die Temperatur so soll sich der Zeiger im Uhrzeigersinn nach rechts bewegen.

Der vom Autoren verwendete Servo ändert die Winkelposition in umgekehrter Richtung, bei 0 Grad zeigt die Servoachse also nach rechts und bei 180 Grad ist sie im Linksanschlag. Darum muss in der Map-Funktion der Bereich der Temperatur genau umgekehrt eingetragen werden.

Mit einem kleinen Papierpfeil auf der Servoachse können nun der Anfangs- und Endwert geprüft werden. Dazu kommentiert man die Zeile vor der Map-Funktion aus und weist der Variablen `tempval` eigene Werte zu.

```
tempval=103; // Wert zur Servoprüfung
```

Je nach Art des Servos und der gewünschten Anzeige kann der Drehwinkelbereich für den Servo angepasst werden. Statt 0 bis 179 Grad können auch nur 20 bis 160 Grad eingetragen werden.

```
servoval = map(tempval, 103, 0, 20, 160);
```

Zur Kalibrierung der Skala wird nun der Minimalwert (Temperatur von 0 Grad) eingegeben. Der Zeiger bewegt sich an den Anfang der Skala. Hier wird nun der Skalawert markiert. Anschließend erfolgt die Einstellung des Endwertes (Temperatur von 50 Grad). Nun können noch dazwischenliegende Werte, beispielsweise 20 und 30 Grad, mit derselben Methode simuliert und auf der Skala markiert werden.

Zur Kalibrierung kann der Temperaturwert auch mit einem Potentiometer simuliert werden, so wie im Stromlaufplan in Abbildung 6.7 dargestellt. Mit einem Voltmeter misst man dazu den analogen Wert an A0. Auf diese Weise lassen sich einfach Zwischenwerte der Temperatur einstellen und auf der Skala darstellen.

In Abbildung 6.9 ist der Prototyp der analogen Temperaturanzeige des Autors abgebildet.

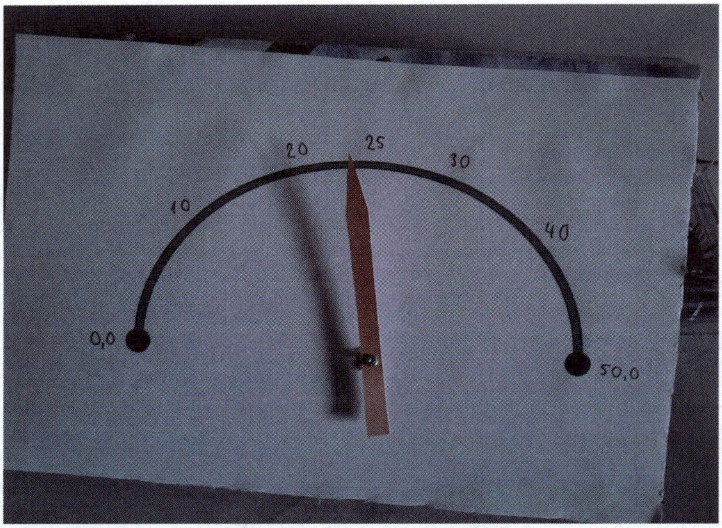

Abb. 6.9: Analoge Temperaturanzeige mit einem Servo

Das gesamte Programm für die analoge Temperaturanzeige ist in Listing 6.2 dargestellt.

```
#include <Servo.h>

//Variablen
int tempval;
int tempPin = 0;
int servoval;
```

```
// Servo-Objekt erstellen
Servo myservo;

void setup()
{
// Servo an Port 9
myservo.attach(9);
}

void loop()
{
  // Temperaturwert des Analogports 0 lesen
  // Daten vom LM35
  // 0-50 Grad ergeben 0-500 mV = 0-103
  tempval = analogRead(tempPin);
  // Skalieren des Sollwertes für den Servo
  // 103 entsprechen 180 Grad
  // 103, maximale Temp (linker Anschlag)
  // 0, minimale Temp Grad (rechter Anschlag)
  // tempval=103; // Wert zur Servoprüfung
  // Temperaturwert am Servo ausgeben
  myservo.write(servoval);
  // warten
 delay(15);
}
```

Listing 6.2: Servoanwendung: Ansteuerung eines Zeigers zur analogen Temperaturanzeige

6.2.2 Servos als Motoren für Miniroboter

Ein Vorteil des Servos ist die genaue Positionierung des Drehwinkels. Der Drehwinkel ist im Servo aber begrenzt und eine Vollumdrehung ist nicht möglich. Antriebe in Roboteranwendungen benötigen meist langsam drehende Motoren und die Möglichkeit der genauen Positionierung. Standardservos haben intern bereits eine Ansteuerelektronik und eignen sich ideal für diese Art des Einsatzes von Motoren. Das Problem ist nur, dass die Servos, wie bereits erwähnt, intern eine Begrenzung des Drehwinkels haben. Mittlerweile sind verschiedene Servotypen am Markt erhältlich, die keine Begrenzung eingebaut haben. Diese werden als *Continuous Rotation Servo* bezeichnet.

Fertige freidrehende Servos sind bei verschiedenen Lieferanten und Herstellern erhältlich:

```
http://www.parallax.com
http://www.pololu.com/catalog/product/536
```

Neben den fertigen freidrehenden Servos kann man sich aber auch selbst helfen und vorhandene Servos umbauen. Mit etwas handwerklichem Geschick und Geduld kann man sich auf diese Weise selbst freidrehende Servos herstellen.

Nachfolgend einige nützliche Quellen für Anleitungen zum Umbau:

`http://www.waggers.de/kap/servoumbau.php`

`http://todbot.com/blog/2009/04/11/tiny-servos-as-continuous-rotation-gearmotors`

6.3 Motoren

Neben den Servos gehören Motoren zu den wichtigsten Aktoren in der Robotik. Der Antrieb eines selbstlaufenden Roboters oder das Bewegen eines Roboterarms sind häufige Aufgaben eines Motors. Elektromotoren gibt es für Gleich- oder Wechselspannung und Drehstrom (3-Phasen-Wechselspannung). Für genaue Antriebsanwendungen werden Servomotoren oder Schrittmotoren verwendet.

Roboteranwendungen verwenden meist Gleichstrommotoren. Die einfachste Art der Ansteuerung eines Motors mit einem Arduino erfolgt über einen digitalen Ausgang, der eine Transistorstufe ansteuert (Abbildung 6.10).

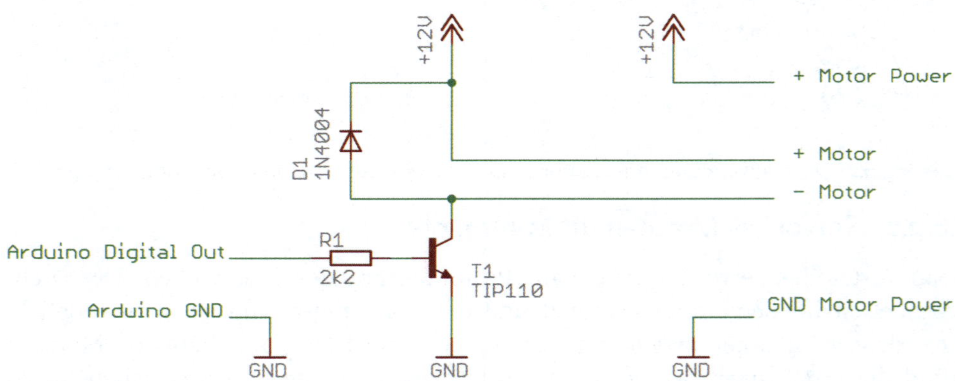

Abb. 6.10: Ansteuerung eines Gleichstrommotors

Das Einschalten des Motors erfolgt durch das Setzen des digitalen Ausgangs auf HIGH.

```
int MotorPort=10;
digitalWrite(MotorPort, HIGH);
```

Mit der direkten Ansteuerung des Motors aus Abbildung 6.10 kann weder die Geschwindigkeit noch die Drehrichtung des Motors gesteuert werden.

Die Drehrichtung wird umgekehrt, indem man die Anschlüsse +MOTOR und -MOTOR tauscht.

Die einfachste Lösung zur Steuerung der Motorgeschwindigkeit kann mittels PWM-Signal realisiert werden. Das PWM-Signal wird dazu direkt auf die Leistungsstufe geführt. Im Beispiel aus Abbildung 6.10 wird also direkt der Leistungstransistor T1 (TIP110) angesteuert.

Die volle Geschwindigkeit erreicht man bei maximalem PWM-Signal, also einem Wert von 255. Halbe Geschwindigkeit ergibt einen Wert von 128. Um den Motor zu stoppen, wird ein PWM-Signal mit dem Wert 0 ausgegeben.

In Listing 6.3 wird eine fixe Geschwindigkeit in der Variablen `MotorSpeed` gespeichert und dann ausgegeben. Je nach Anwendungsfall kann der Wert der Motorgeschwindigkeit auch aus einer anderen Programmfunktion übergeben werden.

```
// Port für den Motor
int MotorOut = 10;
// Geschwindigkeit des Motors
int MotorSpeed = 0;

void setup()
{
  // Motorport als Ausgang setzen
  pinMode(MotorOut, OUTPUT);
}

void loop()
{
  // Geschwindigkeit setzen (0-255)
  // entweder fix oder als Wert von anderem Programm
  int MotorSpeed = 123;
  // Geschwindigkeit als PWM ausgeben
  analogWrite(MotorOut, MotorSpeed);
}
```

Listing 6.3: Geschwindigkeitssteuerung eines Motors mittels PWM

Eine Ansteuerung mit Umschaltung der Drehrichtung kann mittels einer Transistorschaltung oder einer integrierten Schaltung realisiert werden.

Optimale integrierte Schaltungen (IC) für die Steuerung von zwei Motoren sind hier die IC-Typen L293 oder SN754410. Die beiden Bausteine sind pinkompatibel und benötigen keine zusätzliche externe Beschaltung.

Die Steuerung des Motors erfolgt mit zwei digitalen Signalen für die Drehrichtung und einem Freigabesignal (ENABLE).

Der Stromlaufplan in Abbildung 6.11 zeigt die Ansteuerung eines Motors. Für die Stromversorgung des Motors werden externe 12 Volt benötigt.

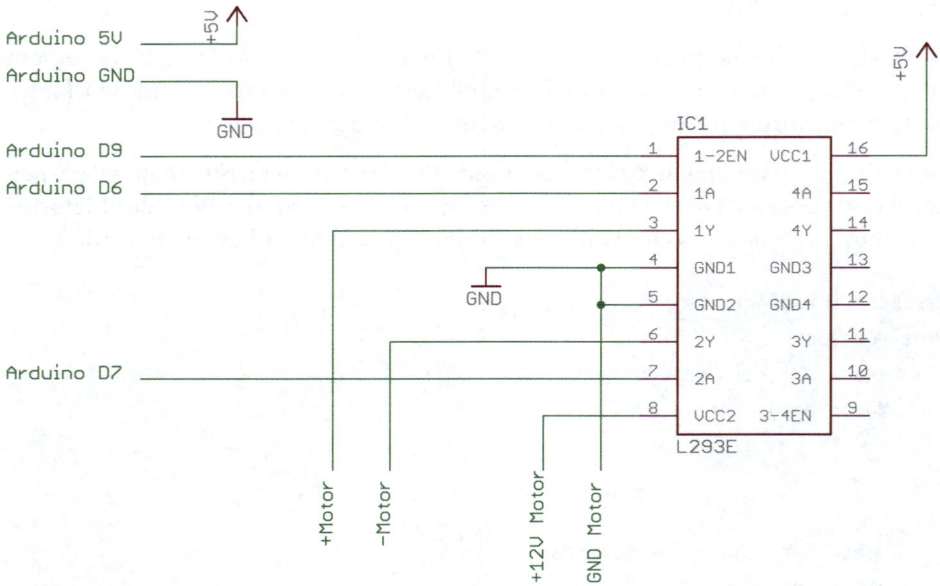

Abb. 6.11: Ansteuerung eines Motors mit einem L293

Ein HIGH am Freigabesignal (Arduino D9) gibt den Motor frei. Die Drehrichtung wird vom Arduino mit den Ports D6 und D7 gesteuert.

D6	D7	Motorrichtung
HIGH	LOW	Motor dreht rechts
LOW	HIGH	Motor dreht links

Tabelle 6.2: Drehrichtungssteuerung mit L293

Stückliste (Drehrichtungssteuerung)

1 Arduino-Board

1 Steckbrett

1 IC L293 oder SN754410 (IC1)

1 Gleichstrommotor 12 V

1 Netzteil 12 V

Anschlussdrähte

Die Spannungsversorgung des Motortreibers (L293) erfolgt hier über das Arduino-Board. Die Motorspannung von 12 Volt muss aus einem externen Netzgerät zugeführt werden. Wie aus dem Stromlaufplan zu erkennen ist, müssen die Bezugspotentiale GND des Arduino und der Minusanschluss (-) der Motorversorgungsspannung von 12 V miteinander verbunden sein.

Abbildung 6.12 zeigt die Schaltung auf dem Steckbrett aufgebaut.

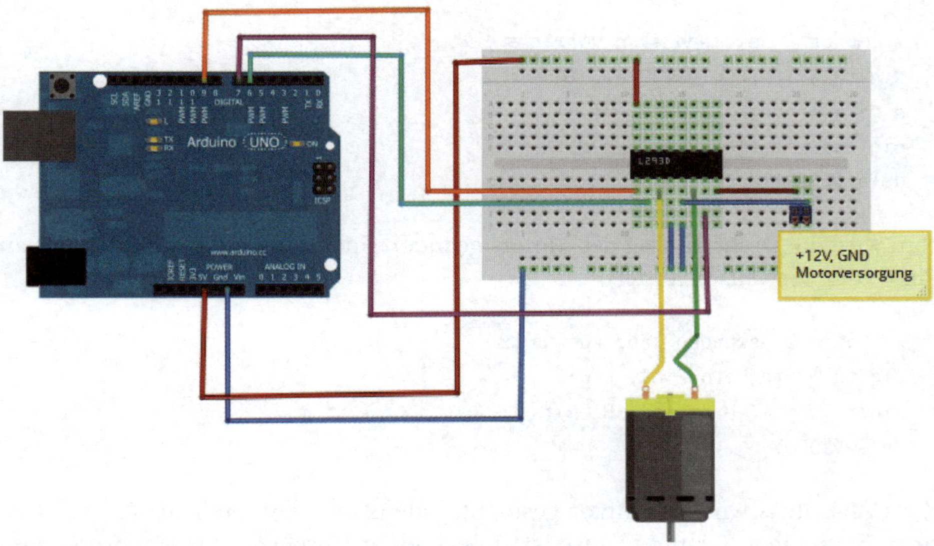

Abb. 6.12: Drehrichtungssteuerung eines Gleichstrommotors

Wie bereits erwähnt, werden für die Motoransteuerung mit dem L293 gemäß Abbildung 6.11 3 digitale Pins des Arduino benötigt.

Die verwendeten Pin-Nummern werden im Programm zuerst deklariert.

```
int FreigabePin = 9;     // Freigabe Motor
int MotorPin1 = 6;       // Vor/Rück Motor
int MotorPin2 = 7;       // Vor/Rück Motor
```

In der Setup-Funktion werden die Pins als Ausgänge gesetzt.

```
void setup()
{
```

```
  pinMode(FreigabePin, OUTPUT);
  pinMode(MotorPin1, OUTPUT);
  pinMode(MotorPin2, OUTPUT);
}
```

Im Hauptprogramm wird nun der Motor mittels der drei digitalen Signale angesteuert. Der erste Schritt gibt die Motorsteuerung mit dem Freigabesignal (Pin 9 auf HIGH) frei und der Motor läuft 2 Sekunden lang vorwärts.

```
void loop()
{
  // Motor 2 Sekunden lang vorwärts
  digitalWrite(FreigabePin, HIGH);
  digitalWrite(MotorPin1, HIGH);
  digitalWrite(MotorPin2, LOW);
  delay(2000);
```

Nun wird die Drehrichtung des Motors geändert, indem man die Motorsignale an Pin 6 und 7 jeweils invertiert.

```
  // Motor 2 Sekunden lang rückwärts
  digitalWrite(MotorPin1, LOW);
  digitalWrite(MotorPin2, HIGH);
  delay(2000);
```

Zum Abschluss wird der Motor gestoppt, indem man den Freigabe-Pin auf LOW setzt. Nach einer Sekunde Pause ist ein einzelner Durchlauf des Hauptprogrammes abgeschlossen.

```
  // Motor 1 Sekunde lang stoppen
  digitalWrite(FreigabePin, LOW);
  delay(1000);
}
```

In Listing 6.4 ist das Programm zur Motorsteuerung dargestellt.

```
int FreigabePin = 9;     // Freigabe Motor
int MotorPin1 = 6;       // Vor/Rück Motor
int MotorPin2 = 7;       // Vor/Rück Motor

void setup()
{
```

```
  pinMode(FreigabePin, OUTPUT);
  pinMode(MotorPin1, OUTPUT);
  pinMode(MotorPin2, OUTPUT);
}

void loop()
{
  // Motor 2 Sekunden lang vorwärts
  digitalWrite(FreigabePin, HIGH);
  digitalWrite(MotorPin1, HIGH);
  digitalWrite(MotorPin2, LOW);
  delay(2000);

  // Motor 2 Sekunden lang rückwärts
  digitalWrite(MotorPin1, LOW);
  digitalWrite(MotorPin2, HIGH);
  delay(2000);

  // Motor 1 Sekunde lang stoppen
  digitalWrite(FreigabePin, LOW);
  delay(1000);
}
```

Listing 6.4: Motor steuern: vorwärts und rückwärts

Neben der Richtungssteuerung aus Listing 6.4 fehlt jetzt für eine komfortable Lösung einer Motorsteuerung noch die Möglichkeit, die Geschwindigkeit zu verändern. Der einfachste Ansatz für diese Anforderung ist die Verwendung eines PWM-Signals als Freigabesignal statt des bisher fixen Signals. Mit wenig Aufwand lässt sich hierzu die bereits realisierte Lösung erweitern. Die Sollgeschwindigkeit wird mittels Potentiometer eingestellt. Der Analogwert wird am Analogeingang A0 eingelesen. Um eine 8-Bit-Auflösung für den PWM-Ausgang zu realisieren, muss der eingelesene 10-Bit-Analogwert durch 4 geteilt werden, um einen Wertebereich von 0 bis 255 zu erhalten.

```
// Sollwert einlesen
SollSpeed = analogRead(SollSpeedPin) / 4;
// Ausgabe PWM
analogWrite(PWMPin, SollSpeed);
```

Die Verdrahtung der Eingänge des Arduinos bleibt unverändert wie in Abbildung 6.11. Einzig das Potentiometer P1 für die Sollwertvorgabe kommt hinzu.

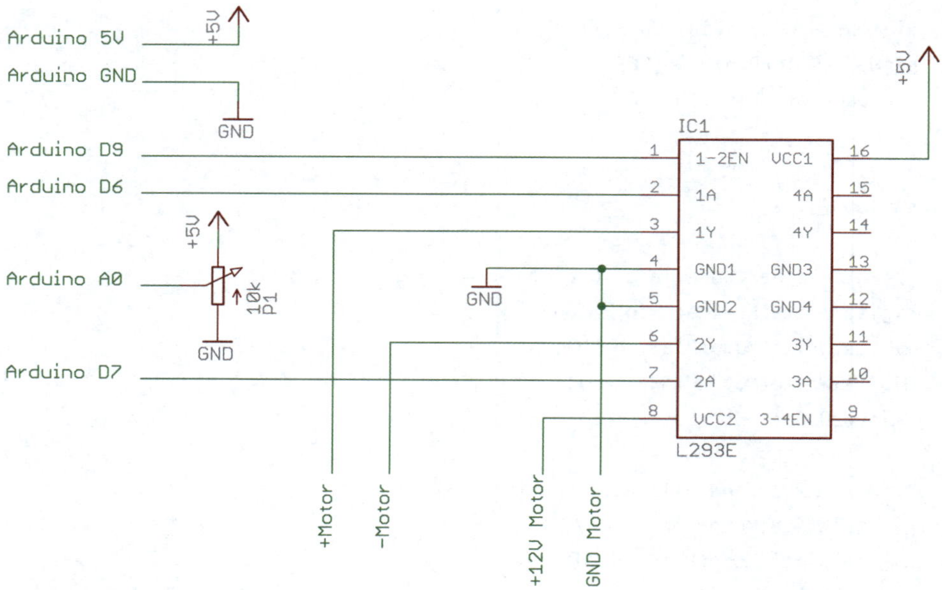

Abb. 6.13: PWM-Ansteuerung eines Motors mit dem L293

Das gesamte Programm zur Ansteuerung mit PWM-Signal:

```
int PWMPin = 9;            // PWM-Signal Motor
int MotorPin1 = 6;         // Vor/Rück Motor
int MotorPin2 = 7;         // Vor/Rück Motor

int SollSpeedPin = 0;      // Sollwert für Geschwindigkeit
int SollSpeed = 0;         // Eingelesene Sollgeschwindigkeit

void setup()
{
  pinMode(MotorPin1, OUTPUT);
  pinMode(MotorPin2, OUTPUT);
}

void loop()
{
  // Sollwert einlesen
  SollSpeed = analogRead(SollSpeedPin) / 4;
  // Ausgabe PWM
  analogWrite(PWMPin, SollSpeed);
  // Motor vorwärts
  digitalWrite(MotorPin1, HIGH);
```

```
    digitalWrite(MotorPin2, LOW);
    delay(100);
}
```

Listing 6.5: Steuerung der Motorgeschwindigkeit mittels PWM-Signal

Praxis-Tipp

Für Roboteranwendungen werden meist zwei Motoren für den Antrieb benötigt. Die bisherigen Beispiele mit dem IC L293 haben bisher nur einen Motor verwendet. Wenn man sich das Datenblatt des L293 genauer anschaut, sieht man, dass die bisher nicht verwendeten Anschlüsse (Pin 9 bis Pin 15) zur Ansteuerung eines zweiten Motors vorbereitet sind.

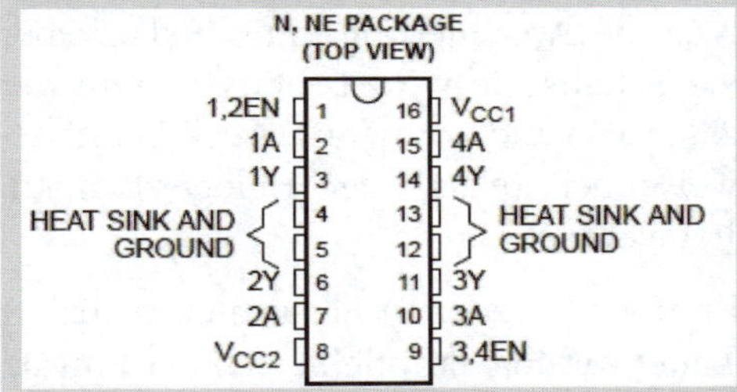

Der zweite Motor wird somit an den Anschlüssen 3Y und 4Y angeschlossen. Die Ansteuerung wird, wie bei der ersten Stufe, mit den Eingängen an den Pins 9 (3,4EN), 10 (3A) und 15 (4A) realisiert.

Motor-Shield

Durch den einfachen Aufbau einer Motoransteuerung mit dem L293 kann eine solche Lösung gut auf einem Proto-Shield aufgebaut werden.

Zusätzlich gibt es auf dem Markt eine Reihe verschiedener Shields für Motor-Anwendungen. Sehr bekannt ist dabei das Motor/Stepper/Servo-Shield von Adafruit (`http://www.adafruit.com/products/1438`), das verschiedene Ansteuermöglichkeiten für Gleichstrom- und Schrittmotoren sowie Servos mitbringt.

Weitere Shields für Motor-Anwendungen sind:

Arduino Motor-Shield
`http://www.watterott.com/de/Arduino-Motor-Shield-R3`

2A Motor-Shield
`http://www.dfrobot.com/index.php?route=product/product&product_id=69`

Ardumoto Motor-Shield
`http://www.sparkfun.com/products/9815`

Eine einfache Lösung, die auch auf einem L293-Motortreiber basiert, ist das Arduino Motor-Shield (`http://arduino.cc/en/Main/ArduinoMotorShield`), das von verschiedenen Herstellern und Vertreibern angeboten wird.

Verschiedene Anbieter liefern dieses Shield auch als kostengünstigen Bausatz.

`http://store.nkcelectronics.com/freeduino-arduino-motor-control-shield-kit.html`

Der Autor hat für Roboteranwendungen ein eigenes Motor-Shield mit Fritzing realisiert. Die Daten sind im Projektbereich der Fritzing-Website verfügbar.

`http://fritzing.org/projects/motor-shield/`

6.4 Hohe Lasten schalten

In Abschnitt 6.1 (*Relais*) wurde erklärt, wie die Ansteuerung eines Relais über einen Schalttransistor realisiert wird. Eine Schaltstufe wird benötigt, wenn der Strom für die Ansteuerung des Aktors größer als rund 20 mA ist. Auch bei höheren Betriebsspannungen, wie beispielsweise bei Relais oder Halogenlampen, muss eine Schaltstufe dazwischengeschaltet werden.

Das Schalten einer hohen Last kann nun mit verschiedenen Elementen realisiert werden. Sollen Wechselspannungen geschaltet werden, empfiehlt sich der Einsatz eines Transistors, der ein Relais ansteuert. Über die Schaltkontakte des Relais wird nun die Wechselspannungslast geschaltet. Das Schalten von Wechselspannungen kann auch mit einem Halbleiterrelais (siehe Abschnitt 6.1) bewerkstelligt werden.

Die Ansteuerung von Power-Leuchtdioden, Halogenlampen, Servos oder Motoren erfolgt in der Praxis über einen bipolaren Transistor oder einen Feldeffekttransistor (FET). Normale Schalttransistoren haben den Vorteil, dass sie günstig und gut verfügbar sind. Nachteilig ist der nötige Aufwand für die Kühlung des Halbleiters, sobald man etwas höhere Leistungen schaltet.

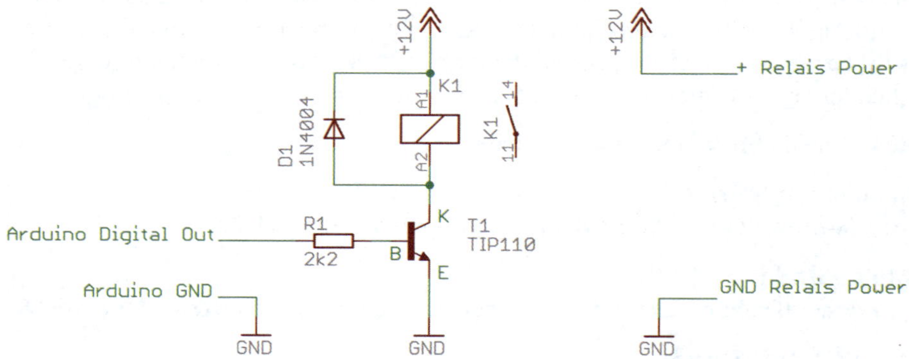

Abb. 6.14: Lasten schalten mit Transistor

Die Ansteuerung des Transistors erfolgt über einen Vorwiderstand R1 an der Basis. Dabei wird die Strecke vom Kollektor zum Emitter niederohmig und der Aktor, beispielsweise ein Relais, schaltet.

Tipp

Der Basiswiderstand R1 am Transistor begrenzt den Basisstrom. In den meisten Fällen reicht ein Basisstrom von 2 mA zur Ansteuerung des Transistors. Somit wird der Widerstandswert gemäß folgender Formel berechnet:

Basiswiderstand = (Eingangsspannung – UBE) / Basisstrom

UBE ist die Basis-Emitter-Spannung die in der Praxis mit 0,7 Volt angenommen wird.

Also:

(5 V – 0,7 V) / 2 mA = 2,150 kOhm

Für die Praxis verwenden wir also einen Widerstand R1 von 2,2 kOhm.

Feldeffekttransistoren oder die hier verwendeten sogenannten MOSFET (Metalloxid-Halbleiter-Feldeffekttransistoren) sind zwar von der Funktion her schon recht lange bekannt, aber in der Praxis hat sich diese Technologie erst in den letzten 10 bis 20 Jahren richtig durchgesetzt. MOSFET werden ähnlich wie bipolare Transistoren angesteuert.

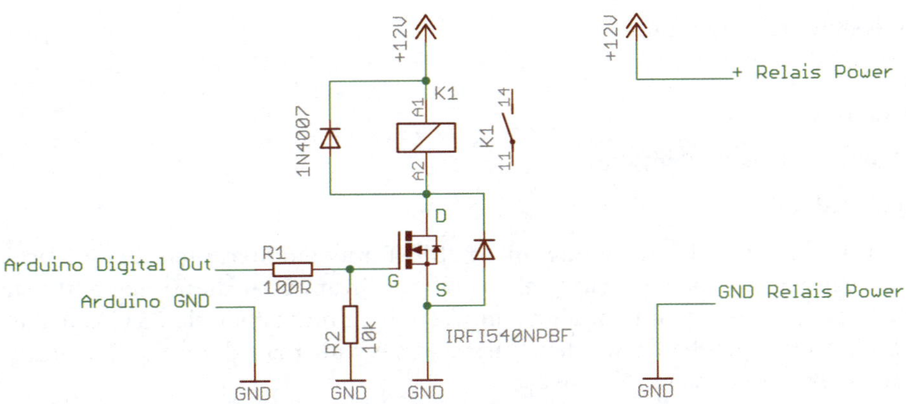

Abb. 6.15: Lasten schalten mit einem MOSFET

Der MOSFET IRF540N kann über einen Vorwiderstand (R1) direkt vom digitalen Ausgang des Arduino angesteuert werden (Abbildung 6.15). Widerstand R2 sorgt dafür, dass der MOSFET sicher sperrt, falls keine Gate-Spannung vorhanden ist. Der Innenwiderstand zwischen Drain (D) und Source (S) ist sehr gering (0,044

Ohm) und kann daher höhere Lasten ohne Kühlung schalten (`http://www.datasheetcatalog.org/datasheet/irf/irf540n.pdf`).

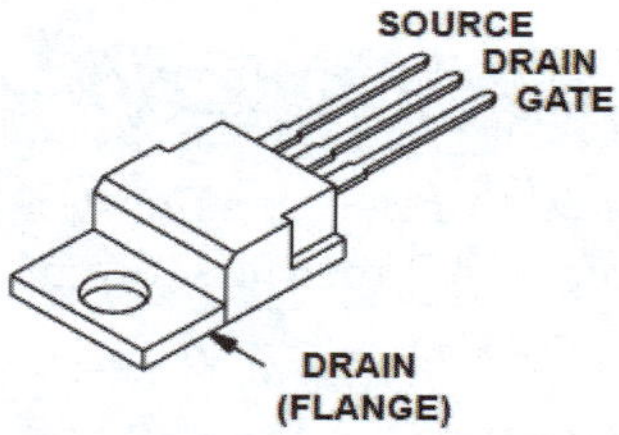

Abb. 6.16: Anschluss und Gehäuse des IRF540 (Bildquelle: Datenblatt Intersil)

MOSFET haben gegenüber normalen Transistoren den Vorteil, dass sie im Lastkreis (Drain-Source) einen geringeren Widerstand besitzen und deshalb weniger Leistung in Wärme umsetzen. Zusätzlich können MOSFET bei sehr hohen Frequenzen eingesetzt werden.

MOSFET-Standardtypen sind mittlerweile recht günstig im Handel zu beziehen. Somit lohnt sich beim Entwurf einer Schaltung mit größeren Lasten auch schon im Hobbybereich ein Blick auf diese Transistortyp.

Stückliste (MOSFET-Schaltung)

1 Arduino-Board

1 Steckbrett

1 Widerstand 100 Ohm (R1)

1 Widerstand 10 kOhm (R2)

1 Relais 12 V (K1)

1 Diode 1N4007 (D1)

1 Netzteil zur Relaisversorgung

Anschlussdrähte

Abbildung 6.17 zeigt die Schaltung mit MOSFET auf dem Steckbrett. Beim Steckbrettaufbau ist zu beachten, dass kein zu hoher Strom über die Kontakte fließt. Größere Schaltlasten von mehr als 1 Ampere sollten nicht über die Steckkontakte des Steckbrettes geschaltet werden. Idealerweise baut man dann die Schaltung direkt auf einer Lochraster-Platine auf.

Praxis-Tipp

Das »MOSFET Power Control Kit« von Sparkfun ist ein Bausatz für eine MOSFET-Schaltstufe. Die Bauteile werden auf einer kleinen Leiterplatte aufgelötet, und alle Anschlüsse sind auf stabile Schraubklemmen geführt (`http://www.sparkfun.com/products/10256`).

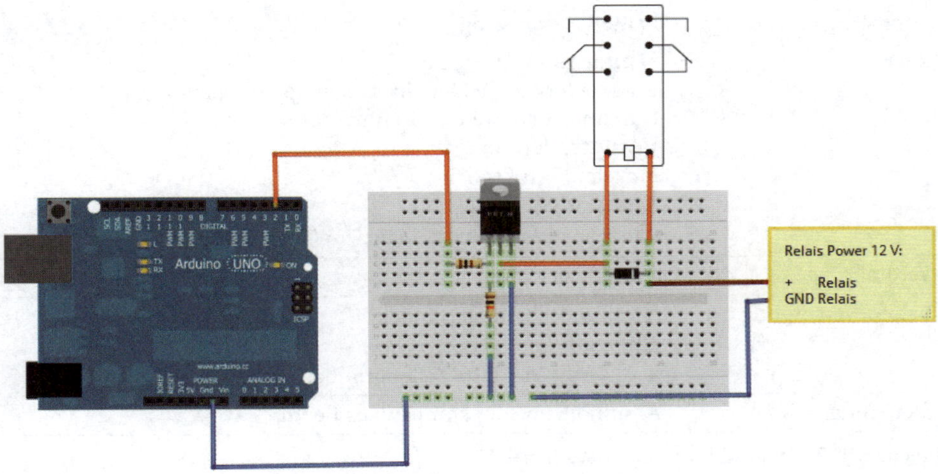

Abb. 6.17: Lasten (Relais) schalten mit MOSFET

6.5 Projekt: Roboter mit Wii-Steuerung

In diesem Projekt wollen wir ein kleines Roboterfahrzeug realisieren, das über eine Bedieneinheit gesteuert wird. Der Roboter besteht aus zwei zentralen Komponenten: dem Motor und der Bedieneinheit. Die Motoreinheit bewegt den Roboter und die Bedieneinheit gibt die Richtung der Bewegung vor.

Damit das Projekt ohne große Spezialkomponenten realisiert werden kann, werden gewöhnliche und einfach zu besorgende Teile verwendet. Es muss nämlich nicht immer ein fertiger Bausatz dafür benutzt werden.

Das Projekt soll mit der Realisierung dieses Roboters nicht beendet sein, sondern Ideen für einen eigenen Weiterausbau geben.

Die Stückliste mit den notwendigen Komponenten für diesen Roboter ist in Tabelle 6.3 aufgelistet:

Komponente	Bauteil/Bemerkung
Motor	Freidrehender Servo (2 Stück) **Alternative:** Standardservo und Selbstumbau
Bedienelement	Wii Nunchuk (1 Stück)
Chassis	Grundplatte von Lego Duplo (1 Stück) **Alternativen:** Holzplatte 90 × 180 mm, Dicke 3–5 mm Magician Chassis (Sparkfun)

Tabelle 6.3: Projekt Roboter: Stückliste

Komponente	Bauteil/Bemerkung
Räder	**Hinterräder**: (2 Stück) Lego-Räder oder Räder eines alten Spielzeugautos Durchmesser etwa 60–80 mm **Vorderrad**: (1 Stück) Einzelrad von Lego **Alternative:** Räder aus dem Bausatz Magician Chassis
Verdrahtung	auf Ministeckbrett
Batterieversorgung	9-Volt-Blockbatterie (1 Stück) **Alternative:** 4 × 1,5 Volt (AA-LR6-Zellen) im Batteriehalter
Steuerung	Arduino Uno oder kompatibles Board

Tabelle 6.3: Projekt Roboter: Stückliste (Forts.)

Der Aufbau des Roboters (Abbildung 6.18) erfolgt auf einer Grundplatte von Lego oder einer zugeschnittenen Holzplatte von etwa 3 bis 5 mm Dicke. Am hinteren Ende werden zwei selbstlaufende Servos montiert. Zur Befestigung wird ein doppelseitiges Klebeband (beispielsweise Powerstrips) verwendet.

Die Hinterräder von Lego werden mittels Schrauben direkt an den Achsen der Servos befestigt.

Das Vorderrad wird mit Klebeband und einer kleinen Legoplatte am vorderen Ende der Grundplatte montiert.

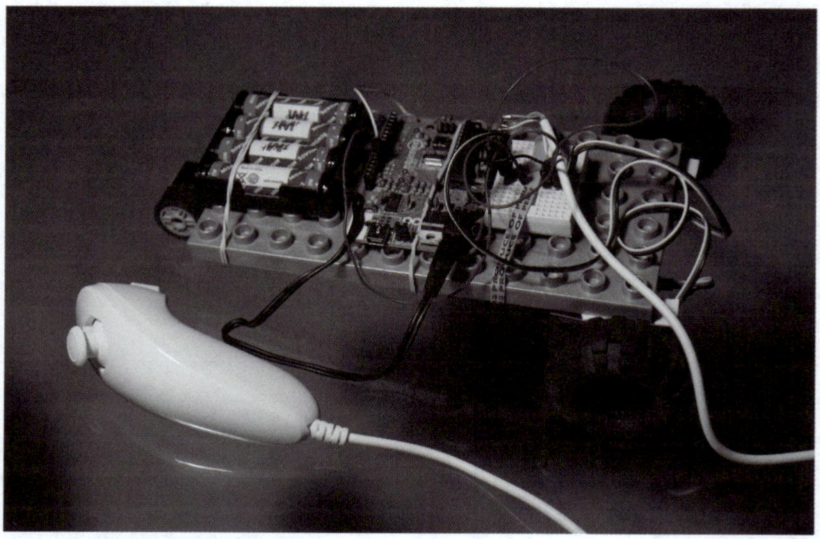

Abb. 6.18: Projekt: Roboter

Die Batterieeinheit, das Arduino-Board und die Kabelverdrahtung auf dem Steckbrett werden jeweils mit einem Gummiring an der Grundplatte befestigt.

Die Verdrahtung der zwei Servos erfolgt auf dem Steckbrett, indem die 3-poligen Kabel mit einer 3-poligen Stiftleiste auf das Steckbrett gesteckt werden. Mit einem kurzen Kabel erfolgt dann die Verdrahtung der Servoansteuerung mit dem Arduino-Board (orange Signalleitungen). Die Spannungsversorgung der Servos erfolgt über die Versorgungsspannung (5 Volt und GND) des Arduino-Boards (rote und blaue Leitungen).

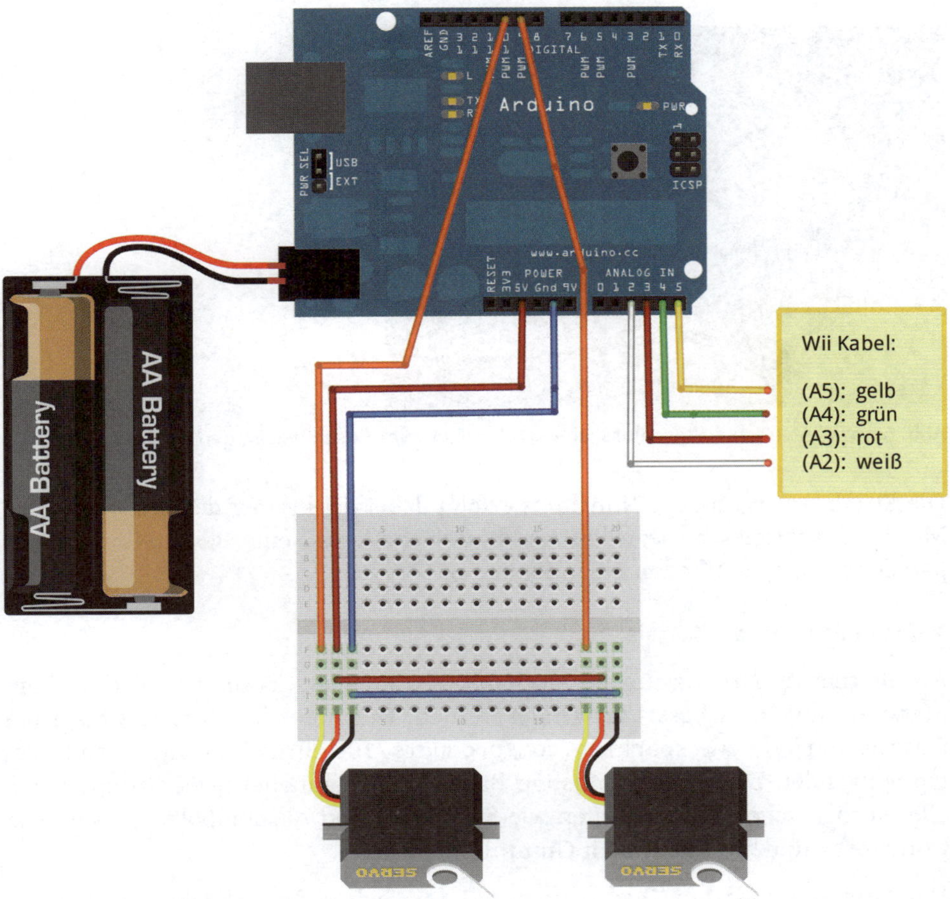

Abb. 6.19: Projekt Roboter: Verdrahtungsschema. Die Anschlüsse an A2–A5 sind mit dem Wii Nunchuk verbunden.

Als Bedienelement wird ein Wii Nunchuk verwendet. Diese Bedieneinheit besitzt neben dem zentralen Joystick zwei Drucktasten, die mit dem Zeige- oder Mittelfinger bedient werden, und einen 3-achsigen Beschleunigungssensor. Die Wii-Einheit wird über den I^2C-Bus angesteuert, wobei am Kabelende ein anwendungsspezifischer Stecker montiert ist. Für unser Projekt wird der Stecker entfernt, indem das Kabel kurz hinter dem Stecker abgeschnitten wird. Die vier Anschlusskabel mit den Farben Weiß, Rot, Grün und Gelb werden dann, wie im Anschlussschema in Abbildung 6.19 dargestellt, an den Analogports A2 bis A5 angeschlossen. Bei der Konfektionierung der Anschlussdrähte wird das weiße Kabel so weit abisoliert, dass die vier inneren Kabel etwa 2 cm herausschauen. Das Drahtgeflecht im Innern des Kabels kann dabei auf dieser Länge entfernt werden.

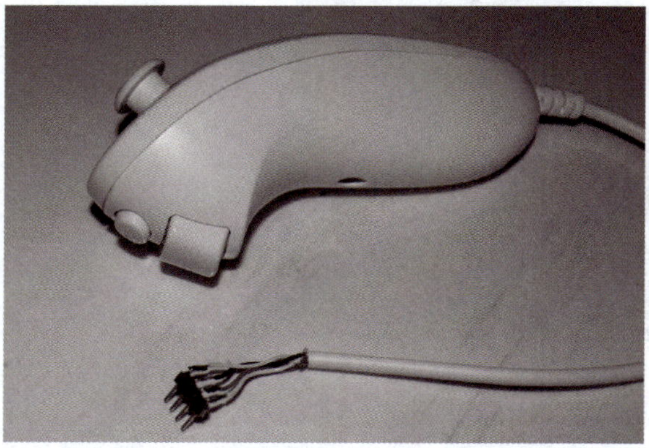

Abb. 6.20: Wii-Nunchuk-Anschlusskabel, vorbereitet zum Anschluss an den Roboter

Die Stromversorgung des Nunchuks erfolgt dabei direkt über den analogen Port. Mehr Infos zu dieser speziellen Anschlusstechnik und eine Beschreibung eines passenden Adapters finden Sie in Kapitel 9.

Aufbau mit Magician Chassis

Als alternative Variante für die Mechanik des Roboters kann auch ein auf dem Markt erhältliches Chassis verwendet werden. Der Autor hat dazu das Magician Chassis (`http://www.sparkfun.com/products/10825`) als Basis für einen Prototyp verwendet. Diese recht günstige Bauvariante beinhaltet zwei Grundplatten, alle mechanischen Komponenten wie Schrauben und Abstandbolzen, zwei Elektromotoren und zwei Räder mit Gummireifen.

Der Aufbau mit diesem Chassis-Bausatz ist einfach und stabil. Die Grundplatten sind mit vielen Bohrungen und Aussparungen ausgeführt und erlauben die flexible Montage der für einen Roboter erforderlichen Komponenten (Abbildung 6.21).

Der Aufbau mit zwei Grundplatten bietet genügend Platz zur Aufnahme der Batterien, der Elektronik und zusätzlicher Sensoren.

Abb. 6.21: Roboter mit Magician Chassis

Im Prototyp des Autors wurde die Batterie auf der unteren Platte mittels eines Gummibands befestigt. Das Arduino-Board und die Verbindungstechnik mit Steckbrett wurden auf der oberen Platte befestigt. Die beiden Servos sind auf der unteren Platte mittels eines doppelseitigen Klebebands (Powerstrip) montiert.

Falls man die im Bausatz mitgelieferten Elektromotoren verwenden möchte, ist eine zusätzliche Motorstufe in Form eines Motor-Shields notwendig. Diese Roboterlösung hat der Autor auf der Website zum Buch beschrieben.

`http://arduino-praxis.ch/2012/01/motor-shield/`

Programmierung

Nachdem die Komponenten gemäß Verdrahtungsschema angeschlossen sind, kann mit der Programmierung des Roboters begonnen werden. Das Programm für den Roboter besteht aus zwei Teilen: dem Lesen der Daten des Wii Nunchuks und der Ansteuerung der beiden Servos, die für die Bewegung des Roboters verantwortlich sind.

Daten des Wii Nunchuks lesen

Das Einlesen der Wii Nunchuk-Daten erfolgt mit einer von Tod E. Kurt bereitgestellten Funktionsbibliothek via I^2C-Bus. Dazu wird zusätzlich die `Wire`-Bibliothek in das Programm eingefügt.

`http://todbot.com/blog/2008/02/18/wiichuck-wii-nunchuck-adapter-available/`

Die Wii-Bibliothek ist eigentlich keine Bibliothek, sondern eine Zusatzdatei, die mittels `Include`-Anweisung in den Sketch eingefügt wird. Dazu wird die Datei `nunchuck_funcs.h` in das Verzeichnis gelegt, in dem sich auch das Programm zur Steuerung des Roboters befindet. Über das Menü SKETCH|ADD FILE der Entwicklungsumgebung kann diese Funktionsdatei ausgewählt und eingefügt werden. Dabei öffnet sich ein zusätzliches Register mit dem Inhalt der ausgewählten Datei. Die gesamte Datei mit den Wii-Funktionen ist in Anhang D abgedruckt.

Im Haupt-Sketch kann nun auf die nötigen Dateien und Bibliotheken verwiesen werden.

```
#include <Wire.h>
#include "nunchuck_funcs.h"
```

Nach der Initialisierung der Variablen für die Daten des Nunchuks wird in der Setup-Routine die Nunchuk-Ansteuerung vorbereitet.

```
int loop_cnt=0;
byte accx,accy,accz,zbut,cbut;
byte joyx, joyy;

void setup()
{
  Serial.begin(19200);
  nunchuck_setpowerpins();
  nunchuck_init();
}
```

Im Hauptprogramm erfolgt nun alle 100 Millisekunden eine Abfrage der Werte des Beschleunigungssensors, des Joysticks und der beiden Drucktaster. Die Werte werden dabei den entsprechenden Variablen zugewiesen, um anschließend weiterverarbeitet zu werden.

```
void loop()
{
  if(loop_cnt > 100)
  {
```

```
    loop_cnt = 0;
    nunchuck_get_data();

    // Beschleunigungssensor
    accx  = nunchuck_accelx();
    accy  = nunchuck_accely();
    accz  = nunchuck_accelz();
    // Drucktasten
    zbut = nunchuck_zbutton();
    cbut = nunchuck_cbutton();
    // Joystick
    joyx = nunchuck_joyx();
    joyy = nunchuck_joyy();

    // Joystick-Ausgabe auf seriellen Port
    Serial.print("Joystick-X: ");
    Serial.print((byte)joyx,DEC);
    Serial.print("  Joystick-Y: ");
    Serial.println((byte)joyy,DEC);
  }
  loop_cnt++;
  delay(1);
}
```

Da die Joystick-Daten später im Roboter weiterverarbeitet werden, empfiehlt es sich, die Werte der verschiedenen Positionen zu prüfen und zu notieren. Dazu werden die Daten auf der seriellen Schnittstelle ausgegeben und können über den seriellen Monitor geprüft werden. Hier notiert man die x- und y-Werte der Positionen oben, unten, links, rechts und der Mittelstellung.

Servos ansteuern

Die Ansteuerung der freidrehenden Servos erfolgt auf die bekannte Art und mittels der `Servo`-Standardbibliothek. Ein freidrehender Servo bewegt seine Achse um 360 Grad und arbeitet somit wie ein Motor. Bei einem »normalen« Servo kann sich die Achse nur um einen Winkel von 180 Grad bewegen.

Der freidrehende Servo dreht sich also nach dem Absenden eines PWM-Signals dauernd im Kreis. Der Wert, der dem Objekt übergeben wird, steuert einerseits die Richtung und andererseits die Geschwindigkeit. Bei einem Wert, der etwa in der Mitte des gesamten Bereichs liegt, bleibt der Servo stehen. Dieser Wert wird für den Stillstand benötigt und lag beim Prototyp für dieses Buch bei 95. In den nachfolgenden Programmen wird aber mit 90 gearbeitet.

Die Servoansteuerung wird nun vorbereitet und die beiden `Servo`-Objekte für die beiden Servos werden erstellt.

```
#include <Servo.h>
// Servoinitialisierung
#define ServoPinLinks  10
#define ServoPinRechts  9
// Servo-Objekte
Servo ServoLinks;
Servo ServoRechts;
// Servogeschwindigkeit 0-100 Prozent
int speed = 50;
```

Aus der Setup-Routine wird dann die Funktion mit den Robotereinstellungen `SetupRobot()` einmalig aufgerufen.

```
void setup()
{
    // ...
    // Initialisierung Servos
    SetupRobot();
    // ...
}
```

Diese Roboter-Setup-Funktion setzt die Servoausgänge und verbindet die Servo-Pins mit den Servo-Objekten. Zum Schluss werden die beiden Servos gestoppt. Wie bereits erwähnt, müssen die Werte für die Stopp-Anweisung `ServoStop()` selbst ermittelt und möglicherweise leicht korrigiert werden.

```
void SetupRobot()
{
  pinMode(ServoPinLinks, OUTPUT);
  pinMode(ServoPinRechts, OUTPUT);
  ServoLinks.attach(ServoPinLinks);
  ServoRechts.attach(ServoPinRechts);
  ServoStop();
}

// Servo stoppen
void ServoStop()
{
 ServoLinks.write(90);
 ServoRechts.write(90);
}
```

Zur Vorwärts- und Rückwärtsbewegung werden nun separate Funktionen programmiert.

```
// Servo vorwärts
void ServoVor()
{
  ServoLinks.write(90 + speed);
  ServoRechts.write(90 - speed);
}

// Servo rückwärts
void ServoRueck()
{
  ServoLinks.write(90 - speed);
  ServoRechts.write(90 + speed);
}
```

Vom Mittelwert 90 ausgehend, wird der vorher definierte Geschwindigkeitswert addiert oder subtrahiert. Da die Servos an der linken und rechten hinteren Ecke der Grundplatte montiert sind, muss der Wert auf einer Seite addiert und auf der anderen subtrahiert werden, um eine gleicheartige Bewegung beider Räder zu erzielen.

Aus dem Hauptprogramm können nach Abfrage des Wii Nunchuks die beiden Funktionen zur Steuerung der Richtung aufgerufen werden. Falls der Joystick weder vorwärts noch rückwärts betätigt wird, bedeutet das Mittelstellung oder Ruhestellung und der Roboter soll stoppen. Dazu wird die Stopp-Funktion `ServoStop()` aufgerufen.

```
// Motor vorwärts und rückwärts bewegen
// mit Wii Nunchuk
#include <Servo.h>
#include <Wire.h>
#include "nunchuck_funcs.h"

int loop_cnt=0;
byte accx,accy,accz,zbut,cbut;
byte joyx, joyy;

// Servoinitialisierung
#define ServoPinLinks  10
#define ServoPinRechts  9

// Servo-Objekte
```

```
Servo ServoLinks;
Servo ServoRechts;

// Servogeschwindigkeit 0-100 Prozent
int speed = 50;

void setup()
{
    Serial.begin(19200);
    nunchuck_setpowerpins();
    nunchuck_init(); // send the initilization handshake
    // Initialisierung Servos
    SetupRobot();
    delay(200);
}

void loop()
{
  if(loop_cnt > 100)
  {
    loop_cnt = 0;
    nunchuck_get_data();

    // Beschleunigungssensor
    accx  = nunchuck_accelx();
    accy  = nunchuck_accely();
    accz  = nunchuck_accelz();
    // Drucktasten
    zbut = nunchuck_zbutton();
    cbut = nunchuck_cbutton();
    // Joystick
    joyx = nunchuck_joyx();
    joyy = nunchuck_joyy();

    // Joystick-Ausgabe auf seriellen Port
    Serial.print("Joystick-X: ");
    Serial.print((byte)joyx,DEC);
    Serial.print("  Joystick-Y: ");
    Serial.println((byte)joyy,DEC);

    // Servos ansteuern
    if (joyy > 200)
```

```
    {
      ServoVor(); // vorwärts
    }
    else
    {
      if (joyy < 30)
      {
        ServoRueck(); // rückwärts
      }
      else
      {
        ServoStop(); // Stopp
      }
    }
  }
  loop_cnt++;
  delay(1);
}

// Roboterfunktionen

void SetupRobot()
{
  pinMode(ServoPinLinks, OUTPUT);
  pinMode(ServoPinRechts, OUTPUT);
  ServoLinks.attach(ServoPinLinks);
  ServoRechts.attach(ServoPinRechts);
  ServoStop();
}

// Servo vorwärts
void ServoVor()
{
  ServoLinks.write(90 + speed);
  ServoRechts.write(90 - speed);
}

// Servo rückwärts
void ServoRueck()
{
  ServoLinks.write(90 - speed);
  ServoRechts.write(90 + speed);
```

```
}

// Servo stoppen
void ServoStop()
{
 ServoLinks.write(90);
 ServoRechts.write(90);
}
```

Listing 6.6: Roboter mit dem Wii Nunchuk bewegen

Für die Bewegung des Roboters nach links und nach rechts kommen nun noch die entsprechenden Funktionen dazu.

```
// Servo links
void ServoLi(){
 ServoLinks.write(90 + speed);
 ServoRechts.write(90 + speed);
}

// Servo rechts
void ServoRe(){
 ServoLinks.write(90 - speed);
 ServoRechts.write(90 - speed);
}
```

Somit stehen alle nötigen Funktionen zur Verfügung, um den Roboter nach eigenen Wünschen und Ideen weiter auszubauen.

Falls kein Wii Nunchuk zur Verfügung steht, kann die Fernsteuerung auch über eine kleine Fernbedienung mit vier Drucktasten realisiert werden. Für eine drahtlose Verbindung könnte auch eine Infrarotlösung mit einer Fernseher-Fernbedienung oder eine Verbindung mittels RF-Komponenten (433-MHz-Technologie) aufgebaut werden.

Mögliche weitere Komponenten für den Roboter sind Abstandssensoren, Drucktaster und weitere optische Sensoren.

Die Möglichkeiten sind grenzenlos.

Anzeigen

7.1 Leuchtdiode (LED)

Wie bereits in Kapitel 3 beschrieben, ist die Leuchtdiode eine Diode, die beim Anlegen einer Spannung Licht abgibt. Mit einem Serienwiderstand wird der Stromfluss auf einen fixen Wert begrenzt. Die Durchlassspannung, also der Spannungsabfall über der LED, beträgt je nach verwendetem LED-Typ zwischen 1,5 und 4 Volt. Den genauen Wert können Sie dem Datenblatt der verwendeten Leuchtdiode entnehmen.

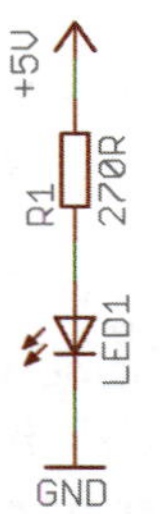

Abb. 7.1: Grundschaltung zur Ansteuerung einer LED

Die Grundschaltung einer Leuchtdiode benötigt nur einen Vorwiderstand (R1). Die Berechnung des nötigen Vorwiderstands erfolgt nach folgender Formel:

Widerstand = (Versorgungsspannung – Durchlassspannung) / Durchlassstrom

Also:

R1 = (5 V – 2,4 V) / 10 mA = 260 Ohm

Aus der Widerstandsreihe wählen wir also einen Wert von 270 Ohm.

Wird jetzt die Versorgungsspannung verändert, so variiert gemäß oben genannter Formel auch der Strom durch die Leuchtdiode (Durchlassstrom).

Um einen fixen Strom durch die Leuchtdiode zu erreichen, muss eine sogenannte »Konstantstromquelle« verwendet werden, die, unabhängig von der angelegten

Versorgungsspannung, einen fixen Strom liefert. Auf diese Art kann man die Helligkeit der LED konstant halten.

Konstantstromquellen kann man auf verschiedene Arten realisieren.

7.1.1 Konstantstromquelle mit Transistor

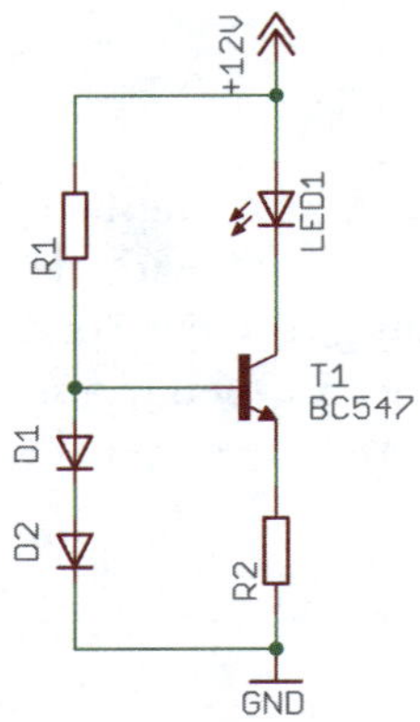

Abb. 7.2: Konstantstromquelle mit Transistor

Eine Konstantstromquelle mit Transistor zeigt die Schaltung in Abbildung 7.2. Der fixe Strom wird über den Widerstand R2 eingestellt. Da über den beiden Dioden jeweils ein Spannungsabfall von 0,7 Volt zu messen ist, liegt auch am Widerstand R2, nach Abzug der Diodenspannung UBE im Transistor, immer eine fixe Spannung an.

Die Berechnung des konstanten Stroms (I) erfolgt dabei nach folgender Formel:

$$I = (UD1 + UD2 - UBE) / R2$$

Umgeformt für die Berechnung des Widerstands:

$$R2 = (UD1 + UD2 - UBE) / I$$

Und mit praktischen Werten für einen Strom von 20 mA:

$$R2 = (0{,}7\ V + 0{,}7\ V - 0{,}7\ V) / 0{,}02\ A = 35\ Ohm$$

Aus der Widerstandsreihe nehmen wir also einen Wert von 33 Ohm.

Der Widerstand R1 begrenzt den Strom durch die Basis des Transistors und durch die beiden Dioden und kann mit 1 mA angenommen werden. Somit ist der Wert:

$R1 = (12\ V - UD1 - UD2)\ /\ 0{,}001\ A = 10600\ Ohm$

Wir wählen also R1 = 10 kOhm.

Diese Formeln können als Faustformeln betrachtet werden, da der genaue Spannungsabfall über den Dioden (UD1 und UD2) und über der Diodenspannung (UBE) mit 0,7 Volt angenommen wurde. Für die Praxis ist die Formel ausreichend.

Wer sich detaillierter mit der Berechnung beschäftigen will, findet im Internet geeignete Quellen mit zusätzlichen Informationen.

7.1.2 Konstantstromquelle mit Spannungsregler

Mit einem Spannungsregler und einem externen Bauelement lässt sich ebenfalls eine einfache Konstantstromquelle realisieren.

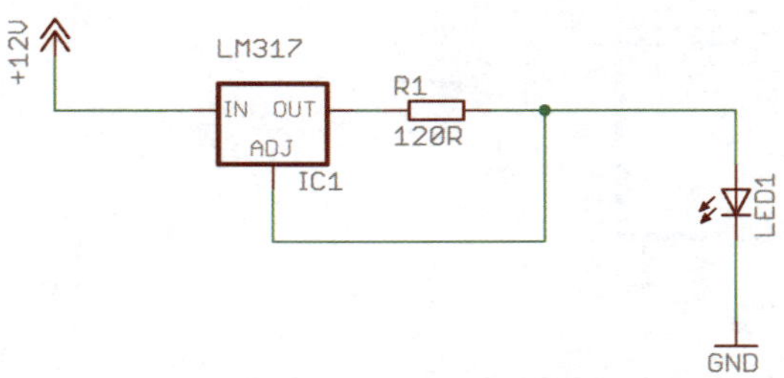

Abb. 7.3: Konstantstromquelle mit Spannungsregler LM317

Der Trick bei der Lösung in Abbildung 7.3 ist, dass beim Spannungsregler LM317 zwischen den Anschlüssen ADJ und OUT immer eine fixe Spannung von 1,25 Volt anliegt. Wird nun ein Widerstand (R1) hinzugefügt, bleibt der Strom über diesen Widerstand immer konstant und entsprechend auch der Strom durch die angeschlossene Last, in diesem Fall eine Leuchtdiode (LED1).

Die Berechnung des Widerstands bei einem Konstantstrom von 10 mA lautet also:

$R1 = 1{,}25\ V\ /\ 10\ mA = 125\ Ohm$

Aus der Widerstandsreihe wählen wir einen Wert von 120 Ohm.

7.1.3 Helligkeit steuern

Neben einer konstanten Helligkeit wird oft auch eine regelbare Helligkeit bei Leuchtdioden benötigt, bekannt auch als Dimmer. Eine Lösung wäre hier das Verändern des Stroms durch die Leuchtdiode. Dies ist aber mit den Bordmitteln des Arduinos, also ohne externe Bauelemente, nicht machbar. Eine einfachere Lösung ist hier die Verwendung des PWM-Signals. Mit der Anweisung `analogWrite()` wird die Helligkeit der Leuchtdiode gesteuert.

```
// Helligkeit setzen (0-255)
int LEDWert = 95;
// Helligkeit als PWM ausgeben
analogWrite(LEDPin, LEDWert);
```

Ein einfaches Beispiel zeigt die Dimmerlösung in Abbildung 7.4.

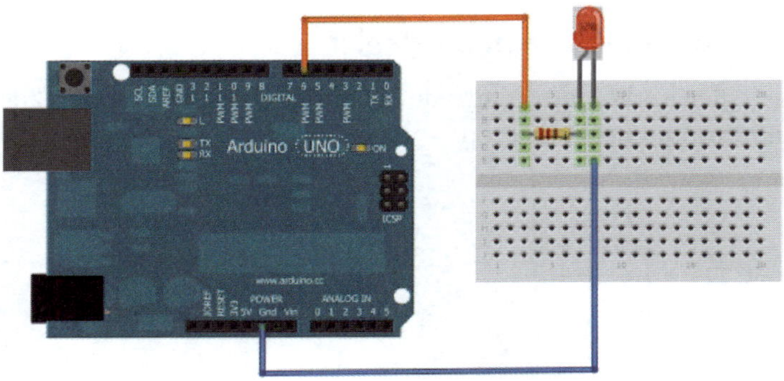

Abb. 7.4: Dimmer zur Regelung der LED-Helligkeit

Stückliste (LED-Dimmer)

1 Arduino-Board

1 Steckbrett

1 Widerstand 220 Ohm

1 LED rot

Anschlussdrähte

Listing 7.1 zeigt das Programm zum Dimmen der Helligkeit einer LED. Der Helligkeitswert der LED ist in der Variablen `LEDWert` gespeichert und kann, je nach Anforderung, fix angegeben werden oder wird aus einem anderen Programmteil übergeben. Dieser Wert kann dabei zwischen 0 und 255 liegen.

```
// Port für LED
int LEDPin = 6;
// Helligkeit der LED
int LEDWert = 0;

void setup()
{
```

```
  // LED-Port als Ausgang
  pinMode(LEDPin, OUTPUT);
}

void loop()
{
  // Helligkeit setzen (0-255)
  // entweder fix oder als Wert von anderem Programm
  int LEDWert = 95;
  // Helligkeit als PWM ausgeben
  analogWrite(LEDPin, LEDWert);
}
```

Listing 7.1: Dimmer zur Regelung der LED-Helligkeit

Tipp

Verwendet man statt nur einer roten drei Leuchtdioden mit den Farben Rot, Grün und Blau, so können spannende Lichteffekte erzeugt werden. Jede Leuchtdiode wird dabei über einen eigenen PWM-Ausgang angesteuert.

7.1.4 LED als Berührungssensor

Leuchtdioden werden meist als Anzeigeelemente verwendet, um die Umwelt oder den Nutzer einer Anwendung über einen Zustand zu informieren. Dabei gibt es nur zwei Zustände: Leuchtdiode EIN oder Leuchtdiode AUS. LEDs können aber auch als Lichtsensoren oder als Berührungssensoren in Bedienelementen verwendet werden. Dabei nutzt man gewisse physikalische Eigenschaften der Leuchtdiode aus. Wird eine Leuchtdiode in Sperrrichtung betrieben, wirkt der Halbleiterübergang in der LED als kleine Kapazität. Die LED selbst arbeitet als Fotodiode und wandelt Licht in Elektrizität um. Die entstandene Ladung in der Leuchtdiode kann anschließend von einem analogen Eingang gemessen werden.

Die Steuerung des LED-Lichtsensors erfolgt über zwei Pins des Arduinos, Digital-Pin D7 und Analogeingang A0, die sowohl als digitale Ein-/ Ausgänge wie auch als analoge Eingänge verwendet werden (Abbildung 7.5).

Abb. 7.5: LED als Lichtsensor

Das Programm für den Lichtsensor ist eine Idee von Mike Cook (`http://www.thebox.myzen.co.uk/Workshop/LED_Sensing.html`) und durchläuft mehrere Schritte.

```
byte anodePin =  7;    // Port D7
byte cathodePin = 14;  // Port A0
int result;
int refLevel;
```

Vor dem Programmstart werden verschiedene Variablen deklariert. Der Kathoden-Pin ist mit 14 bezeichnet, da dieser für gewisse Schritte als digitaler Pin D14 genutzt wird. Wird er als analoger Eingang genutzt ist, dieser Pin hingegen mit A0 gekennzeichnet.

In der Setup-Funktion werden zuerst alle Pull-up-Widerstände deaktiviert.

```
void setup()
{
  // Disable Pull-up-Widerstand
  _SFR_IO8(0x35) |= 0x10;
```

Anschließend wird der Anoden-Ausgang auf LOW gesetzt.

```
  digitalWrite(anodePin,LOW);
```

Nun werden der Anoden-Pin als Ausgang und der Kathoden-Pin als Eingang gesetzt. Zum Schluss wird die serielle Schnittstelle zur Datenausgabe gestartet.

```
  pinMode(anodePin,OUTPUT);
  pinMode(cathodePin,INPUT);

  //Serielle Kommunikation
  Serial.begin(38400);
}
```

Im Hauptprogramm wird nun die LED zunächst im Normalbetrieb genutzt (erster Schritt). Der Anoden-Pin ist HIGH und der Kathoden-Pin LOW. Es fließt ein Strom und die LED leuchtet.

```
void loop ()
{
  // Schritt 1
  // LED Ein
  digitalWrite(anodePin,HIGH);
```

```
  pinMode(cathodePin,OUTPUT);
  digitalWrite(cathodePin,LOW);
```

Im zweiten Schritt wird die Leuchtdiode in Sperrrichtung betrieben, wobei die LED mit Elektronen »geladen« wird.

```
// Schritt 2
  // LED laden, Kathode = HIGH, Anode = LOW
  digitalWrite(cathodePin,HIGH);
  digitalWrite(anodePin,LOW);
```

Der dritte Schritt umfasst die einzelnen Phasen Messen, Entladen und nochmals Messen.

Zuerst wird der Kathoden-Pin als Eingang gesetzt, danach wird die Spannung gemessen. Der gemessene Wert dient als Referenz und wird in der Variablen `result` gespeichert.

```
// Schritt 3
  // LED entladen und Analogwert lesen
  // Kathode als Analog Input
  pinMode(cathodePin,INPUT);
  // Wert als Referenz
  result = analogRead(0);
```

Jetzt wird während der Verzögerung von 40 Millisekunden Energie aus der Leuchtdiode entnommen.

```
  // LED Entladungszeit
  delay(40);
```

Nach dieser Entladephase wird die Veränderung ermittelt, indem nochmals gemessen wird. Der Messwert wird nun vom Referenzwert subtrahiert.

```
  // Sensor lesen nach Entladung
  // Veränderung ermitteln
  result = resultat - analogRead(0);
```

Abschließend werden der Kathoden-Pin wieder als Ausgang gesetzt und das Resultat in der Variablen `result` über die serielle Schnittstelle ausgegeben.

```
  pinMode(cathodePin,OUTPUT);
  digitalWrite(cathodePin,LOW);
  // Ausgabe Analogwert
  Serial.print(result,DEC);
```

```
  Serial.print(" ");
  Serial.println(" ");
}
```

Wurde beim Durchlaufen des Hauptprogrammes die Leuchtdiode mit dem Finger bedeckt, ist eine eindeutige Veränderung des Wertes in `result` sichtbar. Die Leuchtiode hat die Lichtveränderung erkannt.

In Listing 7.2 ist das gesamte Programm des Lichtsensors dargestellt.

```
// LED als Sensor
// Nach einer Idee von Mike Cook
// http://www.thebox.myzen.co.uk/Workshop/LED_Sensing.html

byte anodePin =  7;    // Port D7
byte cathodePin = 14;  // Port A0
int result;

void setup()
{
  // Disable Pull-up Widerstand
  _SFR_IO8(0x35) |= 0x10;
  digitalWrite(anodePin,LOW);
  pinMode(anodePin,OUTPUT);
  pinMode(cathodePin,INPUT);

  //Serielle Kommunikation
  Serial.begin(38400);
}

void loop ()
{
  // Schritt 1
  // LED Ein
  digitalWrite(anodePin,HIGH);
  pinMode(cathodePin,OUTPUT);
  digitalWrite(cathodePin,LOW);

  // Schritt 2
  // LED laden, Kathode = HIGH, Anode = LOW
  digitalWrite(cathodePin,HIGH);
  digitalWrite(anodePin,LOW);
```

```
    // Schritt 3
    // LED entladen und Analogwert lesen
    // Kathode als Analog Input
    pinMode(cathodePin,INPUT);
    // Wert als Referenz
    result = analogRead(0);
    // LED Entladungszeit
    delay(40);
    // Sensor lesen nach Entladung
    // Veränderung ermitteln
    result = resultat - analogRead(0);
    pinMode(cathodePin,OUTPUT);
    digitalWrite(cathodePin,LOW);

    // Ausgabe Analogwert
    Serial.print(result,DEC);
    Serial.print(" ");
    Serial.println(" ");
}
```

Listing 7.2: LED als Lichtsensor

Ein optisches Sensorfeedback zeigt Mikes Processing-Sketch, der den Analogwert als Balkengrafik darstellt.

`http://www.thebox.myzen.co.uk/Workshop/LED_Sensing_files/Sensor_Feedback.pde`

7.1.5 Jetzt wird es hell

Bisher wurden Leuchtdioden als Hinweiselemente in Geräten oder Informationstafeln eingesetzt. Dank der Entwicklung von Power-Leuchtdioden werden sie immer öfter auch in Form leistungs- und lichtstarker Leuchtdiodenmodule als Beleuchtungselemente eingesetzt. Diese Power-LEDs benötigen mehrere Watt und erzeugen einen hohen Lichtstrom, den man umgangssprachlich als Helligkeit bezeichnet. Der Lichtstrom solcher LEDs übertrifft den Lichtstrom einer normalen Glühbirne um ein Mehrfaches.

Neben der hohen Lichtausbeute pro Watt ist auch die hohe Lebensdauer ein markanter Vorteil der Power-Leuchtdioden.

Die Ansteuerung von Power-Leuchtdioden erfordert allerdings etwas mehr Aufwand als die Verwendung gewöhnlicher Lampen.

1-Watt-Power-LEDs benötigen einen konstanten Strom von 350 mA. Diese Konstantstromquelle wird mit der Konstantstromschaltung aus Abbildung 7.3 realisiert. Zur Helligkeitssteuerung wird zusätzlich ein PWM-Signal eingesetzt, das von einem PWM-Ausgang des Arduino-Boards geliefert wird (Abbildung 7.6).

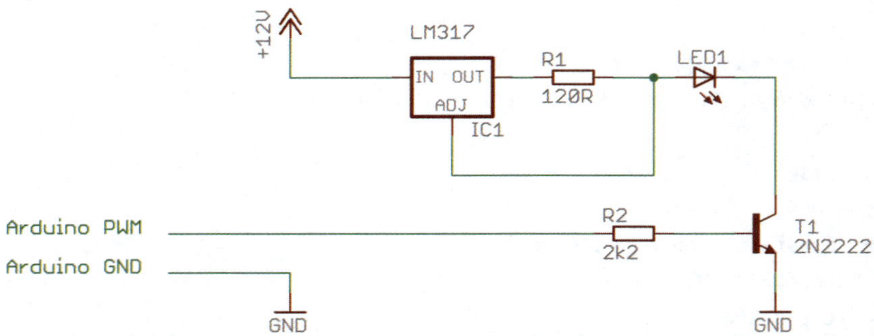

Abb. 7.6: Ansteuerung einer Power-LED mit Konstantstromquelle und PWM

7.2 7-Segment-Anzeigen

Eine 7-Segment-Anzeige besteht, wie der Name korrekt aussagt, aus sieben Anzeigesegmenten. Die einzelnen Anzeigesegmente sind meist Leuchtdioden (LED) und können einzeln angesteuert werden, wobei ein gemeinsamer Anschluss (Anode oder Kathode) vorhanden ist. Die einzelnen Segmente der Anzeige werden mit den Buchstaben a bis g gekennzeichnet. Zusätzlich steht meist noch eine runde LED für den Dezimalpunkt (DP) zur Verfügung (Abbildung 7.7).

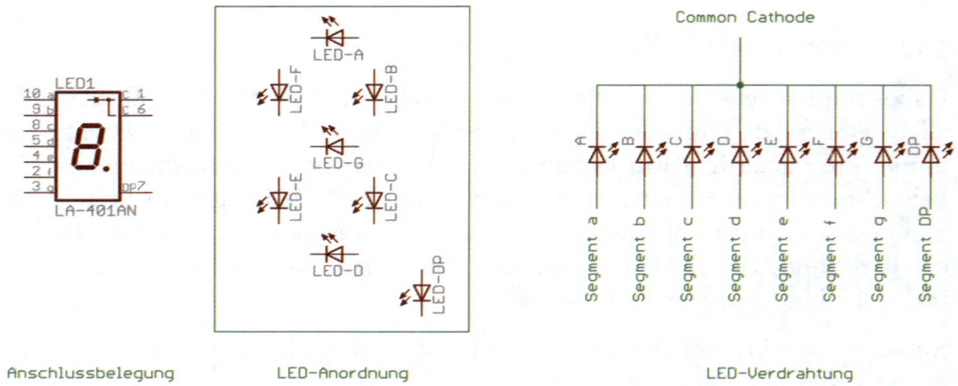

Abb. 7.7: 7-Segment-Anzeige mit LED

Die Ansteuerung aller sieben Segmente plus Dezimalpunkt einer einzelnen Anzeige erfordert acht digitale Ausgangssignale des Arduinos.

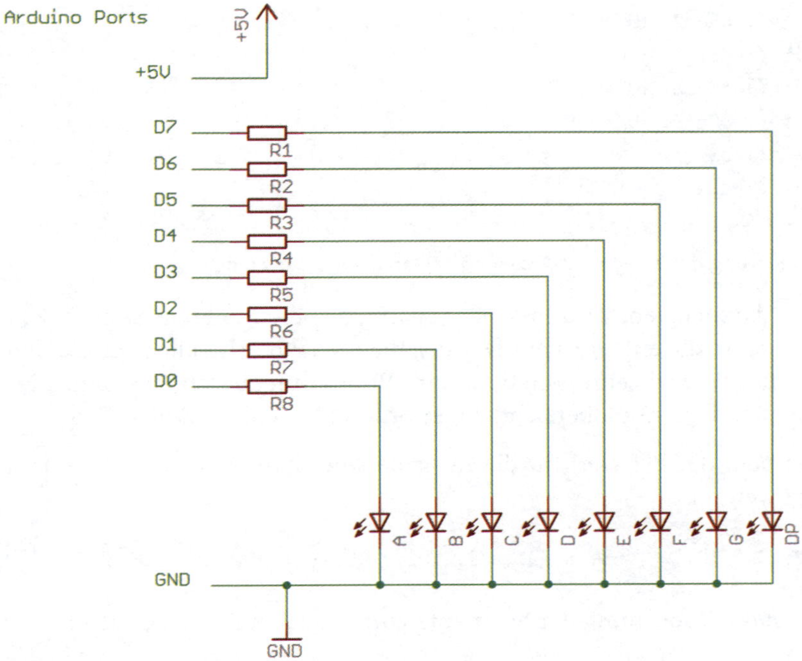

Abb. 7.8: Ansteuerung einer einzelnen 7-Segment-Anzeige

Grundsätzlich wird für jede Segment-Leuchtdiode ein eigener Vorwiderstand benötigt. Falls aber die Ansteuerung getaktet wird, also jeder Ausgang nur kurz eingeschaltet ist, können die einzelnen Strombegrenzungswiderstände entfallen und ein gemeinsamer Widerstand wird an der gemeinsamen Anode oder Kathode angeschlossen.

Jedes Segment der 7-Segment-Anzeige wird über einen eigenen Ausgang des Arduinos angesteuert. Um nun die Zahlen von 0 bis 9 darzustellen, müssen die entsprechenden Ausgänge des Arduino auf HIGH oder LOW geschaltet werden.

Die Zahlen von 0 bis 9 benötigen ein eigenes Bitmuster zur Darstellung auf der Anzeige. Für die Darstellung der Zahl 1 müssen beispielsweise die Segmente b (LED-B) und c (LED-C) angesteuert werden.

Welche Segmente für die einzelnen Ziffern geschaltet werden müssen, kann entweder direkt im Code gesteuert werden oder man legt die Information in einem Array ab.

Für jede direkt gesteuerte Zahl sieht der Code wie folgt aus:

```
void SetZahl2()
{
  digitalWrite(ledSegA, HIGH);
```

```
  digitalWrite(ledSegB, HIGH);
  digitalWrite(ledSegC, LOW);
  digitalWrite(ledSegD, HIGH);
  digitalWrite(ledSegE, HIGH);
  digitalWrite(ledSegF, LOW);
  digitalWrite(ledSegG, HIGH);
}
```

Listing 7.3: Ansteuerung der 7-Segment-Anzeige zur Darstellung der Zahl 2

Um die Zahl 2 darzustellen, wird im Code (Listing 7.3) die Funktion `SetZahl2()` aufgerufen, die dann die entsprechenden Ausgänge schaltet. Um alle zehn Zahlen darzustellen, müssen also zehn Funktionen im Programm abgelegt werden. Dies ist zwar gut verständlich und übersichtlich, erfordert aber etliche Zeilen Code.

Das Bitmuster oder der Bytewert für die Ausgabe einer Zahl kann auch in einem Array abgelegt werden.

```
byte ZahlenBitDef[10] = { 63, 6, 91, 79, 102, 109, 124, 7, 127, 103 };
```

In Tabelle 7.1 ist die Zuordnung der Segmente zum digitalen Port aufgelistet.

Segment	Port	Bitwert
a	D0	1
b	D1	2
c	D2	4
d	D3	8
e	D4	16
f	D5	32
g	D6	64

Tabelle 7.1: Ansteuerung Segmente über digitale Ausgänge

Für die Zahl 0 werden also die Ports D0 bis D5 auf HIGH gesetzt, was einem Wert von 63 entspricht (alle Bitwerte zusammenzählen). Für jede einzelne Ziffer kann nun der Bytewert ermittelt und im Array abgelegt werden.

Im Programm selbst muss eine Funktion ermitteln, welche Ausgänge bei den einzelnen Zahlen geschaltet werden müssen. Dazu kann die Anweisung `bitRead()` verwendet werden.

Dieser Befehl ermittelt, ob für einen Wert, in unserem Fall der im Array abgelegte Bytewert, ein Bit gesetzt wird oder nicht. Dabei werden alle Bits vom niedrigsten bis zum höchsten Bit überprüft. Da jedes Bit direkt einem Ausgang für ein Segment entspricht, müssen jeweils alle sieben Bits überprüft werden.

```
void SegmenteSetzen(byte segmente)
{
  // alle Segmente der LED überprüfen
  for (int segBit = 0; segBit < 7; segBit++)
  {
   int bitVal = bitRead(segmente, segBit);
   // Ausgang von Segment setzen HIGH/LOW
   digitalWrite(sebBit, bitVal);
  }
}
```

Das komplette Listing mit den Portdefinitionen und dem Aufruf ist in Listing 7.4 dargestellt. Der Wert für die anzuzeigende Ziffer wird mit der Anweisung `SegmenteSetzen(ZahlenBitDef[Zahl])` gesetzt. Die gewünschte Zahl wird dabei in der Variablen `Zahl` übergeben. Dabei kann die gewünschte Zahl, in unserem Fall die 1, aus einer Funktion übergeben werden oder aus einer Berechnung oder einem Analogwert stammen.

```
// Idee von Jeff
// http://totusterra.com

void setup()
{
  pinMode(0, OUTPUT);  // Ausgang für Segment a
  pinMode(1, OUTPUT);  // Ausgang für Segment b
  pinMode(2, OUTPUT);  // Ausgang für Segment c
  pinMode(3, OUTPUT);  // Ausgang für Segment d
  pinMode(4, OUTPUT);  // Ausgang für Segment e
  pinMode(5, OUTPUT);  // Ausgang für Segment f
  pinMode(6, OUTPUT);  // Ausgang für Segment g
}

// Bits für Nummern 0-9
const byte ZahlenBitDef[10] = { 63, 6, 91, 79, 102, 109, 124, 7, 127, 103 };

void loop()
{
  // Anzeige von Zahl 1
  SegmenteSetzen(ZahlenBitDef[1]);
}

void SegmenteSetzen(byte segmente)
{
```

```
  // alle Segmente der LED überprüfen
  for (int segBit = 0; segBit < 7; segBit++)
  {
    int bitVal = bitRead(segmente, segBit);
    // Ausgang von Segment setzen HIGH/LOW
    digitalWrite(segBit, bitVal);
  }
}
```

Listing 7.4: Ansteuerung einer 7-Segment-Anzeige

Wie bereits erklärt, wird für jedes Segment der 7-Segment-Anzeige ein eigener Ausgangsport des Arduino benötigt. Sobald man aber mehr als eine 7-Segment-Anzeige verwenden will, hat man schnell zu wenige digitale Ausgangsports. Die Lösung für dieses Problem heißt also »Porterweiterung«.

Bausteine zur Porterweiterung arbeiten meist auf Basis einer seriellen Übertragung und benötigen dementsprechend nur wenige Signalleitungen. Für mehrstellige, digitale Anzeigen mit LED und Matrixanzeigen wird in der Praxis oft der Shift-Register-Baustein 74HC595 eingesetzt. Dazu gibt's im Arduino-Playground detaillierte Tutorials und Beispiele (`http://www.arduino.cc/en/Tutorial/ShiftOut`).

7.2.1 Port Expander über den I²C-Bus

Die Porterweiterung über den I²C-Bus wird mit dem I/O-Baustein PCF8574 realisiert und stellt acht digitale Ein- oder Ausgänge bereit.

Die externe Beschaltung dieser integrierten Schaltung ist sehr einfach. Wie in den Erklärungen zum I²C-Bus (siehe Abschnitt 4.4.3) beschrieben, ist für die beiden Signalleitungen jeweils ein Pull-up-Widerstand erforderlich. Damit der Baustein über eine Bus-Adresse angesprochen werden kann, wird an den Anschluss-Pins 1 bis 3 eine binäre Adresse konfiguriert. Alle drei Adresseingänge (A0–A2) an GND ergeben die Bausteinadresse 0010000.

Der Aufbau der Adresse sieht wie folgt aus:

0	1	0	0	A2	A1	A0

Da die `Wire`-Bibliothek nur sieben Adressbits erwartet, ist im Code das höchstwertige Bit der Adresse auf 0 gesetzt.

```
#define expander B00100000
```

Zu beachten ist, dass dieser Portbaustein, abhängig vom Typ, eine unterschiedliche Adressierung verwendet. Man beachte die Unterschiede zwischen PCF8574 und PCF8574A.

Bei der Verwendung der acht Ports als Ausgang muss zusätzlich beachtet werden, dass diese als »Open-drain«, also offene Ausgänge ohne Pull-up-Widerstände ausgeführt sind. Die in unserem nachfolgenden Projekt in Abbildung 7.9 verwendete 7-Segment-Anzeige muss also die Segmente gegen GND schalten.

Dazu wird ein entsprechender Typ mit gemeinsamer Anode (*Common Anode*) eingesetzt.

Stückliste (I^2C-Porterweiterung)

1 Arduino-Board

1 Steckbrett

1 PCF8574 (IC1)

2 Widerstände 10 kOhm (R1, R2)

8 Widerstände 220 Ohm (R3–R10)

1 7-Segment-Anzeige LA-401AD (LED1)

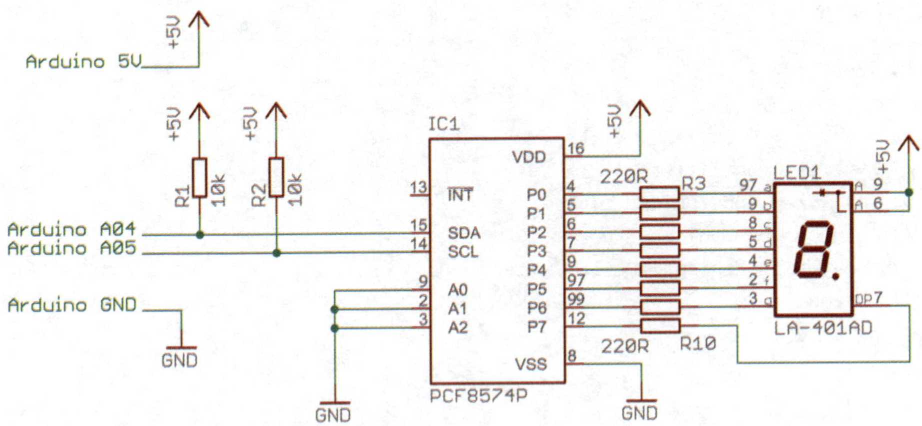

Abb. 7.9: Porterweiterung über I^2C-Bus mit dem PCF8574

Durch das invertierte Schaltverhalten, also LED EIN bei LOW am Ausgang, muss auch der Bytewert für die Ausgabe invertiert werden.

Aus den bisherigen Werten für die Darstellung der Ziffern

```
byte ZahlenBitDef[10] = { 63, 6, 91, 79, 102, 109, 124, 7, 127, 103 };
```

werden nun die invertierten Werte ausgegeben.

```
byte ZahlenBitDefInv[10] = { 192, 249, 164, 176, 153, 146, 131, 248,
128, 152 };
```

Die Werte aus dem Array können jetzt direkt an den Portbaustein gesendet werden.

Der einstellige Zähler in Projekt Listing 7.5 zählt von 0 bis 9 und beginnt dann wieder bei 0.

```
// Zähler mit 7-Segment-Anzeige
// Ausgabe via I2C-Bus
#include <Wire.h>

// Adresse des I/O-Bausteins
#define expander B00100000

// Bits für Ziffern 0-9
byte ZahlenBitDef[10] = { 63, 6, 91, 79, 102, 109, 124, 7, 127, 103 };
// Invertiert, da LED Ein = Ausgang LOW
byte ZahlenBitDefInv[10] = { 192, 249, 164, 176, 153, 146, 131, 248, 128, 152 };

void setup()
 {
  Wire.begin();
}

void loop()
 {
  for (int z = 0; z < 10; z++)  {
  // Bytewert von Ziffer
  int bval=ZahlenBitDefInv[z];
  // Ausgabe von Zahl an I/O
  expanderWrite(ZahlenBitDefInv[z]);
  // warten
  delay(1000);
  }
}

void expanderWrite(byte _data) {
  Wire.beginTransmission(expander);
  Wire.write(_data);
  Wire.endTransmission();
}
```

Listing 7.5: Der I^2C-Port Expander steuert 7-Segment-Anzeige an.

Durch die Verwendung des I^2C-Busses können nun weitere Portbausteine, alle jeweils mit einer eigenen Adresse, am Bus angeschlossen und angesteuert werden.

7-Segment-Anzeigen eignen sich ideal für Anzeigen, die auch im Dunkeln sichtbar sein sollten. In den 80er-Jahren wurden die roten 7-Segment-Anzeigen durch das Aufkommen der Radiowecker bekannt. Durch den Aufbau aus einzelnen Leuchtdioden kann jedes einzelne Segment einer 7-Segment-Anzeige einfach angesteuert werden. Mit etwas Fantasie können auch andere Zeichen dargestellt werden.

Tipp

Fertige mehrstellige 7-Segment-Anzeigen, die über den I^2C-Bus angesteuert werden, liefert unter anderem die Firma Adafruit (`http://www.adafruit.com/products/881`).

7.3 LC-Display (LCD)

Größere Informationsanzeigen mit der Möglichkeit der grafischen Darstellung von Informationen werden meistens mit Flüssigkristallanzeigen (LC-Displays) realisiert. LC-Displays gibt es in verschiedenen Größen und Ausführungen, vom zweizeiligen Display bis zum großflächigen Display mit Grafikfunktionalität. Durch die Verwendung in Handys und Flachbildschirmen hat sich diese Art von Bildschirm oder Informationsdisplay durchgesetzt.

Die Vorteile von LC-Displays sind der geringe Energieverbrauch, die geringe Einbautiefe, und LC-Displays sind strahlungsarm.

Die Ansteuerung der einzelnen Segmente eines LC-Displays übernimmt in den meisten Fällen ein spezieller Controller-Baustein. In vielen LC-Modulen, also Anzeigen mit integrierter Logik, wird der Display-Controller HD44780 eingesetzt. Dieser Baustein kann quasi als Standard bezeichnet werden. Der Aufwand zur externen Beschaltung und der Ansteuerung des LC-Displays wird durch die Onboard-Logik verringert.

Die Ansteuerung eines LC-Displays kann auf zwei Arten umgesetzt werden: parallel und seriell.

Zur Ansteuerung von Flüssigkristallanzeigen mit dem Arduino-Board stehen entsprechende Bibliotheken zur Verfügung, die den zur korrekten Ansteuerung erforderlichen Aufwand verringern.

7.3.1 Paralleles LC-Display

Displays mit paralleler Ansteuerung können vom Arduino-Board in zwei verschiedenen Modi angesteuert werden: im 4-Bit- und im 8-Bit-Modus. Wie der Name bereits sagt, werden dabei für die Ansteuerung 4 oder 8 Datenbits benötigt.

Der 4-Bit-Modus hat hier den Vorteil, dass weniger digitale Ausgänge des Arduinos erforderlich sind.

Im 8-Bit-Modus hingegen können mehr Informationen parallel geliefert werden, und entsprechend schneller wird die Anzeige aktualisiert.

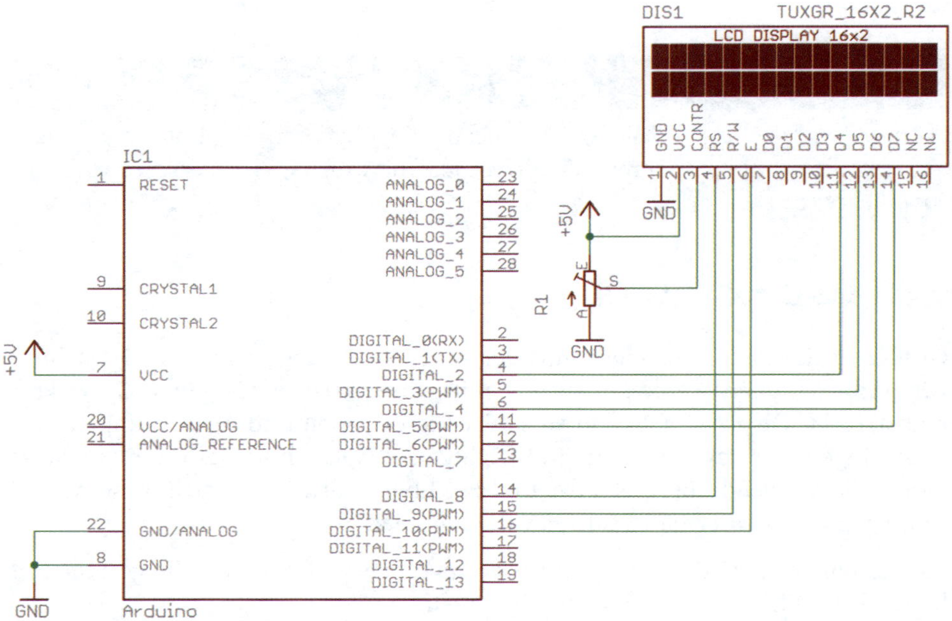

Abb. 7.10: LC-Display: Ansteuerung eines parallelen Displays im 4-Bit-Modus

Die Kommunikation zwischen dem Arduino-Board und dem parallelen Display erfolgt mittels der Arduino-Bibliothek `LiquidCrystal`, die bei der Standardinstallation der Entwicklungsumgebung eingerichtet wird.

`http://www.arduino.cc/en/Tutorial/LiquidCrystal`

Bei der Verbindung des LC-Displays mit dem Arduino ist zu beachten, dass im 4-Bit-Modus neben den Kommunikationssignalen (RS, R/W, ENABLE) nur die Datenleitungen D4 bis D7 verwendet werden. Die Datenleitungen D0 bis D3 bleiben ungenutzt. In Abbildung 7.10 ist die Schaltung des 4-Bit-Modus abgebildet.

```
#include <LiquidCrystal.h>

//lcd (rs, rw, enable, D4, D5, D6, D7)
LiquidCrystal lcd(8, 9, 10, 2, 3, 4, 5);

void setup()
{
  // LCD-Setup: Anzahl Zeichen, Anzahl Zeilen
  lcd.begin(16, 2);
```

```
  // Ausgabe Text
  lcd.print("Hallo Arduino-Benutzer");
}

void loop()
{
  // Cursor setzen setCursor(Spalte, Zeile)
  // 1. Zeichen, 1 Zeile
  lcd.setCursor(0, 0);
  lcd.print("Zeile 1");
  // 1. Zeichen, 2. Zeile
  lcd.setCursor(0, 1);
  lcd.print("Zeile 2");
}
```

Listing 7.6: LC-Display: Setup des parallelen Displays im 4-Bit-Modus

Wie man in Listing 7.6 erkennt, wird mit der Anweisung `LiquidCrystal lcd()` ein Display-Objekt erstellt. Mit den zusätzlichen Parametern werden die Signale und Datenleitungen des Arduinos an das Objekt übergeben. Die Zahlen entsprechen den Portnummern des Arduino-Boards. Anschließend kann mittels der Anweisung `print()` ein Text auf dem Display ausgegeben werden.

Nachfolgend die wichtigsten Funktionen für die Ansteuerung des parallelen LC-Displays mit der `LiquidCrystal`-Bibliothek.

LiquidCrystal(rs, rw, enable, d4, d5, d6, d7)/ LiquidCrystal(rs, rw, enable, d0, d1, d2, d3, d4, d5, d6, d7)

Erzeugt ein Objekt mit den zugehörigen Parametern. Jede übergebene Zahl entspricht der Portnummer des Arduino-Ausgangs. Bei der Übergabe der Datenleitungen D4 bis D7 wird das Display im 4-Bit-Modus betrieben, bei der Übergabe der Datenleitungen D0 bis D7 arbeitet das Display im 8-Bit-Modus.

```
LiquidCrystal lcd(8, 9, 10, 2, 3, 4, 5);
```

clear()

Diese Funktion löscht den Display-Inhalt, und der Cursor wird oben links positioniert.

```
lcd.clear();
```

home()

Positioniert den Cursor oben links. Die Display-Anzeige bleibt unverändert.

```
lcd.home();
```

setCursor(Spalte, Zeile)

Diese Funktion bewegt den Cursor an eine angegebene Position auf dem Display. Eine 0 setzt den Cursor auf die erste Spalte beziehungsweise Zeile.

```
// Cursor an 10. Zeichen in 2. Zeile
lcd.setCursor(9,1);
// Cursor an 1. Zeichen in 1. Zeile
lcd.setCursor(0,0);
```

write()

Gibt ein einzelnes Zeichen auf dem Display aus.

```
lcd.write(Serial.read());
```

print()

Gibt einen Text auf dem Display aus.

```
lcd.print("Hallo Arduino-Benutzer");
```

cursor()

Diese Funktion blendet den Cursor an der Position ein, auf der das nächste Zeichen geschrieben wird.

```
lcd.cursor();
```

noCursor()

Blendet den Cursor wieder aus.

```
lcd.noCursor();
```

Weitere Funktionen und Beispiele sind bei den Beispielsketchen der Bibliothek in der Entwicklungsumgebung zu finden.

7.3.2 Serielle LC-Displays

Serielle Displays sind im Gegensatz zu parallelen Displays teurer, jedoch vermindert sich der Aufwand für die Verdrahtung und Ansteuerung des Displays. Eine Elektronik auf dem Display regelt die Umsetzung des seriellen Signals und die Anzeige der Zeichen auf dem Display. Die Ansteuerung selbst erfolgt mittels des seriellen Signals Senden (TX). Zusätzlich werden die Versorgungsleitungen GND und 5 V mit dem Display verbunden (Abbildung 7.11).

Serielle Displays werden von vielen Händlern angeboten. Der Autor hat für seine Tests Displays von Sparkfun verwendet.

```
https://www.sparkfun.com/products/9395
```

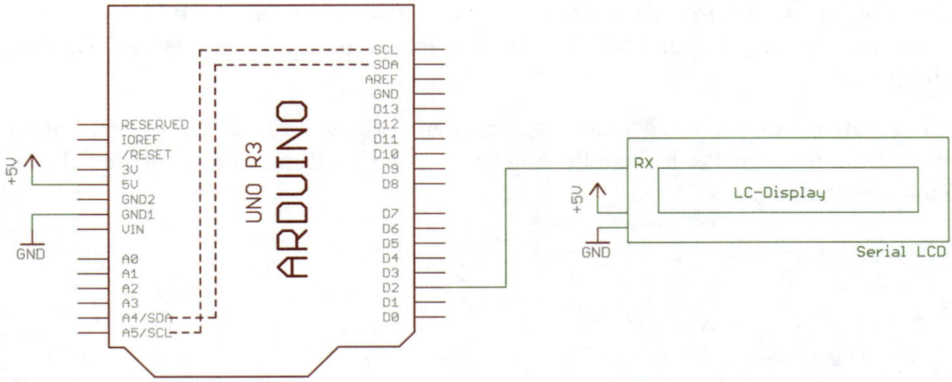

Abb. 7.11: LC-Display: Ansteuerung des seriellen Displays

Zur Ansteuerung der seriellen Displays eignet sich die Bibliothek `SerialLCD`.

`https://github.com/scogswell/ArduinoSerLCD`

Beim Einsatz serieller Displays muss immer beachtet werden, welche serielle Schnittstelle des Arduino-Boards verwendet wird. Standardmäßig bietet der Arduino Uno nur eine serielle Schnittstelle in Form von Hardware, nämlich an den Pins 0 und 1.

Da diese Schnittstelle aber auch für den Daten-Upload genutzt wird, empfiehlt es sich, eine zusätzliche Schnittstelle einzurichten und zu nutzen. Mit der Bibliothek `SoftwareSerial` die standardmäßig zur Verfügung steht, kann man einfach serielle Schnittstellen in Form von Software einrichten.

Zur Ansteuerung des seriellen Displays werden zuerst die notwendigen Bibliotheken geladen.

```
#include <SoftwareSerial.h>
#include <SerLCD.h>
```

Anschließend werden Objekte für die serielle Schnittstelle und das Display instanziiert. Das serielle Objekt `NSS` ist die Schnittstelle, an der das serielle Display angeschlossen wird. Für den Display-Einsatz wird nur das an Pin 2 anliegende Signal Tx benötigt.

```
// SoftwareSerial NSS(RX,TX)
SoftwareSerial NSS(3,2);

// LCD-Objekt (Schnittstellenobjekt, Zeichen, Zeilen)
SerLCD myLCD(NSS,16,2)
```

Das Displayobjekt myLCD nutzt die vorher erstellte serielle Schnittstelle. Dem Objekt selber werden noch Angaben über Zeichenzahl pro Zeile und Zeilenanzahl übergeben.

Im Setup werden die Übertragungsgeschwindigkeiten für die Standardschnittstelle und die Displayschnittstelle eingestellt. Anschließend werden beide Schnittstellen initialisiert.

```
void setup()
{
  // Serielle Schnittstelle für LCD
  NSS.begin(9600);
  // Standardschnittstelle
  Serial.begin(9600);
  // LCD-Initialisierung
  myLCD.begin();
}
```

Im Hauptprogramm wird zuerst der Inhalt des Displays gelöscht.

```
void loop()
{
  myLCD.clear();
```

Anschließend wird in Zeile 1 auf Position 0 ein Text ausgegeben.

```
  myLCD.setPosition(1,0);
  myLCD.print("SerLCD");
  delay(1000);
```

Nach einer Verzögerung wird in der zweiten Zeile eine weitere Textausgabe gemacht.

```
  myLCD.setPosition(2,0);
  myLCD.print("Arduino Praxis");
  delay(1000);
```

Mit der Anweisung `setBacklight()` wird die Hintergrundbeleuchtung aktiviert. Bei den Sparkfun-Displays wird dazu ein Wert übergeben.

```
  // Hintergrundbeleuchtung (128 = Aus, 150 = Ein)
  myLCD.setBacklight(128);
  delay(1000);
}
```

Neben der Ausgabe von einfachem Text bietet die Bibliothek `SerialLCD` noch eine ganze Anzahl weiterer Funktionen. In den beiden mitinstallierten Beispielen werden alle Möglichkeiten aufgezeigt.

Listing 7.7 zeigt das gesamte Testprogramm zur Ansteuerung eines seriellen Displays.

```
#include <SoftwareSerial.h>
#include <SerLCD.h>

// SoftwareSerial NSS(RX,TX)
SoftwareSerial NSS(3,2);

// LCD-Objekt (Schnittstellenobjekt, Zeichen, Zeilen)
SerLCD myLCD(NSS,16,2);

void setup()
{
  // Serielle Schnittstelle für LCD
  NSS.begin(9600);
  // Standardschnittstelle
  Serial.begin(9600);
  // LCD-Initialisierung
  myLCD.begin();
}

void loop()
{
  myLCD.clear();
  myLCD.setPosition(1,0);
  myLCD.print("SerLCD");
  delay(1000);
  myLCD.setPosition(2,0);
  myLCD.print("Arduino Praxis");
  delay(1000);

  // Hintergrundbeleuchtung (128 = Aus, 150 = Ein)
  myLCD.setBacklight(128);
  delay(1000);
}
```

Listing 7.7: Ansteuerung eines seriellen LC-Displays mit der Bibliothek SerLCD

Serial LCD Kit

Neben dem erwähnten seriellen Display gibt es weitere Lösungen für Displays mit serieller Ansteuerung.

Das Serial LCD Kit von Sparkfun (`http://www.sparkfun.com/tutorials/289`) ist ein Standard-Display mit paralleler Ansteuerung, das über eine Zusatzelektronik zum seriellen Display erweitert wurde. Für die Seriell/Parallel-Wandlung wurde ein ATmega328-Mikrocontroller mit Arduino-Bootloader verwendet.

Dank der Arduino-Grundschaltung als Logik kann das Display auch für eigene Arduino-Anwendungen verwendet werden. Die Schaltung mit dem Arduino-Controller ist als Zusatzplatine realisiert und wird auf die Rückseite des LC-Displays gelötet.

Serial LCD Backpack

`http://www.sparkfun.com/products/258`

Wie das eben erwähnte Serial LCD Kit ist das Serial LCD Backpack eine kleine Zusatzschaltung, die mittels Leiterplatte auf ein paralleles LC-Display gelötet wird. Nachdem die Leiterplatte auf das Display gelötet ist, kann man das Display über eine serielle Schnittstelle ansteuern. Das ist praktisch für Arduino-Anwendungen, bei denen nicht mehr genügend Ports für eine parallele Displayansteuerung verfügbar sind.

7.4 LC Display Nokia 3310/5110

Neben den bisher beschriebenen Standard-Displays gibt es auch viele spezifische Displayvarianten. Als Beispiel ist hier das mehrzeilige Display, das in Handys von Nokia verwendet wird, zu erwähnen. Findige Bastler haben das mehrzeilige Display, das Texte und Grafiken darstellen kann, aus alten Nokia-Geräten ausgebaut und zu einem Anzeigeelement für eigene Anwendungen umfunktioniert.

Zwischenzeitlich gibt es mehrere Shields und Breakout-Boards mit dem relativ günstigen Display.

iteadstudio

`http://iteadstudio.com/store/index.php?main_page=product_info&cPath=57_60&products_id=155`

nuelectronics

`http://www.nuelectronics.com/estore/index.php?main_page=product_info&cPath=1&products_id=12`

Dieses LC-Display besitzt eine Auflösung von 84 × 48 Pixeln (Breite × Höhe) und wird über die SPI-Schnittstelle (Treiberbaustein Typ PDC8544) angesteuert. Das

Display kann mit einer Spannung von 2,7 bis 3,3 Volt betrieben werden. Für den Einsatz mit einem Standard-Arduino-Board müssen für die fünf Ansteuerleitungen entsprechende Spannungsteiler mit Widerständen verwendet werden.

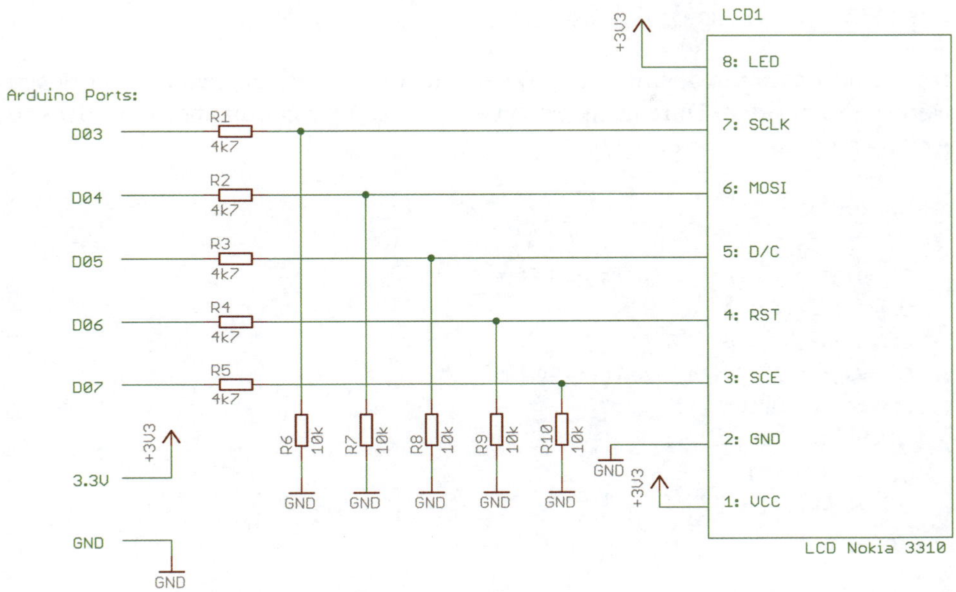

Abb. 7.12: LCD Nokia 3310/5110 mit Arduino

Die Display-Typen des Nokia 3310 und des Nokia 5110 sind kompatibel und können mit der gleichen Arduino-Bibliothek angesteuert werden.

`http://code.google.com/p/pcd8544/`

Neben dieser genannten Library gibt es noch weitere Bibliotheken, die von Arduino-Anwendern realisiert wurden. Diese sind aber noch nicht alle mit Arduino 1.0 kompatibel.

Nach dem Importieren der Bibliothek wird das LCD-Objekt erstellt.

```
#include <PCD8544.h>

// LCD Objekt erstellen
static PCD8544 lcd;
```

In der Setup-Routine wird die LCD-Abfrage gestartet und die Auflösung des Displays in Pixeln übergeben. In unserem Fall eine Breite von 84 Pixeln und eine Höhe von 48 Pixeln.

```
void setup()
{
  // Auflösung setzen (Breite, Höhe) in Pixel
  lcd.begin(84, 48);
}
```

Im Hauptprogramm können nun Daten auf die einzelnen Zeilen geschrieben werden. Nach jedem Durchgang erfolgt eine kurze Verzögerung bevor wieder von Anfang an gestartet wird.

```
void loop()
{
  // Ausgabe 1. Zeile, Position Mitte
  lcd.setCursor(42, 0);
  lcd.print("Zeile 1");
  // Ausgabe 2. Zeile, Position Anfang
  lcd.setCursor(0, 1);
  lcd.print("Zeile 2");
  // Verzögerung
  delay(500);
}
```

Basierend auf den beiden Beispielen, die mit der Bibliothek mitgeliefert werden, kann man relativ schnell eigene Zeichen realisieren und so das Programm den eigenen Wünschen anpassen.

7.5 LED-Matrix

LED-Matrizen sind eine spezielle Art von LED-Anzeige. LED-Matrizen bestehen aus einer Anzahl von Leuchtdioden, die gleichmäßig in Zeilen und Spalten aufgeteilt sind. Viele Matrixtypen sind mit 8 × 8 LEDs (acht Zeilen mit je acht LEDs) aufgebaut.

Um diese große Anzahl von Leuchtdioden anzusteuern, können nicht alle Anschluss-Pins aller Leuchtdioden herausgeführt werden. Theoretisch müssten in diesem Fall 128 Anschlussstifte (8 × 8 × 2) an der LED-Matrix vorhanden sein.

Die Lösung des Problems wird schon im Namen erwähnt: Ein Aufbau als Matrix vermindert die Anzahl der Anschluss-Pins.

Im Beispiel aus Abbildung 7.13 werden 16 Leuchtdioden für 4-Spalten- und 4-Zeilen-Pins angesteuert. Damit eine Leuchtdiode leuchtet, muss ein COL-Anschluss auf HIGH sein und der zugehörige ROW-Anschluss auf LOW. Möchte man beispielsweise LED 6 zum Leuchten bringen, muss COL2 auf HIGH und ROW2 auf LOW gesetzt werden. Damit mehrere Leuchtdioden zum Leuchten gebracht werden, wird jede einzelne LED nur kurz angesteuert. Auf diese Weise können alle Spalten- und Zeilen-LEDs durchgescannt und mit dem nötigen Pegel angesteuert werden. Diese Art der Ansteuerung wird als *Row-Column Scanning* bezeichnet.

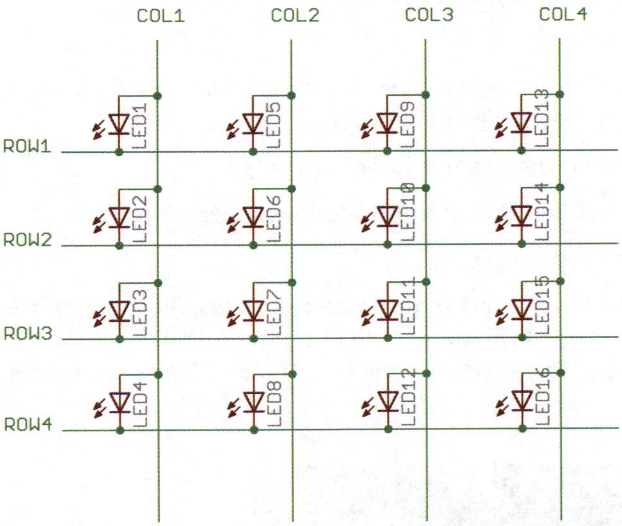

Abb. 7.13: LED-Matrix: Aufbau mit Spalten (COL) und Zeilen (ROW)

Viele Beispiele und Bibliotheken für die Ansteuerung von LED-Matrix-Anzeigen findet man im Arduino-Playground unter

`http://www.arduino.cc/playground/Main/LedControlDemos`

7.6 Projekt Geschwindigkeitsmesser fürs Fahrrad

Fahrradcomputer mit verschiedenen Funktionen gibt es im Handel schon für wenig Geld. Diese kleinen Technikwunder liefern dem Fahrradfahrer eine Menge Informationen wie Geschwindigkeit, zurückgelegte Distanz, Höchstgeschwindigkeit und meist noch weitere Daten.

Die meisten dieser kleinen Computer mit Display arbeiten nach dem gleichen Prinzip – ein Sensor an der Gabel erfasst das Signal eines Magneten, der am Laufrad montiert ist. Mittels einer Zeitmessung zwischen den einzelnen Sensorsignalen wird die aktuelle Geschwindigkeit ermittelt. Im Inneren des Geräts befindet sich meist ein Hall-Sensor, der das Magnetfeld des sich drehenden Magneten erfasst.

In diesem Projekt wird ein Geschwindigkeitsmesser realisiert, der die Fahrgeschwindigkeit des eigenen Fahrrads misst und auf einem Display darstellt. Unser

Arduino-Geschwindigkeitsmesser arbeitet nach dem gleichen Prinzip wie die im Handel erhältlichen Produkte.

Die Ermittlung der Fahrgeschwindigkeit erfolgt mittels einer Zeitmessung zwischen mehreren Sensorsignalen. Die Multiplikation der Anzahl der Impulse mit dem Radumfang ergibt die zurückgelegte Strecke.

```
Strecke = Impulse * Radumfang
```

Mit der Division Strecke geteilt durch gemessene Zeit erhält man eine Geschwindigkeit. In unserem Falls in Meter pro Sekunde (m/s).

```
Geschwindigkeit = Strecke / gemessene Zeit (in m/s)
```

Diese Geschwindigkeit wird nun in Kilometer pro Stunde umgerechnet.

```
Stundenkilometer = Geschwindigkeit * 3.6
```

Ein auf einer Leiterplatte aufgelöteter und an der vorderen Gabel befestigter Hall-Sensor ist das zentrale Element zur Erfassung der Radumdrehung. Der Autor verwendet einen handelsüblichen Magneten, der aus einem alten Fahrradcomputer stammt (Abbildung 7.14).

Abb. 7.14: Sensor für Zeitmessung

Das Sensorsignal wird nun über ein Kabel zum Arduino-Board geführt. Dabei ist zu beachten, dass sich die Lenkstange widerstandslos drehen lässt, ohne dass das Kabel einer mechanischen Spannung ausgesetzt ist.

Die Messeinheit, also das Arduino-Board, die Stromversorgung mit Batterie und die Anzeigeeinheit, in diesem Fall einem LC-Display von Nokia, wird auf einer Grundplatte an der Lenkstange befestigt. Der Autor hat zur Montage handelsübliche Gummiringe für den Haushalt verwendet (Abbildung 7.15).

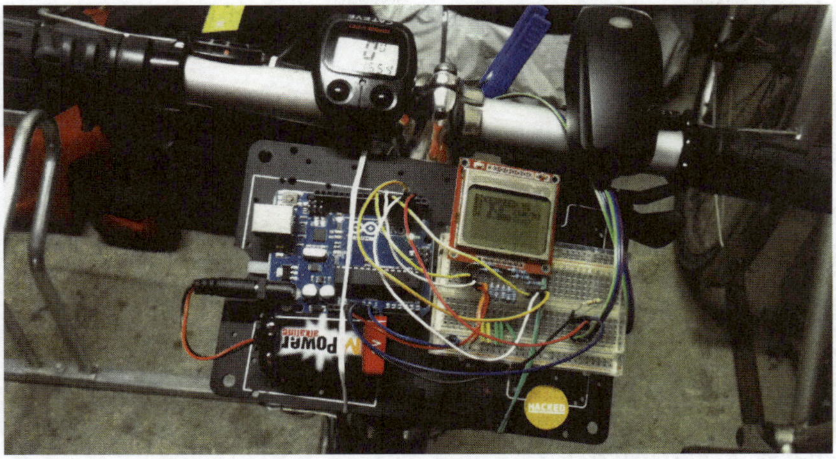

Abb. 7.15: Geschwindigkeitsmesser: Montage auf der Lenkstange

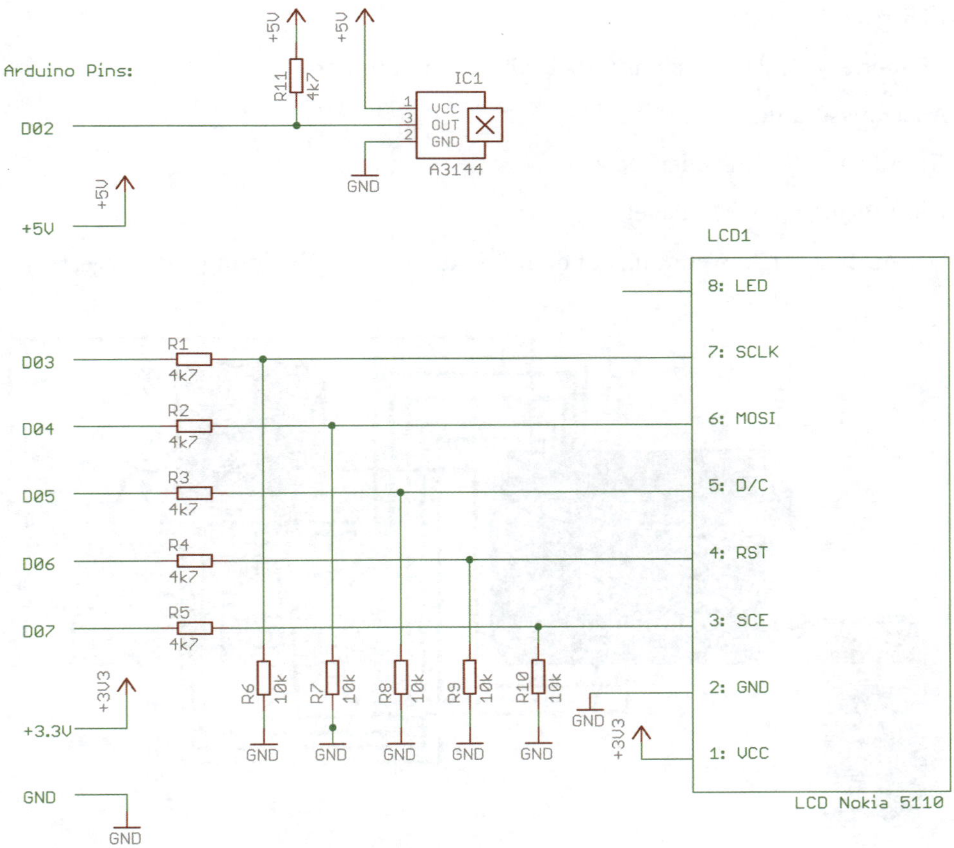

Abb. 7.16: Schaltung des Geschwindigkeitsmessers

Sensorzuführung und Display mit Vorwiderständen werden dabei auf einem kleinen Steckbrett montiert.

Die gesamte Schaltung des Geschwindigkeitsmessers ist in Abbildung 7.16 dargestellt. Zu beachten ist, dass das Display mit 3.3V versorgt wird. Der Hall-Sensor wiederum wird mit 5 V betrieben.

Stückliste (Geschwindigkeitsmesser)

1 Arduino-Board

1 Steckbrett

1 Hall-Sensor A3144 (IC1)

1 Widerstand 1 kOhm (R11)

5 Widerstände 47 kOhm (R1–R5)

5 Widerstände 10 kOhm (R6–R10)

1 Display Nokia 5110

1 Batterie 9V, inkl. Anschlusskabel mit 2,1-mm-Stecker

Anschlussdrähte

Grundplatte (Plastik oder Holz)

Gummiringe (zur Montage)

Der Aufbau der Anwendung auf dem Steckbrett ist in Abbildung 7.17 dargestellt.

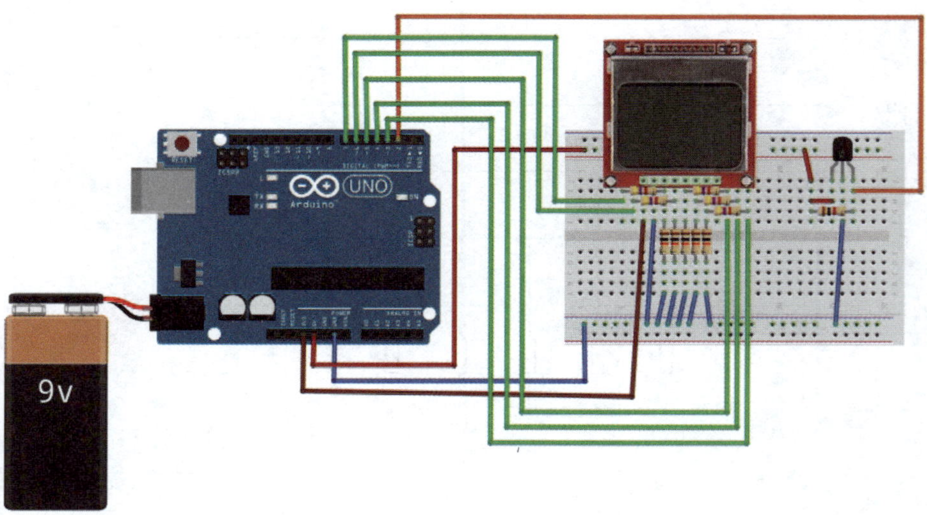

Abb. 7.17: Geschwindigkeitsmesser auf dem Steckbrett

Wie im Abschnitt zum Nokia-Display beschrieben, wird zur Ansteuerung mit 5 V-Signalen jeweils ein Spannungsteiler verwendet. Pro Signal wird ein Widerstandspaar (4,7 kOhm und 10 kOhm) verwendet.

Die Darstellung der Geschwindigkeit wird auf dem mehrzeiligen Nokia-Display realisiert. Dazu wird im Programm die entsprechende Bibliothek geladen.

```
#include <PCD8544.h>
```

Nun wird ein PCD8544-Objekt instanziert.

```
static PCD8544 lcd;
```

Das Signal des Hall-Sensors wird auf dem Arduino-Board mittels des Interrupts 0, der auf Pin 2 angeschlossen ist, empfangen.

```
int irqPin = 2;
```

Verschiedene Variablen werden bereitgestellt.

```
float umdreh;
float anz;
float rpm;
float spd;
float dist;

unsigned long timeold;
```

In der Variable `WHEELCIRC` wird der Umfang des Rades gespeichert. Beim Rad des Mountainbikes des Autors ergibt sich folgender Wert:

```
float WHEELCIRC = 2.0736;  // (2 * PI * 0.3302 in m)
```

Aus der Geometrie ist bekannt, dass der Umfang

```
2 * PI * Radius
```

beträgt. Zur Kontrolle kann der Umfang auch mit einem Maßband gemessen werden.

In der Setup-Routine wird nach der Initialisierung der seriellen Schnittstelle der Pull-up-Widerstand für den Sensor-Eingang aktiviert. Bekanntlich besitzt der verwendete Hall-Sensor A3144 einen offenen Transistorausgang (Open Collector).

```
void setup()
{
```

```
  Serial.begin(9600);
  // Interrupt Pull-up
  digitalWrite(irqPin, HIGH);
```

Der Interrupt 0 wird bei abfallender Flanke aktiviert und ruft dann die Funktion `count_umd` auf.

```
// Interrupt
attachInterrupt(0, count_umd, FALLING);
```

Am Ende des Setups werden das Nokia-LCD initialisiert und der Cursor auf die Grundposition gesetzt. Dann werden noch die Werte verschiedener Variablen auf 0 gesetzt.

```
// Display
  lcd.begin(84, 48);
  lcd.setCursor(0, 0);
  lcd.print("BIKESPEED V1");
  // Data
  umdreh = 0;
  rpm = 0;
  timeold = 0;
  dist=0;
}
```

Bei jedem Signal, das der Hall-Sensor empfängt, wird durch den Interrupt die Funktion `count_umd` aufgerufen. In dieser Funktion wird der Wert von `umdreh` um 1 erhöht und anschließend in der Variablen `anz` gespeichert.

```
void count_umd()
{
  umdreh=umdreh+1;
  anz=umdreh;
}
```

Im Hauptprogramm `loop()` wird nach einer Ausgabe auf dem Display geprüft, ob die Anzahl der Umdrehungen größer oder gleich 3 ist.

```
void loop()
{
  lcd.setCursor(0, 0);
  lcd.print("BIKESPEED V1");
  if (umdreh >= 3)
```

Falls diese Bedingung erfüllt ist, wird die Berechung gestartet. Zuerst wird die Zeitdifferenz zur letzten Berechnung ermittelt und in der Variablen `timediff` gespeichert.

```
{
// Berechnungen:
int timediff=millis()-timeold;
```

Nun wird die Umdrehungsgeschwindigkeit `rpm` berechnet. Die anschließende Multiplikation mit dem Umfang und dem Wert 3600 ergibt die Geschwindigkeit in Kilometern pro Stunde (km/h).

```
rpm = anz/timediff;
// Geschwindigkeit
spd = (rpm * WHEELCIRC * 3600);
```

Die Berechung der zurückgelegten Distanz erfolgt durch Addition der zurückgelegten Strecke während der letzten Messphase (Anzahl Umdrehungen x Radumfang).

```
// Distanz
dist = dist + (anz * WHEELCIRC);
```

Jetzt werden die ermittelten Werte zur Kontrolle auf die serielle Schnittstelle geschrieben.

```
// Ausgabe Serial Monitor
Serial.print("Speed:");
Serial.print(spd,1);
Serial.println(" km/h");
Serial.print("Distance:");
Serial.print(dist/1000,3);
Serial.println(" m");
timeold = millis();
umdreh = 0;
}
```

Am Ende dieser Messphase werden die berechneten Werte für Geschwindigkeit und Distanz auf dem LC-Display dargestellt.

```
// Ausgabe Display
lcd.setCursor(0, 1);
lcd.print("G: ");
lcd.setCursor(20, 1);
```

```
lcd.print(spd,1);
lcd.setCursor(50, 1);
lcd.print("(km/h)");
lcd.setCursor(0, 2);
lcd.print("D: ");
lcd.print(dist/1000,3);
lcd.setCursor(50, 2);
lcd.print("(km)");
}
```

Mit der Wertzuweisung an die Umdrehungsanzahl beginnt eine neue Zeit- und Umdrehungsmessung.

In Listing 7.8 ist das ganze Programm für den Geschwindigkeitsmesser dargestellt.

```
#include <PCD8544.h>

static PCD8544 lcd;

int irqPin = 2;

float umdreh;
float anz;
float rpm;
float spd;
float dist;

unsigned long timeold;

float WHEELCIRC = 2.0736;  // (2 * PI * 0.3302 in m)

void setup()
{
  Serial.begin(9600);
  // Interrupt Pullup
  digitalWrite(irqPin, HIGH);
  // Interrupt
  attachInterrupt(0, count_umd, FALLING);
  // Display
  lcd.begin(84, 48);
  lcd.setCursor(0, 0);
  lcd.print("BIKESPEED V1");
```

```
  // Data
  umdreh = 0;
  rpm = 0;
  timeold = 0;
  dist=0;
}

void loop()
{
  lcd.setCursor(0, 0);
  lcd.print("BIKESPEED V1");
  if (umdreh >= 3)
  {
    // Berechnungen:
    int timediff=millis()-timeold;
    rpm = anz/timediff;
    // Geschwindigkeit
    spd = (rpm * WHEELCIRC * 3600);
    // Distanz
    dist = dist + (anz * WHEELCIRC);

    // Ausgabe Serial Monitor
    Serial.print("Speed:");
    Serial.print(spd,1);
    Serial.println(" km/h");
    Serial.print("Distance:");
    Serial.print(dist/1000,3);
    Serial.println(" m");
    timeold = millis();
    umdreh = 0;
  }

  // Ausgabe Display
  lcd.setCursor(0, 1);
  lcd.print("G: ");
  lcd.setCursor(20, 1);
  lcd.print(spd,1);
  lcd.setCursor(50, 1);
  lcd.print("(km/h)");
  lcd.setCursor(0, 2);
  lcd.print("D: ");
  lcd.print(dist/1000,3);
```

```
  lcd.setCursor(50, 2);
  lcd.print("(km)");
}

void count_umd()
{
  umdreh=umdreh+1;
  anz=umdreh;
}
```

Listing 7.8: Geschwindigkeitsmesser fürs Fahrrad

7.7 Projekt Schrittzähler

Sportliche Arduino-Bastler möchten nicht nur wissen, wie weit sie mit dem Fahrrad gefahren sind. Ein Schrittzähler zählt die während der regelmäßigen Laufrunde zurückgelegten Schritte. Anhand der Anzahl der Schritte und deren Länge kann die zurückgelegte Strecke ermittelt werden.

Zur Bewegungserfassung beim Laufen wird in diesem Projekt ein Piezoelement, das üblicherweise als Tongeber verwendet wird, eingesetzt (Abbildung 7.18). Dabei wird der sogenannte Piezoeffekt ausgenutzt, der bewirkt, dass bei Krafteinwirkung auf das Piezo-Element eine Gleichspannung entsteht (`http://de.wikipedia.org/wiki/Piezoeffekt`).

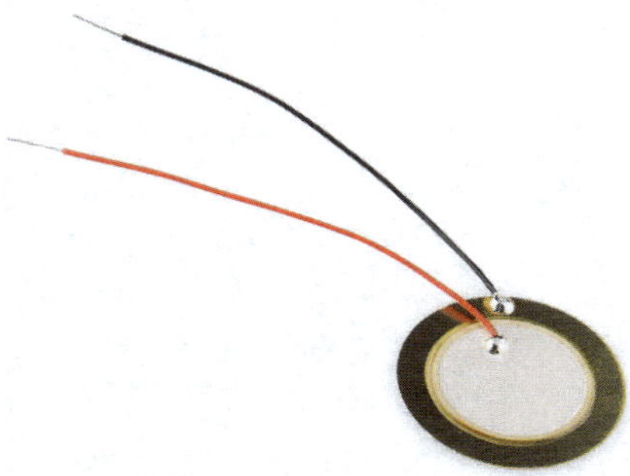

Abb. 7.18: Piezoelement (Bild: boxtec.ch)

Diese Spannung wird anschließend über einen analogen Eingang des Arduino-Boards eingelesen.

In Abbildung 7.19 ist die Grundschaltung des Piezoelementes dargestellt. Wird die Schaltung nun bewegt, gibt das Piezoelement eine Spannung ab, die an den Anschlüssen + und – gemessen werden kann. Die Diode D1 dient zum Abblocken negativer Spannungen. R1 dient als hochohmige Last.

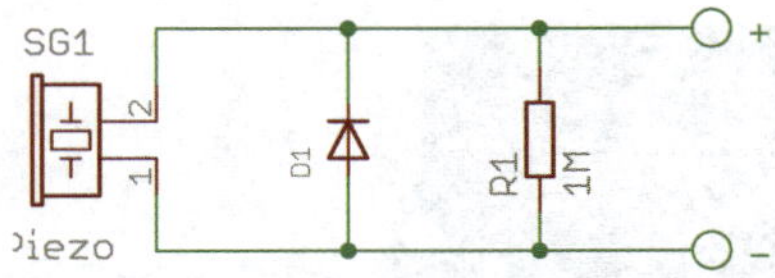

Abb. 7.19: Grundschaltung des Piezoelements

Schließt man nun ein Oszilloskop an und misst die Spannung, so wird bei regelmäßiger Bewegung ein Signal sichtbar. Abbildung 7.20 zeigt das Spannungssignal während der Laufbewegung. Wie man auf dem Diagramm erkennt, wird ein Signal von 20 bis 30 mV erzeugt, das nun vom angeschlossenen Mikrocontroller ausgewertet werden kann.

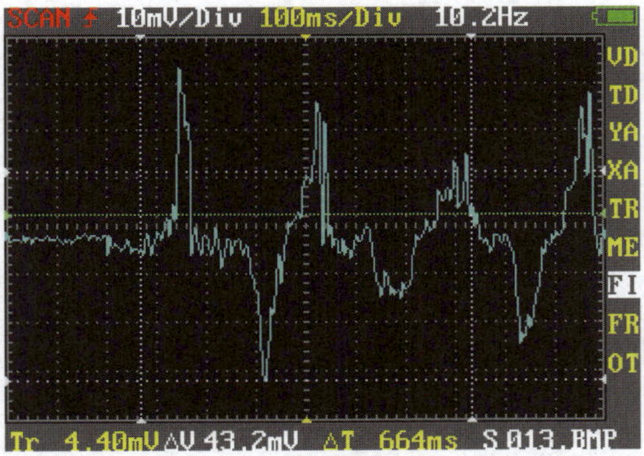

Abb. 7.20: Spannungssignal des Piezoelementes bei Bewegung

Stückliste (Schrittzähler)

1 Arduino-Board

1 Lochrasterplatine mit Lötstreifen

1 Piezoelement

1 Diode 1N4148

1 Widerstand 1 MOhm

Damit der Schrittsensor beim Laufen fest bleibt, hat der Autor seine Komponenten auf einer Lochrasterplatine mit Lötbahnen aufgebaut. Der Aufbau ist in Abbildung 7.21 dargestellt.

Das Schrittzähler-Programm misst nun mittels eines analogen Eingang das Spannungssignal. Um einen Schritt zu erfassen, wird dabei das Eingangssignal mit einem Schwellwert verglichen. Falls das Eingangssignal höher als der Schwellwert ist, wird dies als ein Schritt bewertet.

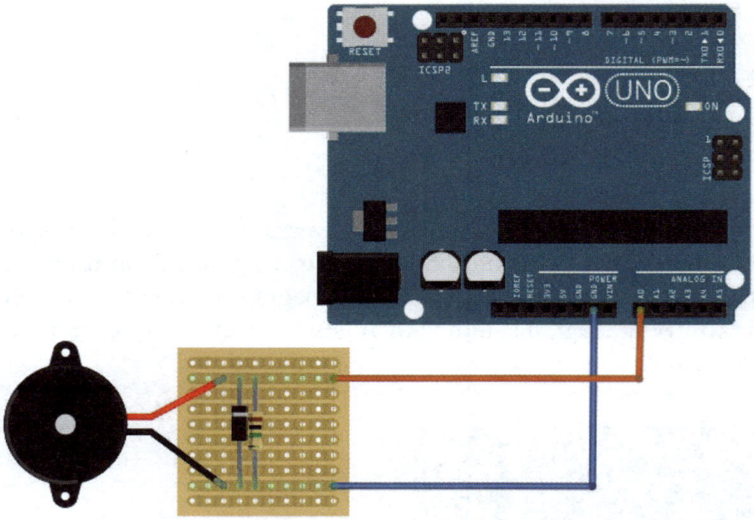

Abb. 7.21: Schrittzähler auf der Lochrasterplatine

Wie aus dem Signalbild des Oszilloskops zu erkennen ist, liegen die Signale des Piezoelementes im Bereich von 10 bis 20 Millivolt. Der interne 10-Bit-Analog/Digital-Wandler des Mikrocontrollers kann bei einer Referenzspannung von 5 V somit ein minimales Signal 4,88 Millivolt messen.

`5 V / 1024 = 4,88 mV`

Der Schaltpegel wird also etwa bei einem Wert von 2 bis 3 mV liegen.

Nun zum Programm des Schrittzählers.

Nach der Deklaration der Variablen

```
int piezoPin = 0;
int sensorValue;
int Schwellwert=2;
int SchrittLaenge= 60;
int Count=0;
float Distanz=0;
```

wird in der Setup-Routine die serielle Schnittstelle initialisiert.

```
void setup()
{
  Serial.begin(9600);
  Serial.print("Start Schrittzähler");
}
```

Im Hauptprogramm wird jeweils zu Beginn der analoge Wert des Piezosensors eingelesen.

```
void loop()
{
  // Analogwert einlesen
  sensorValue = analogRead(piezoPin);
```

Zur Kontrolle wird der Wert auf der seriellen Schnittstelle ausgegeben.

```
Serial.println(sensorValue);
```

Wie bereits erwähnt, wird der analoge Wert mit einem definierten Schwellwert (Variable `Schwellwert`) verglichen.

```
if (sensorValue > Schwellwert)
```

Ist der Messwert höher als der Schwellwert, wird dies als Schritt erkannt. Die Variable `Count`, in der der aktuellen Stand der Schritte gespeichert ist, wird um 1 erhöht. Die Distanz in Metern ergibt sich aus der Multiplikation der Anzahl der Schritte mit der Schrittlänge in cm. Zur Umrechnung in Meter wird der Distanzwert anschließend durch 100 geteilt.

```
{
    Serial.println("Schritt");
    Count=Count+1;
    // Distanz
    Distanz=Count*60/100;
    Serial.print("Distanz ");
    Serial.print(Distanz);
    Serial.println(" m");
  }
```

Nach einer kurzen Wartepause von 100 Millisekunden ist der Messdurchgang abgeschlossen.

```
delay(100);
}
```

Das komplette Programm ist in Listing 7.9 dargestellt.

```
int piezoPin = 0;
int sensorValue;
int Schwellwert=2;
```

```
int SchrittLaenge= 60;
int Count=0;
float Distanz=0;

void setup()
{
  Serial.begin(9600);
  Serial.print("Start Schrittzähler");
}

void loop()
{
  // Analogwert einlesen
  sensorValue = analogRead(piezoPin);
  Serial.println(sensorValue);
  if (sensorValue > Schwellwert)
  {
    Serial.println("Schritt");
    Count=Count+1;
    // Distanz
    Distanz=Count*60/100;
    Serial.print("Distanz ");
    Serial.print(Distanz);
    Serial.println(" m");
  }
  delay(100);
}
```

Listing 7.9: Schrittzähler mit Piezoelement

Aufbau

Wie bereits erwähnt, sollte der Sensor auf einer stabilen Leiterplatte aufgelötet werden. Das Piezoelement des Autors besitzt sehr dünne Anschlussdrähte, mit denen sich auf einem Steckbrett kein sauberer Kontakt herstellen lässt. Als Leiterplatte eignet sich auch ein Proto-Shield (Erweiterungsplatine mit freien Lötpunkten).

Die Darstellung der Anzahl der Schritte und der Distanz erfolgt im Beispiel über die serielle Schnittstelle. Zur Anzeige während des Laufens kann ein Display wie das Nokia-Display aus dem vorherigen Projekt verwendet werden.

Zur mobilen Stromversorgung eignet sich eine 9-V-Batterie, die direkt am Arduino-Board angeschlossen wird. Eine andere Möglichkeit wäre der Einsatz eines Spannungswandler-Shields wie des Power-Shields (`http://imall.iteadstudio.com/im12115001.html`).

Kapitel 8

Datenverarbeitung

Die Schaltzentrale Arduino empfängt Daten, wertet Informationen aus und sendet Signale an die angeschlossenen Aktoren. Analoge und digitale Informationen werden im Arduino eingelesen und ausgewertet. Soeben ist die Hauskatze am Katzentürchen aufgetaucht und der RFID-Reader hat die Information am Halsband der Katze erkannt und gibt das Okay an den Servo. Die Katzenklappe geht auf.

Im Wohnzimmer meldet der Drucksensor, dass eine Person über die Türschwelle getreten ist und die Beleuchtung wird langsam eingeschaltet.

Wird der Arduino als Datenlogger oder Messwerterfassungssystem genutzt, werden Daten gesammelt. Diese Daten werden meist auf einer Anzeige ausgegeben, beispielsweise ein Temperaturwert, ein Abstandswert oder geografische Standortinformationen. Möchte man die gemessenen Daten weiterverwenden, müssen sie auf einem Speichermedium oder in einer Protokolldatei abgelegt werden.

Die folgenden Abschnitte beschreiben Techniken zur Weiterverarbeitung oder Weitergabe dieser Daten an andere Systeme oder Programme.

8.1 Daten speichern

8.1.1 Daten im ATmega-Controller speichern

Der Mikrocontroller auf dem Arduino-Board besitzt ein eigenes internes EEPROM, das Daten speichern kann. Diese Daten stehen auch nach einer Unterbrechung der Versorgungsspannung wieder zur Verfügung. Die Speicherkapazität des internen EEPROM beträgt nur 512 Bytes. So wenig Speicherplatz kann somit nicht als optimaler Ablageort für ein GPS-Modul gedacht sein, das alle fünf Minuten einen Wert im Speicher ablegen will. Andernfalls kann man einfach nur eine kleine Reihe von Daten speichern. Sobald alle 512 Bytes aufgebraucht sind, wird beim Speichern wieder der erste Speicherort verwendet und der bisherige Wert überschrieben.

Das Beschreiben und Lesen des internen EEPROMs erfolgt mit der `EEPROM`-Bibliothek. Diese Bibliothek besitzt die beiden Funktionen `write()` und `read()`.

Beim Schreiben der Daten ins EEPROM ist zu beachten, dass jeweils nur 1 Byte pro Adresse geschrieben werden kann, also 8 Bit. Der Adressbereich liegt zwischen 0 und 511.

```
// EEPROM beschreiben
#include <EEPROM.h>

void setup()
{
  for (int i = 0; i < 512; i++)
  // Adresse mit Adresswert beschreiben
  EEPROM.write(i, i);
}

void loop()
{
}
```

Listing 8.1: EPPROM: Schreiben ins interne EEPROM

Mit der Lesefunktion können nun die Daten aus dem EEPROM gelesen werden.

```
// Lesen der Daten aus dem EEPROM
#include <EEPROM.h>

int a = 0;
int valEE;

void setup()
{
  Serial.begin(9600);
}

void loop()
{
  // Daten lesen aus EEPROM
  valEE = EEPROM.read(a);
  // Ausgabe auf serieller Schnittstelle
  Serial.print(a);
  Serial.print(": ");
  Serial.println(valEE);

  // Adresszähler erhöhen
  a = a + 1;
  // Falls Adresse = 512, wieder bei 0 beginnen
  if (a == 512) {
   a = 0;
  }
```

```
  delay(500);
}
```

Listing 8.2: EEPROM: Daten auslesen

Da vor dem erstmaligen Beschreiben des EEPROMs alle Werte auf 255 gesetzt sind, sollte vor jedem Start eines Schreibvorgangs das gesamte EEPROM gelöscht werden, indem alle Speicherplätze mit 0 überschrieben werden.

```
void ClearEEPROM ()
{
  // ganzes EEPROM durchlaufen
  for (int a=0; a < 512; a++)
  {
   // und Werte auf 0 setzen
   EEPROM.write(a, 0);
  }
}
```

Da der Speicherbereich im EEPROM sehr klein ist, sollten Sie sich bei der Speicherung von Daten Gedanken über das Zeitintervall machen. Muss wirklich jede Minute ein Temperaturwert ermittelt werden, oder reicht vielleicht auch ein Wert jede halbe Stunde?

Ein Punkt, den man beim Einsatz des EEPROM beachten sollte, ist die Anzahl der Schreib-/Lesezyklen. Gemäß Datenblatt des Mikrocontrollers liegt die Anzahl der garantierten Schreib- und Lesezyklen bei 100.000. Bei regelmäßigem Beschreiben kann dieser Wert schnell erreicht werden. Wie die Erfahrung zeigt, liegt die Zahl in der Praxis aber höher. Um sich keine unnötigen Probleme einzuhandeln, sollten Sie diesen Umstand dennoch im Kopf behalten.

Beim Realisieren einer Lösung zur Datenspeicherung sollte man sich also immer diese Gedanken machen. Ein Ansatz wäre das Speichern der gemessenen Werte im RAM. Nach einer bestimmten Anzahl von Messwerten könnte dann ein Mittelwert errechnet werden, und dieser wird dann im EEPROM gespeichert.

8.1.2 Daten in externem EEPROM ablegen

Ist mit den 512 Bytes des internen EEPROMs nicht genügend Platz vorhanden, muss die Datenspeicherung in einen externen Speicherbaustein ausgelagert werden. EEPROMs gibt es mittlerweile mit Speicherkapazitäten von mehr als 256 KB.

Um auch in dieser Anwendung Arduino-Ports zu sparen, wird ein serieller EEPROM-Baustein eingesetzt. Der Typ 24LC64 ist ein serielles 64-KB-EEPROM, das über den bereits bekannten I^2C-Bus angesteuert werden kann.

`http://ww1.microchip.com/downloads/en/devicedoc/21189f.pdf`

Wie auch bei anderen I²C-Bus-Bausteinen ist für den 24LC64 nur eine minimale externe Beschaltung nötig.

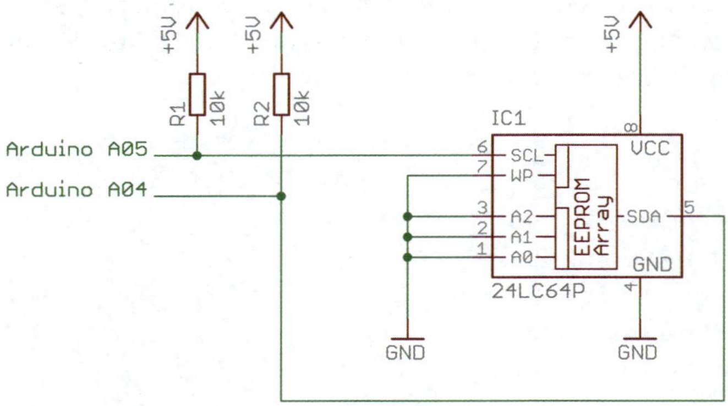

Abb. 8.1: Daten in externem EEPROM speichern

Wie die anderen I²C-Bausteine benötigt das serielle EEPROM ebenfalls eine eindeutige Busadresse. Die ersten 4 Bits sind die vier Kontroll-Bits, die für Lesen und Schreiben fix mit 1010 definiert sind. Die ersten 3 Bits sind die Adress-Bits, die vom Anwender definiert werden können. Diese werden über die Pins 1 bis 3 (A0 bis A2) konfiguriert.

Im Beispiel sind die Adress-Bits fest an GND angeschlossen, dies ergibt die Bausteinadresse 50 (Hex) oder 80 (Dezimal).

Die Busadresse wird in der folgenden Form definiert:

1	0	1	0	A2	A1	A0

Der Zugriff auf das EEPROM für das Lesen und Schreiben von Daten erfolgt mit mehreren Funktionen, die nicht als Bibliothek, aber als direkt verwendbare Funktionen zur Verfügung stehen (`http://www.arduino.cc/playground/Code/I2CEEPROM`).

Die eigentliche Kommunikation erledigt wieder die `Wire`-Bibliothek.

```
#include <Wire.h>
#define eeprom 0x50  // Adresse festlegen

void setup(void)
{
  Wire.begin();
  Serial.begin(9600);
```

```
  unsigned int address = 0;  // Startadresse
  Serial.println("10 Bytes Daten schreiben");
  for(address = 0; address<10; address++)
  {
  // Daten ausgeben
  Serial.print("Write: ");
  Serial.println(address);
  // Adresswert als Daten in EEPROM schreiben
  writeEEPROM(eeprom, address, address);
  }

  // Ausgabe Daten
  for(address = 0; address<10; address++) {
    Serial.print(readEEPROM(eeprom, address), HEX);
    Serial.print(", ");
  }
}

void loop()
{
}

void writeEEPROM(int deviceaddress, unsigned int eeaddress, byte data )
{
  Wire.beginTransmission(deviceaddress);
  Wire.write((int)(eeaddress >> 8));   // MSB
  Wire.write((int)(eeaddress & 0xFF)); // LSB
  Wire.write(data);
  Wire.endTransmission();
}

byte readEEPROM(int deviceaddress, unsigned int eeaddress )
{
  byte rdata = 0xFF;
  Wire.beginTransmission(deviceaddress);
  Wire.write((int)(eeaddress >> 8));   // MSB
  Wire.write((int)(eeaddress & 0xFF)); // LSB
  Wire.endTransmission();
  Wire.requestFrom(deviceaddress,1);
  if (Wire.available()) rdata = Wire.read();
  return rdata;
}
```

Listing 8.3: Externes EEPROM: Daten schreiben und lesen

Auch bei externen EEPROM-Bausteinen ist die Anzahl der Schreib-/Lesezyklen begrenzt und sollte bei der Realisierung einer Anwendung beachtet werden.

8.1.3 Daten auf SD-Karte speichern

Größere Datenmengen zu speichern und anschließend auf dem eigenen Rechner auszuwerten und weiterzuverarbeiten, ist mit den bisher beschriebenen Methoden zur Datenspeicherung nicht realisierbar. Daten eines Temperatursensors oder die Luftfeuchtigkeit können zwar im EEPROM gespeichert werden. Wir haben aber gesehen, dass einerseits die Anzahl der Bearbeitungszyklen im EEPROM zu beachten ist und andererseits die Größe des möglichen Speichers noch nicht für große Datenmengen ausgelegt ist.

Im PC- und Fotobereich werden größere Datenmengen auf einfach nutzbare Speicherkarten gespeichert, beispielsweise SD-Karten. Diese Karten sind robust, können einfach transportiert und auf dem Zielsystem wieder gelesen werden.

Somit ist es naheliegend, diese Art von Speichermedium für den Einsatz im Arduino-Umfeld zu nutzen. Für den Datenzugriff auf eine SD-Karte ist ein entsprechender SD-Card-Adapter nötig. Ein solcher SD-Card-Adapter ist beispielsweise auf dem Ethernet-Shield verfügbar. Der Zugriff auf die SD-Karte erfolgt über den SPI-Bus (*Serial Peripheral Interface*). Der SPI-Bus ist eine Schnittstelle des Mikrocontrollers zu externen Komponenten und digitalen Schaltungen. Die SPI-Kommunikation erfolgt hierbei als synchrone Datenübertragung, das heißt, dass das Senden und Empfangen von Daten parallel ablaufen kann, da für beide Datenrichtungen eigene Signalleitungen zur Verfügung stehen. Das Arduino-Board nutzt zur SPI-Kommunikation die Portleitungen D10 bis D13.

Die Signale sind dabei:

D10: Slave Select (SS)

D11: Master Out, Slave In (MOSI)

D12: Master In, Slave Out (MISO)

D13: Clock (SCK)

Hinweis

Da die Ethernet-Schnittstelle standardmäßig auch über SPI mit dem Mikrocontroller kommuniziert, wird für die Nutzung der SD-Card zusätzlich noch ein Slave-Select-Signal benötigt, das auf dem Ethernet-Shield an Pin 4 anliegt. Das Slave-Select-Signal für die Ethernet-Schnittstelle, das an Pin 10 anliegt, bleibt bei der SD-Card-Anwendung ungenutzt.

SD Card Library

Ab der IDE-Version 0022 wird standardmäßig eine Bibliothek zum Schreiben und Lesen einer SD-Card mitgeliefert. Die Beispiel-Sketche der SD Card-Library ermöglichen dem Anwender einen einfachen und schnellen Einsatz.

Das Beispiel »Datalogger« schreibt eingelesene Analogwerte auf die SD-Karte. Zur Kontrolle der Funktionalität werden Statusmeldungen auf die serielle Schnittstelle geschrieben. Die erfassten Messwerte der analogen Ports werden nun, durch Komma getrennt, in die Textdatei `data.txt` geschrieben.

Nach dem Einbinden der SD Card-Bibliothek wird der Chip-Select-Port definiert:

```
#include <SD.h>

// Chip Select, Signal SS (Slave Select)
const int chipSelect = 4;
```

Dies ist, wie oben erwähnt, das Select-Signal für die SD-Card.

In der Setup-Routine wird die serielle Schnittstelle initialisiert und der Standard-Chip-Select des SPI als Ausgang definiert. Anschließend wird geprüft, ob die Karte bereit ist.

```
void setup()
{
  Serial.begin(9600);
  Serial.print("Initialisierung SD-Card...");
  // SPI Chip Select als Ausgang setzen, auch wenn nicht genutzt
  pinMode(10, OUTPUT);

  // Prüfen, ob SD-Card bereit für Initialisierung
  if (!SD.begin(chipSelect))
  {
    Serial.println("SD-Card ist nicht bereit oder fehlt");
    // nichts weiter zu tun
    return;
  }
  Serial.println("SD-Card initialisiert");
}
```

Zu Beginn der Hauptroutine wird ein Datenstring `datastring` definiert. In diesem String werden alle Daten zusammengefügt, die anschließend als Zeile in der Datei auf der SD-Card erscheinen. Nach jeder auf die Speicherkarte geschriebenen Zeile wird wieder ein neuer, leerer String erzeugt.

```
void loop()
{
  // String für Daten
  String dataString = "";
```

In einer Schleife werden die drei analogen Ports A0 bis A3 gelesen und die durch Kommazeichen voneinander getrennten Daten in den Datenstring geschrieben.

```
// 3 analoge Ports lesen und zusammenfügen
  // Trennzeichen ist Komma (,)
  for (int analogPin = 0; analogPin < 3; analogPin++) {
    int sensor = analogRead(analogPin);
    dataString += String(sensor);
    if (analogPin < 2) {
      dataString += ",";
    }
  }
```

Nun erfolgt der Zugriff auf die Speicherkarte und die Datendatei wird geöffnet.

```
// Datendatei öffnen
  // es kann immer nur eine Datei gleichzeitig geöffnet werden
  File dataFile = SD.open("data.txt", FILE_WRITE);
```

Falls die Datei bereit ist, werden die Daten hineingeschrieben. Zusätzlich erfolgt eine Ausgabe auf der seriellen Schnittstelle.

```
// falls Datei bereit, Daten schreiben
  if (dataFile)
 {
    dataFile.println(dataString);
    dataFile.close();
    // Daten auf seriellen Port schreiben
    Serial.println(dataString);
  }
```

Ist die Datei nicht bereit, erfolgt die Ausgabe einer Fehlermeldung auf der seriellen Schnittstelle.

```
}
  // Falls Fehler beim Öffnen der Datei, Meldung ausgeben
  else
  {
```

```
    Serial.println("Fehler beim Öffnen der Datendatei data.txt");
  }
}
```

In Listing 8.4 ist der gesamte Datenlogger dargestellt.

```
#include <SD.h>

// Chip Select, Signal SS (Slave Select)
const int chipSelect = 4;

void setup()
{
  Serial.begin(9600);
  Serial.print("Initialisierung SD-Card...");
  // SPI Chip Select als Ausgang setzen, auch wenn nicht genutzt
  pinMode(10, OUTPUT);

  // Prüfen, ob SD-Card bereit für Initialisierung
  if (!SD.begin(chipSelect))
  {
    Serial.println("SD-Card ist nicht bereit oder fehlt");
    // nichts weiter zu tun
    return;
  }
  Serial.println("SD-Card initialisiert");
}

void loop()
{
  // String für Daten
  String dataString = "";

  // 3 analoge Ports lesen und zusammenfügen
  // Trennzeichen ist Komma (,)
  for (int analogPin = 0; analogPin < 3; analogPin++) {
    int sensor = analogRead(analogPin);
    dataString += String(sensor);
    if (analogPin < 2) {
      dataString += ",";
    }
  }
```

```
  // Datendatei öffnen
  // es kann immer nur eine Datei gleichzeitig geöffnet werden
  File dataFile = SD.open("data.txt", FILE_WRITE);

  // falls Datei bereit, Daten schreiben
  if (dataFile)
  {
    dataFile.println(dataString);
    dataFile.close();
    // Daten auf seriellen Port schreiben
    Serial.println(dataString);
  }
  // Falls Fehler beim Öffnen der Datei, Meldung ausgeben
  else
  {
    Serial.println("Fehler beim Öffnen der Datendatei data.txt");
  }
}
```

Listing 8.4: Datenlogger – Daten speichern auf einer SD-Card

Eingebaut in eine kleine Box kann dieser einfache Datenlogger eigenständig Daten sammeln und intern speichern. Zur Datenauswertung mittels einer Zeitachse fehlt dem Datenlogger ein Zeitstempel. Die genaue Zeit kann mit einem speziellen Uhrenbaustein, beispielsweise einem DS1307 (siehe Abschnitt 4.4.3), oder einem DCF-77-Empfänger ermittelt werden. Falls der Datenlogger GPS-Daten erfasst, ist die genaue Uhrzeit direkt aus dem Datenstring des GPS-Moduls auslesbar.

SD Card Shield

Neben dem SD-Card-Adapter auf dem Ethernet-Shield gibt es weitere Hardware-Lösungen mit integriertem SD-Card-Adapter. Diese Lösungen sind meist als Shield realisiert und können direkt auf ein Arduino-Board gesteckt werden. Je nach Bauform und Art und Größe des Shields können SD-Cards oder Mini-SD-Cards eingesteckt werden. Da diese Kartenadapter, wie beim Ethernet-Shield, über den SPI-Bus angesprochen werden, kann die Standard-SD-Bibliothek für den Datenzugriff eingesetzt werden. Falls einige Hardware-Varianten diese Bibliothek nicht unterstützen, ist das in der Produktbeschreibung erwähnt.

Nachfolgend ein paar Hardware-Lösungen, die für Datenlogger-Anwendungen genutzt werden können.

Logger Shield (Adafruit)

`http://www.ladyada.net/make/logshield/index.html`

Das Logger Shield von Adafruit ist ein verbreitetes Shield mit integriertem SD-Card-Adapter. Zusätzlich zum Adapter für die Speicherkarte ist auf dieser Lösung eine Uhrenschaltung mit Speicherbatterie vorhanden, die für Zeitstempel in Datenlogger-Anwendungen verwendet werden kann. Daneben ist auf dem Shield Platz für eigene Schaltungen vorhanden.

Stackable SD Card Shield (ITead Studio)

`http://iteadstudio.com/store/index.php?main_page=product_info&cPath=18&products_id=232`

Dieses Shield für Speicherkarten ist mit zusätzlichen Buchsenleisten ausgerüstet, um weitere Shields aufzunehmen. Das Shield besitzt zwei Adapter für Speicherkarten, einen SD-Card-Adapter auf der Oberseite und einen Adapter für MicroSD auf der Unterseite.

Memoire Shield (Snootlab)

`http://shop.snootlab.com/lang-en/snootlab-shields/86-memoire.html`

Im Memoire Shield des französischen Herstellers Snootlab ist neben dem Kartenadapter für SD-Speicherkarten auch ein Uhrenbaustein mit Speicherbatterie und ein kleines Proto-Shield integriert.

SD-Card-Schaltung

Die Ansteuerung der SD-Card benötigt nur die vier Signalleitungen des SPI und kann für eigene Anwendungen selbst aufgebaut werden. Da die Speicherkarte mit 3,3-V-Signalen angesteuert werden muss, wird ein Pegelwandler benötigt, um die 5 Volt des Arduino auf die erforderlichen Pegel zu wandeln. Ein Pegelwandler kann dabei mit Widerständen realisiert werden. Abbildung 8.2 zeigt die konventionelle Ansteuerschaltung eines SD-Card-Adapters.

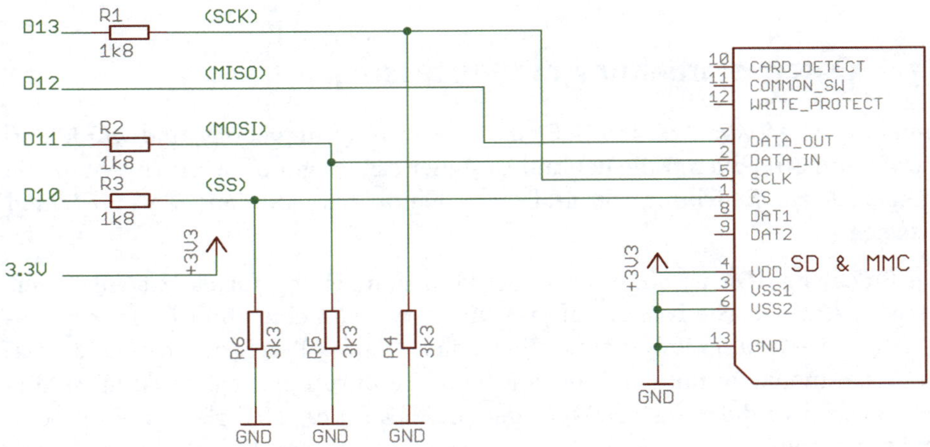

Abb. 8.2: Ansteuerung des SD-Card-Adapters

Die Reihenschaltung der Widerstände mit 1,8 kOhm und 3,3 kOhm ist eine sogenannte Spannungsteilerschaltung. Die Signalspannung des Arduino-Ports wird über die Reihenschaltung der beiden Widerstände geteilt, und gemäß ohmschen Gesetz fällt die Spannung dabei über dem 3,3-kOhm-Widerstand um 3,23 Volt ab.

Berechnung des Stroms durch die Reihenschaltung:

I = U / R = 5 V / (1800 Ohm + 3300 Ohm) = **0,98 mA**

Somit ergibt das einen Spannungsabfall am 3,3-kOhm-Widerstand von:

U = I * R = 0,98 mA * 3300 Ohm = **3.23 V**

Für das SPI-Signal MISO (Master In, Slave Out) ist kein Spannungsteiler nötig, da dieses Signal vom Slave (SD-Card) zum Master (Arduino) gesendet wird. Ein 3,3-V-Signal wird dabei vom Arduino-Port als HIGH eingelesen und benötigt darum keine Signalwandlung mehr. Die restlichen drei Signale der SPI-Kommunikation (SCK, MOSI, SS) sind jeweils Signale vom Master zum Slave.

Die Spannungsversorgung der SD-Card, die 3,3 V beträgt, wird vom Arduino-Board über die 3,3-V-Versorgung geliefert.

8.2 Daten ins Internet senden

Als Datenerfassungseinheit oder als Interface-Modul eignet sich ein Arduino-Board mit der entsprechenden Interface-Technik ideal zum Aufzeichnen von Zuständen oder Analogwerten. Diese können, wie in den vorherigen Abschnitten beschrieben, gespeichert werden. Um die Daten ins Internet zu senden, muss das Arduino-Board mit einer Ethernet-Schnittstelle ausgerüstet werden. Diese Technik in Form des Ethernet-Shields und die Möglichkeiten, die sich dadurch eröffnen, werden in Kapitel 10 beschrieben. Das Arduino-Board wird so in die Lage versetzt, mit der ganzen Welt zu kommunizieren.

8.3 Datenverarbeitung mit Processing

Processing ist wie die Arduino-IDE eine Entwicklungsumgebung und wurde entwickelt, um Studenten, Künstler und Designer das Programmieren zu lehren. Sie ist speziell zur Erstellung von grafischen Elementen, Animationen und Sound ausgelegt.

Die Processing-IDE ist quasi die Entwicklungsumgebung für das visuelle Interface des Arduino. Sie basiert auf Java und verwendet eine ähnliche Programmstruktur wie Arduino-Programme. In Kapitel 7 wurde Processing bereits einmal im Zusammenhang mit der Leuchtdiode als Berührungssensor erwähnt. In diesem Beispiel wird der analoge Wert, der ein Maß für die Helligkeit ist, in Processing visualisiert.

Das Open-Source-Produkt Processing ist eine Alternative zu kommerziellen Softwareprodukten und steht als Download unter `http://processing.org/download/` für die Betriebssysteme Windows, Mac OS X und Linux zur Verfügung.

In einem Texteditor wird der Processing-Programmcode erstellt, der anschließend in einem einfachen Fenster dargestellt wird. Da viele Bibliotheken zur Anbindung von Hardware-Komponenten, wie beispielsweise Arduino, verfügbar sind, nutzen viele Physical-Computing-Anwendungen Processing zur Datenverarbeitung.

Die Programmstruktur von Processing ähnelt der von Arduino-Programmen. Die Grundstruktur besitzt ebenfalls zwei Hauptfunktionen: `void setup()` und `void draw()`. Wie von Arduino bekannt, wird die Setup-Funktion `setup()` einmalig beim Start ausgeführt, die Hauptfunktion `draw()` dagegen wird dauernd durchlaufen.

```
void setup()
{
  // Fenstergröße festlegen
  size(400, 400);
}

void draw() {
  // gelber Kreis
  fill(255,200,0);
  ellipse(200,200,50,50);
  // grüner Kreis
  fill(0,200,0);
  ellipse(100,100,20,20);
}
```

Listing 8.5: Processing-Sketch: Grundstruktur

Hinweis

Ältere Programme (Sketche) für Arduino und Processing-Programme besitzen dieselbe Dateiendung: `.pde`. Beim Erstellen von Programmen sollte darum eine saubere Dateibenennung erfolgen, damit die einzelnen Programmtypen später auch schnell unterschieden werden können.

8.3.1 Processing – Bitte antworten

Wie im vorherigen Abschnitt gezeigt wurde, kann man mit Processing auf sehr einfache und schnelle Art eine Oberfläche und eine Visualisierung realisieren. Darum ist es naheliegend, dass man Daten des Arduino-Boards zur optischen Darstellung an Processing überträgt. Die Übertragung der Daten als String erfolgt über die serielle Schnittstelle. Dies ist der einfachste Weg, da sowohl beim Arduino als auch bei Processing das Übertragen und Empfangen von Daten über die serielle Schnittstelle einfach zu realisieren ist.

Damit die Kommunikation zwischen den beiden Teilnehmern funktioniert, müssen beide mit derselben Übertragungsgeschwindigkeit arbeiten. Dabei sendet das Arduino-Board einen analogen Wert eines Potentiometers über den seriellen Port.

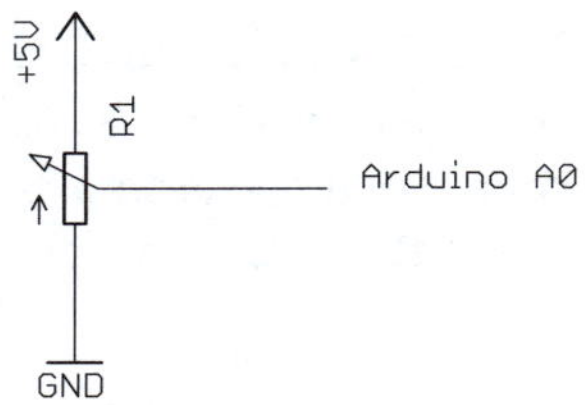

Abb. 8.3: Eingabe eines Analogwerts über ein Potentiometer

Die Datenübertragung erfolgt als String mit einem Zeilenumbruch zur Erkennung des String-Endes.

```
// Potentiometer an Port A0
int pinPot = 0;
// Wert von Potentiometer
int valPot = 0;

void setup()
{
  // Übertragungsgeschwindigkeit einstellen
  Serial.begin(9600);
}

void loop()
{
  // Wert 0...255 versenden
  valPot = analogRead(pinPot) / 4;
  // Daten senden und Zeilenumbruch am Ende
  Serial.println(valPot);
 // kurz warten, damit sicher alles versendet werden kann
  delay(20);
}
```

Listing 8.6: Senden eines analogen Werts als String

Im Processing-Programm soll nun der vom Arduino gesendete Wert eingelesen und verarbeitet werden. Um eine optische Anzeige zu realisieren, wollen wir damit den in Listing 8.5 erstellten grünen Kreis vergrößern und verkleinern, je nach Position des Potentiometers.

Damit eine Kommunikation mit der seriellen Schnittstelle in Processing möglich ist, muss diese Funktionalität eingebunden werden.

```
import processing.serial.*;
```

Über die serielle Schnittstelle wird ein Wert verschickt. Das Ende wird, wie bereits erwähnt, durch einem Zeilenumbruch gekennzeichnet und im Processing-Programm als ASCII-Wert 10 erkannt.

```
// ASCII-Code für Linefeed (Ende des Strings)
int linefeed = 10;
```

Wie bei den Arduino-Programmen wird auch bei Processing in der Setup-Routine die serielle Schnittstelle konfiguriert, wobei die Nummer oder der Name des Ports und die Übertragungsgeschwindigkeit eingestellt werden.

Die Konfiguration kann auf verschiedene Arten realisiert werden:

```
// Nr. aus der Liste der COM-Ports, wobei 0 meist COM1 ist
serport = new Serial(this, Serial.list()[1], 9600);
// Direkt mit dem COM-Namen
serport = new Serial(this, "COM5", 9600);
// Aus der Liste der COM-Ports den letzten auswählen
serport = new Serial(this, Serial.list()[Serial.list().length-1], 9600);
```

In der Hauptschleife `draw()` wird nun geprüft, ob auf der seriellen Schnittstelle Daten empfangen wurden.

```
while (serport.available() > 0)
```

Sind Daten vorhanden, werden diese bis zum Endzeichen (`Linefeed`, also ASCII-Wert 10) eingelesen.

```
String valString = serport.readStringUntil(linefeed);
```

Die empfangenen Daten im String `valString` werden nun in eine Integerzahl konvertiert. Da es bei Tests teilweise Probleme mit der Umwandlung eines Strings in einen Integerwert gab – andere User haben dies in verschiedenen Foren auch gemeldet –, wird der String zuerst in eine Float-Zahl und dann in einen Integerwert konvertiert. Der empfangene Wert ist nun in der Variablen `valPoti` gespeichert und kann zur Ausgabe verwendet werden.

Die Ausgabe erfolgt in Form einer Ellipse, die als Kreis dargestellt wird. Nach dem Setzen der Hintergrundfarbe wird die Farbe für den Kreis mit `fill()` bestimmt und anschließend die Ellipse aufgebaut, wobei für Breite und Höhe der Ellipse der Wert der Variablen `valPoti` verwendet wird.

```
background(153);
// gelber Kreis
fill(255,200,0);
// Ellipse zeichnen, ellipse(x-Koordinate, y-Koordinate, Breite, Höhe)
ellipse(200,200,valPoti,valPoti);
```

Nun kann das Programm auf das Arduino-Board hochgeladen und die Processing-Anwendung gestartet werden. Das an Port A0 angeschlossene Potentiometer liefert daraufhin einen Analogwert, der 0 bis 5 Volt entspricht. Dieser wird eingelesen, durch 4 geteilt und auf der seriellen Schnittstelle ausgegeben.

Im Processing-Programm (Listing 8.7) wird ein Fenster erstellt und ein gelber Kreis mit veränderbarem Durchmesser dargestellt (Abbildung 8.4).

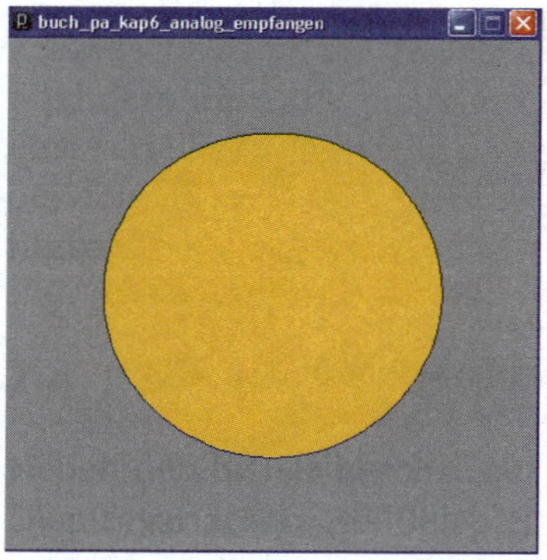

Abb. 8.4: Analogwert in Processing darstellen

Das gesamte Processing-Programm sieht nun wie folgt aus:

```
import processing.serial.*;
// eingelesener Wert, Stellung des Potentiometers
int valPoti;
float valFloat;

// ASCII-Code für Linefeed (Ende des Strings)
int linefeed = 10;

Serial serport;

void setup ()
```

```
{
  // Fenstergröße festlegen
  size(600, 600);
  // Serieller Port (Portnummer und Geschwindigkeit)/
  //serport = new Serial(this, Serial.list()[1], 9600);
  //serport = new Serial(this, "COM5", 9600);
  serport = new Serial(this, Serial.list()[Serial.list().length-1], 9600);
}

void draw()
{
  // Prüfen, ob Daten vorhanden
  while (serport.available() > 0) {
    // Daten einlesen bis Zeichen für Zeilenumbruch (Linefeed)
    String valString = serport.readStringUntil(linefeed);
    // falls Zeichen nicht leer
    if (valString != null)
    {
      // Kontrolle von Zeichen
      print(valString);
      // Konvertierung String to Float
      valFloat=float(valString);
      // Konvertierung Float to Integer
      valPoti=int(valFloat);
    }
  }
  // Hintergrundfarbe setzen
  background(153);
  // gelber Kreis
  fill(255,200,0);
  ellipse(200,200,valPoti,valPoti);
  // Schnittstelle zurücksetzen
  serport.clear();
}
```

Listing 8.7: Processing: Daten von serieller Schnittstelle einlesen und Kreis verändern

8.3.2 Arduino mit Processing steuern

Im vorigen Beispiel wurden Daten vom Arduino an Processing gesendet. Auch der umgekehrte Weg ist möglich, indem eine Processing-Oberfläche Eingaben entgegennimmt, beispielsweise einen Mausklick, und anschließend eine Meldung an das Arduino-Board verschickt. Auch in diesem Fall wird zur Kommunikation die serielle Schnittstelle verwendet.

Kommunikation mit der Messenger-Bibliothek

Bei dieser Kommunikationsmethode wird auf dem Arduino die `Messenger`-Bibliothek verwendet. Wie das in der Praxis aussieht, zeigt das Beispiel aus einem Workshop der FH Mainz.

`http://raumfuehler.andreasmuxel.com/index.php/arduino-und-processing/kommunikation-processing-zu-arduino-board/`

Processing übernimmt das Kommando

Auch die komplette Steuerung des Arduino kann über die Processing-Oberfläche realisiert werden. Dabei wird auf dem Arduino und auf der Seite von Processing je eine Bibliothek verwendet. Die Bibliothek für das Arduino-Board heißt `Firmata` und wird bei der Einrichtung der Arduino-IDE mitinstalliert.

`http://www.arduino.cc/en/Reference/Firmata`

Das Importieren der `Firmata`-Bibliothek erfolgt in der Entwicklungsumgebung über das Hauptmenü:

SKETCH|IMPORT LIBRARY|FIRMATA

Dabei wird im Arduino-Programm ein Verweis auf die Datei `Firmata.h` eingefügt.

```
#include <Firmata.h>
```

Zur Steuerung des Arduino über Processing ist in der Arduino-Sketchsammlung bereits ein komplettes Programm vorhanden, das geöffnet und auf das Board hochgeladen werden kann. Dabei sind keine weiteren Einträge nötig.

Das Programm heißt StandardFirmata und ist unter FILE|EXAMPLES|FIRMATA zu finden. Nach dem Hochladen auf das Arduino-Board passiert vorerst nichts, da von Processing her noch keine Kommunikation erfolgt ist.

In Processing muss die `Arduino`-Bibliothek importiert werden. Diese Bibliothek erweitert Processing um Arduino-Steuerbefehle. Die Erweiterung steht auf der Arduino-Website zum Download bereit:

`http://www.arduino.cc/playground/Interfacing/Processing`

Die ZIP-Datei wird nach dem Download extrahiert und im Processing-Verzeichnis abgelegt:

`Processing-Verzeichnis\Libraries`

Somit sind alle nötigen Schritte durchgeführt und das erste Beipielprogramm kann geladen und ausgeführt werden.

Alle Programme beginnen nun jeweils mit dem Verknüpfen der `Arduino`-Library und dem anschließenden Erstellen eines Arduino-Objekts.

```
// Bibliotheken einbinden
import processing.serial.*;
import cc.arduino.*;

// Arduino-Objekt initialisieren
Arduino arduino;
```

Als erstes Programm soll auch mit Processing ein Blinkprogramm ausgeführt werden.

```
import processing.serial.*;
import cc.arduino.*;

Arduino arduino;
// Port mit LED-Ausgang
int ledPin = 13;

void setup()
{
  // Verbindung zu Objekt erstellen
  arduino = new Arduino(this, Arduino.list()[1], 57600);
  // Port als Ausgang
  arduino.pinMode(ledPin, Arduino.OUTPUT);
}

void draw()
{
  // LED Port EIN
  arduino.digitalWrite(ledPin, Arduino.HIGH);
  delay(1000);
  // LED Port AUS
  arduino.digitalWrite(ledPin, Arduino.LOW);
  delay(1000);
}
```

Listing 8.8: Processing: Arduino-Blinkprogramm

Das Beispiel in Listing 8.8 zeigt das Zusammenspiel von Processing und Arduino-Befehlen. Die bekannten Arduino-Befehle beginnen nun jeweils mit dem Objektnamen `arduino`.

Die wichtigsten Arduino-Befehle lauten:

Port als Eingang oder Ausgang setzen

```
arduino.pinMode(PortNummer, Arduino.OUTPUT);
arduino.pinMode(PortNummer, Arduino.INPUT);
```

Digitalen Eingang einlesen

```
arduino.digitalRead(PortNummer);
```

Digitalen Ausgang setzen

```
arduino.digitalWrite(ledPin, Arduino.HIGH);
arduino.digitalWrite(ledPin, Arduino.LOW);
```

Analogen Eingang einlesen

```
arduino.analogRead(PortNummer);
```

Analogen Wert ausgeben

```
arduino.analogWrite(PortNummer, Wert);
```

Mit dieser Funktionserweiterung kann ein Arduino über die Processing-Oberfläche programmiert werden, wobei Arduino-Befehle und Processing-Funktionen, beispielsweise zur Darstellung der Oberfläche, miteinander vermischt werden können.

8.4 Gobetwino – Übernehmen Sie!

Auch wenn der Arduino die Zentraleinheit und der Herrscher über die Sensoren und Aktoren ist, kann er trotzdem nicht alles selbst übernehmen. Das Gehirn des Arduino-Boards, der ATmega-Controller ist dafür ausgelegt, eingehende Signale zu verarbeiten und Aktionen auszuführen. Eine komplexe Verarbeitung von Daten kann mit diesem Controller nicht ausgeführt werden, da die internen Speicher begrenzt sind. Kleine Helfer in Form von Zusatzprogrammen und Funktionen können den Arduino entlasten, indem sie Daten weiterbearbeiten und externe Aktionen starten.

Eines dieser Helferchen heißt *Gobetwino* (`http://www.mikmo.dk/gobetwino.html`). Gobetwino ist ein Windows-Programm und wartet auf Anweisungen, die vom Arduino-Board über die serielle Schnittstelle versendet wurden. Zusätzlich kann das Programm Informationen an den Arduino zurücksenden.

Als Schnittstelle zwischen dem Arduino und dem heimischen Rechner kann Gobetwino auf Anweisung Programme starten, Informationen in einer Protokolldatei ablegen oder die Mailbox prüfen. Der Vorteil dabei ist, dass keine zusätzlichen Erweiterungen, wie beispielsweise das Ethernet-Shield, benötigt werden. Nachteilig bei dieser Lösung ist, dass das Arduino-Board nicht unabhängig von einem PC laufen kann. Es ist immer eine serielle Verbindung zu einem laufenden PC nötig, auf dem wiederum Gobetwino gestartet sein muss.

Nach dem Download des Programms als ZIP-Datei kann diese auf dem Windows-PC entpackt werden. Eine Installationsroutine ist nicht vorhanden. Nach dem Entpacken steht die ausführbare Datei `Gobetwino.exe` zum Start bereit. Falls auf dem Rechner eine Fehlermeldung erscheint, ist meist das .NET-Framework nicht installiert oder die Framework-Version ist nicht aktuell.

Nach erfolgreichem Start von Gobetwino erscheint der Startbildschirm. Im oberen der beiden Textfelder erscheint ein Status und zeigt an, ob die Verbindung zum Arduino funktioniert hat. Eventuell muss unter SETTING|SERIAL PORT die richtige serielle Schnittstelle ausgewählt werden. Dazu muss das Arduino-Board mit dem Rechner verbunden sein.

Damit Gobetwino eine Aktion ausführt, muss im Arduino-Programm ein Befehl via serieller Schnittstelle übertragen werden. Alle Anweisungen an Gobetwino sind in Doppelkreuzen (#, im Sprachgebrauch als Raute bezeichnet) eingeschlossen. Auf diese Weise erkennt das Programm Start und Ende. Dem anfänglichen Doppelkreuz folgt immer ein großes S und dann eine Pipe (|). Nun wird der Befehlsname in Großbuchstaben mit einer abschließenden Pipe gesendet. Zum Schluss folgen die Parameter, jeweils in eckigen Klammern und getrennt durch ein & sowie das abschließende Doppelkreuz.

Im Code sieht das dann wie folgt aus:

```
Serial.println("#S|MXL|[]#");
```

Der Befehlsname MXL muss nun in Gobetwino erfasst und mit einem Kommandotyp verknüpft sein. In diesem Fall soll eine E-Mail verschickt werden. Dazu wird der Kommandotyp SMAIL – SEND AN EMAIL verwendet.

Werden mehrere Befehle mit `Serial.print()` verschickt, muss in der letzten Anweisung ein `Serial.println()` verwendet werden. Auf diese Weise erkennt Gobetwino das Ende der Anweisung.

Sobald nun das Arduino-Board den E-Mail-Befehl an die serielle Schnittstelle schickt, startet Gobetwino eine neue E-Mail an den im Befehl hinterlegten Empfänger.

Im Downloadpaket dieses Programms sind detaillierte Anweisungen zur Verwendung der einzelnen Kommandos enthalten. Zusätzlich werden Beispiel-Sketche geliefert, die Gobetwinos Funktionalität erklären und für eigene Anwendungen verwendet werden können.

8.5 Projekt: Programmierbarer Signalgeber

Die analoge Signalausgabe mit Arduino erfolgt standardmäßig mit der Anweisung `analogWrite(Pinnummer, Wert)`. Das daraus generierte Signal ist ein Quasi-Analogsignal. In Wirklichkeit ist es ein PWM-Signal mit veränderbarer Pulsweite. In Kapitel 4 wurde die analoge Ausgabe detailliert beschrieben.

Um ein wirkliches analoges Signal zu bekommen, benötigt man eine Umwandlerschaltung, die aus dem PWM-Signal ein richtiges Analogsignal generiert. Bei dieser Art der Umwandlung muss jeweils die Frequenz des PWM-Signals bekannt sein.

Analoge Signale können als Sollwerte für Regel- oder Überwachungssysteme wie Wasserstandsmesser oder Temperaturschwellschalter genutzt werden. Dabei wird im System der aktuelle Wert eines Sensors mit dem eingestellten Sollwert verglichen. Ist der Wasserstand beispielsweise höher als der Sollwert, schaltet das Regelsystem einen Aktor ein.

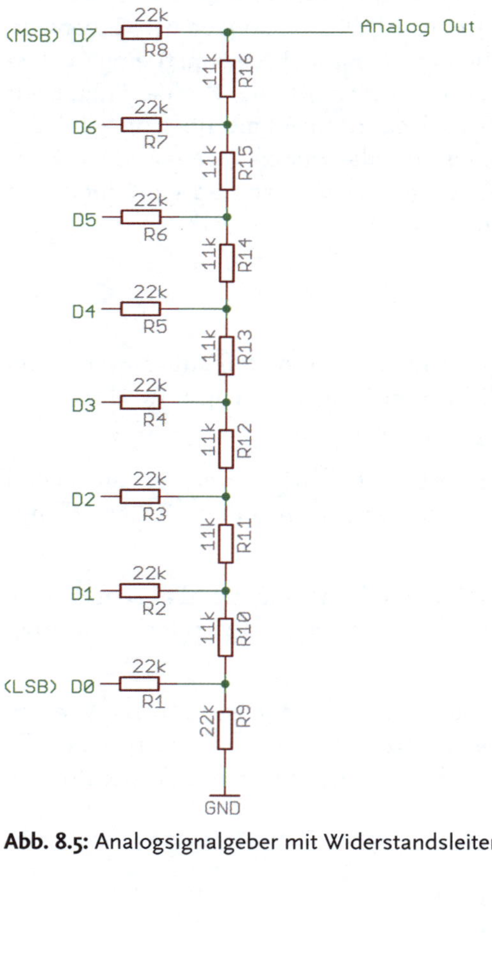

Abb. 8.5: Analogsignalgeber mit Widerstandsleiter

Um ein analoges Signal zu generieren, kann man aber auch eine andere, frequenzunabhängige Technik verwenden. Die Lösung eines Digital/Analog-Wandlers auf Basis einer sogenannten »Widerstandsleiter« benötigt nur eine Handvoll Widerstände und eine Verstärkerstufe. Abbildung 8.5 zeigt die Grundschaltung dafür.

Ein 8-Bit-Zähler zählt von 0 bis 255 und gibt den Zählerstand als Binärcode über die 8 digitalen Ausgänge D0 bis D7 aus. Diese Datenleitungen, die im Mikrocontroller intern als `Port D` angesprochen werden, erzeugen durch die externe Widerstandsschaltung ein treppenförmiges Analogsignal, das in der Schaltung aus Abbildung 8.5 an »Analog Out« gemessen werden kann.

```
// 8-Bit Counter

// Variable Zähler
unsigned char count;

void setup (void)
{
  // PortD: D0-D7 als Output
  pinMode (0, OUTPUT);
  pinMode (1, OUTPUT);
  pinMode (2, OUTPUT);
  pinMode (3, OUTPUT);
  pinMode (4, OUTPUT);
  pinMode (5, OUTPUT);
  pinMode (6, OUTPUT);
  pinMode (7, OUTPUT);
}

void loop (void)
{
  PORTD = count++;
  delay (10);
}
```

Listing 8.9: Binärcounter mittels Portmanipulation

Die Lösung eines Binärcounters ist recht einfach und nutzt die Technik der Portmanipulation (`http://www.arduino.cc/en/Reference/PortManipulation`). Hierbei werden die Register des Ports direkt angesteuert. In unserem Binärcounter werden alle acht Bits des Portregisters `PortD` angesprochen, dabei wird ein Zähler inkrementiert und gibt den Zählerstand direkt an das Portregister aus.

```
PORTD = count++;
```

Aus der Dokumentation der Portmanipulation ist zu erkennen, welche Portregister welchen Pins zugeordnet sind.

Diese Programmierung hat gewisse Vorteile, da man die verschiedenen Ports sehr direkt und schnell schalten kann. Der Programmieraufwand ist geringer und dadurch wird auch der Speicherbedarf für die Programme kleiner. Dies kann von Vorteil sein, wenn man auf den benötigten Speicherplatz achten muss.

Hinweis

Beim direkten Ansprechen der Portregister mittels der beschriebenen Portmanipulation ist zu beachten, dass diese Beschreibung nur für die Standardports eines ATmega168 und ATmega328 gilt. Bevor man diese Technik also einsetzt, sollte man den Mikrocontroller und die Dokumentation prüfen. Andernfalls könnte der Mikrocontroller dadurch zerstört werden.

Der Binärcounter zählt nun von 0000 0000 bis 1111 1111 und beginnt dann wieder bei 0000 0000. Werden die Datenleitungen D0 bis D7 gemäß Schaltung 8.5 an die Widerstandsleiter angeschlossen, so ergibt jede Änderung eines Datenbits eine andere Ausgangsspannung am Anschluss OUT. Durch das bitweise Hochzählen erzeugt die Widerstandsschaltung ein Ausgangssignal in Treppenform.

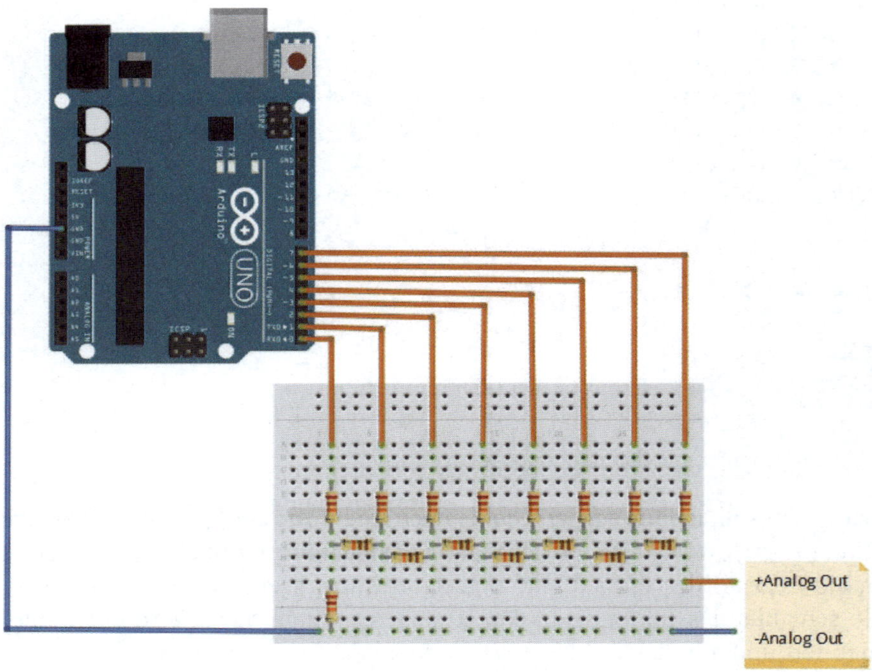

Abb. 8.6: Projekt: Programmierbarer Signalgeber

Stückliste (Signalgeber)

1 Arduino-Board

1 Steckbrett

7 Widerstände 11 kOhm (R10 bis R16)

9 Widerstände 22 kOhm (R1 bis R9)

Auf dem Steckbrett sieht der Schaltungsaufbau aus wie in Abbildung 8.6.

In einer Widerstandsleiter-Schaltung muss das Verhältnis der verwendeten Widerstände immer im Verhältnis 2:1 sein. In der Schaltung in Abbildung 8.5 werden dabei Widerstände der E24-Reihe verwendet, konkret sind das Widerstandswerte von 11 kOhm und 22 kOhm.

Nach dem Schaltungsaufbau gemäß Abbildung 8.6 prüft man das Ausgangssignal idealerweise mit einem Oszilloskop. Mehr zum Thema Oszilloskop und wie man ein Arduino-Board als Oszilloskop verwendet, erfahren Sie in Kapitel 13.

Berechnung der Ausgangsspannung

Die einzelnen Werte der Ausgangsspannung für jedes Bitmuster können mit Hilfe mehrerer Berechnungen ermittelt werden.

Die grundsätzliche Berechnungsformel einer Widerstandsleiterschaltung sieht so aus:

$$\mathbf{Vout = Vref * VAL / 2^n}$$

Vout: Ausgangsspannung

Vref: Eingangssignal von den Datenleitungen, HIGH-Signal = 5 Volt

VAL: Wert, abhängig vom Bitmuster

n: Anzahl Datenbits vom Binärcounter

Die Berechnung des Wertes VAL ist abhängig vom Bitmuster. Bei einem Binärzähler mit 8 Datenleitungen sind folgende Minimal- und Maximalwerte möglich:

0000 0000: Minimalwert

1111 1111: Maximalwert, entspricht dem Wert = 255

0000 0001: Einzelschritt, entspricht dem Wert = 1

Somit ist die Ausgangsspannung für einen Einzelschritt:

$$Vout = Vref * VAL / 2^n = 5\ Volt * 1 / 2^8 = 5 * 1 / 255 = 0{,}0196\ V$$

Die maximale Ausgangsspannung beträgt:

$$Vout = Vref * VAL / 2^n = 5 Volt * 15 / 2^8 = 5 * 255 / 255 = 5{,}00 V$$

Wie man aus den Berechnungsformeln erkennen kann, wird der Wert für einen Einzelschritt umso kleiner, je mehr Datenbits zur Verfügung stehen.

Tipp

Um diese Berechnungsformeln mit der Widerstandsleiterschaltung zu überprüfen, kann man statt des Binärzählers die digitalen Ausgänge einzeln setzen und anschließend das Ausgangssignal mit einem Voltmeter messen und mit der Berechnung vergleichen.

Mittels des Bitmusters an den digitalen Ausgängen und der nachfolgenden Widerstandsschaltung können verschiedene Signalhöhen generiert werden.

Um beispielsweise ein Sinussignal zu generieren, müssen die Einzelwerte in einem Array gespeichert werden. Durch die direkte Ansteuerung des Portregisters werden nun die einzelnen Werte den verschiedenen Ports zugeordnet. Mittels der Widerstandsleiter wird aus dem binären Digitalsignal ein analoges Ausgangssignal erzeugt.

Drei mögliche Anwendungsbeispiele und Ausbaumöglichkeiten:

1. Sollwertgeber für Temperaturregler
2. Spannungswähler für ein programmierbares Netzgerät (mit Speicherung der gewählten Werte)
3. Signalgenerierung für ein Testgerät zum Prüfen von Transistoren und Dioden

Sinusgenerator

Mit der Signalgeberschaltung aus Abbildung 8.5 können nun verschiedene Ausgangssignale generiert werden. Im folgenden Beispiel wird ein Sinussignal generiert. Die einzelnen Werte für das Sinussignal sind einmalig ermittelt worden und werden in einem Array mit 40 Werten abgelegt.

```
int arrSinus[40]={127,147,166,185,202,217,230,240,248,252,254,252,248,240,230,
217,202,185,166,147,127,107,88,69,52,37,24,14,6,2,0,2,6,14,24,37,52,69,88,107};
```

In einer Programmschleife wird nun jeweils bis 40 gezählt und für jede Zahl der entsprechende Sinus-Wert aus dem Array gelesen und ausgegeben. Die Datenausgabe erfolgt dabei wieder mittels der Zuweisung an das entsprechende Portregister.

```
for(s=0;s<40;s++)       //Schleife über das Array
{
 valSin=arrSinus[s];  // aktuellen Wert lesen
 PORTD = valSin;      // Wert an Port D ausgeben
}
```

Die gesamte Funktion des Sinusgenerators zeigt Listing 8.10.

```
// Sinusgenerator
// Variablen deklarieren
unsigned char count;
int valSin;
int s;

// Werte der Sinuskurve
int
arrSinus[40]={127,147,166,185,202,217,230,240,248,252,254,252,248,240,230,
217,202,185,166,147,127,107,88,69,52,37,24,14,6,2,0,2,6,14,24,37,52,69,88,107};

void setup (void)
{
  // PortD: D0-D7 als Output
  pinMode (0, OUTPUT);
  pinMode (1, OUTPUT);
  pinMode (2, OUTPUT);
  pinMode (3, OUTPUT);
  pinMode (4, OUTPUT);
  pinMode (5, OUTPUT);
  pinMode (6, OUTPUT);
  pinMode (7, OUTPUT);
}

void loop(void)
{
  for(s=0;s<40;s++)    //Schleife über das Array
  {
  valSin=arrSinus[s]; // aktuellen Wert lesen
  PORTD = valSin;     // Wert an Port D ausgeben
  }
}
```

Listing 8.10: Sinusgenerator

Praxis-Tipp

Die in der Schaltung des Signalgebers verwendeten Widerstandswerte von 22 kOhm und 11 kOhm müssen das Verhältnis 2:1 besitzen. Falls keine Widerstände von 11 kOhm zur Verfügung stehen, kann man diesen Wert durch die Parallelschaltung zweier Widerstände mit je 22 kOhm erzielen.

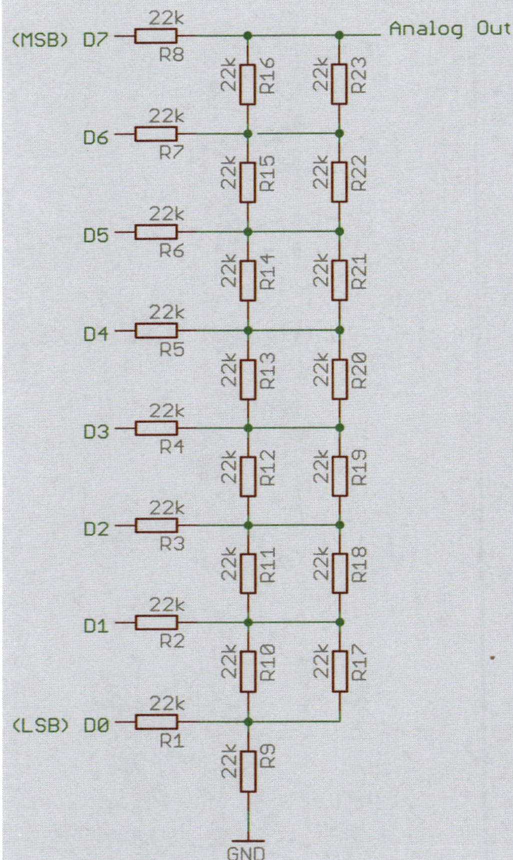

8.6 Projekt: Digitales Netzteil

Der im vorherigen Abschnitt realisierte Signalgeber wird in diesem Netzteilprojekt als interner Sollwertgeber zur Spannungseinstellung verwendet. Dieses digitale Netzgerät kann mehrere Servos und Motoren versorgen. Die Ansteuerung und Einstellung des internen Sollwertes für die Ausgangsspannung dieses Netzteils erfolgt digital.

Die Sollwertgeberschaltung liefert dabei ein Spannungssignal von 0 bis 5 Volt. Damit kann ein Spannungsbereich von 0 bis zur maximalen Ausgangsspannung eingestellt werden. Die Höhe der maximalen Ausgangsspannung ist dabei abhängig von der Eingangsspannung des Leistungsteils und der Konfiguration der Ausgangsschaltung. Im Prototyp des Autors kann eine Ausgangsspannung von 0 bis 15 Volt eingestellt werden.

Abbildung 8.7 zeigt das Blockschaltbild des Netzteils mit den einzelnen Hauptmodulen.

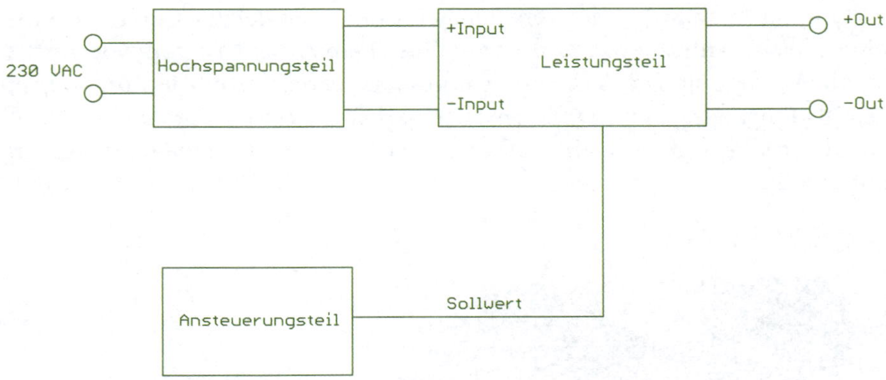

Abb. 8.7: Blockschaltbild des digitalen Netzteils

Der Aufbau des Netzteils unterteilt sich in die Module

- Hochspannungsteil
- Ansteuerungsteil
- Leistungsteil

Im Hochspannungsteil wird die Eingangsspannung von 230 VAC in eine niedrige, ungefährliche Gleichspannung umgewandelt. Der Ansteuerungsteil ist der Schaltungsteil, in dem der interne Sollwert für die gewünschte Ausgangsspannung gesetzt wird. Der Leistungsteil regelt und stabilisiert die Ausgangsspannung auf den im Ansteuerungsteil eingestellten Sollwert.

Hochspannungsteil

Der Hochspannungsteil ist der Schaltungsteil, an den die Wechselspannung von 230 VAC angeschlossen wird. Da dieser Teil gefährlich ist, wird eine sichere und ungefährliche Lösung verwendet – ein altes Netzteil eines Notebooks oder eines Flachbildschirms. Diese Netzgeräte sind kompakt aufgebaut und in einem geschlossenen Kunststoffgehäuse verpackt. Die Wechselspannung von 230 Volt wird über ein Standardnetzkabel angeschlossen (Abbildung 8.8).

Abb. 8.8: Netzteil eines Notebooks

Je nach Typ und Ausführung des verwendeten Computer-Netzteils steht am Ausgang eine Gleichspannung von 12 bis 30 Volt und ein Ausgangsstrom von 1 bis 3 Ampere zur Verfügung. Die Ausgangsspannung ist bereits stabilisiert und eignet sich ideal als Eingangsspannung für unser steuerbares Netzteil. Für kleinere Netzteilanwendungen kann auch ein passendes Steckernetzteil verwendet werden (Abbildung 8.9).

Abb. 8.9: Steckernetzteile

Das vom Autor verwendete Netzteil besitzt eine Ausgangsspannung von 19 Volt und liefert einen maximalen Strom von 2 Ampere. Die einstellbare Ausgangsspannung des digitalen Netzteils ist somit auf 0 bis 15 Volt festgelegt, da der verwendete Transistor im Leistungsteil eine rund 4 Volt höhere Spannung als die Ausgangsspannung zur Ansteuerung benötigt.

Leistungsteil

Der Leistungsteil ist der zentrale Schaltungsteil, der die Ausgangsspannung regelt und konstant hält. In Abbildung 8.10 ist die Grundschaltung des Leistungsteils dargestellt.

Die stabilisierte Ausgangsspannung des Notebook-Netzteils von 19 Volt wird an den Anschlüssen `+Input` und `-Input` angeschlossen. Je nach Netzteil kann diese Spannung bis zu 30 Volt betragen. Im Stromlaufplan wird diese Spannung mit +24V bezeichnet.

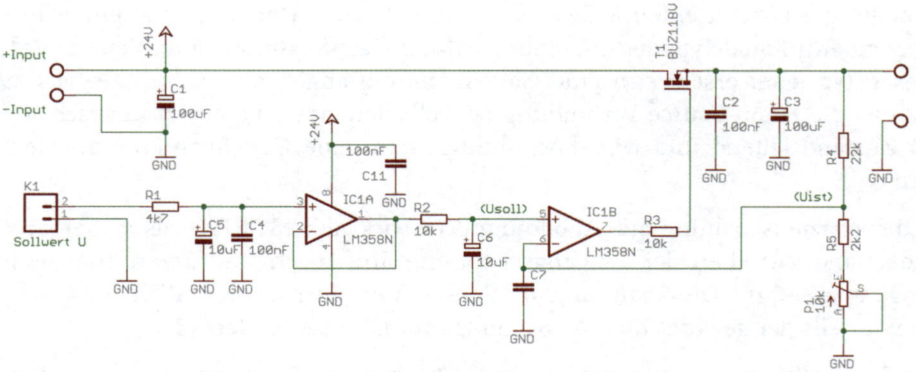

Abb. 8.10: Schaltung des digitalen Netzteils (Leistungsteil)

Die Eingangsspannung an `+Input` wird direkt zum Leistungstransistor T1 geführt, der die Ausgangsspannung unseres Netzteils regelt.

Die Verstärkerschaltung IC1B vergleicht den Sollwert der Ausgangsspannung `Usoll` mit dem Istwert der Ausgangsspannung `Uist` und steuert den Leistungstransistor.

Der Sollwert der Ausgangsspannung wird im Ansteuerungsteil generiert und über den Stecker K1 zugeführt. Das IC1B arbeitet hier als Verstärker mit einer Verstärkung von 1 (Impedanzwandler). Über das RC-Glied R2/C6 wird das Signal geglättet und dem Verstärker IC1B zugeführt.

Der Leistungstransistor T1 ist ein MOSFET des Typs BUZ11.

MOSFET sind spezielle Leistungstransistoren, bei denen durch Anlegen einer Spannung am Steueranschluss *Gate* der Stromfluss zwischen *Drain* und *Source* gesteuert werden kann. Der Gate-Anschluss entspricht bei einem normalen Transistor der Basis, der Drain-Anschluss dem Kollektor und der Source-Anschluss dem Emitter. Durch den geringen Übergangswiderstand zwischen Drain und Source werden MOSFET hauptsächlich für Anwendungen mit hohen Schaltspannungen und -strömen verwendet.

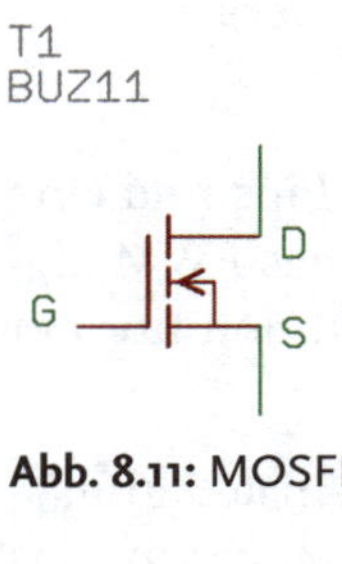

Abb. 8.11: MOSFET (n-Kanal, selbstsperrend)

Abbildung 8.11 zeigt einen MOSFET des Typs BUZ11. Der BUZ11 ist ein selbstsperrender n-Kanal-Typ, der mit einer positiven Gate-Spannung angesteuert wird. Dieser Typ leitet erst, wenn eine Gate-Spannung angelegt wird. Im Gegensatz dazu ist die Drain-Source-Verbindung bei selbstleitenden Typen im ungeschalteten Zustand leitend und wird hochohmig, wenn eine Gate-Spannung angelegt wird.

In der Netzteilschaltung aus Abbildung 8.10 wirkt der MOSFET als steuerbarer Widerstand zwischen der Eingangsspannung am Anschluss `+Input` und dem Ausgang an `+Out`. Die Spannung am Source-Anschluss des MOSFET entspricht dann jeweils der gewünschten Ausgangsspannung unseres Netzteils.

Der Istwert `Uist` wird, wie bereits erwähnt, über den Spannungsteiler am Ausgang abgegriffen und anschließend auf den negativen Eingang des Verstärkers IC1B geführt. Die Sollwertspannung `Usoll` wird auf den positiven Eingang des Verstärkers geführt. Der Verstärker vergleicht nun die Sollwertspannung (Pin 5) mit der Istwertspannung (Pin 6) und steuert über den Widerstand R3 das Gate des MOSFET an. Durch die am Gate anliegende Spannung kann nun der Widerstand zwischen Drain und Source des MOSFET gesteuert werden. Das Resultat dieses Regelvorganges ist dann die gewünschte Spannung am Ausgang unseres Netzteils.

Ansteuerungsteil

Der Ansteuerungsteil ist für die Erfassung der Sollwerteingabe durch den Benutzer und die Generierung des internen Sollwertsignales zuständig.

Die Sollwerteingabe kann beispielsweise über eine Folientastatur oder einen Drehknopf (Encoder) gemacht werden.

Das interne Sollwertsignal gibt dem Leistungsteil an, welche Ausgangsspannung eingestellt werden soll. Das Sollwertsignal ist somit proportional zur Spannung am Ausgang des Netzteils und liegt stets zwischen 0 und 5 Volt.

Die Generierung der Sollwertspannung kann auf verschiedene Arten realisiert werden:

- durch eine Widerstandsleiter-Schaltung (siehe Projekt Sollwertgeber)
- durch ein PWM-Signal

Die Lösung mit Widerstandsleiter-Schaltung benötigt viele digitale Pins und eine ganze Menge Widerstände. Die einfachere Lösung ist der Einsatz eines PWM-Signals, das von verschiedenen Pins des Arduino-Board generiert wird und nur ein digitales Signal erfordert.

Der vom Benutzer erfasste oder eingestellte Sollwert wird in der Ansteuerungsschaltung direkt als 8-Bit-Wert in Form eines PWM-Signales ausgegeben, das direkt dem Stecker K1 zugeführt wird. Der Widerstand R1 und der Kondensator C5 wandeln das PWM-Signal in ein analoges Signal von 0 bis 5 Volt um.

Sollwerteingabe über Keypad

Die Eingabe der gewünschten Ausgangsspannung über eine kleine Folientastatur, ein sogenanntes Keypad, ist in Abbildung 8.12 dargestellt.

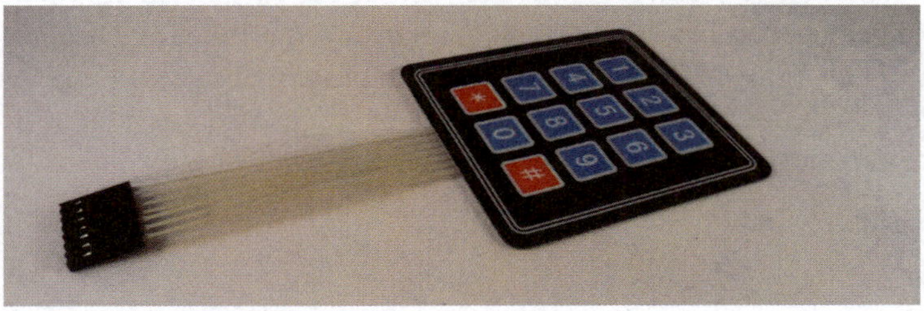

Abb. 8.12: Keypad zur Netzteilbedienung

Die Eingabetastatur besitzt 3x4 Tasten und kann auf eine ebene Fläche, beispielsweise eine Frontplatte, geklebt werden.

Die Folientastatur ist als Matrix mit Spalten und Zeilen aufgebaut und benötigt drei digitale Ports für die Spalten und vier digitale Ports für die Zeilen. Abbildung 8.13 zeigt den Aufbau der Tastatur und die Verbindungen mit den Arduino-Ports.

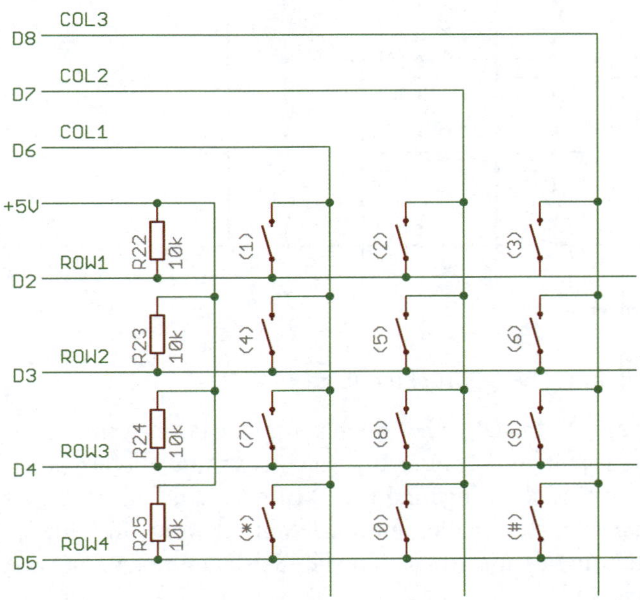

Abb. 8.13: Schaltung für das Keypad

Für die Abfrage des Keypads werden die digitalen Arduino-Pins D2 bis D8 genutzt. Die Ports D6–D8 sind die Spaltenleitungen und als Ausgänge geschaltet. Die Ports D2–D5 sind die Zeilenleitungen und als Eingänge geschaltet.

Über vier Pull-up-Widerstände (R22–R25) sind die Zeilenleitungen auf den Pegel HIGH gesetzt. Im unbetätigten Zustand, wenn also keine Taste gedrückt ist, wird an den Datenleitungen D2–D5 jeweils HIGH eingelesen.

Beim Abfragen der Tasteneingaben werden nacheinander die Ausgänge der Spalten, also die Datenleitungen D6 bis D8 auf LOW gesetzt und die Eingänge an den Datenleitungen D2 bis D5 eingelesen. Falls an allen Eingängen ein HIGH eingelesen wird, wurde keine Taste betätigt. Wurde eine Taste betätigt, wird am zugehörigen Zeileneingang ein LOW gemessen.

Beispiel: Taste 5 gedrückt

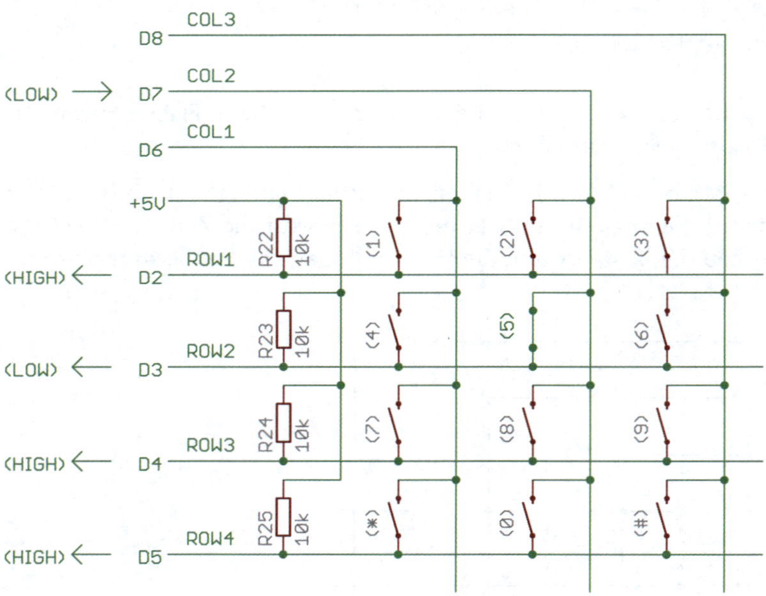

Abb. 8.14: Keypad – Taste 5 gedrückt

Abbildung 8.14 zeigt die Schaltung bei gedrückter Taste 5.

Jede der drei Spaltenleitungen (D6 bis D8) wird einzeln auf LOW gesetzt, und dann werden die Eingänge D2 bis D5 eingelesen. Bei D6 gleich LOW sind alle Eingänge auf HIGH. Bei D7 gleich HIGH sind die Eingänge D2, D4 und D5 auf HIGH, D3 ist LOW, also ist die Taste 5 gedrückt. Bei Spaltenleitung D8 gleich LOW sind wieder alle Eingänge der Zeilenleitungen auf HIGH. Tabelle 8.1 listet nochmals alle Zustände der Tastaturabfrage auf.

	Spalte D6 (HIGH)	Spalte D6 (LOW)	Spalte D7 (HIGH)	Spalte D7 (LOW)	Spalte D8 (HIGH)	Spalte D8 (LOW)
Zeile D2	HIGH	HIGH	HIGH	HIGH	HIGH	HIGH
Zeile D3	HIGH	HIGH	HIGH	LOW	HIGH	HIGH
Zeile D4	HIGH	HIGH	HIGH	HIGH	HIGH	HIGH
Zeile D5	HIGH	HIGH	HIGH	HIGH	HIGH	HIGH

Tabelle 8.1: Zustände des Keypads – Taste 5 gedrückt

Die Eingabe einer Spannung über die Folientastatur wird jeweils mit dem Zeichen # abgeschlossen. Das Setzen einer Ausgangsspannung von beispielsweise 12,00 Volt erfordert die Eingabe 1200#. Nach der Bestätigung mit # wird die eingestellte Ausgangsspannung intern in einen Wert von 0 bis 255 umgewandelt. Dieser Wert wird als PWM-Signal ausgegeben und gleichzeitig im internen EEPROM des Arduino-Mikrocontrollers gespeichert. Durch das Speichern des eingegebenen Wertes ist nach einem Neustart des Netzteils die letzte eingestellte Ausgangsspannung weiterhin verfügbar.

Sollwert mit Drehgeber (Rotary Encoder)

In modernen Messgeräten werden heutzutage oft Drehregler eingesetzt. Diese Drehregler verhalten sich wie ein Potentiometer. Der Drehwinkel ist dabei unbegrenzt. Dazu werden sogenannte Drehgeber (engl. *Rotary Encoder*) verwendet. In Abschnitt 8.6.1 wird die Technik dieser Drehgeber genauer beschrieben.

Begrenzung des Ausgangsstroms

In der Netzteilschaltung aus Abbildung 8.10 gibt es keine Begrenzung des maximalen Ausgangsstroms. Er wird durch den maximalen Ausgangsstrom des Notebook-Netzteils aus dem Hochspannungsteil begrenzt. Dieser maximale Strom ist auf dem Computernetzteil angegeben.

Mittels einer kleinen Zusatzschaltung kann der maximale Ausgangsstrom einstellbar gemacht werden (Abbildung 8.15). Das Netzteil wird dadurch kurzschlussfest. Kurzschlussfest bedeutet, dass die Netzteilschaltung bei einem Kurzschluss automatisch die Ausgangsspannung zurückregelt und nur den maximalen Strom liefert.

Der gesamte Laststrom fließt über den Messwiderstand (ein sogenannter *Shunt*) in der Plus-Leitung und weiter in den MOSFET. Der Spannungsabfall über dem Shunt entspricht dem aktuellen Strom.

Bei einem Strommess-Widerstand von 1 Ohm ergibt dies folgenden Spannungsabfall:

```
U = R * I = 1 Ohm * 1 A = 1 V
```

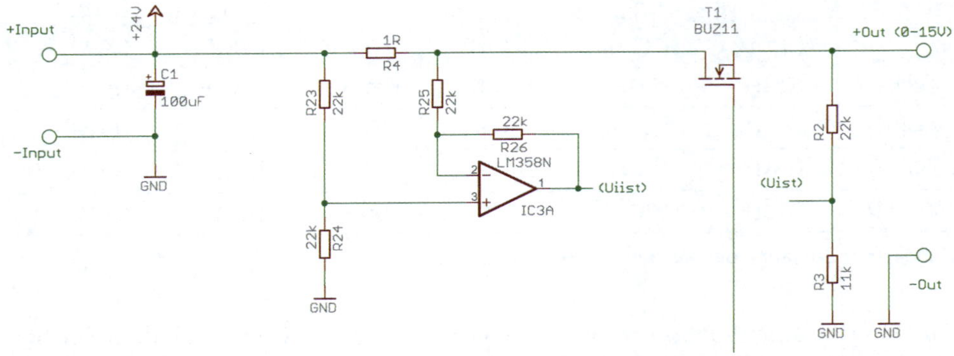

Abb. 8.15: Strombegrenzung mit einem Messwiderstand in der Plus-Leitung

Die Operationsverstärkerschaltung mit dem IC3A ist in diesem Fall als sogenannter Differenzverstärker geschaltet und verstärkt die über dem Shunt gemessene Spannung. Bei der Dimensionierung der Verstärkerschaltung mit Widerständen (R23-26) von je 22 kOhm ergibt das eine Gesamtverstärkung von 1 und somit eine Ausgangsspannung `Uiist` von 1 V bei einem Strom von 1 A.

Der Istwert des Stromes kann nun in einer Regelschaltung mit dem Sollwert für den Strom verglichen werden. Der Regelteil ist mit IC2A und IC2B realisiert (Abbildung 8.16).

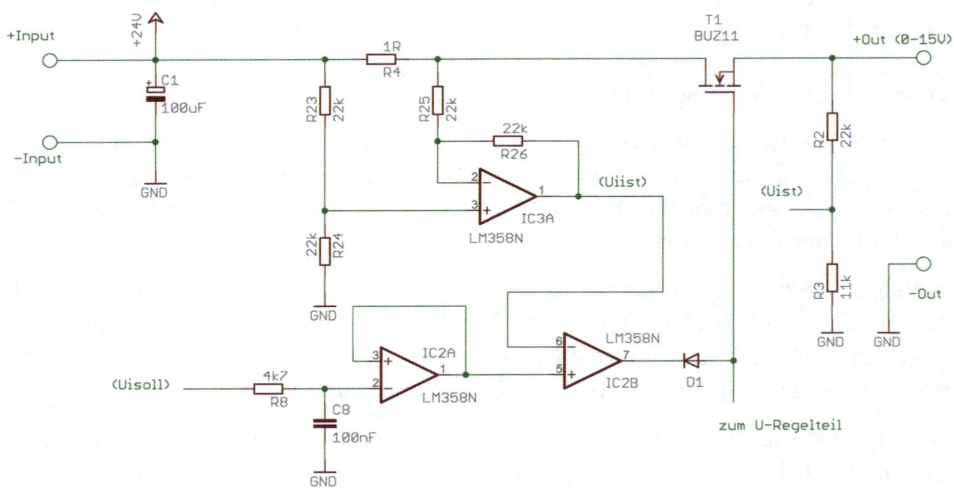

Abb. 8.16: Schaltung zur Strombegrenzung

Der Istwert des aktuellen Stromes (`Uiist`) wird in der Vergleicher-Schaltung (IC2B) mit dem Sollwert des Stromes verglichen. Falls der Istwert am negativen Eingang des Verstärkers (Pin 6 von IC2B) größer als der Stromsollwert ist, wird der Ausgang (Pin 7) gegen 0 Volt gehen. Das hat zur Folge, dass der MOSFET weniger durchschaltet und somit die Ausgangsspannung am Netzteil minimiert wird. Das Netzteil selbst versucht nun den Ausgangsstrom auf den eingestellten Stromsollwert zu begrenzen. Das Netzteil ist somit im Strombegrenzungsbetrieb.

Im Normalbetrieb ist der Stromsollwert immer höher als der Istwert und der Ausgang 7 von IC2B besitzt ein Maximum (rund 20V). In diesem Fall wird die Diode D1 sperren, und der Schaltungsteil mit der Strombegrenzung hat keinen Einfluss auf den Betrieb. Das Netzgerät läuft als Spannungsregler.

Strommessung mit High-Side-Messmodul

Die im vorherigen Abschnitt erklärte Schaltung mit dem Messwiderstand in der Plus-Leitung nennt sich in der Praxis »High-Side-Strommessung« und ist in vielen Anwendungsfällen nützlich.

Halbleiter-Hersteller haben dies auch erkannt und verschiedene integrierte Bausteine für diese Schaltungsarten entwickelt. Zu erwähnen sind dabei Bausteine wie der INA169 oder der INA219. Diese Bausteine beinhalten die gesamte Schaltungstechnik mit dem Differenzverstärker. Meist sind nur noch ganz wenige externe Komponenten nötig.

Neben den integrierten Bausteinen gibt es auch fertig aufgebaute Boards wie das INA169-Modul von Adafruit oder das Current-Sensor-Modul von Sparkfun. Auf beiden Boards wird ein INA169 eingesetzt.

`http://www.adafruit.com/products/1164`

`https://www.sparkfun.com/products/12040`

Die Entwickler beider Module haben alle nötigen Komponenten auf der kleinen Leiterplatte platziert. Wie man anhand des Datenblatts des INA169 erkennen kann, sind das nur der Shunt Rs und ein Widerstand RL zur Signalumwandlung (Abbildung 8.17).

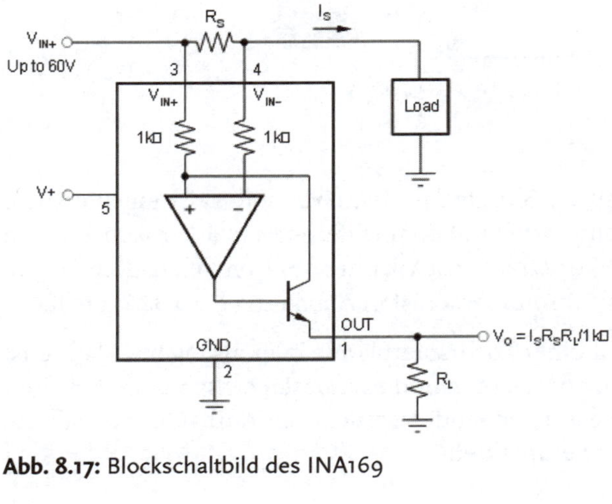

Abb. 8.17: Blockschaltbild des INA169

Das fertig aufgebaute Board von Adafruit ist in Abbildung 8.18 abgebildet. Über die Schraubklemmen und die Stiftleiste kann das Modul mit der eigenen Schaltung verdrahtet werden.

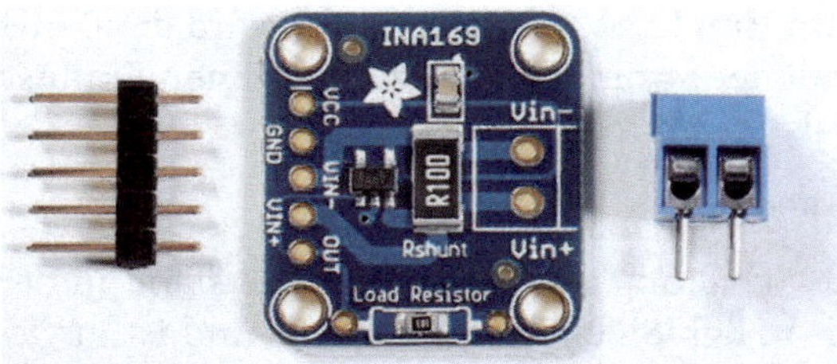

Abb. 8.18: INA169 Breakout-Board (Bild Adafruit)

Auf der Leiterplatte ist ein Shunt mit einem Wert von 0.1 Ohm platziert. Am Ausgang `Out` kann nun mit dem Lastwiderstand RL eine Ausgangsspannung generiert werden. Mit dem vorhandenen Shunt und dem Lastwiderstand von 10 kOhm ergibt das ein Ausgangssignal von 1 V pro Ampere. Dieses Spannungssignal kann nun direkt weiterverarbeitet werden.

Abbildung 8.19 zeigt, wie das Modul INA169 von Adafruit verdrahtet wird. Im Beispiel wird als Last ein Motor verwendet.

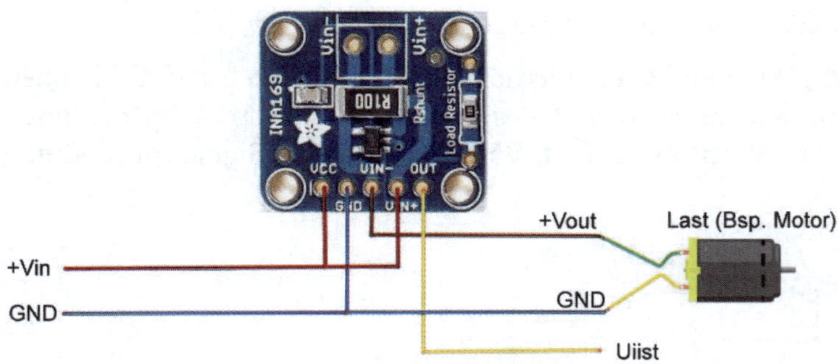

Abb. 8.19: Anschluss INA169

Im Netzteilprojekt wird nun statt des Shunts das Modul vor dem Leistungstransistor (MOSFET) eingefügt. Der Schaltungsteil mit dem Differenzverstärker ist bereits im INA169-Modul integriert. Der Verstärker IC4A kann somit entfallen. Der Stromlaufplan mit dem INA-Modul als Strommesser ist in Abbildung 8.20 dargestellt.

Beim Aufbau der Schaltung auf einer Lochrasterplatine oder als eigene Platine ist immer der maximale Laststrom zu beachten und es müssen entsprechende Leiterbahndicken oder Kabeldurchmesser verwendet werden. Ein Aufbau der Schaltung auf einem Steckbrett ist nicht zu empfehlen.

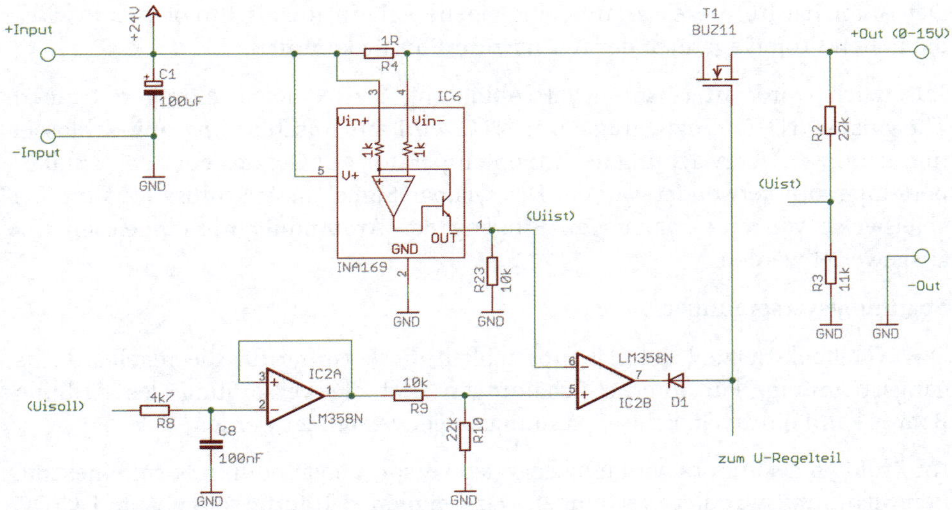

Abb. 8.20: Strommessung mit dem INA169-Modul

Komplettschaltung Leistungsteil mit INA-Modul

Die komplette Schaltung des Leistungsteils ist in Abbildung 8.21 dargestellt. Zur Strombegrenzung wird das oben genannte INA-169-Modul verwendet, wobei nur die Anschlüsse des Breakout-Boards dargestellt sind.

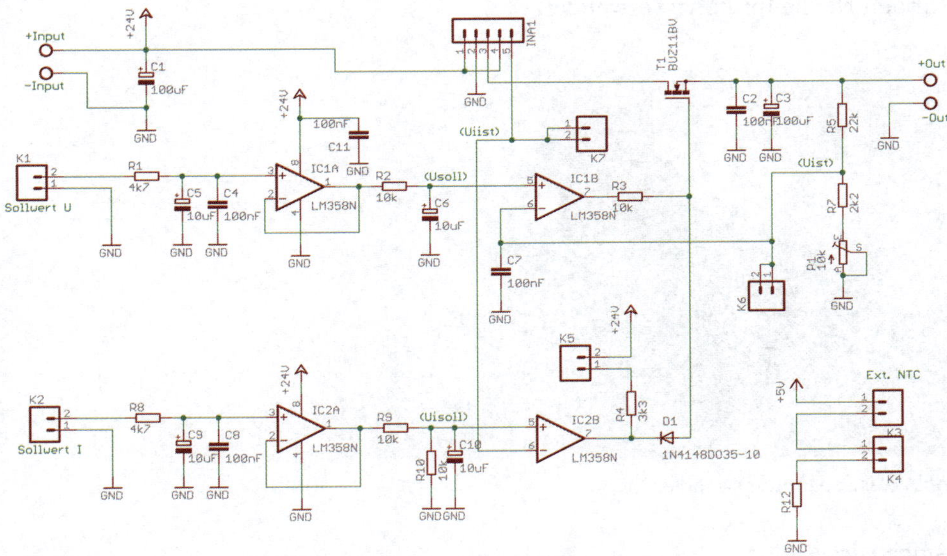

Abb. 8.21: Schaltung des Leistungsteils mit Strombegrenzung

Der Autor hat für diese Variante eine eigene Leiterplatte als Prototyp entwickelt, die in den Prototypgeräten des Autors zum Einsatz kommt.

Zusätzlich wurde in Leistungsteil (Abbildung 8.21) eine Schaltung mit einem Thermistor (NTC) hinzugefügt. Der NTC wird am Anschluss K3 angeschlossen und kann zur Überwachung der Innentemperatur des Gerätes oder der Kühlkörpertemperatur verwendet werden. Das analoge Signal an Anschluss K4 kann beispielsweise von einem analogen Eingang des Arduino-Boards eingelesen und ausgewertet werden.

Spannungsversorgungen

Das Notebook-Netzteil liefert hauptsächlich die Leistung für die regelbare Ausgangsspannung. Für interne Schaltungen und die Versorgung des Arduino-Boards kann ein zusätzlicher Spannungsregler verwendet werden.

Im Prototyp des Autors wird ein separates Versorgungsmodul in Form eines kleinen Spannungswandlers verwendet. Dazu eignen sich fertig aufgebaute DC/DC-Wandler oder kleine Schaltnetzteile auf Leiterplatten.

Ein mögliches Reglermodul (`http://www.play-zone.ch/de/lm2596-dc-dc-abwartswandler-modul.html`) ist mit einem Schaltreglerbaustein des Typs LM2596 aufgebaut und benötigt relativ wenige Komponenten. Solche Module sind meist kompakt aufgebaut und können eine regelbare Spannung liefern. Die Ausgangsleistung ist genügend groß, um auch zusätzliche Elemente zu versorgen, wie beispielsweise ein Display. Der Autor hat einen Bausatz mit einem L4962 für den Netzteilprototyp verwendet.

Abb. 8.22: Spannungswandler-Modul

Aufbau des Geräts

Der Aufbau des digitalen Netzteils benötigt etliche Komponenten, die in den nachfolgenden Stücklisten aufgeführt sind.

Stückliste (Netzteil Grundaufbau)

1 Gehäuse

1 Notebook-Netzgerät mit Netzkabel

1 Steckernetzteil 7 Volt oder DC/DC-Wandlermodul

1 Lochrasterplatine (Leistungsteil)

1 4-mm-Buchse rot

1 4-mm-Buchse schwarz

1 Durchführungstülle oder Kabelschutz für Netzkabel

Stückliste (Netzteil Leistungsteil)

2 Operationsverstärker LM358 (IC1, IC2)

1 MOSFET BUZ11 (T1)

1 Breakout-Board INA169

1 Diode 1N4148 (D1)

1 Widerstand 2k2 (R7)

1 Widerstand 3k3 (R4)

2 Widerstände 4k7 (R1, R8)

5 Widerstände 10k (R2, R3, R9, R10, R12)

1 Widerstand 22k (R5)

1 NTC 10k (siehe Text)

5 Keramik-Kondensatoren 100 nF (C2, C4, C7, C8, C11)

5 Tantal-Kondensatoren 10 uF/35 V (C3, C5, C6, C9, C10)

1 Elko 100 uF/50 V (C1)

1 Kühlkörper (siehe Text)

1 Isolierbuchse TO-220

1 Wärmeleitfolie 0,3 mm TO-220

Stückliste (Netzteil Ansteuerungsteil)

1 Arduino-Board

1 Folientastur »Keypad« (3x4 Tasten)

1 Proto-Shield (Ansteuerteil mit Keypad)

6 Widerstände 10 kOhm (R22, R23, R24, R25)

Schaltungsaufbau auf dem Steckbrett

Der Schaltungsaufbau auf einem Steckbrett empfiehlt sich nur in der Phase des Prototypen-Aufbaus. Zum praktischen Einsatz des Netzteils lohnt es sich, die gesamte Schaltung auf einer Lochrasterplatine oder einer eigenen Leiterplatte aufzubauen.

Beim Leistungstest der Schaltung auf dem Steckbrett sollte der MOSFET auf eine kleine Lochrasterplatine gelötet und nicht direkt mit dem Steckbrett verbunden werden. Gleichzeitig sollte die Eingangsspannung am Anschluss DRAIN und die Ausgangsspannung am Anschluss SOURCE auch außerhalb des Steckbrettes angeschlossen werden, um die Kontakte des Steckbretts nicht unnötig zu belasten.

Bei einem Kurzschluss kann der Strom die Kontakte des Steckbretts beschädigen.

Schaltung des Eingabeteils

Zwecks stabilen Aufbaus hat der Autor den Eingabeteil mit dem Keypad (Schaltung Abbildung 8.13) auf einem eigenen Shield aufgebaut (Abbildung 8.23).

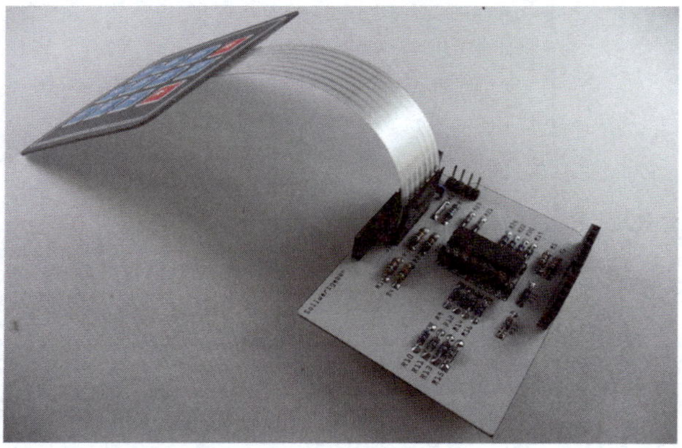

Abb. 8.23: Eingabeteil als Shield mit dem Keypad (Version 1.0)

Das Sollwertgeber-Shield wurde mit Fritzing realisiert und ist auf der Projektwebsite des Autors verfügbar.

`http://arduino-praxis.ch/projekte-2/sollwertgeber-shield/`

Hinweis

In dieser Version des Buches (3. Auflage) hat der Autor die Sollwert-Generierung überarbeitet und statt einer Schaltung mit Widerstandsleiter-Schaltung (wie im Signalgeber-Projekt) ein PWM-Signal verwendet. Version 1 des Keypad-Shields beinhaltet daher auch noch die Widerstandsleiter-Schaltung, mit der die analoge Sollwertspannung ausgegeben wird.

Sketch (Netzteil)

```
// Digitales Netzteil
#include <Keypad.h>
#include <EEPROM.h>
#include <Wire.h>

const byte ROWS = 4; // 4 Zeilen
const byte COLS = 3; // 3 Spalten
// Aufbau Keypad
char keys[ROWS][COLS] = {
  {'1','2','3'},
  {'4','5','6'},
  {'7','8','9'},
  {'*','0','#'}
};

// Zeilen ROW0, ROW1, ROW2 und ROW3 an Arduino-Pins
byte rowPins[ROWS] = { 10, 9, 8, 7 };
// Spalten COL0, COL1 und COL2 an Arduino Pins
byte colPins[COLS] = { 6, 5, 4 };

// Keypad-Objekt
Keypad kpd = Keypad( makeKeymap(keys), rowPins, colPins, ROWS, COLS );
// Variablen Keypad
// Anzahl Zeichen für Eingabe = 5
// Bsp. 1000# = Eingabe 10.00 Volt
char keyreihe[5];
char key;
int count=0;

// EEPROM
int eeaddress = 0;
byte eevalue;

// Sollwert
int varSoll;
byte uv, umv;
// Referenzspannung
float vref=5.00;
// max. Ausgangsspannung
float uaus=15.00;
float teiler;
```

```
// Pin PWM Sollwert U
int PWMU=11;

void setup()
{
  // Serielle Schnittstelle Start
  Serial.begin(9600);
  // Sollwert 0
  analogWrite(PWMU, 0);
  delay(500);
  // EEPROM-Wert lesen
  eevalue = EEPROM.read(eeaddress);
  varSoll=eevalue;
  analogWrite(PWMU, varSoll);
}

void loop()
{
  key = kpd.getKey();
  if(key)  // gleichbedeutend mit if(key != NO_KEY)
  {
    switch (key)
    {
      case '*':
        //
        break;
      case '#':
        showKey();
        count=0;
        // Werte löschen
        for (int zz=0; zz<4; zz++)
        {
          keyreihe[zz]=0;
        }
        // EEPROM-Wert lesen
        eevalue = EEPROM.read(eeaddress);
        varSoll=eevalue;
        break;
      default:
        keyreihe[count]=key;
        count=count+1;
        if (count == 4){
```

```
            count=0;
          }
      }
    }

    // Ausgabe des empfangenen Startzeichens
    Serial.print("Sollwert: ");
    Serial.println(varSoll);

    // Sollwert U
    analogWrite(PWMU, varSoll);
}

//
// Funktionen
//

void showKey()
{
    Serial.print("KP Wrt: ");
    Serial.println(keyreihe);
    Serial.print("KP Int: ");
    int keyreiheint=atoi(keyreihe);
    Serial.println(keyreiheint);
    float usoll = keyreiheint;
    Serial.print("KP Usoll: ");
    Serial.println(usoll);

    // Sollspannung in Volt umrechnen
    usoll=usoll/100;
    // Teilerwert für Sollwert berechnen
    // Bsp. max. Ausgangsspannung 15 V -> 15/vref=15/5=3
    teiler=uaus/vref;
    usoll=usoll/teiler;

    // Berechnung Int-Wert für Ausgabe
    int varSollU = (usoll*255)/vref;

    // Wert in EEPROM schreiben
    EEPROM.write(eeaddress, varSollU);
}
```

Listing 8.11: Listing digitales Netzteil

Listing 8.11 zeigt das gesamte Arduino-Programm zur Steuerung des Netzteils. Die Hauptaufgabe des Programms ist dabei die Abfrage des Keypads und die Umwandlung der Eingabe über die Tastatur in einen internen Sollwert, der der gewünschten Ausgangsspannung entspricht. Dabei ist zu beachten, dass die maximale Sollwertspannung unabhängig von der maximalen Ausgangsspannung immer genau 5 Volt beträgt.

Wie gewohnt werden im Programm zuerst die nötigen Bibliotheken geladen, wobei die Library zur Abfrage des Keypads noch in der Entwicklungsumgebung installiert werden muss. Die Bibliothek finden Sie unter `http://playground.arduino.cc/code/Keypad`.

```
#include <Keypad.h>
#include <EEPROM.h>
#include <Wire.h>
```

Nun wird das Keypad durch Angabe der Zeilen- und Spaltenzahl definiert.

```
const byte ROWS = 4; // 4 Zeilen
const byte COLS = 3; // 3 Spalten
```

Danach wird der Aufbau des Keypads durch die Tastenbelegung festlegt.

```
// Aufbau Keypad
char keys[ROWS][COLS] = {
  {'1','2','3'},
  {'4','5','6'},
  {'7','8','9'},
  {'*','0','#'}
};
```

Zum Schluss der Keypad-Definitionen werden die zugehörigen Arduino-Pins angegeben.

```
// Zeilen ROW0, ROW1, ROW2 und ROW3 an Arduino-Pins
byte rowPins[ROWS] = { 10, 9, 8, 7 };
// Spalten COL0, COL1 und COL2 an Arduino-Pins
byte colPins[COLS] = { 6, 5, 4 };
```

Nun wird ein Keypad-Objekt erstellt und interne Variablen für die Keypad-Eingaben deklariert.

```
// Keypad-Objekt
Keypad kpd = Keypad( makeKeymap(keys), rowPins, colPins, ROWS, COLS );
```

```
// Variablen Keypad
char keyreihe[5];
char key;
int count=0;
```

Weitere Variablen werden definiert.

```
// EEPROM
int eeaddress = 0;
byte eevalue;

// Sollwert
int varSoll;
byte uv, umv;
// Referenzspannung
float vref=5.00;
// max. Ausgangsspannung
float uaus=15.00;
float teiler;
```

Die Angabe der maximalen Ausgangsspannung muss mit der Berechnung des Spannungsteilerverhältnisses (R5, R7, P1) übereinstimmen.

Jetzt wird noch der Pin zur PWM-Ausgabe des Sollwertes für die Spannung definiert.

```
// Pin PWM Sollwert U
int PWMU=11;
```

Im Setup werden die serielle Schnittstelle gestartet und der PWM-Ausgang auf 0 gesetzt. Nun wird der Sollwert im internen EEPROM abgefragt und der Variablen `varSoll` zugeordnet. Der im EEPROM gespeicherte Sollwert wird dann als PWM ausgegeben. Auf diese Weise ist jeweils der zuletzt eingestellte Sollwert verfügbar.

```
void setup()
{
  // Serielle Schnittstelle Start
  Serial.begin(9600);
  // Sollwert 0
  analogWrite(PWMU, 0);
  delay(500);
  // EEPROM-Wert lesen
  eevalue = EEPROM.read(eeaddress);
  varSoll=eevalue;
  // Ausgabe Sollwert
```

```
  analogWrite(PWMU, varSoll);
}
```

Im Hauptprogramm wird laufend geprüft, ob ein Zeichen auf der Tastatur eingegeben wird.

```
void loop()
{
  key = kpd.getKey();
```

Ist eine Eingabe erfolgt, wird diese geprüft. Bei Eingabe von * erfolgt ein Sprung aus dem Programm und die Abfrage geht weiter. Ein # bedeutet Abschluss der Eingabe, das Unterprogramm `showKey()` wird aufgerufen, und anschließend werden die Eingabedaten gelöscht. Alle anderen Eingaben werden dem Array mit der Eingabe `keyreihe[zz]` angehängt. Bei mehr als vier eingegebenen Zeichen wird die Eingabe wieder von vorne überschrieben.

```
  if(key)  // gleichbedeutend mit (key != NO_KEY)
  {
    switch (key)
    {
      case '*':
        //
        break;
      case '#':
        showKey();
        count=0;
        // Werte löschen
        for (int zz=0; zz<4; zz++)
        {
          keyreihe[zz]=0;
        }
        // EEPROM-Wert lesen
        eevalue = EEPROM.read(eeaddress);
        varSoll=eevalue;
        break;
      default:
        keyreihe[count]=key;
        count=count+1;
        if (count == 4){
          count=0;
        }
    }
  }
```

Zum Schluss wird der Sollwert wieder als PWM-Signal ausgegeben.

```
  // Ausgabe des empfangenen Startzeichens
  Serial.print("Sollwert: ");
  Serial.println(varSoll);
  // Sollwert U
  analogWrite(PWMU, varSoll);
}
```

Die Funktion `showKey()` schreibt zuerst die Eingabe auf den seriellen Port.

```
void showKey()
{
  Serial.print("KP Wrt: ");
  Serial.println(keyreihe);
  Serial.print("KP Int: ");
  int keyreiheint=atoi(keyreihe);
  Serial.println(keyreiheint);
  float usoll = keyreiheint;
  Serial.print("KP Usoll: ");
  Serial.println(usoll);
```

Anschließend wird der dezimale Sollwert umgerechnet, damit die eingangs definierte maximale Ausgangsspannung immer einem Wert von 255 entspricht. Der neue Sollwert `varSollU` wird zum Schluss wieder im EEPROM gespeichert.

```
  // Sollspannung in Volt umrechnen
  usoll=usoll/100;
  // Teilerwert für Sollwert berechnen
  // Bsp. max. Ausgangsspannung 15 V -> 15/vref=15/5=3
  teiler=uaus/vref;
  usoll=usoll/teiler;

  // Berechnung Int-Wert für Ausgabe
  int varSollU = (usoll*255)/vref;

  // Wert in EEPROM schreiben
  EEPROM.write(eeaddress, varSollU);
}
```

Die interne Variable `teiler` ist ein Teilerverhältnis, das dem Verhältnis

```
Maximale Ausgangsspannung / Referenzspannung
```

entspricht. Die Referenzspannung ist dabei standardmäßig auf 5 Volt eingestellt. Falls die Ausgänge des Portexpanders bei einem HIGH-Signal zu sehr von 5 Volt abweichen, kann damit die Ausgabe korrigiert werden.

Zum Test kann die Eingabe über das Keypad im seriellen Monitor überprüft werden. Zusätzlich kann der Sollwert am Ausgang des Verstärkers IC1A (Pin 1) mit einem Voltmeter überprüft werden.

Aufbau des Netzgeräts

Für den produktiven Einsatz des Netzgeräts baut man alle Teile der Netzteilschaltung in ein stabiles Gehäuse ein und führt die Bedienungselemente und Anschlüsse auf die Frontplatte. Die Zuführung der Netzspannung über das Netzkabel ist an der Rückseite vorgesehen. Dazu platziert man das Notebook-Netzteil im Gehäuse so, dass das Netzkabel direkt durch die Rückwand geführt wird. Mit einer Bohrung in der Rückwand und einem Gummischutz in Form einer Kabel-Durchführungstülle wird das Anschlusskabel des Notebook-Netzgeräts nach außen geführt. Bei dieser Lösung bleibt das Kabel unversehrt und die spannungsführenden Teile sind weiterhin geschützt.

Abb. 8.24: Aufbau des Netzgeräts

Abbildung 8.24 zeigt den Aufbau des Netzgeräts in der Ansicht von oben. Das rotweiße Kabel ist die Spannungsversorgung für das Arduino-Board. Die Anschlussdrähte in Braun und Schwarz, die nach links führen, sind das Sollwertsignal und das Bezugspotential (GND), die auch auf das Arduino-Board führen.

Der Sollwert für die Strombegrenzung wird über ein analoges Potentiometer realisiert, das mit 5 Volt versorgt wird. In Abbildung 8.25 ist dieser Schaltungsteil dargestellt.

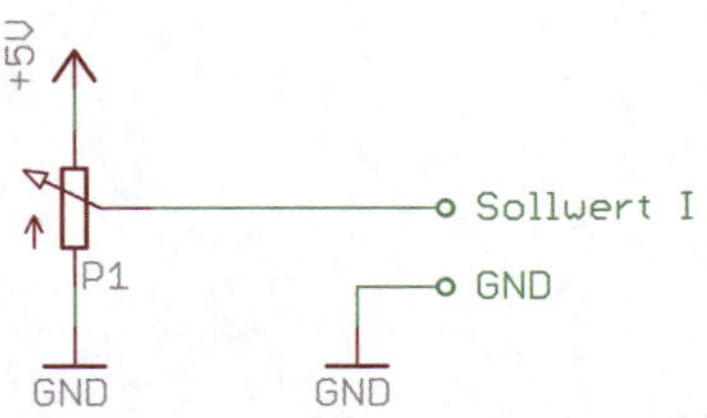

Abb. 8.25: Stromsollwert via Potentiometer einstellen

Die Anschlüsse für das Keypad können auf einem Proto-Shield aufgebaut werden. In Abbildung 8.26 ist das Sollwertgeber-Shield des Autors abgebildet. Das Arduino-Board mit dem Sollwertgeber-Shield ist im Gehäusedeckel montiert und wird mittels der vorher beschriebenen Signale mit den Komponenten im Gehäuseboden verbunden.

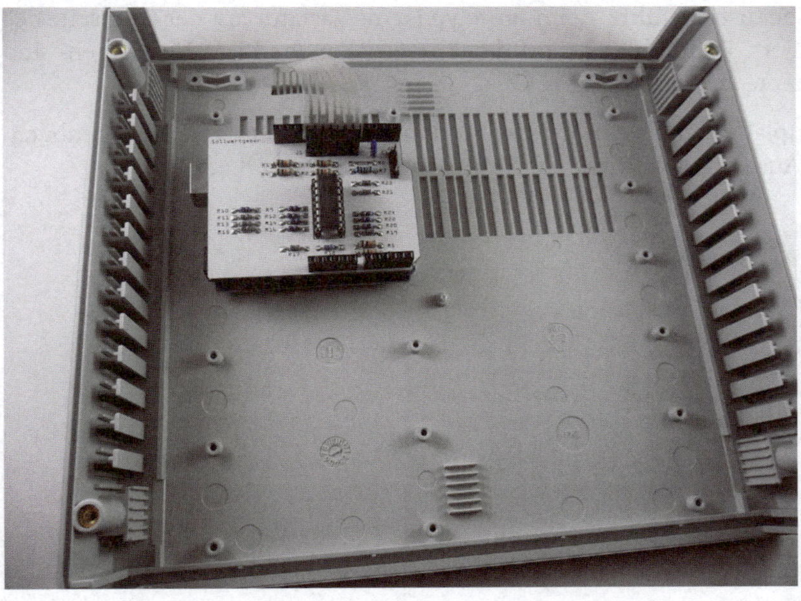

Abb. 8.26: Netzteil: Montage von Arduino und Sollwertgeber-Shield im Gehäusedeckel

Der Leistungsteil mit dem MOSFET und der Regelungsschaltung wird auf einer stabilen Lochrasterplatine aufgebaut. Bei der Montage ist zu beachten, dass der FET am Rand der Platine montiert wird, um die einfache Montage eines Kühlkörpers zu ermöglichen (Abbildung 8.27).

Abb. 8.27: Leistungsteil des Netzteils

Die Folientastatur zur Sollwerteingabe wird auf die Frontplatte oder die Oberseite des Gehäuses geklebt. Das flache Anschlusskabel mit den einzelnen Signalen für die Spalten und Zeilen wird durch einen schmalen Spalt in der Frontplatte ins Innere des Gehäuses geführt. Beim Prototyp ist die Tastatur auf der Oberseite des Gerätes platziert. Dadurch steht auf der Frontseite mehr Platz für Bedien- und Anzeigeelemente zur Verfügung.

Auf der Frontplatte stehen 4-mm-Anschlussbuchsen, so genannte Bananenbuchsen, mit der Ausgangsspannung zur Verfügung (Abbildung 8.28).

Abb. 8.28: Die Ausgangsspannung steht über Bananenbuchsen zur Verfügung

Die Anzeige der aktuell eingestellten Spannung kann mit einem kleinen 3-stelligen Digitalanzeige-Instrument realisiert werden. Dazu eignet sich beispielsweise das Mini-Voltmeter von Adafruit (`https://www.adafruit.com/products/460`).

Je nach Aufbauwunsch kann die Anzeige auch durch ein LC-Display mit weiteren Informationen wie Ausgangsstrom und Ausgangsleistung erweitert werden. Dazu eignen sich serielle Displays oder auch grafische Displays. Je nach Anzeige muss für diese Funktion ein zusätzliches Arduino-Board eingesetzt werden.

Kühlung der Leistungsstufe

Im Leistungsteil des Netzgeräts wird wie beschrieben ein MOSFET eingesetzt. Über die Drain-Source-Stecker dieses Halbleiters fließt der gesamte Strom, der vom angeschlossenen Verbraucher bezogen wird. Zusätzlich ist über dem MOSFET zwischen dem Eingang (Drain) und dem Ausgang (Source) dieser Leistungsstufe eine Spannung zu messen. Diese Spannung ist abhängig von der eingestellten Ausgangsspannung des Netzteils. Der Spannungsabfall (UDS) über dem MOSFET ist umso höher, je kleiner die eingestellte Ausgangsspannung ist.

Man kann also folgende Rechnung anstellen:

$$U_{DS} = \text{Eingangsspannung} - \text{Ausgangsspannung} - 1\ \text{Volt}$$

1 Volt ist der Spannungsabfall über dem Strom-Messwiderstand.

Entsprechend wird die Leistung über dem MOSFET berechnet:

$$P = U * I = (U_{DS}) * I$$

Für die Berechnung nehmen wir folgende Werte an:

Eingangsspannung: 19 V

Ausgangsspannung: 1 V

Ausgangsstrom: 1 A

Daraus kann man die Spannung U_{DS} ermitteln:

$$U_{DS} = 19\ V - 1\ V = 18\ V$$

Die Leistung über dem MOSFET ist somit:

$$P = 18\ V * 1\ A = 18\ W$$

Diese über den Halbleiter fließende Leistung erzeugt Wärme, die der MOSFET abgeben muss. Dazu wird in der Elektronik ein Kühlkörper eingesetzt.

Die richtige Auswahl eines Kühlkörpers erfordert etwas Rechenarbeit, und zusätzlich müssen verschiedene Parameter dem Datenblatt des verwendeten Halbleiters entnommen werden.

Im ersten Schritt muss definiert werden, wie der Halbleiter auf den Kühlkörper montiert wird. Der verwendete BUZ11 beispielsweise ist als Bauteil mit der Gehäuseform TO-220 ausgeführt. Bei TO-220-Bauformen wird der Halbleiter mittels einer Schraube auf eine Kühlfläche oder einen Kühlkörper geschraubt. Kleinere Kühlkörper können sogar direkt auf das Bauteil gesteckt werden und benötigen keine Schraubverbindung. Der Halbleiter und der Kühlkörper werden durch einen Wärmeleiter wie Wärmeleitpaste oder eine spezielle Glimmerscheibe verbunden.

Damit die metallene Fläche des Halbleiters, an der die Schraube durchs Montageloch geführt wird, keine Verbindung zum Kühlkörper hat, wird auf die Montageschraube noch eine schwarze Isolierbuchse gesteckt (Abbildung 8.29).

Abb. 8.29: Montage des Kühlkörpers mit MOSFET

Wie bereits erwähnt, müssen zwecks Kühlkörperdimensionierung Parameter aus dem Datenblatt des Halbleiters entnommen werden.

T_{max}: maximale Sperrschichttemperatur

R_{thjc}: thermischer Widerstand zwischen Sperrschicht (junction) und Gehäuse (case)

R_{thGK}: thermischer Widerstand an der Montagefläche (kann durch Wärmeleitpaste stark minimiert werden, bei isolierter Montage muss der Wert für den Isolator mitberechnet werden)

Das Datenblatt des BUZ11 liefert dann die konkreten Werte:

T_{max}: 150 Grad C

R_{thjc}: <1,67 K/W

Die Berechnungsformel für die Ermittlung des thermischen Widerstandes in Kelvin pro Watt (K/W) des Kühlkörpers lautet nun:

$R_{thK} = (T_J - T_U / P) - R_{thjc} - R_{thGK}$

$R_{thK} = ((150 \text{ Grad} - 25 \text{ Grad}) / 20 \text{ W}) - 1{,}67 \text{ K/W} - 1 \text{ K/W} = 3{,}58 \text{ K/W}$

Ein Kühlkörper für die Montage von TO-220-Bauteilen mit einem Wärmewiderstand von ungefähr 3,5 K/W kann nun ausgewählt werden.

Im Prototyp des Autors wurde ein Typ SK 68/75 SA (Fischer Elektronik) eingesetzt. Dieser Kühlkörper ist bei verschiedenen Elektroniklieferanten verfügbar.

Tipp

Wer sich nicht mit der Formel zur Kühlkörperberechnung herumschlagen will, kann die Berechnung mit einem der im Internet verfügbaren Online-Tools erledigen. Ein sehr praktisches Tool ist auf der Website des Kühlkörperherstellers Alutronic (`http://www.alutronic.de`) zu finden (unter dem Menüpunkt TECHNIK/SERVICE).

Test und Inbetriebnahme

Wie im Stromlaufplan in Abbildung 8.21 zu erkennen ist, wird der Sollwert für die Ausgangsspannung am Verstärker (IC1A) an Pin 3 angelegt. Für die Inbetriebnahme und die ersten Tests kann die Sollwertspannung über ein externes Potentiometer eingestellt werden. Durch Verstellen des Potentiometers sollte an Pin 3 des Verstärkers eine Spannung von 0 bis 5 Volt zu messen sein. Entsprechend der Position des Potentiometers sollte nun am Ausgang des Leistungsteils eine Ausgangsspannung zu messen sein. Bei maximalem Sollwert von 5 Volt sollte am Messpunkt K6 (`Uist`) auch eine Spannung von 5 Volt zu messen sein. Wird nun das Potentiometer von 0 bis Maximum verändert, ist am Ausgang eine Spannung von 0 bis zur maximalen Ausgangsspannung messbar. Die maximale Ausgangsspannung ist abhängig von den Widerstandswerten der Widerstände R5, R7 und dem Potentiometer P1.

Zur Berechnung der maximalen Ausgangsspannung kann folgende Formel verwendet werden:

Uout = (5 V * R5 / (R7+P1)) + 5 V

In Tabelle 8.2 sind einzelne Widerstandswerte und die entsprechenden maximalen Ausgangsspannungen aufgelistet, wobei statt des Potentiometers P1 eine Drahtbrücke eingesetzt wird.

Das Potentiometer P1 wird eingesetzt, um die maximale Ausgangsspannung genauer einzustellen. In diesem Fall muss der Wert von R7 + P1 etwas größer sein als der in der Tabelle aufgelistete Wert für R7.

Für den Fall einer maximalen Ausgangsspannung von 15 V wird der Widerstand R7 mit 2.2 kOhm gewählt und das Potentiometer hat einen Wert von 10 kOhm.

Max. Ausgangsspannung	R5	R7
12 V	47 kOhm	33 kOhm
15 V	22 kOhm	11 kOhm

Tabelle 8.2: Konfiguration des Spannungsteilers zur Einstellung der Ausgangsspannung

Max. Ausgangsspannung	R5	R7
18 V	39 kOhm	15 kOhm
24 V	68 kOhm	18 kOhm

Tabelle 8.2: Konfiguration des Spannungsteilers zur Einstellung der Ausgangsspannung (Forts.)

Bei der Berechnung und Konfiguration des Widerstandsspannungsteilers mit R5 und R7 ist zu beachten, dass die vom Notebook-Netzteil gelieferte Spannung, die an den Anschlüssen `Input+` und `Input GND` angeschlossen wird, jeweils 5 Volt höher sein muss.

Für Tests unter Belastung verwendet man am besten Leistungswiderstände, wobei man ein Amperemeter in den Lastkreis einfügt. Parallel zur Last wird mit einem zweiten Messgerät die Ausgangsspannung in Volt gemessen.

Statt Leistungswiderständen kann man das Netzteil auch mit einer elektronischen Last prüfen. Eine elektronische Last ist eine kleine Schaltung, die mittels Leistungstransistoren die Last simuliert.

Nachfolgend einige Projekte, die sich mit elektronischen Lasten beschäftigen:

Dave Jones Video erklärt den Aufbau einer elektronischen Last:

`http://www.eevblog.com/2010/08/01/eevblog-102-diy-constant-current-dummy-load-for-power-supply-and-battery-testing/`

George Graves Dummy-Load-Projekt:

`http://forums.adafruit.com/viewtopic.php?f=44&t=28487`

Constant Current Source-Project:

`http://twilightrobotics.com/prototyping/constantcurrentsource`

Optionen

Mit dem Aufbau und Zusammenbau steht ein einfaches Netzgerät, das über ein Arduino-Board angesteuert wird, zur Verfügung. Je nach Anforderungen und Bedürfnissen kann das Netzgerät weiter ausgebaut werden.

Einige mögliche Ausbaumöglichkeiten sind nachfolgend aufgelistet:

- Sollwerteinstellung via serieller Schnittstelle
- Ausgabe von Statusinformationen über die serielle Schnittstelle
- drahtlose Sollwerteinstellung über IR-Fernbedienung oder 433-MHz-Sender/Empfänger
- zusätzliche Ausgänge für 5 Volt oder 12 Volt
- Anzeige Ausgangsstrom mit Balkenanzeige (Bargraph)
- Zusätzliche Ausgangsspannung 5 Volt via USB-Stecker

8.6.1 Sollwerteingabe mit Drehgeber

Rotary-Encoder oder Drehgeber sehen aus wie ein Potentiometer und werden oft in modernen Messgeräten wie Oszilloskopen oder Netzgeräten eingesetzt.

Abb. 8.30: Rotary-Encoder

In Abbildung 8.30 sind 2 Encoder dargestellt, der linke ist dabei auf ein Breakout-Board gelötet, am rechten wurden die Signale direkt mit Drähten abgenommen.

Rotary-Encoder werden von vielen Lieferanten geliefert. Sparkfun beispielsweise liefert auch alle nötigen Komponenten wie Breakout-Boards oder Drehknöpfe.

`https://www.sparkfun.com/products/10982`

Im Gegensatz zu einem Potentiometer besitzt ein Rotary-Encoder keine Drehbegrenzung. Die Achse kann beliebig oft gedreht werden. Der zweite Unterschied betrifft das Ausgangssignal. Ein Rotary-Encoder liefert zwei digitale Signale (Signal A und Signal B). In Abbildung 8.31 ist die Grundschaltung mit den Signalen A, B und C dargestellt. Der Anschluss C ist dabei der gemeinsame Anschluss der an GND angeschlossen wird. Die Anschlüsse A und B werden über die Pull-up-Widerstände (R1 und R2) an 5 V angeschlossen. Die eigentlichen Datensignale sind im Stromlaufplan mit A und B bezeichnet und können direkt am Arduino angeschlossen werden.

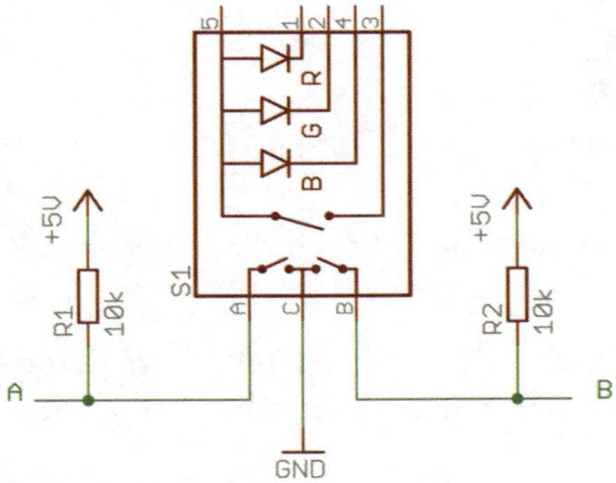

Abb. 8.31: Grundschaltung Rotary-Encoder

Wie man im Stromlaufplan in Abbildung 8.31 erkennen kann, sind im Drehgeber zwei Schalter integriert, die die Ausgangssignale generieren. Abbildung 8.32 zeigt die beiden Signale bei Drehung der Drehgeberachse im Uhrzeigersinn.

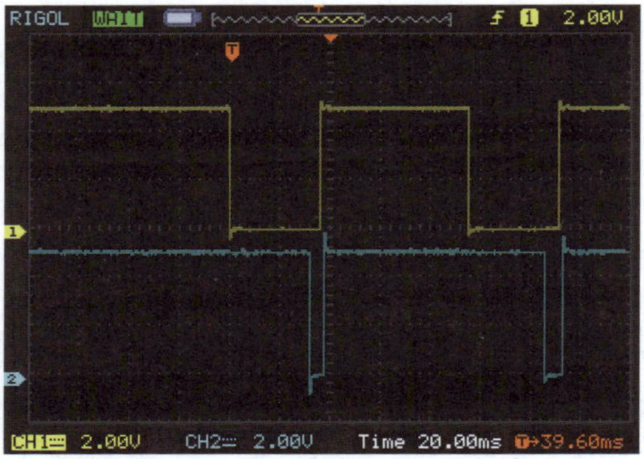

Abb. 8.32: Drehgeber: Signale A und B bei Drehung in Uhrzeigerrichtung

In Abbildung 8.33 ist der Signalverlauf im Gegenuhrzeigersinn dargestellt. Aus dem zeitlich versetzten Verlauf der Signale kann nun die Drehrichtung per Software ermittelt werden.

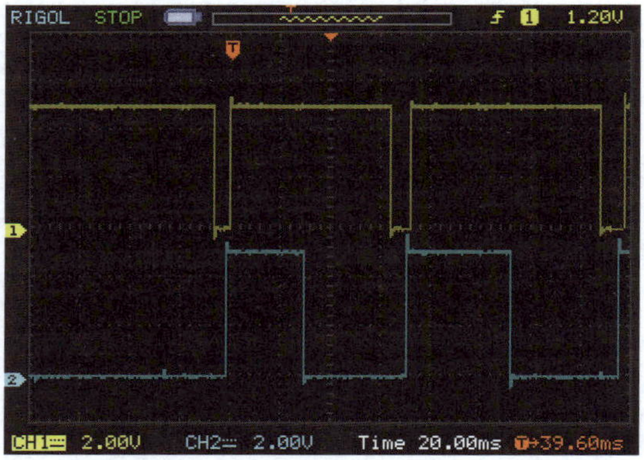

Abb. 8.33: Drehgeber: Signale A und B bei Drehung in Gegenuhrzeigerrichtung

Der Drehgeber besitzt mehrere Anschlüsse, da meist noch Leuchtdioden oder weitere Funktionen integriert sind.

In Abbildung 8.34 ist ein Ausschnitt aus dem Datenblatt eines Drehgebers dargestellt. In der Darstellung rechts unten wird dabei der elektrische Aufbau der Zusatzschaltung gezeigt.

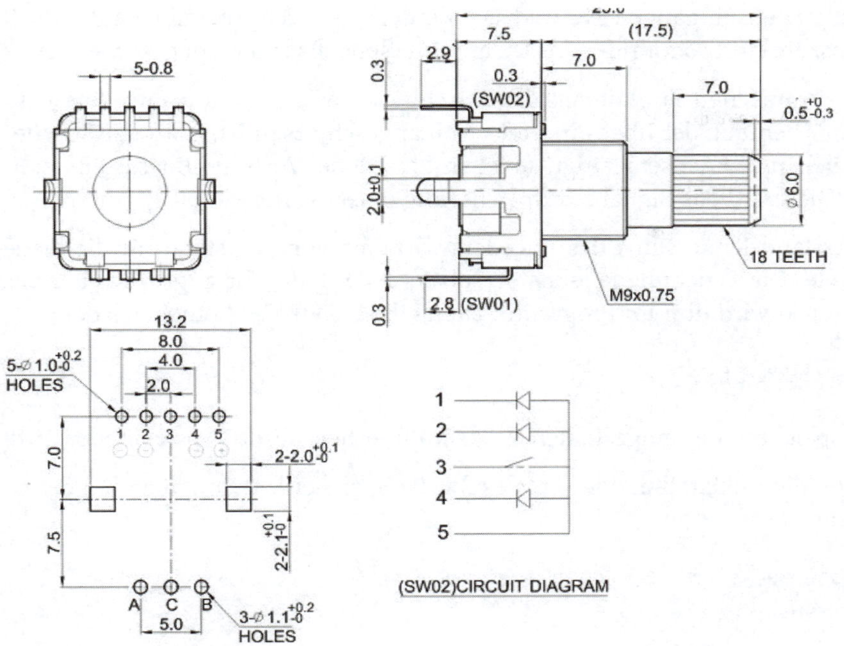

Abb. 8.34: Drehgeber (Datenblatt)

Im Beispiel sind das drei Dioden, in Wirklichkeit sind es Leuchtdioden, mit welchen man optische Effekte realisieren kann. Zusätzlich ist zwischen den Pins 3 und 5 ein Schalter verfügbar, der durch Druck auf die Achse betätigt wird.

Die Schaltung in Abbildung 8.35 zeigt den Einsatz eines Drehgebers als Eingabeelement zur Einstellung des Sollwerts der Ausgangsspannung.

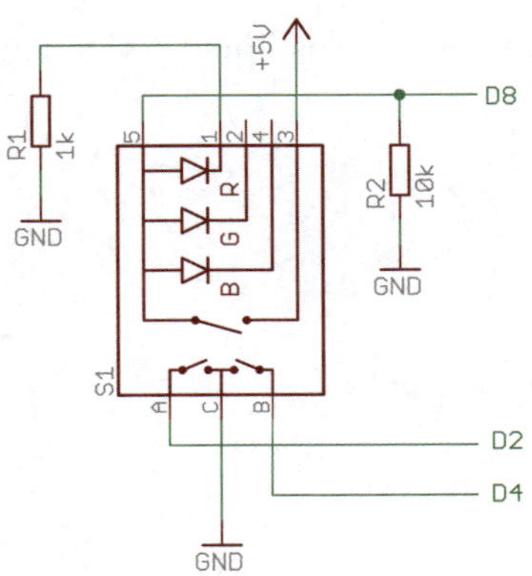

Abb. 8.35: Drehgeber zur Spannungseinstellung

An den digitalen Eingängen D2 und D4 werden die Drehgebersignale A und B angeschlossen. Im Programm wird D2 anschließend als Interrupt 0 verwendet.

Von den zusätzlichen Funktionen der Anschluss-Pins 1 bis 5 des Encoders wird der Schalter benutzt, der über Pin 3 an 5 Volt angeschlossen ist. Wird der Schalter durch Drücken der Achse betätigt, so ist an Pin D8 des Arduino-Boards ein HIGH messbar. Dies wird das Signal zur Speicherung eines Wertes sein.

Der Widerstand R1 an Pin 1 des Encoders wirkt als Vorwiderstand für die blaue Leuchtdiode. Die Leuchtdiode leuchtet, sobald der Schalter betätigt wird. Für das Netzteilprojekt wird nun im Programm zuerst die `EEPROM`-Bibliothek geladen,

```
#include <EEPROM.h>
```

die zum Speichern des eingestellten Werts im internen EEPROM verwendet wird.

Nun erfolgt die Deklaration des Signales für die Speicherfunktion über den digitalen Eingang D8.

```
// Pindeklaration
int PinEncSU=8;
```

Weiter werden die Signale für den Encoder deklariert. Der Interrupt 0 wird zur Abfrage des Encodersignals verwendet.

```
// Encoder
int encoderPinA = 2;          // Encoder Signal A
int encoderPinB = 4;          // Encoder Signal B
int interruptChannel = 0;     // Interrupt 0 = Pin 2
int stepSize = 1;             // Steps für Veränderung Wert
```

Der Wert für den Sollwert der Spannung wird bei Bewegung des Encoders in der Variable `valSollU` gespeichert.

```
// Sollwert U
volatile uint8_t valSollU;
float SollU;
```

Der eingestellte Sollwert wird über den PWM-Pin 9 ausgegeben.

```
// PWM U
int PinPWMU = 9;
```

Zum Schluss der Deklaration werden die EEPROM-Adresse und die Variable für den EEPROM-Wert deklariert.

```
// EEPROM
int eeaddressU = 0;
byte eevalueU;
```

In der Funktion `interruptHandler()` erfolgt das Auf- oder Abwärtszählen des Spannungssollwertes. Die Funktion wird durch die Interrupt-Handler aufgerufen.

```
static void interruptHandler()
{
  // Verzögerung als Debounce
  delay(30);
  if ( digitalRead( encoderPinA ) != digitalRead( encoderPinB ) )
  {
    if ( valSollU <= ( 255 - stepSize ) )
    {
      valSollU += stepSize;
    }
  }
  else
  {
    if ( valSollU >= stepSize )
    {
      valSollU -= stepSize;
    }
  }
}
```

In der Setup-Funktion wird zuerst die serielle Schnittstelle initialisiert.

```
void setup()
{
  // Serielle Schnittstelle Start
  Serial.begin(9600);
```

Anschließend werden die internen Pull-up-Widerstände für die Signale A und B aktiviert

```
  // Encoder, Eingänge Pullup aktivieren
  pinMode( encoderPinA , INPUT_PULLUP );
  pinMode( encoderPinB , INPUT_PULLUP );
```

und der Ausgang für den PWM sowie der Eingang für die Speicherung eingestellt.

```
  // Ausgang PWM U
  pinMode(PinPWMU, OUTPUT );
  // Eingang Soll U speichern
  pinMode(PinEncSU, INPUT);
  delay(500);
```

Nach einer kurzen Verzögerung wird der im EEPROM gespeicherte Wert gelesen und über den PWM ausgeben.

```
  // EEPROM Wert lesen
  eevalueU = EEPROM.read(eeaddressU);
  valSollU=eevalueU;
  analogWrite( PinPWMU , valSollU );
```

Zum Schluss wird der Interrupt 0 aktiviert, der bei einer Signaländerung die Funktion `interruptHandler()` aufruft.

```
  // Interrupt
  attachInterrupt( interruptChannel , interruptHandler , CHANGE );
}
```

Im Hauptprogramm wird zuerst geprüft ob der Speicher-Eingang HIGH ist. Ein HIGH am Eingang bedeutet: Schalter ist gedrückt.

```
void loop()
{
  // Wert Speichern
  if (digitalRead(PinEncSU) == HIGH)
```

Ist das Signal HIGH, so ist die Bedingung gültig und der über den Encoder eingestellte Sollwert in der Variablen `valSollU` wird im EEPROM gespeichert.

```
  {
    // Wert in EEPROM schreiben
    EEPROM.write(eeaddressU, valSollU);
    Serial.println("Sollwert gespeichert");
  }
```

Nun wird der Sollwert durch 10 geteilt, was einem realen Wert entspricht, und über die serielle Schnittstelle ausgegeben. 125 wird also zu 12,5, am Ausgang des Netzteils kann man nun 12,5 Volt messen.

```
  // Ausgabe Sollwert U
  Serial.print("U: ");
```

```
  SollU=valSollU;
  SollU=SollU/10;
  Serial.println(SollU);
```

Anschließend erfolgt die Ausgabe des Wertes am PWM-Ausgang und der Leistungsteil regelt nun das Ausgangssignal des Netzteils auf den eingestellten Wert.

```
  // Ausgabe Sollwert U
  analogWrite(PinPWMU, valSollU);
  delay(200);
}
```

Wie anfangs erwähnt, ruft der Interrupt-Handler bei Signaländerung an D2, also dem Signal A des die Funktion `interruptHandler()` auf.

Diese Funktion liest die Signale des Encoders ein und addiert oder subtrahiert den Wert 1 vom aktuellen Wert. Beim nächsten Funktionsaufruf über den Interrupt-Handler erfolgt abermals ein Auf- oder Abwärtszählen. Der Wert von 1 ist die Schrittgröße, die zu Beginn des Programmes in der Variablen `stepSize` gespeichert wurde.

Nach Aufruf der Funktion und einer kleinen Verzögerung zum Entprellen

```
static void interruptHandler()
{
  // Verzögerung als Debounce
  delay(30);
```

wird geprüft, ob die Signale A und B ungleich sind. Wenn sie ungleich

```
  if ( digitalRead( encoderPinA ) != digitalRead( encoderPinB ) )
  {
```

sind, wird geprüft, ob der aktuelle Wert für den Sollwert kleiner als 255-1 ist. In diesem Fall wird der Sollwert um 1 erhöht.

```
    if ( valSollU <= ( 255 - stepSize ) )
    {
      valSollU += stepSize;
    }
  }
```

Sonst wird der `else`-Zweig ausgeführt, in welchem geprüft wird, ob der Sollwert größer als 1 ist. In diesem Fall wird jeweils ein Wert von 1 vom Sollwert subtrahiert.

```
else
{
 if ( valSollU >= stepSize )
  {
   valSollU -= stepSize;
   }
  }
}
```

In Listing 8.12 ist der komplette Sketch zur Sollwerteingabe mittels eines Rotary-Encoders aufgelistet.

```
#include <EEPROM.h>

// Pindeklaration
int PinEncSU=8;

// Encoder
int encoderPinA = 2;          // Encoder Signal A
int encoderPinB = 4;          // Encoder Signal B
int interruptChannel = 0;     // Interrupt 0 = Pin 2
int stepSize = 1;             // Steps für Veränderung Wert

// Sollwert U
volatile uint8_t valSollU;
float SollU;

// PWM U
int PinPWMU = 9;

// EEPROM
int eeaddressU = 0;
byte eevalueU;

static void interruptHandler()
{
  // Verzögerung als Debounce
  delay(30);
  if ( digitalRead( encoderPinA ) != digitalRead( encoderPinB ) )
  {
    if ( valSollU <= ( 255 - stepSize ) )
    {
      valSollU += stepSize;
```

```
    }
  }
  else
  {
    if ( valSollU >= stepSize )
    {
      valSollU -= stepSize;
    }
  }
}

void setup()
{
  // Serielle Schnittstelle Start
  Serial.begin(9600);
  // Encoder, Eingänge Pull-up aktivieren
  pinMode( encoderPinA , INPUT_PULLUP );
  pinMode( encoderPinB , INPUT_PULLUP );
  // Ausgang PWM U
  pinMode(PinPWMU, OUTPUT );
  // Eingang Soll U speichern
  pinMode(PinEncSU, INPUT);
  delay(500);
  // EEPROM Wert lesen
  eevalueU = EEPROM.read(eeaddressU);
  valSollU=eevalueU;
  analogWrite( PinPWMU , valSollU );
  // Interrupt
  attachInterrupt( interruptChannel , interruptHandler , CHANGE );
}

void loop()
{
  // Wert Speichern
  if (digitalRead(PinEncSU) == HIGH)
  {
    // Wert in EEPROM schreiben
    EEPROM.write(eeaddressU, valSollU);
    Serial.println("Sollwert gespeichert");
  }
  // Ausgabe Sollwert U
  Serial.print("U: ");
```

```
  SollU=valSollU;
  SollU=SollU/10;
  Serial.println(SollU);

  // Ausgabe Sollwert U
  analogWrite(PinPWMU, valSollU);
  delay(200);
}
```

Listing 8.12: Sollwerteingabe mit einem Rotary-Encoder

Dieses Beispiel zeigt, dass man mit Rotary-Encoder oder Drehgebern recht einfach eine Einstellmöglichkeit für ein Netzteil realisieren kann. Auf die gleiche Weise kann mit einem zweiten Encoder die Einstellung des maximalen Stromes (Strombegrenzung) realisiert werden.

Kapitel 9

Erweiterungen

9.1 Bibliotheken

Arduino-Boards nutzen Bibliotheken in Form von Software. Diese Softwarebibliotheken, englisch »Library« oder »Libraries« (Mehrzahl), sind in sich geschlossene Programme, die meist eine Reihe von Funktionen mitbringen. Sie erweitern die Funktionalität des Arduino und sind speziell für einen Anwendungsfall erstellt. Der Vorteil dieser Bibliotheken ist, dass der Anwender auf vorgefertigte Funktionen zurückgreifen kann und diese nicht selbst ausprogrammieren muss. Bei einer Bibliothek für ein serielles GPS-Modul beispielsweise kann man Daten wie Längen- und Breitengrad direkt abfragen und muss den über die serielle Schnittstelle eingelesenen String nicht selbst auseinandernehmen. Bibliotheken werden meist verwendet, wenn externe Sensoren, Aktoren oder andere elektronische Schaltungen mit dem Arduino eingesetzt werden.

Auf der Arduino-Website werden viele Bibliotheken für die verschiedensten Einsatzgebiete aufgelistet:

`http://arduino.cc/en/Reference/Libraries`

Fortgeschrittene Anwender können eigene Bibliotheken für den Arduino schreiben und der Community zur Verfügung stellen. Eine ausführliche Anleitung erklärt alles Wissenswerte dazu:

`http://arduino.cc/en/Hacking/LibraryTutorial`

Die Arduino-Bibliotheken sind in der Arduino-IDE in einem eigenen Verzeichnis abgelegt. Der Pfad hierzu lautet:

Arduino-IDE 1.0:

`Arduino-Verzeichnis\libraries`

Arduino IDE 0017 und älter:

`Arduino-Verzeichnis\hardware\libraries`

Jede Bibliothek wird in einem eigenen Unterverzeichnis abgelegt. Nach dem Neustart der Arduino-IDE kann eine neu hinzugefügte Bibliothek im Menü über SKETCH|INCLUDE LIBRARY in den aktuellen Sketch eingebunden werden.

Ab Version 1.6 der Arduino-Entwicklungsumgebung kann eine Bibliothek auch direkt als ZIP-Datei eingefügt werden. Mit Klick auf die Option »Add .ZIP Library« kann die gewünschte Archivdatei aus dem Dateisystem ausgewählt und eingefügt werden.

Diese hinzugefügten Bibliotheken werden unter folgendem Pfad abgespeichert:

`Arduino-Sketch-Verzeichnis\libraries`

Die in einem Sketch geladenen Bibliotheken werden jeweils am Beginn des Codes mit der Anweisung `include` eingefügt.

```
#include <EEPROM.h>
```

Die meisten Bibliotheken liefern zur eigentlichen Funktion zusätzliche Beispiele mit, die die Nutzung der Bibliothek beschreiben. Diese Beispiele sind ein guter Startpunkt für den Anwender.

Nachfolgend werden einige Standardbibliotheken und weitere nützliche Bibliotheken beschrieben.

9.1.1 Ethernet-Bibliothek

`http://www.arduino.cc/en/Reference/Ethernet`

Mit der `Ethernet`-Bibliothek und einem entsprechenden Ethernet-Modul kann eine Ethernet-Verbindung zum lokalen Netzwerk realisiert werden. Steht im Netzwerk ein Internet-Router zur Verfügung, ist auch eine Verbindung mit dem Internet möglich.

Die `Ethernet`-Bibliothek kann das Arduino-Board als Webserver oder als Webclient betreiben und somit Daten via Netzwerk anbieten (Server) oder Daten aus dem Netz empfangen (Client).

Im Abschnitt 9.2, *Hardware-Erweiterungen (Shields)*, sind die nötigen Hardware-Komponenten beschrieben. Praktische Beispiele und mehrere Internetanwendungen werden in Kapitel 10 erklärt.

9.1.2 Wire-Bibliothek

`http://www.arduino.cc/en/Reference/Wire`

Die `Wire`-Bibliothek dient zur Kommunikation mit dem I^2C-Bus und 2-Wire-Devices. Auf den Standardboards erfolgt die Datenkommunikation über die beiden Analogports A4 (SDA, entspricht der Datenleitung) und A5 (SCL, entspricht dem Clock). Auf dem Arduino-Mega-Board werden dafür die Pins 20 (SDA) und 21 (SCL) verwendet.

Zur Kommunikation stehen verschiedene Funktionen zur Verfügung.

Wire.begin(), Wire.begin(Adresse)

Initialisierung des I^2C-Busses und Definition als Master- oder Slave-Teilnehmer.

Parameter

Mit dem Parameter `Adresse` wird die 7-Bit-Adresse des Busteilnehmers definiert. Ist keine Adresse definiert, wird der Teilnehmer als Master betrieben.

```
void setup()
{
  // teilnehmen am Bus mit Adresse 4 (Slave)
  Wire.begin(4);
}
```

Wire.requestFrom(Adresse, Anzahl)

Daten von einem Busteilnehmer anfordern.

Parameter

Adresse: Adresse des Busteilnehmers (7 Bit)

Anzahl: Anzahl erwarteter Bytes

Wire.beginTransmission(Adresse)

Start der Kommunikation mit dem adressierten Slave-Teilnehmer.

Wire.endTransmission()

Abschließen der Datenübertragung mit dem Slave-Teilnehmer, die mit `beginTransmission()` gestartet wurde.

Wire.write(Wert), Wire.write(String), Wire.write(Daten, Anzahl)

Senden von Daten von einem Slave zum Master als Antwort auf einen Request oder zur Speicherung von Daten in einer Warteschlange (Queue), die von einem Master an einen Slave gesendet wurden. Der Sendebefehl erfolgt im Anschluss an den Kommunikationsstart `beginTransmission()`.

Parameter

Wert: Daten als Bytewert (`byte`)

String: Daten als String (`char *`)

Daten: Daten als Array (`byte *`)

Anzahl: Anzahl der Bytes, die übertragen werden

Wire.available()

Gibt die Anzahl der Datenbytes zurück, die zum Empfang bereitstehen. Ein Master kann damit feststellen, wie viele Daten ein Slave nach `requestFrom()` versendet hat.

```
if (Wire.available())
{
 rdata = Wire.read();
 // weitere Anweisungen
}
```

Wire.read()

Empfangen von Daten, die übertragen wurden. Dabei wird als Rückgabewert der empfangene Wert als Bytewert zurückgegeben.

onReceive(Handler)

Wenn ein Slave Daten vom Master erhält, wird die Funktion aufgerufen, die als Handler übergeben wurde.

```
// falls Daten empfangen wurden, Funktion receiveData aufrufen
Wire.onReceive(receiveData);
```

Die Funktion, die nach `onReceive()` aufgerufen wird, muss als Funktion im Sketch vorhanden sein. Als Übergabeparameter für diese Funktion wird ein Integerwert übergeben.

```
// Funktion ausführen, falls Daten empfangen
void receiveData(int AnzahlBytes)
{
  // Daten empfangen und in Variable ablegen
  int recData =  Wire.read();
}
```

Wire.onRequest(Handler)

Empfängt der Master Daten von einem Slave, wird die im Handler übergebene Funktion aufgerufen.

9.1.3 SoftwareSerial

`http://arduino.cc/en/Reference/SoftwareSerial`

Die `SoftwareSerial`-Bibliothek kann dazu verwendet werden, per Software zusätzliche serielle Schnittstellen zu erstellen. Auf dem Arduino-Board steht standardmäßig nur eine hardwaremäßige serielle Schnittstelle an den Pins 0 (Rx) und Pin 1 (Tx) zur Verfügung.

Seit der Arduino-IDE-Version 1.0 ist diese Bibliothek standardmäßig dabei. Die bisherige Bibliothek NEWSOFTSERIAL wird durch diese Standardbibliothek abgelöst. Beim Migrieren von Sketchen, in denen NEWSOFTSERIAL verwendet wurde, empfiehlt sich ein Blick auf die Webseite des Entwicklers (`http://arduiniana.org/libraries/NewSoftSerial/`).

Nach dem Einbinden der Bibliothek werden die Pins der gewünschten seriellen Schnittstelle definiert und ein Schnittstellenobjekt `gps` erstellt.

```
#include <SoftwareSerial.h>
int rxPin=2;
int txPin=3;
SoftwareSerial GPS(rxPin, txPin);
```

Mit der Bibliothek ist man nun in der Lage, ein serielles LC-Display und ein serielles GPS-Modul gleichzeitig zu betreiben.

```
#include <SoftwareSerial.h>

// Serielles GPS-Modul an Pin 2 und Pin 3 (RX, TX)
SoftwareSerial GPS(2, 3);
// Serielles LC-Display an Pin 4 und Pin 5 (RX, TX)
SoftwareSerial LCD(4, 5);
```

Das anschließende Ansteuern und Abfragen über die serielle Schnittstelle erfolgt auf dieselbe Art wie bei der Standardschnittstelle. Dabei können die Methoden `begin()`, `available()`, `read()`, `print()` und `println()` verwendet werden.

```
void setup ()
{
  // Schnittstelle LCD starten
  LCD.begin(9600);
  // Schnittstelle GPS starten
  GPS.begin(9600);
}

void loop ()
{
  // falls Daten von GPS vorhanden sind
  if (GPS.available())
  {
```

```
    // GPS-Daten einlesen
    // und Daten auf LCD
    LCD.write(GPS.read());
  }
}
```

Listing 9.1: Zwei serielle Schnittstellen im Einsatz

Beim Einsatz dieser Bibliothek zur Erweiterung der seriellen Schnittstellen können alle Ports des Arduino (D0–D13 sowie die analogen Ports D14–D19) verwendet werden. Zu beachten ist, dass beim Einsatz mehrerer softwaremäßiger Schnittstellen immer nur eine Schnittstelle gleichzeitig Daten empfangen kann.

9.1.4 TinyGPS-Bibliothek

`http://arduiniana.org/libraries/tinygps/`

Hierbei handelt es sich um eine Bibliothek die das Lesen und Auswerten von Daten eines GPS-Moduls ermöglicht, ohne dass viel Aufwand zur Datenauswertung nötig ist. Ideal für Anwendungen, bei denen die wichtigsten Parameter aus dem NMEA-Format (`http://www.kowoma.de/gps/zusatzerklaerungen/NMEA.htm`) stammen. Zu diesen Daten gehören Position (Längen- und Breitengrad), Datum, Zeit, Höhe und Geschwindigkeit.

Nach dem Einbinden der Bibliothek und dem Erstellen eines neuen Objekts wird mittels der `SoftSerial`-Bibliothek eine zusätzliche serielle Schnittstelle erzeugt. Über diese serielle Schnittstelle an den Pins 2 und 3 werden die Daten des GPS-Moduls eingelesen. Auf diese Weise ist die Standardschnittstelle an Pin 0 und 1 weiterhin frei und kann für die Kommunikation mit dem angeschlossenen Rechner und zur Datenausgabe im seriellen Monitor verwendet werden.

```
#include <SoftwareSerial.h>
#include <TinyGPS.h>

// GPS-Objekt
TinyGPS gps;
// Zusätzliches Schnittstellenobjekt erstellen, nss(RX, TX)
SoftwareSerial nss(2, 3);

// Variablen
float flat, flon;
unsigned long age;

void setup ()
{
```

```
  // Hardwareschnittstelle
  Serial.begin(9600);
  // GPS
  nss.begin(4800);
  // Ausgabe auf Schnittstelle
  Serial.println("GPS-Modul");
  Serial.print("Suchen...");
}

void loop()
{
  while (nss.available())
  {
    // GPS-NMEA-Daten einlesen
    int c = nss.read();
    if (gps.encode(c))
    {
      gps.f_get_position(&flat, &flon, &age);
      // Ausgabe GPS Breitengrad
      Serial.print("Lat: ");
      Serial.println(flat);
      // Ausgabe GPS Längengrad
      Serial.print("Lon: ");
      Serial.print(flon);
      }
  }
}
```

Listing 9.2: Mini-GPS mit Positionsanzeige auf LC-Display

Neben den Positionsdaten aus dem Beispiel liefert diese GPS-Bibliothek weitere nützliche Daten, wie beispielsweise die Uhrzeit, die Höhe über dem Meeresspiegel oder die Anzahl der verfügbaren Satelliten, die nach Bedarf verwendet werden können.

9.1.5 NMEA

`http://www.maartenlamers.com/nmea/`

NMEA 0183 ist das Standardformat zur Kommunikation von GPS-Modulen (`http://de.wikipedia.org/wiki/NMEA_0183`). Mit dieser Bibliothek können aus dem Datenstring des GPS-Moduls die einzelnen Einträge wie Längengrad oder Geschwindigkeit ausgelesen werden, ohne dass der Aufbau des NMEA-Datensatzes bekannt ist. Die Daten aus dem Datenstring können mit Hilfe verschiedener Methoden abgefragt werden.

NMEA(GPRMC) or NMEA(ALL)

Verbindungsaufbau zu einem GPS-Empfänger:

```
// GPS-Datenverbindung zu einem GPRMC-Datentyp
NMEA gps(GPRMC);
```

decode()

Dekodierung der von einem GPS-Empfänger empfangenen Daten. Ein Rückgabewert meldet, ob der Datensatz komplett ist.

1: OK

0: nicht abgeschlossen

```
// Ankommende Daten vom GPS lesen
char c = Serial1.read();
// Daten prüfen, ob Datensatz komplett
if (gps.decode(c)) {
// Daten verwenden
}
```

gprmc_status()

Gibt das Statuszeichen des letzten GPRMC-Strings zurück.

A: Aktiv

V: Void (keine gute Verbindung oder Suche nach Satelliten)

gprmc_utc()

Rückgabewert mit der UTC-Zeit der letzten Position. Die koordinierte Weltzeit (*Universal Time Coordinated,* UTC) ist unabhängig von der Zeitzone und von der Sommer-/Winterzeit und bezieht sich üblicherweise auf die *Greenwich Mean Time* (GMT).

Der Rückgabewert ist eine Float-Zahl in einem Format wie beispielsweise 235219.281 (entspricht 23:52:19 Uhr und 281 Millisekunden).

gprmc_latitude()

Breitengrad der aktuellen Position.

```
float valLat = gps.gprmc_latitude();
```

gprmc_longitude()

Längengrad der aktuellen Position.

```
Float valLon= gps.gprmc_longitude();
```

Weitere ausführliche Informationen zu NMEA und dem Aufbau der Daten erhalten Sie unter `http://www.kowoma.de/gps/zusatzerklaerungen/NMEA.htm`.

Tipp

Die NMEA-Bibliothek liefert mehr Daten als die TinyGPS-Bibliothek und wird meist für anspruchsvollere Navigationsaufgaben eingesetzt. Zur einfachen Abfrage der aktuellen Position empfiehlt sich der Einsatz der TinyGPS-Bibliothek. Bei der Auswahl der richtigen Bibliothek empfiehlt sich ein Test mit der TinyGPS-Library. Falls diese die gewünschten Daten nicht liefert, kann die NMEA-Bibliothek verwendet werden.

9.1.6 PString-Bibliothek

`http://arduiniana.org/libraries/pstring/`

Diese Bibliothek konvertiert und bearbeitet Textzeichen eines Puffers (Array) und ermöglicht beispielsweise das Verketten von Zeichen zur Ausgabe über die serielle Schnittstelle.

9.1.7 TextFinder-Bibliothek

`http://playground.arduino.cc/Code/TextFinder`

Die `TextFinder`-Bibliothek ermöglicht das einfache Durchsuchen und Extrahieren von über die serielle Schnittstelle oder die Ethernet-Verbindung empfangenen Daten.

In Kapitel 10 wird die TextFinder-Library zum Extrahieren von XML-Daten praktisch eingesetzt.

9.1.8 Matrix-Bibliothek

`http://wiring.org.co/reference/libraries/Matrix/Matrix.html`

Diese Bibliothek dient zur einfachen Ausgabe von Daten auf einer LED-Matrixanzeige, die von einem Baustein MAX7219 (Matrix-Controller) angesteuert wird. Dabei wird der MAX7219 über drei Datenleitungen des Arduino-Boards angesprochen.

Nach der Definition der Pins der Signalleitungen

```
// Matrix (Data, Clock, Load)
Matrix LEDMatrix = Matrix(0, 2, 1);
```

können die einzelnen Leuchtdioden der LED-Matrix direkt mit `write()` angesteuert werden.

```
matrix.write(x, y, value)
```

Die übergebenen Werte sind:

x: x-Position der LED (Spalte)

y: y-Position der LED (Zeile)

Value: Schaltzustand der LED, HIGH oder LOW

Das Datenblatt des Matrix-Controllers ist unter folgender Adresse verfügbar:

`http://datasheets.maxim-ic.com/en/ds/MAX7219-MAX7221.pdf`

9.1.9 LiquidCrystal-Bibliothek (LCD)

`http://arduino.cc/en/Reference/LiquidCrystal`

Diese Bibliothek gehört zum Arduino-Standardpaket und erlaubt die Ansteuerung von LC-Anzeigen, die auf dem Display-Controller Hitachi HD44780 basieren.

Die Einsatzmöglichkeiten und die vorhandenen Methoden dieser Bibliothek sind in Kapitel 7 detailliert beschrieben. Etliche Beispiele, die die Möglichkeiten dieser Display-Bibliothek zeigen, werden als Sketche in der IDE mitgeliefert und dienen als Grundlage für eigene Anwendungen.

9.1.10 JeeLib

`http://jeelabs.net/pub/docs/jeelib/`

JeeLib ist eine Bibliothek zur einfachen Verwendung des RFM12B-Transceivers in Funkanwendungen mit den Frequenzen 433, 868 oder 915 MHz. In der Bibliothek ist auch eine sehr nützliche Klasse für stromsparende Anwendungen integriert. Mit der Klasse `Sleep` kann ein Arduino-Board in den Low-Power-Mode versetzt werden, um Strom zu sparen.

Die JeeLib wird in Abschnitt 4.5.2 detailliert beschrieben.

9.1.11 MIDI

`http://www.arduino.cc/playground/Main/MIDILibrary`

MIDI (Musical Instrument Digital Interface), siehe auch `http://de.wikipedia.org/wiki/Musical_Instrument_Digital_Interface`, ist eine digitale Schnittstelle zur Kommunikation mit Musikinstrumenten. Die Übertragung der Steuerdaten erfolgt über ein serielles Protokoll.

Wie das Arduino-Board mit einer MIDI-Schnittstelle erweitert wird, ist im Abschnitt 9.2 beschrieben.

Das Beispiel aus der MIDI-Bibliothek zeigt, wie man auf einfache Weise eine Note ausgeben kann.

```
#include <MIDI.h>

// LED-Pin
#define LED 13

void setup()
{
  pinMode(LED, OUTPUT);
  // MIDI starten mit Kanal 4
  MIDI.begin(4);
}

void loop()
{
 if (MIDI.read()) {
  // falls Daten, LED EIN
  digitalWrite(LED,HIGH);
  // Ausgabe einer Note auf Kanal 1
  MIDI.sendNoteOn(42,127,1);
  // warten 1 Sekunde
  delay(1000);
  // Stoppen der Notenausgabe
  MIDI.sendNoteOff(42,0,1);
  // LED AUS
  digitalWrite(LED,LOW);
 }
}
```

Listing 9.3: MIDI-Ausgabe mit Arduino

In Listing 9.3 zu beachten ist, dass die serielle Übertragung in der Bibliothek erfolgt. Der Anwender muss also keine Ausgabebefehle an die serielle Schnittstelle senden.

9.1.12 Stepper-Bibliothek

`http://www.arduino.cc/en/Reference/Stepper`

Diese Bibliothek erlaubt das Ansteuern von uni- und bipolaren Schrittmotoren. Das sind Motoren, die bei Aufgaben, die eine exakte Positionierungs erfordern oder bei Roboteranwendungen zum Einsatz kommen. Eine wichtige Maßzahl bei Schrittmotoren ist die Anzahl der Schritte pro Umdrehung. Mit der Stepper-Bibliothek kann die Geschwindigkeit in Umdrehungen pro Minute und die Anzahl der Schritte, um die sich der Motor bewegen soll, angegeben werden.

Beispiel:

Bei einem Schrittmotor mit 100 Schritten pro Umdrehung dreht sich der Motor somit um 180 Grad, wenn man in einer Steueranweisung die Anzahl der Schritte mit 50 angibt.

Nach dem Einbinden der Bibliothek wird ein `Stepper`-Objekt erstellt. Dabei werden die Anzahl der Schritte pro Umdrehung und die digitalen Pins zur Ansteuerung durch das Arduino-Board angegeben.

```
#include <Stepper.h>
// Initialisierung der Stepper-Library
// Stepper Stepper-Objekt(Schritte, Pin1, Pin2, Pin3, Pin4)
Stepper ArduStepper(100,6,7,8,9);
```

Mit der Methode `steps(anzahl)` kann der Schrittmotor angewiesen werden, sich um die angegebene Anzahl von Schritten zu drehen.

```
// Motor um 50 Schritte weiterdrehen
ArduStepper.step(50);
```

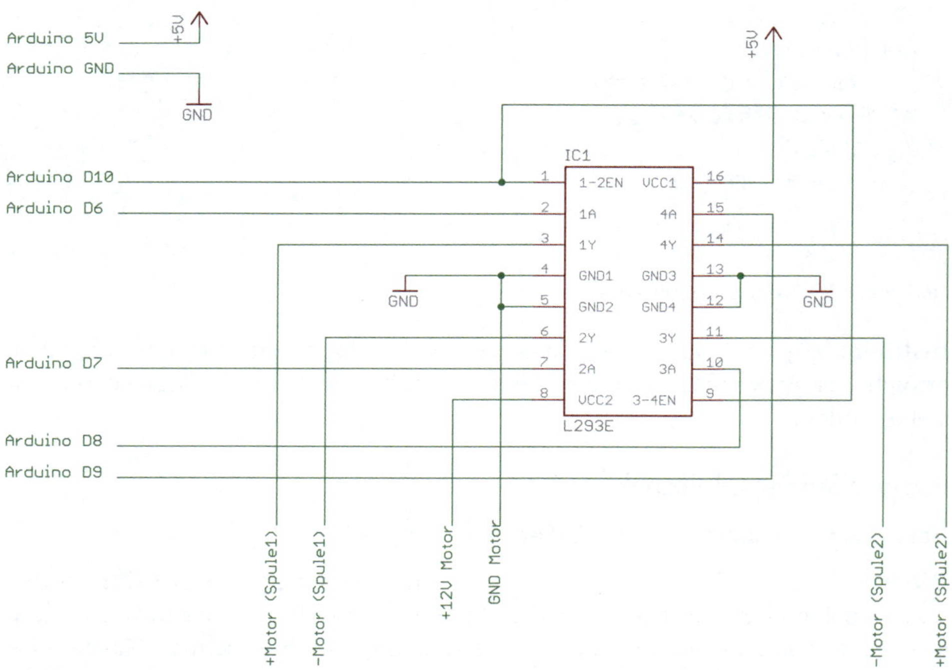

Abb. 9.1: `Stepper`-Bibliothek: Ansteuerung eines Schrittmotors

Die Ansteuerung und die Leistungsstufe werden dabei, wie bereits in Kapitel 6 beschrieben, mit einem Treiberbaustein L293 oder SN754410 realisiert. Abbildung 9.1 zeigt die Schaltung und die Ansteuerung durch das Arduino-Board. Die Ports D6 bis D9 werden wie im Beispiel definiert und zur Ansteuerung des Schrittmotors verwendet. Der digitale Port D10 dient als Freigabesignal für den Motorbaustein. Ein HIGH an D10 gibt den Motorbaustein L293 frei.

Zur Drehrichtungsänderung wird in der Anweisung `steps()` einfach eine negative Zahl angegeben; der Schrittmotor bewegt sich dann in umgekehrter Richtung.

```
// Motor um 50 Schritte zurückdrehen
ArduStepper.step(-50);
```

Für Experimente mit Schrittmotoren eignet sich ideal das Adafruit Motor-Shield, das in Abschnitt 9.2, *Hardware-Erweiterungen (Shields)* noch erwähnt wird (`http://www.ladyada.net/make/mshield/`).

9.1.13 Webduino

`https://github.com/sirleech/Webduino`

Zusammen mit der `Ethernet`-Bibliothek kann mit der `Webduino`-Bibliothek ein Webserver mit erweiterter Funktionalität realisiert werden. Damit sind erweiterte Parameterabfragen und Formularfunktionen möglich.

9.1.14 Wii Nunchuk

`http://todbot.com/blog/2008/02/18/wiichuck-wii-nunchuck-adapter-available/`

Die Bedieneinheit Nunchuk für die Spielkonsole Nintendo Wii ist eine Erweiterung der Fernbedienung Wii Remote und besitzt einen analogen Joystick, einen dreiachsigen Bewegungssensor und zwei Drucktasten. Dieses Bedienelement wird über ein kurzes Anschlusskabel an der Fernbedienung angeschlossen. Die Datenübertragung zwischen den beiden Geräten erfolgt über einen I^2C-Bus. Dadurch ist es naheliegend, dass man die Wii-Nunchuk-Einheit auch ohne Spielkonsole benutzen kann.

9.2 Hardware-Erweiterungen (Shields)

Hardware-Erweiterungen und Varianten von Zusatzplatinen, im Arduino-Umfeld als Shields bezeichnet, beinhalten Schaltungen zur Erweiterung des Arduino. Zu den bekanntesten gehören das »Proto-Shield« (Prototypplatine) und das »Ethernet-Shield« (Erweiterungsplatine zur Verbindung mit einem Ethernet). Die Arduino-Shields werden direkt auf ein Standard-Arduino-Board aufgebracht, indem die

Stiftleisten auf der Unterseite der Erweiterungsplatine in die Buchsenleiste auf dem Arduino gesteckt werden. Es handelt sich also um eine Art »Sandwich-Montage«. Auf dem Shield selbst sind dann die Zusatzschaltungen und Anschlusskomponenten untergebracht.

Wer sich ein Shield selbst erstellen will, kann eine normale Lochrasterplatine einsetzen oder man baut sich mittels eines CAD-Programms, beispielsweise Eagle, seine Schaltung auf eine stabile Leiterplatte. Die mechanischen Layoutdaten sind als Bibliothek für Eagle CAD unter der Adresse `http://github.com/adafruit/Adafruit-Eagle-Library` verfügbar.

9.2.1 Proto-Shield

`http://www.ladyada.net/make/pshield`

Mit dem Proto-Shield steht dem Arduino-Anwender eine universelle Erweiterung für verschiedene Anwendungsfälle zur Verfügung. Die Erweiterung besitzt einige fixe Anschlussmöglichkeiten für LEDs, ICSP-Stecker und Reset-Taster. Zusätzlich sind genügend Anschlussmöglichkeiten für +5 Volt und GND vorhanden. Der Hauptanteil der Leiterplattenfläche ist mit Lötpunkten zur eigenen Bestückung und die Verdrahtung von Bauteilen vorbereitet. Die Bauteile können auf diese Art sauber auf die Leiterplatte gesteckt und verlötet werden.

Neben den Lötpunkten für konventionelle Bauteile befindet sich auf dem Proto-Shield auch ein Bereich mit Lötanschlüssen für eine integrierte Schaltung in Oberflächenmontage (SMD). Das SMD-Bauteil wird direkt auf die Leiterplatte gelötet. Die 14 Anschlüsse dieses Miniaturbauteils sind auf konventionelle Lötanschlüsse geführt. Eine ideale Lösung, falls man einen integrierten Baustein nur in der Ausführung für die Oberflächenmontage bekommt (beispielsweise den Temperatursensor LM74 im SO-8-Gehäuse).

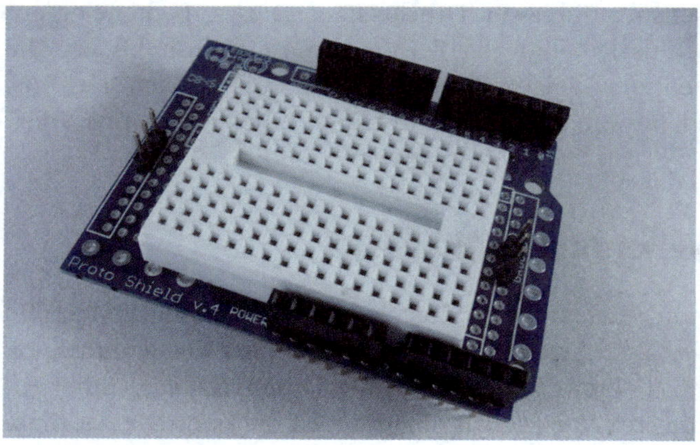

Abb. 9.2: Proto-Shield

Für eine flexible Bestückung kann dieser Bereich auch mit einem Ministeckbrett erweitert werden. Auf diese Weise können saubere und relativ stabile Testschaltungen realisiert werden, ohne dass Bauteile zusammengelötet werden müssen.

Für die eigene Leiterplattenherstellung oder Anpassungen am Layout können die Rohdaten der Leiterplatten im Eagle-Format heruntergeladen werden:

`http://www.ladyada.net/make/pshield/download.html`

Das Proto-Shield ist zwischenzeitlich von verschiedenen Anbietern und Herstellern in verschiedenen Ausführungen verfügbar. Tabelle 9.1 zeigt eine Reihe verschiedenenr Proto-Shield-Varianten. Je nach Anforderung und Platzbedarf eignet sich das eine oder andere.

Bezeichnung	Lieferant
Proto-Shield	Freetronics (`http://www.freetronics.com/collections/protoshields`)
Proto-Shield Kit	Sparkfun (`http://www.sparkfun.com/products/7914`)
Arduino Proto-Shield	Arduino (`http://arduino.cc/en/Main/ArduinoProtoShield`)
DIY Shield	Adafruit (`http://www.adafruit.com/products/187`)

Tabelle 9.1: Proto-Shield: Ausführungen und Lieferanten

Eine ganz spezielle Proto-Shield-Lösung ist das DIY Shield, das von Adafruit angeboten wird.

`http://www.adafruit.com/product/187`

Die Leiterplatte ist eine leere Lochrasterplatine. Im Lieferumgang sind zusätzlich die nötigen Buchsenleisten enthalten. Der Anwender kann das DIY Shield mit eigenen Komponenten bestücken und hat auf diese Weise schnell ein eigenes Shield aufgebaut, das auf das Arduino-Board gesteckt werden kann. Da der Abstand der Buchsenleisten auf dem Arduino-Board nicht mit den Bohrungen auf dem DIY Shield übereinstimmen, sind die Stifte der mitgelieferten Buchsenleisten entsprechend vorgebogen.

9.2.2 Protonly Proto-Shield

Die im Handel erhältlichen Shields für Prototypen-Aufbauten, wie das Proto-Shield, haben einen Nachteil. Meist sind auf diesen Prototypen-Shields Lötaugen für spezielle Bauteile wie Reset-Taster, Leuchtdioden oder auch SMD-Komponenten vorhanden. Falls man diese Bauteile nicht benötigt, ist der vorgesehene Platz auf der Leiterplatte meist nutzlos.

Mit dem Protonly Proto-Shield haben findige Maker ein Proto-Shield entwickelt das ohne alle meist unnötigen Zusatzfunktionen auskommt.

`http://shop.boxtec.ch/protonly-protoshield-pcb-p-41152.html`

Das Protonly ist, wie der Name sagt, ein Prototypen-Shield das nur Prototypen-Fläche in Form von einzelnen Lötpads besitzt (Abbildung 9.3). Mit diesem universellen Aufbau bietet das Shield genügend Platz für Prototypen-Schaltungen.

Abb. 9.3: Protonly – Proto-Shield

9.2.3 Floweronly Proto-Shield

`http://shop.boxtec.ch/floweronly-protoshield-pcb-p-41828.html`

Das Floweronly Proto-Shield kommt aus der gleichen Familie wie das Protonly Proto-Shield und besitzt den selben Aufbau.

Dank der speziellen Form der einzelnen Lötpads können auf dem Floweronly Shield neben bedrahteten Bauteilen auch SMD-Komponenten aufgelötet werden (Abbildung 9.4).

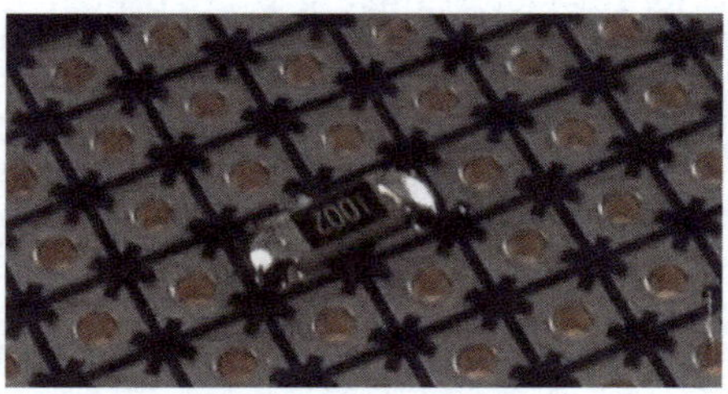

Abb. 9.4: Floweronly – Proto-Shield mit SMD-Bauteilen

9.2.4 Ethernet-Shield

`http://www.arduino.cc/en/Main/ArduinoEthernetShield`

Die Ethernet-Erweiterung Ethernet-Shield erlaubt dem Arduino die Kommunikation via Ethernet-Protokoll. Mit diesem Shield stehen dem Nutzer unzählige Möglichkeiten zur Verfügung. Die Nutzung von aktuellen Web-2.0-Anwendungen wie Twitter machen diese Hardware-Erweiterungen zu einem Muss für jeden Arduino-Anwender. Die bekannten Lösungen, bei denen eine Pflanze Statusmeldungen auf der Twitter-Plattform verschickt, sind durch alle Medien gegangen.

Das Ethernet-Shield wird wie die meisten Shields direkt auf das Arduino-Board gesteckt. Zur Kommunikation mit dem Arduino-Board verwendet das Ethernet-Shield das SPI-Interface. Bei früheren Shield-Versionen wurden dabei die Pins 10, 11, 12 und 13 abgefragt. Ab der Version 6 des Ethernet-Shields werden die SPI-Signale über die ICSP-Stiftleiste eingelesen. Dies ist speziell zu beachten, falls ein Arduino-Clone mit dem Ethernet-Shield verwendet wird. In der Praxis besitzen nicht alle dieser Arduino-Nachbauten einen ICSP-Anschluss.

Auf dem Ethernet-Shield wird ein Ethernet-Controller des Typs Wiz5100 eingesetzt. Bei der Auswahl eines Ethernet-Shields von Drittherstellern sollte immer geprüft werden, welcher Ethernet-Controller verwendet wird. Diese Angabe wird meist im Datenblatt oder auf der Produktseite erwähnt. Andere Ethernet-Controller-Typen werden von der Standard-`Ethernet`-Bibliothek nicht unterstützt.

Für die physische Verbindung zum Internet oder zum internen Netzwerk ist auf dem Ethernet-Shield eine RJ45-Buchse vorhanden. Der Anschluss an das Ethernet erfolgt mittels eines Standard-Ethernet-Kabels.

Weiter steht auf dem Ethernet-Shield ein Adapter für eine MicroSD-Card zur Verfügung, mit der man Daten über ein Netzwerk speichern kann. Die SD-Card wird dabei mit der Standard-Bibliothek `SD` (`http://arduino.cc/en/Reference/SD`) angesprochen.

Die Nutzung und Programmierung der Ethernet-Funktionalität ist relativ einfach, da eine Arduino-Library (`Ethernet`-Bibliothek, `http://www.arduino.cc/en/Reference/Ethernet`) die Nutzung der Kommunikation sehr vereinfacht. Diese Bibliothek ermöglicht, das Arduino-Board als Server oder als Client zu betreiben, wobei maximal vier parallele Anfragen unterstützt werden.

Der Serverbetrieb ermöglicht die Verarbeitung von eingehenden Anfragen eines Browsers und die Auslieferung von Webseiten, die Statusinformationen oder Analogwerte von Sensoren beinhalten.

Im Clientbetrieb können mit dem Ethernet-Shield Anfragen (Requests) an eine externe Adresse versendet werden. Diese Betriebsart wird genutzt, um bei der Twitter-Lösung Informationen an die Twitter-Plattform zu senden.

Hinweis

Im Gegensatz zu früheren Versionen des Ethernet-Shields wird die aktuelle Version (R3) vom Arduino Mega unterstützt.

Neben dem Standard-Ethernet-Shield gibt es noch weitere Module zur Erweiterung des Arduino.

Ethernet-Shield von Seeedstudio

`http://www.seeedstudio.com/depot/ethernet-shield-p-518.html`

Das Ethernet-Shield des chinesischen Herstellers Seeedstudio ist eine etwas günstigere Variante eines Ethernet-Shields. Auch dieses Shield wird mit einem Wiz5100 betrieben und ist kompatibel mit der Standard-`Ethernet`-Bibliothek.

Im Gegensatz zum Arduino-Ethernet-Shield ist auf der Variante von Seeedstudio kein SD-Card-Adapter vorhanden. Zusätzlich fehlen Buchsenleisten zum Aufstecken weiterer Shields. Falls man ein zusätzliches Shield auf das Ethernet-Shield aufstecken will, muss man Buchsenleisten einlöten. Die entsprechenden Löt-Pins stehen auf dem Ethernet-Shield zur Verfügung.

Ethernet-Shield von Ladyada

Als weitere Ethernet-Möglichkeit kann auf dem Arduino auch die Leiterplatte Ethernet-Shield von Ladyada (`http://ladyada.net/make/eshield/index.html`) verwendet werden. Dieses Prototyp-Board ermöglicht die Aufnahme verschiedener Ethernet-Module (beispielsweise eines Xport-Moduls von Lantronix).

Ethernet-Shield von Nuelectronics

`http://www.nuelectronics.com/estore/index.php?main_page=product_info&cPath=1&products_id=4`

Das Arduino Ethernet-Shield V1.0 von Nuelectronics wird oft bei Elektronikhändlern oder auf Auktionsplattformen zu einem günstigen Preis angeboten. Dieses Shield kann auch zur Ethernet-Kommunikation mit dem Arduino verwendet werden, ist aber nicht mit der Standard-`Ethernet`-Bibliothek kompatibel, da dieses Shield einen anderen Ethernet-Controller verwendet. Zum Einsatz kommt hier ein Ethernet-Controller des Typs ENC28J60. Shields, die diesen Controller-Typ verwenden, müssen mit einer anderen Bibliothek angesteuert werden. Für diesen Ethernet-Controller eignet sich die `EtherCard`-Library (`https://github.com/jcw/ethercard`). Nachteil bei dieser Lösung ist die etwas aufwendigere Ansteuerung im Arduino-Sketch.

Ethernet-Shield Gate 0.5 von Snootlab

`http://shop.snootlab.com/lang-en/ethernet/85-gate.html`

Das Gate 0.5 ist eines der wenigen Ethernet-Shields, das als Bausatz angeboten wird. Auch dieses Shield wird mit einem Ethernet-Controller ENC28J60 betrieben und kann mit der `EtherCard`-Bibliothek angesteuert werden.

Ethernet-Anwendungen

Praktische Anwendungen mit dem Ethernet-Shield sind in Kapitel 10 beschrieben.

9.2.5 Datalogger und GPS Shield

`http://www.ladyada.net/make/gpsshield/`

Sensordaten erfassen und gleichzeitig die aktuelle Uhrzeit und die geografische Position des erfassten Datenwertes speichern, kann mit Ladyadas Datenlogger- und GPS-Shield realisiert werden. Diese standortbasierte Lösung als Arduino-Shield besitzt neben einem Adapter für die SD-Karte zusätzlich die Anschlussmöglichkeit eines seriellen GPS-Moduls. Die ermittelten Sensordaten können direkt auf die Speicherkarte geschrieben werden, wobei die aktuelle Uhrzeit und der Standort Informationen sind, die vom GPS-Modul geliefert werden.

Mit diesem Shield können natürlich auch andere standortbasierte (*geo-based*) Anwendungen realisiert werden. Für Wanderer oder Naturbeobachter kann beispielsweise ein GPS-Modul mit Tracking-Funktion realisiert werden. Die geografische Position wird dabei laufend auf der Speicherkarte gesichert.

Zu Hause können dann die gespeicherten Wegpunkte der Wanderung mittels Zusatz-Tools, wie beispielsweise dem Online-Tool GPSVisualizer (`http://www.gpsvisualizer.com/`), konvertiert und in Kartenanwendungen weiterverarbeitet werden. Werden die Wegdaten ins KML-Format umgewandelt, kann die gesamte Wanderung anschließend mit Google Earth (`http://earth.google.com/`) visualisiert werden.

Auf der Website dieses Shields stehen auch Beispiel-Sketche für den Zugriff auf das GPS-Modul sowie zur Datenspeicherung zur Verfügung.

9.2.6 Adafruit Motor-Shield

`http://www.ladyada.net/make/mshield/`

Das Motor-Shield ist eine kleine und kompakte Leistungsendstufe zur Ansteuerung von Servos, Gleichstrom- oder Schrittmotoren. Auch dieses Shield lässt sich direkt auf das Arduino-Board stecken.

An den auf der Leiterplatte aufgelöteten Schraubklemmen können die Motoren direkt angeschlossen werden. Zusätzliche Anschlüsse stehen für die Motorspannung zur Verfügung.

Zur Ansteuerung zweier Miniaturservos, die mit 5 Volt betrieben werden, stehen die nötigen Stiftleisten bereit.

9.2.7 DFRobot Motor-Shield

`http://www.robotshop.com/dfrobot-arduino-compatiable-motor-shield.html`

Dieses etwas einfachere Motor-Shield erlaubt die Ansteuerung von zwei Gleichstrommotoren. Auch hier können die Motoren über stabile Anschlussklemmen angeschlossen werden.

9.2.8 Diduino MsMot Shield

`http://shop.boxtec.ch/diduino-msmot-shield-p-41280.html`

Kleine Roboteranwendungen setzen meist Minimotoren ein. Für den Einsatz mit Minimotoren eignet sich das kompakte MsMot Shield vom schweizer Entwickler Didel.

Dieses Motor-Shield kann direkt auf die Buchsenleiste des Arduino-Boards gesteckt werden. Abbildung 9.5 zeigt das Motor-Shield im Einsatz in einem Miniroboter.

Abb. 9.5: Diduino MsMot-Shield auf einem Freeduino328

9.2.9 Keypad Shield

`http://www.robotshop.com/dfrobot-lcd-keypad-shield-arduino-1.html`

Das Keypad Shield ist eine Erweiterung mit einem zweizeiligen LC-Display und zusätzlichen Tasten, mit denen man eine Navigation durch eine Anwendung, beispielsweise ein Konfigurationsmenü, realisieren kann. Die Tasten sind so angeordnet, dass damit ein Navigieren Vor und Zurück sowie Auf und Ab möglich ist. Durch die clevere Schaltungstechnik wird zur Abfrage der Tasten nur ein analoger Port benötigt.

9.2.10 TouchShield

Das TouchShield ist eine Erweiterungsplatine mit einem 128 × 128 Pixel großen Touchscreen-Display. Der farbige Bildschirm erlaubt die Darstellung von grafischen Elementen – einige sind bereits integriert – sowie das Abbilden geometrischer Figuren. Mittels zusätzlicher Anweisungen wie `lcd_rectangle(20,20,80,80, red, blue)` können Objekte auf dem Bildschirm angezeigt werden.

Mit dem TouchShield können visuelle Bedienoberflächen für Arduino-Anwendungen realisiert werden. Ein Beispiel ist der Pin-Visualizer, der den Status der einzelnen Arduino-Ports optisch darstellt.

`http://www.liquidware.com/projects/8/Pin+Visualizer`

Die Installation des TouchShields erfordert eine einmalige Konfiguration in der IDE. Dabei müssen gewisse Daten ausgetauscht werden.

Eine genaue Anleitung hierzu liefert der Hersteller unter:

`http://antipastohw.blogspot.com/2008/04/touchshield-up-and-running-in-5-minutes.html`

Diese Erweiterungsplatine weitet die Möglichkeiten von Arduino-Anwendungen enorm aus. Da das TouchShield nicht ganz günstig ist, sind seine Einsatzmöglichkeiten natürlich gut abzuwägen.

Einen noch größeren Bildschirm bietet die Luxusvariante des TouchShields, das TouchShield Slide. Es besitzt ein Touchscreen-Display mit einer Auflösung von 320 × 240 Pixeln. Mit der erweiterten Grafikfähigkeit können professionelle User Interfaces realisiert werden. Auch hier spielt der Kostenfaktor im Hinblick auf den Einsatz eine Rolle: Das TouchShield Slide kostet knapp 200 US-Dollar.

9.2.11 Wave Shield

`https://learn.adafruit.com/adafruit-wave-shield-audio-shield-for-arduino`

Mit dem Wave Shield können Audiodaten in Form von WAV-Dateien über einen Lautsprecher oder einen Kopfhörer ausgegeben werden. Die Audiodaten werden dabei direkt aus der in das Shield eingesteckten SD-Speicherkarte ausgelesen. Die Möglichkeit, via Arduino-Board Sprache oder Musik auszugeben, kann für viele Projekte genutzt werden: eine sprechende Uhr, ein sprechendes Thermometer oder eine Sprachausgabe statt der Textinformationen auf einem Display.

Das Shield besitzt einen Regler für die Lautstärke sowie Anschlussmöglichkeiten für einen 3,5-mm-Kopfhörerstecker.

9.2.12 SD Card Shield

Die Möglichkeit der Speicherung von Daten auf einer SD-Speicherkarte wurde auf verschiedenen Erweiterungsplatinen bereits realisiert. Der Nachteil dabei ist aber, dass jeweils noch Zusatzelektronik für andere Anwendungen, wie ein GPS-Modul oder auch eine Ethernet-Verbindung, auf demselben Board vorhanden ist. Das macht die SD-Funktionalität unnötig teuer. Ein einfaches SD Card Shield ohne Zusatzelektronik bietet Seeedstudio.

`http://www.seeedstudio.com/depot/sd-card-shield-for-arduino-v21-p-492.html`

Diese kleine Erweiterungsplatine umfasst nur den Adapter für die SD-Karte sowie ein paar Widerstände zur Spannungsteilung. Der Adapter beansprucht den kompletten Platz eines Standard-Shields. Darum kann bei der Verwendung der SD-Karte keine weitere Erweiterungsplatine aufgesteckt werden.

Die Ansteuerung der SD-Karte erfolgt über SPI (*Serial Peripheral Interface*), das auf dem Arduino Uno die Pins 10, 11, 12 und 13 verwendet.

Die Ansteuerung der SD-Karte und die Speicherung von Daten sind in Kapitel 8 beschrieben.

9.2.13 MIDI Shield

Geräte mit MIDI-Schnittstelle besitzen meist drei Anschlussstecker: MIDI-IN, MIDI-OUT und MIDI-THRU. Die Ein- und Ausgangsports empfangen oder senden Daten und der MIDI-THRU ist ein Durchgangsport, der die Signale direkt an ein weiteres Gerät weitergibt.

Als Steckertyp wird bei allen Anschlüssen ein 5-poliger DIN-Stecker verwendet. Die Signale werden in den Geräten jeweils mittels eines Optokopplers separiert. Dadurch sind die Geräte galvanisch voneinander getrennt.

Die Schaltung mit Ein- und Ausgang erfordert wenige Bauelemente und kann einfach auf einer Platine aufgebaut werden.

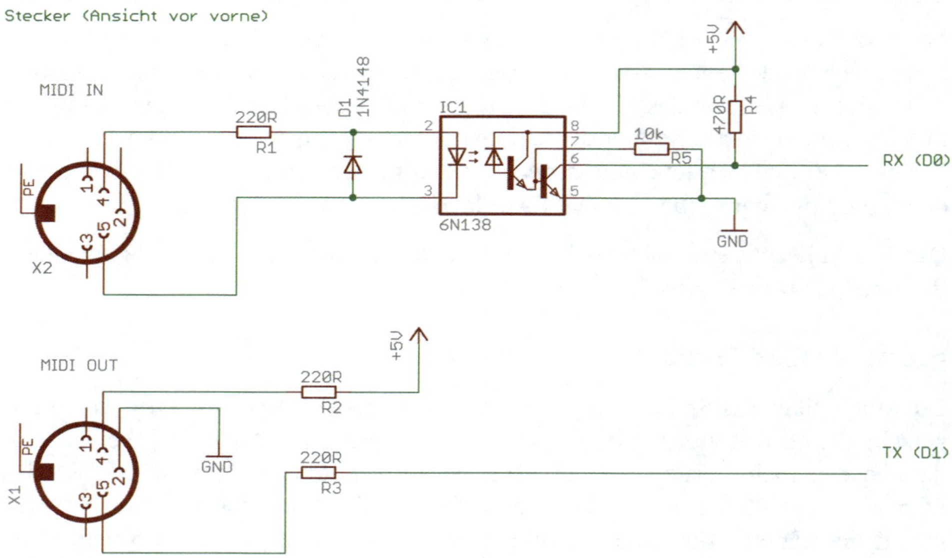

Abb. 9.6: MIDI-Interface für Arduino

Neben dem Eigenbau einer MIDI-Platine gibt es auch fertige Lösungen, die als Shields direkt auf das Arduino-Board gesteckt werden können.

`http://www.sparkfun.com/commerce/product_info.php?products_id=9595`

Die softwaremäßige Ansteuerung des MIDI-Shields erfolgt mit der in Abschnitt 9.1, *Bibliotheken*, beschriebenen `Midi`-Bibliothek.

9.2.14 Nano Shield

`http://www.robotshop.com/dfrobot-nano-i-o-shield.html`

Auf diese Erweiterungsplatine kann ein Arduino Nano aufgesteckt werden. Dabei werden die Pins des Arduino-Boards auf Stiftleisten geführt. Dadurch bietet sich eine einfache Möglichkeit, um externe Sensoren, Aktoren und Anzeigen anzuschließen.

9.2.15 Lithium Backpack

`http://antipastohw.blogspot.com/2008/06/how-to-install-lithium-backpack-to-your.html`

Mit dem Lithium Backpack lassen sich portable Arduino-Anwendungen realisieren, die ohne externe Stromversorgung betrieben werden. Je nach verwendeter Lithium-Batterie können Standby-Zeiten von 9 bis 29 Stunden erreicht werden. Die dabei verwendeten Lithium-Ionen-Zellen besitzen Kapazitäten von 600 bis 2200 mAh.

Die Stromversorgung hat die Baugröße einer normalen Erweiterungsplatine und kann direkt auf das Board gesteckt werden. Die Batterieeinheit liefert geregelte 3,3 und 5 Volt und kann bei Bedarf über den USB-Port des angeschlossenen Rechners nachgeladen werden.

9.2.16 ITEAD Power-Shield

`http://imall.iteadstudio.com/im121115001.html`

Mit dem Power-Shield (Abbildung 9.7) steht dem Arduino-Anwender ein kostengünstiges Stromversorgungs-Shield für mobile Anwendungen zur Verfügung. Das Power-Shield nimmt zwei Batterien des Typs AAA auf und wandelt die Batteriespannung in eine 5Volt-Versorgung um. Dabei liefert das Power-Shield einen Strom von bis zu 350 mA. Das Power-Shield hat die Bauform eines Standard-Shields und kann somit direkt auf ein Arduino-Board gesteckt werden.

Zusätzlich steht auf dem Power-Shield ein USB-Adapter zur Versorgung externer Komponenten zur Verfügung.

Abb. 9.7: ITEAD Power-Shield (Bild: boxtec.ch)

9.2.17 RFM12B Shield

`http://arduino-praxis.ch/projekte-2/arduino-rf-sensor-shield/`

Für drahtlose Anwendungen mit der Radiofrequenz 433Mhz und dem Transceiver RFM12B hat der Autor ein eigenes Shield entwickelt. Das Shield eignet sich für Sender- und Empfänger-Anwendungen und bietet zusätzlich Platz zum Aufbau eigener Schaltungen (Abbildung 9.8).

Abb. 9.8: RFM12B Shield

9.2.18 Xbee Shield

`http://www.arduino.cc/playground/Shields/Xbee01`

Das Xbee Shield gestattet eine Wireless-Verbindung (kabellos) nach dem ZigBee-Standard. ZigBee ist ein offener Funknetzstandard und ermöglicht das Verbinden von Geräten im Umkreis von 10 bis 100 Metern. Er wird von über 200 Firmen unterstützt und ist für den Einsatz in Haushaltsgeräten, Gebäude- und Sensortechnik gedacht.

Neben dem Xbee Shield werden auch die sogenannten Xbee-Module verwendet, die die Verbindung zum Gegenüber aufnehmen.

Nach dem Aufstecken des Shields auf das Arduino-Board muss das Xbee-Modul montiert und über eine Testsoftware oder ein Terminalprogramm konfiguriert werden. Eine Konfiguration ist auch bei der Gegenstelle, sprich dem Arduino-Board, erforderlich.

Nach erfolgreichem Verbinden beider Boards können nun über die bekannten seriellen Befehle `serial.print()` und `serial.read()` die Daten von einem Arduino-Board zum anderen verschickt werden.

9.2.19 CC3000 WiFi Shield

`http://www.adafruit.com/product/1491`

Das CC3000 WiFi Shield ist ein modernes und robustes Shield zur Realisierung einer drahtlosen Ethernet-Anwendung.

In Kapitel 10 wird das CC3000-Modul genauer beschrieben.

9.2.20 Schraubklemmen-Shield

Externe Komponenten des Arduino-Boards werden meistens über einzelne Drähte mit dem Arduino verbunden. Der Anschluss an der Buchsenleiste des Arduino-Boards erfolgt üblicherweise mit einer Stiftleiste, an der die Drahtverbindung angelötet wird.

Leider ist diese Art der Verbindung sehr empfindlich gegen mechanische Belastung. Schnell passiert es, dass die Stiftleiste aus der Buchsenleiste herausrutscht und der Arduino keine Signale mehr vom externen Gerät bekommt.

Eine praktische Lösung für eine stabilere Anschlusstechnik ist eine Erweiterung mit Schraubklemmen. Das Terminal Shield verbindet alle Signale der Arduino-Buchsenleiste mit Schraubklemmen. Diese können dabei auch etwas dickere Anschlusskabel aufnehmen.

Abb. 9.9: ProtoScrewShield (Quelle: sparkfun.com)

Nachfolgend diverse Shields mit Schraubklemmen, die zu empfehlen sind.

Terminal Shield (Freetronics)

`http://www.freetronics.com/products/terminal-shield-for-arduino`

Dieses Schraubklemmen-Shield bietet jede Menge Platz für eigene Schaltungen. Der Anschluss von Leitungen erfolgt über stabile Schraubklemmen. Jeder Schraubanschluss ist mit einer gut lesbaren Beschriftung versehen.

ProtoScrewShield (Sparkfun)

`http://www.sparkfun.com/products/9729`

Beim ProtoScrewShield von Sparkfun (Abbildung 9.9) sind alle Ports und Versorgungssignale auf Schraubklemmen herausgeführt. Zusätzlich bietet das Shield viel freien Platz mit Lötaugen zum Aufbau eigener Zusatzschaltungen. Sehr praktisch ist dabei die saubere und gut leserliche Beschriftung aller Anschlüsse.

Terminal Shield (Creatron)

`http://creatroninc.com/ardts-012000a.html`

Das Terminal Shield des kanadischen Arduino-Distributors Creatron Inc. bietet die gleiche Anschlusstechnik wie das oben erwähnte ProtoScrewShield. Statt einer freien Fläche für eigene Schaltungen besitzt das Shield an dieser Stelle eine Aussparung. Anzeigeelemente, Bedienelemente oder Anschlusstechniken des darunterliegenden Boards oder Shields können auf diese Weise weiterhin genutzt werden.

9.3 Hardware-Adapter

Neben den Hardware-Erweiterungen, die meist auf einer stabilen Leiterplatte aufgebaut sind, gibt es natürliche noch viele kleinere Hardware-Modifikationen, die die Arbeit mit dem Arduino-Board vereinfachen oder für einen speziellen Anwendungsfall entwickelt wurden. Diese kleinen Lösungen und Beispiele werden von vielen Arduino-Anwendern realisiert, und die meisten kommen via Hardware-Foren wie Instructable.com (`http://www.instructables.com`) oder über das offizielle Arduino-Forum (`http://www.arduino.cc/forum/`) ins Internet. Auch kleine und meist originelle Hardware-Projekte können für einen anderen Bastler genau die Lösung sein, die er für seine Anwendung sucht.

9.3.1 RFM12B Breakout-Board

`http://arduino-praxis.ch/2013/01/rfm12b-breakout-board/`

Bei Prototypen mit dem RFM12B-Transceiver steht man meist vor dem Problem, den Transceiver-Baustein sicher zu verlöten, da der RFM12B-Baustein Anschluss-Pins besitzt, die nicht ins Zoll-Raster passen.

Der Autor hat dazu eine kleine Leiterplatte als sogenanntes Breakout-Board realisiert, auf das man den Transceiver-Baustein sauber auflöten kann (Abbildung 9.10).

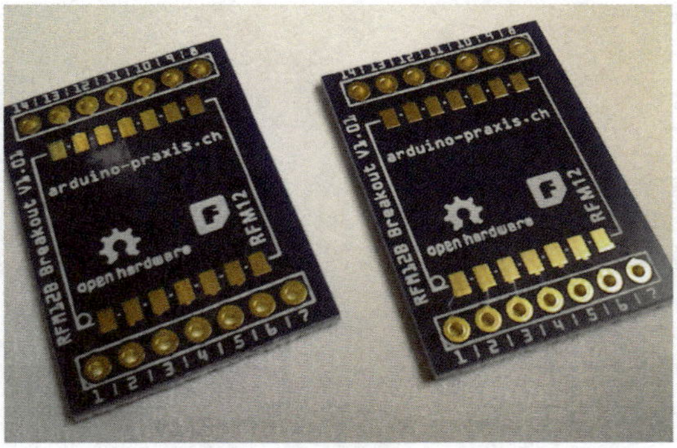

Abb. 9.10: RFM12B Breakout-Board

Dieses kleine und nützliche Breakout-Board kann bei folgenden Lieferanten bestellt werden.

Boxtec

`http://shop.boxtec.ch/breakout-board-fuer-rfm12b-modul-p-41254.html`

EXP Tech

`http://www.exp-tech.de/Shields/Schnittstelle/Breakout-Board-fuer-RFM12BModul.html`

9.3.2 Wii-Nunchuk-Adapter

Wie in vielen Forumsbeiträgen und Internetblogs erwähnt wird, ist in der Wii-Erweiterung Wii Nunchuk (`http://de.wikipedia.org/wiki/Wii-Fernbedienung#Nunchuk`) ein dreiachsiger Beschleunigungssensor eingebaut. Da einzelne Beschleunigungssensoren, beispielsweise der ADXL3xx, verhältnismäßig teuer sind, lohnt es sich speziell für Bastler, zu versuchen, Zugriff auf den Sensor im Wii Nunchuk zu erlangen. Das erste Problem hat man aber zu lösen, sobald man die Wii-Einheit in Händen hat: Der Anschlussstecker entspricht keiner Norm. Er ähnelt einem USB-Anschluss, hat aber andere Abmessungen und Dimensionen.

Jetzt gibt es zwei Varianten, um das Wii Nunchuk anzuschließen: den Stecker abschneiden und die Kabel verdrahten oder einen Adapter bauen.

Das Abschneiden des Steckers ist die einfachste und schnellste Variante. Möchte man die Wii-Einheit später aber wieder mit einer richtigen Wii nutzen, geht das nicht mehr so einfach.

Wer dennoch den Stecker abschneiden will, findet nachfolgend die Anschlussbelegung der Kabel:

Kabelfarbe	Beschreibung
Weiß	GND
Rot	+U (3,3 V oder 5 V)
Grün	SDA (Data)
Gelb	SCL (Clock)

Tabelle 9.2: Anschlussbelegung Wii Nunchuk

Eine kleine Leiterplatte als Adapter zeigt Tod E. Kurt in seinem Blog.

`http://todbot.com/blog/2008/02/18/wiichuck-wii-nunchuck-adapter-available/`

Die Adapterplatine kann direkt in den Stecker des Nunchuks gesteckt werden. Die Leiterbahnen auf der Platine berühren die Kontakte und stellen so eine Verbindung her. Die abgegriffenen Signale werden nun auf eine 4-polige Stiftleiste weitergeführt und können anschließend direkt auf die Steckerleiste mit den analogen Ports auf dem Arduino-Board gesteckt werden. Der Trick dabei ist, dass die Stromversorgung vom einen Arduino-Port geliefert wird und somit keine weitere Verdrahtung notwendig ist.

Die Verbindung der Signale ist wie folgt realisiert:

Signalname	Arduino-Port
GND	A2
+U	A3
SDA	A4
SCL	A5

Tabelle 9.3: Verbindungen zwischen Wii Nunchuk und Arduino-Board

Damit man die Lösung sofort testen kann, liefert Tod auch die nötige Bibliothek für den Zugriff. Dabei ist zu erwähnen, dass die Übertragung mittels des I^2C-Bus realisiert wird.

Die nötigen Programme stehen ebenfalls unter der oben genannten Adresse zum Download bereit.

Kapitel 10

Arduino im Einsatz

Die Einsatzgebiete und Anwendungen mit Arduino sind sehr vielfältig und die Arduino-Community realisiert täglich interessante und nützliche Lösungen mit Arduino.

In diesem Kapitel werden verschiedene Projekte beschrieben, die aufzeigen, wie man Arduino nutzen und das kleine Board als Helferchen einsetzen kann. Die Projekte setzen unter anderem die relativ einfache Verbindung mittels Ethernet-Shield ein und demonstrieren, wie man Daten aus dem Internet lesen und weiternutzen kann. Der Arduino eignet sich ideal als Schnittstelle zwischen der Umwelt und dem Internet. Diese Projekte sollen als Anregung dienen und den Anwender zur Erweiterung und zum Weiterausbau animieren. Viel Spaß mit dem Arduino im Einsatz!

10.1 Verbindung zum Internet

Das Internet ist heutzutage ein Werkzeug für Millionen von Menschen. In vielen Haushalten gibt es einen oder mehrere Computer. Durch die schnelle Entwicklung in der Telekommunikation gehören Breitbandanschluss und Internetzugang zum Haushalt wie ein Kochherd. Ohne Internet zu sein, kann man sich fast nicht mehr vorstellen. Unsere Kinder wachsen mit dem Internet auf, spielen über Internet Onlinespiele, chatten mit Schulkameraden und nutzen E-Mail, Twitter und Facebook.

Auch im Bereich der technischen Geräte und Anwendungen wird immer mehr auf das Internet vertraut. Spielekonsolen besitzen Netzwerkzugang, Geräte werden über das Internet aktualisiert. Im Haus sind Telefonanlage und Haustechnik übers Internet vernetzt und von überall her kann man die Heizung und die Temperatur im Wohnzimmer überwachen.

Somit ist es naheliegend, dass ein technisches Tool wie der Arduino auch Zugang zum internen Netzwerk und somit zum Internet bekommt. Mit dem bereits erwähnten Ethernet-Shield (`http://www.arduino.cc/en/Main/ArduinoEthernetShield`) und der `Ethernet`-Bibliothek (`http://arduino.cc/en/Reference/Ethernet`) ist eine Netzwerkverbindung (Ethernet-Verbindung) schnell hergestellt.

Das Internet und auch das firmeninterne Web, Intranet genannt, nutzen TCP (*Transmission Control Protocol*) als Übertragungsprotokoll.

Ein Protokoll ist eine Vereinbarung darüber, wie Daten zwischen Computern ausgetauscht werden. Die technischen Details sollen hier jedoch nicht näher behandelt werden. Alle wichtigen Dienste im Internet wie der WWW-Dienst oder E-Mail nutzen TCP und IP (*Internet Protocol*), um Daten auszutauschen. Im Internet arbeiten viele Rechner als Server und bieten Dienste und Informationen an. Beispiele hierfür sind Webserver, FTP-Server (*File Transfer Protocol*) oder E-Mail-Server. Die Nutzer dieser Dienste sind die Clients. Darum nennt man diese Technologie auch »Client/Server-Technologie«.

Damit die Server und Clients miteinander kommunizieren können, also einander ansprechen können, benötigen Sie eine Adresse, die sogenannte »IP-Adresse«. Eine IP-Adresse besteht immer aus vier Bytes und hat die Form 123.123.123.123. Zusätzlich zu der IP-Adresse des Clients besitzt jedes Gerät, das am Netz angeschlossen ist, eine eindeutige MAC-Adresse. Diese Adresse hat nichts mit dem bekannten Computer des Herstellers mit dem Apfel-Logo zu tun, sondern wird vom Hersteller der Geräte, beispielsweise Netzwerkkarten, festgelegt und ändert sich auch dann nicht, wenn die Netzwerkkarte an ein anderes Netzwerk angeschlossen wird. Auch die IP-Adresse eines Computers im Netz sollte eindeutig sein, da sonst Konflikte entstehen. Für die Vergabe von IP-Adressen gibt es gewisse Regeln, da bestimmte Adressbereiche nur für interne Netzwerke gedacht sind. In unseren Beispielen werden wir interne Adressen aus dem Bereich 192.168.x.x nutzen.

Die am internen Netz angeschlossenen Computer haben meist Internetzugang über eine einzelne Komponente, genannt »Router«. Dieser Router ist die Schnittstelle zwischen internem Netz und dem Internet. Der Router arbeitet also als Gateway.

10.1.1 Netzwerkverbindung

Damit jetzt auch ein Arduino-Board Verbindung zum internen Netz und dem Internet aufnehmen kann, muss ein Ethernet-Shield oder ein anderes verfügbares Ethernet-Modul am Arduino angeschlossen werden. Bei den Ethernet-Modulen sind die WIZnet Ethernet-Module und das drahtlose CC3000-Modul (WiFi) zu erwähnen. Das WiFi-Modul wird in einem späteren Kapitel noch genauer beschrieben.

WizNet Ethernet-Modul

`http://www.watterott.com/de/WIZnet-WIZ812MJ-Ethernet-Modul`

In den folgenden Projekten wird zur Netzverbindung das Ethernet-Shield eingesetzt, indem es, wie die meisten Shields, auf die Stiftreihen des Arduino gesteckt wird. Anschließend wird ein Ethernet-Kabel an der Netzwerkbuchse auf dem Shield angeschlossen. Die Konfiguration wird nun im Sketch realisiert, wobei für den ersten Test ein Beispielprogramm der `Ethernet`-Bibliothek verwendet werden kann.

Hinweis

Auf dem Markt sind neben dem Standard Ethernet-Shield etliche weitere Ethernet-Shields verfügbar. Beim Kauf eines Shields für Ethernet-Anwendungen, welche man mit der Ethernet-Library nutzen will, muss ein Ethernet-Shield verwendet werden, welches einen Ethernet-Controller des Typs Wiz5100 verwendet. Ethernet-Shields mit einem Ethernet-Controller des Typs ENC28J60 funktionieren nicht mit der Ethernet-Library.

Grundaufbau

Der Grundaufbau einer Ethernet-Anwendung mit dem Arduino benötigt minimal die folgenden Komponenten:

Stückliste (Arduino Ethernet)

1 Arduino-Board

1 Ethernet-Shield

1 Netzwerkkabel RJ45 Cat 5

Das Arduino-Board kommuniziert mit dem Ethernet-Shield über den SPI-Bus. Abbildung 10.1 zeigt die Verbindung des Arduino-Boards mit dem Ethernet-Shield.

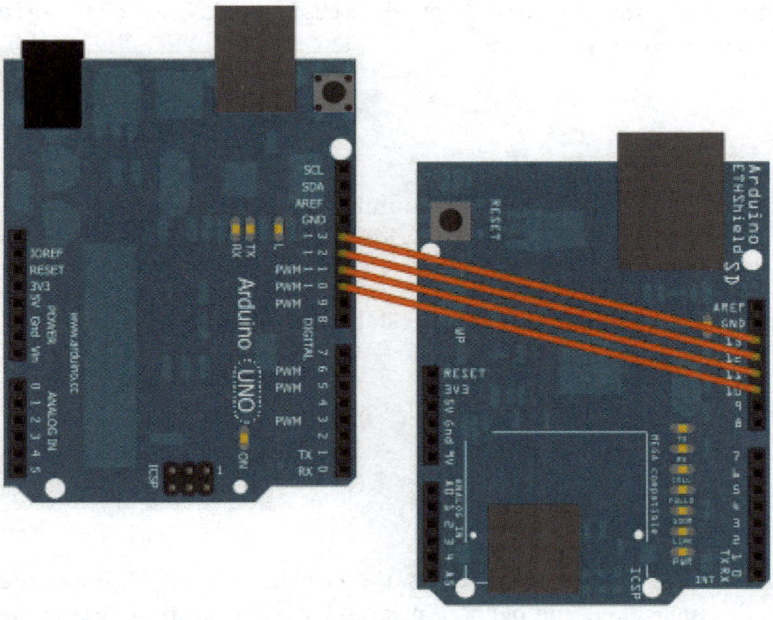

Abb. 10.1: Arduino Ethernet: Verbindung des Arduinos mit dem Ethernet-Shield

In der Praxis müssen die Verbindungen zwischen Arduino-Board und Ethernet-Shield nicht mit Drähten hergestellt werden, da das Shield auf das Board gesteckt wird (Abbildung 10.2). Ab der Version 6 des Ethernet-Shields werden die vier Verbindungen des SPI-Bus auf dem Ethernet-Shield über den ICSP-Stecker und nicht mehr direkt über die Portleitungen D10 bis D13 eingelesen.

Abb. 10.2: Arduino mit Ethernet-Shield

Fixe IP-Adresse

In der Standard-`Ethernet`-Bibliothek (`http://arduino.cc/en/Reference/Ethernet`) sind alle Funktionen vorhanden, die für die Verbindung erforderlich sind. Dazu werden die `Ethernet`- und die `spi`-Bibliothek (`http://arduino.cc/en/Reference/SPI`) in das Programm geladen.

```
#include <SPI.h>
#include <Ethernet.h>
```

Die zusätzliche Bibliothek für die SPI-Kommunikation (*Serial Peripheral Interface*) regelt die Kommunikation zwischen dem Mikrocontroller und dem Ethernet-Controller auf dem Ethernet-Shield.

Anschließend werden die Ethernet-Parameter definiert.

```
// Ethernet-Einstellungen
byte mac[] = { 0xDE, 0xAD, 0xBE, 0xEF, 0xFE, 0xED };
byte ip[] = { 192, 168, 1, 199 };
byte gateway[] = { 192, 168, 1, 1 };
byte subnet[] = { 255, 255, 255, 0 };
```

Die IP-Adressen für das Board und das Gateway sowie die Subnetz-Maske werden dabei fix im Code eingegeben und bleiben unverändert. Das Arduino-Board arbeitet also mit einer fixen oder festen IP-Adresse im Netzwerk.

byte mac[ ]

Die eindeutige MAC-Adresse. Diese muss meistens nicht verändert werden, es sei denn, es werden im gleichen Netz zwei Arduino-Boards mit einem Ethernet-Modul verwendet.

byte ip[ ]

IP-Adresse des Arduino-Boards. Diese Adresse muss innerhalb des Netzwerks eindeutig sein.

byte gateway[ ]

IP-Adresse des Routers, also des Gateways zum Internet.

byte subnet[ ]

Das Subnetz oder die Subnetz-Maske gibt an, wie viele Netzwerkkomponenten in einem Netz angeschlossen werden können. Die Einstellung 255.255.255.0 erlaubt bis zu 256 Geräte und muss in einem Heimnetz nicht verändert werden.

Nach den Netzwerk-Definitionen wird nun eingetragen, ob die Ethernet-Anwendung mit dem Arduino als Webserver oder als Webclient arbeitet. Dazu wird die jeweilige Ethernet-Klasse eingetragen.

```
// Ethernet Client
EthernetClient client;
// Ethernet Server (Port)
EthernetServer server(80);
```

Die Portnummer ist ein Teil der Netzwerkadresse und für den Versand und Erhalt von Datenpaketen im Netzwerk notwendig. Die Portnummer 80 ist dabei der Standardport für den Webserver.

In der Setup-Routine wird nun das Board mit den konfigurierten Parametern initialisiert, wobei `gateway` und `subnet` optionale Parameter sind.

```
void setup()
{
  // Ethernet
  Ethernet.begin(mac, ip, gateway, subnet);
}
```

Mit diesen Einstellungen und der Initialisierung ist das Arduino-Board bereit zur ersten Verbindungsaufnahme mit dem internen Netzwerk und zum Betrieb als Webserver oder Webclient.

Dynamische IP-Adresse (via DHCP)

Vorheriges Beispiel zeigt die fixe Vergabe und Konfiguration der IP-Adresse für das Arduino-Board. In vielen Netzwerken werden die IP-Adressen für die Netzwerk-Clients mittels DHCP (*Dynamic Host Configuration Protocol*) vergeben. DHCP ist ein Protokoll, das die IP-Adressen der Clients verwaltet und diese automatisch an die Client-Geräte vergibt. Der Client muss sich also nicht um die IP-Adresse und die weiteren Ethernet-Parameter kümmern.

Nach dem Laden der nötigen Bibliotheken

```
#include <SPI.h>
#include <Ethernet.h>
```

muss nur die MAC-Adresse des Ethernet-Boards angegeben werden.

```
byte mac[] = { 0x00, 0xAA, 0xBB, 0xCC, 0xDE, 0x02 };
```

Nun wird noch definiert ob die Anwendung als Webserver oder Webclient betrieben wird.

```
// Ethernet Client
EthernetClient client;
// Ethernet Server (Port)
EthernetServer server(80);
```

In der Setup-Routine wird nun die Ethernet-Kommunikation mit `Ethernet.begin()` gestartet. Dazu wird als einziger Parameter die oben definierte MAC-Adresse übergeben.

```
void setup()
{
  // Ethernet
  Ethernet.begin(mac, ip, gateway, subnet);
}


void loop ()
{
  //..
}
```

Wenn das Netzwerk, an welchem das Arduino-Board mit Ethernet-Shield angeschlossen ist, für DHCP-Betrieb konfiguriert ist, wird nun automatische eine IP-Adresse vergeben und das Arduino-Board ist bereit für die Ethernet-Anwendung.

Feste oder dynamische IP-Adresse

Eine feste oder dynamische IP-Adresse ist jeweils abhängig von der Anwendung. Anwendungen, bei denen der Client Anfragen stellt, sind nicht abhängig von einer festen IP-Adresse. Die IP-Adresse des Clients kann sich ändern, ohne dass die Anwendung gestört wird. Bei Webanwendungen des Arduinos als Webserver muss eine fixe IP-Adresse vergeben werden, da der Arduino-Webserver direkt mit einer IP-Adresse aufgerufen wird. Zusammenfassend heißt das also: Webserver-Anwendungen mit fixer IP-Adresse, Client-Anwendungen fix oder dynamisch.

10.1.2 Arduino als Webserver

Beim Aufruf einer Webadresse wie `http://www.arduino.cc` wird ein Webserver angesprochen, der Daten in Form eines Webdokuments zurücksendet. Dieses sogenannte »HTML-Dokument« wird vom Browser des Benutzers eingelesen und dargestellt. Im Browser erscheint somit die Startseite des Arduino-Projekts.

Ein Webserver wartet also auf Anfragen der Clients und sendet anschließend eine Antwort (Response) an den Client zurück.

In unserem Fall soll unser Arduino eine Informationsseite zurücksenden, und zwar einen Infotext und die aktuelle Zimmertemperatur, die mit einem LM35-Sensor gemessen wurde.

Nach dem Laden der nötigen Bibliotheken und der Konfiguration der Ethernet-Einstellungen,

```
#include <SPI.h>
#include <Ethernet.h>

// Ethernet-Konfiguration
byte mac[] = { 0xDE, 0xAD, 0xBE, 0xEF, 0xFE, 0xED };
byte ip[] = { 192, 168, 1, 199 };
```

wird ein Serverobjekt mit Port 80 erstellt.

```
// Serverobjekt mit Standardport 80
EthernetServer server(80);
```

In der Funktion `setup()` wird der Server initialisiert und dann gestartet.

```
void setup()
{
  // Ethernet-Initialisierung
```

```
  Ethernet.begin(mac, ip);
  // Server bereit, wartet auf Anfragen
  server.begin();
}
```

Nun wartet der Server auf die Anfragen der Clients. Im `loop()` werden die Anfragen geprüft und die Antwort zurückgegeben. Die Antwort des Webservers besteht immer aus einem sogenannten Header (Kopfzeilen), gefolgt von den Daten der eigentlichen HTML-Seite. Im Header wird zuerst der Statuscode (200 bedeutet OK) zurückgegeben. Anschließend werden noch Informationen über die Serverversion, Größe und Dokumenttyp zurückgeschickt. Die Header-Informationen werden vom Browser nie angezeigt. Nun wird der in der Seitenbeschreibungssprache HTML erstellte Seiteninhalt zurückgegeben und im Browser dargestellt. Das Resultat im Browser ist also eine fertige HTML-Seite (Abbildung 10.3).

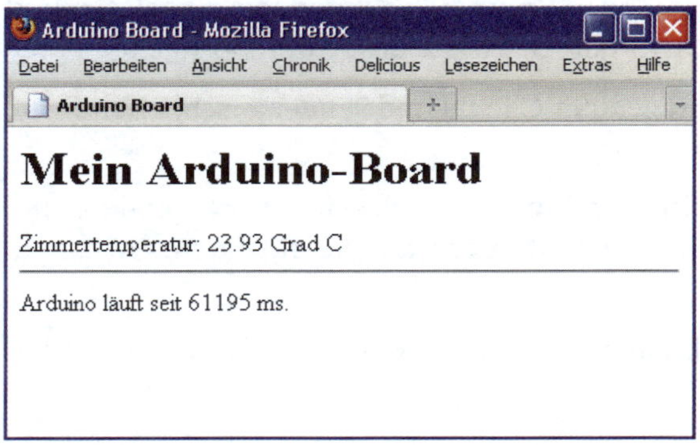

Abb. 10.3: Arduino als Webserver

```
// Arduino-Webserver
#include <SPI.h>
#include <Ethernet.h>

// Ethernet-Konfiguration
byte mac[] = { 0xDE, 0xAD, 0xBE, 0xEF, 0xFE, 0xED };
byte ip[] = { 192, 168, 1, 199 };

// Serverobjekt mit Standardport 80
EthernetServer server(80);

// Variabler Temperatursensor LM35
float tempC;
```

```
int tempPin = 0;

void setup()
{
  // Ethernet-Initialisierung
  Ethernet.begin(mac, ip);
  // Server bereit, wartet auf Anfragen
  server.begin();
}

void loop() {
  EthernetClient client = server.available();
  if (client)
  {
    server.println("HTTP/1.1 200 OK");
    server.println("Content-Type: text/html");
    server.println();
    server.print("<HTML><HEAD><TITLE>");
    server.print("Arduino-Board");
    server.print("</TITLE>");
    server.print("</HEAD><BODY>");
    server.print("<h1>Mein Arduino-Board</h1>");
    server.print("Zimmertemperatur: ");
    // Temperatur messen
    tempC = analogRead(tempPin);
    tempC = (5.0 * tempC * 100.0)/1024.0;
    // Ausgabe der Temperatur
    server.print(tempC);
    server.print(" Grad C");
    server.println("<br />");
    server.println("<hr />");
    server.print("Arduino läuft seit ");
    server.print(millis());
    server.print(" ms.");
    server.print("</BODY></HTML>");
    delay(10);
    client.stop();
  }
}
```

Listing 10.1: Arduino-Webserver

Im Loop des Listings 10.1 wird zuerst geprüft, ob eine Anfrage vom Client am Server eingetroffen ist.

```
EthernetClient client = server.available();
if (client)
 {
 // Ausgabe HTML-Dokument
 }
```

Falls der Webserver eine Anfrage bekommen hat, wird ein Statuscode, in diesem Fall immer 200 (OK), an den Client zurückgeschickt. Anschließend folgt der gesamte Inhalt der HTML-Seite, beginnend mit `<HTML><BODY>` und endend mit `</BODY></HTML>`.

```
server.print("<HTML><HEAD>");
// HTML-Inhalt
server.print("</BODY></HTML>");
```

Der Aufbau der HTML-Seite kann mit den normalen HTML-Anweisungen realisiert werden. In unserem Beispiel wird im Inhalt zusätzlich der aktuelle Temperaturwert ausgegeben.

Die soeben beschriebene Webserverlösung besitzt nur einen begrenzten Funktionsumfang. Für komplexere Webserveranwendungen, bei denen auch Parameter ausgewertet werden müssen, empfiehlt sich der Einsatz der Bibliothek `Webduino` (`https://github.com/sirleech/Webduino`).

10.1.3 Der Arduino als Webclient

Neben der Funktion als Webserver kann mit dem Ethernet-Shield auch ein Webclient realisiert werden, der Anfragen (Requests) an einen anderen Webserver sendet. In unserem Fall arbeitet das Arduino-Board als Ethernet-Sensor und sendet eingelesene Daten, beispielsweise von einem LM35-Temperatursensor, an eine Webanwendung im Internet. Dabei wird mittels URL-Request ein Webskript aufgerufen und der Messwert als Parameter übergeben. Das Webskript auf dem Webserver (im Internet oder im Intranet) liest anschließend den gesendeten Wert ein und verarbeitet diesen weiter.

Der Aufruf des Webskripts mit den Messdaten als Parameter sieht wie folgt aus:

`http://www.meinserver.com/temperatur.php?t=23.44`

Dem Parameter `t` wird dabei der vom Arduino ermittelte Wert übergeben. Der gesamte Aufruf des Webskripts wird, wie Listing 10.2 zeigt, in mehreren Anweisungen mit `client.print()` aufgebaut.

```
tempC=23.44;
if (client.connect(server, 80))
    {
      Serial.println("connected");
      client.print("GET /temperatur.php?t=");
      client.print(tempC);
      client.println(" HTTP/1.0");
      client.println("HOST:www.meinserver.com");
      client.println();
      client.println();
      clientConnected = true;
    }
```

Listing 10.2: Webclient sendet Daten

Das Webskript für unser Beispiel ist ein einfaches PHP-Skript, welches den Wert aus dem Parameter `t` ausliest und wieder ausgibt (Listing 10.3).

```
<?php
// Temperaturdaten senden
//
// Daten von Temperatursensor
$tempC=$_REQUEST["t"];

// hier eigener Code für Datenverarbeitung
// ...

// Ausgabe Daten
print 'Temperatur:'.$tempC;
?>
```

Listing 10.3: Webclient – Webskript zur Datenverarbeitung

Das Webskript wird nun auf dem Webserver gespeichert und kann zum Test im Browser aufgerufen werden. Als Resultat sollte der gesendete Wert aus Parameter `t` ausgegeben werden (Abbildung 10.4).

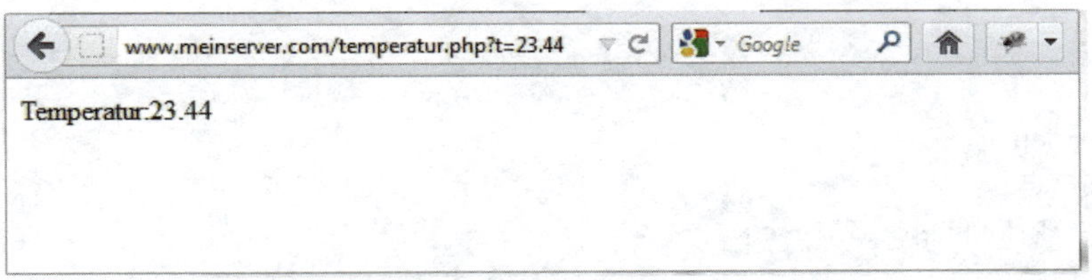

Abb. 10.4: Ausgabe des Webskripts

Damit eine externe Webanwendung mit Webskript aufgerufen werden kann, muss in der Ethernet-Konfiguration die IP-Adresse des Webservers, auf welchem das Webskript läuft, angegeben werden.

```
#include <SPI.h>
#include <Ethernet.h>

// Ethernet Konfiguration
byte mac[] = { 0xDE, 0xAD, 0xBE, 0xEF, 0xFE, 0xED };
byte ip[] = { 10, 0, 1, 144 };
byte gateway[] = { 10, 0, 1, 1 };
byte subnet[] = { 255, 255, 255, 0 };

// IP des externen Servers
IPAddress server(111, 222, 222, 111);
```

Nun wird eine Client-Klasse `client` erstellt.

```
EthernetClient client;
```

Nach dem Definieren einzelner Variablen wird in der Setup-Routine die Verbindung eröffnet.

```
long updateTimer;
boolean clientConnected = false;
float tempC;

void setup()
{
  Serial.begin(9600);
  Serial.println("Start...");
}
```

Im Hauptprogramm werden dann in jedem Programmdurchgang die Funktionen `SendenDaten()` und `checkStatus()` aufgerufen.

```
void loop()
{
  // Daten senden
  SendenDaten();
  // Status HTTP-Request einlesen
  checkStatus();
}
```

Die Senden-Funktion baut alle 10 Sekunden eine Verbindung auf und übergibt in der Anfrage die Temperaturdaten aus der Variablen `tempC`.

```
void SendenDaten()
{
  tempC=23.44;
  if ((millis() - updateTimer) > 10000)
  {
    Ethernet.begin(mac, ip);
    Serial.println("connecting...");
    delay(1000);
    if (client.connect(server, 80))
    {
      Serial.println("connected");
      client.print("GET /temperatur.php?t=");
      client.print(tempC);
      client.println(" HTTP/1.0");
      client.println("HOST:meinserver.com");
      client.println();
      client.println();
      clientConnected = true;
    }
    else
    {
      Serial.println("connection failed");
    }
    updateTimer = millis();
  }
}
```

Nach dem Senden der Daten wird mit `checkStatus()` die Antwort des Webservers abgefragt, falls noch eine Client-Server-Verbindung besteht.

```
char c = client.read();
```

Anschließend wird das Resultat ausgegeben.

```
Serial.print(c);
```

Im Serial-Monitor sieht die Antwort des Webservers nun so aus (Abbildung 10.5).

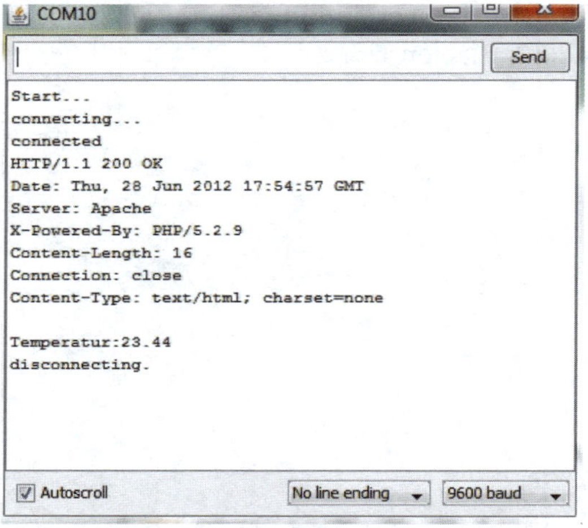

Abb. 10.5: Antwort des Webservers nach Request des Webclients

Zum Schluss wird diese Verbindung mit `client.stop()` unterbrochen und der ganze Vorgang wird wieder am Anfang des Hauptprogrammes fortgesetzt.

```
void checkStatus()
{
  if (clientConnected)
  {
    if (client.available())
    {
      char c = client.read();
      Serial.print(c);
    }
    if (!client.connected())
    {
      Serial.println();
      Serial.println("disconnecting.");
      client.stop();
      clientConnected = false;
    }
  }
}
```

Hinweis

Mit der GET-Anweisung werden die Parameter-Daten im Klartext übertragen. Zum Senden sensibler Daten sollte dieser Webclient nicht verwendet werden.

Obwohl die Länge des GET-Daten-Strings nicht begrenzt ist, empfiehlt es sich, eine maximale Datenlänge von 255 Zeichen zu verwenden. Auf diese Weise ist sichergestellt, dass auch ältere Browser-Versionen den ganzen Daten-String komplett einlesen können.

Ein weiteres Beispiel eines Webclients ist das später beschriebene Projekt *Mail via PHP-Skript versenden*, bei dem das Arduino-Board einen Address-Request verschickt (siehe Abschnitt 10.3.2).

10.1.4 Ethernet mit ENC28J60-Modul

Die bereits erwähnten Ethernet-Module mit dem ENC28J60-Controller sind eine weitere Variante zur Verbindung eines Arduino-Boards mit dem Ethernet.

Diese Module werden von etlichen asiatischen Herstellern und Online-Händlern angeboten und sind meist viel günstiger als die Standard-Ethernet-Shields.

Ethernet-Schnittstellen mit dem ENC28J60 werden eingesetzt, wenn der verfügbare Platz beschränkt ist. Diese Module sind meist recht kompakt und können auch mit einem Minimal-Arduino auf dem Steckbrett (Bare Bone Arduino) oder einem kompakten Arduino-Clone verwendet.

Abbildung 10.6 zeigt ein Beispiel für ein Ethernet-Modul in kompakter Bauform.

Abb. 10.6: Ethernet-Modul mit ENC28J60 (Quelle: komputer.de)

Dieses kompakte Ethernet-Modul wird, wie auch das Standard-Ethernet-Shield, über die SPI-Schnittstelle angesteuert. Auf dem Modul selbst sind weitere Signale verfügbar, die beim Einsatz mit dem Arduino-Board nicht benutzt werden.

In Tabelle 10.1 sind die Verbindungen vom Arduino zum ENC28J60-Modul aufgelistet. Je nach Modul können sich die Anschlusstechnik und die Pin-Nummerierung unterscheiden.

Arduino	ENC28J60-Modul
D2	INT
D10 (SS) (oder D8, siehe Text)	CS
D11 (MOSI)	SI
D12 (MISO)	SO
D13 (SCK)	SCK
RESET	RESET
GND	GND
+3,3V	VCC

Tabelle 10.1: Verbindungen des Arduino-Boards zum Ethernet-Modul ENC28J60

Abbildung 10.7 zeigt die Verbindungen in grafischer Form.

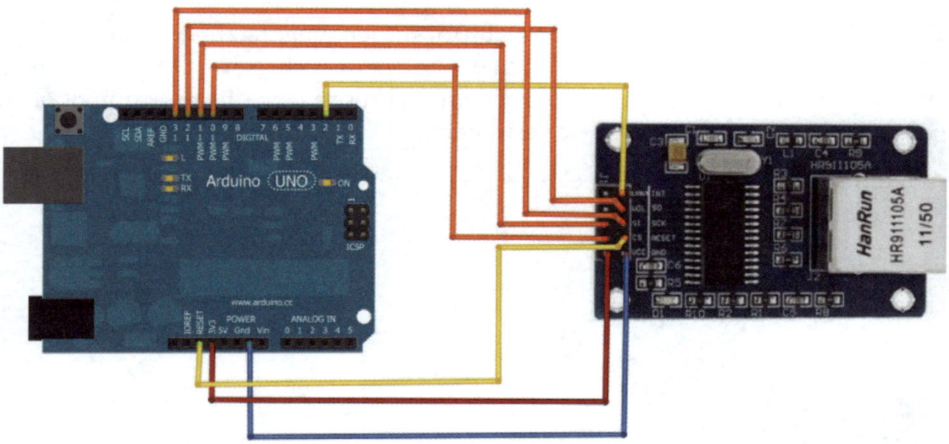

Abb. 10.7: Verbindungen des Arduino zum ENC28J60-Modul

Bibliotheken zur Ansteuerung

Zur Ansteuerung eines ENC28J60-Moduls kann die vom Ethernet-Shield bekannte Standard-Bibliothek `Ethernet.h` nicht verwendet werden. In der Praxis sind aber verschiedene Bibliotheken verfügbar.

UIPEthernet

`https://github.com/ntruchsess/arduino_uip`

Die Bibliothek `UIPEthernet` ist die momentan einfachste Bibliothek für Anwendungen mit ENC28J60-basierten Ethernet-Modulen. Dank dieser umfangreichen

Bibliothek können Programme, die für das Standard-Ethernet-Shield realisiert wurden, auf einem ENC28J60-Modul betrieben werden.

Grundsätzlich muss nur

```
#include <SPI.h>
#include <Ethernet.h>
```

durch

```
#include <UIPEthernet.h>
```

ersetzt werden.

Ethershield

`https://github.com/thiseldo/EtherShield`

In vielen Anwendungen wird noch die Bibliothek `Ethershield` eingesetzt, obwohl der Entwickler sie nicht mehr unterstützt und auch keinen Support mehr anbietet. Für Neuentwicklungen sollte diese Bibliothek nicht mehr eingesetzt werden.

Ethercard

`http://jeelabs.net/pub/docs/ethercard`

Die Ethercard-Bibliothek ist eher für erfahrene Anwender zu empfehlen. Dieses Paket kommt mit einer großen Anzahl von Beispielen. Beim Einsatz ist zu beachten, dass das Chip Select-Signal (CS) standardmäßig auf Pin D8 des Arduino gesetzt ist. Falls das CS-Signal geändert werden soll, muss im Sketch in der Anweisung `ether.begin(..)` der verwendete Pin angegeben werden, zum Beispiel für Pin D10:

```
ether.begin(sizeof Ethernet::buffer, mymac, 10)
```

Die Beispiele der Ethercard-Bibliothek zeigen die Möglichkeiten dieser Library und sind eine gute Basis für eigene Experimente.

Ethernet-Boards und -Shields

Der Ethernet-Controller ENC28J60 benötigt relativ wenige externe Bauteile, die im Elektronikhandel gut verfügbar sind. Aufgrund dieser Tatsache bauen viele Bastler eigene Ethernet-Schnittstellen oder Arduino-Clones mit integrierter Ethernet-Funktionalität.

Als Beispiel wäre hier das Webserver-Board zur Hausautomation zu nennen.

`http://www.instructables.com/id/Webserver-for-home-appliances-control/`

Der Entwickler bietet sogar die einzelne Leiterplatte beim Open-Source-Händler Tindie an.

`https://www.tindie.com/products/Chichomecho/bare-pcb-for-a-atmega328-based-webserver/`

Zu den bekannten Arduino-kompatiblen Boards mit Ethernet gehören das in Kapitel 12 beschriebene Nanode-Board (`http://www.nanode.eu/`) oder das EtherTen (`www.freetronics.com/products/etherten`).

10.1.5 Eingänge und Ausgänge übers Internet steuern

Mit den beiden vorherigen Beispielen Webserver und Webclient bieten sich viele Einsatzmöglichkeiten für das Arduino-Board mit Ethernet-Shield. Schnell stellt sich nun der Wunsch ein, die Ein- und Ausgänge übers Internet abzufragen beziehungsweise zu schalten.

Grundsätzlich kann man eine Lösung basierend auf dem Webserver-Sketch aus Abschnitt 10.1.2 verwenden und die HTML-Ausgabe im Browser um Eingabemöglichkeiten zum Setzen der Eingänge erweitern.

Da das Arduino-Board meist am internen Netz angeschlossen ist, müssen ein- und ausgehende Internetverbindungen ermöglicht werden. Diese Aufgabe übernimmt ein sogenannter Router, der zusätzlich für Zugriffe aus dem Internet konfiguriert werden muss. Dies erfordert Erfahrungen mit Netzwerken und der Ethernet-Konfiguration. Für Einsteiger ist dieser Lösungsansatz somit nicht optimal geeignet.

Eine Lösung, bei der keine Netzwerkkonfiguration erforderlich ist, kann mit dem Projekt Teleduino (`http://www.teleduino.org/`) realisiert werden. Beim Teleduino-Projekt wird auf dem Arduino-Board mit Ethernet-Shield ein Proxy-Sketch geladen, der die Kommunikation mit dem Webservice regelt.

Über eine Adresse im Browser kann anschließend das Arduino-Board gesteuert und abgefragt werden.

Beispiel: Abfragen des Digitaleingangs Pin 3

```
http://us01.proxy.teleduino.org/api/1.0/328.php?k={KEY}&r=
getDigitalInput&pin=3
```

Das Resultat wird im JSON-Format zurückgeliefert und kann von einer Skriptsprache wie PHP ausgewertet werden.

Der Anwender muss dazu nur im Proxy-Skript die Ethernet-Einstellungen und einen API-Key eintragen.

Der API-Key kann über die folgende Adresse angefordert werden.

```
http://us01.proxy.teleduino.org/tools/request_key.php
```

Der Proxy-Sketch `TeleduinoEthernetClientProxy`, der in den Beispieldateien zur Teleduino-Bibliothek enthalten ist, wird nun auf das Board geladen.

Dann werden die Ethernet-Einstellungen vorgenommen:

```
// Ethernet Einstellungen
byte useDhcp = true;
byte useDns = true;
byte mac[] = { 0xDE, 0xAD, 0xBE, 0xEF, 0xFE, 0xEA };
IPAddress ip(192, 168, 1, 100);
IPAddress gateway(192, 168, 1, 1);
IPAddress dns(192, 168, 1, 1);
IPAddress subnet(255, 255, 255, 0);
IPAddress serverIp(173, 230, 152, 173); // IP des Webservice
char serverName[] = "us01.proxy.teleduino.org"; // Domain des Webservice
unsigned int serverPort = 53;
```

Zur Statusüberprüfung kann ein Pin zum Anschluss einer Leuchtdiode definiert werden.

```
// Status LED
byte statusLedPin = 8;
```

Das Blinken der LED zeigt anschließend beim Start, ob der Service korrekt läuft.

Damit unser Arduino-Board angesprochen werden kann, muss nun noch der oben angeforderte Key im Sketch hinterlegt werden.

```
byte key[] = { 0x1E, … };
```

Nachdem der Proxy-Sketch angepasst und hochgeladen ist, kann nun die Anwendung übers Internet genutzt werden. Die Onlinedokumentation beschreibt, wie man die einzelnen Funktionen verwendet.

```
http://www.teleduino.org/rtfm/api/328.php
```

Neben dem Einlesen von Eingängen oder dem Schalten von Ausgängen können auch Servos angesteuert werden. Dazu sind zwei Adressaufrufe nötig. Im ersten Schritt werden der Servo und der Servopin definiert.

Beispiel: Servo 1 an Pin 2

```
http://us01.proxy.teleduino.org/api/1.0/328.php?k={KEY}&r=define-
Servo&servo=1&pin=2
```

Nun kann der Servo auf die gewünschte Position gesetzt werden.

Beispiel: Servo 1 auf 75 Grad setzten

```
http://us01.proxy.teleduino.org/api/1.0/328.php?k={KEY}&r=
setServo&servo=1&position=75
```

Stückliste (Anwendung Teleduino)

1 Arduino-Board

1 Ethernet-Shield

1 Proto-Shield

1 Servo 5 Volt

1 Widerstand 220Ohm

1 Leuchtdiode (rot)

Anschlussdrähte

Abbildung 10.8 zeigt den Schaltungsaufbau auf dem Steckbrett.

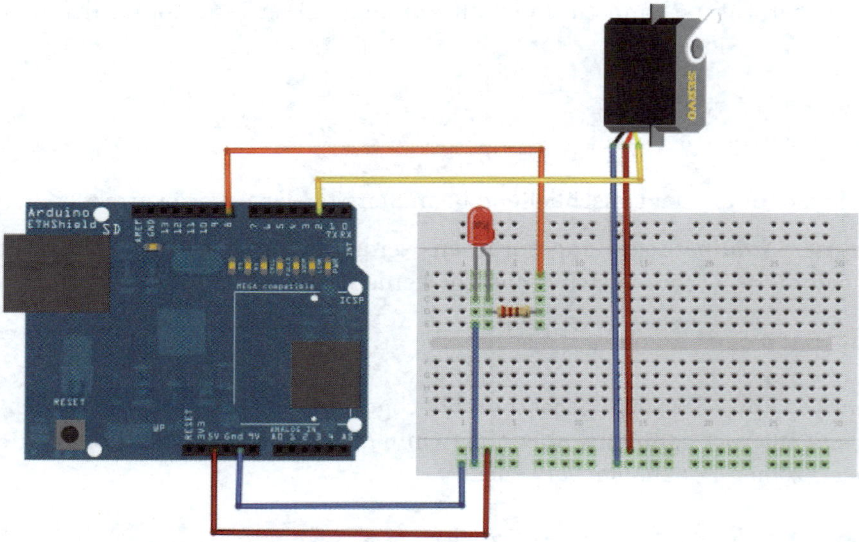

Abb. 10.8: Teleduino: Servo steuern übers Internet

> **Hinweis**
>
> Beim Einsatz der Teleduino-Bibliothek ist zu beachten, dass eine Ethernet-Verbindung ins Internet nötig, ist um den Teleduino-Webservice zu nutzen. Auch bei einem Einsatz nur im Intranet ist die Verbindung zum Webserver des Service-Anbieters erforderlich. Im Falle einer Fehlfunktion hilft das Blinken der Status-Leuchtdiode bei der Fehleranalyse. Die verschiedenen Blinkmuster geben Hinweise auf mögliche Fehler (`http://www.teleduino.org/rtfm/install/328.php`).

10.1.6 Wireless Ethernet (WiFi)

Ethernet-Anwendungen mit dem Ethernet-Shield benötigen immer eine physische Verbindung zum Netzwerk via Ethernet-Kabel. Dadurch ist man immer darauf angewiesen, dass ein Ethernet-Switch oder Router in der Nähe ist.

Bei Anwendungen, die ohne direkten Zugang zu einem physischen Ethernet-Anschluss auskommen sollen, empfiehlt sich der Einsatz einer drahtlosen Ethernet-Verbindung. In der heutigen Zeit sind in vielen Haushalten bereits drahtlose Zugangspunkte vorhanden, über die man seine Rechner, Tablets oder Smartphones drahtlos mit dem Internet verbindet.

Für drahtlose Ethernet-Anwendungen mit dem Arduino gibt es auf dem Markt verschiedene WiFi-Shields und WiFi-Module. Ein sehr verbreitetes WiFi-Shield ist das WiFly-Shield von Sparkfun (`https://www.sparkfun.com/products/9954`). Dieses WiFi-Shield kann direkt auf ein Arduino-Board gesteckt werden. Neben dem aufgelöteten WiFi-Modul bietet das Shield eine kleine Prototypen-Fläche, auf der eigene Anwendungen aufgelötet werden können.

Abb. 10.9: WiFly-Shield (Quelle: Sparkfun)

Das WiFly-Shield wird mittels eigener Bibliothek angesteuert.

`https://github.com/jmr13031/WiFly-Shield`

Dank der Minitiaturisierung gibt es immer wieder neue Elektronikmodule in kleineren Bauformen. Ein WiFi-Modul mit recht kleinen Abmessungen ist das WiFi-Modul CC3000 von Adafruit (`http://www.adafruit.com/products/1469`). Wie die Typbezeichnung bereits aussagt, wird dieser drahtlose Netzwerkadapter mit einem Chip von Texas Instruments mit der Bezeichnung CC3000 (`http://www.ti.com/product/cc3000`) betrieben.

Im Herbst 2014 ist ein noch kompakteres WiFi-Modul auf den Markt gekommen, das WiFi-Transceiver-Modul ESP8266 des chinesischen Herstellers Espressif Systems (`http://espressif.com/en/about-us/`).

CC3000

Das CC3000-Breakout-Board von Adafruit (Abbildung 10.10) ist 27 × 40mm groß. Auf der Leiterplatte ist bereits eine Antenne integriert.

Abb. 10.10: Das WiFi-Modul CC3000 von Adafruit

CC3000 mit Arduino verbinden

Die Verbindung des CC3000-Moduls mit dem Arduino-Board erfolgt über 6 Drahtverbindungen. Idealerweise verlötet man auf dem Breakout-Board eine 9-polige Stiftleiste (Abbildung 10.11). Die Stiftleiste kann dann in ein kleines Breadboard eingesteckt werden.

Abb. 10.11: WiFi-Modul CC3000: Stiftleiste zum Breadboard

Stückliste (CC3000)

1 Arduino-Board

1 Breakout-Board CC3000 (Adafruit)

1 Stiftleiste 9-polig

8 Anschlussdrähte

Verbindungen

In Tabelle 10.2 sind alle notwendigen Verbindungen vom Arduino-Board zum CC3000 Breakout-Board aufgelistet.

CC3000 Breakout-Board	Arduino-Board
GND	GND
VIN	3,3V
CLK	D13
MISO	D12
MOSI	D11
CS	D10
VBEN	D05
IRQ	D03

Tabelle 10.2: CC3000: Verbindungen mit dem Arduino-Board

In Abbildung 10.12 sind die Verbindungen zum Arduino-Board dargestellt. Zu beachten ist, dass das CC3000-Modul mit 3,3V versorgt werden muss. Der auf dem Modul erwähnte 3,3V-Anschluss (Pin neben GND) ist ein Ausgang und darf nicht zur Spannungsversorgung verwendet werden. Die Versorgung des CC3000 mit Spannung erfolgt über den Anschluss VIN.

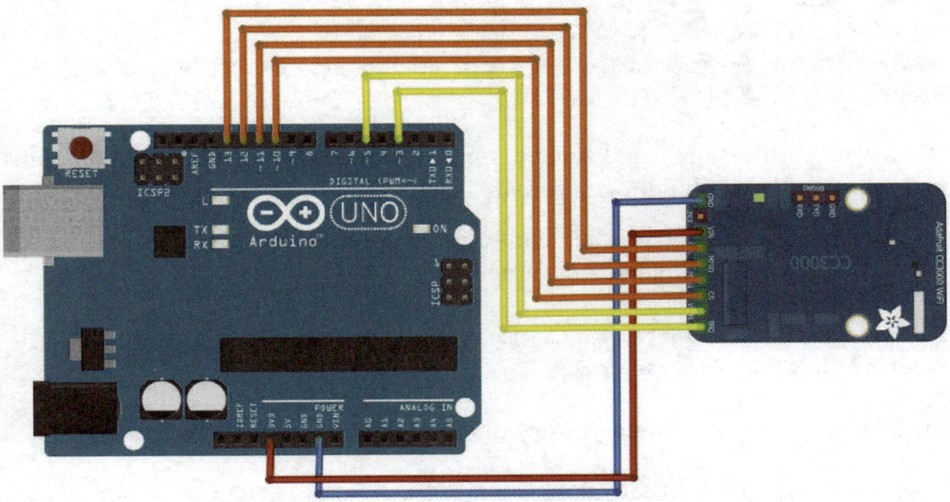

Abb. 10.12: WiFi-Modul CC3000: Anschluss am Arduino

Hinweis

Bei der Verwendung des CC3000-Shields müssen die in Abbildung 10.12 dargestellten Verbindungen nicht selber hergestellt werden, da diese mit dem Aufstecken des Shields auf das Arduino-Board automatisch erfolgen.

Verbindungstest

Ethernet-Anwendungen mit dem CC3000-Modul können nicht die Standard-`Ethernet`-Library verwenden. Adafruit hat dazu eine eigene Bibliothek programmiert, in der verschiedene Beispiele mitgeliefert werden.

Die CC3000-Bibliothek ist im Github-Verzeichnis von Adafruit zum Download verfügbar.

`https://github.com/adafruit/Adafruit_CC3000_Library`

Wie gewohnt, stehen die Bibliotheksfunktionen nach Download, Speichern im Library-Verzeichnis und Neustart der Entwicklungsumgebung zur Verfügung.

Neben einem betriebsbereiten Wireless-Access-Point (WiFi-Router) ist es außerdem erforderlich, in allen Beispiel-Sketchen verschiedene Informationen zum Netzwerk einzutragen.

```
// These are the interrupt and control pins
#define ADAFRUIT_CC3000_IRQ 3 // MUST be an interrupt pin!
// These can be any two pins
#define ADAFRUIT_CC3000_VBAT 5
#define ADAFRUIT_CC3000_CS 10
// Use hardware SPI for the remaining pins
// On an UNO, SCK = 13, MISO = 12, and MOSI = 11
Adafruit_CC3000 cc3000 = Adafruit_CC3000(ADAFRUIT_CC3000_CS, ADAFRUIT_CC3000_IRQ,
ADAFRUIT_CC3000_VBAT,SPI_CLOCK_DIV2); // you can change this clock speed but DI
```

Die jeweiligen Interrupt- und Ansteuerungspins müssen angepasst werden, falls nicht die Standardverbindungen gemäß Tabelle 10.2 verwendet werden.

Zum Zugriff auf den entsprechenden Access-Point müssen die ID (SSID) und das zugehörige Passwort eingetragen werden.

```
#define WLAN_SSID "myNetwork" // cannot be longer than 32 characters!
#define WLAN_PASS "myPassword"
```

Zusätzlich muss die verwendete Verschlüsselungsart ausgewählt werden.

```
// Security can be WLAN_SEC_UNSEC, WLAN_SEC_WEP, WLAN_SEC_WPA or WLAN_SEC_WPA2
#define WLAN_SECURITY WLAN_SEC_WPA2
```

Den ersten Verbindungstest wird mit dem Beispielsketch BUILDTEST gemacht. Dieses Testprogramm durchläuft verschiedene Funktionen und gibt das Resultat jeweils im seriellen Monitor aus.

Neben der Anzahl der gefunden drahtlosen Netzwerke (Abbildung 10.13)

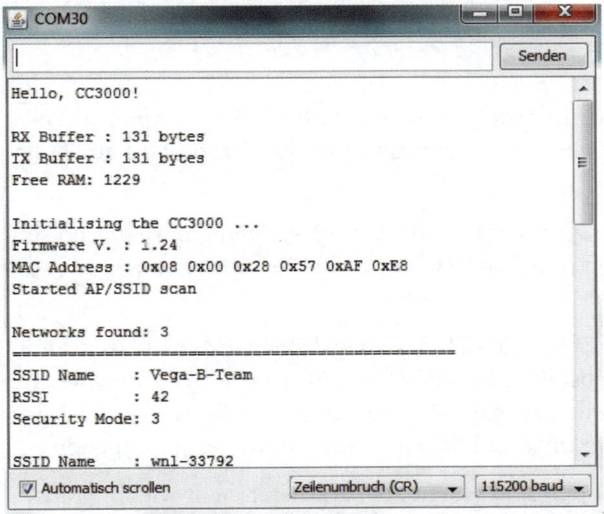

Abb. 10.13: CC3000: Ausgabe des Sketch BUILDTEST

werden auch die Daten zum verwendeten Netzwerk angezeigt (Abbildung 10.14).

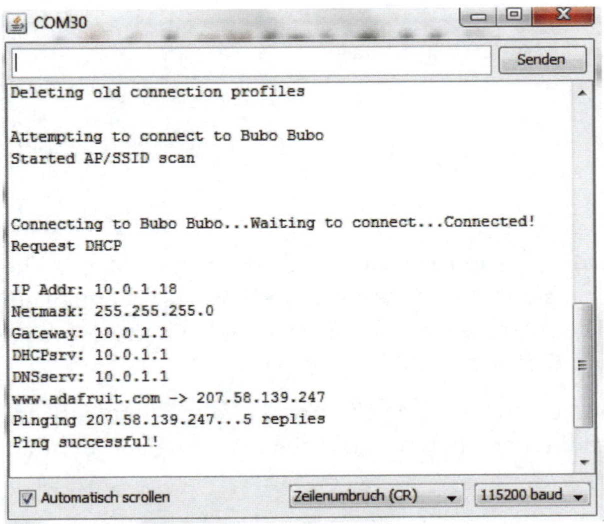

Abb. 10.14: CC3000: Zugriff des verwendeten Netzwerks

Mit der Hinweismeldung »Connected!« bestätigt das Testprogramm die einwandfreie Verbindung zum im Sketch eingetragenen Netzwerk. Die anschließende Auflistung der IP-Adressen im Netzwerk und ein erfolgreicher Ping schließen die erfolgreiche Inbetriebnahme ab.

Im Falle einer Fehlermeldung müssen die Einstellungen im Sketch überprüft werden.

Drahtloser Temperatursensor

Mit der WiFi-Verbindung zum Internet kann das Arduino-Board als drahtloser Temperatursensor genutzt werden, um beispielsweise die Temperatur im Keller zu messen.

Das Arduino-Board mit dem CC3000 wird dabei als Webclient eingesetzt und sendet in regelmäßigen Abständen einen Messwert an eine Webanwendung oder ein Webskript auf einem Webserver.

Wie ein Webclient der mittels `Ethernet`-Library ausgeführt wird, ruft ein drahtloser Webclient eine externe Webseite oder Funktion auf. In unserem Beispiel aus dem vorherigen Kapitel wird dabei eine PHP-Seite auf einem Webserver im Internet aufgerufen und ein Wert, in unserem Fall ein Temperaturwert, übergeben.

Der Aufruf des Webskripts mit den Messdaten als Parameter sieht wie folgt aus:

```
http://www.meinserver.com/temperatur.php?t=21.56
```

Stückliste (drahtloser Temperatursensor)

1 Arduino-Board

1 Breakout-Board CC3000 (Adafruit)

1 Stiftleiste 9-polig

1 Temperatursensor LM35

1 Steckbrett

Anschlussdrähte

Der drahtlose Temperatursensor wird mit einem Sensor des Typs LM35 (siehe Abschnitt 4.3.1) betrieben. Das analoge Ausgangssignal des LM35 wird am analogen Eingang A0 eingelesen. Die Ansteuerung des WiFi-Moduls CC3000 erfolgt auf dieselbe Weise wie im ersten Beispiel (Abbildung 10.15).

Basierend auf dem Beispiel WEBCLIENT aus der CC3000-Library, durchläuft der Webclient-Sketch mehrere Funktionen, deren Ausgaben im seriellen Monitor überprüft werden können.

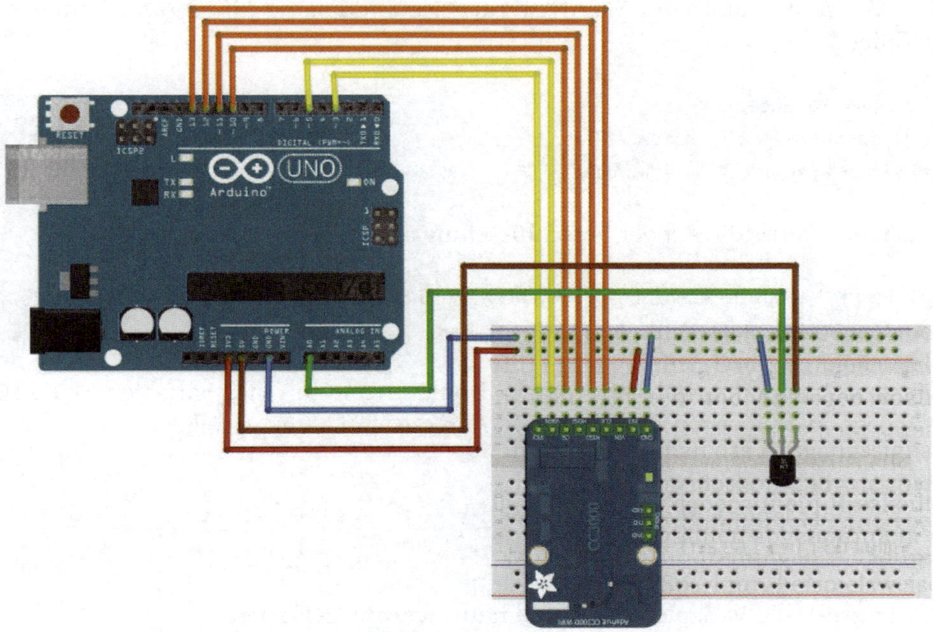

Abb. 10.15: CC3000: Schaltung des drahtlosen Temperatursensors

Nach dem Laden der nötigen Bibliotheken

```
#include <Adafruit_CC3000.h>
#include <ccspi.h>
#include <SPI.h>
#include <string.h>
#include "utility/debug.h"
#include<stdlib.h>
```

werden die Pins für die Ansteuerung des CC3000-Moduls definiert.

```
// CC3000 Pins
#define ADAFRUIT_CC3000_IRQ 3
#define ADAFRUIT_CC3000_VBAT 5
#define ADAFRUIT_CC3000_CS 10
```

Nun wird eine Instanz des CC3000-Objekts erstellt.

```
// CC3000 Objekt
Adafruit_CC3000 cc3000 = Adafruit_CC3000(ADAFRUIT_CC3000_CS,
ADAFRUIT_CC3000_IRQ, ADAFRUIT_CC3000_VBAT, SPI_CLOCK_DIV2);
```

Für die Verbindung zum WLAN werden Netzwerkname (SSID) und Kennwort definiert.

```
// WLAN Parameter
#define WLAN_SSID "MeinWLAN"
#define WLAN_PASS "MeinWLANPW"
```

Zusätzlich muss die Art der Verschlüsselung angegeben werden.

```
// Security can be WLAN_SEC_UNSEC, WLAN_SEC_WEP, WLAN_SEC_WPA or WLAN_SEC_WPA2
#define WLAN_SECURITY WLAN_SEC_WPA2
```

Für den Aufruf der Website wird der Domainname in einer Variablen `WEBSITE` abgelegt. Auch eine Variable für die IP-Adresse wird bereitgestellt.

```
// Website Parameter
#define WEBSITE "arduino-praxis.ch"
uint32_t ip;
```

Nun werden die Variablen zur Temperaturmessung deklariert.

```
// Temp
float tempC;
float valTemp;

//LM35 Tempsensor
int TempPin=0;
```

In der Setup-Routine `setup()` wird die serielle Schnittstelle und die Verbindung zum CC3000 gestartet. Falls die Datenverbindung zum CC3000-Modul nicht gestartet werden kann, wird eine Fehlermeldung ausgegeben.

```
void setup()
{
  // Initialisierung serielle Schnittstelle
  Serial.begin(115200);

  Serial.println(F("\nInitializing..."));
  if (!cc3000.begin())
  {
    Serial.println(F("Couldn't begin()! Check your wiring?"));
    while(1);
  }
 }
```

Im Hauptprogramm `loop()` wird zuerst die Verbindung zum WiFi-Netzwerk hergstellt und nach erfolgreichem Verbinden durch eine Meldung bestätigt.

```
void loop()
{
// Mit WiFi Netzwerk verbinden
cc3000.connectToAP(WLAN_SSID, WLAN_PASS, WLAN_SECURITY);
Serial.println(F("Connected!"));
```

Nun wird eine IP-Adresse für den Client vom DHCP-Server angefordert.

```
// DHCP
Serial.println(F("Request DHCP"));
while (!cc3000.checkDHCP())
 {
   delay(100);
 }
```

Anschließend wird die IP-Adresse der Ziel-Website ermittelt.

```
// IP der Website
ip = 0;
Serial.print(WEBSITE);
Serial.print(F(" -> "));
while (ip == 0) {
 if (! cc3000.getHostByName(WEBSITE, &ip)) {
   Serial.println(F("Couldn't resolve!"));
 }
 delay(500);
}
cc3000.printIPdotsRev(ip);
```

Am analogen Pin A0 wird nun die Ausgangsspannung des LM35 eingelesen und in einen Temperaturwert umgerechnet. Die Ist-Temperatur wird in der Variablen `tempC` gespeichert.

```
// Tempsensor einlesen
valTemp = analogRead(TempPin);
tempC=(5.0 * valTemp * 100.0)/1024.0;
```

Nun wird der Aufruf der externen Website ausgeführt. Dabei wird der Temperaturwert in `tempC` übergeben.

```
// Request senden
Adafruit_CC3000_Client client = cc3000.connectTCP(ip, 80);
if (client.connected())
{
 Serial.println("Connected!");
 client.print("GET /arduinobuch/webclient/temperatur.php?t=");
 client.print(tempC);
 client.println(" HTTP/1.0");
 client.println("HOST:arduino-praxis.ch\n\n");
 client.println();
 client.println();
}
else
{
 Serial.println(F("Connection failed"));
 return;
}
```

Nach Ausgabe der Antwort des Webservers wird die Ethernet-Verbindung geschlossen. Danach wird die drahtlose Verbindung geschlossen.

```
Serial.println(F("-------------------------------------"));
while (client.connected())
 {
  while (client.available())
  {
   char c = client.read();
   Serial.print(c);
  }
 }
client.close();
Serial.println(F("-------------------------------------"));
Serial.println(F("\n\nDisconnecting"));
cc3000.disconnect();

// 10 Sekunden warten
delay(10000);
}
```

Mit der Anweisung `delay()` wird eine Wartezeit von 10 Sekunden erzeugt, und der Programmablauf startet wieder am Anfang des Hauptprogrammes.

Im seriellen Monitor werden nun der gesamte Ablauf der Initialisierung, der Verbindungsaufbau zum WiFi-Netzwerk, der DHCP-Request, die Ermittlung der Website-IP und die Ausgabe der Webserverantwort sichtbar (Abbildung 10.16).

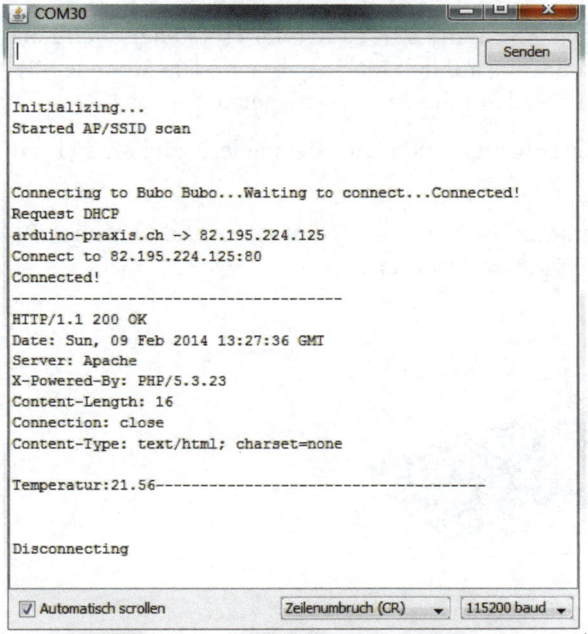

Abb. 10.16: CC3000: Ausgabe des drahtlosen Temperatursensors

Zusammenbau und Anwendung

Der drahtlose Temperatursensor kann nun in ein Kunststoffgehäuse verpackt und am gewünschten Ort im Haus platziert werden. Für die Spannungsversorgung wird dazu ein kleines Steckernetzteil verwendet.

Da der CC3000 einen Stromverbrauch von 100mA hat, eignet sich dieses Modul mit diesem Aufbau nicht für batteriebetriebene Anwendungen.

Anwendungsmöglichkeiten

Der Betriebsmodus WEBCLIENT des CC3000-Moduls bietet viele Möglichkeiten der Ethernet-Kommunikation. Statt eines einfachen Aufrufes einer Skriptseite kann dies auch eine Datenübergabe an eine API-Schnittstelle einer Internet-Plattform wie Xively, Carriots oder Openenergymonitor sein.

Auch das Beispiel des Mailversandes mit PHP (Abschnitt 10.3.1) kann anhand dieses Webclient-Beispiels einfach verwirklicht werden.

ESP8266 WiFi-Transceiver

Mit den kompakten Abmessungen von 15 × 25mm ist das WiFi-Modul ESP8266 ESP-01 momentan eines der kleinsten Ethernet-Module auf dem Markt. Neben der Elektronik ist auf der Leiterplatte eine Chipantenne vorhanden.

Kurz nach Vorstellung des Models ESP8266 ESP-01 hat der Hersteller auch noch zwei weitere Typen, ESP-02 und ESP-03 auf den Markt gebracht. Die Modelle ESP-02 und ESP-03 werden mittels Lötpad auf die Leiterplatte gelötet.

Alle nachfolgend beschriebenen Informationen und Beispiele beziehen sich auf das Model ESP-01.

Der ESP8266-Transceiver unterstützt 802.11 b/g/n Netzwerke und kann als Station (Client) oder als Access-Point genutzt werden.

Abb. 10.17: WiFi-Modul ESP8266 ESP-01

Die Verbindung des ESP8266 ESP-01 mit dem Arduino-Board erfolgt über eine 8-polige Stiftleiste (Abbildung 10.17).

Das Modul wir über den seriellen Bus angesteuert und benötigt keine externe Beschaltung. Auf dem Board selbst ist eine Chipantenne in Form einer mäanderförmigen Leiterbahn aufgebracht.

Anschlussbelegung und Verbindung zum Arduino-Board

In Abbildung 10.18 und Tabelle 10.3 sind die Anschlussbelegung und die Pin-Bezeichnungen des ESP8266 ESP-01 dargestellt.

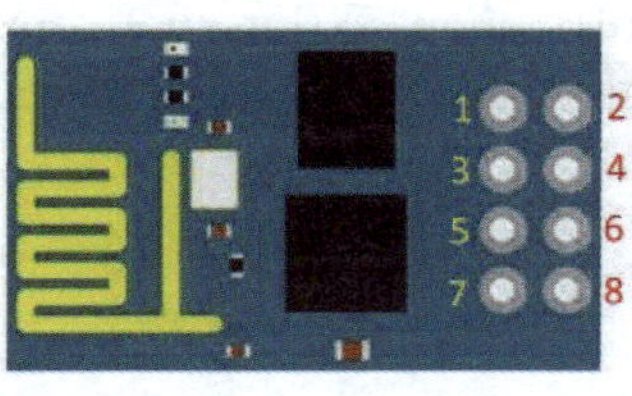

Abb. 10.18: Anschlussbelegung ESP8266 ESP-01

Pin-Nummer	Bezeichnung	Beschreibung
1	RX	Daten empfangen (3,3V Pegel)
2	VCC	Versorgungspannung, max. 3,6V
3	GPIO0	Digitaler Eingang/Ausgang 0
4	RST	Reset (Low = Reset aktiv)
5	GPIO2	Digitaler Eingang/Ausgang 2
6	CH_PD	Chip Power Down (Low = aktiv)
7	GND	Ground
8	TX	Daten senden (3,3V Pegel)

Tabelle 10.3: Anschlussbelegung ESP8266 ESP-01

Die Kommunikation mit dem Arduino-Board erfolgt über die seriellen Signale RX und TX. Dazu können die seriellen Pins 0 und 1 des Arduino verwendet werden.

Die Versorgung des Transceiver-Moduls kann über die 3,3V-Versorgung des Arduino-Boards erfolgen. Zu beachten ist, dass die Versorgungsspannung des verwendeten Boards in der Startphase mindestens 300mA Strom liefern muss.

Da das ESP8266-Modul nur mit 3,3V-Signalen angesteuert werden darf, eignet sich ein Arduino Uno nicht optimal für diese Anwendung. Der Autor empfiehlt die Verwendung eines Arduino-Clones mit Signallevel-Umschalter, beispielsweise einem Seeeduino von Seeedstudio (`http://www.seeedstudio.com/depot/Seeeduino-V30-Atmega-328P-p-669.html`). Aus der Arduino-Reihe eignet sich die 3,3V-Variante des Arduino Pro Mini. Im Internet werden aber trotz der 3,3V-Pegel des ESP8266 etliche Beispiele mit dem Arduino Uno publiziert, in welchen das WiFi-Modul direkt vom Arduino-Board angesteuert wird. Diese Lösungen ohne Signalpegel-Anpassung sind aber nicht zu empfehlen.

Abbildung 10.19 zeigt die Verbindungen des ESP8266 zum Arduino-Clone Seeeduino. Bei der Verdrahtung ist zu beachten, dass die Versorgungsspannung des ESP8266 mit dem 3,3V-Anschluss des Boards verbunden ist.

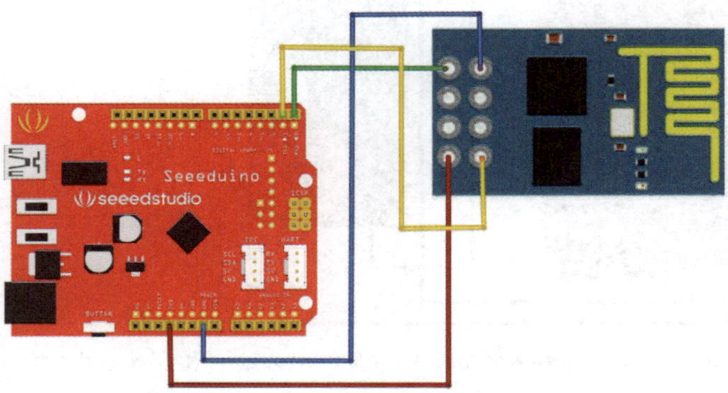

Abb. 10.19: Seeeduino mit ESP8266 ESP-01

Durch die serielle Kommunikation ist der serielle Port an Pin 0 und 1 belegt und kann nicht für Debugging und Textausgabe auf den seriellen Monitor verwendet werden.

Falls eine zusätzliche serielle Schnittstelle zur Datenausgabe auf dem seriellen Monitor oder ein Display benötigt wird, kann eine softwaremäßige serielle Schnittstelle mit der Bibliothek SOFTWARESERIAL ergänzt werden.

Abbildung 10.20 zeigt ein Beispiel von Seeedstudio, bei welchem ein USB/Seriell-Adapter des Typs UartSBee als zusätzlicher serieller Anschluss mit USB-Stecker eingesetzt wurde. Im Beispiel wird die zusätzliche serielle Schnittstelle an den Pins 10 und 11 angeschlossen. Grundsätzlich eignet sich jeder USB/Seriell-Adapter wie der USB FTDI Buddy oder auch der FTDI-Friend von Adafruit.

USB FTDI Buddy

`http://www.spikenzielabs.com/Catalog/index.php?main_page=product_info&cPath=81_74&products_id=934`

FTDI Friend

`http://www.adafruit.com/products/284`

Dieses Beispiel ist im Seeedstudio-Wiki als ESP-8266-Anwendung beschrieben.

`http://www.seeedstudio.com/wiki/WiFi_Serial_Transceiver_Module`

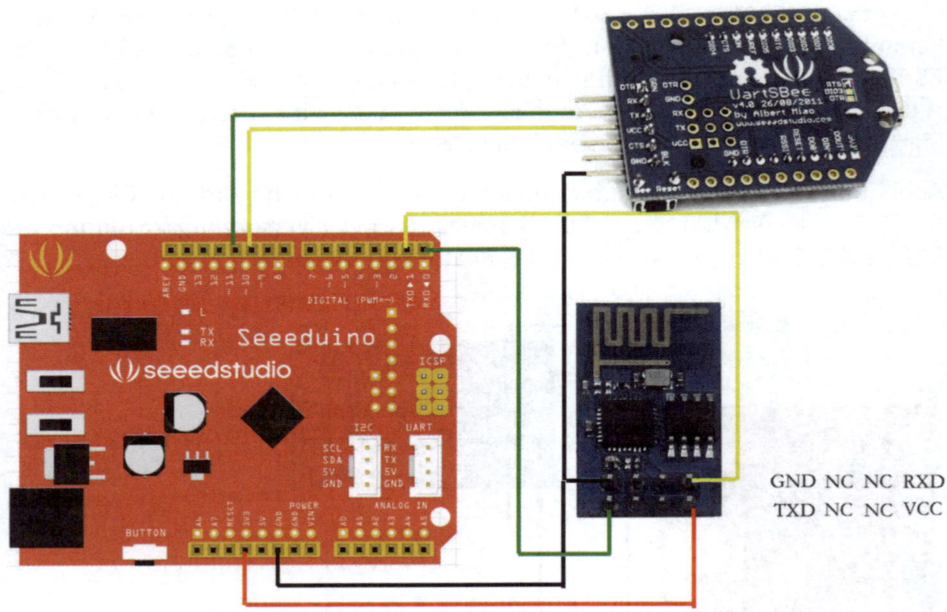

Abb. 10.20: ESP8266-Anwendung mit seriellem Anschluss zur Datenausgabe (Bild Seeedstudio)

Tipp

Alternativ zum Arduino-Clone mit integriertem Signalpegel-Umschalter kann auch ein sogenannter Levelshifter, ein Modul zur Signalanpassung, mit einem Arduino Uno verwendet werden. Ein mögliches Modul liefert Adafruit als 4-kanaliges Breakout-Board, zu finden unter `http://www.adafruit.com/products/757`.

AT-Kommandos zur Ansteuerung des ESP8266 ESP-01

Mit den sogenannten AT-Kommandos, einem speziellen Befehlssatz, der früher zur Konfiguration von Modems verwendet wurde, kann das ESP8266-Modul über den seriellen Port angesteuert werden. Für die Datenübertragung wird dabei eine Baudrate von 115200 verwendet (ab Firmware-Version 0.90, frühere Versionen nutzten 57600).

AT-Kommandos werden über ein Terminalprogramm eingeben und beginnen immer mit einem AT und einem nachfolgenden Kommando.

Beispiel (Abfrage der Firmware-Version):

```
AT+GMR
```

Abbildung 10.21 zeigt die Rückmeldung des AT-Kommandos. Der Autor hat dafür ein frei verfügbares Terminalprogramm verwendet.

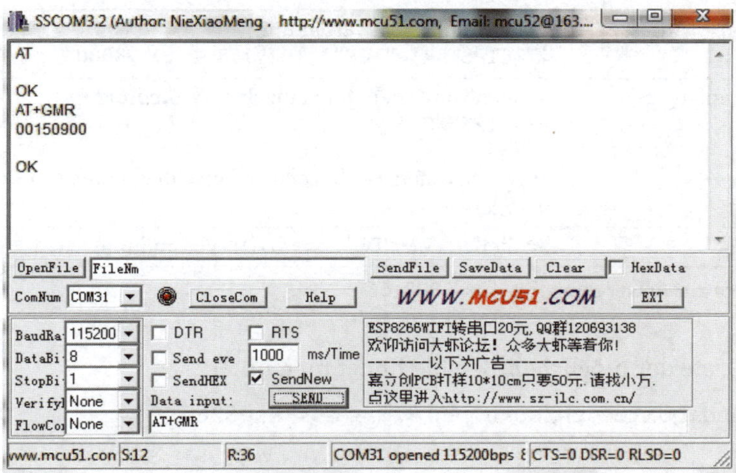

Abb. 10.21: Abfrage ESP8266 über ein Terminalprogramm

In der Praxis mit dem Arduino wird eine serielle Ausgabe mittels `Serial.println()` erzeugt, statt ein Terminalprogramm zu verwenden.

Beispiel (Reset):

```
Serial.println("AT+RST");
```

Eine Vorkonfiguration des Transceivers ist nicht notwendig, da alle nötigen Informationen, wie beispielsweise die Zugangsdaten zum Access-Point, im Programmcode des Arduino-Boards eingetragen werden.

In Tabelle 10.4 sind die wichtigsten AT-Befehle für den Einsatz mit dem ESP8266-Modul aufgelistet.

AT-Befehl	Beschreibung
AT	Test-Befehl, gibt OK zurück
AT+RST	Reset des Moduls
AT+GMR	Abfrage der Firmware-Version
AT+CWMODE=<mode>	Setzen des WiFi-Betriebsmodus `AT+CWMODE=1 (Station)`
AT+CWMODE?	Abfrage des WiFi-Betriebsmodus
AT+CIPMUX=<mode>	Einstellung Anzahl Verbindungen 0: Einzelverbindung 1: mehrere Verbindungen `AT+CIPMUX=1`
AT+CWJAP=<ssid>,<pass>	Verbinden mit WiFi Netzwerk `AT+CWJAP="meinWiFi","meinPW"`
AT+CIPSTATUS	Abfrage Status der IP-Verbindung
AT+CIPSTART=<Typ>,<Adresse>, <Port>	Erstellen einer IP Verbindung `AT+CIPSTART="TCP","192.168.1.10",8000`

AT+CIPSEND=<Datenlänge>	Senden von Daten über einzelne Verbindung
	`AT+CIPSEND=4`
	`>1234`
	Hinweis: Daten werden erst auf anschließender Zeile übergeben

AT+CIPCLOSE	Schließen einer TCP- oder UDP-Verbindung

Tabelle 10.4: AT-Befehle zur Anwendung mit dem ESP8266

Eine ausführliche Liste der möglichen Befehle findet man unter:

`http://playground.boxtec.ch/doku.php/wireless/esp8266`

Webclient mit ESP8266

Dank der geringen Größe des ESP8266-Moduls eignet sich dieses ideal als Sensormodul, das empfangene oder erfasste Daten drahtlos an eine interne Webanwendung oder eine Webplattform wie Emoncms (`http://emoncms.org/`) oder Xively (`https://xively.com/`) sendet. Das Erfassen und Senden dieser Informationen erfolgt meist in zeitlichen Abständen oder wird durch einen Zustand oder eine externe Aktion ausgelöst. Das Board mit dem WiFi-Modul arbeitet also als Webclient, das Daten an die zentrale Webanwendung liefert.

Im nachfolgenden Beispiel wird die Umgebungstemperatur mit einem Sensor des Typs LM35 ermittelt. In Abständen von 10 Sekunden wird der aktuelle Temperaturwert an eine PHP-Funktion im Internet übergeben.

Stückliste (Sensor-Webclient mit ESP8266)

1 Seeeduino 328 (siehe Text)

1 WiFi-Modul ESP8266 ESP-01

1 USB/Seriell-Adapter (USB FTDI Buddy o.ä.)

1 Temperatursensor LM35

1 Steckbrett

Anschlussdrähte

In Abbildung 10.22 ist der Schaltungsaufbau für den Webclient dargestellt. Beim Verdrahten ist zu beachten, dass das WiFi-Modul mit 3,3V versorgt wird. Der Temperatursensor LM35 dagegen muss mit 5V versorgt werden, da die minimale Versorgungsspannung 4V beträgt.

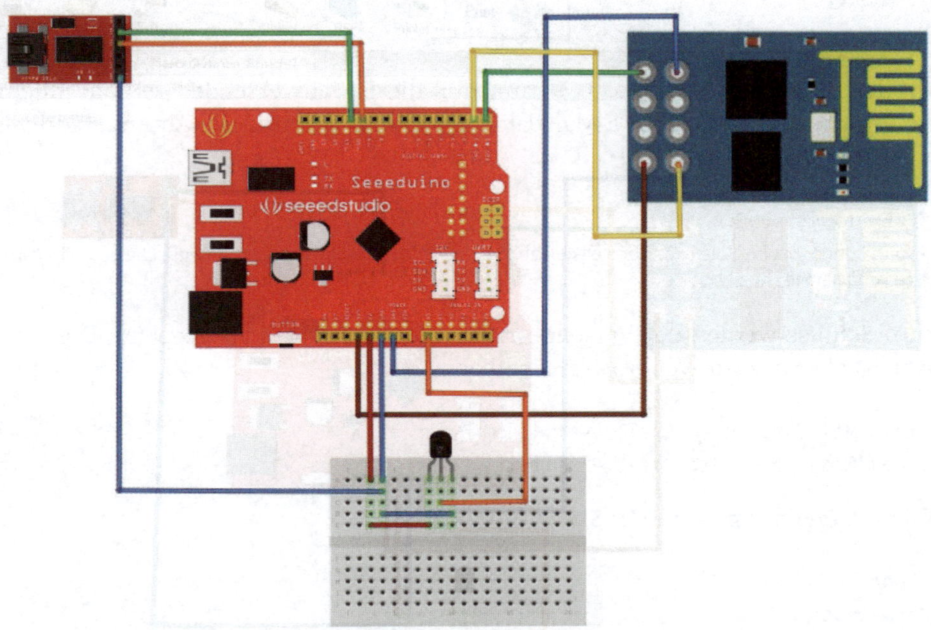

Abb. 10.22: Webclient mit ESP8266 ESP-01

Der Temperatursensor LM35 liefert eine analoge Ausgangsspannung von 10mV/Grad Celsius. Bei einem Messbereich von 0 bis 100 Grad C beträgt der analoge Ist-Wert maximal 1.00V. Somit kann der Arduino-Clone, im Beispiel der Seeeduino, auch mit einer Versorgungspannung von 3,3V den gesamten Messbereich des Sensors erfassen.

Zum Testen des Webclients wird eine PHP-Datei `tempmail.php` im lokalen Editor erstellt und der Code aus Listing 10.4 eingefügt. Die im Code erwähnte E-Mail-Adresse `meinname@meinewebsite.com` ist durch die eigene E-Mail-Adresse zu ersetzen. Nun kann die PHP-Datei auf einem Webserver platziert werden.

Zum Testen kann diese Skript-Datei nun im Browser aufgerufen werden, wobei ein Temperaturwert mit dem Parameter `t` übergeben werden muss.

`http://meinewebsite/tempmail.php?t=23.44`

Im PHP-Skript wird nun zuerst der Wert des Parameters `t` abgefragt und in der Variable `$temp` gespeichert.

```
// Tempwert
$temp = $_REQUEST["t"];
```

Nun wird der Text der E-Mail in der Variable `$mailtext` erstellt. Der eingelesene Temperaturwert wird dazu dem Text hinzugefügt.

```
// Mailtext
$mailtext = "Temp an Sensor: ".$temp." C";
```

Mit der PHP-Anweisung `mail()` kann nun die E-Mail versendet werden, indem die Empfängeradresse, der E-Mail-Titel, der E-Mail-Text und die Absenderadresse übergeben werden.

```
// Email versenden
$mail_sent=mail('meinname@meinewebsite.com', 'Temp Sensor', $mailtext, "From:
'meinname@meinewebsite.com");
```

Zum Schluss werden der Versendestatus und ein Infotext ausgegeben. Die Ausgabe ist aber nur im Webbrowser sichtbar.

```
echo "Mail Status: ".$mail_sent;
echo "Arduino sendet Mail".$mailtext;
```

Nachfolgend das ganze PHP-Skript in Listing 10.4.

```
<?php
// Tempwert
$temp = $_REQUEST["t"];
```

```
// Mailtext
$mailtext = "Temp an Sensor: ".$temp." C";

// Email versenden
$mail_sent=mail('meinname@meinewebsite.com', 'Temp Sensor', $mailtext, "From:
'meinname@meinewebsite.com");
echo "Mail Status: ".$mail_sent;
echo "Arduino sendet Mail".$mailtext;
?>
```

Listing 10.4: E-Mail versenden mit PHP

Das Programm auf dem Arduino-Clone beginnt mit dem Einbinden der notwendigen Bibliotheken. In unserem Fall wird die Software-Serial-Bibliothek eingebunden, damit weitere serielle Schnittstellen genutzt werden können.

```
#include <SoftwareSerial.h>
```

Nun werden die Zugangsdaten für den lokalen WiFi-Access-Point und die Daten der Website, auf der das PHP-Skript liegt, eingetragen. Der User-Agent gibt an, welche Art von Webclient den HTTP-Request ausgeführt hat.

Im Logfile des Webservers ist der Eintrag unseres User-Agents anschließend sichtbar.

```
#define SSID "MeineWifiSSID"
#define WIFIPASS "Passwort"
#define DSTIP "IP Server"
#define DSTPORT 80
#define HOST "meinewebsite.com"
#define USER_AGENT "User-Agent: Mozilla/0.1 (esp8266; WifiClient)"
```

Ein `SoftwareSerial`-Objekt `DbgSerial` wird erstellt und benannt. Dabei müssen die Pin-Nummern für die verwendeten Signale RX und TX angegeben werden.

```
// SoftSerial-Objekt, RX und TX
SoftwareSerial DbgSerial(10, 11);
```

Für die Verwendung des Temperatursensors werden die nötigen Variablen deklariert. Das Messsignal wird am analogen Eingang A0 angeschlossen.

```
// Tempsensor
int SensorPin=0;
float valTemp;
float tempC;
```

In der Setup-Routine `setup()` werden die beiden verwendeten seriellen Schnittstellen gestartet. Die Datenübertragung der Standard-Schnittstelle, die mit dem ESP8266 verbunden ist, muss auf 115200 Baud eingestellt werden.

Die vorher erstellte serielle Schnittstelle `DbgSerial` gibt Debug-Informationen im seriellen Monitor aus.

Die Initialisierung des ESP8266-Moduls erfolgt in der Funktion `espInit()`.

```
void setup()
{
  Serial.begin(115200);
  // Debug
  DbgSerial.begin(9600);
  DbgSerial.println("ESP8266 Start...");
  espInit();
}
```

Das Hauptprogramm `loop()` wird nun jeweils die Funktion `sendData()` aufrufen, die die Messung der Temperatur und den Datenversand ausführt. Anschließend erfolgt eine Pause von 10 Sekunden.

```
void loop()
{
  sendData();
  delay(10000);
}
```

Die Initialisierungs-Funktion `espInit()` erledigt den Verbindungsaufbau mit dem ESP8266, das anschließend eine Verbindung mit dem angegebenen WiFi-Acccess-Point herstellt. Im ersten Schritt wird ein Reset-Befehlt AT+RST gesendet.

```
void espInit()
{
  // Reset
  Serial.println("AT+RST");
  delay(1000);
```

Nach einer Pause von 1000 Millisekunden wird geprüft, ob das Modul ein »ready« zurückgibt. Der Status wird über den Debug-Kanal ausgegeben.

```
  if(Serial.find("ready"))
  {
    DbgSerial.println("Module ready...");
```

```
  }
  else
  {
    DbgSerial.println("No response...");
  }
```

Nun werden die Befehle für den Betriebsmodus und die Verbindungsart gesendet. cwmode=1 konfiguriert das Modul als Station.

```
  Serial.println("AT+CWMODE=1");
  delay(500);
```

Mit AT+CIPMUX=0 wird eine Einzelverbindung definiert.

```
  Serial.println("AT+CIPMUX=0");
  delay(500);
```

Die Verbindung mit dem WiFi-Access-Point erfolgt über den Befehl AT+CWJAP, bei dem in weiteren Befehlszeilen die WiFi-SSID und das Passwort übergeben werden. Nach einer kurzen Pause ist die Initialisierung abgeschlossen.

```
  // Anmelden an WiFi
  Serial.print("AT+CWJAP=\"");
  Serial.print(SSID);
  Serial.print("\",\"");
  Serial.print(WIFIPASS);
  Serial.println("\"");
  delay(3500);
}
```

Wie bereits erwähnt, wird aus dem Hauptprogramm in regelmäßigen Abständen die Funktion sendData() zur Datenmessung und dem anschließenden Datenversand aufgerufen.

```
void sendData()
{
  // Daten Sensor
  valTemp = analogRead(SensorPin);
  tempC = (5.0 * valTemp * 100.0)/1024;
```

Über den analogen Eingang A0 wird das analoge Signal des Temperatursensors LM35 gemessen und in der Variablen valTemp gespeichert. Der Messwert wird nun in eine reale Temperatur umgerechnet und der Variablen tempC zugewiesen.

Der Aufruf der PHP-Datei im Beispiel geschieht folgendermaßen: Der gemessene Temperaturwert wird als Wert mit dem Parameter `t` übergeben.

`http://meinewebsite.com/arduinobuch3/wifi/tempmail.php?t=22.45`

Zum Testen kann diese Adresse direkt im Webbrowser aufgerufen werden.

In der Anwendung wird der Webaufruf getrennt vom Hostnamen (im Beispiel meinewebsite.com) in einem Zeichen-Array `tpl[]` gespeichert. Die variablen Werte für Temperatur, Hostname und User-Agent werden als Platzhalter `%s` eingetragen.

```
char tpl[] = "GET /arduinobuch3/wifi/tempmail.php?t=%s HTTP/1.1\r\nHost:
%s\r\n%s\r\n\r\n";
```

Das Array `databuf[]` enthält schließlich den gesamten Webaufruf als String und wird deklariert.

```
char databuf[256] = "";
```

Der Temperaturwert wird für das Zusammenfügen aller Daten wird auch als Array deklariert. Der gemessene und umgerechnete Wert der aktuellen Temperatur wird anschließend mittels `dtostrf()` in das Array `temp[]` kopiert.

```
char temp[6];
dtostrf(tempC, 2, 2, temp);
```

In der Funktion `dtostrf(tempC, 2, 2, temp)` werden 4 Parameter übergeben. Diese bedeuten:

`tempC`: Float-Wert der Temperatur

2: Gesamte Länge der Zahl

2: Anzahl Nachkommastellen

`temp`: String in den der Wert kopiert wird.

Nun liegen alle nötigen Einzeldaten vor und können in den vorbereiteten String `databuf[]` kopiert werden. Die in `tpl[]` vorbereiteten Platzhalter `%s` werden nun mit den Informationen aus `temp`, `HOST` und `USER_AGENT` befüllt.

```
sprintf(databuf, tpl, temp, HOST, USER_AGENT);
```

Um die Länge der zu sendenden Daten zu ermitteln, wird das Daten-Array `databuf[]` durchlaufen bis der Arraywert `databuf[ix]` gleich 0 ist. In diesem Fall wird mittels `break` die Schleifenausführung abgebrochen.

Der Wert ix entspricht dann der Länge der vorhandenen Daten.

```
int ix = 1;
for (ix=0; ix<256; ix++) {
  if ( databuf[ix] == 0 ) {
    break;
  }
}
```

Nach der Ermittlung der Länge der Daten beginnt der Verbindungsaufbau zur Ziel-Website (meinewebsite.com) mit AT+CIPSTART.

```
Serial.print("AT+CIPSTART=\"TCP\",\"");
```

Nach Aufruf von IP-Adresse und Port-Nummer

```
Serial.print(DSTIP);
Serial.print("\",");
Serial.println(DSTPORT);
delay(500);
```

werden die Daten in `databuf[]` per Anweisung AT+CIPSEND versendet.

```
Serial.print("AT+CIPSEND=");
Serial.println(ix);
Serial.println(databuf);
delay(500);
}
```

Somit ist die ganze Funktion `sendData()` durchgearbeitet und der Programmablauf wird im Hauptprogramm mit der Pausenfunktion `delay(10000)` weitergeführt. Das bedeutet, dass der Webclient für 10 Sekunden pausiert, bevor das Hauptprogramm wieder startet.

Nach Starten des Webclients und Öffnen des seriellen Monitors in der Entwicklungsumgebung kann die Datenkommunikation mit dem WiFi-Modul überwacht werden (Abbildung 10.23).

Der vom Temperatursensor gemessene Wert wird nun via HTTP-Request an die externe PHP-Datei gesendet.

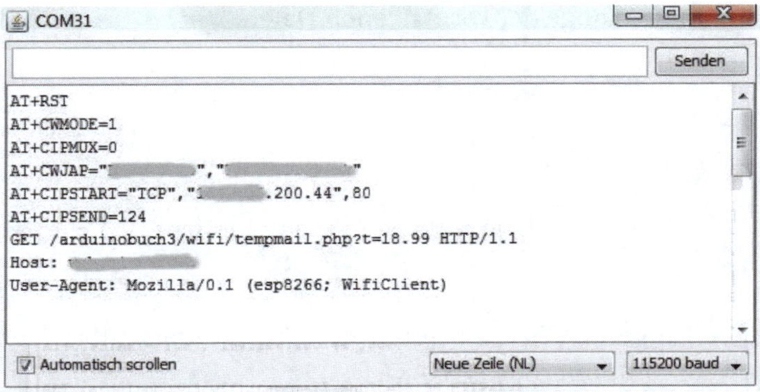

Abb. 10.23: Daten senden mit ESP8266 ESP-01

Listing 10.5 zeigt das ganze Programm des drahtlosen Webclients mit dem ESP8266-Modul.

```
#include <SoftwareSerial.h>

#define SSID "MeineWiFiSSID"
#define WIFIPASS "Passwort"
#define DSTIP "IP Server"
#define DSTPORT 80
#define HOST "meinewebsite.com"
#define USER_AGENT "User-Agent: Mozilla/0.1 (esp8266; WifiClient)"

// SoftSerial Objekt, RX und TX
SoftwareSerial DbgSerial(10, 11);

// Tempsensor
int SensorPin=0;
float valTemp;
float tempC;

void setup()
{
  Serial.begin(115200);
  // Debug
  DbgSerial.begin(9600);
  DbgSerial.println("ESP8266 Start...");
  espInit();
}

void loop()
```

```
{
  sendData();
  delay(10000);
}

void espInit()
{
  // Reset
  Serial.println("AT+RST");
  delay(1000);
  if(Serial.find("ready"))
  {
    DbgSerial.println("Module ready...");
  }
  else
  {
    DbgSerial.println("No response...");
  }
  Serial.println("AT+CWMODE=1");
  delay(500);
  Serial.println("AT+CIPMUX=0");
  delay(500);
  // Anmelden an WiFi
  Serial.print("AT+CWJAP=\"");
  Serial.print(SSID);
  Serial.print("\",\"");
  Serial.print(WIFIPASS);
  Serial.println("\"");
  delay(3500);
}

void sendData()
{
  // Daten Sensor
  valTemp = analogRead(SensorPin);
  tempC = (5.0 * valTemp * 100.0)/1024;
  char tpl[] = "GET /arduinobuch3/wifi/tempmail.php?t=%s HTTP/1.1\r\nHost:
%s\r\n%s\r\n\r\n";
  char databuf[256] = "";
  char temp[6];
  dtostrf(tempC, 2, 2, temp);
  sprintf(databuf, tpl, temp, HOST, USER_AGENT);
  int ix = 1;
```

```
  for (ix=0; ix<256; ix++) {
    if ( databuf[ix] == 0 ) {
      break;
    }
  }
  Serial.print("AT+CIPSTART=\"TCP\",\"");
  Serial.print(DSTIP);
  Serial.print("\",");
  Serial.println(DSTPORT);
  delay(500);
  Serial.print("AT+CIPSEND=");
  Serial.println(ix);
  Serial.println(databuf);
  delay(500);
}
```

Listing 10.5: Webclient mit ESP8266 ESP-01

Hinweis

Trotz der kompakten Bauform des WiFi-Moduls ESP8266 ESP-01 ist der Einsatz dieser Module für batteriebetriebene Anwendungen nicht geeignet. Die Module haben einen relativ hohen Stromverbrauch von bis zu 300mA während der Startphase. Je nach eingesetztem Arduino-Board kann der Betrieb des ESP8266 die Versorgung stark belasten. Zur Stabilisierung der 3,3V-Versorgung sollte ein zusätzlicher Stützkondensator von 100 bis 470uF parallel zur Versorgungsspannung angebracht werden.

10.2 Heute schon getwittert?

Twitter (`http://twitter.com`) ist ein Internetdienst, über den registrierte Benutzer kurze Meldungen von maximal 140 Zeichen versenden können. Die Meldungen, die sogenannten Tweets, verbreiten sich so in Sekundenschnelle über die ganze Welt. Hat man sich als Benutzer registriert, so kann man die Diskussionen verfolgen, indem man die gewünschten Teilnehmer abonniert. Die Abonnenten der Tweets eines Teilnehmers werden als *Follower* bezeichnet. Durch die sofort sichtbaren Meldungen und Antworten entsteht eine Art Chatsystem. Da sehr viele Nutzer an diesem System teilnehmen, werden auch Nachrichten über besondere Ereignisse, wie beispielsweise ein Erdbeben oder Ähnliches, sehr schnell verbreitet. Meist sind solche Meldungen schon über Twitter verbreitet, bevor die ersten Nachrichtenagenturen darüber berichten.

Neben Menschen nehmen auch immer wieder technische Lösungen und Anwendungen Twitter als Kommunikationsplattform in Anspruch.

Eines der bekanntesten Projekte ist die »sprechende Pflanze« von `Botanicalls` (`http://www.botanicalls.com`). Bei diesem Projekt erfassen Sensoren den Zustand der Erde in einem Blumentopf und senden einen Tweet, wenn die Erde wieder Wasser benötigt. Es zeigt die Interaktion zwischen Pflanzen und Menschen. Mittlerweile gibt es dieses Projekt sogar als Bausatz zur Verwendung im heimischen Wohnzimmer zu kaufen. Für rund 100 US-Dollar bekommt man einen Bausatz mit Feuchtesensor und einem kleinen Ethernet-Modul, das die Verbindung zum internen Netzwerk herstellt.

`https://www.makershed.com/ProductDetails.asp?ProductCode=MKBT1`

Dieses Beispiel ist eine typische *Internet of Things*-Anwendung, bei welcher ein Arduino-Board und externe Sensoren Zustände erfassen und Informationen oder Daten via Ethernet-Verbindung an Twitter senden.

Der Aufwand für einen Twitter-fähigen Arduino ist relativ gering. Eine Ethernet-Lösung, beispielsweise mit einem Ethernet-Shield, ein kleines Programm, und schon kann man Tweets absenden. Voraussetzung ist natürlich, dass man einen Benutzer-Account bei Twitter eingerichtet hat. Ist dies noch nicht der Fall, kann man sich kostenlos einen Account einrichten (`https://twitter.com/signup`) und anschließend am System anmelden, um eigene Tweets zu versenden.

Die eigentliche Kommunikation und die Verbindung mit Twitter übernimmt eine praktische Arduino-Bibliothek (`http://www.arduino.cc/playground/Code/TwitterLibrary`). Dadurch wird der Programmieraufwand auf ein Minimum reduziert.

Diese Twitter-Bibliothek übernimmt die Kommunikation mit Twitter und das Versenden der Tweets. Bevor man aber seinen erste Meldung an Twitter senden kann, muss ein sogenannter *Token* beantragt werden, der zur Authentifizierung benötigt wird. Die Kommunikation mit Twitter erfolgt im Hintergrund über eine Webanwendung des Entwicklers.

`http://arduino-tweet.appspot.com/`

Über den Link »Get a token to post a message using OAuth« kommt man auf eine Login-Seite bei Twitter, mittels derer man die eigene Anwendung zum Versenden von Tweets berechtigen kann.

Nach Eingabe der eigenen Twitter-Zugangsdaten und dem Anklicken des Buttons »Autorisiere App« wird ein Token erstellt. Der Token ist ein aus Buchstaben und Zahlen bestehender String (Abbildung 10.24).

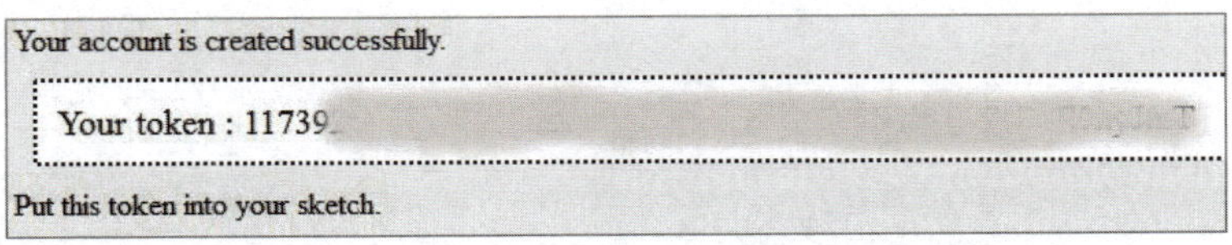

Abb. 10.24: Dieser Tokenstring wird nun im Sketch eingetragen.

```
// Token für Berechtigung zum Senden von Tweets
Twitter twitter("******DeinTwitter-Token****************");
```

Nachdem man den generierten Token im Sketch eingetragen hat, kann das Versenden von Tweets starten.

Im Programm werden dazu zuerst die nötigen Bibliotheken eingebunden.

```
#include <SPI.h>
#include <Ethernet.h>
#include <Twitter.h>
```

Anschließend werden die Ethernet-Einstellungen definiert.

```
// Ethernet Konfiguration
byte mac[] = { 0xDE, 0xAD, 0xBE, 0xEF, 0xFE, 0xED };
byte ip[] = { 10, 0, 1, 144 };
byte gateway[] = { 10, 0, 1, 1 };
byte subnet[] = { 255, 255, 255, 0 };
```

Nun wird, wie bereits erwähnt, der Token für den Twitter-Zugriff definiert.

```
// Token für Berechtigung zum Senden von Tweets
Twitter twitter("******DeinTwitter-Token****************");
```

In der Setup-Routine werden die Ethernet-Verbindung und die serielle Schnittstelle gestartet, und nach einer kurzen Verzögerung wird der Tweet versendet.

```
void setup()
{
  Ethernet.begin(mac, ip);
  Serial.begin(9600);
  delay(1000);
  // Tweet senden
  sendTweet("Arduino-Board is alive");
}
```

Im Hauptprogramm können nun weitere Anweisungen durchgeführt werden. Auch aus dem Hauptprogramm können Tweets mit der Anweisung `sendTweet()` versendet werden.

```
void loop()
{
  // weitere Anweisungen
}
```

Das Versenden der Twitter-Meldung erfolgt in der Funktion `sendTweet()` gemäß Listing 10.6. Zur Kontrolle, ob das Versenden des Tweets erfolgreich war, wird der Statuscode des Servers abgefragt und in der Variablen `status` gespeichert. Besitzt der Statuscode den Wert 200, war das Versenden erfolgreich. Im Twitter-Account sollte nun der versendete Tweet sichtbar sein (Abbildung 10.25).

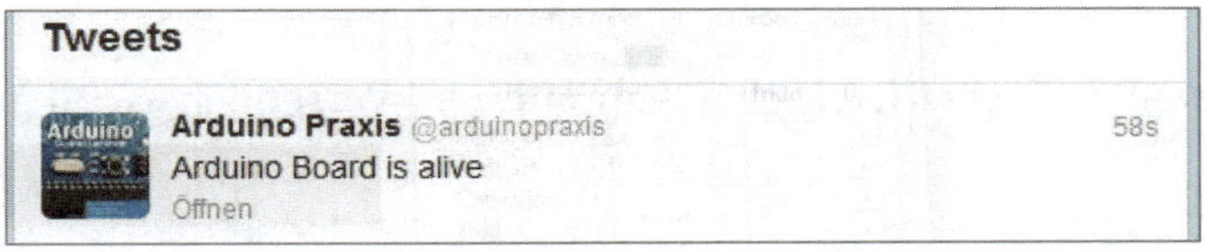

Abb. 10.25: Der versendete Tweet ist auf Twitter sichtbar.

```
void sendTweet(char* tweet)
{
  Serial.println("connecting ...");
  if (twitter.post(tweet))
  {
    // Statuscode abfragen
    int status = twitter.wait();
    // Ausgabe Statuscode auf serielle Schnittstelle
    Serial.print("Status: ");
    Serial.println(status);
    Serial.print("Msg:[ ");
    Serial.print(tweet);
    Serial.print("]");
    if (status == 200) {
      Serial.println("OK.");
    }
   else
   {
     Serial.print("failed : code ");
     Serial.println(status);
   }
   }
  else
  {
    Serial.println("connection failed.");
  }
}
```

Listing 10.6: Twitter-Nachrichten senden

Die `Twitter`-Bibliothek bietet die folgenden Funktionen:

bool post(const char *message)

Gibt TRUE zurück, sobald die Verbindung zu Twitter erfolgreich aufgebaut ist und bleibt so lange bestehen, bis der Tweet versendet wurde. Falls die Verbindung nicht erfolgreich aufgebaut werden konnte, wird FALSE zurückgegeben. Während des Sendens kann mit `checkStatus()` der Status geprüft werden.

bool checkStatus(void)

Prüft das laufende Versenden einer Nachricht. Während des Versendens ist der Status TRUE.

int status(void)

Gibt den Status an, nachdem der Versand des Tweets erfolgt und `checkStatus()` wieder FALSE ist.

int wait(void)

Gibt den Status zurück, den Twitter nach dem Annehmen der Nachricht versendet. Status 200 bedeutet OK.

Mit etwas Phantasie kann man nun weitere Informationen versenden, beispielsweise die Temperatur im Kühlschrank oder auch den Zustand der Tür des Kühlschranks (speziell interessant für Familien mit Kindern).

10.3 Arduino mailt

Der Versand von Tweets via Twitter ist der moderne Weg, Informationen weiterzugeben. Die Meldungen über Twitter können von allen gelesen werden, die bei Twitter eingeloggt sind und einer Person folgen. Somit sind Statusinformationen über die Temperatur im Vorratsraum oder die Information, dass die Katze soeben ihren Schlafplatz im Wohnzimmer besucht hat, nicht für alle Mithörer relevant oder bestimmt. Für einen direkten Versand einer persönlichen oder hausinternen Information verwendet man darum besser E-Mail.

Arduino besitzt zwar selbst keine E-Mail-Funktionalität, kann aber die Informationen, die für den E-Mail-Versand nötig sind, zusammentragen und weiterleiten. Der Versand einer solchen E-Mail kann auf verschiedene Arten realisiert werden. In diesem Kapitel werden wir zwei Möglichkeiten kennenlernen: den direkten Versand der E-Mail-Information an einen Mailserver und die Verarbeitung und Versendung via Webskript.

Für beide Lösungen muss das Arduino-Board via Ethernet-Shield oder ein anderes Internet-Modul eine Verbindung zum Internet besitzen. Wird die Mail nur intern versendet, reicht auch eine Verbindung ins interne Netzwerk.

Wie man die Mailbox dann wieder mit dem Arduino abfragen kann, wird in einem anderen Projekt in diesem Kapitel beschrieben.

10.3.1 Mail direkt versenden

Das direkte Versenden einer Mail übers Internet erfolgt gemäß dem Ablauf, den auch ein E-Mail-Programm durchläuft oder den man mittels Telnet ausführen kann (`http://www.yuki-onna.co.uk/email/smtp.html`). Dabei wird eine Abfolge von Befehlen verschickt.

Listing 10.7 zeigt das Verfahren, wie der definierte Mailserver kontaktiert und die einzelnen Befehle zum Versand der E-Mail gesendet werden.

```
// E-Mail-Versand mit Arduino
#include <SPI.h>
#include <Ethernet.h>

// Ethernet-Einstellungen
byte mac[] = { 0xDE, 0xAD, 0xBE, 0xEF, 0xFE, 0xED };
byte ip[] = { 192, 168, 1, 199 };     // IP Arduino-Board
byte gateway[] = { 192, 168, 1, 1 }; // IP Router
byte subnet[] = { 255, 255, 255, 0 };
// IP des externen Servers
byte server[] = { 192, 168, 1, 10 };

EthernetClient client;

void setup()
{
 Ethernet.begin(mac, ip);
 Serial.begin(9600);
 delay(1000);
 Serial.println("connecting...");
 if (client.connect(server, 25))
 {
   Serial.println("connected");
   // Text nach HELO nicht relevant
   client.println("HELO HalloServer");
   client.println("MAIL FROM: meineemail@email.com");
   client.println("RCPT TO: empfangsadresse@email.com");
   client.println("DATA");
   // Absender-Adresse
   client.println("From: meineemail@email.com ");
   // Empfängeradresse
   client.println("TO: empfangsadresse@email.com");
   // Titel der Mail
   client.println("SUBJECT: Arduino sendet Email");
```

```
      client.println();
      // Inhaltstext der Mail
      client.println("Das ist der Inhalt vom Mail von Arduino.");
      // Kennzeichnung Ende der E-Mail
      client.println(".");
      // Abmelden
      client.println("QUIT");
    } else {
      Serial.println("connection failed");
    }
  }

  void loop()
  {
    if (client.available()) {
      char c = client.read();
      Serial.print(c);
    }

    if (!client.connected()) {
      Serial.println();
      Serial.println("disconnecting.");
      client.stop();
      for(;;)
        ;
    }
  }
```

Listing 10.7: E-Mail-Versand direkt mit Arduino

Aus Sicherheitsgründen sind die meisten Mailserver so konfiguriert, dass auch für den E-Mail-Versand Benutzername und Kennwort benötigt werden. Im seriellen Monitor wird dazu eine Meldung in folgender oder ähnlicher Form ausgegeben.

```
connecting...
connected
220-meinmailserver.com ESMTP Sat, 30 Jun 2012 10:54:06 +0200
220-We do not authorize the use of this system to transport unsolicited,
220 and/or bulk E-Mail.
250 meinmailserver.com Hello HalloServer [192.168.1.10]
250 OK
550-Mail rejected - HalloServer)
disconnecting.
```

Zur Authentifizierung muss nach der Anweisung HELO eine zusätzliche Befehlszeile eingefügt werden, also:

```
client.println("HELO HalloServer");
client.println("AUTH PLAIN zzzzzzzzzzzz");
```

Die Ziffernfolge »zzzzzzzz« muss durch den Base64-codierten Benutzername/Kennwort-String ersetzt werden. Die Codierung kann online mit einem kleinen Tool unter der Adresse `http://www.php-einfach.de/base64_generator.php?code=1` erledigt werden.

Hinweis

Diese Art von Zugriff direkt auf den Mailserver ist eher für den fortgeschrittenen Benutzer gedacht, da auch die Fehlersuche im Problemfall tiefergehende Kenntnisse hinsichtlich der Netzwerktechnik erfordert.

10.3.2 Mail via PHP-Skript versenden

Das Versenden einer E-Mail direkt aus einem PHP-Skript ist in vielen Fällen die elegantere und einfacher zu realisierende Lösung. Voraussetzung ist natürlich eine Website im Intranet oder Internet, auf der Skripte in PHP ausgeführt werden können. Für Tests auf dem lokalen Rechner kann dazu ein Paket mit dem Webserver Apache, der MySQL-Datenbank und PHP installiert werden.

Diese Pakete gibt es für verschiedene Plattformen (Tabelle 10.5).

Produkt	Betriebssystem	Webadresse
WAMP	Windows	`http://www.wampserver.com//en/index.php`
MAMP	Mac OS X	`http://www.mamp.info/de/index.html`
XAMP	Linux	`http://www.apachefriends.org/de/xampp-linux.html`

Tabelle 10.5: Webserverpakete für lokale Installation

Die Installation dieser Pakete geht meist ohne große Probleme vonstatten. Man beachte die Installationsanleitungen und Hinweise.

Für das Versenden einer E-Mail mit PHP ist keine zusätzliche Konfiguration erforderlich. Die Einstellungen zu Mailserver-IP und so weiter sind meist bereits auf dem Webserver konfiguriert. Als Anwender kann man daher gleich mit dem Erstellen des Skripts anfangen.

```
<?php
// mailsender.php
```

```
// Mailtext
$mailtext = "Grussmail vom Arduino";

// E-Mail versenden
// mail(Empänger, Betreff, Mailtext)
$mail_sent=mail('meine@email.com', 'Arduino Mail', $mailtext);

// Mailstatus ausgeben, 1: OK, 0:Fehler
echo "Mail Status: ".$mail_sent;
?>
```

Listing 10.8: Mail versenden mit PHP

Das Skript in Listing 10.8 versendet nach Aufruf im Browser eine E-Mail an den Empfänger, der in der Mailanweisung `mail()` im ersten Parameter eingestellt wird.

Der Adressaufruf im Browser lautet:

```
http://meinserver.com/mailsender.php
```

Nun kann das Arduino-Board diese Skriptdatei aufrufen und eine E-Mail wird an den Empfänger verschickt. Der Aufbau der Ethernet-Verbindung und der Aufruf der PHP-Datei auf dem Webserver erfolgt in Listing 10.9 nach dem bekannten Muster.

```
#include <SPI.h>
#include <Ethernet.h>

// Ethernet-Konfiguration
byte mac[] = { 0xDE, 0xAD, 0xBE, 0xEF, 0xFE, 0xED };
byte ip[] = { 192, 168, 1, 199 };
byte gateway[] = { 192, 168, 1, 1 };
byte subnet[] = { 255, 255, 255, 0 };
// IP meines Servers
byte server[] = { 192, 168, 1, 100 };

EthernetClient client;

long updateTimer;
boolean clientConnected = false;

void setup()
{
```

```
  Serial.begin(9600);
  // E-Mail-Versand auslösen
  SendenEmail();
  // Status des E-Mail-Versands einlesen
  checkEmailStatus();
}

void loop()
{
  // Anweisungen
}

void SendenEmail()
{
  if ((millis() - updateTimer) > 10000)
  {
    Ethernet.begin(mac, ip);
    Serial.println("connecting...");
    delay(1000);
    if (client.connect(server, 80))
    {
      Serial.println("connected");
      client.print("GET /mailsender.php");
      client.println(" HTTP/1.0");
      client.println("HOST:meinserver.com\n\n");
      client.println();
      client.println();
      clientConnected = true;
    }
    else
    {
     Serial.println("connection failed");
    }
    updateTimer = millis();
  }
}

void checkEmailStatus()
{
  if (clientConnected)
  {
    if (client.available())
```

```
    {
      char c = client.read();
      Serial.print(c);
    }
    if (!client.connected())
    {
      Serial.println();
      Serial.println("disconnecting.");
      client.stop();
      clientConnected = false;
    }
  }
}
```

Listing 10.9: Aufruf des Mailversand-Skripts durch den Arduino

Um etwas flexibler zu sein, können Empfänger, Absender und die Inhalte in der Mail mittels Parametern übergeben werden.

```
http://meinserver.com/mailsender.php?To=meine@email.com&Subj=Arduino Mtxt=Hallo
Arduino&From=meine@email.com
```

Im PHP-Skript (Listing 10.10) werden nun die übergebenen Parameter eingelesen und in die Mailanweisung eingetragen.

```
<?php
// mailsender2.php

// Parameter
$to = $_REQUEST["To"];
$from = $_REQUEST["From"];
$subject = $_REQUEST["Subj"];
$mailtext = $_REQUEST["Mtxt"];

// E-Mail versenden
$mail_sent=mail($to, $subject, $mailtext, "From: ".$from);

echo "Mail Status: ".$mail_sent;
?>
```

Listing 10.10: Mail aus PHP versenden mit Übergabeparameter

Je nach Anwendungsfall können auch nur die Inhalte der Mail über Parameter gesteuert werden. Informationen über Absender und Empfänger werden dann weiterhin fest im Code eingegeben.

Hinweis

Bei dieser Mailversand-Lösung ist zu beachten, dass das Versenden von E-Mail grundsätzlich jedermann möglich ist, falls er Zugriff via Browser auf die PHP-Datei und den Webserver hat. Um hier einen gewissen Schutz einzubauen, kann ein zusätzlicher Parameter, beispielsweise `key`, hinzugefügt werden. Dem Parameter `key` wird dann ein definierter Zahlen/Buchstaben-String mitgegeben. Im Mailskript muss dann der String eingelesen und verglichen werden. Falls der String korrekt ist, kann die E-Mail verschickt werden.

10.4 XML einlesen

XML ist die Abkürzung für »Extensible Markup Language« und wird als Auszeichnungs- oder Beschreibungssprache bezeichnet. Mit XML kann man Textdaten in strukturierter Form darstellen, siehe Wikipedia `http://de.wikipedia.org/wiki/Extensible_Markup_Language`.

Die einfachste Form von XML-Daten zeigt Listing 10.11.

```
<?xml version="1.0" ?>
<buch>
    <titel>Arduino Praxiseinstieg</titel>
    <verlag>MITP Verlag</verlag>
</buch>
```

Listing 10.11: XML-Daten

XML-Daten eignen sich sehr gut für den Datenaustausch zwischen Systemen. Ein gutes Beispiel ist der Austausch von Währungskursen. Eine Bank liefert die Daten im XML-Format, und die externen Anwendungen wie Buchungssysteme der Kunden oder Webanwendungen rufen die Währungsdaten ab, lesen diese ein und verarbeiten die eingelesen Daten weiter.

Daten im XML-Format sind Textdaten und können mit verschiedenen Programmen, sogenannten Parsern, gelesen werden. In vielen Programmier- und Skriptsprachen gibt es Funktionen, welche ein einfaches und schnelles Lesen von XML-Daten erlauben.

Bekannte Daten im XML-Format sind die RSS-Feeds von Weblogs und News-Seiten. Wie diese RSS-Feeds mit dem Arduino-Board verarbeitet werden können, wird im nächsten Kapitel beschrieben.

Beispiele für XML-Parser

PHP

`http://php.net/manual/de/book.simplexml.php`

ASP
http://www.xmlfiles.com/dom/dom_access.asp

Java, C++
http://xerces.apache.org

Weitere Parser sind auf der Wikipedia-Seite aufgelistet:

http://de.wikipedia.org/wiki/Extensible_Markup_Language#XML-Parser-API-Beispiele

Die Verarbeitung von XML-Daten mit Arduino benötigt neben einem Ethernet-Shield eine Funktion, welche die empfangenen Daten einliest und auswertet und die benötigten Daten für die Weiterverarbeitung oder Darstellung bereitstellt. In vielen Beispielen wird dazu eine Lösung des Arduino-Users Bob S. (`http://www.arduino.cc/cgi-bin/yabb2/YaBB.pl?num=1231812230`) verwendet. Dieser Sketch kann den eigenen Wünschen angepasst werden, hat aber den Nachteil, dass das ganze Programm relativ lang und für Anfänger schwierig zu verstehen ist.

10.4.1 XML lesen mit TextFinder

Für das Extrahieren von Daten, welche an der seriellen Schnittstelle oder über die Ethernet-Schnittstelle empfangen wurden, eignet sich die Bibliothek `TextFinder` (`http://www.arduino.cc/playground/Code/TextFinder`).

Die einzelnen Methoden dieser Bibliothek erlauben dem Anwender ein einfaches Finden von einzelnen Zahlenwerten oder Daten-Strings. Für das Durchsuchen der strukturierten XML-Daten wird dabei die Methode `getString()` verwendet.

```
int getString(StringAnfang, StringAbschluss, Buffervariable,
Stringlänge);
```

Die Methode `getString()` liefert als Rückgabewert die Länge des gefundenen Daten-Strings. Falls der String länger ist als der definierte Wert im Parameter `Stringlänge`, so wird der Rest abgeschnitten.

Das XML-Beispiel aus Listing 10.11 wird nun auf einen Webserver im lokalen Intranet oder im Internet kopiert. Das Beispiel des Autors liegt unter folgendem Pfad:

```
http://arduino-praxis.ch/arduinobuch/xml/arduinopraxis.xml
```

Beim Aufruf der Adresse im Browser wird die XML-Datei dargestellt (Abbildung 10.26).

```
<buch>
  <titel>Arduino Praxiseinstieg</titel>
  <verlag>mitp Verlag</verlag>
</buch>
```

Abb. 10.26: XML-Ausgabe im Browser

Die Abfrage mittels TextFinder benötigt nun zuerst ein `TextFinder`-Objekt

```
TextFinder finder( client );
```

und eine Deklaration des zu empfangenden Feldwertes.

```
char titel[50];
```

Der empfangene String wird dann mit der `getString`-Methode durchsucht und ausgegeben, falls der gefundene Wert größer als 0 ist.

In diesem Fall wird der Titel abgefragt, wobei `<titel>` der Stringanfang und `</titel>` das Stringende ist.

```
if ( (finder.getString("<titel>", "</titel>",titel,50)!=0) )
{
Serial.print("Titel:  ");
Serial.println(titel);
}
```

Mit zusätzlichen TextFinder-Abfragen können weitere Daten innerhalb des XML-Dokumentes abgefragt werden. Die Abfrage des Verlages benötigt nur wenige zusätzliche Zeilen:

```
if ( (finder.getString("<verlag>", "</verlag>",verlag,30)!=0) )
{
 Serial.print("Verlag:  ");
 Serial.println(verlag);
}
```

Zu beachten ist, dass immer zuerst der String mit den extrahierten Daten deklariert werden muss, in diesem Fall die Variable `verlag`.

```
char verlag[30];
```

Das Listing 10.12 zeigt die Abfrage des XML-Dokuments mittels Aufruf über eine Ethernet-Verbindung. Dabei wird nach der Initialisierung der Ethernet-Verbindung und dem Aufruf der Datei über eine GET-Anweisung der empfangende Daten-String mit der TextFinder-Methode `getString()` abgefragt und auf der seriellen Schnittstelle ausgegeben (Abbildung 10.27).

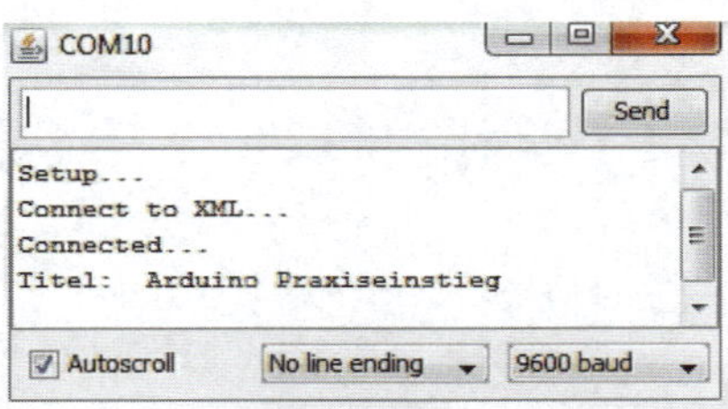

Abb. 10.27: XML lesen und ausgeben

Nach dem Einbinden der nötigen Bibliotheken

```
#include <SPI.h>
#include <Ethernet.h>
#include <TextFinder.h>
```

werden die Ethernet-Parameter gesetzt.

```
byte mac[] = { 0xDE, 0xAD, 0xBE, 0xEF, 0xFE, 0xAD };
byte ip[] = { 10, 0, 1, 101 };
byte gateway[] = { 10, 0, 1, 1 };
byte subnet[] = { 255, 255, 255, 0 };
byte server[] = {82,195,224,125 }; // arduino-praxis.ch
```

Nun werden die Objekte des Webclients und des TextFinders erstellt

```
EthernetClient client;
TextFinder finder( client );
```

und die Variablen für die Textinformationen deklariert.

```
char titel[50];
char verlag[30];
```

In der Setup-Routine werden die Ethernet-Verbindung und die serielle Schnittstelle gestartet.

```
void setup()
{
  // Start Ethernet-Verbindung
  Ethernet.begin(mac, ip);
  // Initialisierung serielle Schnittstelle
  Serial.begin(9600);
  Serial.println("Setup...");
}
```

Im Hauptprogramm wird die Adresse des Webservers und der Pfad mit dem XML-Dokument aufgerufen. Falls keine Ethernet-Verbindung erstellt werden konnte, wird eine Fehlermeldung ausgegeben.

```
void loop()
{
  if (client.connect(server, 80))
  {
```

```
    Serial.println("Connect to XML...");
    client.println("GET /arduinobuch/xml/arduinopraxis.xml HTTP/1.0");
    client.println("HOST:www.arduino-praxis.ch\n\n");
    client.println();
    Serial.println("Connected...");
  }
  else
  {
    Serial.println(" connection failed");
  }
```

Falls die Ethernet-Verbindung aufgebaut wurde, wird nun die Textsuche nach dem Titelelement `<titel>` ausgeführt, das Resultat in der Variablen `titel` gespeichert und anschließend auf der seriellen Schnittstelle ausgegeben.

Je nach Bedarf können weitere Textabfragen eingefügt werden.

```
if (client.connected())
  {
    // Titel abfragen
    // Feld in XML: <titel></titel>
   if ( (finder.getString("<titel>", "</titel>",titel,50)!=0) )
   {
     Serial.print("Titel:  ");
     Serial.println(titel);
   }

   // Platz für weitere Abfragen innerhalb des XML-Dokumentes

  // Ende XML-Abfragen
  }
```

Zum Schluss werden die Ethernet-Verbindung gestoppt und die gesendeten Daten beseitigt. Vor dem Start des nächsten Hauptprogrammdurchlaufes erfolgt eine Pause von einer Minute.

```
else
 {
    Serial.println("Disconnected");
 }
 client.stop();
 client.flush();
 delay(60000); // 1 Minute warten
}
```

Listing 10.12 zeigt das gesamte Programm zur Abfrage von XML-Daten.

```
#include <SPI.h>
#include <Ethernet.h>
#include <TextFinder.h>

byte mac[] = { 0xDE, 0xAD, 0xBE, 0xEF, 0xFE, 0xAD };
byte ip[] = { 10, 0, 1, 101 };
byte gateway[] = { 10, 0, 1, 1 };
byte subnet[] = { 255, 255, 255, 0 };
byte server[] = {82,195,224,125 }; // arduino-praxis.ch

EthernetClient client;
TextFinder  finder( client );

char titel[50];
char verlag[30];

void setup()
{
  // Start Ethernet-Verbindung
  Ethernet.begin(mac, ip);
  // Initialisierung serielle Schnittstelle
  Serial.begin(9600);
  Serial.println("Setup...");
}

void loop()
{
  if (client.connect(server, 80))
  {
    Serial.println("Connect to XML...");
    client.println("GET /arduinobuch/xml/arduinopraxis.xml HTTP/1.0");
    client.println("HOST:www.arduino-praxis.ch\n\n");
    client.println();
    Serial.println("Connected...");
  }
  else
  {
    Serial.println(" connection failed");
  }
  if (client.connected())
  {
```

```
      // Titel abfragen
      // Feld in XML: <titel></titel>
     if ( (finder.getString("<titel>", "</titel>",titel,50)!=0) )
     {
       Serial.print("Titel:  ");
       Serial.println(titel);
     }

     // Platz für weitere Abfragen innerhalb des XML-Dokumentes

   // Ende XML-Abfragen
   }
   else
   {
     Serial.println("Disconnected");
   }
   client.stop();
   client.flush();
   delay(60000); // 1 Minute warten
}
```

Listing 10.12: Abfrage XML-Daten

10.4.2 Wetterdaten von Yahoo! Weather abfragen

Yahoo! Weather ist ein Wetterdienst des Suchmaschinenkonzerns Yahoo und liefert über die Programmierschnittstelle (englisch API = *Application Programming Interface*) Wetterdaten und Wettervorhersagen. Mittels eines URL-Aufrufs kann das Wetter eines Ortes abgefragt werden.

Die Weather-API wird unter folgender Adresse detailliert beschrieben:

`http://developer.yahoo.com/weather/`

Beispiel Wetterdaten von Zürich:

`http://weather.yahooapis.com/forecastrss?w=784794`

Im URL-Parameter `w` wird dabei die ID-Nummer des gewünschten Ortes übergeben. Diese eindeutige Standort-Nummer kann über die Startseite des Wetterdienstes ermittelt werden (`http://weather.yahoo.com/`). Dazu gibt man im Eingabefeld für den Standort (*Enter city or zip code*) den gewünschten Ort ein. Nach Klick auf GO erscheint die Wettervorhersage für den ausgewählten geografischen Ort. In der Adresszeile des Browsers wird dabei die ID des Standortes angezeigt.

`http://weather.yahoo.com/switzerland/zurich/zurich-784794/`

Nach Aufruf der API-Adresse im Browser erscheinen die Wetterdaten im XML-Format (Abbildung 10.28).

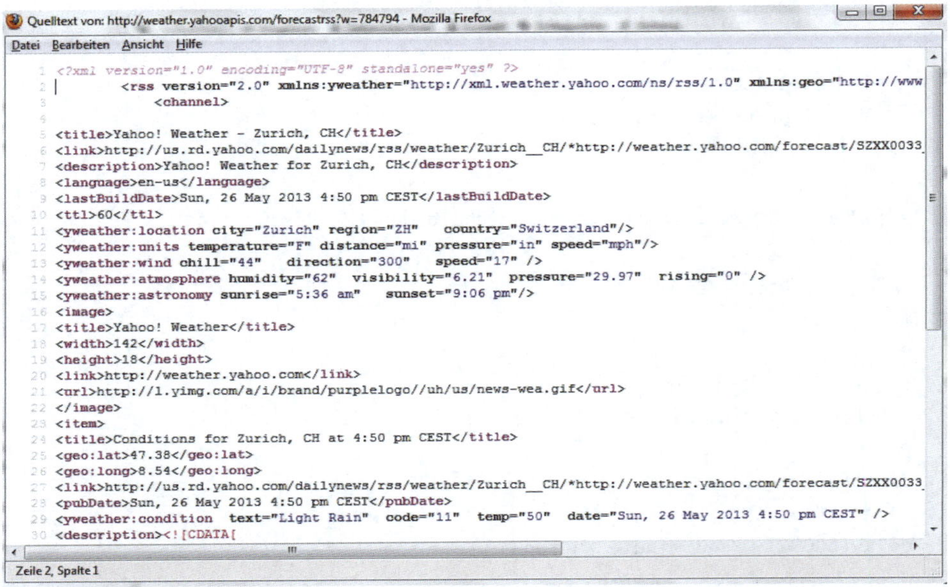

Abb. 10.28: Yahoo! Weather-API: Wetter in Zürich

Für eine Wetterstation mit Arduino können nun diese Wetterdaten direkt abgefragt werden. Dazu wird auch die Bibliothek `TextFinder` eingesetzt.

Aus den XML-Daten des Wetterdienstes müssen nun die gewünschten Werte definiert werden. In unserem Beispiel wird der Ort, die aktuelle Temperatur und die Luftfeuchtigkeit benötigt.

```
<?xml version="1.0" encoding="UTF-8" standalone="yes" ?>
<rss version="2.0" xmlns:yweather="http://xml.weather.yahoo.com/ns/rss/1.0"
xmlns:geo="http://www.w3.org/2003/01/geo/wgs84_pos#">
<channel>
<title>Yahoo! Weather - Zurich, CH</title>
<link>http://us.rd.yahoo.com/dailynews/rss/weather/Zurich__CH/*http://
weather.yahoo.com/forecast/SZXX0033_f.html</link>
<description>Yahoo! Weather for Zurich, CH</description>
<language>en-us</language>
<lastBuildDate>Sun, 26 May 2013 4:50 pm CEST</lastBuildDate>
<ttl>60</ttl>
<yweather:location city="Zurich" region="ZH"  country="Switzerland"/>
<yweather:units temperature="F" distance="mi" pressure="in" speed="mph"/>
```

```
<yweather:wind chill="44"  direction="300"  speed="17" />
<yweather:atmosphere humidity="62"  visibility="6.21"  pressure="29.97"
rising="0" />
<yweather:astronomy sunrise="5:36 am"  sunset="9:06 pm"/>
<image>
<title>Yahoo! Weather</title>
<width>142</width>
<height>18</height>
<link>http://weather.yahoo.com</link>
<url>http://l.yimg.com/a/i/brand/purplelogo//uh/us/news-wea.gif</url>
</image>
<item>
<title>Conditions for Zurich, CH at 4:50 pm CEST</title>
<geo:lat>47.38</geo:lat>
<geo:long>8.54</geo:long>
<link>http://us.rd.yahoo.com/dailynews/rss/weather/Zurich__CH/*http://
weather.yahoo.com/forecast/SZXX0033_f.html</link>
<pubDate>Sun, 26 May 2013 4:50 pm CEST</pubDate>
<yweather:condition  text="Light Rain"  code="11"  temp="50"  date="Sun, 26
May 2013 4:50 pm CEST" />
<description>
<![CDATA[
<img src="http://l.yimg.com/a/i/us/we/52/11.gif"/><br />
<b>Current Conditions:</b><br />
Light Rain, 50 F<BR />
<BR /><b>Forecast:</b><BR />
Sun - Showers. High: 46 Low: 42<br />
Mon - AM Clouds/PM Sun. High: 59 Low: 45<br />
<br />
<a href="http://us.rd.yahoo.com/dailynews/rss/weather/Zurich__CH/*http://
weather.yahoo.com/forecast/SZXX0033_f.html">Full Forecast at Yahoo! Weather</
a><BR/><BR/>
(provided by <a href="http://www.weather.com" >The Weather Channel</a>)<br/>
]]></description>
<yweather:forecast day="Sun" date="26 May 2013" low="42" high="46"
text="Showers" code="11" />
<yweather:forecast day="Mon" date="27 May 2013" low="45" high="59" text="AM
Clouds/PM Sun" code="30" />
<guid isPermaLink="false">SZXX0033_2013_05_27_7_00_CEST</guid>
</item>
</channel>
</rss>
```

Listing 10.13: XML-Wetterdaten von Yahoo! Weather

Listing 10.13 zeigt den Ausschnitt der Wetterdaten mit den benötigten Elementen (rot markiert).

Im XML-Dokument sind die Daten für den Ort (`<title>Conditions for ".."`) und für die Luftfeuchtigkeit (`<yweather:atmosphere humidity=\"`) als Textinformationen, der Wert für die Temperatur in Grad C (`temp=`) wird als ganzzahliger Wert zurückgeben. Die Abfrage der Ortsdaten und der Luftfeuchtigkeit wird mit der bereits verwendeten TextFinder-Methode `getString()` realisiert.

```
// Luftfeuchte abfragen
// Feld in XML: humidity=".."
if ((finder.getString("<yweather:atmosphere humidity=\"",
"\"",luftfeuchte,4)!=0))
{
  Serial.print("Luftfeuchte:  ");
  Serial.println(luftfeuchte);
}
// Stadt abfragen
// Feld in XML: <title>Conditions for ..
if ( (finder.getString("<title>Conditions for ", " ",ort,50)!=0) )
{
  Serial.print("Ort:  ");
  Serial.println(ort);
}
```

Zur Abfrage des Temperaturwertes wird die Methode `find()` verwendet, welche nach dem übergebenen String sucht und den nächsten Zahlenwert mit `getValue()` zurückgibt.

```
// Temperatur in Celsius lesen
// Daten in XML: temp=".."/>
if(finder.find("temp=") )
{
  int temperature = finder.getValue();
  Serial.print("Temp C:  ");
  Serial.println(temperature);
}
```

Listing 10.14 zeigt die gesamte Wetterabfrage. Das Listing basiert auf dem vorherigen Beispiel der XML-Abfrage. Zu beachten ist, dass in der Ethernet-Initialisierung die IP-Adresse des Yahoo-Servers eingegeben werden muss.

```
#include <SPI.h>
#include <Ethernet.h>
```

```
#include <TextFinder.h>

byte mac[] = { 0xDE, 0xAD, 0xBE, 0xEF, 0xFE, 0xAD };
byte ip[] = { 10, 0, 1, 101 };
byte gateway[] = { 10, 0, 1, 1 };
byte subnet[] = { 255, 255, 255, 0 };

// Server Yahoo
IPAddress server(87,248,122,181);

EthernetClient client;
TextFinder finder( client );

char ort[50];
char luftfeuchte[30];

void setup()
{
  // Start Ethernet-Verbindung
  Ethernet.begin(mac, ip);
  // Initialisierung serielle Schnittstelle
  Serial.begin(9600);
  Serial.println("Setup...");
}

void loop()
{
  if (client.connect(server, 80))
  {
    // Aufruf Wetter-API
    // weather.yahooapis.com/forecastrss?w=784794&u=c
    //
    Serial.println("Connect to Yahoo! Weather...");
    client.println("GET /forecastrss?w=784794&u=c HTTP/1.0");
    client.println("HOST:weather.yahooapis.com\n\n");
    client.println();
    Serial.println("Connected...");
  }
  else
  {
    Serial.println(" connection failed");
  }
```

```
  if (client.connected())
  {
    // Luftfeuchte abfragen
   // Feld in XML: humidity=".."
   if ( (finder.getString("<yweather:atmosphere humidity=\"",
"\"",luftfeuchte,4)!=0) )
   {
     Serial.print("Luftfeuchte:  ");
     Serial.println(luftfeuchte);
   }
   else
   {
     Serial.print("Kein Feld mit Luftfeuchte gefunden");
   }

    // Stadt abfragen:
    // Feld in XML: <title>Conditions for ..
    if ( (finder.getString("<title>Conditions for ", " ",ort,50)!=0) )
    {
      Serial.print("Ort:  ");
      Serial.println(ort);
    }

    // Temperatur in Celsius lesen
    // Daten in XML: temp=".."/>
    if(finder.find("temp=") )
    {
     int temperature = finder.getValue();
     Serial.print("Temp C:  ");
     Serial.println(temperature);
   }
   else
   {
     Serial.print("Kein Feld mit Temperatur gefunden");
   }
  // Ende XML-Abfragen
  }
  else
  {
    Serial.println("Disconnected");
 }
  client.stop();
```

```
  client.flush();
  // 1 Minute warten
  delay(60000);
}
```

Listing 10.14: Yahoo! Weather mit dem Arduino abfragen

Bei erfolgreicher Abfrage des Wetter-Webservices von Yahoo kann im seriellen Monitor die Temperatur und die Luftfeuchtigkeit für den angefragten Ort angezeigt werden (Abbildung 10.29).

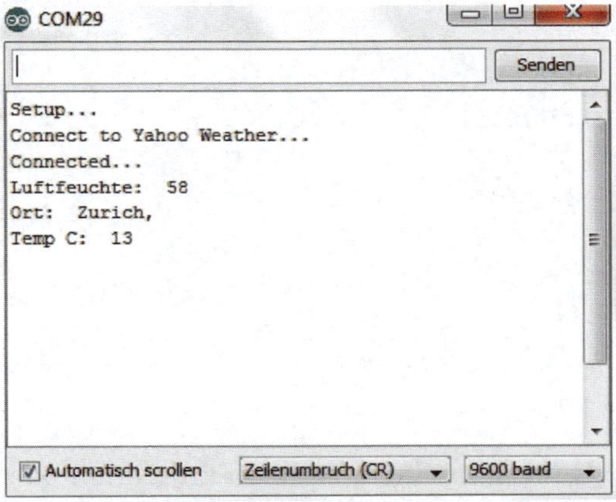

Abb. 10.29: Wetterdaten für Zürich von Yahoo! Weather

Weitere Beispiele, in denen XML-Daten abgefragt und weiterbearbeitet werden, sind in den nächsten Kapiteln zu finden.

10.5 RSS einlesen

RSS (*Really Simple Syndication* oder auch *Rich Site Summary*) ist ein Dateiformat, das auf XML basiert. RSS ist vor allem bekannt als RSS-Feed, also das Ausgeben von News-Inhalten. RSS-Feeds werden von News-Seiten und Weblogs genutzt. Diese Newsfeeds können mittels eines lokalen Newsreaders oder eines Online-Newsreaders abonniert und gelesen werden.

RSS-Feeds und XML-Formate im Allgemeinen sind bestens zum Datenaustausch zwischen Systemen geeignet. Bei den RSS- oder Newsfeeds werden die News-Meldungen oder Blog-Einträge zur Weiternutzung ausgegeben.

Die RSS-Feeds müssen nicht immer nur aus Nachrichten bestehen. RSS kann auch zur Ausgabe von Status- oder Fehlermeldungen verwendet werden.

Ein RSS-Feed, im Listing in der Version 2.0, ist wie folgt aufgebaut (Listing 10.15):

```
<?xml version="1.0" encoding="utf-8"?>
<rss version="2.0">
<channel>
<title>Feedtitel</title>
<link>Webadresse</link>
<description>Beschreibung des Feeds</description>
<language>Sprache</language>
<copyright>Copyrightinformationen</copyright>
<pubDate>Datum</pubDate>
<item>
<title>Titel des Newsbeitrages</title>
<description>Kurze Beschreibung</description>
<link>Link zum Beitrag</link>
<author>Name des Autors</author>
</item>
....
</channel>
</rss>
```

Listing 10.15: Aufbau RSS-Feed (Version RSS 2.0)

Wie bereits erwähnt, werden RSS-Feeds meist in einem Desktop-Programm oder mittels Online-Reader gelesen. Dafür wird aber immer ein Computer benötigt, auf dem das Programm zum Lesen installiert ist. In unserem kleinen Arduino-Projekt wollen wir einen RSS-Reader realisieren, der keinen PC zum Abfragen der Newsfeeds braucht.

Die bisherigen Lösungen eines RSS-Readers mit Arduino nutzten alle ein auf einem PC installiertes Programm oder Skript (Processing, Python-Skript, etc.), das die RSS-Feeds aus dem Internet abfragte. Unser RSS-Reader wird einen direkten Zugriff aufs Internet durchführen und die Daten abfragen. Da das Arduino-Board nicht für die Verarbeitung von großen Datenmengen ausgelegt ist, wird eine Art Vorselektion mittels eines PHP-Skripts realisiert. Dieses liest den RSS-Feed und gibt nur einen Teil des Feed-Inhalts an das Arduino-Board weiter.

Da auch die Anzeigemöglichkeiten auf einem Arduino-Board begrenzt sind, meist stehen ja nur zwei bis vier Zeilen mit maximal 20 Zeichen pro Zeile zur Verfügung, wird über einen Parameter die Anzahl der darzustellenden News-Beiträge angegeben.

Das Abfragen und Auswerten des RSS-Feeds wird auf dem Webserver im Intranet oder Internet mit einem PHP-Skript ausgeführt, indem ein RSS-Parser den Feed einliest und umgeformt wieder ausgibt. Der dafür verwendete RSS-Parser nennt sich Magpie RSS und steht unter der Adresse `http://magpierss.sourceforge.net` zum Download bereit.

Mit dem Skript `readrss.php` (Listing 10.16) wird nun ein Feed eingelesen und kompakter ausgegeben.

readrss.php

```
<?php
// Anzahl der News-Meldungen, die aktuellsten zuerst
$rssid=$_GET["rssid"];
require_once ('rss_fetch.inc');
$url = 'http://intramania.com/blog/feed/';
define('MAGPIE_OUTPUT_ENCODING', "UTF-8");
$i = 0;

$rss = fetch_rss($url);

//RSS Header
print '<?xml version="1.0" encoding="ISO-8859-1" ?>  ' . "\n";
// Loop über alle News-Beiträge
foreach ($rss->items as $item) {
// Ausgabeformat nur dd.mm (Tag.Monat)
$date=$item['pubdate'] = date('d.m', strtotime($item['pubdate']));
$title = $item[title];
$link = $item[link];
$desc = $item[description];
$title = utf8_decode($title);
if($i == $rssid) {
  // Ausgabe der einzelnen Beiträge
  print '<rss>' . "\n";
  print '<item>';
  print $date.':'.$title;
  print'</item>'. "\n";
}
$i++;
}
// Footer
print '</rss>' . "\n";
?>
```

Listing 10.16: Abfrage eines RSS-Feeds mit Magpie RSS (RSS Parser)

Der Aufruf im Browser

`http://meinedomain.com/rssreader/readrss.php?rssid=2`

gibt den angegebenen Beitrag aus dem Intramania-Blog (`http://www.intramania.com/blog/`) zurück. Eine ID von 0 gibt den aktuellsten Beitrag zurück. Die Beiträge sind also nach absteigendem Datum sortiert.

Die Adresse des RSS-Feeds, welcher durch das PHP-Skript aus Listing 10.16 abgefragt wird, ist dabei im Skript in der Variable `$url` definiert und kann entsprechend angepasst werden. Zu beachten ist, dass dabei ein RSS-Feed der Version 2.0 verwendet werden muss.

Die einzelne Ausgabe eines Blog-Beitrages für unsere RSS-Reader-Anwendung sieht dann wie folgt aus:

```
<?xml version="1.0" encoding="ISO-8859-1" ?>
<rss>
<item>12.08:MasterPage PlaceHolder-Elemente</item>
</rss>
```

Hinweis

Die Ausgabe entspricht natürlich nicht genau einem RSS-Standardformat. Sie ist speziell für die Ausgabe oder Weiterverarbeitung in einer Arduino-Anwendung gedacht, wobei Datum und Titel des Blog-Beitrages in einer Zeile ausgegeben werden.

In unserem RSS-Reader-Projekt wird die Anzeige der einzelnen Blog-Beiträge mittels Zufallszahlgenerator gesteuert. Die Funktion ermittelt eine Zufallszahl zwischen 1 und 10 und gibt dann den entsprechenden Blog-Beitrag als XML aus.

Die Abfrage der optimierten RSS-Daten mit dem Arduino-Board erfolgt auf dieselbe Weise wie in Abschnitt 10.4 (*XML einlesen*) beschrieben.

Mit der TextFinder-Methode `getString()` wird nach dem Element `<item></item>` gesucht, und das Resultat wird in der Variable `rssitem` gespeichert (Listing 10.17).

```
// RSS Item abfragen
// Feld in XML: <item></item>
if ( (finder.getString("<item>", "</item>",rssitem,100)!=0) )
{
  Serial.println(rssitem);
}
else
{
Serial.println("Keine RSS-Daten gefunden");
}
```

Listing 10.17: Abfrage der Daten des RSS-Feeds

Nachfolgend das ganze Programm des RSS-Readers im Detail:

Nach dem Einbinden der nötigen Bibliotheken

```
#include <SPI.h>
#include <Ethernet.h>
#include <TextFinder.h>
```

werden die Ethernet-Parameter gesetzt.

```
byte mac[] = { 0xDE, 0xAD, 0xBE, 0xEF, 0xFE, 0xAD };
byte ip[] = { 10, 0, 1, 101 };
byte gateway[] = { 10, 0, 1, 1 };
byte subnet[] = { 255, 255, 255, 0 };

// IP von Server auf dem readrss.php liegt
IPAddress server(82,195,224,125);
```

Nun werden die Webclient- und TextFinder-Objekte erstellt

```
EthernetClient client;
TextFinder finder( client );
```

und die Variablen für Zufallszahl und RSS-Titelinformationen deklariert.

```
// Zufallszahl für Anzeige
long randNumber;

// Feld für Abfrage
char rssitem[100];
```

In der Setup-Routine werden die Ethernet-Verbindung und die serielle Schnittstelle gestartet.

```
void setup()
{
  // Start Ethernet Verbindung
  Ethernet.begin(mac, ip);
  // Initialisierung serielle Schnittstelle
  Serial.begin(9600);
}
```

Das Hauptprogramm ruft nun den Webserver und die PHP-Datei auf, falls eine Ethernet-Verbindung hergestellt werden konnte. Andernfalls wird eine Fehlermeldung ausgegeben.

Der Aufruf der PHP-Datei auf dem Webserver wird dabei in mehrere Zeilen aufgeteilt, da die ID des anzuzeigenden Beitrages per Zufallszahl ermittelt wird.

```
void loop()
{
  if (client.connect(server, 80))
  {
    // Zufallszahl zwischen 1 und 10 generieren
    randNumber = random(1,10);
    // Beitrag mit ID der Zufallszahl aufrufen
    client.print("GET /arduinobuch/rssreader/readrss.php?rssid=");
    client.print(randNumber);
    client.println(" HTTP/1.0");
    client.println("HOST:www.arduino-praxis.ch\n\n");
    client.println();
    Serial.println("Connected...");
  }
  else
  {
    Serial.println(" connection failed");
  }
```

Falls die vorherige Ethernet-Verbindung aufgebaut wurde, wird nun die Textsuche nach dem Titelelement `<item>` ausgeführt, das Resultat in der Variablen `rssitem` gespeichert und anschließend auf der seriellen Schnittstelle ausgegeben.

```
if (client.connected())
  {
    // RSS Item abfragen
    // Feld in XML: <item></item>
    if ( (finder.getString("<item>", "</item>",rssitem,100)!=0) )
    {
      Serial.println(rssitem);
    }
    else
    {
      Serial.println("Keine RSS-Daten gefunden");
    }
    // Ende XML-Abfragen
  }
```

Zum Schluss werden die Ethernet-Verbindung gestoppt und die gesendeten Daten beseitigt. Vor dem Start des nächsten Hauptprogrammdurchlaufes erfolgt eine Pause von 60 Sekunden.

```
else
  {
    Serial.println("Disconnected");
  }
  client.stop();
  client.flush();
  // 1 Minute warten
  delay(60000);
}
```

Die jeweils auf der seriellen Schnittstelle ausgegebenen Daten (Abbildung 10.30) können auf einem Display dargestellt werden. Je nach Größe und Art des LC-Displays können auch mehrere Beiträge nacheinander dargestellt werden, oder eine Funktion fragt regelmäßig den aktuellsten Beitrag ab. Im Beispiel wird mittels Zufallszahl ein zufälliger Beitrag aus den 10 aktuellsten Beiträgen des RSS-Feeds dargestellt.

Abb. 10.30: Darstellung abgefragter Blogbeiträge

Das Beispiel des RSS-Readers zeigt, dass man sich selbst eine XML-Ausgabe mit PHP erstellen und mittels Arduino weiterverarbeiten oder darstellen kann. Mit demDurch das Auslagern von Funktionen in eine PHP-Datei auf dem Webserver kann man die Prozessorbelastung auf dem Arduino-Board minimieren.

Die TextFinder-Funktion in unserem Beispiel muss nur wenige, ausgewählte Zeilen XML-Code durchsuchen und nicht den gesamten Original-RSS-Feed des ausgewählten Weblogs.

Ein praktischer RSS-Reader, der keinen eingeschalteten PC benötigt.

10.6 You got mail

»Du hast 5 Mails in der Mailbox« meldet der Arduino-Mailchecker und übernimmt die Abfrage der Mailbox. Zur Abfrage der Mails benötigt der Mailchecker eine Verbindung zu einem Intranet- oder Internet-Webserver. Auf diesem läuft ein PHP-Skript (`checkmailbox.php`), das den Zugriff zur Mailbox bewerkstelligt. Nach dem Ausführen der Mailabfrage sendet das Skript die Anzahl der Mails zurück. Diese Information wird via Ethernet-Shield vom Arduino abgefragt, ausgewertet und auf der seriellen Schnittstelle ausgegeben. Optional kann nun diese Information weiterverarbeitet werden, beispielsweise zur Anzeige auf einem LC-Display oder auf einer großen LED-Anzeige an der Wand im Büro.

Die Abfrage des PHP-Skripts erfolgt wie gewohnt über die Befehle der `Ethernet`-Bibliothek.

```
client.println("GET /mailchecker.php HTTP/1.0");
client.println("HOST:www.meinedomain.com\n\n");
```

Die Skriptdatei muss dabei auf der Website liegen, deren Adresse angegeben ist. Zum Testen sollte nach dem Hochladen die Adresse im Browser eingegeben und geprüft werden, ob der Aufruf funktioniert.

Die Antwort des Webservers in Abbildung 10.31 ist eine HTML-Ausgabe in der Form <AnzahlMails>.

Abb. 10.31: Anzeige der Mails in der Mailbox

Wie in den vorherigen Beispielen in diesem Kapitel wird auch die Ausgabe des Mailchecker-Skripts mittels einer Textfinder-Funktion eingelesen. Dabei wird wieder dasselbe Verfahren verwendet.

Als Starterkennung wird hier nun das Zeichen < und als Enderkennung das Zeichen > eingesetzt. Mit der `getString`-Methode wird nun die Anzahl der Mails ermittelt.

```
finder.getString("<", ">",anzahlmails,5
```

Die Abfragefunktion in Listing 10.18 ermittelt nach dem bekannten Muster die Anzahl der Mails in der Mailbox.

```
if (client.connected())
{
```

```
  // E-Mails
  // Feld in XML: <..>
  if ( (finder.getString("<", ">",anzahlmails,5)!=0) )
  {
    Serial.print("Du hast ");
    Serial.print(anzahlmails);
    Serial.println(" Mails in der Mailbox.");
  }
  else
  {
    Serial.println("Keine Mails vorhanden");
  }
  // Ende XML abfragen
}
```

Listing 10.18: Abfrage der Anzahl vorhandener E-Mails

Im seriellen Monitor wird nun die Anzahl der Mails in der Mailbox angezeigt (Abbildung 10.32).

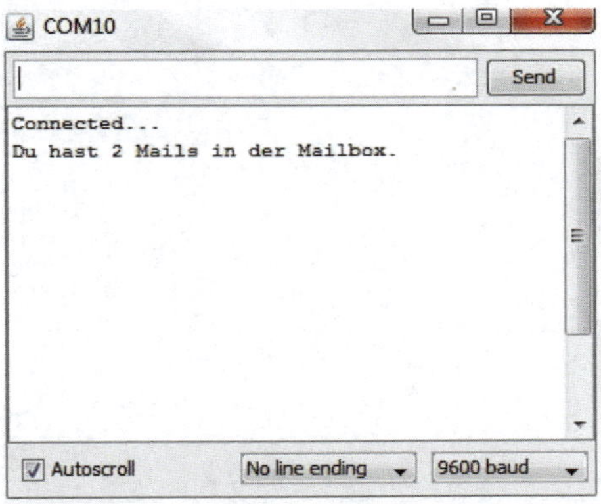

Abb. 10.32: Anwendung Mailchecker: Anzahl der Mails in der Mailbox

Nachdem die PHP-Funktion in der Datei `mailchecker.php` auf den Server geladen ist, kann auf dem Arduino die Abfragefunktion gestartet werden (Listing 10.19).

```
#include <SPI.h>
#include <Ethernet.h>
#include <TextFinder.h>

byte mac[] = { 0xDE, 0xAD, 0xBE, 0xEF, 0xFE, 0xAD };
byte ip[] = { 10, 0, 1, 101 };
```

```
byte gateway[] = { 10, 0, 1, 1 };
byte subnet[] = { 255, 255, 255, 0 };

// IP des Servers, auf dem mailchecker.php liegt
IPAddress server(123,123,234,234);

EthernetClient client;
TextFinder  finder( client );

// Feld für Abfrage
char anzahlmails[5];

void setup()
{
  // Start Ethernet-Verbindung
  Ethernet.begin(mac, ip);
  // Initialisierung serielle Schnittstelle
  Serial.begin(9600);
}

void loop()
{
  if (client.connect(server, 80))
  {
    client.print("GET /mailchecker.php");
    client.println(" HTTP/1.0");
    client.println("HOST:www.meinedomain.com\n\n");
    client.println();
    Serial.println("Connected...");
  }
  else
  {
    Serial.println(" connection failed");
  }

  if (client.connected())
  {
    // E-Mails
    // Feld in XML: <..>
    if ( (finder.getString("<", ">",anzahlmails,5)!=0) )
    {
      Serial.print("Du hast ");
      Serial.print(anzahlmails);
```

```
      Serial.println(" Mails in der Mailbox.");
    }
    else
    {
      Serial.println("Keine Mails vorhanden");
    }
    // Ende XML-Abfrage
  }
  else
  {
    Serial.println("Disconnected");
  }
  client.stop();
  client.flush();
  // 1 Minute warten
  delay(60000);
}
```

Listing 10.19: Mailchecker

Der HTTP-Request des Arduinos ruft die Datei `mailchecker.php` auf, welche die Abfrage der Mailbox regelt. Dabei müssen in dieser Datei die Zugangsdaten zur Mailbox und der Mailserver konfiguriert werden.

```
<?php
$mailserver="mailserver";
$mailserverport="110";
$user="meinuser";
$pwd="meinpasswort";

include('inc_mailbox.php');
$pop_check = pop3_getstat( $mailserver, $mailserverport, $user, $pwd, 1, FALSE );
$pop_status = pop3_parse_stat( $pop_check );
print "<".$pop_status[ "mails" ].">";

// Verbindung beenden
pop3_quit( &$pop_check[ "handle" ] );
?>
```

Listing 10.20: PHP-Funktion mailchecker.php

Die im PHP-Skript (Listing 10.20) eingefügte Include-Datei (`inc_mailbox.php`) beinhaltet die Abfragefunktionen, die aus dem Skript genutzt werden können. Die Datei ist in Anhang D komplett ausgedruckt und steht auch auf der Buchwebsite zum Download bereit.

10.7 Umweltdaten sammeln

Mit den sechs analogen Eingängen und der Anzahl digitaler Ein- und Ausgänge eignet sich ein Arduino-Board ideal als Datenerfassungseinheit. An die analogen Eingänge können Temperatursensoren, Feuchtesensoren, Druckmesser und andere Sensortypen angeschlossen werden und Daten an das Arduino-Board liefern.

Die Daten können nun, wie in Kapitel 8 beschrieben, in einem EEPROM oder auf einer SD-Speicherkarte abgelegt werden. Für die grafische Darstellung in einem Diagramm müssen die Daten aus dem Speicher geladen und mittels eines Auswertungsprogramms verarbeitet werden. Das ist relativ umständlich und erfordert mehrere Schritte. Möchte man die Daten direkt an einem Ort ablegen, auf den zur Diagrammerstellung direkt zugegriffen werden kann, empfiehlt sich beispielsweise eine webbasierte Lösung mit einer MySQL- oder einer Access-Datenbank. Mittels einer Skriptsprache und einer speziellen Funktion können die Daten anschließend zur Laufzeit in einem Diagramm dargestellt werden.

Wer sich den ganzen Programmieraufwand nicht zumuten will, kann sich einer kostenlosen Anwendung im Internet bedienen. XIVELY (`http://www.xively.com/`), früher Cosm und Pachube, ist eine webbasierte Plattform für die Erfassung und Speicherung von Sensor-, Energie- und Umweltdaten. Diese Plattform bietet verschiedene Schnittstellen zur Erfassung von Daten. Vorgefertigte Skripte für viele verschiedene Technologien machen den Einstieg in die Nutzung dieses Tools sehr einfach.

Über eine Weboberfläche können die erfassten Daten anschließend grafisch dargestellt werden. Die vorgefertigten Funktionen erlauben es dem Benutzer, eigene Lösungen zur Datenerfassung zu erstellen und in eigene Anwendungen zu integrieren.

Die anschließende Darstellung oder Weiterverarbeitung der Daten kann mit verschiedenen Hardware- oder Softwarelösungen erfolgen. Xively bietet dazu fertige Bibliotheken (`https://xively.com/dev/libraries/`). Für webbasierte Anwendungen im Intranet oder Internet steht eine einfach zu nutzende JavaScript-Bibliothek zur Verfügung. Diese Bibliothek kann in eigene Webanwendungen integriert werden, um über den Webbrowser Sensordaten zu lesen und zu bearbeiten.

`http://xively.github.io/xively-js/`

Auch für die Arduino-Plattform stehen umfangreiche Funktionen zur Datenerfassung zur Verfügung. Die erfassten Sensordaten werden dabei vom Arduino-Board mittels angeschlossenem Computer und Processing oder mit einem Ethernet-Modul an die Web-Plattform Xively übertragen.

Damit man diese Erfassungsplattform nutzen kann, muss man sich zuerst einen Account anlegen. Dies erfolgt auf der Startseite von Xively über den Link SIGN UP (`http://www.xively.com`). Nach der Eingabe von E-Mail-Adresse, Benutzername und Kennwort bekommt man anschließend per E-Mail einen Aktivierungslink zugestellt. Nach einem Klick auf diesen Link ist der Benutzer-Account freigeschaltet und zur Datenerfassung bereit.

Bevor man aber Daten erfassen kann, muss ein sogenanntes »Device« oder ein »Feed« erstellt werden. In einem Device können anschließend ein oder mehrere Channels erstellt werden. Möchte man beispielsweise die Temperatur, die Luftfeuchtigkeit und die Helligkeit in einem Raum erfassen, werden drei Daten-Channels benötigt. Natürlich kann man für jeden der drei Sensoren (Temperatur, Feuchte und Licht) auch ein eigenes Device erstellen.

Das Erstellen eines neuen Devices erfolgt über den Button »+ Add Device« (Abbildung 10.33).

Abb. 10.33: xively.com: Device erstellen

Nach dem Klick auf den Button werden der Device-Name und eine Beschreibung eingegeben (Abbildung 10.34).

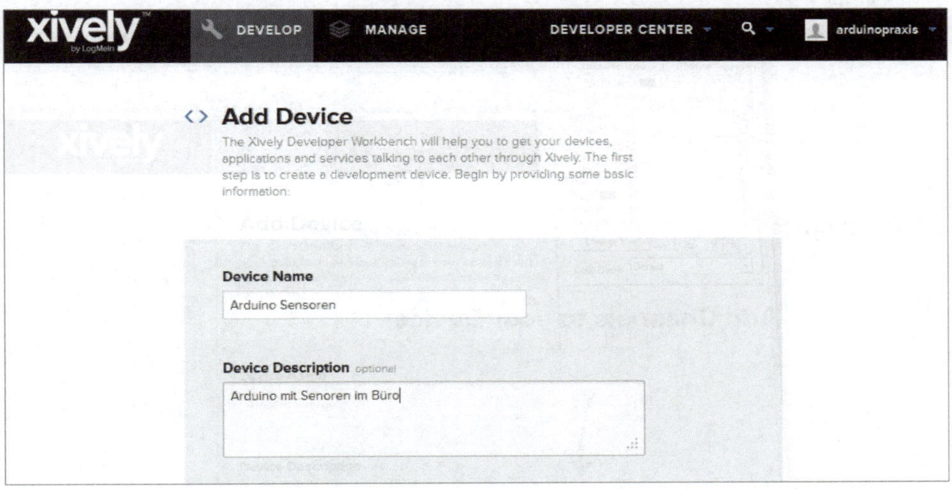

Abb. 10.34: xively.com: Device erstellen

Zusätzlich zur Device- oder Feed-Beschreibung muss die Privatsphäre des Geräts angegeben werden. Mit der Auswahl wird bestimmt, ob die Daten nur für die eigene Verwendung oder für die Allgemeinheit gedacht sind. Daten eines »Private Device« können nur vom Besitzer und berechtigten Benutzern genutzt werden.

Öffentliche Daten (Auswahl »Public Device«) stehen unter einer Creative-Commons-Lizenz und können von anderen Benutzer gelesen, genutzt und weiterverarbeitet werden (Abbildung 10.35).

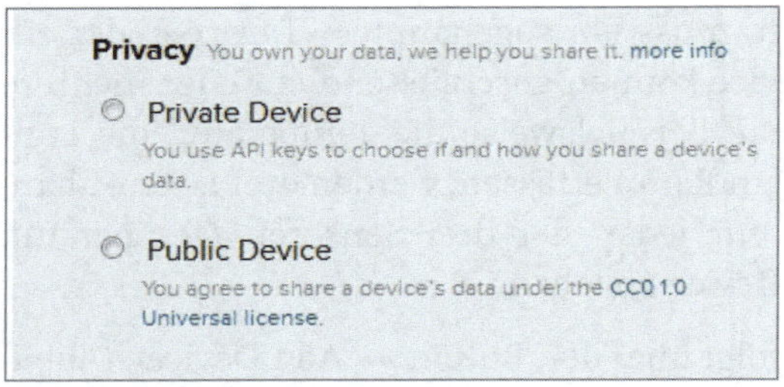

Abb. 10.35: xively.com: Private oder geteilte Device-Daten

Nach einem Klick auf den Button »Add Device« ist dieser Feed erstellt. Für den neu erstellten Daten-Feed müssen nun noch ein oder mehrere Daten-Channels angelegt werden. Dazu klickt man auf den Button »+ Add Channel«.

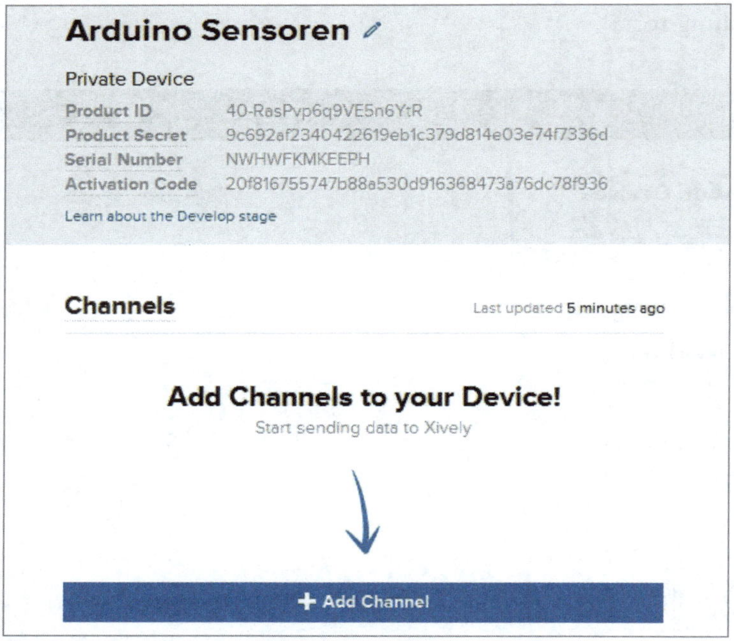

Abb. 10.36: xively.com: Daten-Channel erstellen

Für jeden Channel muss eine eindeutige ID, idealerweise eine Zahl oder eine Bezeichnung, eine Beschreibung, Einheiten und ein Symbol eingetragen werden.

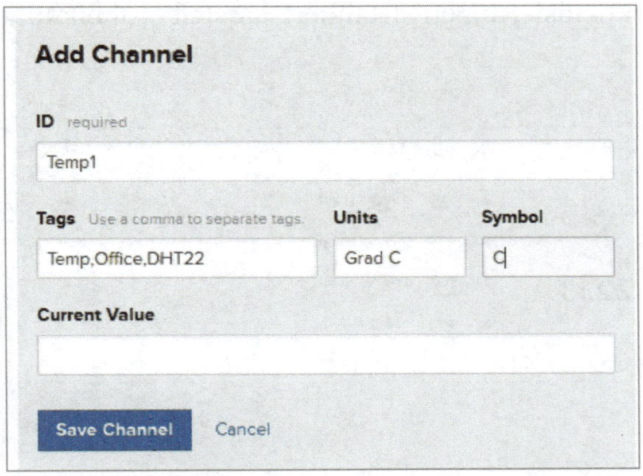

Abb. 10.37: xively.com: Daten-Channel erstellen

Nachdem der Channel erfolgreich gespeichert wurde, erscheint dieser in der Auflistung der Daten-Channels des entsprechenden Feeds.

Zusätzlich zu den Daten-Stream-Informationen kann für jeden Daten-Feed eine Reihe von Zusatzinformationen wie Standort, Stichworte (Tag) und Kontaktdaten eingegeben werden.

Auf der Device- oder Feed-Übersichtsseite findet man zusätzlich Informationen über Feed-ID, Feed-Adresse und jeweilige API-Keys. Die Feed-ID und der API-Key werden anschließend im Arduino-Sketch benötigt.

Sobald nun gemessene Daten an den Xively-Feed gesendet worden sind, kann eine Kurve mit den Messwerten dargestellt werden. Gleichzeitig wird jeweils der aktuelle Messwert angezeigt (Abbildung 10.38).

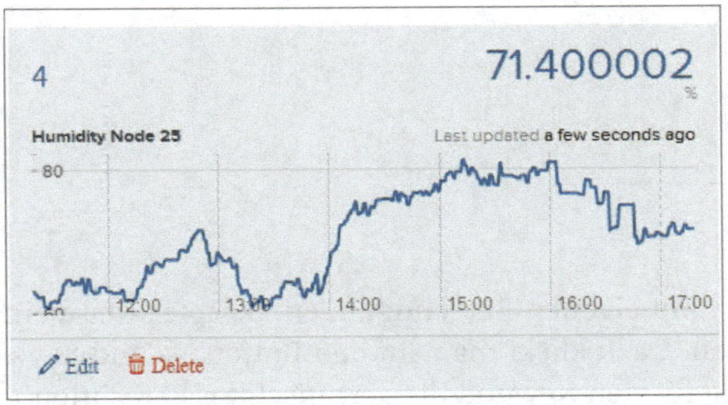

Abb. 10.38: xively.com: Daten-Feed mit aktuellen Daten

Ein aktueller Feed, welcher laufend mit Daten befüllt wird, liefert jeweils Informationen über das letzte Messwert-Update. Sehr nützlich ist dabei der Block mit dem

Request-Log, der die aktuellen Aktualisierungen detailliert darstellt (Abbildung 10.39).

Abb. 10.39: xively.com: Daten-Update

Nachdem man erfolgreich einen Feed und die einzelnen Daten-Streams erstellt hat, kann man nun die Anwendung für die Datenerfassung realisieren. Für Arduino stehen eine Xively-Library und verschiedene Beispiele zur Verfügung, die man nach Bedarf anpassen kann.

`https://github.com/xively/xively_arduino`

Bevor man aber Daten vom Arduino-Board via Ethernet-Shield an Xively senden kann, muss neben einem gültigen Daten-Feed ein sogenannter API-Key bekannt sein. Dieser Key ist eine Art Zugriffsschutz und wird beim Erstellen eines Devices automatisch generiert (Abbildung 10.40).

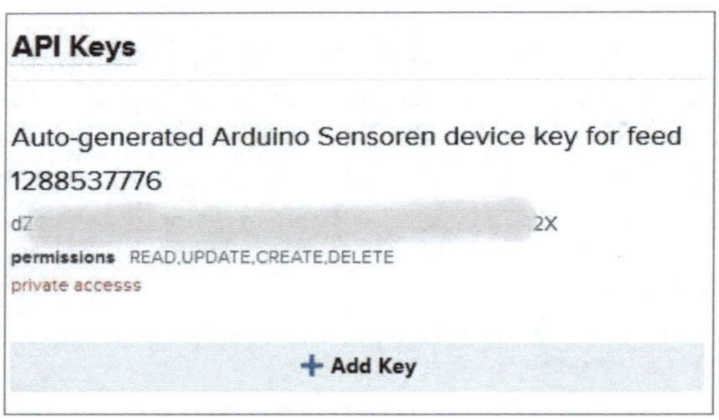

Abb. 10.40: xively.com: API-Key

Zusätzlich kann ein weiterer Key mit eigenen Berechtigungen, beispielsweise ein Nur-Lesen-Recht, angelegt werden. Dazu klickt man auf den Button »+ Add Key«. Nachdem man eine Bezeichnung für den Key und die gewünschten Berechtigungen definiert hat, kann der neue Key mit »Add Key« erstellt werden (Abbildung 10.41).

Die API-Keys sollte man nicht weitergeben. Falls doch, sollten dann jeweils die eingestellten Berechtigungen überprüft werden.

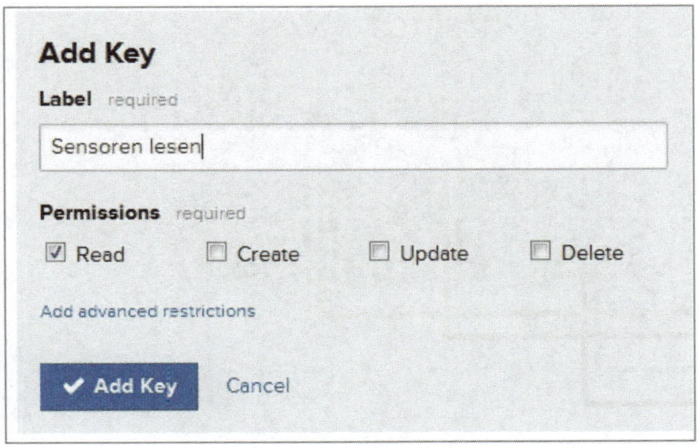

Abb. 10.41: xively.com: API-Key erstellen

Mit dem soeben erstellten Key sind nun alle Voraussetzungen vorhanden, um Daten vom Arduino-Board an die Xively-Plattform zu senden.

Hinweis

Die Online-Plattform XIVELY hieß früher COSM und zu Beginn PACHUBE. Bei jeder Namensänderung wurden jeweils größere Änderungen beim Lizenzmodell, Design und Darstellung und bei der Funktionalität vorgenommen. Daten-Feeds, die auf der COSM- oder PACHUBE-Plattform erstellt wurden, sind auf der Startseite unter »Legacy Feeds« aufgelistet. Für diese Feeds können noch die jeweiligen, alten Arduino-Bibliotheken verwendet werden. Dazu gehört die bekannte `pachubelibrary` (`http://code.google.com/p/pachubelibrary/`).

Stückliste (Daten senden an Xively)

1 Arduino-Board

1 Ethernet-Shield

2 LM35

Anschlussdrähte

Auf dem Steckbrett (Abbildung 10.42) werden nun die beiden Temperatursensoren des Typs LM35 Temperaturen messen und Messdaten an die analogen Eingänge A0 und A1 liefern.

Die vom Arduino-Board eingelesenen Temperaturdaten werden mit der `Xively`-Bibliothek (`https://github.com/xively/xively_arduino`) an Xively gesendet. Diese Bibliothek erlaubt ein einfaches Daten-Update. Zusätzlich wird eine Bibliothek `HttpClient` benötigt. Diese Bibliothek erleichtert die Interaktion mit Webservern.

`https://github.com/amcewen/HttpClient`

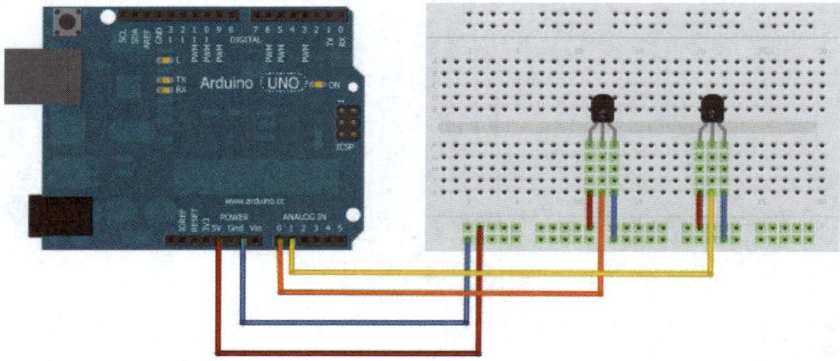

Abb. 10.42: Datenerfassung mit Xively

Nach dem Laden der erforderlichen Bibliotheken

```
#include <SPI.h>
#include <Ethernet.h>
#include <HttpClient.h>
#include <Xively.h>
```

werden die Ethernet-Einstellungen definiert.

```
// Ethernet-Einstellungen
byte mac[] = { 0xDE, 0xAD, 0xBE, 0xEF, 0xFE, 0xAD };
byte ip[] = { 10, 0, 1, 101 };
byte gateway[] = { 10, 0, 1, 1 };
byte subnet[] = { 255, 255, 255, 0 };
```

Nun werden der API-Key und der verwendete Daten-Feed eingetragen.

```
// API Key
char xivelyKey[] = "XIVELY-KEY";
// Feed-ID
#define FEED_ID 928319938
```

Anschließend werden die Variablen zur Nutzung der analogen Pins und Sensoren gesetzt.

```
// Analog-Pins für Temperatursensoren
int sensorPin0 = 0;
int sensorPin1 = 1;
// Analog-Daten
float data0;
float data1;
```

Nun werden die eindeutigen IDs der Daten-Channels angegeben. Die einzelnen IDs müssen mit den IDs im Xively-Feed übereinstimmen.

```
// ID der Daten-Channels
char sensor0[] = "Temp1";
char sensor1[] = "Temp2";
```

Nun wird der Puffer für die zu übertragenden Daten festgelegt.

```
const int bufferSize = 140;
char bufferValue[bufferSize];
```

Ein Array mit den Channels wird angelegt.

```
XivelyDatastream datastreams[] = {
  XivelyDatastream(sensor0, strlen(sensor0), DATASTREAM_FLOAT),
  XivelyDatastream(sensor1, strlen(sensor1), DATASTREAM_FLOAT)
};
```

Anschließend wird das Daten-Array in einen Feed eingefügt.

```
// Daten-Channels in Daten-Feed
// XivelyFeed feed(Feed-ID, datastreams, AnzahlFeeds);
XivelyFeed feed(FEED_ID, datastreams, 2);
```

Nach dem Anlegen des Client- und des Xively-Objektes sind alle Daten für die weitere Verwendung definiert und angelegt.

```
// Client-Objekt
EthernetClient client;
// Xively-Objekt
XivelyClient xivelyclient(client);
```

In der Setup-Routine werden die serielle Schnittstelle und die Ethernet-Verbindung gestartet.

```
void setup()
{
  Serial.begin(9600);
  Ethernet.begin(mac, ip);
  Serial.println("Daten senden an Xively...");
  Serial.println();
}
```

Im Hauptprogramm werden die Temperaturwerte eingelesen und umgewandelt.

```
data0 = analogRead(sensorPin0);
data1 = analogRead(sensorPin1);
// Werte konvertieren
data0 = (5.0 * data0 * 100.0)/1024.0;
data1 = (5.0 * data1 * 100.0)/1024.0;
```

Im nächsten Schritt werden die eingelesenen Analogwerte der angeschlossenen Temperatursensoren in den beiden Daten-Streams als Float-Werte gesetzt.

```
datastreams[0].setFloat(data0);
datastreams[1].setFloat(data1);
```

Dann werden die umgewandelten Temperaturwerte den Daten-Stream-Variablen `data0` und `data1` zugeordnet und dem Updatestream hinzugefügt.

```
float data0 = temp0;
float data1 = temp1;
dataout.updateData(0, data0);
dataout.updateData(1, data1);
```

Als letzter Schritt wird der Daten-Feed aktualisiert und der Rückgabewert in der Variablen `ret` gespeichert.

```
int ret = xivelyclient.put(feed, xivelyKey);
```

Der Rückgabewert ist der Status des Webservers, der angibt, ob ein Daten-Update erfolgreich war. Ein Status 200 bedeutet eine korrekte Aktualisierung der Daten.

Nach einer Verzögerung von 10 Sekunden beginnt der Daten-Update wieder von vorne.

Das ganze Hauptprogramm zum Datensenden zeigt Listing 10.21.

```
void loop()
{
  data0 = analogRead(sensorPin0);
  data1 = analogRead(sensorPin1);
  // Wert konvertieren
  data0 = (5.0 * data0 * 100.0)/1024.0;
  data1 = (5.0 * data1 * 100.0)/1024.0;
  datastreams[0].setFloat(data0);
  datastreams[1].setFloat(data1);
```

```
  Serial.println("Daten-Upload...");
  int ret = xivelyclient.put(feed, xivelyKey);
  Serial.print("Status: ");
  Serial.println(ret);

  Serial.println();
  // 10 Sekunden warten
  delay(10000);
}
```

Listing 10.21: Analoge Daten senden an Xively

Nach dem erfolgreichen Versenden der Daten an die Xively-Plattform wird über den seriellen Monitor der Status der Aktualisierung zurückgegeben (Abbildung 10.43).

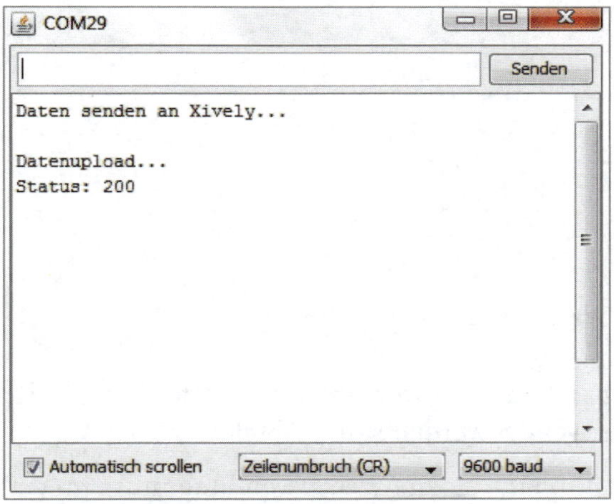

Abb. 10.43: Daten-Feed an Xively gesendet

Daten darstellen

Im Gegensatz zu Vorgängerversionen von Xively steht auf der Webanwendung keine Grafik-Builder-Funktion mehr zur Verfügung, mit der man die Feed-Daten in eine eigene Webseite integrieren konnte.

Xively bietet aber eine API-Schnittstelle, über die man Daten schreiben oder Daten lesen und weiterverarbeiten kann.

`https://xively.com/dev/docs/api/`

Die Weiterverarbeitung der Daten dieser Schnittstelle kann dabei mit verschiedenen Systemen oder Programmen erfolgen.

JavaScript-Bibliothek XivelyJS

Für Webentwickler liefert Xively eine einfach zu nutzende JavaScript-Bibliothek mit der man Feed-Daten in eine Webseite einfügen kann.

`http://xively.github.io/xively-js/`

Die `XivelyJS`-Bibliothek besitzt verschiedene Methoden, um Sensordaten abzufragen oder neue Daten zu erfassen.

In der Online-Demo können die einzelnen Methoden mit den eigenen Feeds ausgetestet werden (Abbildung 10.44).

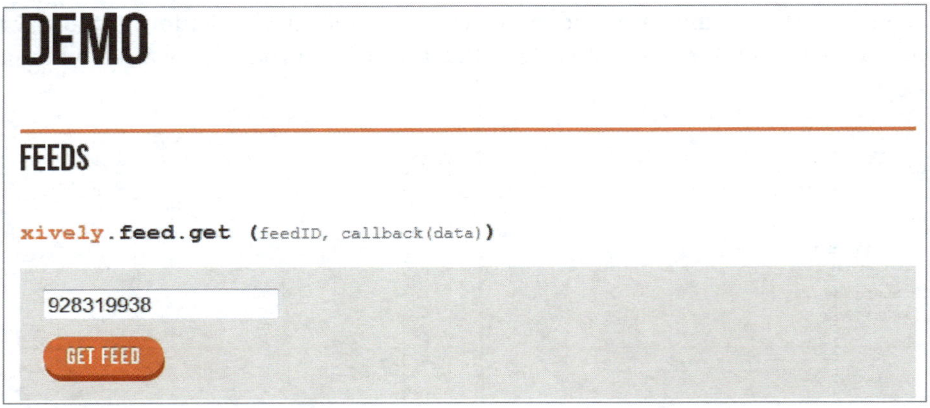

Abb. 10.44: XivelyJS: Demomethode zur Abfrage eines Daten-Channels

Das Resultat dieser Online-Abfrage ist eine Antwort im JSON-Datenformat, das von einer Webanwendung weiterverwendet werden kann (Abbildung 10.45).

Für die Integration der Xively-Daten in eine eigene Webanwendung muss im ersten Schritt die Bibliothek `XivelyJS` in die eigene Webseite integriert werden. Dazu wird ein Verweis auf die JavaScript-Bibliothek im HTML-Dokument eingetragen. Ein Download der Bibliothek ist nicht zwingend notwendig und nur erforderlich, wenn man die Bibliothek übers Internet aufrufen kann (beispielsweise in einem Intranet oder Netzwerk ohne Internet-Zugang).

Zusätzlich zur `Xively`-Bibliothek wird noch die bekannte JavaScript-Library `JQuery` benötigt. Diese kann auch direkt via URL-Aufruf in die eigene Webseite eingefügt werden.

```
<script src="http://ajax.googleapis.com/ajax/libs/jquery/1.8.2/
jquery.min.js"></script>
<script src="http://d23cj0cdvyoxg0.cloudfront.net/xivelyjs-1.0.3.min.js">
</script>
```

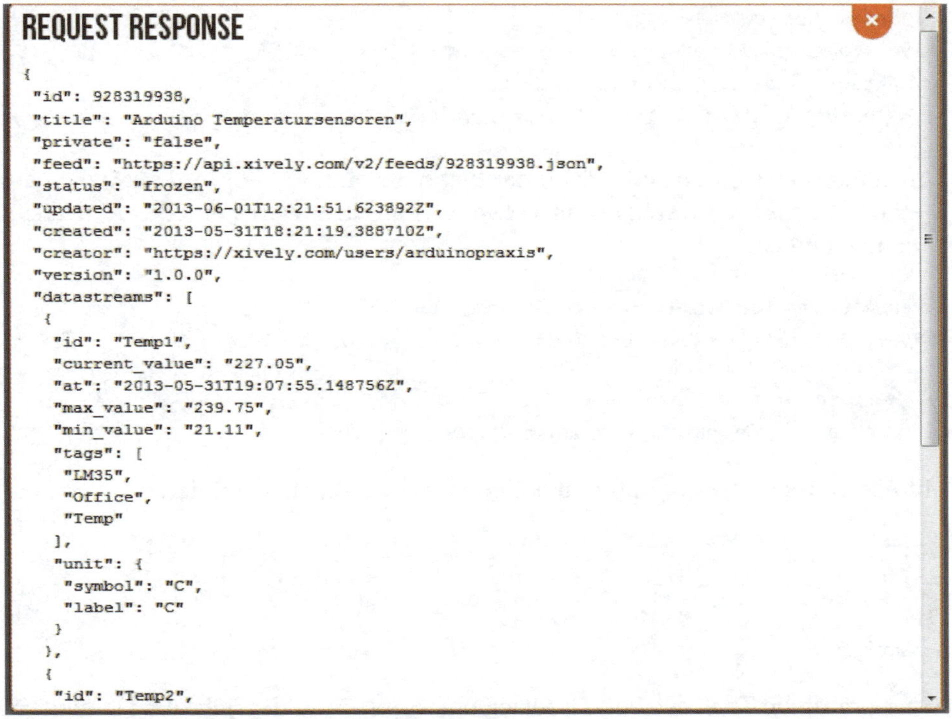
REQUEST RESPONSE


```
{
 "id": 928319938,
 "title": "Arduino Temperatursensoren",
 "private": "false",
 "feed": "https://api.xively.com/v2/feeds/928319938.json",
 "status": "frozen",
 "updated": "2013-06-01T12:21:51.623892Z",
 "created": "2013-05-31T18:21:19.388710Z",
 "creator": "https://xively.com/users/arduinopraxis",
 "version": "1.0.0",
 "datastreams": [
  {
   "id": "Temp1",
   "current_value": "227.05",
   "at": "2013-05-31T19:07:55.148756Z",
   "max_value": "239.75",
   "min_value": "21.11",
   "tags": [
    "LM35",
    "Office",
    "Temp"
   ],
   "unit": {
    "symbol": "C",
    "label": "C"
   }
  },
  {
   "id": "Temp2",
```


Abb. 10.45: XivelyJS: Daten der Abfragemethode

Nach der Skriptdefinition und dem Bereitstellen der Ready-Funktion, die sicherstellt, dass der nachfolgende Code erst ausgeführt wird, wenn das HTML-Dokument vollständig geladen ist, wird der Xively-API-Key eingetragen.

```
// Xively API Key
xively.setKey( "YourAPIKey" );
```

Nun wird der Daten-Feed, der gewünschte Channel und der Selektor definiert. Der Selektor gibt an, wo die angefragten Daten anschließend im HTML-Dokument dargestellt werden. Meist wird dazu ein `<div>`- oder `<span>`-Tag mit der entsprechenden ID verwendet. In unserem Fall heißt die ID `temp`.

```
// Daten-Feed
var feedID        = 928319938, // Feed-ID
datastreamID  = "Temp1"; // Channel
selector      = "#Temp"; // Element in der HTML-Seite
```

Mit der Methode `datastream.get(..)` wird der gewünschte Wert abgefragt. Der aktuelle Wert wird dann im oben definierten Selektor-Element gespeichert.

```
// Daten des Feeds lesen
xively.datastream.get (feedID, datastreamID, function ( datastream ) {
// Aktuellen Wert im Selector anzeigen
$(selector).html( datastream["current_value"] );
```

Um aktualisierte Daten laufend auf der Webseite darzustellen, wird zusätzlich die Methode `datastream.subscribe` verwendet, die den Wert bei jeder Aktualisierung neu einliest.

```
// Realtime-Daten lesen mit der Methode subscribe
xively.datastream.subscribe( feedID, datastreamID, function ( event ,
datastream_updated ) {
// Wert in Selector anzeigen
$(selector).html( datastream_updated["current_value"] );
```

Mit Abschluss der JavaScript-Funktionen ist der Abfrageteil definiert.

```
});
});
});
</script>
```

Nun kommt die Titelzeile der darzustellenden Seite und das Selektor-Element, in welchem jeweils der abgefragte Sensorwert eingefügt wird.

```
<h1>Daten von Xively-Feed</h1>
Temperatur im Büro: <span id="Temp"></span>
```

Nachdem man das Dokument als HTML-Seite auf dem Webserver gespeichert hat, kann es im Browser dargestellt werden (Abbildung 10.46).

Abb. 10.46: XivelyJS: Abfrage des Daten-Channels

App für Smartphone/Tablet

Neben der Darstellung der Sensordaten auf einer Webseite werden die Daten zukünftig vermehrt in Apps für Smartphones oder Tablets angezeigt. Zum aktuellen Zeitpunkt (Februar 2015) sind bisherige Cosm-Apps noch nicht für die neue

Xively-Plattform angepasst. Die vom Autor bisher verwendete App *Hubcape for iPhone* scheint plötzlich keinen Zugriff mehr auf die Xively-Plattform zu haben.

10.8 Projekt Wetterstation

In diesem Projekt wird eine Internet-Wetterstation beschrieben, die Wetterdaten aus dem Internet abfragt und auf einem mehrzeiligen Display darstellt (Abbildung 10.47).

Abb. 10.47: Projekt Internet-Wetterstation

Die Wetterstation benötigt keine Verbindung zu einem PC und holt sich die Wetterinformationen direkt via Ethernet-Verbindung aus dem Internet. Zusätzlich werden auf dem Display Umweltdaten dargestellt, die von angeschlossenen Sensoren geliefert werden. Mittels Drucktaster kann die Anzeige zwischen verschiedenen Bildschirmansichten umgeschaltet werden (Abbildungen 10.48 bis 10.50).

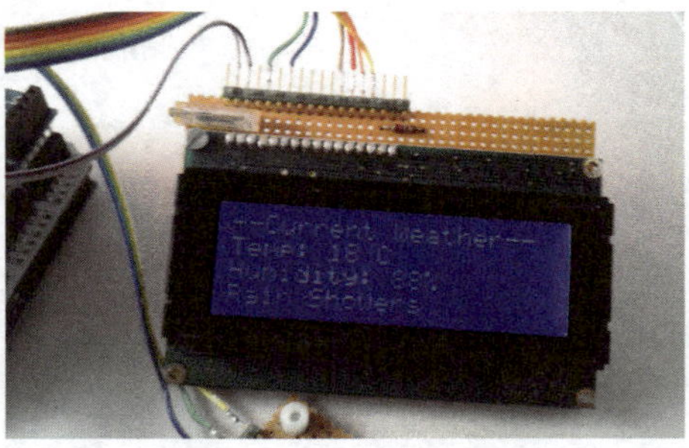

Abb. 10.48: Wetterstation: aktuelle Wetterdaten

Abb. 10.49: Wetterstation: Wettervorhersage

Abb. 10.50: Wetterstation: aktuelle Sensordaten

Die nachfolgende Stückliste listet alle für die Wetterstation benötigten Komponenten auf.

Stückliste (Wetterstation)

1 Arduino-Board

1 Ethernet-Shield

1 Proto-Shield

1 LC-Display (parallel, 20x4 Zeichen)

1 Sensor DHT11

1 Sensor DHT22

1 Potentiometer 10kOhm

2 Widerstände 4.7kOhm

1 Widerstand 10kOhm

1 Drucktaster

Anschlussdrähte

Schaltungsaufbau

Für einen Prototypenaufbau empfiehlt es sich, die gesamte Schaltung auf einem Steckbrett aufzubauen. Abbildung 10.51 zeigt den Schaltungsaufbau auf dem Steckbrett mit den angeschlossenen externen Umweltsensoren.

Für den anschließenden Einsatz sollte die Schaltung nachher auf einem Proto-Shield aufgebaut werden, welches dann auf das Ethernet-Shield gesteckt wird.

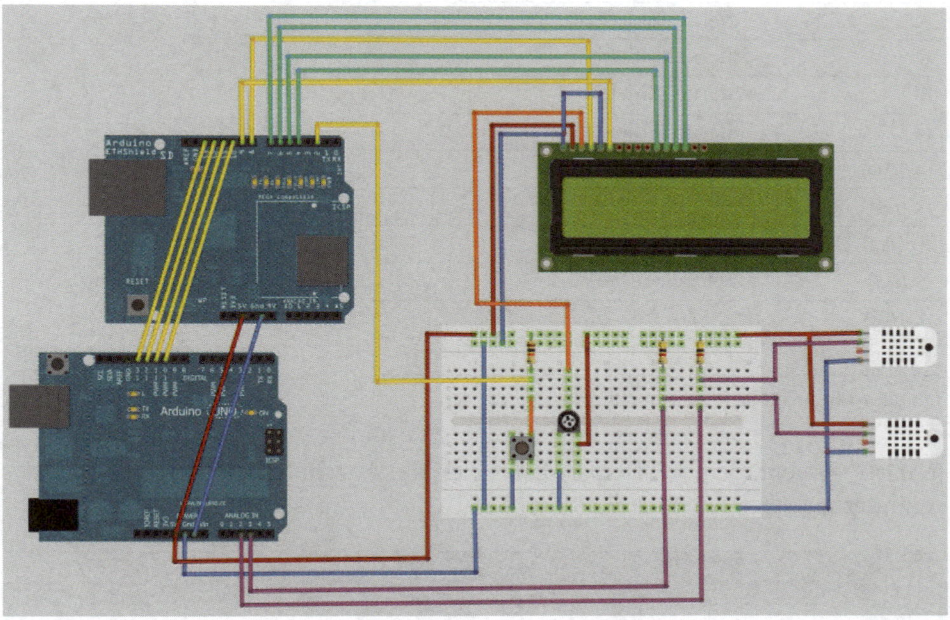

Abb. 10.51: Wetterstation auf dem Steckbrett

Beim Schaltungsaufbau und der Auswahl der Ports des Arduino-Boards muss beachtet werden, dass das Ethernet-Shield standardmäßig die Pins 10–13 (Ethernet) und den Pin 4 (SS-Signal für SD-Karte) verwendet. Diese Pins können somit nicht für andere Zwecke verwendet werden. In diesem Projekt wird die SD-Karte nicht verwendet, und daher kann Pin 4 als Ausgang gesetzt und zur Ansteuerung des LC-Displays verwendet werden.

In Tabelle 10.6 sind die verwendeten Pins des Arduinos und deren Verwendung aufgelistet.

Pin-Nummer	Verwendung
0	RX
1	TX
2	Taster
3	frei
4	LCD DB4
5	LCD DB5
6	LCD DB6
7	LCD DB7
8	LCD RS
9	EN
10	Ethernet-Shield
11	Ethernet-Shield
12	Ethernet-Shield
13	Ethernet-Shield
14 (A0)	frei
15 (A1)	frei
16 (A2)	DHT11 (Innensensor)
17 (A3)	DHT22 (Außensensor)
18 (A4)	I2C SDA
19 (A5)	I2C SCL

Tabelle 10.6: Arduino-Pins: Anschlussbelegung

Je nach verwendetem LC-Display kann sich die Anschlussbelegung des Displays verändern.

Tipp

Für die Ethernet-Verbindung kann auch das kompatible Ethernet-Shield von Seeedstudio eingesetzt werden. Dieses Board ist noch etwas kostengünstiger. Ein SD-Kartenadapter ist hier nicht vorhanden, und somit kann der Pinkonflikt (Pin4) elegant gelöst werden.

Schaltungsbeschreibung

Die zentrale Komponente neben dem Arduino-Board ist das aufgesteckte Ethernet-Shield. Über die Ethernet-Verbindung werden die Daten für die aktuellen Wetterdaten und die Wettervorhersage von der Yahoo! Weather-API abgefragt. Die beiden angeschlossenen Umweltsensoren vom Typ DHT11 und DHT22 messen die Umgebungstemperatur und Luftfeuchtigkeit im Raum beziehungsweise im Außenbereich. Die Wetterdaten und die aktuellen Sensorwerte der beiden verbundenen Sensoren werden auf einem angeschlossenen 4-zeiligen Display dargestellt. Die Umschaltung zwischen den einzelnen Bildschirmanzeigen wird durch einem Drucktaster ausgelöst. Mittels Druck auf den Knopf wird von einer Bildschirmanzeige auf die nächste Anzeige umgeschaltet, siehe Abbildungen 10.48 bis 10.50.

Das Betätigen des Bedienungsknopfes löst auf dem Arduino-Board einen Interrupt aus, welcher den Zähler `buttonPushCounter` um 1 erhört. Der Wert des Zählers definiert, welche Bildschirmansicht angezeigt und welche Funktion ausgeführt wird.

Codebeschreibung

Das Programm der Wetterstation wird wie gewohnt über die Setup-Routine und das Hauptprogramm gesteuert. Aus dem Hauptprogramm werden dabei verschiedene Unterfunktionen aufgerufen.

Vor dem Programmstart werden nötige Bibliotheken geladen, Definitionen vorgenommen und Variablen gesetzt.

```
#include <SPI.h>
#include <Ethernet.h>
#include <TextFinder.h>
#include <LiquidCrystal.h>
#include "DHT.h"

// Ethernet
byte mac[] = { 0xDE, 0xAD, 0xBE, 0xEF, 0xFE, 0xAD };
byte ip[] = { 10, 0, 1, 101 };
byte gateway[] = { 10, 0, 1, 1 };
byte subnet[] = { 255, 255, 255, 0 };
byte server[] = { 123, 123, 222, 222 }; // Website mit PHP-Skript

// Ethernet-Objekt
EthernetClient client;
// TextFinder-Objekt
TextFinder finder( client );

// DHT-Sensoren
// Innensensor
DHT dht11(16, DHT11);
// Aussensensor
```

```
DHT dht22(17, DHT22);

// Buttonvariablen
// Button für Bildumschaltung
const int buttonPin = 2;
// Bildzähler (1-3)
int buttonPushCounter = 1;

//Initialisierung LCD, Pin-Belegung
LiquidCrystal lcd(8, 9, 4, 5, 6, 7);

// Wartezeiten
long previousMillis1 = 0;
// Current Weather
long interval1 = 60000;
long previousMillis2 = 0;
// Weather Forecast
long interval2 = 60000;
long previousMillis3 = 0;
// Sensor Data
long interval3 = 10000;
long startinterval1=1000;
long startinterval2=1000;
long startinterval3=1000;
long iv1;
long iv2;
long iv3;

// Variablen Current Weather
char now_temp[30];
char now_cond[50];
char now_hum[50];

// Variablen Weather Forecast
char today_day[10];
char today_cond[30];
char today_min[10];
char today_max[10];
char tomorrow_day[10];
char tomorrow_cond[30];
char tomorrow_min[10];
char tomorrow_max[10];
```

Im Setup wird der Eingangs-Pin für den Bedienknopf definiert.

```
// Inputtaster zur Bildschirmwahl
pinMode(buttonPin, INPUT);
```

Nun wird der Interrupt definiert, welcher den Zustand des Bedienknopfes abfragt.

```
// Interrupt
attachInterrupt(0, Taste, FALLING);
```

Bei fallender Flanke, also wenn der Eingangszustand von HIGH auf LOW wechselt, werden der Interrupt 0 ausgelöst und die Funktion `Taste()` aufgerufen. Der Interrupt 0 fragt standardmäßig Pin 2 des Arduino-Boards ab.

Jetzt werden die serielle Schnittstelle und die Ethernet-Kommunikation gestartet.

```
// Serielle Schnittstelle
Serial.begin(9600);
// Start Ethernet-Verbindung
Ethernet.begin(mac, ip);
```

Nun werden die beiden Objekte der DHT-Sensoren gestartet.

```
// Start Sensoren DHT
dht11.begin();
dht22.begin();
```

Zum Abschluss werden der Startbildschirm vorbereitet und die Starttexte ausgegeben.

```
// Ausgabe Startbildschirm
lcd.begin(20, 4);
lcd.setCursor(0,0);
lcd.print("--Weather Station--  ");
lcd.setCursor(0,1);
lcd.print("Projekt");
lcd.setCursor(0,2);
lcd.print("V1.0");
delay(1000);
lcd.clear();
int buttonPushCounter = 1;
lcd.setCursor(0,0);
lcd.print("--Weather Station--  ");
lcd.setCursor(0,1);
lcd.print("Read Data...");
```

Listing 10.22 zeigt die gesamte Setup-Routine.

```
void setup()
{
  // Inputtaster für Bildschirmwahl
  pinMode(buttonPin, INPUT);
  // Interrupt
  attachInterrupt(0, Taste, FALLING);
  // Serielle Schnittstelle
  Serial.begin(9600);
  // Start Ethernet-Verbindung
  Ethernet.begin(mac, ip);
  // Start Sensoren DHT
  dht11.begin();
  dht22.begin();

  // Ausgabe Startbildschirm
  lcd.begin(20, 4);
  lcd.setCursor(0,0);
  lcd.print("--Weather Station--  ");
  lcd.setCursor(0,1);
  lcd.print("Projekt");
  lcd.setCursor(0,2);
  lcd.print("V1.0");
  delay(1000);
  lcd.clear();
  int buttonPushCounter = 1;
  lcd.setCursor(0,0);
  lcd.print("--Weather Station--  ");
  lcd.setCursor(0,1);
  lcd.print("Read Data...");
  iv1=startinterval1;
  iv2=startinterval2;
  iv3=startinterval3;
}
```

Listing 10.22: Wetterstation: `Setup()`

Das Hauptprogramm fragt laufend den Wert des Druckzählers `buttonPushCounter` ab und ruft die entsprechende Funktion `funcx()` auf.

```
void loop()
{
  // LCD Yahoo Current Weather
```

```
  if (buttonPushCounter == 1)
  {
    func1();
  }

   // LCD Yahoo! Weather Forecast
  if (buttonPushCounter == 2)
  {
   func2();
  }

  // LCD Sensor Data
  if (buttonPushCounter == 3)
  {
    func3();
  }
}
```

Listing 10.23: Wetterstation: Hauptprogramm

Wie bereits in der Setup-Routine erwähnt, wird der Wert des `buttonPushCounter` durch den Aufruf der Funktion `Taste()` um 1 erhöht. Bei einem Zählerstand von 4 wir der Zähler wieder auf 1 gesetzt. Jeder Zählerstand entspricht einer einzelnen Bildschirmansicht. In dieser Lösung sind moment drei Bildschirmansichten verfügbar.

```
// Taste abfragen
// Funktion wird durch Interrupt aufgerufen
void Taste()
{
  iv1=startinterval1;
  iv2=startinterval2;
  iv3=startinterval3;
  buttonPushCounter++;
  if (buttonPushCounter == 4)
  {
    buttonPushCounter=1;
  }
  Serial.println(buttonPushCounter, DEC);
}
```

Jeder der drei Auswahlfunktionen `func1()`, `func2()` und `func3()`, die durch das Hauptprogramm aufgerufen werden, beinhaltet eine eigene Verzögerungsschaltung, welche dann jeweils die entsprechende Wetterfunktion aufruft.

Auf diese Weise kann jede Bildschirmansicht in einem eigenen Intervall aktualisiert werden. Die Wetterdaten in `func1()` und `func2()`, welche Daten von der Yahoo! Weather-API abfragen, werden alle 60 Sekunden aktualisiert. Die Werte der Sensoren in `func3()` werden alle 10 Sekunden auf den neuesten Stand gebracht.

```
//
// Funktionen
//

void func1()
{
  unsigned long currentMillis1= millis();
  if(currentMillis1 - previousMillis1 > iv1)
  {
    previousMillis1 = currentMillis1;
    getWeather();
  }
  iv1=interval1;
}

void func2()
{
  unsigned long currentMillis2= millis();
  if(currentMillis2 - previousMillis2 > iv2)
  {
    previousMillis2 = currentMillis2;
    getWeatherForecast();
  }
   iv2=interval2;
}

void func3()
{
  unsigned long currentMillis3= millis();
  if(currentMillis3 - previousMillis3 > iv3)
  {
    previousMillis3 = currentMillis3;
    getWeatherData();
  }
   iv3=interval3;
}
```

Je nach Zählerstand ruft die entsprechende Funktion dann die Wetterfunktion auf.

Funktion 1 und 2 beziehungsweise Bildschirmansicht 1 und 2 rufen Daten von Yahoo! Weather auf, die Funktion 3 liest die Werte von Temperatur und Luftfeuchtigkeit der beiden Umweltsensoren DHT11 und DHT22 aus.

Die Abfrage der Wetterdaten von Yahoo! Weather erfolgt auf die gleiche Weise wie im Abschnitt 10.4.2 beschrieben. Dabei wird für die beiden einzelnen Funktionen »Aktuelles Wetter« (Bildschirm 1) und »Wettervorhersage« (Bildschirm 2) jeweils eine eigenes PHP-Skript aufgerufen, welches eine Vorauswahl der Yahoo! Wetter-Daten trifft. Auf diese Weise müssen die Abfragefunktionen, welche auch die Text-Finder-Bibliothek nutzen, nur eine begrenzte Datenmenge abfragen, und nicht den ganzen XML-Feed von Yahoo! Weather.

Abfrage Aktuelles Wetter (Bildschirm 1)

Diese Abfrage aus der Bildschirmansicht 1 fragt die aktuellen Wetterdaten von einem im PHP-Skript definierten Standort ab und zeigt diese auf dem Bildschirm an.

Die Adresse, welche dabei aufgerufen wird, lautet wie folgt:

```
http://meinserver.com/weather-xml.php
```

Listing 10.24 zeigt die gesamte Abfrage des aktuellen Wetters.

```
// Current Weather
void getWeather()
{
  if (client.connect(server, 80)>0) {
    Serial.println("Connect Weather XML...");
    client.println("GET /weather-xml.php HTTP/1.0");
    client.println("HOST:www.meinserver.com\n\n");
    client.println();
    Serial.println("Connected...");
  }
  else {
    Serial.println(" connection failed");
  }
  if (client.connected())
  {
    // Yahoo! Wetter XML abfragen

    // Aktuelle Konditionen
    // Feld in XML: <weather_now_cond>
    finder.getString("<weather_now_cond>", "</weather_now_cond>",now_cond,50);
```

```
    Serial.print("Cond: ");
    Serial.println(now_cond);

     // Aktuelle Temperatur abfragen
     // Feld in XML: <weather_now_temp>
     if ( (finder.getString("<weather_now_temp>", "</
weather_now_temp>",now_temp,30)!=0) )
     {
      Serial.print("Temp C:  ");
      Serial.println(now_temp);
    }
    else
    {
      Serial.println("Temp C: ---");
    }

    // Aktuelle Luftfeuchtigkeit
    // Feld in XML: <weather_now_hum>
    finder.getString("<weather_now_hum>Humidity: ", "</
weather_now_hum>",now_hum,50);
    Serial.print("Hum: ");
    Serial.println(now_hum);

    // Ausgabe auf LCD
    lcd.clear();
    lcd.setCursor(0,0);
    lcd.print("--Current Weather--");
    lcd.setCursor(0,1);
    lcd.print("Temp: ");
    lcd.print(now_temp);
    lcd.print(" C ");
    lcd.setCursor(0,2);
    lcd.print("Humidity: ");
    lcd.print(now_hum);
    lcd.setCursor(0,3);
    lcd.print(now_cond);
    // Ende XML abfragen
  }
   else
   {
     // falls keine Verbindung aufgebaut werden konnte
     Serial.println("Disconnected");
     lcd.clear();
```

```
    lcd.setCursor(0,0);
    lcd.print("--Current Weather--");
    lcd.setCursor(0,1);
    lcd.print("No Data received...");
  }
  // Verbindung Ende
  client.stop();
  client.flush();
}
```

Listing 10.24: Wetterstation: Abfrage des aktuellen Wetters

Die PHP-Abfrage `weather-xml.php` ruft mittels der PHP-Bibliothek `SimplePie` (`http://simplepie.org/downloads/`) und einem Add-on (`http://simplepie.org/wiki/addons/yahoo_weather`) den Feed der Yahoo! Weather-API auf, liest die notwendigen Felder aus und gibt diese in einem eigenen XML-Format aus (Listing 10.25).

```
<?php
require_once('simplepie.inc');
require_once('simplepie_yahoo_weather.inc');

//
// Yahoo! Wetter Abfrage mit SimplePie

// SimplePie-Objekt initialisieren
$feed = new SimplePie();

// Yahoo! Wetter-Feed parsen
// Ort-ID und Einheiten
$feed->set_feed_url('http://weather.yahooapis.com/forecastrss?w=12893459&u=c');

// Ueberschreiben der SimplePie_Item-Klasse
$feed->set_item_class('SimplePie_Item_YWeather');

// Initialisierung
$feed->init();

// Item des Feeds
$weather = $feed->get_item(0);

// Wetterdaten als XML ausgeben
//XML Header
print '<?xml version="1.0" encoding="ISO-8859-1" ?>' . "\n";
```

```
print '<weather>' . "\n";
print '<place>';
print $weather->get_city();
print'</place>'. "\n";
print '<weather_now>' . "\n";
print '<weather_now_cond>';
print $weather->get_condition();
print'</weather_now_cond>' . "\n";
print '<weather_now_temp>';
print $weather->get_temperature();
print ' ';
print $weather->get_units_temp();
print'</weather_now_temp>' . "\n";
print '<weather_now_hum>';
print $weather->get_humidity();
print ' %';
print'</weather_now_hum>' . "\n";
print'</weather_now>' . "\n";
print '</weather>';
?>
```

Listing 10.25: PHP-Abfrage: aktuelles Wetter (weather-xml.php)

Abfrage Wettervorhersage (Bildschirm 2)

Diese Abfrage aus der Bildschirmansicht 2 fragt die Wettervorhersage eines im PHP-Skript definierten Standorts ab und zeigt diese auf dem Bildschirm an.

Die Adresse, welche dabei aufgerufen wird, lautet wie folgt:

```
http://meinserver.com/forecast-xml.php
```

Listing 10.26 zeigt die gesamte Abfrage der Wettervorhersage.

```
// Weather Forecast
void getWeatherForecast()
{
  if (client.connect(server, 80)>0) {
    Serial.println("Connect Weather XML...");
    client.println("GET /forecast-xml.php HTTP/1.0");
    client.println("HOST:www.meinserver.com\n\n");
    client.println();
    Serial.println("Connected...");
  }
  else {
```

```
    Serial.println(" connection failed");
  }
  if (client.connected())
  {
    // Yahoo! Wetter XML abfragen

   // Wettervorhersage heute
   // Tag
   // Feld in XML: <forecast_today_day>
   finder.getString("<forecast_today_day>",
"<forecast_today_day>",today_day,10);
   Serial.print("Day: ");
   Serial.println(today_day);

   // Konditionen
   // Feld in XML: <forecast_today_cond>
   finder.getString("<forecast_today_cond>",
"<forecast_today_cond>",today_cond,30);
   Serial.print("Today Cond: ");
   Serial.println(today_cond);

   // Temp Min
   // Feld in XML: <forecast_today_min>
   finder.getString("<forecast_today_min>",
"<forecast_today_min>",today_min,10);
   Serial.print("Today Min: ");
   Serial.println(today_min);

   // Temp Max
   // Feld in XML: <forecast_today_max>
   finder.getString("<forecast_today_max>",
"<forecast_today_max>",today_max,10);
   Serial.print("Tomorrow Max: ");
   Serial.println(today_max);

   // Wettervorhersage Morgen
   // Tag
   // Feld in XML: <forecast_tomorrow_day>
   finder.getString("<forecast_tomorrow_day>",
"<forecast_tomorrow_day>",tomorrow_day,10);
   Serial.print("Day: ");
   Serial.println(tomorrow_day);

   // Konditionen
```

```
  // Feld in XML: <forecast_tomorrow_cond>
  finder.getString("<forecast_tomorrow_cond>", "</
forecast_tomorrow_cond>",tomorrow_cond,30);
  Serial.print("tomorrow Cond: ");
  Serial.println(tomorrow_cond);

  // Temp Min
  // Feld in XML: <forecast_tomorrow_min>
  finder.getString("<forecast_tomorrow_min>", "</
forecast_tomorrow_min>",tomorrow_min,10);
  Serial.print("tomorrow Min: ");
  Serial.println(tomorrow_min);

  // Temp Max
  // Feld in XML: <forecast_tomorrow_max>
  finder.getString("<forecast_tomorrow_max>", "</
forecast_tomorrow_max>",tomorrow_max,10);
  Serial.print("tomorrow Max: ");
  Serial.println(tomorrow_max);

  // Ausgabe auf LCD
  lcd.clear();
   // Forecast Today
  lcd.setCursor(0,0);
  lcd.print(today_day);
  lcd.print(":");
  lcd.setCursor(0,1);
  lcd.print(today_cond);
  lcd.print(", ");
  lcd.print(today_min);
  lcd.print("-");
  lcd.print(today_max);
  // Forecast Tomorrow
  lcd.setCursor(0,2);
  lcd.print(tomorrow_day);
  lcd.print(":");
  lcd.setCursor(0,3);
  lcd.print(tomorrow_cond);
  lcd.print(",");
  lcd.print(tomorrow_min);
  lcd.print("-");
  lcd.print(tomorrow_max);
  // Ende XML abfragen
```

```
  }
  else
  {
    // falls keine Verbindung aufgebaut werden konnte
    Serial.println("Disconnected");
    lcd.clear();
    lcd.setCursor(0,0);
    lcd.print("--Weather Forecast--");
    lcd.setCursor(0,1);
    lcd.print("No Data received...");
  }
  // Verbindung Ende
  client.stop();
  client.flush();
}
```

Listing 10.26: Wetterstation: Wettervorhersage

Die PHP-Abfrage `forecast-xml.php` ruft mittels der PHP-Library `SimplePie` den Feed der Yahoo! Weather-API auf, liest die notwendigen Felder aus und gibt diese in einem eigenen XML-Format aus (Listing 10.27).

```
<?php
require_once('simplepie.inc');
require_once('simplepie_yahoo_weather.inc');

//
// Yahoo! Wetter-Abfrage mit SimplePie - Weather Forecast
//

// SimplePie-Objekt initialisieren
$feed = new SimplePie();

// Yahoo! Wetter-Feed parsen
// Ort-ID und Einheiten
$feed->set_feed_url('http://weather.yahooapis.com/forecastrss?w=12893459&u=c');

// Ueberschreiben von SimplePie_Item Klasse
$feed->set_item_class('SimplePie_Item_YWeather');

// Initialisierung
$feed->init();

// Item des Feeds
```

```
$weather = $feed->get_item(0);

// Wetterdaten als XML ausgeben - Forecast
//XML Header
print '<?xml version="1.0" encoding="ISO-8859-1" ?>' . "\n";
print '<weather>' . "\n";
print '<place>';
print 'Forecast for '.$weather->get_city();
print'</place>'. "\n";
$forecast=$weather->get_forecast(0);
print '<forecast_today>' . "\n";
print '<forecast_today_day>';
print $forecast->get_date(1);
print'</forecast_today_day>' . "\n";
print '<forecast_today_cond>';
print $forecast->get_label();
print'</forecast_today_cond>' . "\n";
print '<forecast_today_min>';
print $forecast->get_low();
print'</forecast_today_min>' . "\n";
print '<forecast_today_max>';
print $forecast->get_high();
print'</forecast_today_max>' . "\n";
print '</forecast_today>' . "\n";
$forecast=$weather->get_forecast(1);
print '<forecast_tomorrow>' . "\n";
print '<forecast_tomorrow_day>';
print $forecast->get_date(1);
print'</forecast_tomorrow_day>' . "\n";
print '<forecast_tomorrow_cond>';
print $forecast->get_label();
print'</forecast_tomorrow_cond>' . "\n";
print '<forecast_tomorrow_min>';
print $forecast->get_low();
print'</forecast_tomorrow_min>' . "\n";
print '<forecast_tomorrow_max>';
print $forecast->get_high();
print'</forecast_tomorrow_max>' . "\n";
print '</forecast_tomorrow>' . "\n";
print '</weather>';
?>
```

Listing 10.27: PHP-Abfrage: Wettervorhersage (forecast-xml.php)

Aktuelle Sensordaten (Bildschirm 3)

Auf der dritten Bildschirmansicht werden die Umweltdaten der beiden angeschlossenen Umweltsensoren angezeigt (Listing 10.28). Diese Darstellung wird alle 10 Sekunden aktualisiert.

```
// Weather Data
void getWeatherData()
{
  // DHT11 Innensensor
  float h11 = dht11.readHumidity();
  float t11 = dht11.readTemperature();
  // DHT22 Aussensensor
  float h22 = dht22.readHumidity();
  float t22 = dht22.readTemperature();
  lcd.clear();
  lcd.setCursor(0,0);
  lcd.print("--Sensor Data--");

  if (isnan(t11) || isnan(h11))
  {
   lcd.setCursor(0,1);
   lcd.print("In/Out: ");
   lcd.setCursor(0,2);
   lcd.print("Err: No Sensor data");
  }
  else
  {
    lcd.setCursor(0,1);
    lcd.print("In/Out: ");
    lcd.setCursor(0,2);
    lcd.print("T:");
    lcd.print(t11);
    lcd.print("C H:");
    lcd.print(h11);
    lcd.print("%");
  }

  // Ausgabe Aussensensor
  if (isnan(t22) || isnan(h22))
  {
   lcd.setCursor(0,3);
   lcd.print("Err: No Sensor data");
```

```
  }
  else
  {
    lcd.setCursor(0,3);
    lcd.print("T:");
    lcd.print(t22);
    lcd.print("C H:");
    lcd.print(h22);
    lcd.print("%");
  }
}
```

Listing 10.28: Wetterstation: aktuelle Sensordaten

Ausbaumöglichkeiten der Wetterstation

Mit zusätzlichen Sensoren kann diese Wetterstation jederzeit nach eigenen Wünschen und Bedürfnissen erweitert werden. Durch zufügen weiterer Funktionen `funcx()` können weitere Bildschirmansichten definiert werden, auf welchen zusätzliche Daten aus der Umwelt angezeigt werden.

Einige Beispiele dazu wären:

- Barometer (Luftdrucksensor)
- Lichtsensor
- Windmesser
- Feuchtesensoren für die Erde

10.9 Projekt: Online-Wetterstation

Weather Underground (`www.wunderground.com`) ist eine Online-Plattform rund um die Themen Wetter und Wettervorhersage. Über den Browser kann der Anwender die aktuellen Wetterdaten und Wettervorhersagen abfragen.

Abb. 10.52: Aktuelles Wetter bei Weather Underground

Neben den aktuellen Wetterdaten können interessierte Anwender, die eine Wetterstation betreiben ihre gemessenen Wetterdaten wie Temperatur, Luftfeuchtigkeit, Luftdruck oder Windgeschwindigkeit hochladen und speichern. Auf einer interaktiven Karte können dann die Besucher der Website die von den vielen Wetterstationen gesammelten Daten abfragen.

Abbildung 10.53 zeigt einen Kartenausschnitt der Region Zürich mit den registrierten Wetterstationen. Jeder gelbe Kreis kennzeichnet eine Wetterstation. Das Fähnchen am Kreis gibt die aktuelle Windrichtung am Standort der Wetterstation an.

Abb. 10.53: Wetterstationen in der Region Zürich auf `www.wunderground.com`

Viele registrierte Wetterstationen sind im Handel erhältliche Geräte. Die Daten werden dabei über eine Internetverbindung, direkt von der Wetterstation oder über eine Auswertungssoftware an die Webanwendung von Weather Underground gesendet.

Die Datenlieferung erfolgt dabei über eine gut dokumentierte API (*Application Programming Interface* oder Programmierschnittstelle). Die Beschreibung dieser Schnittstelle ist unter folgender Adresse abrufbar:

`http://wiki.wunderground.com/index.php/PWS_-_Upload_Protocol`

In der Praxis wird dabei eine Webadresse aufgerufen und eine Anzahl von Parametern übergeben (URL-Call). Die einzelnen Parameter sind dabei die einzelnen Wetterdaten. Nach erfolgreichem Aufruf der Update-Adresse werden die übergebenen Daten in der Datenbank gespeichert, und die aktuellen Wetterdaten sind online verfügbar.

Gemäß der Schnittstellenbeschreibung sieht dann ein Update-Aufruf wie folgt aus:

```
http://weatherstation.wunderground.com/weatherstation/
updateweatherstation.php?ID=KCASANFR5&PASSWORD=XXXXXX&dateutc
=2000-01-01+10%3A32%3A35&winddir=230&windspeedmph=12&windgustmph
=12&tempf=70&rainin=0&baromin=29.1&dewptf=68.2&humidity=90&weather
=&clouds=&softwaretype=vws%20versionxx&action=updateraw
```

Dieses relativ einfache Verfahren für das Daten-Update eignet sich somit auch ideal für Arduino-Anwendungen mit einem Ethernet-Shield. Auf dem Arduino-Board muss grundsätzlich nur ein Webclient-Sketch eingesetzt werden der die oben genannte Adresse von Weather Underground aufgeruft. Die Werte für die einzelnen Wetterparameter werden mit verschiedenen Sensoren gesammelt. Je nach Anwendungsfall müssen nicht alle verfügbaren Parameter übergeben werden. Falls kein Windmesser verwendet wird, muss der Wert für den Wind auch nicht übergeben werden.

Gemäß der Beschreibung der Programmierschnittstelle sind folgende Datenparameter verfügbar

`http://wiki.wunderground.com/index.php/PWS_-_Upload_Protocol#GET_parameters`

In Tabelle 10.7 sind die einzelnen Parameter aufgelistet. Alle zwingend erforderlichen Parameter sind in der Spalte *Pflichtfeld* mit JA gekennzeichnet.

Parameter	Beschreibung	Pflichtfeld
ID	Identifikation der Wetterstation	ja
PASSWORD	Passwort	ja
dateutc	Datum und Zeit (UTC) *Format: YYYY-MM-DD HH:MM:SS*	ja
action	Aktion für Update *action=updateraw*	ja
winddir	Windrichtung	nein
windspeedmph	Windgeschwindigkeit in Meilen/Std	nein
windgustmph	Geschwindigkeit Windböen in Meilen/Std	nein
windgustdir	Richtung der Windböen	nein
windspdmph_avg2m	Durchschnitt Windgeschwindigkeit	nein
winddir_avg2m	Durchschnitt Windrichtung	nein
windgustmph_10m	Geschwindigkeit Windböen der letzten 10 Min.	nein
windgustdir_10m	Windrichtung Windböen der letzten 10 Min.	nein
humidity	Luftfeuchtigkeit in %	nein
dewptf	Taupunkt in Grad F	nein
tempf	Temperatur in Grad F	nein

Tabelle 10.7: Weather Underground: Parameter für Datenupdate

Parameter	Beschreibung	Pflichtfeld
rainin	Regenmenge der letzten Stunde in Inch	nein
dailyrainin	Regenmenge für aktuellen Tag in Inch	nein
baromin	Luftdruck in Inch	nein
weather	Textbeschreibung Wetter	nein
clouds	Textbeschreibung Wolken	nein
soiltempf	Bodentemperatur in Grad F	nein
soilmoisture	Bodenfeuchtigkeit in %	nein
leafwetness	Blattfeuchtigkeit in %	nein
solarradiation	Sonnenstrahlung in W/m^2	nein
UV	UV-Index	nein
visibility	Sichtverhältnisse (Fernsicht)	nein
indoortempf	Raumtemperatur in Grad F	nein
indoorhumidity	Raumluftfeuchtigkeit	nein
softwaretype	Textbeschreibung Wetterstation	nein

Tabelle 10.7: Weather Underground: Parameter für Datenupdate (Forts.)

Je nach Art und Typ der verwendeten Wetterstation können nun mehr oder weniger umfangreiche Wetterdaten an die Online-Plattform geschickt werden.

In unserem Projekt verwenden wir einen Umweltsensor vom Typ DHT22 und senden hiermit Daten für Temperatur und Luftfeuchtigkeit an die Online-Wetterstation. Da auf einem Arduino-Board standardmäßig keine Uhrenfunktion vorhanden ist, generieren wir den erforderlichen Zeitstempel für den Parameter `dateutc` über eine kleine PHP-Funktion. Der Datenupdate erfolgt somit durch Aufruf des PHP-Programmes. Dazu platzieren wir eine Datei `wunderground.php` auf einem Webserver. Der Webserver kann dabei im Intranet oder im Internet verfügbar sein.

In Listing 10.29 ist der Inhalt der PHP-Datei `wunderground.php` dargestellt.

```
<?php
// Weather Underground Upload
// wunderground.php

// Werte als Parameter
$tempC=$_REQUEST["tempC"];
$humOut=$_REQUEST["humOut"];

$id = 'STATIONID'; // ID der Wunderground-Wetterstation
$password = 'PASSWORD'; // Wunderground-Passwort
```

```
$date = urlencode(gmdate('y-m-d+H:i:s'));

$tempF = urlencode(32+(1.8*$tempC)); // Umrechnung Grad C in Fahrenheit
$humidity = $humOut;

file_get_contents('http://weatherstation.wunderground.com/weatherstation/
updateweatherstation.php?ID=' . $id . '&PASSWORD=' . $password . '&dateutc='
. $date . '&tempf=' . $tempF . '&humidity=' . $humidity .
 '&softwaretype=ArduinoWeatherStation&action=updateraw');

?>
```

Listing 10.29: Update der Online-Wetterstation über wunderground.php

Der Aufruf des Webskripts erfolgt nun mit

`http://meinwebserver.com/wunderground.php?tempC=20.7&hum=44.0`

Die Adresse für den Webserver, im Beispiel `meinwebserver.com` muss natürlich entsprechend angepasst werden.

In der PHP-Datei werden die beiden Parameter mit den Wetterdaten eingelesen.

```
// Werte als Parameter
$tempC=$_REQUEST["tempC"];
$humOut=$_REQUEST["humOut"];
```

Falls noch kein Benutzeraccount vorhanden ist, muss dieser auf der Weather-Underground-Website beantragt werden (`http://www.wunderground.com/members/signup.asp`). Die Parameter für ID und Passwort werden jetzt im Skript hinterlegt.

```
$id = 'STATIONID'; // ID der Wunderground-Wetterstation
$password = 'PASSWORD'; // Wunderground-Passwort
```

Der Zeitstempel mit Datum und Zeit wird mittels PHP-Funktion erstellt und in der Variablen `$date` gespeichert.

```
$date = urlencode(gmdate('y-m-d+H:i:s'));
```

Da die Online-Wetterstation die Temperatur in Fahrenheit erwartet, wird diese noch umgewandelt.

```
$tempF = urlencode(32+(1.8*$tempC)); // Umrechnung Grad C in Fahrenheit
```

Die Luftfeuchtigkeit wird in Prozent angegeben und bedarf keiner Umwandlung.

```
$humidity = $humOut;
```

Die PHP-Funktion `file_get_contents()` ruft nun den zusammengesetzten String der Update-Seite mit allen nötigen Parametern auf.

```
file_get_contents('http://weatherstation.wunderground.com/weatherstation/
updateweatherstation.php?ID=' . $id . '&PASSWORD=' . $password . '&dateutc='
. $date . '&tempf=' . $tempF . '&humidity=' . $humidity .
'&softwaretype=ArduinoWeatherStation&action=updateraw');
```

Unser PHP-Skript kann nun zum Testen direkt im Browser aufgerufen werden:

`http://meinwebserver.com/wunderground.php?tempC=20.7&hum=44.0`

Die Seite im Browser bleibt leer, da im PHP-Skript keine Ausgabe auf den Bildschirm erfolgt. Zur Kontrolle kann die Wetterseite der Wetterstation aufgerufen werden. Die soeben erfassten Wetterdaten (Werte für Temperatur und Luftfeuchtigkeit) sollten umgehend sichtbar sein (Abbildung 10.54).

Beispiel-Wetterseite des Autors:

```
http://www.wunderground.com/personal-weather-station/dashboard?ID=ISCHAFFH4#history
```

Abb. 10.54: Weather Underground: Daten der eigenen Wetterstation

Der erste Teil unseres Projektes ist umgesetzt. Der Daten-Upload ist funktionsfähig.

Nun folgt noch der Arduino-Teil mit der Ethernet-Verbindung mittels eines Ethernet-Shields.

Stückliste (Online-Wetterstation)

1 Arduino-Board

1 Ethernet-Shield

1 Steckbrett

1 Widerstand 4.7kOhm

1 Sensor DHT22

Anschlussdrähte

In Abbildung 10.55 ist der Aufbau der Projektschaltung dargestellt. Der Umweltsensor DHT22 wird am digitalen Pin D2 angeschlossen.

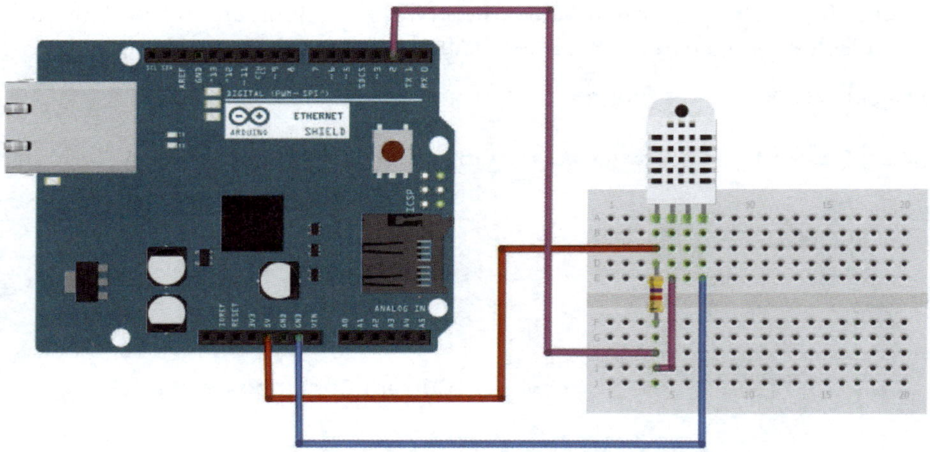

Abb. 10.55: Steckbrettaufbau: Schaltung Online-Wetterstation

Der Aufruf der auf dem Webserver abgelegten PHP-Funktion erfolgt mittels des bereits bekannten Webclient-Sketch.

Im Webclient wird geprüft, ob die abgelaufene Zeit genau einer Minute entspricht.

```
if ((millis() - updateTimer) > 60000)
```

Dann werden die Wetterdaten für Temperatur und Luftfeuchtigkeit vom DHT22 Sensor abgefragt.

```
// Messwerte einlesen
// Temperatur
```

```
tempC = dht.readTemperature();
// Luftfeuchtigkeit
humOut= dht.readHumidity();
```

Anschließend wird eine Ethernet-Verbindung aufgebaut und ein HTTP-Request ausgeführt. In diesem Aufruf ist die PHP-Datei **wunderground.php** mit den Parametern und Werten für Temperatur und Luftfeuchtigkeit hinterlegt.

```
// Ethernet-Verbindung aufbauen
    Ethernet.begin(mac, ip);
    Serial.println("connecting...");
    delay(1000);
    if (client.connect(server, 80))
    {
      Serial.println("connected");
      client.print("GET /wunderground.php?t=");
      client.print(tempC);
      client.print("&h=");
      client.print(humOut);
      client.println(" HTTP/1.0");
      client.println("HOST:meinserver.com\n\n");
      client.println();
      client.println();
      clientConnected = true;
}
```

Nach erfolgreichem Update der Wetterdaten vergeht wieder eine Minute, bis der nächste Aufruf der PHP-Funktion erfolgt.

Falls weitere Wetterdaten mitgeliefert werden sollen, muss der Aufruf von `client.print()` um den entsprechenden Parameter und den zugehörigen Messwert ergänzt werden. In der PHP-Datei müssen dann die weiteren Werte abgefragt und im Adressaufruf für das Update der Wunderground-Seite hinzugefügt werden.

In Listing 10.30 ist die ganze Updatefunktion dargestellt.

```
#include <SPI.h>
#include <Ethernet.h>
#include "DHT.h"

// Ethernet-Konfiguration
byte mac[] = { 0xDE, 0xAD, 0xBE, 0xEF, 0xFE, 0xED };
byte ip[] = { 192, 168, 1, 222 };
byte gateway[] = { 192, 168, 1, 1 };
```

```
byte subnet[] = { 255, 255, 255, 0 };

// IP des externen Servers
IPAddress server(123, 44, 55, 100);

EthernetClient client;

long updateTimer;

boolean clientConnected = false;

// Data Pin
#define DHTPIN 2
// Auswahl Sensor Typ
//#define DHTTYPE DHT11 // DHT 11
#define DHTTYPE DHT22   // DHT 22  (AM2302)
//#define DHTTYPE DHT21 // DHT 21 (AM2301)
// Sensor Objekt erstellen
DHT dht(DHTPIN, DHTTYPE);

float tempC;
float humOut;

void setup()
{
  Serial.begin(9600);
  Serial.println("Start...");
  dht.begin();
}

void loop()
{
  // Daten senden
  SendenDaten();
  // Status HTTP-Request einlesen
  checkStatus();
}

void SendenDaten()
{
  if ((millis() - updateTimer) > 60000)
  {
```

```
    // Messwerte einlesen
    // Temperatur
    tempC = dht.readTemperature();
    // Luftfeuchtigkeit
    humOut= dht.readHumidity();

    // Ethernet-Verbindung aufbauen
    Ethernet.begin(mac, ip);
    Serial.println("connecting...");
    delay(1000);
    if (client.connect(server, 80))
    {
      Serial.println("connected");
      client.print("GET /wunderground.php?t=");
      client.print(tempC);
      client.print("&h=");
      client.print(humOut);
      client.println(" HTTP/1.0");
      client.println("HOST:meinserver.com\n\n");
      client.println();
      client.println();
      clientConnected = true;
}
    else
    {
      Serial.println("connection failed");
    }
    updateTimer = millis();
  }
}

void checkStatus()
{
  if (clientConnected)
  {
    if (client.available())
    {
      char c = client.read();
      Serial.print(c);
    }
    if (!client.connected())
    {
```

```
        Serial.println();
        Serial.println("disconnecting.");
        client.stop();
        clientConnected = false;
      }
    }
  }
```

Listing 10.30: Update der Online-Datenbank mit Wetterdaten

Erweiterungsmöglichkeiten

Mit dem Einsatz von weiteren Sensoren wie Luftdrucksensor oder Windmesser kann die Online-Wetterstation zu einer sinnvollen Wetterstation mit detaillierten Wetterdaten ausgebaut werden.

Kapitel 11

Fehlersuche/Troubleshooting

Wo gearbeitet wird, passieren Fehler. So ist es auch beim Realisieren von Anwendungen und Projekten mit dem Arduino-Board. Das Zusammenspiel von Software und Hardware birgt immer die Gefahr, dass etwas nicht korrekt läuft. Es braucht nur wenig und das Programm läuft nicht, oder die Sensorschaltung liefert keine Signale.

11.1 Allgemeines Vorgehen

Das grundsätzliche Vorgehen ist immer dasselbe, egal, ob Programmerstellung oder Hardwareaufbau, indem man nur kleine Schritte macht und immer wieder prüft. Bei einer kleinen Erweiterung und einem daraus resultierenden Fehler ist der Ort des Problems schnell eingekreist.

Vor allem Einsteiger machen den Fehler, dass sie sich zu viel zumuten und dadurch zu viele mögliche Fehlerquellen schaffen.

Beim Aufbau einer Schaltung zur Ansteuerung einer 230-Volt-Lampe kann man zu Testzwecken auch eine Leuchtdiode als Last verwenden. Wenn dann das Programm und die Ausgangsschaltung sauber funktionieren, kann man den »Hochspannungsteil« realisieren.

11.2 Fehler in der Schaltung

Um einen Fehler in einer elektronischen Schaltung zu finden, braucht man zunächst einmal etwas Geduld. Damit die Chance eines Fehlers so gering wie möglich gehalten wird, sollte immer ein sauberer Aufbau auf einem Steckbrett vorgenommen werden. Spannungsversorgungsleitungen sollten immer die horizontalen Signalleitungen des Steckbretts verwenden. Auf diese Weise werden auch die Zuleitungen kurz gehalten.

Die meisten Schaltungen können im ersten Schritt auf dem Steckbrett ohne Arduino-Board getestet werden. Digitale Eingänge simuliert man dabei mit einfachen Tastern, analoge Eingangssignale mit einem Potentiometer, das zwischen +5 Volt und 0 V (GND) angeschlossen wird und als Spannungsteiler fungiert.

Bei der Fehlersuche geht man nun Schritt für Schritt die Schaltung durch und überprüft die einzelnen Stufen.

Voraussetzung für eine korrekte Funktion einer Schaltung ist das Vorhandensein einer stabilen Versorgungsspannung. Diese kann im Testbetrieb auf dem Steckbrett von einer 9-Volt-Batterie oder von einem Labornetzgerät (Netzgerät mit Spannungsregelung) geliefert werden.

Im Test und Betrieb mit dem Arduino kann die Versorgungsspannung dann vom Arduino-Board geliefert werden.

11.3 Fehler im Programm

Die häufigste Fehlerquelle nicht funktionierender Anwendungen ist das Programm. Dabei hilft die Entwicklungsumgebung bei der Prüfung, indem ein Kompilieren immer mit einer Erfolgsmeldung beantwortet wird. Damit weiß der Programmierer sofort, ob es überhaupt Sinn ergibt, ein Programm auf das Board hochzuladen.

Das grundsätzliche Vorgehen beim Erstellen und Debuggen von Programmen ist auch hier, dass man den Code schrittweise erstellt und prüft. Mit der Ausgabe von Werten über die serielle Schnittstelle steht ein gutes Werkzeug zur Anzeige von Variablenwerten und Byte-Informationen zur Verfügung. Wie die Ausgabe der Werte im Programm realisiert wird, ist in Kapitel 3 beschrieben.

Fehlermeldungen beim Kompilieren weisen auf Programmfehler hin. Dabei wird ein Fehlertext und eine Zeilennummer dargestellt. Die Fehlermeldung sollte genau gelesen werden, weil sie auf den möglichen Fehler hindeutet. Die Zeilennummer ist nicht immer genau die Zeile mit dem Fehler. Bei einem fehlenden Semikolon beispielsweise kann in der Fehlermeldung auch eine andere Zeile angegeben sein. Darum sollte man immer auch die Zeilen vor und nach der erwähnten Zeile überprüfen.

Bei der Fehlersuche sollte man immer auf folgende häufige Fehler achten:

1. Fehlendes Semikolon am Ende der Zeilenende
2. Groß-/Kleinschreibung von Anweisungen (bei korrekter Schreibweise wird die Anweisung orangefarben dargestellt)
3. Fehlende Klammern
4. Variablendeklaration zu Beginn des Programms

Mit der schrittweisen Annäherung an die Fehlermeldung und dem Ausgeben der Werte kommt man dem Fehler meist schnell auf die Spur.

11.4 Probleme mit der IDE

Probleme mit der IDE entstehen, wenn man beim Experimentieren das Arduino-Board nicht mit dem Computer verbindet, auf dem die Entwicklungsumgebung läuft, oder durch die falsche Auswahl des seriellen Ports. Dadurch kann keine serielle Verbindung aufgebaut werden.

Unter Windows kann zusätzlich eine Portnummer größer als COM10 Probleme verursachen. Darum sollte bei einem Kommunikationsfehler die Liste der COM-Schnittstellen im Geräte-Manager überprüft werden.

Auch die Auswahl eines falschen Board-Typs verursacht eine Fehlermeldung und ein Upload ist nicht möglich.

Erfahrungsgemäß sind Fehlermeldungen, die in der IDE angezeigt werden, durch oben genannte Punkte ausgelöst worden.

Falls die Arduino-IDE nicht mehr durch einen Klick auf das Arduino-Icon startet, kann man das Programm auch durch Ausführen der Datei `run.bat` aus dem Arduino-Verzeichnis starten. Funktioniert auch dies nicht, kann man die Datei `preferences.txt` löschen, die im Verzeichnis `Arduino-Verzeichnis\data` liegt. Anschließend sollte ein Start der IDE wieder möglich sein.

11.5 Hallo Arduino-Board

Beim Experimentieren passiert es schnell, dass man eine zu hohe Spannung mit einem Anschluss-Pin in Berührung bringt. Danach funktioniert das Programm nicht mehr korrekt. Ein zu hohe Spannung kann auch durch eine elektrostatische Entladung über das Board zustande kommen und eine Fehlfunktion verursachen.

Falls man nicht sicher ist, ob das Arduino-Board noch sauber läuft, kann man zur Funktionskontrolle das Programm Blink hochladen. Wenn die Leuchtdiode regelmäßig blinkt, ist dieser Teil funktionsfähig. Das gleiche Vorgehen kann man mit den anderen Ein- und Ausgängen ausprobieren. Auch die serielle Schnittstelle kann man auf diese Weise mit einem kleinen Testprogramm überprüfen.

Darum lohnt es sich, kleine Testprogramme zu erstellen und diese dann im Fall der Fälle zu verwenden.

Mit einem Potentiometer als Signalgeber können Sensoren simuliert und die analogen Eingänge überprüft werden.

Tipp

Beim nächsten Hardwareeinkauf sollte man sich, falls man die Mikrocontroller aus technischen Gründen nicht selbst programmieren kann, ein oder zwei programmierte Arduino-Mikrocontroller besorgen. So kann man im Falle eines Controllerausfalls schnell wechseln.

Es empfiehlt sich bei vielen Experimenten, ein oder zwei zusätzliche Boards zur Hand zu haben. So kann man schnell wechseln. Oder man baut sich eine Experimentierschaltung auf einem Breadboard auf und hat so eine weitere Möglichkeit, um die Schaltung zu testen.

DIY Boards und Clones

Als Open-Source-Projekt stehen alle Daten des Arduino-Projekts wie Stromlaufplan, Bauteileliste und die Layoutdaten der Leiterplatte offen zur Verfügung und können von Anwendern verwendet werden. Viele Hardwareentwickler und Bastler haben eigene Boards realisiert, die auf der Schaltung des originalen Arduino basieren. Dank der recht einfachen Minimalschaltung, die nur wenige Bauteile benötigt, sind viele Arduino-Varianten mit den unterschiedlichsten Bauformen und Zusatzfunktionen entstanden. Diese so genannten Arduino-Clones werden von den Entwicklern auf deren Websites, in Internet-Shops oder auf Auktionsplattformen als Bausätze oder Fertigmodule angeboten. Mit den verfügbaren Projektdaten kann sich jeder Arduino-Anwender seine Boards selbst erstellen und den eigenen Anforderungen anpassen.

In diesem Kapitel werden einige Varianten von Arduino-Clones vorgestellt und erklärt.

12.1 Boards

Die Anzahl der Arduino-Boards und Bauvarianten ist so vielfältig, und jeden Tag realisieren findige Arduino-Bastler neue Bauformen und Leiterplatten-Varianten. Jedes Board wurde vom Entwickler realisiert, um die Anforderungen des anschließenden Anwendungsfalles optimal zu erfüllen. Oftmals bietet ein Standardboard für einen Anwendungsfall nicht genügend Platz, andere Anschlussstecker sind erforderlich oder man möchte einfach nur eine günstigere Lösung realisieren.

12.1.1 Minimalschaltung Arduino

Abbildung 12.1 zeigt die Minimalschaltung des Arduinos. Der zentrale Baustein ist der Mikrocontroller (IC1) mit der Typbezeichnung ATmega328. Die Kondensatoren C2 und C3 und der Quarz (Q1) erzeugen den Takt für die Mikrocontrollerschaltung. Mit dem Widerstand R1, dem Kondensator C4 und dem Taster T1 ist eine Reset-Schaltung realisiert. Über den Widerstand R1 ist der Reset-Anschluss des Mikrocontrollers (Pin 1) mit HIGH verbunden. Durch Druck auf den Taster wird der Reset-Anschluss mit 0V (LOW) verbunden, und der Mikrocontroller wird zurückgesetzt. Zusätzlich kann über den Kondensator C4 und den DTR-Anschluss des FTDI-Steckers von außen ein Reset ausgelöst werden.

Der FTDI-Anschluss dient dabei als Schnittstelle zum angeschlossenen Rechner und liefert gleichzeitig die Spannungsversorgung. Am FTDI-Anschluss muss ein sogenannter USB-Seriell-Wandler angeschlossen werden. Wie der Name aussagt, ist das das Bindeglied zwischen dem USB-Anschluss des Rechners und der seriellen Schnittstelle der Arduino-Schaltung.

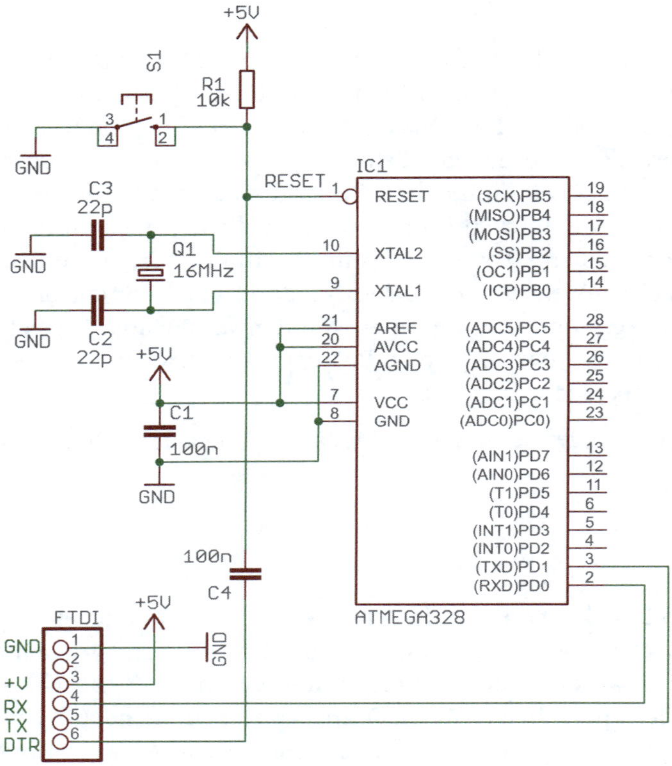

Abb. 12.1: Minimalschaltung des Arduinos

Stückliste (Minimalschaltung Arduino):

1 Mikrocontroller ATmega328 mit Arduino-Bootloader (IC1)

1 Quarz 16MHz (Q1)

1 Widerstand 10kOhm (R1)

2 Kondensatoren 22pF (C2, C3)

2 Kondensatoren 100nF (C1, C4)

1 Reset-Taster (S1)

1 Stiftleiste 6-polig (Stecker FTDI)

12.1.2 Bare Bone Breadboard Arduino

Die Minimalschaltung mit den neun Komponenten des vorherigen Abschnitts ist die Basis für den Bare Bone Breadboard Arduino, das Grundgerüst oder die Grundschaltung eines Arduino-Boards auf dem Steckbrett.

Die Steckbrett-Variante eignet sich ideal für die Entwicklungsphase eines Projekts. Die Schaltung ist schnell aufgebaut und kann durch die lötfreie Verbindungstechnik schnell verändert werden. Für den Upload der Arduino-Sketche wird auch ein USB-Seriell-Wandler verwendet, der am 6-poligen FTDI-Stecker angeschlossen wird.

Abbildung 12.2 zeigt den Schaltungsaufbau auf dem Steckbrett.

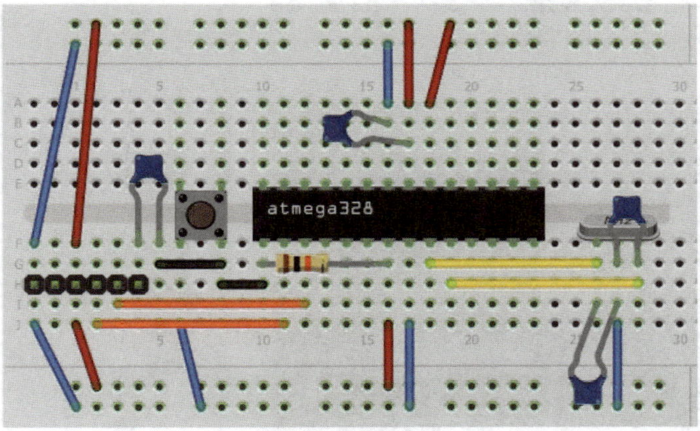

Abb. 12.2: Bare Bone Breadboard Arduino

Der Aufbau auf dem Streckbrett kann auch direkt für einen gelöteten Arduino-Prototyp verwendet werden. Der amerikanische Arduino-Distributor Adafruit (`http://adafruit.com`) hat Leiterplatten für Prototypaufbauten entwickelt, die den gleichen Aufbau wie ein Steckbrett aufweisen. Diese Prototyp-Leiterplatten mit der Bezeichnung Perma-Proto (`http://www.adafruit.com/products/591`) sind in verschiedenen Größen (Abbildung 12.3) verfügbar.

Abbildung 12.4 zeigt den Steckbrett-Aufbau des Breadboard-Arduinos als gelötete Version auf einer Perma-Proto-Leiterplatte. Für diesen Schaltungsaufbau wurde das half-sized Perma-Proto-PCB (`http://www.adafruit.com/products/591`) verwendet.

Dank des identischen Aufbaus der Kontakte können die Bauteile vom Steckbrett 1:1 aufs Perma-Proto-Board übernommen werden. Den ATmega328-Mikrocontroller lötet man dabei nicht direkt auf die Leiterplatte, sondern verwendet einen zusätzlichen IC-Sockel.

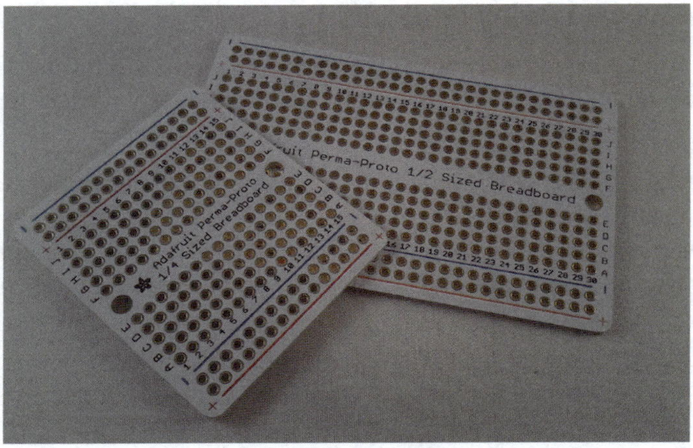

Abb. 12.3: Perma-Proto: Leiterplatten für Prototypen

Abb. 12.4: Breadboard-Arduino auf dem Perma-Proto-PCB

> **Tipp**
>
> Damit man beim Experimentieren die richtigen Pins anschließt, haben verschiedene Bastler Labels mit den Pin-Bezeichnungen erstellt.
>
> Ein sehr praktisches Beispiel ist das Label von Adafruit (siehe Abbildung 12.4), `http://forums.adafruit.com/viewtopic.php?f=44&t=18957`.

12.1.3 Really Bare Bone Board (RBBB)

Bauteile für Sensor-Anwendungen in Haus und Garten oder andere kleine Anwendungen, die mit dem Arduino realisiert werden, sind meist in einem festen und stabilen Gehäuse untergebracht. Oftmals muss die Anwendung dabei so klein wie möglich sein, damit sie in das gewählte Gehäuse passt, oder der Anwender möchte eine kostengünstigere Arduino-Variante verwenden. Die Steckbrettschaltung aus dem vorherigen Abschnitt ist zwar kostengünstig, aber für Anwendungen im produktiven Einsatz meist zu unstabil.

Alle Anforderungen, kleine Abmessungen, kostengünstig und ein stabiler Aufbau, bietet das Really Bare Bone Board (RBBB) von Modern Device (`http://modern-device.com`). Das RBBB ist als Minimal-Board realisiert und besitzt sehr geringe Abmessungen. Die schmale Leiterplatte ist 15 mm breit und 80 mm lang.

Abb. 12.5: Really Bare Bone Board (Bild: `moderndevice.com`)

Alle digitalen und analogen Ports des Arduinos sind beim RBBB seitlich auf Stiftleisten geführt. Das RBBB-Board kann so auch in ein Steckbrett oder eine Prototypenplatine gesteckt oder gelötet werden. Der 6-polige Anschluss für den FTDI-Stecker ist an der schmalen Seite positioniert und erlaubt ein einfaches Anschließen des Programmierkabels. Bei eigenständigen Anwendungen kann eine Versorgungsspannung von einer Batterie oder einem Netzteil an der Jack-Buchse angeschlossen werden.

Bei der Auswahl eines RBBB als Arduino-Board ist immer zu beachten, dass diese Aufbauvariante mechanisch nicht mit den Arduino Shields kompatibel ist. In der Praxis heißt das konkret, dass man, falls man Shields verwenden möchte, einen zusätzlichen Adapter verwenden muss. Dieser Adapter in Form einer Leiterplatte verbindet die Anschlussstifte des RBBB mit dem Shield.

Einen passenden Adapter liefert Wicked Device:

`http://shop.wickeddevice.com/product/rbbb-proto-shield-kit-board-only/`

12.1.4 Nanode

Das Nanode-Board (*Network Application Node*) ist ein weiterer erfolgreicher Arduino-Clone. Der Nanode (`http://nanode.eu`) wurde von Entwicklern des London Hackspace (`http://wiki.london.hackspace.org.uk/view/Project:Nanode`) entwickelt und besitzt denselben mechanischen Aufbau wie ein Standard-Arduino-Board. Zusätzlich besitzt das Nanode-Board, wie der Name aussagt, einen Netzwerkanschluss in Form einer Ethernet Schnittstelle. Der Nanode benötigt für die

Verbindung zum Internet kein zusätzliches Ethernet-Shield. Die gesamte Funktionalität ist auf der Grundplatine integriert, und somit eignet sich Nanode ideal für webbasierte Arduino-Anwendungen wie Sensor-Interface, Webdaten-Logger, Wetterstation oder Twitter-Tools (Abbildung 12.6).

Abb. 12.6: Arduino-Clone mit Ethernet: Nanode

Das Projekt Nanode hat sich aus einer Idee für ein kostengünstiges Arduino-Board mit Webconnectivity zu einem preisgekrönten Projekt entwickelt. Die Internet-Community hat Nanode mit dem Internet of Things Award 2011 in der Kategorie Open Source Project (`http://postscapes.com/best-iot-open-source-project-2011`) ausgezeichnet. Nanode hat dabei sogar das Quasi-Mutterprojekt Arduino übertrumpft.

Zwischenzeitlich ist das Nanode-Board bei verschiedenen Arduino-Produktlieferanten im Angebot und es wurden bereits über 1000 Boards verkauft.

Der Nanode ist Arduino-kompatibel und wird über einen USB-Seriell-Wandler mit dem Rechner verbunden. Aus Kosten- und Platzgründen wurde die Ethernet-Schnittstelle nicht mit einem Wiznet-Controller realisiert, der auf den Standard-Ethernet-Shields integriert ist, sondern mit einem Ethernet-Controller des Typs ENC28J60. Diese unterschiedliche Hardware-Konfiguration hat zur Folge, dass die Standard-Ethernet-Library nicht verwendet werden kann. Die Ethernet-Funktionalität wird mit der `EtherCard`-Library (`https://github.com/jcw/ethercard`) umgesetzt.

Neben dem klassischen Nanode-Board gibt es inzwischen weitere Nanode-Varianten und Erweiterungen. Dazu gehören der Nanode RF, ein Nanode mit integriertem RF-Modul zur drahtlosen Datenübertragung im 433-MHz- und 868-MHz-Bereich sowie Shields zur drahtlosen Datenübertragung. Alle verfügbaren Modelle sind im Nanode-Shop aufgelistet (`http://shop.nanode.eu`).

Hinweis

Neben der genannten `EtherCard`-Library gibt es für den Ethernet-Controller ENC28J60 noch die `EtherShield`-Library. Die Weiterentwicklung dieser Bibliothek wurde zwar kürzlich vom Entwickler beendet, in verschiedenen Anwendungen ist diese Library aber weiterhin im Einsatz.

12.1.5 Helvetino

Der Helvetino ist ein schweizer Arduino-Clone und wurde vom Autor zusammen mit weitereren Makern aus der Schweiz entwickelt.

Abb. 12.7: Helvetino: schweizer Arduino-Clone (Bild: boxtec.ch)

Das Ziel dieses Projektes war ein Low Cost-Arduino mit intergrierter Prototypenfläche. Wie man der Abbildung 12.7 entnehmen kann, sind auf dem mittleren Bereich der Leiterplatte freie Lötpads für eigene Schaltungsaufbauten vorhanden. Für eine einfache Sensorschaltung muss mit dem Helvetino kein zusätzliches Prototypen-Shield verwendet werden. Diese freien Lötpads, Flowerpads genannt, sind so ausgelegt, dass auch das Auflöten von SMD-Komponenten auf der Bestückungs- oder Lötseite der Leiterplatte möglich ist.

Der Helvetino ist als Bausatz (Kit) beim schweizer Arduino-Distributor Boxtec verfügbar.

`http://shop.boxtec.ch/helvetino-kit-v101-p-41829.html`

Fortgeschrittene Anwender können auch nur die Leiterplatte bestellen.

http://shop.boxtec.ch/helvetino-pcb-v101-p-42044.html

Das Projekt selbst ist als Open Source Hardware realisiert. Jeder Bastler und Maker kann sich die Leiterplattendaten im Fritzing- und Gerber-Format downloaden und weiternutzen.

https://github.com/boxtec/helvetino

Auf der Projektseite des Helvetino findet man eine ausführliche Anleitung für den Zusammenbau dieses Arduino-Clones.

http://playground.boxtec.ch/doku.php/products/helvetino

12.1.6 Sippino

Das Sippino Board des kanadischen Herstellers SpikenzieLabs ist ein für den Einsatz auf dem Steckbrett optimierter Arduino-Clone. Die Abmessungen des Sippino sind recht klein und auf dem Board sind alle Anschluss-Pins in einer Reihe angeordnet. Auf diese Weise kann das Board platzsparend auf ein Steckbrett montiert werden (Abbildung 12.8).

Abb. 12.8: Sippino: Arduino-Clone fürs Steckbrett

Das Sippino-Board wird als Bausatz ausgeliefert und muss vom Anwender selbst zusammengelötet werden. Mit der ausführlichen und bebilderten Anleitung kann dieser Arduino-Clone auch von einem Einsteiger mit etwas Löterfahrung aufgebaut werden.

http://www.spikenzielabs.com/SpikenzieLabs/sippino.html

12.1.7 RFBoard

Das RFBoard ist ein Arduino-Projekt des Autors, ein Arduino-Clone mit integriertem RFM12B-Transceiver für drahtlose Anwendungen. Das Board kann beispielsweise als Basisstation für den Gefrierschrankwächter aus Kapitel 5 verwendet werden.

Auf der Projektseite stehen die Daten der Leiterplatte sowie Details zum Projekt zur Verfügung.

`http://arduino-praxis.ch/projekte-2/rfboard/`

Abb. 12.9: RFBoard: Arduino-Clone mit RF-Transceiver

Auf der Leiterplatte des RFBoards (Abbildung 12.9) sind zur Spannungsversorgung ein Spannungsregler für 3,3 Volt und ein Spannungsregler für die internen 5 Volt im Einsatz.

Der Programm-Upload und die Datenkommunikation mit dem angeschlossenen Rechner erfolgt über die 6-polige FTDI-Leiste (6-polige Stiftleiste oben rechts).

12.2 Programmieradapter (USB-Wandler)

Die in diesem Kapitel beschriebenen Arduino-Clones haben alle keine USB-Schnittstelle integriert. Diese fehlende USB-Schnittstelle wird durch ein externes Modul ergänzt, den sogenannten USB-Seriell-Wandler. Dieser Wandler ist das Bindeglied zwischen dem USB-Port des Rechners und dem seriellen Anschluss des Arduino-Mikrocontrollers.

Der USB-Seriell-Wandler wird rechnerseitig über ein USB-Kabel am USB-Port des Computers angeschlossen. Am Arduino-Board wird der Wandler an der 6-poligen Stiftleiste angeschlossen, die meistens mit FTDI bezeichnet wird. Die Bezeichnung FTDI stammt vom Hardware-Hersteller des Logikbausteins, der auf dem USB-Seriell-Wandler die Signalumsetzung vornimmt.

Der USB-Seriell-Wandler ist in zwei Varianten verfügbar:

1. USB-Serial-Breakout-Board (kleines Leiterplatten-Modul, Abbildung 12.10)
2. USB-Serial-Cable (FTDI-Kabel, Abbildung 12.11)

Das USB-Serial-Breakout-Board ist eine kleine Leiterplatte mit USB-Anschluss und der 6-poligen Buchsenleiste.

Abb. 12.10: USB-Seriell-Wandler am Helvetino-Board

Das USB-Serial- oder FTDI-Kabel besitzt am einen Ende einen USB-Stecker (Typ A) und am anderen eine 6-polige Buchsenleiste.

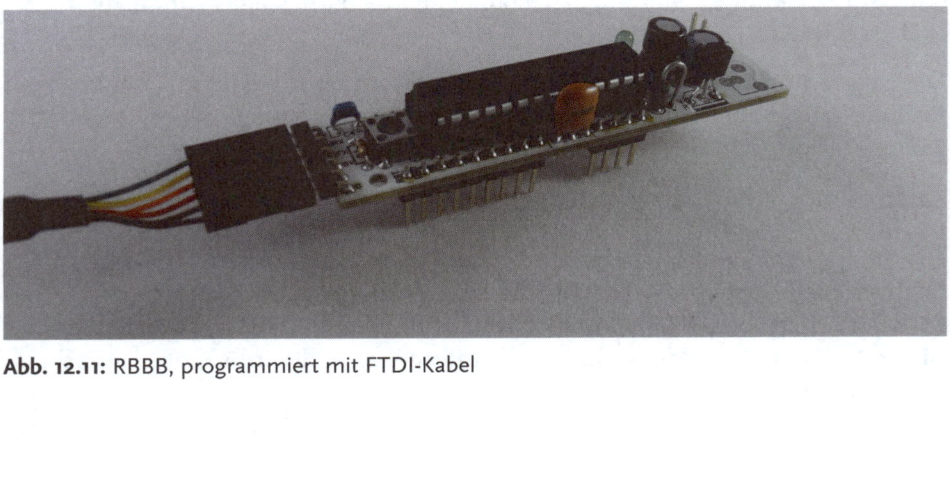

Abb. 12.11: RBBB, programmiert mit FTDI-Kabel

Beide Varianten des USB-Seriell-Wandlers, Leiterplattenversion und FTDI-Kabel, sind bei vielen Anbietern von Arduino-Produkten erhältlich. Die Leiterplattenversion des USB-Seriell-Wandlers wie in Abbildung 12.10 gibt es in verschiedenen Bauformen und Abmessungen. In Abbildung 12.12 sind einige der USB-Seriell-Wandler abgebildet, die der Autor für seine Projekte verwendet.

Abb. 12.12: USB-Seriell-Wandler: USB BUB, Foca V2.1, FTDI Buddy (v.l.n.r)

Diese leiterplattenbasierten USB-Seriell-Wandler eignen sich auch ideal für den Einsatz auf dem Steckbrett. Wird auf dem Steckbrett eine abgewinkelte Stiftleiste eingesetzt, kann der USB-Seriell-Wandler direkt angesteckt werden.

Hinweis

Beim Kauf eines USB-Seriell-Wandlers, Breakout-Boards oder Kabels, muss die Betriebsspannung beachtet werden. Meist ist in der Beschreibung erwähnt, ob das Produkt für 3,3 V oder 5 V ausgelegt ist. Bei einigen Produkten kann Betriebs- und Signalspannung mittels Steckverbinder oder Lötverbindung ausgewählt werden.

Zusätzlich muss bei der Auswahl des Wandler-Modules beachtet werden, welche Anschlussbelegung auf der Leiterplatte vorhanden ist. Die Quasi-Standard-Belegung ist in Tabelle 12.1 dargestellt. Das Modul Foca (`http://imall.iteadstudio.com/im120525005.html`), das von verschiedenen asiatischen Händlern angeboten wird, besitzt eine andere Anschlussbelegung mit 5 statt 6 Pins und kann nicht direkt an einem FTDI-Anschluss angeschlossen werden.

12.2.1 Anschlussbelegung FTDI

In Tabelle 12.1 sind die Anschlussbelegungen, die Bezeichnungen und die Kabelfarben aufgelistet.

Pin-Nr.	Kabelfarbe	Bezeichnung	Beschreibung
1	Schwarz	GND	GND
2	Braun	CTS	Nicht verwendet
3	Rot	Vcc	+3,3 oder +5 V
4	Orange	TXO	TX
5	Gelb	RXI	RX
6	Grün	DTR	Reset

Tabelle 12.1: USB-Seriell-Wandler/FTDI-Kabel

12.3 Programmierung über ICSP

Der ICSP-Anschluss (*In Circuit Serial Programming*) ist ein serieller Anschluss, der hauptsächlich für die Verbindung mit einem externen Programmiergerät genutzt wird. Auf dem Arduino Uno und den meisten kompatiblen Boards wird für diesen seriellen Port eine zweireihige Stiftleiste mit je drei Anschluss-Pins verwendet (Abbildung 12.13).

Abb. 12.13: Arduino Uno: ICSP-Anschluss

Am 6-poligen Anschluss ist die SPI-Schnittstelle angeschlossen. Mittels dieser Schnittstelle können Sketche auf das Board geladen werden. Zusätzlich ermöglicht die ICSP-Schnittstelle das Programmieren eines ATmega-Mikrocontrollers ohne Arduino-Bootloader. Dies ist praktisch und kostengünstig, da ein ATmega328-Mikrocontroller ohne Bootloader meist bedeutend günstiger ist als die Variante mit Arduino-Bootloader.

Wie oben erwähnt, wird für diese Art der Programmierung ein entsprechendes Programmiergerät benötigt. Auf dem Markt sind viele dieser sogenannten *AVR-Programmer* verfügbar. Einer der bekanntesten Programmieradapter für die Programmierung der Arduino-Boards ist der USBTinyISP von Adafruit.

`https://learn.adafruit.com/usbtinyisp`

Dieser Programmieradapter ist als Bausatz verfügbar und erlaubt den Anschluss von 6-poligen wie auch 10-poligen AVR-ISP-Systemen. Für die Programmierung der Arduino-Boards wird die 6-polige Variante verwendet. Beim Anschluss des Steckers muss die Position von Pin 1 beachtet werden. Beim Arduino Uno ist dieser mit einem Punkt gekennzeichnet (Abbildung 12.14).

Abb. 12.14: ICSP-Anschluss: Pin 1, oben links

Dazu steckt man das Flachbandkabel des Programmieradapters auf den ICSP-Anschluss des Arduino-Boards. Pin 1 ist auf dem Flachbandkabel meist farbig gekennzeichnet. Beim Programmieradapter des Autors war dies ein rotes Kabel für Pin 1 (Abbildung 12.15).

Abb. 12.15: ICSP-Anschluss: Flachbandkabel

Bei der Programmierung mittels Programmieradapter muss in der Entwicklungsumgebung der verwendete Programmer ausgewählt werden. Die Auswahl erfolgt über das Hauptmenu WERKZEUGE, PROGRAMMER (Abbildung 12.16).

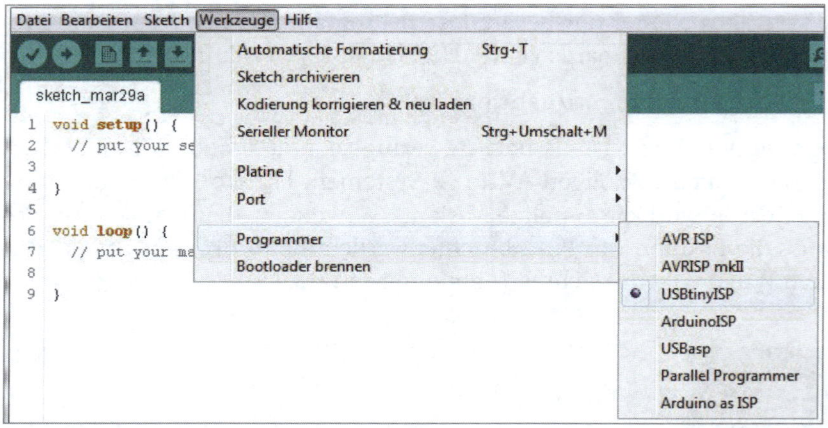

Abb. 12.16: Arduino IDE: Auswahl des Programmers

12.3.1 Der Arduino als Programmiergerät (Arduino ISP)

Nach den ersten Experimenten mit einem Standard-Arduino-Board bauen sich viele Anwender eigene Arduino-Clones auf dem Steckbrett auf, wie unser Beispiel aus Abschnitt 12.1.2 beschreibt. Mit einem Bare Bone Arduino auf einem Steckbrett oder einer Prototypen-Platine kann man kostengünstig kleine Projekte realisieren.

Wie bereits erwähnt, sind die ATmega-Mikrocontroller ohne Bootloader günstiger als vorprogrammierte Bausteine. Um die Materialkosten nochmals zu minimieren, verwenden erfahrene Anwender dann meist die unprogrammierten Bausteine und laden den Bootloader mittels eines Programmiergeräts selber auf den Mikrocontroller.

Steht dem Anwender kein Programmieradapter zur Verfügung, kann ein Arduino-Board als Programmieradapter genutzt werden, um den Arduino-Bootloader auf einen »leeren« ATmega-Mikrocontroller zu laden.

Diese Variante nennt sich Arduino ISP (In-System-Programmer).

`http://arduino.cc/en/Tutorial/ArduinoISP`

Der zu programmierende ATmega-Mikrocontroller muss nicht zwingend ein ATmega328 sein, auch ein ATmega168 oder ein ATtiny-Typ ist möglich. Der Mikrocontroller wird über den SPI-Bus mit dem Arduino-Programmier-Board verbunden. Auf das Programmier-Board selbst muss ein entsprechendes Programm geladen werden. Dieses heißt `ArduinoISP` und ist in den Beispiel-Sketchen der Entwicklungsumgebung zu finden (Abbildung 12.17).

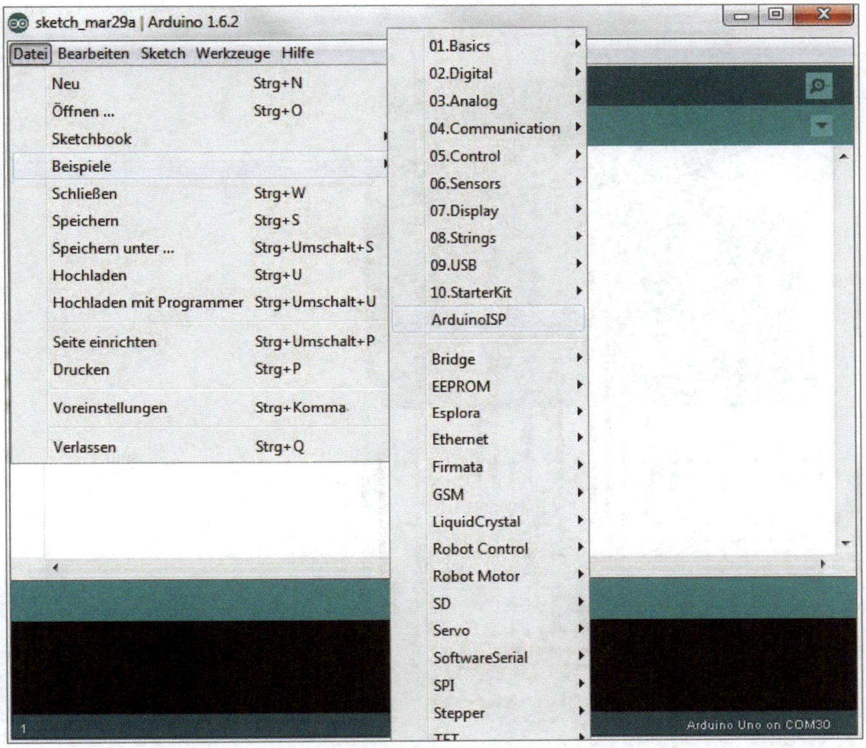

Abb. 12.17: Arduino-Beispiel »ArduinoISP«

Dieser Sketch muss auf dem als Programmiergerät arbeitenden Arduino-Board geladen sein.

Stückliste (Arduino ISP)

1 Arduino-Board

1 Steckbrett

1 ATmega328 Mikrocontroller (ohne Bootloader)

1 Quarz 16MHz

2 Kondensatoren 22pF

1 Widerstand 10kOhm

1 Taster

Anschlussdrähte

Der zu programmierende Baustein wird nun auf einem Steckbrett aufgesteckt. Anschließend werden die nötigen Verbindungen zum Programmiergerät gemäß Abbildung 12.18 hergestellt.

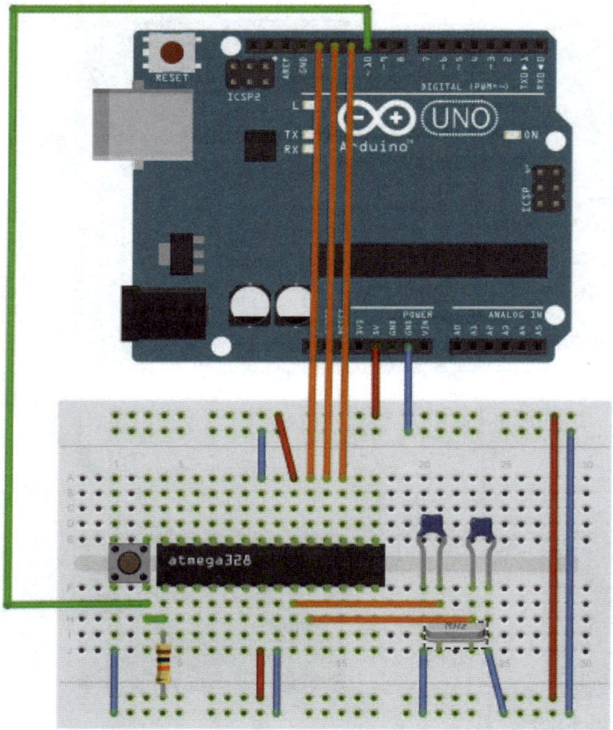

Abb. 12.18: Arduino ISP-Steckbrettaufbau

Das Laden des Bootloaders auf den ATmega-Mikrocontroller erfolgt gemäß folgenden Schritten:

1. Arduino-Board mit Beispielsketch ArduinoISP mittels USB-Kabel am Rechner anschließen.
2. Arduino mit dem Breadboard verbinden gemäß Abbildung 12.17.
3. In der Entwicklungsumgebung unter Werkzeuge, Programmer die Option Arduino as ISP auswählen (Abbildung 12.19).
4. Unter Werkzeuge, Platine das entsprechende Board beziehungsweise den Mikrocontroller auswählen. Für Standard-Arduino wäre dies Arduino Uno.
5. In der Entwicklungsumgebung unter Werkzeuge den Eintrag Bootloader brennen anklicken. Nach kurzer Zeit wird eine Erfolgsmeldung erscheinen, dass der Bootloader installiert ist.

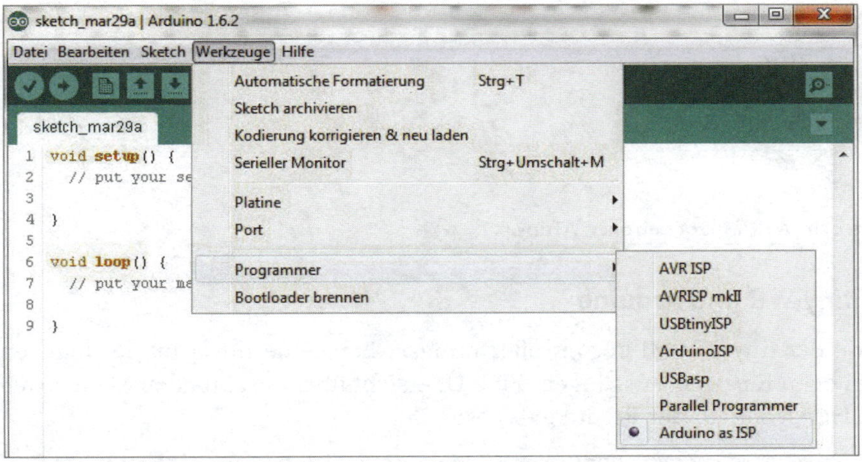

Abb. 12.19: Arduino als ISP

Somit ist der Bootloader programmiert und der Mikrocontroller kann nun im geplanten Arduino-Projekt eingesetzt werden.

Die Steckbrettschaltung lässt man idealerweise für den nächsten Programmiervorgang aufgebaut. Falls der Arduino-ISP öfters benötigt wird, errichtet man die Schaltung am besten auf einem Proto-Shield. Zur schnellen Auf-und Entnahme des Mikrocontrollers kann man einen sogenannten ZIF-Sockel verwenden.

Eine stabile Programmierlösung ist auch das in Abschnitt 12.4.4 beschriebene TinyLoadr Shield.

12.4 Arduino im Miniaturformat mit ATtiny

Beim Experimentieren mit einem Arduino Uno hat der Anwender 14 digitale, 6 analoge Pins sowie rund 30 kByte an Flash-Speicher zur Verfügung. Bei größeren Projekten wird üblicherweise ein Arduino Mega verwendet.

Aber nicht immer hat man in seinen Projekten einen Bedarf von 14 digitalen Ein- oder Ausgängen. Für einen kleinen Dämmerungsschalter oder Wassermelder werden nur wenige digitale oder analoge Pins benötigt. Gleichzeitig soll das Projekt in einem kleinen Gehäuse untergebracht und mit Batterien versorgt werden. Für solche Anforderungen eignen sich die kleineren »Geschwister« des ATmega328, des Microcontrolles auf dem Arduino Uno.

Die Mikrocontroller der Serie tinyAVR vom Halbleiterhersteller Atmel werden in verschiedenen Bauformen und mit unterschiedlichen technischen Daten geliefert. Die kleinsten Mikrocontroller haben nur 4 Ein- oder Ausgänge und sind in einem Gehäuse des Typs SOT-23 mit 6 Anschlüssen untergebracht (Abbildung 12.20).

Abb. 12.20: tinyAVR-Mikrocontroller: ATtiny4

12.4.1 tinyAVR und Arduino

Die Serie der tinyAVR-Mikrocontroller umfasst Bausteine mit 4 bis 18 digitalen oder analogen Ein- und Ausgängen. Eine Übersicht über die aktuellen Modelle liefert der Hersteller auf der Produkte-Website.

`http://www.atmel.com/products/Microcontrollers/avr/tinyavr.aspx`

Mikrocontroller mit einem Flash-Speicher von 1 kByte und höher eignen sich für Arduino-Anwendungen. In Tabelle 12.2 sind einige mögliche Mikrocontroller der tinyAVR-Reihe mit den technischen Daten aufgelistet.

Typ	Memory	Flash	EEPROM	Pins	Digital I/O	Analog Input	PWM
ATtiny13	64 Bytes	1 kB	64 Bytes	8	6	4	2
ATtiny2313	128 Bytes	2 kB	128 Bytes	20	18	0	4
ATtiny44	256 Bytes	4 kB	256 Bytes	14	12	8	4
ATtiny45	256 Bytes	4 kB	256 Bytes	8	6	4	2
ATtiny84	512 Bytes	8 kB	512 Bytes	14	12	8	4
ATtiny85	512 Bytes	8 kB	512 Bytes	8	6	4	4

Tabelle 12.2: tinyAVR-Mikrocontroller

Bei der Auswahl des entsprechenden ATtiny müssen jeweils die Anforderungen der geplanten Anwendung wie Anzahl der digitalen Signale, der PWM-Pins und der analogen Signale beachtet werden.

Für Experimente hat man meist wenige verschiedene Typen im Labor. Die nachfolgenden Beispiele nutzen dabei die Typen ATtiny45 und ATtiny84.

ATtiny45

Der ATtiny45 ist ein Mikrocontroller mit einem 8-Pin-Gehäuse und eignet sich für kleine Anwendungen. Abbildung 12.21 zeigt die Anschlussbelegung.

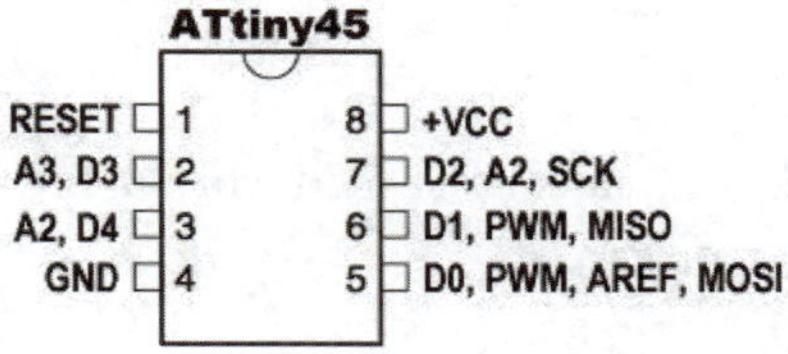

Abb. 12.21: ATtiny45: Anschlussbelegung

ATtiny84

Anwendungen mit vielen digitalen Signalen oder analogen Eingängen können mit dem ATtiny84 realisiert werden. Abbildung 12.22 zeigt die Anschlussbelegung.

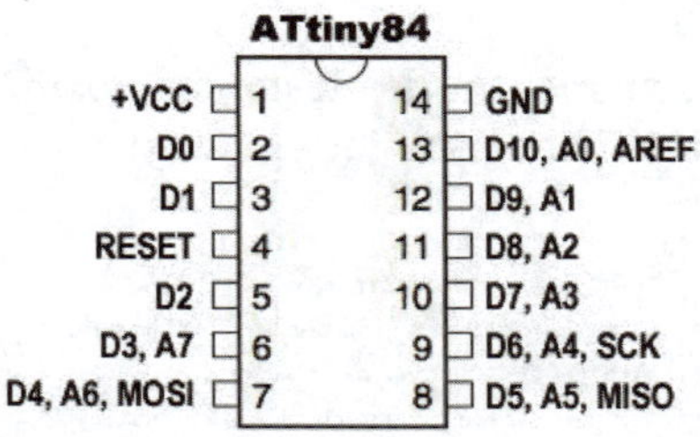

Abb. 12.22: ATtiny84: Anschlussbelegung

12.4.2 Installation eines Zusatzpakets

Um Arduino-Programme aus der Arduino-Entwicklungsumgebung (IDE) auf die ATtiny-Mikrocontroller zu laden, muss ein Zusatzpaket mit Pin-Informationen der Mikrocontroller und Bootloader-Daten auf dem Rechner installiert werden.

Um ein ATtiny als Arduino-Board betreiben zu können, ist ein Zusatzpaket erforderlich, das `arduino-tiny` heißt und unter folgender Adresse geladen werden kann:

```
http://code.google.com/p/arduino-tiny/
```

> **Hinweis**
>
> Das Zusatzpaket `arduino-tiny` ist für die aktuelle Version 1.6.2 der Entwicklungsumgebung noch nicht freigeben (Stand März 2015). Für alle nachfolgenden Beispiele und Projekte muss die IDE-Version 1.0.4 oder 1.0.6 verwendet werden.

Installationsablauf

1. Arduino-IDE schließen.
2. Download und Installation von Arduino-IDE 1.0.4, falls noch nicht vorhanden.
3. Download der ZIP-Datei `arduino-tiny-0100-0017.zip`.
4. Entpacken der Datei.
5. Entpacktes Verzeichnis in `tiny` umbenennen.
6. Verzeichnis `tiny` in Verzeichnis `pfad_zu_arduino_ide_1_0_4/hardware` kopieren.
7. Prüfen, ob im Verzeichnis `tiny` eine Datei namens `boards.txt` vorhanden ist.
8. Eventuell muss die Datei `Prospective Boards.txt` in `boards.txt` umbenannt werden.
9. Entwicklungsumgebung starten.

Nach dem Start der Entwicklungsumgebung erscheinen in der Liste der Boards nun zusätzlich die verschiedenen Typen der ATtiny-Reihe (Abbildung 12.23).

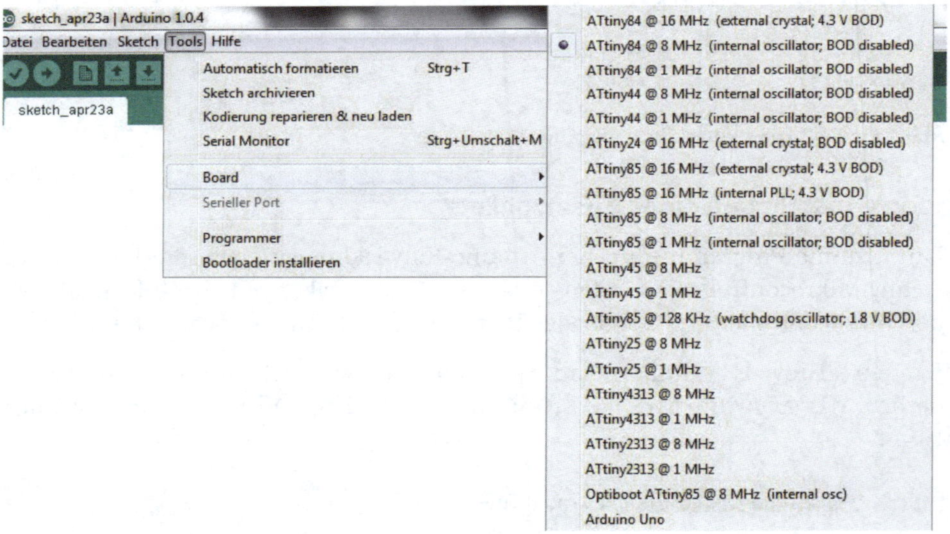

Abb. 12.23: Entwicklungsumgebung: ATtiny-Mikrocontroller

Mit dem Hinzufügen der ATtiny-Boards können diese kleinen Mikrocontroller nun in der Arduino-Entwicklungsumgebung wie die Standard-Arduino-Boards programmiert werden. Beim Einsatz der ATtiny-Mikrocontroller ist zu beachten, dass die Programmgröße begrenzt ist und dass nicht alle bisher bekannten Arduino-Befehle verfügbar sind. Falls zusätzliche Bibliotheken verwendet werden, muss jeweils geprüft werden, ob diese mit den ATtiny-Mikrocontrollern kompatibel sind.

In Arduino-Programmen für den ATtiny stehen nun folgende Anweisungen zur Verfügung:

- `pinMode()`
- `digitalWrite()`
- `digitalRead()`
- `analogRead()`
- `analogWrite()`
- `shiftOut()`
- `pulseIn()`
- `millis()`
- `micros()`
- `delay()`
- `delayMicroseconds()`
- `SoftwareSerial`

Zusätzlich muss beachtet werden, dass die zeitabhängigen Funktionen je nach verwendeter Taktfrequenz nicht korrekt arbeiten.

Serielle Ausgabe via ATtiny

Im soeben installierten Zusatzpaket `Arduino-Tiny` steht nur eine einfache serielle Schnittstelle zur Verfügung, die nur Daten senden, nicht aber empfangen kann.

In vielen Fällen reicht diese Möglichkeit aus, um Informationen vom ATtiny auszugeben, beispielsweise Debugging-Informationen.

In Tabelle 12.3 sind die Pin-Nummer mit dem seriellen Ausgabe-Signal aufgelistet.

ATtiny-Typ	Pin-Nummer	Portbezeichnung
ATtiny45/85	2	PB0
Attiny44/84	2	PB3

Tabelle 12.3: ATtiny: Serieller Port

Ein direkt am seriellen Signal angeschlossener USB/Seriell-Wandler ist ideal zur seriellen Ausgabe geeignet. Abbildung 12.24 zeigt den Steckbrett-Aufbau mit einem ATtiny84.

Mit dieser Lösung kann die serielle Ausgabe direkt am Rechner im seriellen Monitor der Entwicklungsumgebung dargestellt werden.

Die Verwendung der seriellen Ausgabe erfolgt mit der bekannten seriellen Klasse `Serial()` wobei nur die Ausgabe-Methode `Serial.print()` genutzt werden kann.

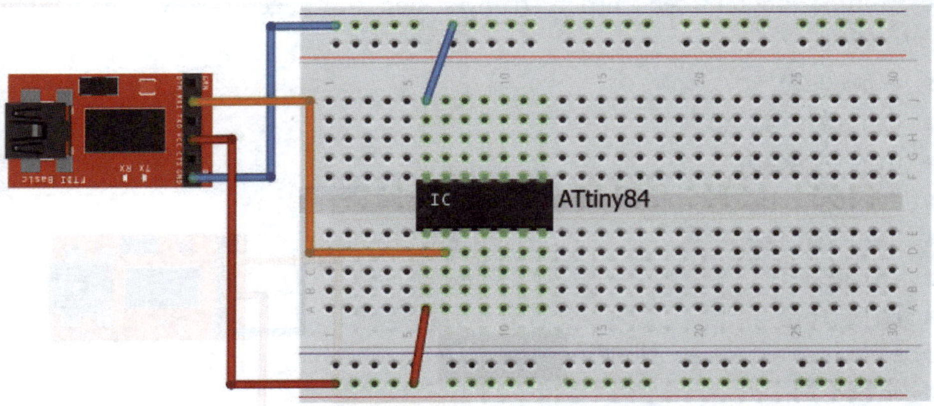

Abb. 12.24: ATtiny84: Serielle Ausgabe

In Listing 12.1 ist ein einfaches Beispiel einer seriellen Ausgabe dargestellt.

```
unsigned long zeit=0;

void setup()
{
  Serial.begin(9600);
  Serial.println("Serial Start...");
}

void loop()
{
  Serial.print("Abgelaufene Zeit: ");
  zeit=millis()/1000;
  Serial.print(zeit);
  Serial.print("s");
  delay(1000);
}
```

Listing 12.1: Serielle Ausgabe mit ATtiny

Nach der Deklaration der Variablen `zeit` als Long-Wert

```
unsigned long zeit=0;
```

erfolgt im Setup der Start der seriellen Schnittstelle und die Ausgabe einer Textmeldung.

```
void setup()
{
  Serial.begin(9600);
  Serial.println("Serial Start...");
}
```

Im Hauptprogramm wird nun jede Sekunde die abgelaufene Zeit ausgegeben. Die abgelaufene Zeit in Millisekunden wird dabei vor der Ausgabe durch die Division durch 1000 in Sekunden umgerechnet.

```
void loop()
{
  Serial.print("Abgelaufene Zeit: ");
  zeit=millis()/1000;
  Serial.print(zeit);
  Serial.print("s");
  delay(1000);
}
```

12.4.3 (Blink-)Schaltung mit ATtiny

Die Grundschaltung BLINK mit einem ATtiny45 ist im Vergleich zur Standardvariante mit einem ATmega328 viel kompakter. Neben dem ATtiny-Mikrocontroller, der Leuchtdiode und dem Vorwiderstand sind keine weiteren externen Komponenten notwendig. Die Taktfrequenz für diese Anwendung wird hierzu intern generiert und ist auf 8 MHz gesetzt. Ein externer Quarz ist in diesem Fall nicht nötig.

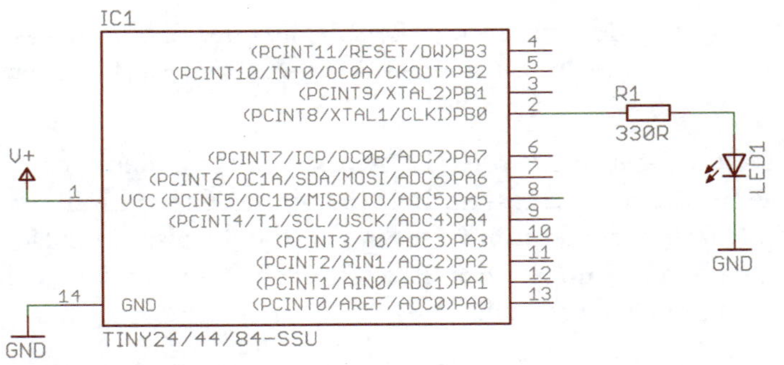

Abb. 12.25: ATtiny84: Blinkschaltung

Stückliste

1 ATtiny84 (IC1)

1 Widerstand 330Ohm (R1)

1 LED (LED1)

1 Steckbrett

Drahtbrücken

Abbildung 12.26 zeigt die auf dem Steckbrett aufgebaute Blinkschaltung. Die Stromversorgung für dieses Projekt erfolgt dabei über eine externe Batteriehalterung mit 2 AA-Batterien (3V). Grundsätzlich kann die Schaltung auch von einem USB-Netzteil oder einem ähnlichen Gerät versorgt werden.

Beim Einsatz von ATtiny-Mikrocontrollern muss immer geprüft werden, an welchen Pins die Versorgungsspannung anzuschließen ist. Die Anschlussbelegung unterscheidet sich hier von Typ zu Typ.

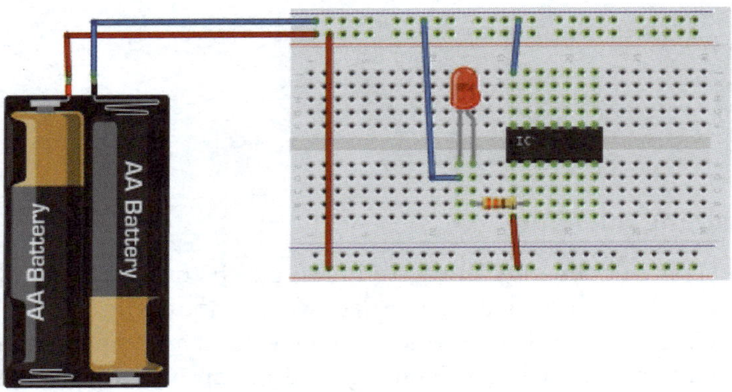

Abb. 12.26: ATtiny84: Blinkschaltung auf Steckbrett

Das Programm BLINK entspricht dem bekannten Beispiel aus der Entwicklungsumgebung. Einzig die Pin-Nummer muss für den ATtiny84 angepasst werden (Listing 12.2).

Wie anhand des Steckbrettaufbaus zu erkennen ist, wird die LED mit dem Vorwiderstand an Pin 2 des ATtiny84 angeschlossen. Im Programmcode wird nun der Pin 2 nicht mit der Pin-Nummer sondern mit der Signalnummer, also 0 für D0, angesprochen. Die Signalbezeichnungen des Paketes `arduino-tiny` für den ATtiny84 sind in Abbildung 12.22 dargestellt.

```
// LED an D0 = Pin 2
int LEDPin=0;
```

In der Setup-Routine wird nun der LED-Pin als Ausgang definiert.

```
void setup()
{
```

```
  // Ausgang setzen
  pinMode(LEDPin, OUTPUT);
}
```

Im Hauptprogramm wird dann der LED-Ausgang abwechselnd auf HIGH und auf LOW geschaltet. Zwischen den einzelnen Phasen erfolgt jeweils eine Wartezeit von 1000ms.

```
void loop()
{
  // LED Ausgang High
  digitalWrite(LEDPin, HIGH);
  // 1000ms warten
  delay(1000);
  // LED Ausgang Low
  digitalWrite(LEDPin, LOW);
  // 1000ms warten
  delay(1000);
}
```

Listing 12.2 zeigt das gesamte Programm für die kleine Blink-Schaltung mit dem ATtiny84.

```
// LED an D0 = Pin 2
int LEDPin=0;

void setup()
{
  // Ausgang setzen
  pinMode(LEDPin, OUTPUT);
}

void loop()
{
  // LED Ausgang High
  digitalWrite(LEDPin, HIGH);
  // 1000ms warten
  delay(1000);
  // LED Ausgang Low
  digitalWrite(LEDPin, LOW);
  // 1000ms warten
  delay(1000);
}
```

Listing 12.2: ATtiny84: Blink

12.4.4 Programmierung des ATtiny-Mikrocontrollers

Im Gegensatz zu einem Standard-Arduino besitzt die Schaltung aus dem vorherigen Abschnitt keinen USB-Anschluss für den Upload des Sketches. Für den Daten-Upload wird üblicherweise ein Programmieradapter (AVR-Programmer) verwendet, der via ICSP-Anschluss mit dem ATtiny-Mikrocontroller kommuniziert.

Anwendungen mit einem ATtiny haben daher meist auf der Leiterplatte einen ICSP-Anschluss integriert, an den das Programmiergerät angeschlossen werden kann. Falls dieser Anschluss auf der Leiterplatte nicht vorhanden ist, muss der ATtiny-Mikrocontroller außerhalb der Schaltung programmiert werden. Dazu stehen verschiedene Möglichkeiten zur Verfügung.

1. Programmierung mit dem Arduino-Board (ArduinoISP) auf Steckbrett oder Programmier-Shield.
2. Programmierung mit einem Programmiergerät und Selbstbau-Adapter.
3. Programmierung mit einem Programmiergerät und ICSP-Breakout-Board auf dem Steckbrett.

Bei Variante 1 können dabei ein Breadboard oder ein Arduino-Shield als Schnittstelle zwischen Arduino und ATtiny verwendet werden. Beide Möglichkeiten werden nachfolgend beschrieben.

Bei den Varianten 2 und 3 wird ein externes Programmiergerät verwendet. Beide Adapter-Lösungen werden in den nachfolgenden Projekten beschrieben.

Programmierung mit dem Arduino-Board (Arduino ISP) auf einem Steckbrett

Die Programmierung des ATtiny-Mikrocontrollers mit dem Arduino erfolgt über die SPI-Schnittstelle. Dabei werden die Signale MOSI, MISO, SCK und Reset vom Arduino-Board zum Steckbrett geführt. Der zu programmierende ATtiny-Mikrocontroller wird dann ins Steckbrett gesteckt.

Das Arduino-Board wird als Arduino ISP verwendet und entsprechend ist auf dem Board der Sketch ArduinoISP geladen.

In Tabelle 12.4 sind die nötigen Verbindungen zwischen dem Arduino-Board und ATtiny45 bzw. ATtiny84 aufgelistet.

SPI-Signal	Arduino Pin	ATtiny45	ATtiny84
MOSI	D11	Pin 5	Pin 7
MISO	D12	Pin 6	Pin 8
SCK	D13	Pin 7	Pin 9
Reset	D10	Pin 1	Pin 4

Tabelle 12.4: SPI-Kommunikation zwischen Arduino und ATtiny

In den Abbildungen 12.27 und 12.28 werden die Steckbrett-Aufbauten dazu dargestellt. Zu beachten ist, dass zusätzlich ein Kondensator für die Reset-Unterdrückung beim Upload erforderlich ist.

Stückliste

1 Arduino-Board

1 ATtiny45 oder ATtiny84

1 Steckbrett

1 Elko 10uF/50V

Drahtbrücken

Schaltungsaufbau für ATtiny45:

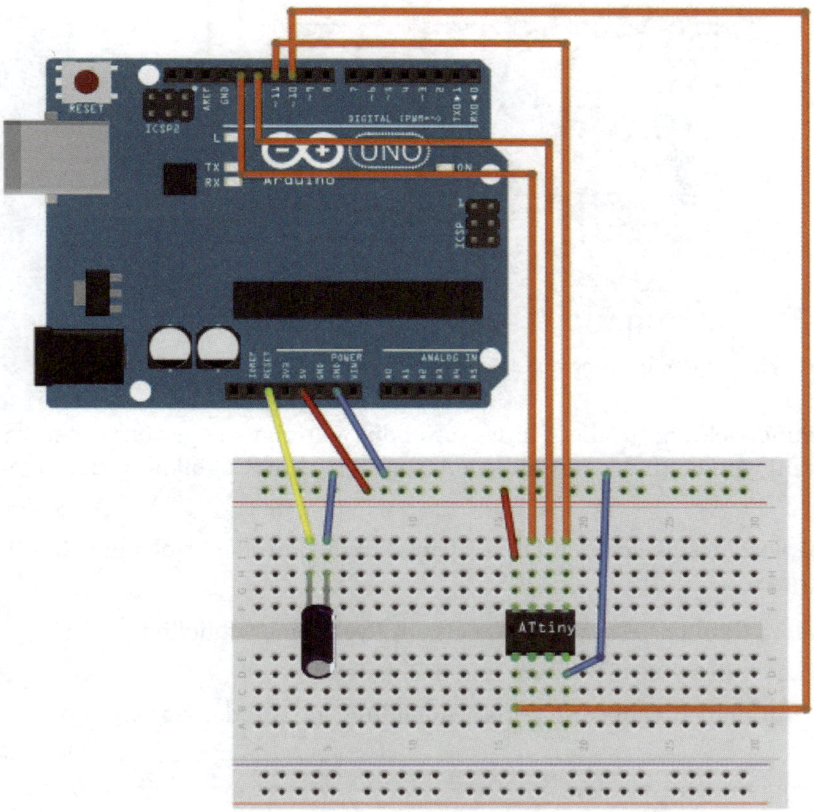

Abb. 12.27: ATtiny45-Programmierung mit dem Arduino

Schaltungsaufbau für ATtiny84

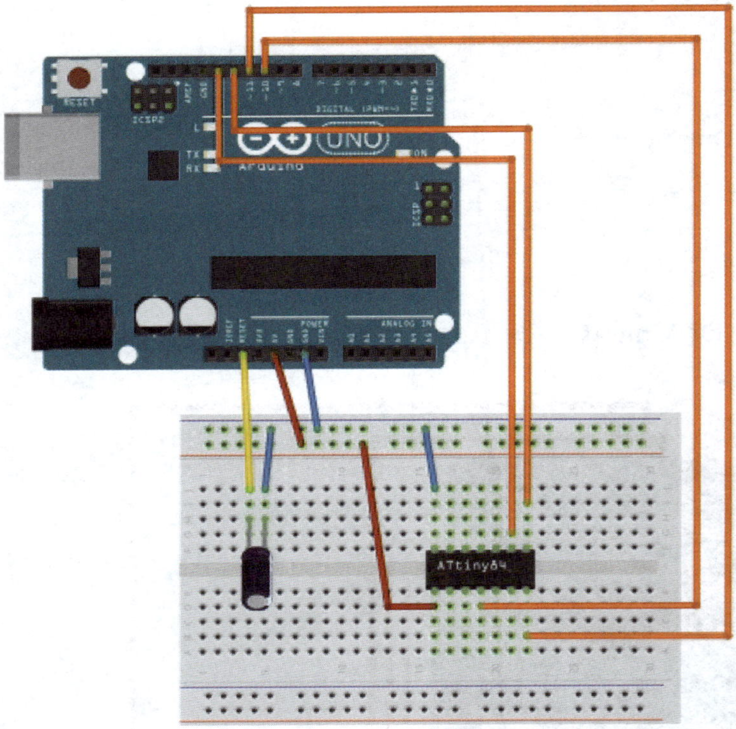

Abb. 12.28: ATtiny84-Programmierung mit dem Arduino

Die Programmerstellung für die ATtiny-Anwendung erfolgt wie gewohnt. Bei der Board-Auswahl wird dann der verwendete ATtiny-Typ gemäß Abbildung 12.23 eingestellt.

Der Daten-Upload des Sketches auf den ATtiny-Mikrocontroller erfolgt gemäß folgenden Schritten:

1. Arduino-Board mittels eines USB-Kabels am Rechner anschließen.
2. Beispielsketch ArduinoISP öffnen und hochladen.
3. Arduino mit dem Breadboard gemäß Abbildung 12.26 oder Abbildung 12.27 verbinden.
4. ATtiny-Programm auswählen.
5. ATtiny-Mikrocontroller auf das Steckbrett stecken.
6. In der Entwicklungsumgebung unter Tools, Programmer die Option Arduino as ISP auswählen (Abbildung 12.29).

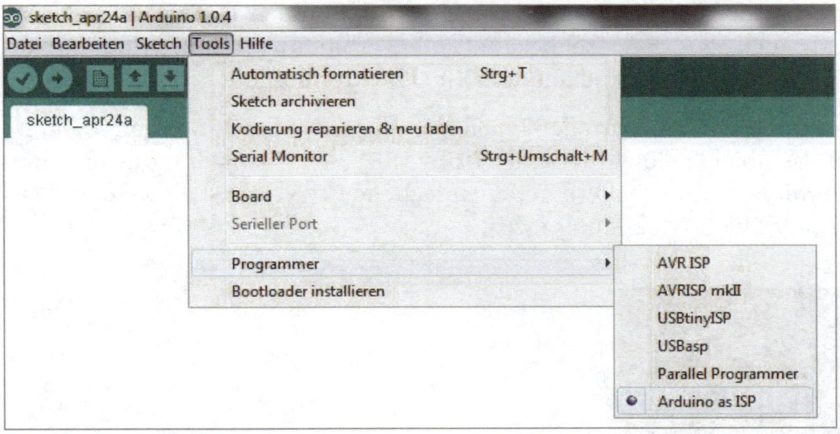

Abb. 12.29: Arduino als ISP

7. Falls ein ATtiny-Typ mit 1MHz betrieben wird, weiter zu Schritt 9, sonst weiter mit Schritt 8.
8. In der Entwicklungsumgebung unter TOOLS den Eintrag BOOTLOADER INSTALLIEREN anklicken. Nach kurzer Zeit wird eine Erfolgsmeldung erscheinen, dass der Bootloader installiert ist.
9. Nun kann das erstellte ATtiny-Programm auf den Chip geladen werden.
10. Wie gewohnt, dauert der Upload einige Sekunden.
11. Nach erfolgreichem Programm-Upload kann der nun programmierte ATtiny-Baustein in der eigenen Schaltung verwendet werden.

Hinweis

Der Schritt 8 ist erforderlich bei ATtiny-Anwendungen, die mit einer höheren Taktfrequenz als 1 MHz betrieben werden. Bei der Bootloader-Installation werden im Mikrocontroller gewisse elektronische Schalter, sogenannte Fuses, neu gesetzt.

Programmierung mit Arduino-Shield

Für den täglichen Einsatz und beim Experimentieren ist die Lösung mit dem Steckbrett sehr nützlich. Die Lösung ist zwar schnell aufgebaut, aber nicht sehr robust. Beim Ein- und Ausstecken des Bausteins kann schnell mal eine Drahtverbindung gelöst werden.

Da viele Anwender schon diese Erfahrungen gemacht haben, sind daraus fertige Lösungen in Form von Arduino-Shields entstanden. Die Shields werden dabei wie gewohnt auf das Arduino-Board gesteckt. Die Aufnahme des zu programmierenden Bausteins der ATtiny-Reihe wird mittels eines flexiblen IC-Sockels realisiert, in der Praxis auch als ZIF-Sockel bekannt. Alle Verbindungen vom Programmiersockel zum Arduino-Board sind auf dem Shield fix verdrahtet.

Um verschiedene Mikrocontroller-Typen zu programmieren, werden mehrere Sockel auf das Shield gelötet (Variante ATtiny ISP Shield, Abbildung 12.30) Alternativ kann mit Miniaturschaltern der entsprechende Typ eingestellt werden (Variante TinyLoadr Shield, Abbildung 12.31).

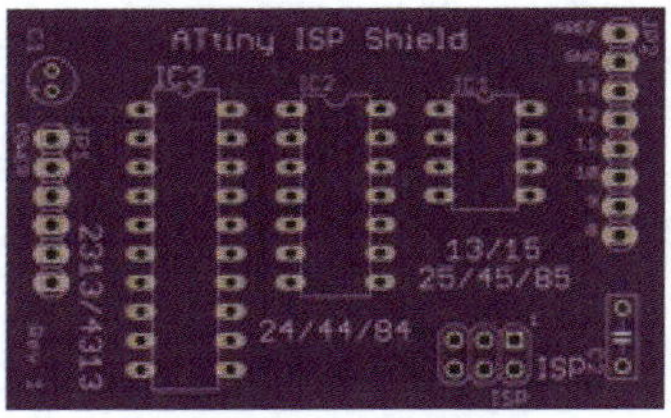

Abb. 12.30: ATtiny ISP Shield

Das ATtinyISP Shield in Abbildung 12.30 ist eine Open Source-Lösung (`http://oshpark.com/shared_projects/4a01SCe9`). Die Leiterplatte kann direkt beim Hersteller OSH Park bestellt werden.

Das TinyLoadr Shield in Abbildung 12.31 ist eine Lösung des kanadischen Open Source-Entwicklers Jeff Murchison (`http://murchlabs.com/build-instructions-tinyloadr-shield-kit/`). Diese komfortable Shield-Lösung bietet mit dem flexiblen ZIF-Sockel eine sichere Aufnahme für das ATtiny. Durch Aktivierung der einzelnen Schiebeschalter kann der gewünschte Typ ausgewählt werden. Statusanzeigen mit LEDs informieren den Anwender über den Programmierzustand.

Abb. 12.31: TinyLoadr Shield (Bildquelle: murchlabs.com)

Im Internet gibt es noch viele weitere Lösungen und Anleitungen zu diesem Thema. Der Autor empfielht für den Einstieg die Variante von Adafruit, bei der ein Proto-Shield als Basisplatine dient.

`https://www.adafruit.com/products/462`

Der Programmierablauf beim Einsatz eines Shields ist derselbe wie bei der Variante auf dem Steckbrett. Auf dem eingesetzten Arduino-Board muss der Sketch ArduinoISP geladen sein.

12.4.5 AVR-Programmer

Ein Arduino-Board mit geladenem ISP-Sketch, wie im vorherigen Abschnitt beschrieben, ist die einfachste Variante der Programmierung anderer Mikrocontroller. Wie man anhand des Auswahlmenüs für die Programmieradapter (Abbildung 12.29) erkennen kann, unterstützt die Arduino-Entwicklungsumgebung aber noch eine ganze Liste weiterer externer Programmiergeräte.

Externe Programmiergeräte werden verwendet, wenn der Anwender einen schnelleren Programm-Upload benötigt oder spezifische Fusebits in einem Mikrocontroller setzen will. Diese Programmiergeräte besitzen Schutzfunktionen wie Kurzschluss-Schutz und können Zielschaltungen mit Versorgungspannungen von 2 bis 5,5 V programmieren.

Verwendet der Benutzer statt der Arduino-IDE eine andere Entwicklungsumgebung, beispielsweise WinAVR oder Atmel Studio, so wird zwingend ein externes Programmiergerät benötigt.

Beim Einsatz eines externen Programmiergerätes wird der zu programmierende Mikrocontroller direkt in der Zielschaltung belassen. Die Verbindung vom Programmiergerät zur Zielschaltung erfolgt über eine mehrpolige Drahtverbindung. Die Kommunikation erfolgt auch hier via SPI-Schnittstelle. Wie bereits erwähnt, wird dazu ein 2x3-poliger oder 2x5-poliger Steckadapter verwendet. Diese Verbindungskabel mit 6 oder 10 Signalleitungen werden mit den Programmiergeräten mitgeliefert. Das Programmiergerät selbst wird über ein USB-Kabel mit dem Rechner verbunden.

Die Versorgung der Zielschaltung erfolgt dabei über den USB-Port des angeschlossenen Rechners, wobei der erforderliche Strom die Grenze des USB nicht überschreiten darf.

AVRISP mkII

`http://www.atmel.com/webdoc/avrispmkii/index.html`

Der AVRISP mkII (Abbildung 12.32) ist das Standard-Programmiergerät des Herstellers Atmel und kann bei verschiedenen Händlern und Distributoren geordert werden.

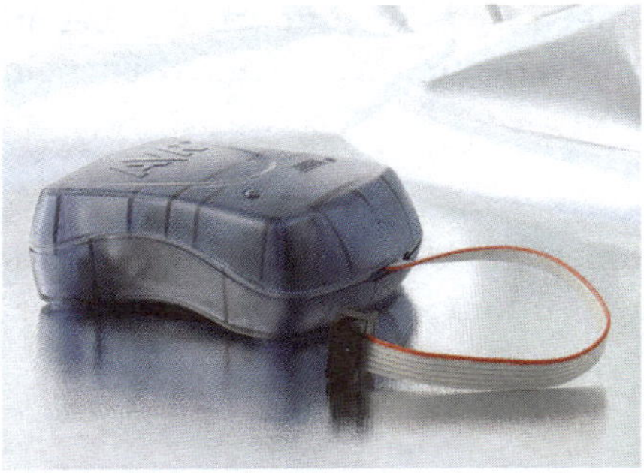

Abb. 12.32: AVRISP mkII Programmieradapter (Quelle: Atmel)

In der Arduino-Entwicklungsumgebung muss für diesen Programmierer der Typ `AVRIPS mkII` ausgewählt werden.

Pocket AVR Programmer

`https://www.sparkfun.com/products/9825`

Abb. 12.33: Pocket AVR Programmer (Quelle Sparkfun)

Der Pocket AVR Programmer von Sparkfun (Abbildung 12.33) ist eine einfache und günstige Lösung zur Programmierung von kleineren Mikrocontrollern. Zu beachten ist, dass dieser Programmierer nur AVR-Mikrocontroller mit maximal 64 kByte Flash unterstützt.

In der Arduino-Entwicklungsumgebung muss für diesen Programmieradapter der Programmer-Typ `USBtinyISP` gewählt werden.

USBtinyISP

`https://learn.adafruit.com/usbtinyisp`

Auch der USBtinyISP von Adafruit (Abbildung 12.34) ist ein kostengünstiger Programmieradapter für den Einsatz mit Arduino und ATtiny. Dieses Programmiergerät wird als Bausatz inklusive Gehäuse geliefert und erfordert etwas Löterfahrung beim Zusammenbau.

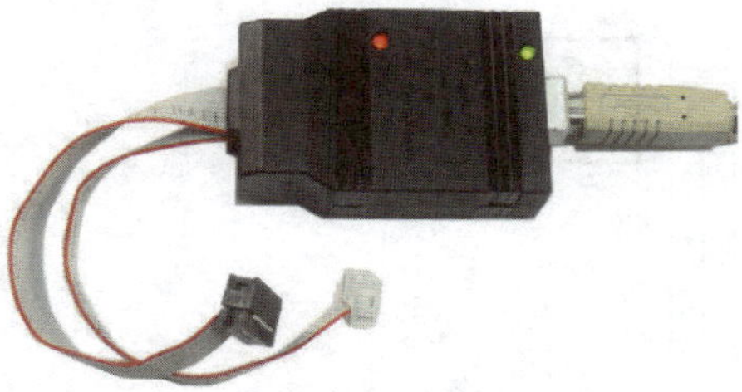

Abb. 12.34: USBtinyISP (Quelle: Adafruit)

Der USBtinyISP programmiert AVR-Mikrocontroller mit maximal 64 kByte Flash-Speicher.

12.4.6 Projekt Selbstbau-Programmieradapter

Der Programmieradapter ist eine handliche Leiterplatte, auf der ein Programmiersockel, ein sogenannter ZIF-Sockel aufgelötet ist. Auf diesen flexiblen Sockel wird nun ein zu programmierender ATtiny84 aufgesteckt, der dann per Arduino-Entwicklungsumgebung und einen AVR-Programmer programmiert werden kann. Die Verbindung vom Programmiergerät zum Programmieradapter erfolgt über ein 6-poliges Flachbandkabel (Abbildung 12.35).

Abb. 12.35: AVR-Programmer mit Programmieradapter

Die Schaltung des Programmieradapters ist recht einfach. Von der 2x3-poligen Stiftleiste gehen die Signale der SPI-Kommunikation auf die entsprechenden Pins des ATtiny84, beziehungsweise den ZIF-Sockel. An Pin 2 des ATtiny wird eine Statusleuchtdiode mit Vorwiderstand angeschlossen (Abbildung 12.36).

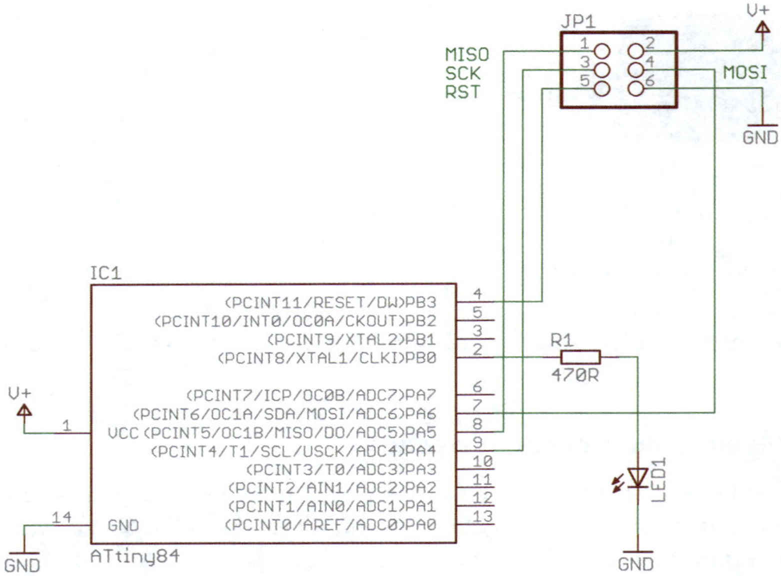

Abb. 12.36: Schaltung des Programmieradapters

Stückliste

1 AVR-Programmer

1 Flachbandkabel 6-polig

1 Lochrasterplatine

1 Stiftleiste 2x3-polig

1 ZIF-Sockel 14-polig

1 Widerstand 470Ohm

1 LED rot

Die wenigen Komponenten dieses praktischen Hilfsmittels können je nach Bedarf auf der Leiterplatte platziert werden. Zur Verbindung der einzelnen Pins hat der Autor bei seinem Prototyp dünne Wire-Wrap-Drähte verwendet (Abbildung 12.37).

Zum Schluss kann die Leiterplatte des Programmieradapters in ein geeignetes Gehäuse verpackt werden, wobei mechanische Aussparungen für den ZIF-Sockel, die LED und das Anschlusskabel eingeplant werden müssen.

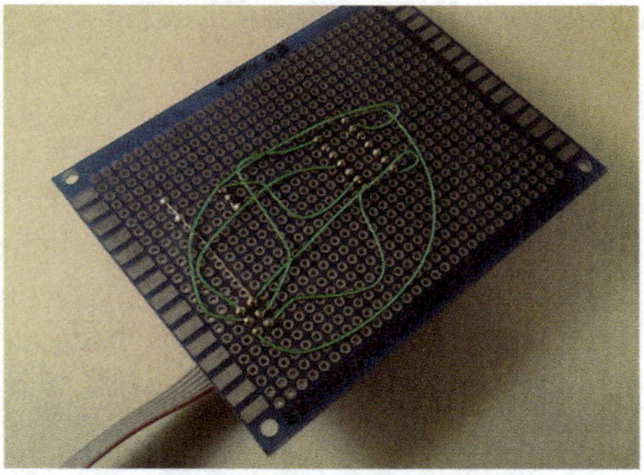

Abb. 12.37: Programmieradapter: Lötseite

12.4.7 Projekt ICSP-Breakout-Board fürs Steckbrett

Um einen ATtiny in einer Steckbrett-Schaltung zu programmieren, müssen die Signale des 6-poligen Steckers des AVR-Programmers mittels dünner Drähte mit der Steckbrett-Schaltung verbunden werden. Dieser »fliegende« Aufbau ist zwar schnell gesteckt, aber eher fehleranfällig.

Besser wäre eine Adapter-Platine, die direkt auf das Steckbrett gesteckt werden kann und einen stabilen Anschluss für das Programmiergerät besitzt.

Der Autor hat diese Anforderungen für seine eigenen Projekte in Form eines Breakout-Boards realisiert. Abbildung 12.38 zeigt die kleine Leiterplatte im Einsatz.

Abb. 12.38: ICSP-Breakout fürs Steckbrett

Die 6 Signale des AVR-Programmers werden auf eine gerade Stiftleiste geführt, die dann aufs Steckbrett gesteckt werden kann. Nun können die Signale mittels Drahtbrücken zu den jeweiligen Pins des ATtiny-Mikrocontrollers geleitet werden.

Details zum Breakout-Board findet man auf der Projekt-Seite des Autors.

`http://arduino-praxis.ch/projekte-2/icsp-adapter/`

12.4.8 Projekt Windlicht

In diesem kleinen praktischen Projekt wird ein Windlicht, das mit einem Teelicht betrieben wird, durch eine Leuchtdioden-Schaltung erweitert. Die elektronische Schaltung ersetzt dabei die Kerze. Der Vorteil dabei ist die längere Betriebsdauer und die erhöhte Sicherheit, da das Kerzenlicht elektronisch und nicht real ist.

Die Schaltung für das Windlicht benötigt nur wenige Bauelemente. Das optische Feuer wird mit drei Leuchtdioden, zwei gelben und einer roten LED, realisiert. Jede Leuchtdiode wird dabei separat angesteuert. Somit sind drei digitale Signale eines ATtiny-Mikrocontrollers nötig. Um die Schaltung auch mechanisch so klein wie möglich zu halten, soll ein kleiner ATtiny eingesetzt werden. Gemäß der Tabelle 12.2 kommen hier drei Typen mit einem 8-Pin-Gehäuse in Frage. Der Autor hat sich für den ATtiny45 entschieden.

Als Spannungsversorgung werden zwei Batterien mit je 1,5 Volt verwendet. Diese Batterien sind in einer Batteriehalterung mit Schalter untergebracht. Die Spannungsversorgung für die Windlicht-Schaltung beträgt somit 3 Volt.

Abbildung 12.39 zeigt die Schaltung für das Windlicht.

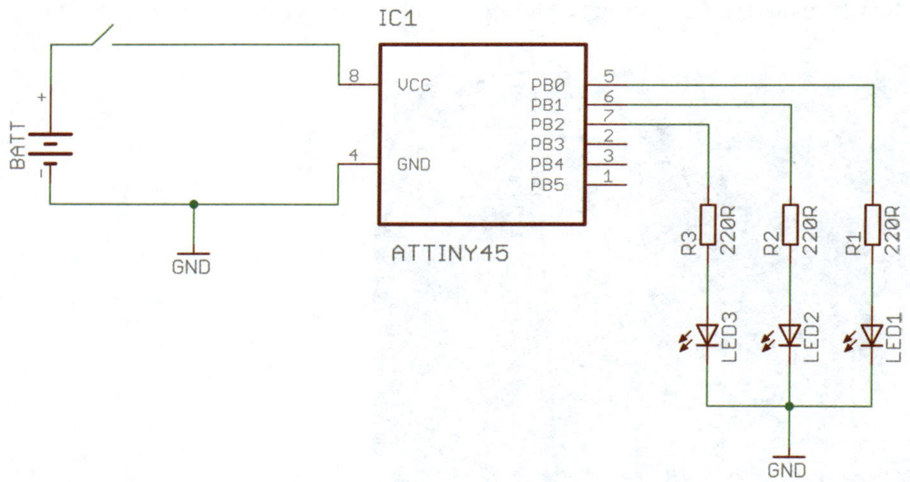

Abb. 12.39: Windlicht-Schaltung mit ATtiny45

Stückliste

1 Attiny45

2 Widerstände 220Ohm

2 LEDs 5mm, gelb (klares oder diffuses Gehäuse)

1 LED 5mm, rot (klares oder diffuses Gehäuse)

1 Batteriehalterung für 2 AA-Batterien

2 Batterien 1,5V AA

1 Steckbrett

Drahtbrücken

Da die komplette Schaltung in ein Windlicht aus Metall passen soll, wird dieses Projekt auf einem Mini-Breadboard aufgebaut. Mini-Breadboards (Abbildung 12.40) besitzen auf einer 35 × 45mm großen Fläche 170 Steckkontakte und eignen sich hervorragend für kompakte Schaltungsaufbauten.

Abb. 12.40: Mini-Breadboard

In Abbildung 12.41 ist der Aufbau auf dem Mini-Breadboard dargestellt.

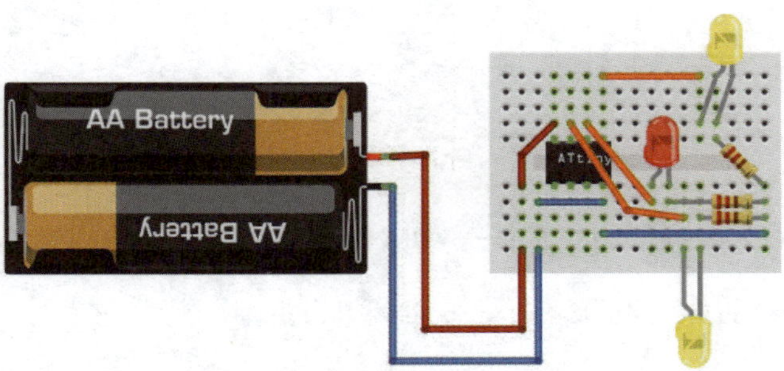

Abb. 12.41: Windlicht-Schaltung auf dem Steckbrett

Wie anhand des Stromlaufplans zu erkennen ist, werden die drei Leuchtdioden einzeln angesteuert. Damit das Feuer richtig flackert, werden die Ausschaltzeiten mittels Zufallszahl-Generierung berechnet. Der errechnete Wert wird als Pulssignal mit `analogWrite()` ausgeben. Damit das Ausgangssignal unregelmäßig ist, wird der Wert mit der Anweisung `random(Maximaler Wert)` ermittelt. Bei einem Maximalwert von 100 kann die Zufallszahl im Bereich von 0 bis 99 betragen. Der Maximalwert wird in der Variable `WertRandom gespeichert.`

In unserem Fall wird die folgende Ausgabe gemacht:

`analogWrite(ledPin1, random(WertRandom)+WertRandomPlus);`

Zum Maximalwert der Zufallszahl wird ein zusätzlicher fester Wert `WertRandomPlus` von 135 addiert. Somit liegt der mögliche Ausgabewert zwischen 135 und 234.

Um das Zufallsflackern zu simulieren, wird für jede LED jeweils ein eigener Ausgabewert generiert.

Das gesamte Programm zeigt Listing 12.3.

```
// LEDs simulieren Feuer
// Nach einer Idee von TheArduinoGuy

int ledPin1 = 1;
int ledPin2 = 0;
int ledPin3 = 2;

int WertRandom = 100;
int WertRandomPlus = 135;

void setup()
{
  // Ausgänge für LEDs setzen
  pinMode(ledPin1, OUTPUT);
  pinMode(ledPin2, OUTPUT);
  pinMode(ledPin3, OUTPUT);
}

void loop()
{
  // LED gelb
  analogWrite(ledPin1, random(WertRandom)+WertRandomPlus);
  // LED rot
  analogWrite(ledPin2, random(WertRandom)+WertRandomPlus);
  // LED gelb
  analogWrite(ledPin3, random(WertRandom)+WertRandomPlus);
  // Verzögerung
  delay(random(WertRandom));
}
```

Listing 12.3: Windlicht mit dem ATtiny45

Nachdem die Steckbrett-Schaltung aufgebaut und der ATtiny45 programmiert ist, wird die Schaltung getestet. Abbildung 12.42 zeigt den offenen Aufbau auf dem Steckbrett.

Abb. 12.42: Windlicht auf dem Steckbrett

Nun kann die Schaltung in der Mitte des Windlichts platziert werden. In Abbildung 12.43 ist der Prototyp des Autors dargestellt.

Abb. 12.43: Windlicht komplett

Der Autor hat zum Schluss noch die Glaswände des Windlichts mit dünnem Papier abgedeckt, um einen möglichst realistischen Flammeneffekt zu erzeugen.

12.4.9 Prototypen-Board für ATtiny84

Für kleine und kompakte Arduino-Anwendungen mit dem ATtiny84 hat der Autor ein universelles Prototypen-Board entwickelt (Abbildung 12.44).

Abb. 12.44: tiny84-Board: Prototypen-Leiterplatte für ATtiny-Anwendungen

Neben dem Platz für einen ATtiny84 (oder einen ATtiny44) bietet die Leiterplatte viele freie Lötaugen für eigene Schaltungen. Der Mikrocontroller wird über den 6-poligen ICSP-Anschluss programmiert.

In Abbildung 12.45 ist die Schaltung des Prototypen-Boards dargestellt.

Der Autor hat diese Leiterplatte als Open Source erstellt. Alle Daten zum Projekt sind auf der Website zum Buch verfügbar.

`http://arduino-praxis.ch/projekte-2/tiny84board/`

Die Leiterplatte kann beim Leiterplattenhersteller OSHPark, bei Boxtec, Tindie oder bei einem Leiterplatten-Hersteller Ihrer Wahl bestellt werden.

OSHPark
`https://oshpark.com/shared_projects/Cu8o0dMT`

Boxtec
`http://shop.boxtec.ch/tiny84board-breakout-board-for-attiny844424-p-42057.html`

Tindie
`https://www.tindie.com/products/arduinopraxis/tiny84board-pcb/`

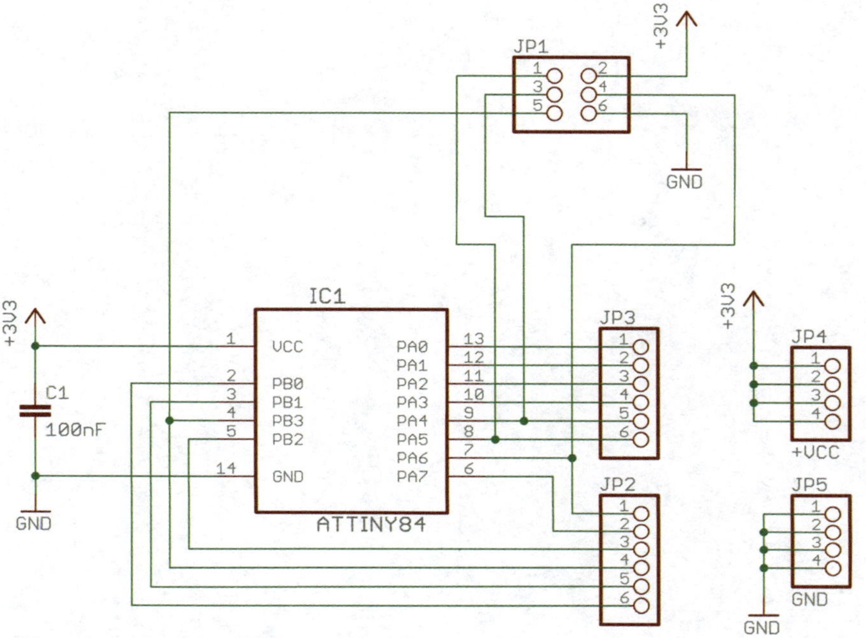

Abb. 12.45: Schaltung des tiny84-Boards

Kapitel 13

Tools für Praktiker

Mit der Entwicklungsumgebung (IDE), einem USB-Kabel und einem Arduino-Board hat man die Grundausrüstung zusammen, die man für Experimente und Projekte mit dem Arduino-Board benötigt.

In diesem Kapitel werden weitere Hilfsmittel und Tools beschrieben, die den Arduino-Anwender bei seinen Elektronikbasteleien unterstützen.

13.1 Hardware

13.1.1 Steckbrett und Kabel

Das Steckbrett oder Breadboard wurde bereits in Kapitel 3 vorgestellt und gehört zu den sehr nützlichen Tools für Elektronikbastler. Sobald man etwas größere Anwendungen mit dem Arduino-Board realisieren will, kommt man um diese saubere Lösung nicht herum.

Abb. 13.1: Steckbrett für Elektronikschaltungen

Im Handel gibt es eine Vielzahl von Steckbrettvarianten, vom Ministeckbrett, das man auf eine Erweiterungsplatine montieren kann, bis zum großflächigen Steckbrett mit zusätzlichen Anschlussmöglichkeiten zur Spannungsversorgung (Abbildung 13.1). Je nach Größe und Ausführung des Breadboards unterscheiden sich die Preise dafür. Die kleinsten Ausführungen sind bereits für wenige Euro im Elektronikhandel zu erstehen.

Damit man einen Schaltungsaufbau beim nächsten Experiment nicht entfernen muss, lohnt es sich, mehrere kleinere Steckbretter zur Verfügung zu haben.

Vorgefertigte Kabelverbinder für die Experimente gibt es auch im Elektronikhandel zu kaufen. In einer Kunststoffbox verpackt beinhalten diese Sets meist Kabel verschiedener Größen und Farben. Wie bereits erwähnt, kann man sich diese Drahtverbindungen auch selbst herstellen.

Für die Dokumentation eines Experiments oder Projekts kann man den Schaltungsaufbau mit der später noch beschriebenen Software Fritzing sauber darstellen und in elektronischer Form speichern.

13.1.2 Lochrasterplatinen

Da Schaltungsaufbauten mit Steckbrettern eher für Entwicklungen gedacht sind, möchte man für ein »produktives« Projekt oftmals einen stabileren Aufbau der externen Schaltung des Arduino-Projekts realisieren. Je nach Projekt stehen dabei schon fertige Erweiterungsplatinen in Form von steckbaren Shields zur Verfügung, oder man baut sich die Schaltung auf einem Proto-Shield (beschrieben in Kapitel 9) auf. Stehen keine fertigen Leiterplatten zur Verfügung, auf die man die nötigen Elektronikkomponenten löten kann, muss man sich die Leiterplatte selbst aufbauen. Dabei muss man sich überlegen, ob die Leiterplatte für eine spätere Serienproduktion gedacht ist, oder ob sie nur für einen Prototyp oder Testaufbau benötigt wird. Leiterplatten für Serienverwendung werden meist mittels eines Computerprogramms entwickelt und dann bei einem professionellen Leiterplattenhersteller produziert. Die meisten im Handel erhältlichen Leiterplatten für Arduino-Anwendungen sind auf diese Weise produziert worden.

Für Prototypen und Testaufbauten kann man sich im Elektronikhandel sogenannte Lochraster- oder Experimentierplatinen besorgen. Lochrasterplatinen sind meist aus Hartpapier oder Epoxidharz hergestellt und werden in verschiedenen Ausführungen und Größen geliefert. Bei den meisten Ausführungen sind Bohrungen im 0,1-Zoll-Raster zur Aufnahme der Anschlussdrähte der Bauteile vorhanden. Auf der Rückseite (Lötseite) der Platine sind die Bohrungen mit einem Lötpunkt (Lötauge) oder einer Leiterbahn aus Kupfer versehen. Je nach Ausführung besitzen die Bohrungen einzelne Lötaugen oder die Platine besitzt parallele Leiterbahnen (Lochstreifenplatine).

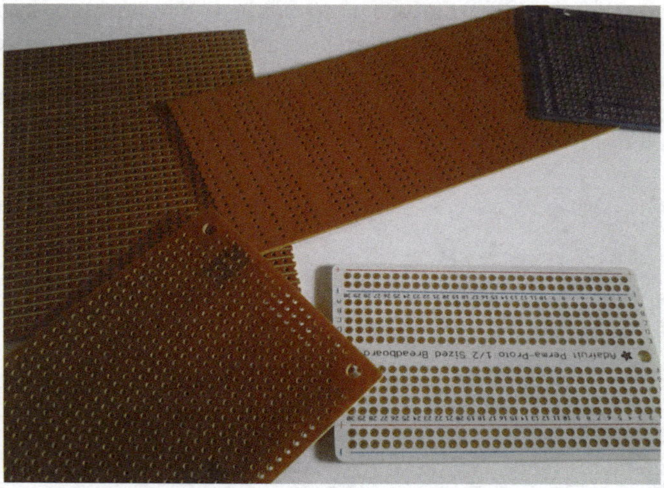

Abb. 13.2: Lochrasterplatinen

Für die Entwicklung und Dokumentation von Lochrasteraufbauten kann man die später noch beschriebene Software Lochmaster einsetzen, oder man zeichnet sich die ungefähre Leiterbahnenführung und die Position der Bauelemente auf Papier auf. Beim Schaltungsaufbau mit Lochrasterplatinen mit Parallelleiterbahnen müssen die Leiterbahnen meist an verschiedenen Stellen unterbrochen werden. Dazu verwendet man ein Messer oder einen kleinen Bohrer.

Beim Einsatz einer Lochrasterplatine mit einzelnen Lötpunkten (Abbildung 13.3) muss die Verbindung zwischen den Lötaugen mit einem dünnen Draht hergestellt werden. Dabei wird der Draht von Lötpunkt zu Lötpunkt gezogen und verlötet. Die blaue Leiterplatte ist ein handelsübliches Proto-Shield, das neben den einzelnen Lötpunkten noch Anschlusspunkte für +5V und GND besitzt.

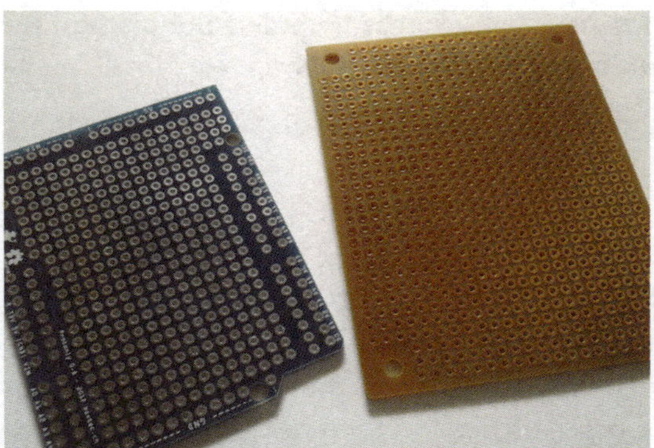

Abb. 13.3: Prototypen-Platine mit Lötpunkten

Eine ausführliche und nützliche Anleitung, wie man saubere Schaltungen auf Lochrasterplatinen löten kann, hat Bernhard Redemann auf seiner Website zum Download bereitgestellt.

`http://www.b-redemann.de/download/loeten.pdf`

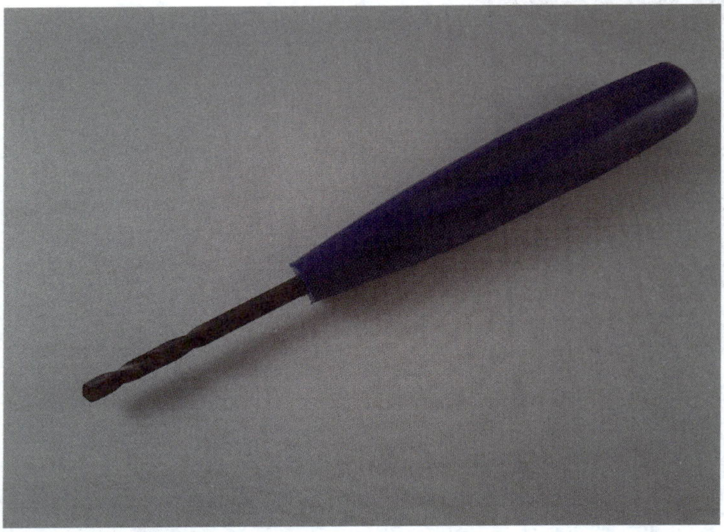

Abb. 13.4: Leiterbahnunterbrecher

Praxis-Tipp

Zum Trennen von Leiterbahnen auf Lochrasterplatinen ist ein Messer zwar nützlich, aber die saubere Trennung einzelner Leiterbahnen ist schwierig. Die bessere Lösung hierfür ist ein Bohrer mit einem Durchmesser von 2,5 mm. Damit man ihn gut halten kann, besorgt man sich einen kleinen Plastikgriff von einem alten Schraubendreher oder einer kleinen Feile. Steckt man den Bohrer nun in den Griff, hat man ein handliches und gut zu führendes Werkzeug zum Unterbrechen von Leiterbahnen (Abbildung 13.4).

13.1.3 Lötkolben und Lötzinn

Für die hohe Kunst des Lötens von Elektronikschaltungen (Weichlöten) benötigt man einen Elektronik-Lötkolben und Lötzinn. Beim Lötkolben sollte man einen Elektronik-Lötkolben mit einer Leistung von 20–40 Watt einsetzen. Lötkolben mit höherer Leistung sind nicht für das Löten von elektronischen Bauelementen ausgelegt, da die Kolbentemperatur zu hoch ist. Diese werden bei gröberen Arbeiten wie Blechverarbeitung oder dem Löten von Rohren verwendet. Beim Kauf eines Lötkolbens sollte man neben der abgegebenen Leistung auch auf die verwendete

Lötspitze und deren Austauschbarkeit achten. Es empfiehlt sich, ein Markengerät einzusetzen, da für diese Geräte auch nach dem Kauf Lötspitzen als Ersatzteile verfügbar sind. Die Lötspitze selbst sollte eine spitze Form aufweisen, damit man problemlos die Anschluss-Pins einer integrierten Schaltung löten kann.

Erfahrungsgemäß lohnt sich schnell der Kauf einer geregelten Lötstation, bei der man die Löttemperatur an der Lötspitze einstellen und regeln kann.

Die Temperatur sollte dabei auf rund 320 Grad Celsius eingestellt sein.

Damit eine Verbindung zwischen der Leiterbahn und einem Anschluss-Pin erstellt werden kann, wird das Lötzinn verwendet. Dabei setzt man Lötzinn mit einer Zinn/Bleilegierung (60% Zinn, 40% Blei) oder bleifreies Lötzinn mit einer Zinn/Kupferlegierung ein. Um eine Oxidation des Zinns während des Erhitzens zu vermeiden, ist im Lötzinn ein Flussmittel enthalten, meist Kolophonium. Zum Löten von Elektronikbauteilen empfiehlt es sich, Elektronik-Lötzinn mit einem Durchmesser von maximal 1 mm einzusetzen.

Das saubere Löten von Elektronikbauteilen erfordert etwas Geduld und Übung. Für Anfänger und Einsteiger empfiehlt es sich, vor dem ersten richtigen Lötprojekt mit alten Leiterplatten und Bauteilen Lötübungen zu machen. Auf diese Weise zerstört man nicht die kostbaren Leiterplatten und Bauteile für seine Arduino-Projekte.

13.1.4 Zangen

Mit einer kleinen Flachzange und einem sogenannten Seitenschneider hat man die Grundausrüstung an Zangen für die Elektronikexperimente. Die Flachzange benötigt man, um Anschlussdrähte von Bauteilen oder Stiftleisten gerade- oder umzubiegen. Der Seitenschneider ist eine Zange, mit der man Anschlussdrähte von Bauteilen nach dem Löten abschneiden kann. Seitenschneider gibt es in vielen Ausführungen. Für Elektronikarbeiten empfiehlt sich ein kleineres Modell, damit man auch bei schmalen Bauteilen wie integrierten Schaltungen an die einzelnen Anschluss-Pins herankommt. Beim Kauf sollte man darauf achten, dass die Zange auch gut in der Hand liegt. Die etwas teureren Ausführungen besitzen Griffe aus weichem Kunststoff, die auch bei längeren Arbeiten keine Schmerzen in den Handflächen verursachen.

Beide Zangen, Flachzange und Seitenschneider, sollten für die Elektronikarbeiten eine maximale Länge von 12cm besitzen.

13.1.5 Biegelehre

Eine Biegelehre (Abbildung 13.5) ist ein nützliches Werkzeug, um die Anschlussdrähte von elektronischen Bauteilen wie Widerständen und Dioden im Rastermaß abzuknicken.

Abb. 13.5: Biegelehre

Dieses nützliche Tool ist im Elektronikhandel für rund 1 Euro zu erstehen und sollte an jedem Elektronik-Arbeitsplatz vorhanden sein. Werden die Bauteile bei den Experimenten mit der Biegelehre vorbereitet, können sie auch in späteren Schaltungsaufbauten problemlos wiederverwendet werden.

Die Anwendung der Biegelehre ist sehr einfach: Man legt das zu biegende Bauteil in die gewünschte Rille, hält den Finger darauf und biegt die Anschlussdrähte auf beiden Seiten um 90 Grad nach unten. Durch die verschiedenen Breiten der Biegelehre können die Anschlussdrähte der Elektronikbauteile für verschiedene Rastermaße exakt gebogen werden.

Lieferantenlink:

`http://www.reichelt.de/?ACTION=3;ARTICLE=5595;PROVID=2402`

13.1.6 Multimeter

Ein Multimeter ist ein Universalmessgerät, mit dem sich Spannungen, Ströme, Widerstandswerte und weitere Größen messen lassen. Multimeter kann man im Baumarkt oder im Elektronikhandel kaufen. Die günstigsten Geräte kosten etwas 20 Euro. Bei Multimetern unterscheidet man zwischen analogen und digitalen Geräten. Analoge Multimeter besitzen eine Anzeige mit Nadel und die interne Messtechnik basiert auf Analogtechnologie. Diese Geräte haben meist eine geringere Messgenauigkeit und das Gerät selbst ist durch den Aufbau mit einer Nadelanzeige empfindlicher in der Handhabung. Die meisten Multimeter in der heutigen Zeit sind jedoch digitale Multimeter. Bei diesen Geräten erfolgt die Anzeige digital und auch die interne Messtechnik basiert auf digitaler Elektronik. Zur Anzeige wird meist ein Flüssigkristall-Display verwendet, ein so genanntes

LC-Display. Digitale Geräte besitzen üblicherweise eine 3,5-stellige Anzeige, die somit die Darstellung eines Maximalwertes von 1999 pro Messbereich erlauben. Entsprechend sind die Messbereiche, die mit einem zentralen Umschalter ausgewählt werden, auch nach diesem Prinzip unterteilt, also 0,2 Volt, 2 Volt, 20 Volt, 200 Volt.

Abb. 13.6: Digitalmultimeter mit Testkabel

Für die Messung eines Wertes werden immer zwei Anschlusskabel verwendet, die man am Messgerät an den vorhandenen Buchsen einstecken kann. Beim Kauf eines Multimeters werden meist zwei Messkabel mit Testspitzen mitgeliefert. Dabei ist eines der Kabel üblicherweise schwarz und das andere rot.

Zur Messung werden die beiden Messkabel nun in die vorhandenen Buchsen des Multimeters gesteckt. Dabei ist zu beachten, dass je nach zu messender Größe die dafür vorgesehene Buchse verwendet wird. Die meisten Multimeter besitzen drei oder vier Buchsen.

COM: Minuspol (schwarzes Kabel)

V/Ohm: Pluspol für Spannungs- und Widerstandsmessung

A: Pluspol für Strommessung

20 A: Pluspol für Strommessung im höchsten Messbereich (20 Ampere)

Nachdem die Messkabel an den Buchsen des Multimeters angeschlossen sind, kann man mit den Testspitzen die zu messenden Komponenten oder Punkte in der Schaltung kontaktieren. Dabei ist zu beachten, dass man metallische Punkte kontaktiert und dass man mit der Testspitze keinen Kurzschluss verursacht, also versehentlich eine Verbindung zwischen zwei nicht verbundenen Punkten herstellt.

Auf dem Display kann man anschließend den aktuellen Messwert ablesen. Bei der Wahl des Messbereichs muss man sich einerseits im Klaren sein, welche Messgröße man messen möchte, und andererseits sollte man den zu erwartenden Messwert abschätzen. Bei der Messung fängt man darum immer mit dem höchsten Messbereich des Multimeters an. Falls kein oder nur ein ganz kleiner Messwert angezeigt wird, schaltet man den Messbereich eine Stufe kleiner.

Tipp

Ein Maker und Bastler sollte mindestens 2 Multimeter besitzen damit in einer Schaltung gleichzeitig Spannung und Strom gemessen werden kann.

13.1.7 Oszilloskop – Spannung sichtbar machen

In den Messungen mit dem Multimeter bekommt man zwar einen konkreten Wert angezeigt, das Multimeter kann aber keine Aussage über die Signalform eines zu messenden Signals treffen. Die Spannungsmessung am Ausgang eines PWM-Signals ergibt zwar einen Messwert, dieser wird aber vom Analog/Digital-Wandler im Multimeter als Mittelwert ermittelt und sagt nichts über die Breite der HIGH- und LOW-Phasen des Pulsweitensignals aus. Für eine konkrete Messung und Aussage muss das Signal optisch dargestellt werden.

Mit einem Oszilloskop, auch Oszi, KO oder Oskar genannt, kann man den Verlauf einer elektrischen Spannung im zeitlichen Verlauf darstellen. Dieses elektronische Messgerät besitzt einen oder mehrere Kanäle und stellt ein Messsignal in einem zweidimensionalen Koordinatensystem dar. Die X-Koordinate ist dabei die Zeitachse und die Y-Koordinate entspricht der Amplitude (Größe) der zu messenden Spannung. Das Messsignal wird als »Oszillogramm« bezeichnet.

Das Oszilloskop gehört für den engagierten Hobbyelektroniker und für den Profi zur Grundausstattung des Elektroniklabors. Oszilloskope gibt es in analoger und in digitaler Technik. Analoge Oszilloskope besitzen eine Kathodenstrahlröhre, die als Anzeige dient. Digitale Geräte verwenden als Anzeigeelement eine LC-Anzeige. Analoge Oszilloskope sind heute auf dem Markt nicht mehr so verbreitet. Durch die Miniaturisierung der Elektronik haben sich digitale Geräte durchgesetzt. Viele Hersteller bieten digitale Geräte, die auch für Hobbyanwender bezahlbar sind. Diese kompakten Geräte werden meist als »Pocket Digital Storage Oscilloscope« bezeichnet.

DIY Digital Scope

Eines der günstigsten digitalen Geräte gibt es beim Elektronikanbieter Seeed Studio (`http://www.seeedstudio.com/`) aus China zu kaufen. Der Bausatz des DIY Digital Scope kostet 49 US-Dollar und kann von jedem Elektronikbastler mit Löterfahrung aufgebaut werden.

`http://www.seeedstudio.com/depot/digital-storage-oscilloscope-diy-kit-with-panels-p-515.html?cPath=71`

Neben dem Bausatz für den Selbstbauer liefert der Hersteller auch eine fertig aufgebaute und geprüfte Variante dieses kleinen Oszilloskops (Abbildung 13.7).

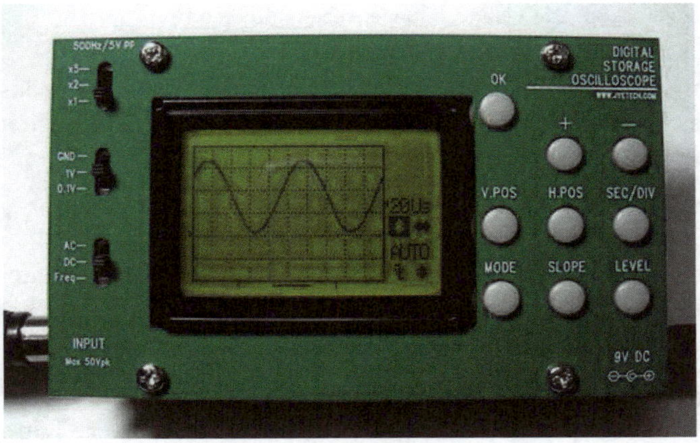

Abb. 13.7: Digital Scope (Bild: Seeed Studio)

Dieses 1-Kanal-Oszilloskop erlaubt die Messung von Spannungssignalen von bis zu 50 Volt und Frequenzen von maximal 1 MHz (Megahertz). Neben den Spannungsmessungen stehen auch eine Speicherfunktion, eine Funktion zur Frequenzmessung und eine Möglichkeit zur Speicherung eines Messsignals auf dem Rechner (mittels eines zusätzlichen Schnittstellenkabels) zur Verfügung.

Zum Sammeln erster Erfahrungen mit einem Oszilloskop sowie Signal- und Spannungsmessungen bei Arduino-Anwendungen ist dieses kostengünstige Gerät eine ideale Ergänzung zum Multimeter.

Pocket DSO Nano

`http://www.seeedstudio.com/depot/DSO-Nano-v3-p-1358.html?cPath=63_65`

Neben dem DIY-Kit bieten Seeedstudio und viele andere Distributoren weitere digitale Oszilloskope im Pocket-Format an. Sehr verbreitet ist das DSO-Nano, ein handliches Messgerät mit einem Farbdisplay (Abbildung 13.8).

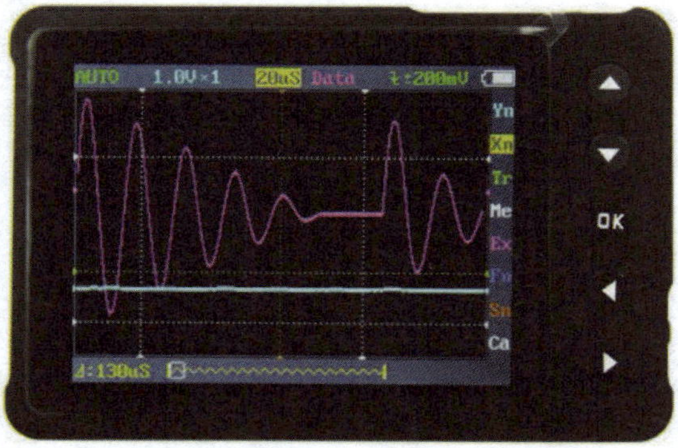

Abb. 13.8: Digitales Speicheroszilloskop DSO Nano (Quelle: seeedstudio.com)

Dank des Farbdisplays und des handlichen, stabilen Gehäuses eignet sich das Gerät gut als Gerät für das Hobbylabor. Aufgrund der niedrigen Bandbreite eignet sich dieses Oszilloskop nicht für den professionellen Einsatz.

Rigol DS1054

Die digitalen Oszilloskope der Firma Rigol sind im Maker-Umfeld sehr verbreitet und eignen sich auch für den Profieinsatz. Die Geräte mit Bandbreiten von 50 bis 100 MHz sind auch für den Hobbyanwender noch bezahlbar.

Das Model DS1052 (`http://www.rigolna.com/products/digital-oscilloscopes/ds1000e/ds1052e/`), ein Gerät mit 50 MHz Bandbreite, war über mehrere Jahre *das* Gerät für den Bastler. Dieses Zweikanal-Gerät mit einem 5,7-Zoll-Farbdisplay wurde Ende 2014 durch ein Nachfolgegerät abgelöst.

Das Model DS1054Z ist ein Vierkanal-Gerät mit einem großen 7-Zoll-Farbdisplay und vielen Verbesserungen zum Vorgängermodell. Trotz vielen Verbesserungen und der Erweiterung auf 4 Messkanäle wird das Gerät bei vielen Lieferanten zu sehr günstigen Preisen angeboten. Anfang 2015 ist die Nachfrage sehr hoch, sodass viele Händler ausverkauft sind und mit längeren Lieferzeiten gerechnet werden muss.

Abbildung 13.9 zeigt das Gerät des Autors.

Im deutschsprachigen Raum ist das DS1054Z unter anderem bei diesen Lieferanten erhältlich:

Batronix

`http://www.batronix.com/versand/oszilloskope/Rigol-DS1054Z.html`

Maxdata (Schweiz)

`http://electronic.maxdata.ch/oszilloskope-rigol/new-ds--mso1000-z/ds1054z-50-mhz-4ch-dso.php`

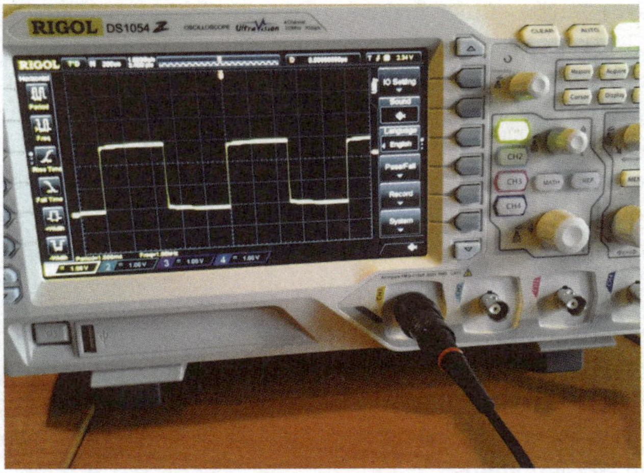

Abb. 13.9: DS1054Z

13.2 Software

13.2.1 Schaltungsaufbau mit Fritzing

Fritzing (`http://fritzing.org`) ist ein Open-Source-Projekt der Fachhochschule Potsdam und erlaubt das einfache und schnelle Zusammenstecken elektronischer Schaltungen. Als Basis hierfür dient jeweils ein Steckbrett, auf das Bauteile aus der Bauteilbibliothek gesteckt werden. Aus der auf dem Steckbrett entworfenen Schaltung kann dann eine Leiterplatte erstellt werden.

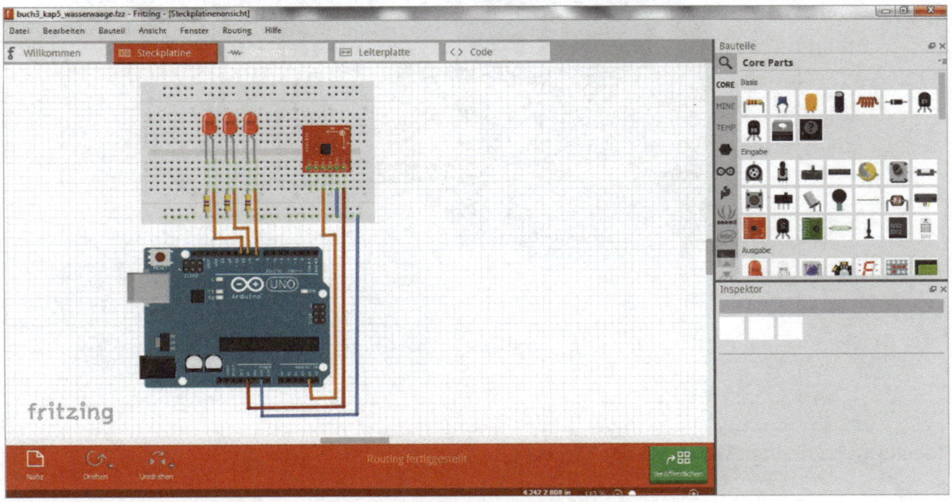

Abb. 13.10: Fritzing-Oberfläche (Beispiel Wasserwaage aus Kapitel 5)

Fritzing beinhaltet die vier Hauptmodule Steckplatine, Schaltplan, Leiterplatte und Code. Im Modul Steckplatine werden, wie bereits erwähnt, die elektronischen Komponenten zusammengesteckt. Der Anwender kann dabei Bauteile aus der Bibliothek auswählen und auf die Arbeitsfläche ziehen. Neben einzelnen Bauteilen stehen in der Bauteilebibliothek auch ganze Arduino-Boards zur Verfügung. Nach dem Zusammenstecken der Verbindungen zwischen dem Arduino-Board und den einzelnen Komponenten wird im Modul Schaltplan ein elektronischer Schaltplan mit allen Bauteilen und Verbindungen erzeugt. Dieser kann direkt gedruckt werden und dient als Projektdokumentation.

Im Modul Leiterplatte kann aus dem virtuellen Projekt auf dem Bildschirm eine reale Leiterplatte erstellt werden. Für Arduino-Projekte kann dabei eine eigene Erweiterung (Shield) realisiert werden. Hierzu nutzt man die Exportfunktion, die aus den Leiterplattendaten ein Datenaustauschformat generiert, das von Leiterplattenherstellern eingelesen werden kann.

Im Dezember 2014 ist mit der Fritzing-Version 0.9.1 das Modul Code dazugekommen. Dieses neue Modul erlaubt das Erstellen und Bearbeiten von Arduino-Code. Der erstellte Code kann anschließend direkt aus der Fritzing-Software mittels Upload-Funktion auf das Arduino-Board geladen werden.

Das folgende Beispiel VirtualColorMixer zeigt die vier Ansichten in Fritzing. Das Beispiel selbst ist auf der Arduino-Website unter `http://arduino.cc/en/Tutorial/VirtualColorMixer` beschrieben.

Steckplatine	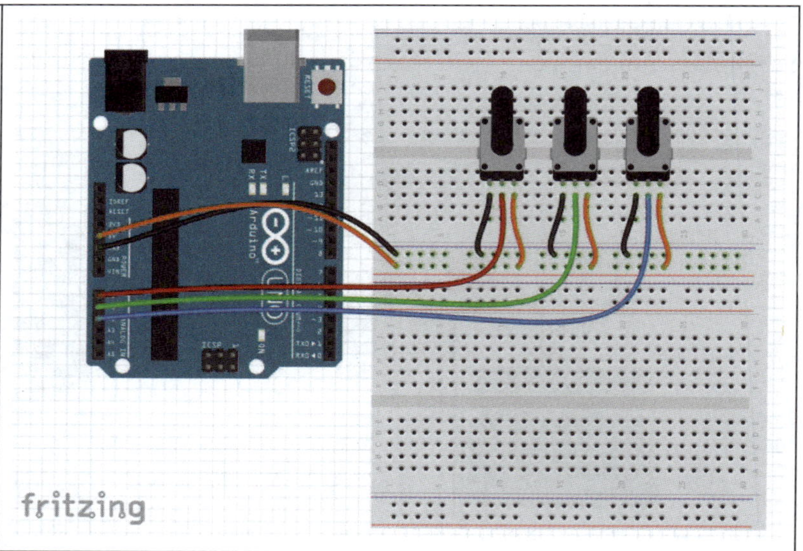

Tabelle 13.1: Fritzing: Ansichten des Projekts

<table>
<tr><td>Schaltplan</td><td>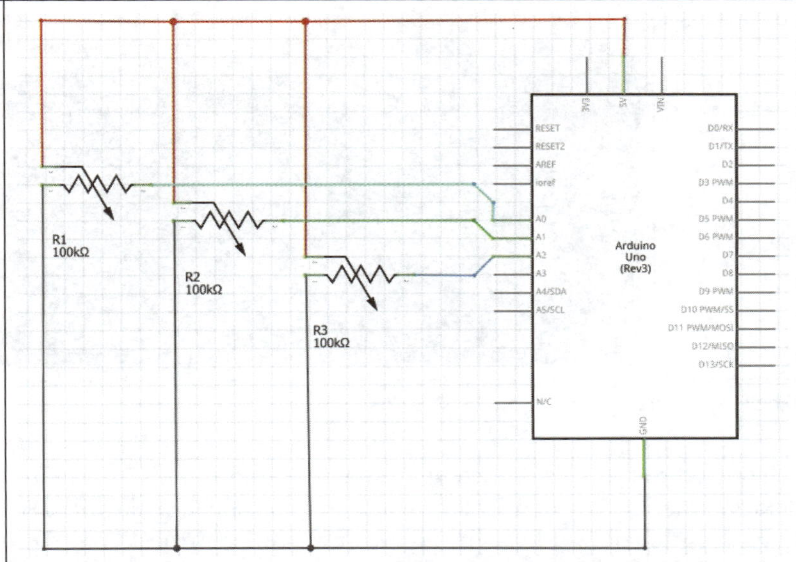
</td></tr>
<tr><td>Leiterplatte</td><td>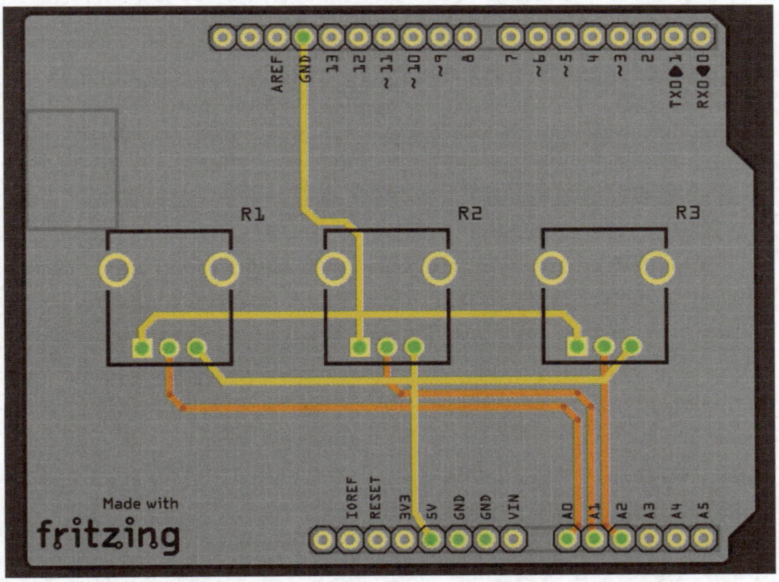
</td></tr>
</table>

Tabelle 13.1: Fritzing: Ansichten des Projekts (Forts.)

Code	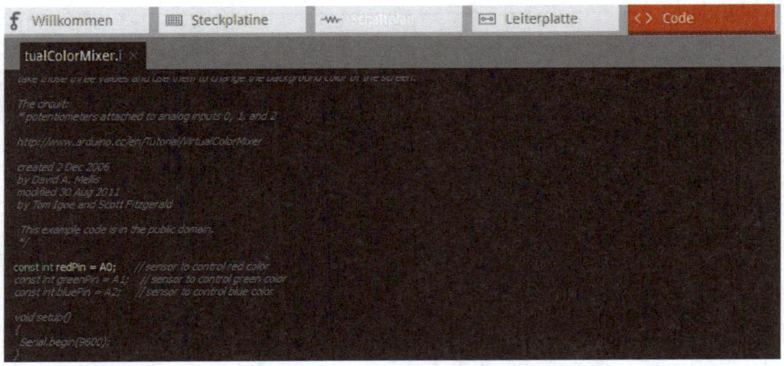

Tabelle 13.1: Fritzing: Ansichten des Projekts (Forts.)

Fritzing ist ein ideales Werkzeug, um Maker und Bastel-Projekte mit Arduino zu dokumentieren. Für den Datenaustausch kann ein Projekt mit der Dateiendung `.fzz` gespeichert werden oder man nutzt die Exportfunktion, die die Daten als Bilddatei, PDF-Dokument oder als Exportdatei für die Leiterplattenherstellung erstellt.

Arduino-Einsteiger finden dabei im Fritzing-Programm unter DATEI|BEISPIEL viele Beispielprojekte. Eine rege Community, die regelmäßig neue Bauteile erstellt und Projekte vorstellt, unterstützt die Fritzing- und Arduino-Anwender.

Tipp: Leiterplatten herstellen

Um eine Leiterplatte vom erstellten Fritzing-Projekt anzufertigen, kann man eine der erwähnten Exportfunktionen nutzen. Sehr praktisch ist dabei auch die Funktion ÄTZBARES PDF, die die Leiterbahnen der Leiterplatte in Originalgröße druckt. Dieser Originalausdruck der Leiterplatte kann nun direkt als Vorlage für die Leiterplattenherstellung (`http://thomaspfeifer.net/platinen_aetzen.htm`) mit der Direkt-Toner-Methode verwendet werden.

Für professionell hergestellte Leiterplatten bietet Fritzing einen eigenen Leiterplattenservice an. Der Leiterplattenservice heißt Fritzing Fab und hat sich darauf spezialisiert, Leiterplatten, die mit der Software Fritzing erstellt wurden, in professioneller Qualität herzustellen (`http://fab.fritzing.org/`). Der Bestellablauf ist dabei sehr einfach. Nach der Registrierung und dem Login kann man seine Fritzing-Projekte als `.fzz`-Datei hochladen. Bezahlt wird via Paypal (`http://www.paypal.com`). Für die Leiterplattenbestellung gibt es dabei immer definierte Bestelltermine. Anschließend werden die Leiterplatten hergestellt und ausgeliefert. Dabei muss man mit Lieferzeiten von etwa zwei bis drei Wochen rechnen.

Für Maker und Bastler gibt es zwischenzeitlich etliche Lieferanten und Hersteller von Leiterplatten, die kostengünstige Kleinserien herstellen. Wie man Fritzing-oder Eagle-Projekte zur Produktion erstellt und prüft, ist in Abschnitt 13.3 beschrieben.

13.2.2 Eagle CAD

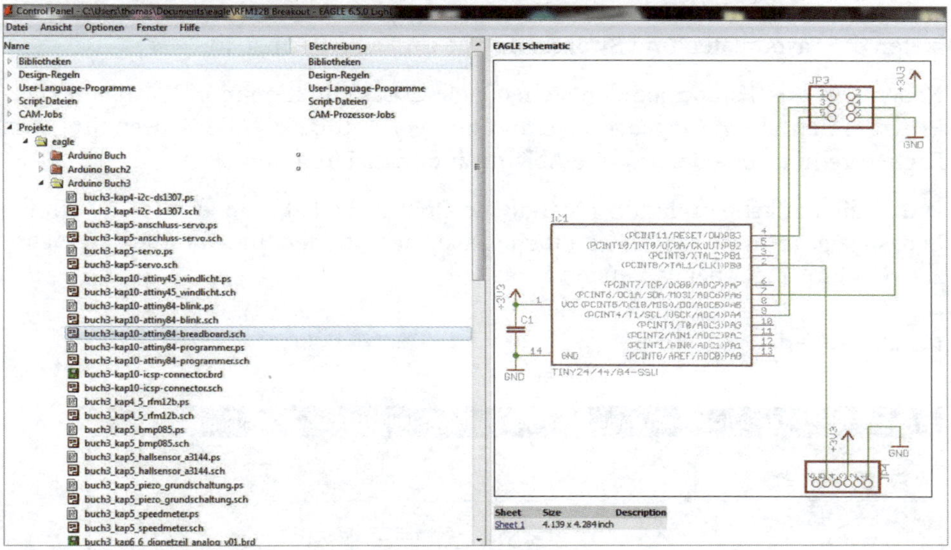

Abb. 13.11: Eagle-CAD-Programm

Eagle CAD (`http://www.cadsoft.de`) ist ein kommerzielles Programm zur Erstellung von Schaltplänen und Leiterplatten (Abbildung 13.11). Das Programm ist für Windows, Linux und Mac OS X verfügbar und bietet eine leicht verständliche Oberfläche und leistungsfähige Funktionen zur Erstellung von Leiterplatten elektronischer Schaltungen. Für Hobbyanwender oder für Ausbildungszwecke steht eine kostenlose Freeware-Version zur Verfügung. Diese Version besitzt den kompletten Funktionsumfang und ist nur hinsichtlich der Anzahl der Schaltplanseiten, der Platinengröße und der Anzahl der Leiterplattenebenen (Layer) beschränkt.

Eagle CAD besteht aus drei Hauptmodulen:

Modul	Beschreibung
Schaltplan-Editor	Editor zur Erstellung von elektronischen Schaltplänen
Layout-Editor	Layouterstellung auf Basis von Schaltplänen
Autorouter	Automatisches Verlegen von Leiterbahnen

Tabelle 13.2: Eagle-CAD-Module

Das Eagle-CAD-Programm ist im professionellen Umfeld recht verbreitet und die Community ist entsprechend groß. Fragen zur Verwendung des Programms findet der Anwender in den Support-Foren und viele Benutzer stellen die eigenen Bauteilbibliotheken auf der Eagle-Website zur Verfügung.

`ftp://ftp.cadsoft.de/eagle/userfiles/libraries`

Für Arduino-Anwender empfiehlt sich der Einsatz von Eagle CAD, da die Daten der Arduino-Boards für die eigene Verwendung im Eagle-Format zur Verfügung stehen. Auch viele Entwickler von Erweiterungsplatinen für den Arduino (Shields) bieten die Layoutdaten und Stromlaufpläne im Eagle-Format an.

Neben den drei Hauptmodulen stehen viele Zusatzfunktionen in Form von ULP-Programmen (*User Language Program*) zur Verfügung, die die Anwendung von Eagle vereinfachen oder gewisse Abläufe automatisieren.

Durch die einfache und gut verständliche Oberfläche hat man sich relativ schnell in das Programm eingearbeitet. Etliche Dokumentationen und Tutorials unterstützen den Einsteiger bei den ersten Schritten.

13.2.3 KiCad

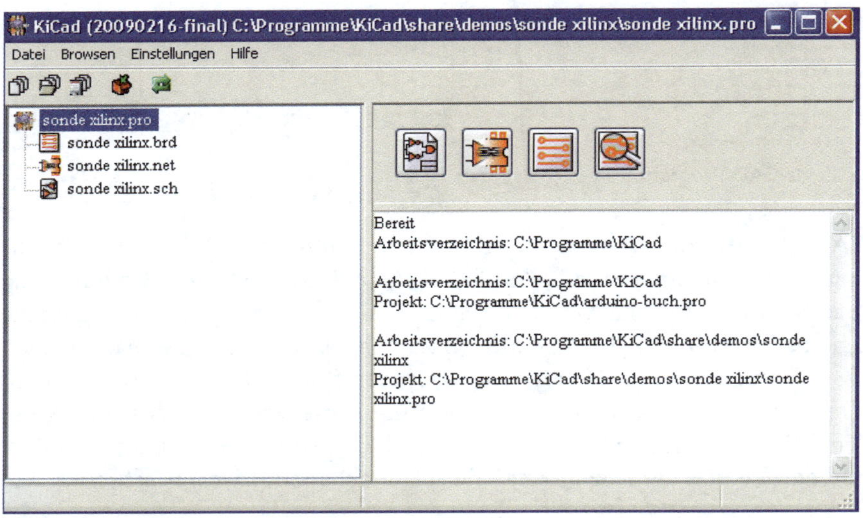

Abb. 13.12: KiCad: Open-Source-CAD

KiCad (`http://kicad.sourceforge.net/wiki/index.php/DE:Main_Page`) ist ein Open-Source-CAD-Programm zur Erstellung von elektronischen Schaltplänen und Leiterplatten. Dieses kostenlose Werkzeug für Windows, Linux und Mac (nur Testversion) beinhaltet mehrere Module, die für die verschiedenen Schritte bei der Leiterplattenentwicklung verwendet werden.

Modul	Beschreibung
kimanager	Projektmanager
eeschema	Schaltplan-Editor
cvpcb	Werkzeug zur Zuordnung von Bauteilsymbolen zu den passenden Lötaugen
pcbnew	Layout-Editor
gerbview	Anzeigeprogramm für Gerber-Daten Gerber-Daten oder auch Gerber-Format ist ein Standarddatenformat, das für den Austausch von CAD-Daten verwendet wird. Die Daten im Gerber-Format dienen als Grundlage zur Herstellung der Leiterplatte durch einen professionellen Leiterplattenproduzenten.

Tabelle 13.3: KiCad: Programm-Module

Neben den in Tabelle 13.3 beschriebenen Standardmodulen stehen weitere Zusatzmodule, wie z.B. Autorouter (automatisches Verlegen der Leiterbahnen im Platinenlayout), für verschiedene Aufgaben zur Verfügung.

Auch für KiCad stehen im Internet viele Anleitungen, Tutorials und Bauteilbibliotheken zum kostenlosen Download bereit.

Falls man Daten aus Eagle übernehmen will, müssen diese mit einer entsprechenden Funktion im Eagle CAD ins KiCad-Format konvertiert werden.

KiCad ist eine ausgezeichnete Alternative zum Eagle CAD. Das Programm ist Freeware und besitzt keine Begrenzung hinsichtlich der Platinengröße oder der Anzahl der Leiterbahnen-Layer.

13.2.4 Oszilloskop mit Arduino

Um Spannungsverläufe und Frequenzsignale sichtbar zu machen, benötigt man, wie weiter oben erklärt, ein Oszilloskop. Kann man sich so ein Gerät nicht leisten oder steht es momentan nicht zur Verfügung, so kann man auch die Arduino-Umgebung verwenden, um ein Oszilloskop zu realisieren. Zwei kanadische Künstler haben mit dem *Poorman's Oscilloscope* (`http://accrochages.drone.ws/en/node/90`) eine kostengünstige Variante eines Oszilloskops realisiert. Für das Darstellen von Spannungssignalen werden nur ein Arduino-Board und ein Processing-Sketch benötigt. Dabei werden die zu messenden Signale über den analogen Port des Arduino eingelesen und über die serielle Schnittstelle an den angeschlossenen Computer gesendet. Auf dem Computer wird ein Processing-Programm ausgeführt, das die eingelesenen Messdaten auf dem Bildschirm darstellt. Auf dieser Idee aufbauend haben verschiedene andere Arduino-Anwender Lösungen entwickelt, die auf dem Prinzip des *Poorman's Scope* basieren. Eine Lösung mit mehreren Messkanälen ist dabei das *Arduinoscope* (`http://code.google.com/p/arduinoscope/`).

Bei all diesen Lösungen ist jeweils zu beachten, dass nur Signale bis 5 Volt und Frequenzen im unteren Kilohertz-Bereich gemessen und dargestellt werden können.

Weitere Oszilloskop-Projekte, die mit einem Arduino realisiert wurden, sind unter folgenden Adressen zu finden.

Arduino Scope und Logic Analyzer:

`http://www.practicalarduino.com/projects/scope-logic-analyzer`

Arduino Oscilloscope:

`http://n.mtng.org/ele/arduino/oscillo.html`

13.3 Leiterplatten herstellen

In den vorherigen Abschnitten zu Fritzing und Eagle wurde das Thema Leiterplattenherstellung bereits erwähnt. Nach einem ersten Prototyp, der auf einer Lochrasterplatine oder einer selbstgeätzten Leiterplatte aufgebaut wird, möchte man für eine kleinere Serie oder eine feste Anwendung eine stabile und sichere Leiterplatte.

Abbildung 13.13 zeigt einen Prototypen der drahtlosen Sensoren des Autors.

Abb. 13.13: Prototyp des drahtlosen Sensors auf einer Lochrasterplatine

Etliche Hersteller von Leiterplatten, viele sind in Fernost angesiedelt, stellen nun auch kleinere Serien von Leiterplatten für relativ wenig Geld her. Die Qualität ist meist recht gut.

Die meisten Leiterplattenhersteller benötigen für die Herstellung der Leiterplatten CAD-Daten in einem Standardformat. Für Leiterplatten werden dabei Daten im Gerber-Format benötigt. Dieses Format kann mit den meisten CAD-Programmen für Leiterplatten generiert und exportiert werden.

Der Autor verwendet dabei für seine Prototypen meist die Leiterplatten-Dienste der großen chinesischen Elektronik-Shops Seeedstudio und Iteadstudio. Die Leiterplatten-Dienstleistungen sind unter folgenden Adressen verfügbar:

Seeedstudio

`http://www.seeedstudio.com/service/index.php?r=site/pcbService`

Iteadstudio

`http://imall.iteadstudio.com/open-pcb/pcb-prototyping.html`

In Abbildung 13.14 sind die vom Autor entwickelten Leiterplatten für drahtlose Sensoren abgebildet. Diese Leiterplatten wurden bei den oben genannten Herstellern produziert.

Abb. 13.14: Leiterplatten Sensor Node

13.3.1 Datenformat Gerber

Bei der Bestellung von Leiterplatten erwarten die meisten Leiterplattenhersteller Daten im sogenannten Gerber-Format. Dieses Datenformat wurde in den 80er-Jahren entwickelt und hat sich zum Quasi-Standard für den Austausch von Leiterplattendaten entwickelt. Gerber-Daten sind strukturierte Textdateien und beinhalten alle nötigen Informationen für die Leiterplattenproduktion. Der aktuelle Standard ist ein *Extended Gerber-Format* und nennt sich *RS-274X*.

Die Gerber-Daten für die Leiterplatten teilen sich in verschiedenen Textfiles mit einer definierten Dateiendung auf. Viele Leiterplattenhersteller geben an, welche Dateien und Dateiendungen erwartet werden.

In Tabelle 13.4 sind Daten für eine doppelseitige Leiterplatte vom Hersteller Itead aufgelistet.

Beschreibung	Description	Dateiendung
Bestückungsseite	Top Layer	.GTL
Lötseite	Bottom Layer	.GBL
Lötstopmaske oben	Solder Stop Mask top	.GTS
Lötstopmaske unten	Solder Stop Mask Bottom	.GBS
Bestückungsdruck oben	Silk Top	.GTO
Bestückungsdruck unten	Silk Bottom	.GBO
Umriss	Outline layer	.GKO
Bohrdaten	Drill	.TXT oder .DRL

Tabelle 13.4: Dateien für Gerber-Format

13.3.2 Gerber-Daten aus Fritzing

In Fritzing steht eine Export-Funktion zur Verfügung, über die man ganz einfach die Daten der entwickelten Leiterplatte exportieren kann.

Über das Hauptmenü DATEI, EXPORT kann die Gerber-Export-Funktion aufgerufen werden. Zur Speicherung muss dabei das gewünschte Verzeichnis angegeben werden (Abbildung 13.15).

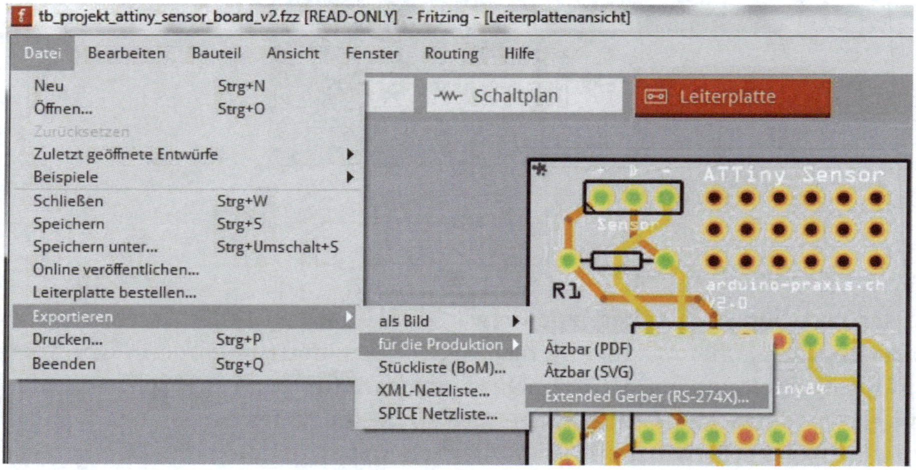

Abb. 13.15: Fritzing-Export im Gerber-Format

Nach dem Ausführen der Exportfunktion stehen die Daten im gewählten Verzeichnis zur Verfügung.

13.3.3 Gerber-Daten aus Eagle

Im CAD-Programm Eagle werden die Gerber-Daten einer Leiterplatte mittels eines CAM-Prozessors (CAM bedeutet *Computer-aided manufacturing*) ausgeführt.

CAM-Jobs werden in Textfiles mit der Dateiendung .CAM gespeichert und können mittels des genannten CAM-Prozessors aufgerufen werden (Abbildung 13.16)

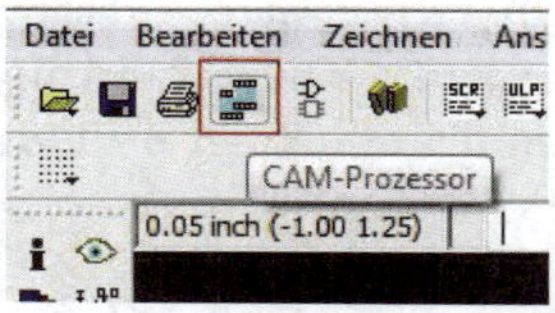

Abb. 13.16: Eagle CAD: CAM-Prozessor

Mit dem Klick auf das CAM-Icon wird ein Dialog geöffnet über den man einen gespeicherten CAM-Job aufrufen und ausführen kann (Abbildung 13.17).

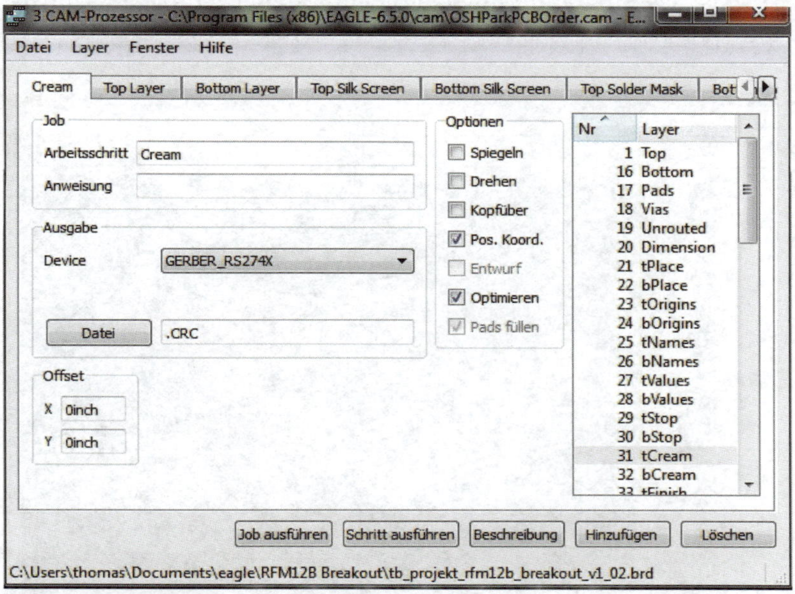

Abb. 13.17: Eagle CAD: CAM-Jobs

Die Dateien der einzelnen CAM-Jobs sind im Eagle-Programmverzeichnis im Unterordner CAM gespeichert. Wie man in Abbildung 13.17 sieht, wird für das Device

»GERBER_RS274X« eine Anzahl Register aufgelistet. Jedes Register gehört zu einer Ausgabedatei der Gerber-Daten und gibt an, welche Layer des CAD-Projektes für die einzelnen Ausgabedaten nötig sind.

Die meisten Leiterplattenhersteller liefern eine CAM-Datei zur optimalen Generierung der Gerber-Daten. Im Beispiel wird die CAM-Datei für die Datenlieferung an OSH Park ausgeführt.

13.3.4 Gerber-Daten prüfen

Nachdem die Gerber-Daten aus dem Layout-Programm exportiert wurden, sollten diese immer überprüft werden. Dazu eignet sich ein sogenannter *Gerber-Viewer*, mit dem man die Daten der einzelnen Layer überprüfen kann. Die Erfahrung zeigt, dass es sich lohnt, die exportierten Leiterplattendaten gründlich zu prüfen. Andernfalls werden Leiterplatten produziert, die anschließend nicht genutzt werden können.

Der Autor nutzt für die Prüfung seiner Gerber-Dateien das Programm `Gerbv` (`http://gerbv.geda-project.org/`). Eine Version für Windows ist unter nachfolgender Adresse verfügbar.

`http://sourceforge.net/projects/gerbv/files/gerbv/gerbv-2.6.0/`

In Abbildung 13.18 ist das Programm mit geöffneten Daten des Projektes Tiny84-Board dargestellt.

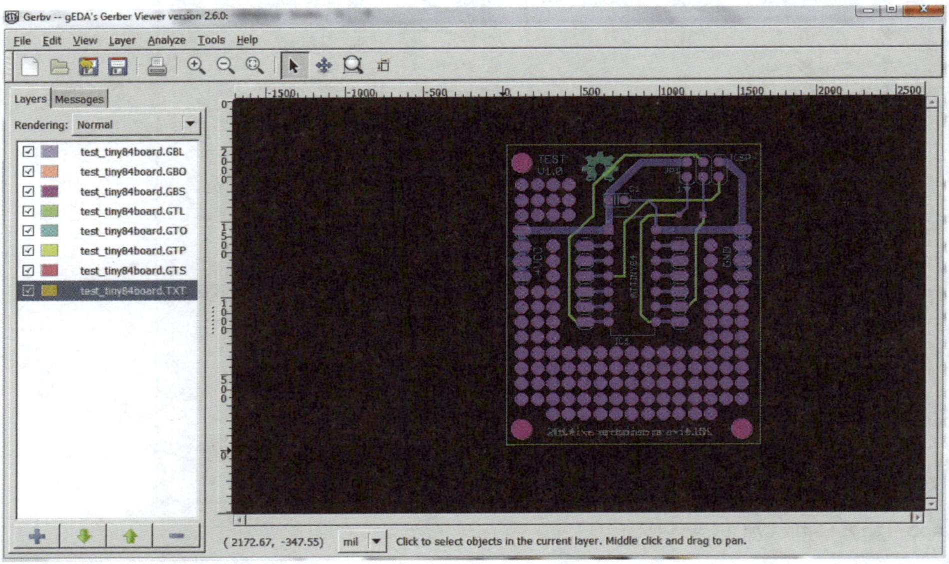

Abb. 13.18: Tiny84board im Gerber-Viewer

Im Mikrocontroller-Forum haben Anwender eine Liste mit Gerber-Tools publiziert. Hier findet jeder das geeignete Werkzeug.

`http://www.mikrocontroller.net/articles/Gerber-Tools#Gerber_Tools`

13.3.5 Leiterplatten von OSH Park

Prototypen-Projekte werden meist in kleiner Stückzahl realisiert. Als Maker baut man oftmals nur ein oder zwei Leiterplatten für Tests auf. Bestellt man Leiterplatten für Prototypen bei einem professionellen Hersteller, stößt man meist auf das Problem der Mindestmenge. Bei einer Mindestmenge von 5 oder 10 Stück bekommt man mehr als die benötigte Menge. Entsprechend steigen auch die Kosten für diese Prototypen.

Dieser Problematik nimm sich der Leiterplatten-Dienst OSH Park an (`https://oshpark.com/`). Dieser Dienstleister produziert jeweils 3 Stück einer gewünschten Leiterplatte. Somit eignet sich dieser amerikanische Anbieter, der die Leiterplatten in hoher Qualität in den USA produzieren lässt, ideal für Prototypenserien.

Viele Maker lassen ihre Open-Source-Hardware-Projekte bei OSH Park produzieren. Die Preise für die Leiterplatten basieren dabei auf der Fläche der Leiterplatte. Kleine Leiterplatten von Breakout-Boards oder Adaptern bekommt man hier schon für 2 bis 4 US Dollars pro Stück produziert. Durch diese günstigen Kosten kann sich auch ein Hobby-Anwender eine Prototypen-Serie fertigen lassen ohne sich in allzu hohe Kosten zu stürzen.

Neben den günstigen Kosten und der hohen Qualität zeichnet sich der Dienst von OSH Park durch einen einfachen Bestellvorgang aus. Das System erwartet Leiterplattendaten im Gerber-Format. Anwender von Eagle können auch direkt die Layout-Datei des Boards (Dateiendung .brd) hochladen.

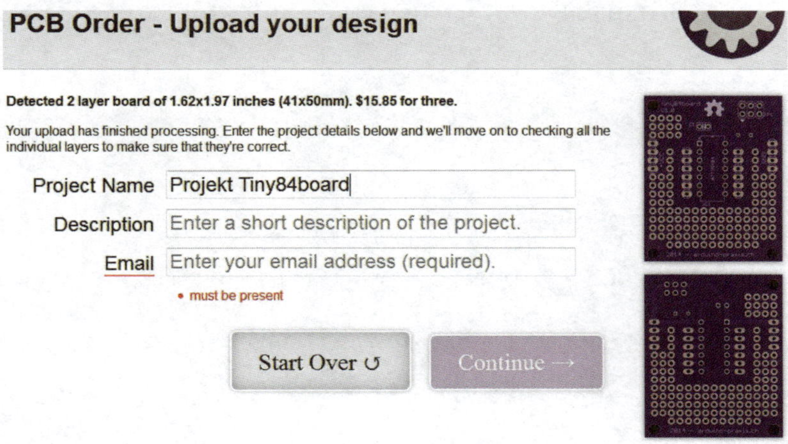

Abb. 13.19: Upload der Leiterplattendaten bei OSH Park

Vor der Bestellung kann man die Board-Daten hochladen und online prüfen. Nach dem Upload der Leiterplattendaten zeigt die Anwendung sofort die hochgeladenen Leiterplattendaten als Bild an und man bekommt eine gute Vorstellung davon, wie die Leiterplatten schließlich aussehen. Zusätzlich werden auch die Kosten für 3 Exemplare des hochgeladenen Boards angegeben (Abbildung 13.19).

OSH Park liefert weltweit kostenlos, die Lieferung dauert üblicherweise 2 bis 3 Wochen.

In Abbildung 13.20 sind die ersten Protoypenleiterplatten des Projektes Tiny84-Board abgebildet.

Abb. 13.20: Leiterplatten von OSH Park

Anhang A

Codereferenz

A.1 Programmstruktur

Die Grundstruktur eines Arduino-Programms besitzt immer die beiden Funktionen `setup()` und `loop()`.

Somit sieht der minimale Code für ein Programm (Sketch) so aus:

```
void setup() // Programmstart
{
  // Anweisungen
}

void loop() // Hauptschleife
{
  // Anweisungen
}
```

Listing A.1: Arduino-Sketch: Grundstruktur

Die Setup-Funktion wird einmalig beim Start des Arduino-Boards oder nach einem Reset ausgeführt. In dieser Funktion werden Grundeinstellungen wie Variablendeklarationen oder Konfiguration der seriellen Schnittstelle vorgenommen. Zusätzlich werden in der Setup-Funktion die Ein- und Ausgänge gesetzt.

```
int ledPin = 13;    // LED an Pin 13
int buttonPin = 2;  // Button an Pin 2

void setup()
{
  pinMode(ledPin, OUTPUT);   // Pin 13 als Ausgang
  pinMode(buttonPin, INPUT); // Pin 2 als Eingang
  Serial.begin(9600);        // Initialisierung der seriellen Schnittstelle
}
```

Listing A.2: Setup-Funktion: Definition von Ein- und Ausgängen und Konfiguration der seriellen Schnittstelle

Die Setup-Funktion ist zwingend notwendig und muss immer vorhanden sein, auch wenn keine Deklarationen gemacht werden müssen. In diesem Fall bleibt die Funktion ohne Anweisungen.

```
void setup()  // Setup ohne Deklaration oder pinMode-Konfiguration
{
}
```

Listing A.3: Arduino-Sketch: Setup-Funktion ohne Deklarationen

Die Loop-Funktion ist der zweite Teil der Grundstruktur eines Arduino-Programms und übernimmt die Aufgabe eines Hauptprogramms. Nach dem einmaligen Durchlaufen der Setup-Funktion wird die Loop-Funktion durchlaufen – wie der Name schon sagt als endlose Schleife. In dieser Schleife werden alle weiteren Anweisungen und Funktionsaufrufe untergebracht, die im Normalbetrieb für die gewünschte Lösung benötigt werden.

```
void loop()  // Schleife durch das Hauptprogramm
{
  digitalWrite(ledPin, HIGH);    // LED einschalten
  delay(1000);                   // 1 Sekunde warten
  digitalWrite(ledPin, LOW);     // LED ausschalten
  delay(500);                    // 0,5 Sekunden warten
  // und weiter geht's am Start det der Schleife
}
```

Listing A.4: Arduino-Sketch: Hauptschleife loop()

A.2 Aufbau einer Funktion

Eine Funktion ist ein in sich geschlossener Satz von Programmzeilen. Funktionen besitzen einen eigenen Namen und werden mittels dieses Namens aus anderen Programmteilen aufgerufen.

Funktionen werden verwendet, um den Programmcode zu strukturieren und um wiederkehrende Anweisungen nicht mehrfach zu programmieren.

Beim Aufruf einer Funktion können ein oder mehrere Parameter übergeben werden. Das Resultat eines Funktionsaufrufs ist die Ausführung verschiedener Anweisungen und gegebenenfalls ein Rückgabewert. Der Typ des Rückgabewertes entspricht dem Typ, der bei der Funktionsdefinition angegeben wurde. Wird beispielsweise eine Funktion mit dem Typ `int` definiert, so entspricht der Rückgabewert dieser Funktion dem Typ `int`, also Integer. Wird kein Typ angegeben, so wird der Typ `void` verwendet.

Der Grundaufbau einer Funktion sieht also so aus:

```
Typ NameDerFunktion (Parameter)
{
  // Anweisungen
}
```

Im folgenden Beispiel wird eine Funktion aufgerufen, die einen Analogwert eines externen Sensors einliest, umrechnet und zurückgibt. Als Parameter wird die jeweilige Portnummer übergeben.

```
float ReadSensor(int tempPinIn)  // Abfrage von Analogport
{
  float tempC = analogRead(tempPinIn);    // Anlogwert einlesen
  tempC = (5.0 * tempC * 100.0)/1024.0;  // Wert umrechnen
  Serial.println(tempC);                  // Ausgabe Wert an ser. Schnittstelle
  return tempC;                           // Rückgabe Wert
}
```

Listing A.5: Arduino-Sketch: Aufruf einer Funktion

Durch die Verwendung einer Funktion können ein oder mehrere analoge Eingänge abgefragt werden. Bei jedem Aufruf der Funktion wird einfach die entsprechende Pin-Nummer übergeben.

```
int tempPin=1;          // Pinnummer von Analogport
ReadSensor(tempPin);    // Aufruf Funktion
```

A.3 Konventionen

Bei der Programmierung der Sketche müssen einige Regeln eingehalten werden, damit am Schluss auch ein lauffähiges Programm auf das Arduino-Board geladen werden kann.

Klammern

In den Arduino-Sketchen werden drei verschiedene Arten von Klammern unterschieden: runde Klammern `()`, geschweifte Klammern `{}` und eckige Klammern `[]`.

Runde Klammern werden beim Aufruf von Funktionen, bei mathematischen Umrechnungen oder auch bei der Ausgabe über den seriellen Port verwendet.

Beispiele:

```
ReadSensor(tempPin);
tempC = (5.0 * tempC * 100.0)/1024.0;
Serial.println("Temperatur in Grad");
```

Geschweifte Klammern werden in vielen Programmiersprachen verwendet und sind oft für Programmiereinsteiger etwas gewöhnungsbedürftig. Diese Klammern definieren Beginn und Ende von Anweisungen, Funktionen und Codebereichen. Im Arduino-Code werden die geschweiften Klammern auch bei den Anweisungen `if` und `for` verwendet.

Beispiele:

```
// Funktion
float ReadSensor(int tempPinIn)
{  // Beginn Funktion
   // Anweisungen
}  // Ende Funktion

// for-Anweisung
for (i = 0; i < 100; i++)
{
   // Anweisungen
}

// if-Anweisung
if (millis() - previousMillis > interval)
{
   // Anweisungen
}
```

Die Arduino-Entwicklungsumgebung unterstützt den Programmierer bei der Verwendung der geschweiften Klammern, indem jeweils beim Anklicken einer öffnenden Klammer die dazugehörige schließende Klammer hervorgehoben wird (und umgekehrt).

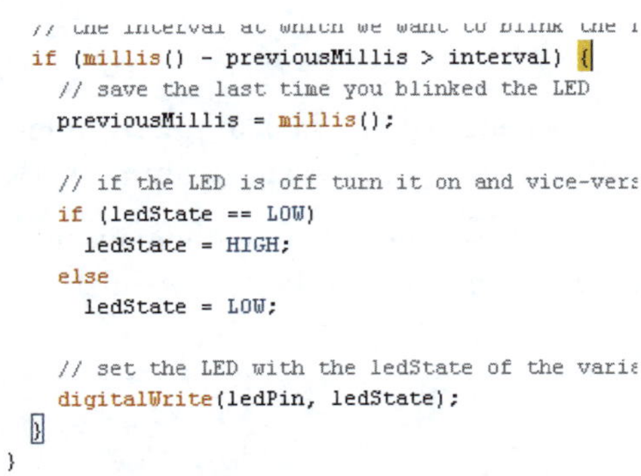

Abb. A.1: Codierung: Darstellung von öffnenden und schließenden Klammern in der Entwicklungsumgebung

Eckige Klammern werden bei Arrays verwendet.

Beispiel:

```
// Liste mit Werten
int myWerte[5] = {34, 12, 64, 5, 18};
```

Arrays werden in einem späteren Abschnitt genauer beschrieben.

Semikolon

Eine Anweisung wird jeweils mit einem Semikolon abgeschlossen. Das Semikolon ist zwingend notwendig. Ein fehlendes Semikolon erzeugt beim Kompilieren in der Entwicklungsumgebung eine Fehlermeldung. Leider sind die Fehlermeldungen in der IDE nicht immer sehr aussagekräftig. Darum sollte im Fehlerfall jeweils überprüft werden, ob jede Anweisung mit einem Semikolon abschließt.

```
int tempGrad = 12;
const int ledPin =  13;
Serial.println(tempC);
```

Ohne Semikolon verwendet wird die Definitionsanweisung `#define`.

```
#define DCF77PIN 2      // Port 2 als DCF-Eingang
#define BLINKPIN 13     // Port 13 als LED-Ausgang
#define TEMPERATURE 2  // Analogeingang 2 für Temperatursensor
```

Kommentare

Kommentare und Bemerkungen im Programmcode unterstützen den Programmierer bei der sauberen und verständlichen Darstellung der Codezeilen. Kommentare werden vom Arduino-Programm nicht interpretiert und benötigen keinen Speicherplatz.

Die Darstellung von Kommentaren kann als Kommentarblock oder als einzelner einzeiliger Kommentar auf einer Zeile angewendet werden.

Ein Kommentarblock beginnt mit /* und wird mit */ abgeschlossen. Der gesamte Text dazwischen wird vom Programm als Kommentar betrachtet.

Ein einzeiliger Kommentar beginnt mit // und wird mit dem Zeilenende ohne weitere Anweisung abgeschlossen.

```
/*
Das ist ein Kommentarblock. Er beinhaltet Beschreibungen und Informationen zu
einem Arduino-Sketch.
Der Kommentar kann sich über mehrere Zeilen erstrecken.
*/
```

```
// Das ist ein einzeiliger Kommentar

// Ein Kommentar kann auch hinter einer Anweisung zur näheren Erklärung
// gemacht werden

tempC = (5.0 * tempC * 100.0)/1024.0;  // Umrechnung auf Grad Celsius
```

Bei der Programmierung lohnt es sich, genügend Kommentare zu verfassen, weil es dadurch anderen Personen leichter fällt, den Code zu warten.

Mittels des Kommentarblocks kann ein ganzer Codebereich für das Debugging aktiviert oder deaktiviert werden.

A.4 Datentypen

In den meisten Arduino-Projekten werden Daten von externen Sensoren gelesen und verarbeitet. Die Verarbeitung und Zwischenspeicherung dieser Daten, beispielsweise ein Abstandswert von einem Ultraschallsensor oder ein Temperaturwert, erfolgt mittels Variablen. Eine Variable besitzt einen Namen und einen Wert eines bestimmten Datentyps. Ein Datentyp beschreibt den erlaubten Wertebereich und die möglichen Operationen dieser Variablen.

Nachfolgend werden die meistbenutzten Datentypen in Arduino-Programmen aufgelistet.

Int

`int` (Integer) ist der am häufigsten verwendete Datentyp. Integerwerte sind ganzzahlig ohne Kommastellen. Integerzahlen besitzen eine Länge von 16 Bit.

Wertebereich: -32.768 bis 32.767

Beispiel:

```
int SensorAbstand = 3478;  // Variable SensorAbstand als Integer
```

Zu beachten ist, dass bei einem »Überlauf« des Wertes, also bei 32.767 + 1, der Variablenwert auf -32.768 gesetzt wird.

Unsigned Int

Dieser Datentyp entspricht dem Datentyp `int`, außer dass `unsigned int` keine negativen Werte speichert.

Wertebereich: 0 bis 65.535

Byte

Beim Datentyp `byte` sind die Variablenwerte ebenfalls ganzzahlig. Die Länge des Wertes beträgt 8 Bit.

Wertebereich: 0 bis 255

Beispiel:

```
byte Helligkeit = 197;  // Variable Helligkeit als Datentyp byte
```

Long

Integerzahlen mit einem erweiterten Wertebereich werden als Datentyp `long` gespeichert. Die Long-Zahlen werden als ganzzahlige 32-Bit-Zahl im Speicher abgelegt.

Wertebereich: -2.147.483.648 bis 2.147.483.647

Beispiel:

```
long Anzahl = 324645;  // Variable Anzahl als Datentyp long
```

Unsigned Long

Bei diesem `long`-Datentyp können nur positive Werte als 32-Bit-Zahl gespeichert werden.

Wertebereich: 0 bis 4.294.967.295

Float

Zahlen vom Datentyp `float` werden als 32-Bit-Fließkommazahl mit Nachkommastellen gespeichert. Berechnungen mit Fließkommazahlen sind langsamer als Integerberechnungen. Zur schnelleren Ausführung von Rechenoperationen sollten darum Integerzahlen verwendet werden.

Wertebereich: -3,4028235E+38 bis 3,4028235E+38

Beispiele:

```
float SensorKorrektur = 2.134;  // Variable Sensorkorrektur als Datentyp float
float PiWert = 3.141;  // Wert von Pi
```

Double

Der Datentyp `double` entspricht bei der Arduino-Programmierung dem Datentyp `float`.

Char

Mit dem Datentyp `char` werden Werte von Buchstaben und Zeichen als 8-Bit-Wert gespeichert.

Wertebereich: -128 bis 127

Beispiele:

```
char myCharacter = 'T';   // Wert von Buchstabe T als char gespeichert
char myCharacter = '84';  // Wert als Dezimalzahl von Buchstabe T
```

Eine Tabelle mit den ASCII-Werten der einzelnen Buchstaben und Zeichen ist unter `http://arduino.cc/en/Reference/ASCIIchart` zu finden.

Wie aus dem Wertebereich für `char` zu erkennen ist, gehört dieser Datentyp zu den `signed`-Datentypen. Der Wertebereich liegt im negativen und positiven Bereich. Der entsprechende 8-Bit-Datentyp ohne Vorzeichen ist der Datentyp `byte`.

Boolean

Der Datentyp `boolean` besitzt nur zwei mögliche Werte: TRUE oder FALSE. Mit diesem Datentyp werden die Binärwerte 1 oder 0 gespeichert.

Wertebereich: TRUE, FALSE

Beispiel:

```
int pinMotor = 8;              // Motoransteuerung an Pin 8
int EndschalterVornPin = 13;   // Eingang von Endschalter (High = gedrückt)
boolean RunStatus = false;

void setup()
{
  pinMode(pinMotor, OUTPUT);
  pinMode(EndschalterVornPin, INPUT);
  digitalWrite(pinMotor, LOW);       // Motor aus
}

void loop()
{

  digitalWrite(pinMotor, HIGH);                   // Motor an
  RunStatus = true;
  if (digitalRead(EndschalterVornPin) == HIGH)  // Endschalter gedrückt
  {
    RunStatus = false;
```

```
    digitalWrite(pinMotor, LOW);                    // Motor aus

    // weiter mit Ausweichaktion
  }
}
```

Wie das Beispiel zeigt, wird `boolean` meist für die Speicherung eines Betriebszustands wie »Motor läuft« oder ähnlich verwendet.

String

Eine Aneinanderreihung von Zeichen des Datentyps `char` wird als String (Zeichenkette) bezeichnet.

Beispiele:

```
// leerer String mit fixer Länge
char myStr1[15];

// Zeichenkette
char myStr2[8] = {'a', 'r', 'd', 'u', 'i', 'n', 'o'};

// Zeichenkette mit 0 zum Anzeigen des Endes
char myStr3[8] = {'a', 'r', 'd', 'u', 'i', 'n', 'o', '\0'};

// Zeichenkette mit Anführungszeichen
char myStr4[ ] = "arduino";

// Zeichenkette mit Anführungszeichen und fixer Länge
char myStr5[8] = "arduino";

// Zeichenkette mit fixer Länge
char myStr6[15] = "arduino";
```

Bei einem String muss jeweils die Länge angegeben werden. Der Abschluss eines Strings wird mit einer 0 angegeben. Die angehängte 0 kennzeichnet bei der String-Verarbeitung durch den Arduino das eindeutige String-Ende. Eine fehlende 0 kann unerwartete Resultate bei der Sketch-Ausführung hervorrufen.

Wie man im Beispiel-String `myStr2` erkennen kann, benötigt das Wort ARDUINO nur sieben Zeichen. Das letzte reservierte Zeichen wird für die angehängte 0 benötigt.

Um die Initialisierung der String-Variablen zu vereinfachen, kann man mit der Verwendung von doppelten Anführungszeichen eine Zeichenkette wie im Beispiel-String myStr4 definieren. Eine explizite Angabe der String-Größe und eine angehängte 0 als Abschluss ist nicht zwingend erforderlich.

Bei der Nutzung von Zeichenketten empfiehlt es sich daher, immer ein Auge auf den nötigen Speicherbedarf zu werfen und nur so viel Speicherplatz, sprich String-Größe, wie nötig zu initialisieren.

Um größere Zeichenketten zu speichern, beispielsweise Daten zur Anzeige auf LC-Displays oder Zeichenketten von einem GPS-Modul, wird eine komplexere Zeichenkettenverarbeitung genutzt. In diesem Fall werden die Zeichenketten nicht direkt in der Tabelle (String-Array) abgelegt, sondern nur ein Zeiger (Verweis oder Pointer) auf eine weitere Tabelle. Dieses Konstrukt einer Zeigertabelle entstammt der fortgeschrittenen C-Programmierung und wird mit einem * (Asterisk) nach der Typdefinition char angezeigt.

Ein Beispiel soll zeigen, wie dies im Arduino-Sketch verwendet wird.

```
char* myStrings[]={
  "String Zeile 1",
  "String Zeile 2",
  "String Zeile 3",
  "String Zeile 4",
  "String Zeile 5"
};

void setup(){
Serial.begin(9600);
// Ausgabe einzelne Zeilen
Serial.println(myStrings[2]);
}

void loop(){
  // Schleife über die einzelnen Einträge im Array
  for (int i = 0; i < 6; i++){
   Serial.println(myStrings[i]);
   delay(500);
   }
}
```

Array

Ein Array ist, wie im vorherigen Beispiel erwähnt, eine Art Tabelle und dient zur Speicherung von Daten während des Programmablaufs.

Ein Array wird eingesetzt, wenn man im Programm nicht nur einen einzelnen Wert speichern und verarbeiten möchte.

Bevor man ein Array nutzen kann, muss dieses definiert werden.

```
// Definition eines Arrays

// Array mit 5 Positionen, keine Werte definiert
int myArray[4]

// Liste mit Portnummern, keine Definition der Array-Größe
int myPorts[] = {8, 9, 11, 10};

// Liste mit Werten
int myWerte[5] = {34, 12, 64, 5, 18};

// Array mit Text
char myText[8] = "Arduino";
```

Ein Array beinhaltet also immer einen Namen, eine Angabe der Größe und eine Werteliste.

Das erste Beispiel `myArray[4]` wird initialisiert, hat aber noch keine Werte gespeichert.

Im zweiten Beispiel `myPorts[]` wird das Array initialisiert und mit Werten gefüllt. Es ist keine Größe des Arrays definiert. In diesem Fall wird die benötigte Größe anhand der übergebenen Werte intern ermittelt.

Das vierte Beispiel `myText[8]` zeigt ein Array des Typs `char`. In diesem Fall ist zu beachten, dass bei der Größe des Arrays die Anzahl der Zeichen zuzüglich 1 angegeben werden muss, weil die 0 als Abschluss des Strings ebenfalls Speicherplatz belegt.

Die Größe eines Arrays ist also ein wichtiger Wert und muss bei der Verwendung dieses Datentyps beachtet werden. Eine falsche Angabe kann einen Fehler im Programmablauf erzeugen, da der Prozessor einen fehlerhaften Wert liest und weiterverarbeitet. Da die Array-Werte im internen Speicher des Prozessors gespeichert sind, kann bei einer zu großzügigen Definition schnell ein Speicherplatzproblem entstehen. Dies ist meist an merkwürdigem, unstabilem Ausführen des Programms zu erkennen und muss nicht zwingend eine Fehlermeldung oder einen Programmabbruch hervorrufen.

Die Abfrage eines Wertes aus dem Array erfolgt jeweils über die Angabe des Indexes des gewünschten Werts.

```
// Abfrage eines Array-Wertes
wert = myWerte[2];     // Abfrage des Wertes 64 aus dem Array
wert2 = myPorts[3];    // Abfrage ergibt den Wert 10
```

Da der erste Wert im Array den Index 0 besitzt, wird der dritte Wert innerhalb des Arrays mit dem Index 2 aufgerufen. Diese Tatsache ist speziell zu beachten, wenn man mittels einer Schleife ein ganzes Array durchsucht.

Ein Array der Länge 5 besitzt also Indexwerte von 0 bis 4. Der Index des letzten Wertes innerhalb des Arrays ist somit immer die Größe des Arrays minus 1.

Die Speicherung eines einzelnen Wertes in einem Array erfolgt nach der Initialisierung:

```
// Wert in Array speichern
myArray[0] = 23;  // Wert 23 speichern an erster Position
myArray[3] = 12;  // Wert 12 speichern an letzter Position
```

Wie bereits erwähnt, werden Arrays oftmals mittels Schleifen abgefragt oder mit Werten gefüllt. Das Beispiel speichert Zufallswerte in einem Array und gibt diese über die serielle Schnittstelle aus.

Beispiel:

```
// Zufallszahl in Array speichern
int ArrayRandom[4]; // Array mit Zufallszahlen
int i;
int zufallszahl;

void setup()
{
  Serial.begin(9600); // Initialisierung serielle Schnittstelle
}

void loop()
{

  for (i = 0; i < 5; i = i + 1) {
  zufallszahl= random(1, 99);    // Zufallszahl generieren
  ArrayRandom[i] =  zufallszahl; // Zufallszahl in Array
  Serial.println(ArrayRandom[i]);
  }
  delay(1000);
}
```

Für umfangreichere Datenmengen, beispielsweise beim Einsatz einer LED-Matrix, kann die Struktur eines Arrays um eine zusätzliche Ebene erweitert werden. Das Resultat ist eine mehrdimensionale Tabelle, die jeweils zwei Indexwerte verwendet.

Der generelle Aufbau eines mehrdimensionalen Arrays ist jeweils:

`Typ ArrayName[AnzahlEbenen][AnzahlWerte]`

Beispiel:

```
// Array mit 3 Ebenen und jeweils 3 Werten
int 2EbenenArray[3][3];  // Initialisierung Array

// Werte speichern in Array
int 2EbenenArray[3][3] = {
   { 23, 34, 11},  // erste Ebene
   { 54, 0, 21},   // zweite Ebene
   { 128, 76, 9}   // dritte Ebene
};
```

A.5 Datentypkonvertierung

Die Datentypkonvertierung benötigt man oftmals in der Praxis, um beispielsweise seriell empfangene Daten in einen Integerwert umzuwandeln.

Die folgende Tabelle A.1 zeigt verschiedene Varianten der Typkonvertierung:

Ausgangstyp	Zieltyp	Codebeispiel
	char	`a=char(x);`
	byte	`a=byte(x);`
	integer	`a=int(x);`
	long	`a=long(x);`
	float	`a=float(x)`
String	integer	`char* MeinString="A";` `a=atoi(MeinString);`

Tabelle A.1: Typenkonvertierung

A.6 Variablen & Konstanten

A.6.1 Variablen

In einem Programm werden Werte, die zur Weiterbearbeitung gespeichert sind, mit einem Bezeichner benannt. Der Bezeichner, also der Variablenname, sollte so gewählt werden, dass er innerhalb des Programms gut lesbar und verständlich ist.

Der Wert einer Variablen kann sich laufend ändern oder durch das Programm verändert werden.

Eine Variable besitzt neben dem Variablennamen auch einen Datentyp, der den Wertebereich definiert.

Bei der Variablendeklaration, die am Anfang des Programms erfolgt, wird der Datentyp, der Variablenname und der Wert der Variablen gesetzt. Wird kein Wert angegeben, so wird der Variablenwert auf 0 gesetzt.

```
Datentyp Variablenname = Wert;
```

Beispiel:

```
int IRAbstand = 453;  // Variable IRAbstand als Integer (ganzzahlig)
```

Verständliche Variablennamen wie `AbstandSensor` oder `EingabePin` verbessern die Lesbarkeit eines Programms.

```
// Ideale Variablennamen
int AbstandSensor = 100;
int EingabePin = 2;
float TempWertAussen = 32.45;

// Schlecht gewählte Variablennamen
int x = 123;
float valy = 34.45;
```

A.6.2 Konstanten

Konstanten sind spezielle Variablen, die ihren Wert während des gesamten Programmablaufs behalten. Sie werden verwendet, um fixe Werte einmalig zu deklarieren. Diese Konstanten können dann innerhalb des Arduino-Programms aufgerufen und verwendet werden.

Konstanten werden mit der Anweisung `const` definiert und können im Programmablauf nicht überschrieben werden.

```
// Deklaration einer Konstanten
const int GPSLED = 5;  // LED für Anzeige von GPS-Empfang an Pin 5
```

Die Konstantendeklaration wird üblicherweise zur Definition von Portnummern, Werten von Konfigurationsparametern oder fixen Werten für Kommandos oder Zeiten verwendet.

Beispiele:

```
// Konstanten für Portnummer
const int GPSLED = 5;        // LED für Anzeige von GPS-Empfang an Pin 5
digitalWrite(GPSLED, LOW); // LED ist aus
```

```
// Konstante für Zeitverzögerung
const int zeitverzoegerung = 1000  // 1000 ms Verzögerung
delay(zeitverzoegerung);
```

Neben den eigenen Definitionen von Konstanten kennt die Arduino-Syntax noch eine Anzahl von vordefinierten Konstanten.

true/false

Diese beiden booleschen Konstanten definieren logische Pegel. Die Konstante `false` besitzt immer den Wert 0. Der Wert der Konstanten `true` dagegen beträgt »alles außer 0«, meist wird jedoch 1 verwendet. Aber auch Werte von 2, 10 oder 100 werden als `true` bewertet.

Beispiel:

```
// true/false
if (EndSchalter1 == true)
{
  digitalWrite(MotorPin, LOW); // Motor aus
}
```

High/Low

Mit diesen beiden Konstantenwerten werden die Zustände von Ein- und Ausgängen gelesen oder geschrieben. HIGH ist jeweils der Logiklevel 1, 5 V oder EIN. LOW entspricht 0 oder AUS.

Beispiel:

```
// Konstanten HIGH/LOW

// digitale Ausgänge
digitalWrite(9, LOW); // Ausgangsport 9 aus
digitalWrite(8, HIGH); // Ausgangsport 8 ein

// digitale Eingänge
EingangSchalter = digitalRead(2)  // Wert des digitalen Eingangs 2 lesen
```

Zu beachten ist, dass diese beiden Konstanten immer in GROSSBUCHSTABEN geschrieben werden müssen.

Input/Output

Mit diesen beiden Konstanten wird die Portart (Eingang oder Ausgang) des Arduino-Prozessors definiert, die in der Funktion `pinMode()` verwendet wird.

Beispiele:

```
// Portart setzen
// Port 12 als Eingang
pinMode(12, INPUT);

// Port 13 als Ausgang
pinMode (13, OUTPUT);
```

A.7 Kontrollstrukturen

Kontrollstrukturen steuern den Programmfluss und werden bei Entscheidungen eingesetzt.

if

Eine `if`-Kontrollstruktur wird für Entscheidungen verwendet und prüft, ob eine Bedingung erfüllt ist.

```
if (status == 1)
{
 digitalWrite(8, HIGH);
}
```

Man beachte die Schreibweise mit den doppelten Gleichheitszeichen. Ein einfaches Gleichheitszeichen bedeutet nämlich eine Zuordnung eines Wertes.

```
Status=1 // Variable Status bekommt Wert 1
```

if ... else

Mit der zusätzlichen `else`-Erweiterung ergibt sich eine ENTWEDER/ODER-Entscheidung.

```
if (statusPin1 == HIGH)
{
 digitalWrite(8, HIGH);
}
else
{
 digitalWrite(8, LOW);
}
```

for

Die `for`-Schleife erlaubt das definierte Wiederholen einer Liste von Anweisungen.

```
for (int i=0; i <= 255; i++)
{
 analogWrite(PWMOut, i);
 delay(100);
}
```

Das Beispiel zählt die Variable `i` bis zum Wert 255 hoch und gibt jeweils den Wert als PWM-Signal (PWM = Pulsweitenmodulation) aus.

while

Wiederholtes Ausführen einer Schleife, bis eine Bedingung erfüllt ist.

```
wert = 0;
while(wert < 200)
{
 // Anweisung
 wert++;
}
```

Die Schleife wird ausgeführt, bis Wert = 200 ist, wobei der Wert bei jedem Schleifendurchgang um 1 erhöht wird.

Do ... while

Ähnlich der `while`-Schleife, aber bei der `do ... while`-Schleife erfolgt die Prüfung der Bedingung erst am Ende.

```
do
{
 temp = analogRead(tempPin);
} while (temp < 40);
```

Das Ausführen der Schleife findet statt, solange der Wert von `temp` kleiner als 40 ist.

switch/case

Diese Kontrollstruktur vergleicht einen Wert mit einer Reihe von Werten. Entspricht der Wert einem Wert aus der Reihe, so wird dieser Fall (`case`) ausgeführt.

```
switch (temp)
{
    case 20:
      // Temp ist genau 20
```

```
      digitalWrite(LEDgelb, HIGH);
      break;
    case 25:
     // Temp ist genau 25
     digitalWrite(LEDgelb, HIGH);
      break;
    default:
      // Falls kein anderer Fall ausgeführt wird
      digitalWrite(LEDgruen, HIGH);
}
```

break

Mit der Anweisung `break` kann aus einer Schleife oder einem `switch`-Fall ausgestiegen werden.

```
for (int i = 0; i < 255; i ++)
{
  digitalWrite(PWMPin, i);
  // Stop-Eingang abfragen
  stopInp = digitalRead(stopPin);
  // falls Stop = HIGH, aussteigen
  if (stopInp == HIGH)  {
    digitalWrite(PWMPin, 0);
    break;
  }
  delay(20);
}
```

Die Schleife wird unterbrochen, falls `stopInp` HIGH ist.

continue

Unterbricht eine Schleife und springt wieder zur Prüfung der Bedingung.

```
for (int i = 0; i < 255; i++)
{
  // falls i zwischen 50 und 100, i nicht ausgeben
  if (i > 50 && i < 100)
  {
    continue;
  }
```

```
  digitalWrite(PWMPin, i);
  delay(20);
}
```

return

Beendet eine Funktion und gibt einen Wert zur Weiterverarbeitung im übergeordneten Programm zurück.

```
int getTemperatur(inPin)
{
  int valTemp=0;
  valTemp=analogRead(inPin);
  return valTemp;
}
```

A.8 Mathematische Funktionen

min(x,y)

Ermittelt das Minimum zweier Werte und gibt den kleineren Wert zurück.

`wert = min(wert, 88);`

Setzt die Variable `wert` so, dass `wert` nie größer als 88 werden kann.

max(y,z)

Ermittelt das Maximum zweier Werte und gibt den höheren zurück.

`wert = max(wert, 200);`

Setzt die Variable `wert` so, dass `wert` nie kleiner als 200 werden kann.

Für das Begrenzen eines Wertes oder eines Bereichs kann auch die Funktion `constrain()` verwendet werden.

abs(z)

Gibt den Absolutwert einer Zahl zurück.

```
abs(Zahl)
```

```
int z =100;
int x = abs(z);  // x = 100

int a = -100
int b = abs(a);  // b = 100
```

constrain(x,a,b)

Mit dieser Funktion kann ein Wert so gesetzt werden, dass er immer in einem definierten Bereich liegt.

```
constrain(Zahl, Minimal, Maximal)
```

Die Funktion gibt folgende Werte zurück:

`Zahl`, wenn `Zahl` zwischen `Minimal` und `Maximal` liegt.

`Minimal`, wenn `Zahl` kleiner als `Minimal` ist.

`Maximal`, wenn `Zahl` größer als `Maximal` ist.

```
// Bereichsbegrenzung
int xVal = 80;
xVal = constrain(xVal, 100, 200);  // xVal ist immer im Bereich von 100 bis
200
```

map(Wert, fromLow, fromHigh, toLow, toHigh)

Diese Funktion kann einen Wertebereich (`fromLow`, `fromHigh`) in einen anderen Wertebereich (`toLow`, `toHigh`) konvertieren. Ein Temperaturwert von 20 bis 80 Grad kann auf diese Weise inso beispielsweise auf einen Bereich von 0 bis 100 Prozent abgebildet werden. Dabei wird eine Temperatur von 20 zu 0 und der Endwert von 80 zu 100. Eine weitere Möglichkeit ist die Invertierung des Bereichs, indem ein Wertebereich von 0 bis 100 zu 100 bis 0 konvertiert wird.

```
map(Wert, fromLow, fromHigh, toLow, toHigh)
```

In der Praxis wird `map()` oft eingesetzt, um einen eingelesenen Analogwert (10 Bit) in einen 8-Bit-Wert für die Ausgabe als PWM zu konvertieren.

```
// Temperatursensor einlesen, Wert 0-1023
int tempVal = analogRead(5);
// Konvertierung 0-1023 zu 0-255
int tempValOut = map(tempVal, 0, 1023, 0, 255);
// Ausgabe des aktuellen Wertes als PWM-Signal
analogWrite(9, tempValOut);
```

pow(base, exponent)

Funktion zur Ausgabe der Potenz einer übergebenen Zahl.

```
pow(Zahl, Exponent)
```

```
float x = (analogRead(5));
y = pow(x,2.0);
```

sq(x)

Gibt das Quadrat einer Zahl zurück.

sqrt(x)

Berechnet die Wurzel einer übergebenen Zahl.

sin(rad)

Berechnung des Sinus eines Winkels im Bogenmaß. Der Rückgabewert liegt zwischen -1 und +1.

cos(rad)

Berechnung des Cosinus eines Winkels im Bogenmaß. Der Rückgabewert liegt zwischen -1 und +1.

tan(rad)

Berechnung des Tangens eines Winkels im Bogenmaß.

A.9 Zufallszahlen

Die Generierung einer Zufallszahl erfolgt mittels des *Pseudo-random-number-generators* (PRNG). Dieser Generator ermittelt die Zufallszahl algorithmisch. Eine echte Zufallszahl wird generiert, indem der PRNG mit einer Zahl initialisiert wird und dieser daraus eine Zufallszahl erstellt. Die echte Zufallszahl kann beispielsweise ein Analogwert sein.

randomSeed(Wert)

Initialisieren des PRNGs mit einer Zahl.

random(max), random(min,max)

Erstellen einer Pseudo-Zufallszahl.

```
// Initialisieren des PRNG
randomSeed(analogRead(0));
// Zufallszahl zwischen 0 und 100
randZahl = random(100);
// Zufallszahl 1 und 49
randZahl = random(1, 49);
```

A.10 Arithmetik und Vergleichsfunktionen

Arithmetik

Durchführen von Addition, Subtraktion, Multiplikation und Division.

```
y = y + 3;  // Addition
x = x - 7;  // Subtraktion
i = j * 6;  // Multiplikation
r = r / 5;  // Division
a = 6 % 4;  // Modulo (Rest bei ganzzahliger Division)
```

Vergleichsoperatoren

Bei Vergleichsoperationen werden zwei Variablen oder Konstanten miteinander verglichen.

```
a == b    // a ist gleich b
a != b    // a ist nicht gleich b
a <  y    // a ist kleiner als b
a >  b    // a ist größer als b
a <= b    // a ist kleiner oder gleich b
a >= b    // a ist größer oder gleich b
```

Hinweis

Achtung: a = b ist keine Vergleichsoperation wie das erste Beispiel, sondern eine Wertezuweisung: Wert a bekommt den Wert von b.

Gemischte Zuweisungen

Gemischte Zuweisungen sind eine Art Kurzschreibweise für arithmetische Operationen und Variablenzuweisungen.

Inkrement/Dekrement

```
x++;  // erhöht x um 1, entspricht x = x + 1
x--;  // vermindert x um 1, entspricht x = x - 1
```

Zusammengesetzte Zuweisungen

```
x += y;   // entspricht x = x + y
x -= y;   // entspricht x = x - y
```

```
x *= y;   // entspricht x = x * y
x /= y;   // entspricht x = x / y
```

Logische Operatoren

Mit den logischen Operatoren werden meist zwei Werte oder Ausdrücke miteinander verglichen. Das Resultat ist entweder TRUE oder FALSE. Die drei logischen Operatoren AND, OR und NOT werden normalerweise in `if`-Anweisungen verwendet.

Logisches AND (&&)

Das Resultat ist TRUE, wenn beide Werte TRUE sind.

```
// Werte prüfen, true, wenn temp zwischen 15 und 25 liegt
if (temp >= 15 && temp <= 25)
{
  // Weitere Anweisungen
}

// Eingänge prüfen
if (InpPin4 == HIGH  && InpPin5 == HIGH)
{
  // Weitere Anweisungen
}
```

Logisches OR (||)

Das Resultat ist TRUE, wenn einer der Werte TRUE ist.

```
if (a > 10 || b > 10)
{
  // Weitere Anweisungen
}
```

Logisches NOT (!)

Das Resultat wird TRUE, wenn der Ausdruck FALSE ist.

```
if (!x > 5)
{
  // Weitere Anweisungen
}
```

A.11 Funktionen

A.11.1 Digitale Ein- und Ausgänge

pinMode()

Konfiguriert einen digitalen Port als Ein- oder Ausgang.

```
pinMode(PortNummer, Modus)
```

```
pinMode(8, OUTPUT);  // Port 8 als Ausgang
pinMode(9, INPUT);   // Port 9 als Eingang
```

Eingang einlesen

Liest den Wert des digitalen Eingangs ein.

```
digitalRead(PortNummer)
```

```
InpPin = digitalRead(4);   // Einlesen von Port 4, Wert wird in der Variablen
                           // InpPin abgelegt
```

Ausgang setzen

Setzt den Ausgang auf 1 oder 0, entspricht HIGH oder LOW.

```
digitalWrite(PortNummer, Wert)
```

```
digitalWrite(8, HIGH);  // Ausgang 8 EIN
digitalWrite(9, LOW);   // Ausgang 9 AUS
```

Eingangspuls messen

Diese Funktion misst die Dauer eines am Eingang anliegenden Eingangspulses. Dabei kann die Pulszeit zwischen 10 Mikrosekunden und 3 Minuten liegen.

```
pulseIn(PortNummer, Wert)
pulseIn(PortNummer, Wert, Timeout)
```

Der Wert HIGH oder LOW gibt an, ob man einen HIGH-Puls oder einen LOW-Puls messen möchte. Bei HIGH wird darauf gewartet, dass das am Port anliegende Signal auf HIGH wechselt, dann beginnt die Zeitmessung, die endet, wenn das Signal wieder LOW ist. Die gemessene Zeit wird in Mikrosekunden angegeben.

Die Angabe der Zeitüberschreitung (Timeout), also wie viele Mikrosekunden auf das Signal gewartet werden soll, ist optional. Als Standardwert ist 1 Sekunde definiert.

```
int PulsPin = 2;
unsigned long zeitdauer;
zeitdauer = pulseIn(PulsPin, HIGH);
```

A.11.2 Analoge Ein- und Ausgänge

Analoge Eingänge

Analoge Eingänge arbeiten mit einer Auflösung von 10 Bit, das entspricht einem Bereich von 0 bis 1023. Das Eingangssignal liegt dabei im Bereich von 0 bis 5 Volt.

```
analogRead(PortNummer)
```

```
tempIn = analogRead(0);      // Analogport 0 einlesen, Wert
                             // in Variable tempIn ablegen
```

Als analoge Eingänge können folgende Ports verwendet werden:

(0–5): Arduino-Standardboards

(0–7): Arduino Mini und Nano

(0–15): Arduino Mega

Analoge Ausgänge

Das Ausgeben einer Spannung an den analogen Ausgängen wird mittels Pulsweitenmodulation (PWM) realisiert. Die Grundfrequenz liegt dabei bei ungefähr 490 Hertz. Der Wert liegt im Bereich von 0 bis 255, das entspricht 8 Bit.

```
analogWrite(PortNummer, Wert)
```

```
analogWrite(10, 123);  // Ausgeben eines analogen Wertes an Port 10
```

Zur analogen Ausgabe sind folgende Ports verwendbar:

(3, 5, 6, 9, 10, 11): Arduino-Standardboards

(2–13): Arduino Mega

Hinweis

Anwendungsbeispiele und Konfigurationsmöglichkeiten der analogen Ausgabe als PWM sind in Kapitel 4 ausführlicher beschrieben.

A.11.3 Tonausgabe

tone()

Ausgabe eines Rechtecksignals mit einstellbarer Frequenz und einer Pulsweite von 50%. Das Ausgangssignal kann direkt an einem Piezo-Alarmgeber oder einem Lautsprecher angeschlossen werden.

```
tone(PortNummer, Frequenz)
tone(PortNummer, Frequenz, Dauer)
```

Durch die Eingabe der Nummer des Ports, an dem ein Lautsprecher angeschlossen ist, und der Frequenz in Hertz kann ein Ton erzeugt werden. Wird zusätzlich noch die optionale Dauer in Millisekunden (ms) angegeben, stoppt die Tonausgabe nach der definierten Zeit.

Eine praktische Anwendung des Befehls und Ausgangspunkt für weitere Experimente ist das Beispiel aus dem Arduino Playground.

`http://arduino.cc/en/Tutorial/Tone3`

notone()

Stoppt die Ausgabe des Rechtecksignals, das mit `tone()` gestartet wurde.

A.11.4 Interrupts

Bei einem Interrupt wird durch ein Ereignis, beispielsweise ein Signal von außen, das Hauptprogramm gestoppt und ein anderes Programm ausgeführt. Das externe Signal kann zum Beispiel ein kurzer Puls von einem sich drehenden Magneten sein. Damit jedes Signal des sich drehenden Magneten auch erfasst wird, kann damit ein Interrupt ausgelöst werden, der einen Zähler um 1 erhöht.

attachInterrupt()

Diese Funktion löst mittels eines Signals an einem definierten digitalen Port einen Interrupt aus, der eine wählbare Programmfunktion aufruft.

```
attachInterrupt(InterruptNummer, Funktion, Modus)
```

Parameter InterruptNummer

Die Arduino-Standardboards können zwei Interrupts erfassen, die die Nummer 0 (angeschlossen an Pin 2) und die Nummer 1 (angeschlossen an Pin 3) besitzen.

Parameter Funktion

Diese Funktion wird ausgeführt, wenn das Eingangssignal an den erwähnten Ports erkannt wird.

Parameter Modus

Dieser Parameter gibt an, bei welcher Signaländerung ein Interrupt ausgelöst werden soll.

- LOW: Löst den Interrupt aus, wenn der Pin auf LOW geht.
- CHANGE: Löst den Interrupt aus, wenn sich das Signal am Pin ändert.
- RISING: Löst den Interrupt aus, wenn sich das Signal von LOW auf HIGH ändert.
- FALLING: Löst den Interrupt aus, wenn sich das Signal von HIGH auf LOW ändert.

Beispiel:

Funktion wird bei ansteigendem Signal an Pin 2 ausgeführt.

```
attachInterrupt(0, alarm, RISING);

void alarm()
{
  // Anweisungen
}
```

detachInterrupt()

Schaltet den Interrupt aus.

```
detachInterrupt(InterruptNummer)
```

InterruptNummer: 0 oder 1 (bei Arduino-Standardboards)

A.12 Zeitfunktionen

Bei den Zeitfunktionen unterscheidet man zwischen Funktionen, um Zeiten zu messen und Funktionen, um definierte Pausen (Verzögerungen) einzulegen.

delay()

Pausiert ein Programm für die in ms angegebene Zeit. Dabei ergibt die Eingabe von 1000 eine Verzögerung von einer Sekunde.

Dies wird oft in Blinkroutinen für die einzelnen Ein- und Aus-Phasen verwendet.

```
void loop()
{
  // LED Ein
  digitalWrite(8, HIGH);
  // 1 Sekunde warten
  delay(1000);
  // LED Aus
  digitalWrite(8, LOW);
  // 1 Sekunde warten
  delay(1000);
}
```

delayMicroseconds()

Pausiert ein Programm für eine angegebene Zeit in Mikrosekunden (us). Die Eingabe von 1000 Mikrosekunden ergibt eine Pause von einer Millisekunde.

Der maximale Wert für die Pause kann dabei 16.383 Mikrosekunden betragen, was einer Verzögerung von 16,383 Millisekunden entspricht.

millis()

Gibt die Zeit in Millisekunden (ms) seit dem Start des aktuellen Programms zurück. Der Rückgabewert ist eine Zahl des Datentyps `unsigned long`.

```
unsigned long time;
// Wert seit Start des Programms
time = millis();
```

micros()

Gibt die Zeit in Mikrosekunden (us) seit dem Start des aktuellen Programms zurück. Der Rückgabewert ist eine Zahl vom Datentyp `unsigned long`. Nach 70 Minuten erfolgt ein Überlauf (Overflow) und die Zeitmessung beginnt wieder bei 0.

A.13 Serielle Kommunikation

Auf dem Arduino Duemilanove wird die serielle Schnittstelle einerseits zur Kommunikation mit dem angeschlossenen Rechner über den USB-Port und andererseits auf den Ports 0 (RX) und 1 (TX) zur externen Kommunikation verwendet.

begin()

Initialisieren der seriellen Schnittstelle und Definition der Übertragungsgeschwindigkeit. Über den seriellen Monitor in der Entwicklungsumgebung (IDE) können die übertragenen Daten sichtbar gemacht werden. Dabei muss im seriellen Monitor die entsprechende Übertragungsgeschwindigkeit eingestellt werden.

```
Serial.begin(Übertragungsrate)
```

Übertragungsrate Wertebereich:

300, 1200, 2400, 4800, 9600, 14400, 19200, 28800, 38400, 57600, 115200

```
void setup()
{
  // Konfiguration serielle Schnittstelle
  Serial.begin(9600);  // Übertragungsgeschwindigkeit
}
```

Wird die serielle Schnittstelle verwendet, so können die digitalen Ports D0 und D1 nicht für andere Aufgaben genutzt werden.

Der Arduino Mega hat drei zusätzliche serielle Schnittstellen, die an den folgenden Ports betrieben werden:

- Serial1: Port 19 (RX), Port 18 (TX)
- Serial2: Port 17 (RX), Port 16 (TX)
- Serial3: Port 15 (RX), Port 14 (TX)

Somit muss jede der vier seriellen Schnittstellen auf dem Arduino Mega einzeln initialisiert werden.

```
// Arduino Mega
void setup()
{
  // Konfiguration der seriellen Schnittstellen
  Serial.begin(9600);
  Serial1.begin(38400);
  Serial2.begin(115200);
  Serial3.begin(9600);
}
```

Die Übertragungsgeschwindigkeiten der vier seriellen Schnittstellen können dabei unterschiedlich sein.

end()

Beendet die serielle Funktion auf den Ports 0 und 1. Die beiden digitalen Ports können anschließend wieder für andere Anwendungen genutzt werden.

```
Serial.end()
```

available()

Diese Funktion prüft, ob im Empfangspuffer der seriellen Schnittstelle Daten vorhanden sind. Der Rückgabewert ist die Anzahl der vorhandenen Bytes. Falls Daten vorhanden sind, können diese nun mit `read()` aus dem Puffer gelesen werden. Zu beachten ist, dass der Empfangspuffer eine maximale Größe von 128 Bytes besitzt. Darum muss im Programm sichergestellt sein, dass die Daten des Empfangspuffers regelmäßig ausgelesen werden.

```
// prüfen, ob Daten empfangen wurden
if (Serial.available() > 0)
{
  // Daten aus Eingangspuffer einlesen
  empfangeneDaten = Serial.read();
  // Ausgabe von Infomeldung
  Serial.print("Du hast Daten empfangen");
}
```

read()

Diese Funktion liest das nächste Zeichen aus dem Empfangspuffer der seriellen Schnittstelle. Falls keine Daten empfangen wurden, gibt die Funktion den Wert -1 zurück.

```
Serial.read()
```

```
empfangeneDaten = Serial.read();
```

print()

Sendet Daten als ASCII-Zeichen zur Ausgabe an die serielle Schnittstelle. Dabei können verschiedene Ausgabeformate und -typen ausgegeben werden.

```
Serial.print(Wert)
Serial.print(Wert, Format)
```

Beispiel von Ausgabemöglichkeiten:

Ausgabeanweisung	Ausgabeformat
Serial.print(45)	"45"
Serial.print(1.23456)	"1.23" (Standard sind zwei Nachkommastellen)

Ausgabeanweisung	Ausgabeformat
Serial.print('A')	"A"
Serial.print("Hallo Arduino.")	"Hallo Arduino."

Mit einem optionalen zweiten Parameter kann das Ausgabeformat gesteuert werden.

Ausgabeanweisung	Ausgabeformat
Serial.print(65, BIN)	"1000001"
Serial.print(65, OCT)	"101"
Serial.print(65, DEC)	"65"
Serial.print(78, HEX)	"4E"
Serial.println(1.23456, 0)	"1"
Serial.println(1.23456, 2)	"1.23"
Serial.println(1.23456, 4)	"1.2346"

println()

Sendet Daten mit einem anschließenden Zeilenumbruch (Carriage Return und Linefeed) an die serielle Schnittstelle. Das Carriage Return entspricht dem ASCII-Zeichen 13 oder »\r«, ein Linefeed entspricht dem ASCII-Zeichen 10 oder »\n«.

```
Serial.println(Wert)
Serial.println(Wert, Format)
```

Formatangaben sind entsprechend den bei der `print()`-Funktion aufgeführten Beispielen möglich.

write()

Schreibt binäre Daten auf die serielle Schnittstelle. Dabei werden die Daten als einzelne Bytes oder in Form mehrerer Bytes in einem Puffer versendet.

```
Serial.write(Wert)
Serial.write(String)
Seriel.write(Puffer,Länge)
```

Wert: Wert als Byte

String: String in Form von mehreren Bytes

Puffer: Array in Form von mehreren Bytes

Länge: Größe des Arrays

```
// Versenden von Byte mit Wert 45
Serial.write(45);
//Versenden von String "Hallo", Rückgabewert ist die Länge des Strings
int bytesSent = Serial.write("Hallo");
```

flush()

Diese Funktion leert den Empfangspuffer der seriellen Schnittstelle.

```
Serial.flush()
```

Boards

B.1 Vergleich der Board-Varianten

Beschreibung	Uno	Mega2560	Nano
Mikrocontroller	ATmega328	ATmega2560	ATmega168 (v2.x) ATmega328 (v3)
Spannungs-versorgung	7-12 VDC	7-12 VDC	7-12 VDC
Betriebs-spannung	5 VDC	5 VDC	5 VDC
Digitale Ein-/Ausgänge	14 (6 als PWM)	54 (15 als PWM)	14 (6 als PWM)
Analoge Eingänge	6	16	8
Strom pro digitalem Port	40 mA DC	40 mA DC	40 mA DC
Flash Memory	32 KB (ATmega328) (0.5 KB vom Bootloader belegt)	256 KB (8 KB vom Bootloader belegt)	16 KB (ATmega168) 32 KB (ATmega328) (2 KB vom Bootloader belegt)
SRAM	2 KB (ATmega328)	8 KB	1 KB (ATmega168) 2 KB (ATmega328)
EEPROM	1 KB (ATmega328)	4 KB	512 Bytes (ATmega168) 1 KB (ATmega328)
Taktfrequenz	16 MHz	16 MHz	16 MHz
USB-chnittstelle	ja	ja	ja
Reset-Schalter	ja	ja	ja
Onboard ICSP	ja	ja	ja
Abmessungen Board (L × B)	70 × 53 mm	101 × 53 mm	18,54 × 43,18 mm

Tabelle B.1: Board-Übersicht Uno/Mega/Nano

B.2 Anschlussbelegung Mikrocontroller

Pin-Belegung ATmega168/ATmega328

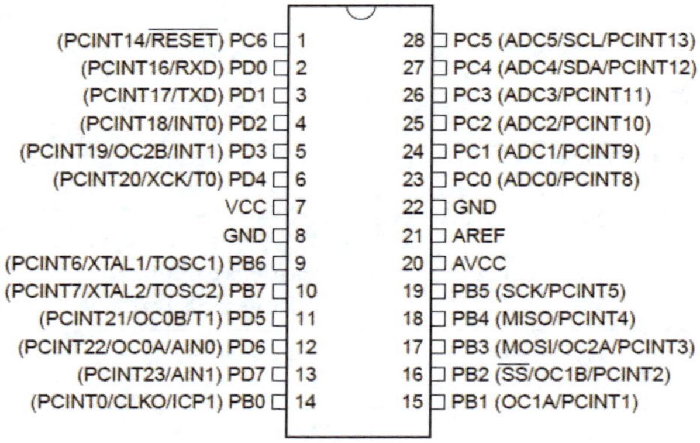

Abb. B.1: ATmega-Mikrocontroller Anschlussbelegung (Gehäuse DIP28)

Weitere Angaben zum Mikrocontroller und zu den verschiedenen weiteren Gehäuseformen sind detailliert im Datenblatt beschrieben.

`http://atmel.com/dyn/resources/prod_documents/doc8025.pdf`

Zuordnung der Pins zu den Anschlüssen auf dem Arduino Uno

ATmega-Pin	Pin-Beschreibung	Arduino-Board-Funktion
1	PCINT14/Reset (PC6)	Reset
2	PCINT16/RXD (PD0)	D0 (RX)
3	PCINT17/TXD (PD1)	D1 (TX)
4	PCINT18/INT0 (PD2)	D2
5	PCINT19/OC2B/INT1 (PD3)	D3 (PWM)
6	PCINT20/XCK/T0 (PD4)	D4
7	VCC	VCC
8	GND	GND
9	PCINT6/XTAL1/TOSC1 (PB6)	Quarz
10	PCINT7/XTAL2/TOSC2 (PB7)	Quarz
11	PCINT21/OC0B/T1 (PD5)	D5 (PWM)
12	PCINT22/OC0A/AIN0 (PD6)	D6 (PWM)
13	PCINT23/AIN1 (PD7)	D7
14	PCINT0/CLKO/ICP1 (PB0)	D8

Tabelle B.2: Zuordnung der Pins zu den Anschlüssen auf dem Arduino Uno

ATmega-Pin	Pin-Beschreibung	Arduino-Board-Funktion
15	OC1A/PCINT1 (PB1)	D9 (PWM)
16	SS/OC1B/PCINT2 (PB2)	D10 (PWM)
17	MOSI/OC2A/PCINT3 (PB3)	D11 (PWM)
18	MISO/PCINT4 (PB4)	D12
19	SCK/PCINT5 (PB5)	D13
20	AVCC	VCC
21	AREF	AREF
22	GND	GND
23	ADC0/PCINT8 (PC0)	A0
24	ADC1/PCINT9 (PC1)	A1
25	ADC2/PCINT10 (PC2)	A2
26	ADC3/PCINT11 (PC3)	A3
27	ADC4/SDA/PCINT12 (PC4)	A4
28	ADC5/SCL/PCINT13 (PC5)	A5

Tabelle B.2: Zuordnung der Pins zu den Anschlüssen auf dem Arduino Uno (Forts.)

Bezugsquellen

C.1 Bezugsquellen und Lieferanten

Deutschland:

Arduino und Zubehör:

Watterott electronic
Winkelstr. 12a
37327 Hausen
`http://www.watterott.com/`

EXP GmbH
Meerwiesertalweg 23
66123 Saarbrücken
`http://www.exp-tech.de/`

ELEKTRONIKLADEN Mikrocomputer GmbH & Co. KG
Bielefelder Str. 561
32758 Detmold
`http://elmicro.com`

SEGOR-electronics GmbH
Kaiserin-Augusta-Allee 94
10589 Berlin
`http://www.segor.de`

Einzelkomponenten:

Conrad Electronic:
Filialen an 26 Standorten:
`http://www.conrad.de/ce/de/ChainstoreInfo.html?servicepoint=chainstore_info`
`http://www.conrad.de`

Reichelt Elektronik GmbH & Co. KG
Elektronikring 1
26452 Sande
`http://www.reichelt.de`

Schweiz:

Arduino und Zubehör:

boxtec internet appliances
Liestalerstr. 47
CH-4419 Lupsingen
`http://shop.boxtec.ch`

PLAY-ZONE.CH
Brunnmatte 1a
CH-5647 Oberrüti / AG
`http://play-zone.ch`

Einzelkomponenten:

Conrad Electronic AG
Roosstr. 53
CH-8832 Wollerau
`http://www.conrad.ch`

Distrelec AG
Grabenstr. 6
Postfach
CH-8606 Nänikon
`http://www.distrelec.ch`

Weitere Lieferanten von Arduino-Komponenten (weltweit)

Sparkfun:
`http://www.sparkfun.com/`

Adafruit:
`http://www.adafruit.com/`

Seeedstudio:
`http://www.seeedstudio.com/depot/`

Maker SHED:
`http://www.makershed.com`

Modern Device:
`http://www.moderndevice.com/`

oomlout:
`http://oomlout.co.uk/`

NKC electronics:
`http://www.nkcelectronics.com/`

Listings

D.1 Wii-Nunchuk-Funktionsbibliothek (Kapitel 6)

nunchuck_funcs.h

```
/*
 * Nunchuk functions  -- Talk to a Wii Nunchuk
 *
 * This library is from the Bionic Arduino course :
 *                          http://todbot.com/blog/bionicarduino/
 *
 * 2007 Tod E. Kurt, http://todbot.com/blog/
 *
 * The Wii Nunchuk reading code originally from Windmeadow Labs
 *   http://www.windmeadow.com/node/42
 */

#if ARDUINO >= 100
  #include "Arduino.h"
#else
  #include "WProgram.h"
#endif

static uint8_t nunchuck_buf[6];   // array to store nunchuk data,

// Uses port C (analog in) pins as power & ground for Nunchuk
static void nunchuck_setpowerpins()
{
#define pwrpin PORTC3
#define gndpin PORTC2
    DDRC |= _BV(pwrpin) | _BV(gndpin);
    PORTC &=~ _BV(gndpin);
    PORTC |=  _BV(pwrpin);
    delay(100);  // wait for things to stabilize
}
```

```
// initialize the I2C system, join the I2C bus,
// and tell the nunchuk we're talking to it
static void nunchuck_init()
{
    Wire.begin();                // join i2c bus as master
    Wire.beginTransmission(0x52);// transmit to device 0x52
    Wire.write((byte)0x40);// sends memory address
    Wire.write((byte)0x00);// sends sent a zero.
    Wire.endTransmission();// stop transmitting
}

// Send a request for data to the nunchuk
// was "send_zero()"
static void nunchuck_send_request()
{
    Wire.beginTransmission(0x52);// transmit to device 0x52
    Wire.write((byte)0x00);// sends one byte
    Wire.endTransmission();// stop transmitting
}

// Encode data to format that most wiimote drivers except
// only needed if you use one of the regular wiimote drivers
static char nunchuk_decode_byte (char x)
{
    x = (x ^ 0x17) + 0x17;
    return x;
}

// Receive data back from the nunchuk,
// returns 1 on successful read. returns 0 on failure
static int nunchuck_get_data()
{
    int cnt=0;
    Wire.requestFrom (0x52, 6);// request data from nunchuk
    while (Wire.available ()) {
        // receive byte as an integer
        nunchuck_buf[cnt] = nunchuk_decode_byte(Wire.read());
        cnt++;
    }
    nunchuck_send_request();  // send request for next data payload
    // If we recieved the 6 bytes, then go print them
    if (cnt >= 5) {
        return 1;   // success
```

```
    }
    return 0; //failure
}

// Print the input data we have recieved
// accel data is 10 bits long
// so we read 8 bits, then we have to add
// on the last 2 bits.  That is why I
// multiply them by 2 * 2
static void nunchuck_print_data()
{
    static int i=0;
    int joy_x_axis = nunchuck_buf[0];
    int joy_y_axis = nunchuck_buf[1];
    int accel_x_axis = nunchuck_buf[2]; // * 2 * 2;
    int accel_y_axis = nunchuck_buf[3]; // * 2 * 2;
    int accel_z_axis = nunchuck_buf[4]; // * 2 * 2;

    int z_button = 0;
    int c_button = 0;

    // byte nunchuck_buf[5] contains bits for z and c buttons
    // it also contains the least significant bits for the accelerometer data
    // so we have to check each bit of byte outbuf[5]
    if ((nunchuck_buf[5] >> 0) & 1)
        z_button = 1;
    if ((nunchuck_buf[5] >> 1) & 1)
        c_button = 1;

    if ((nunchuck_buf[5] >> 2) & 1)
        accel_x_axis += 2;
    if ((nunchuck_buf[5] >> 3) & 1)
        accel_x_axis += 1;
    if ((nunchuck_buf[5] >> 4) & 1)
        accel_y_axis += 2;
    if ((nunchuck_buf[5] >> 5) & 1)
        accel_y_axis += 1;

    if ((nunchuck_buf[5] >> 6) & 1)
        accel_z_axis += 2;
    if ((nunchuck_buf[5] >> 7) & 1)
        accel_z_axis += 1;
```

```
    Serial.print(i,DEC);
    Serial.print("\t");

    Serial.print("joy:");
    Serial.print(joy_x_axis,DEC);
    Serial.print(",");
    Serial.print(joy_y_axis, DEC);
    Serial.print("  \t");

    Serial.print("acc:");
    Serial.print(accel_x_axis, DEC);
    Serial.print(",");
    Serial.print(accel_y_axis, DEC);
    Serial.print(",");
    Serial.print(accel_z_axis, DEC);
    Serial.print("\t");

    Serial.print("but:");
    Serial.print(z_button, DEC);
    Serial.print(",");
    Serial.print(c_button, DEC);

    Serial.print("\r\n");  // newline
    i++;
}

// returns zbutton state: 1=pressed, 0=notpressed
static int nunchuck_zbutton()
{
    return ((nunchuck_buf[5] >> 0) & 1) ? 0 : 1;  // voodoo
}

// returns zbutton state: 1=pressed, 0=notpressed
static int nunchuck_cbutton()
{
    return ((nunchuck_buf[5] >> 1) & 1) ? 0 : 1;  // voodoo
}

// returns value of x-axis joystick
static int nunchuck_joyx()
{
    return nunchuck_buf[0];
}
```

```
// returns value of y-axis joystick
static int nunchuck_joyy()
{
    return nunchuck_buf[1];
}

// returns value of x-axis accelerometer
static int nunchuck_accelx()
{
    return nunchuck_buf[2];   // FIXME: this leaves out 2-bits of the data
}

// returns value of y-axis accelerometer
static int nunchuck_accely()
{
    return nunchuck_buf[3];   // FIXME: this leaves out 2-bits of the data
}

// returns value of z-axis accelerometer
static int nunchuck_accelz()
{
    return nunchuck_buf[4];   // FIXME: this leaves out 2-bits of the data
}
```

D.2 Mailchecker (Kapitel 10)

inc_mailbox.php

```
<?php
// Wartet auf "+OK", oder "-ERR"
function pop3_wait4result($handle)
{
  while($wait_result = fgets($handle, 256))
  {
   if(substr($wait_result, 0, 1) == "-")
   return $wait_result;
   if(substr($wait_result, 0, 1) == "+")
    return $wait_result;
  }
}
```

```
// Lade Status der POP3-Mailbox
function pop3_getstat($addr, $port, $user, $pass, $timeout, $quit_handle)
{
  // RETURN ARRAY POP3_GETSTAT
  $stat_array = array("handle" => @fsockopen($addr, $port, $errno, $errstr,
    $timeout),
  "init" => FALSE,
  "user" => FALSE,
  "pass" => FALSE,
  "status" => FALSE);

  // BENUTZE HANDLE BIS STAT
  if($stat_array[ "handle" ])
  {
   socket_set_timeout($stat_array[ "handle" ], $timeout);
   // Connect-Antwort laden
   $stat_array[ "init" ] = pop3_wait4result($stat_array[ "handle" ]);
   // Benutzer senden
   fputs($stat_array[ "handle" ], "USER $user\r\n");
   $stat_array[ "user" ] = pop3_wait4result($stat_array[ "handle" ]);
   // Passwort senden
   fputs($stat_array[ "handle" ], "PASS $pass\r\n");
   $stat_array[ "pass" ] = pop3_wait4result($stat_array[ "handle" ]);
   // Status abfragen
   fputs($stat_array[ "handle" ], "STAT\r\n");
   $stat_array[ "status" ] = pop3_wait4result($stat_array[ "handle" ]);
   // Handle schließen
   if($quit_handle)
   {
    fputs($stat_array[ "handle" ], "QUIT\r\n");
    $stat_array[ "handle" ] = fgets($stat_array[ "handle" ]);
   }
  } else $stat_array[ "handle" ] = FALSE;
  return $stat_array;
}

// Liste der Mails abrufen
function pop3_getmessagelist($handle, $quit_handle)
{
  // RETURN ARRAY GET_MESSAGELIST
  $messagelist_arr = array(0 => array("message_nr" => FALSE, "message_size"
    => FALSE));
```

```
  fputs($handle, "LIST\r\n");
  $list_return = pop3_wait4result($handle);
  if(strstr($list_return, "+OK"))
  {
   $i = 0;
   while($list_return = fgets($handle))
   {
    if(!strstr($list_return, "."))
    {
     $list_return_arr = explode(" ", $list_return);
     $messagelist_arr[ $i ][ "message_nr" ] = $list_return_arr[ 0 ];
     $messagelist_arr[ $i ][ "message_size" ] = $list_return_arr[ 1 ];
     $i++;
     }
    else break;
   }
  }

  // Handle schließen
  if($quit_handle)
  {
   fputs($handle, "QUIT\r\n");
   $handle = fgets($handle);
  }
  return $messagelist_arr;
}

// Liste der Mails abrufen
function pop3_getsubjectlist($handle, $messagelist_arr, $quit_handle)
{
  // RETURN ARRAY GET_MESSAGELIST
  $subjectlist_arr = array(0 => array("message_nr" => FALSE, "message_from"
     => FALSE, "message_subject" => FALSE));

  $i = 0;
  $j = 0;
  while($message_nr = $messagelist_arr[ $i ][ "message_nr" ])
  {
   fputs($handle, "TOP $message_nr 0\r\n");
   $list_return = pop3_wait4result($handle);
   if(strstr($list_return, "+OK"))
   {
```

```
    $subjectlist_arr[ $j ][ "message_nr" ] = $message_nr;
    while($header_return = fgets($handle))
    {
     if(substr($header_return, 0, 1) != ".")
     {
      $header_return_arr = explode(": ", $header_return, 2);
      if($header_return_arr[ 0 ] == "From")
       $subjectlist_arr[ $j ][ "message_from" ] = $header_return_arr[ 1 ];
       if($header_return_arr[ 0 ] == "Subject")
        $subjectlist_arr[ $j ][ "message_subject" ] = $header_return_arr[ 1 ];
       }
      else break;
     }
    $j++;
   } else break;
   $i++;
  }
  // Handle schließen
  if($quit_handle)
  {
   fputs($handle, "QUIT\r\n");
   $handle = fgets($handle);
  }
  return $subjectlist_arr;
 }

// Lädt Message vom POP3-Server, Body und Header getrennt
function pop3_getmessage($handle, $message_nr, $quit_handle)
{
  $message_arr = array("message_nr" => FALSE, "message_header" => FALSE,
    "message_body" => FALSE);
  $header_complete = FALSE;
  fputs($handle, "RETR $message_nr\r\n");
  $retr_return = pop3_wait4result($handle);
  if(strstr($retr_return, "+OK"))
  {
   $message_arr[ "message_nr" ] = $message_nr;
   while($retr_return = fgets($handle))
   {
    if(substr($retr_return, 0, 1) != ".")
    {
     // Erste Leerzeile Kennzeichen für Header-Ende
     if($retr_return == "\r\n" || $retr_return == "\n\r")
```

```
      $header_complete = TRUE;
     // Header und Body laden
     if($header_complete)
     {
      $message_arr[ "message_body" ] .= $retr_return;
     }
     else
     {
      $message_arr[ "message_header" ] .= $retr_return;
     }
    }
    else break;
   }
  }

  // Handle schließen
  if($quit_handle)
  {
   fputs($handle, "QUIT\r\n");
   $handle = fgets($handle);
  }
  return $message_arr;
}

// Verbindung beenden
function pop3_quit($handle)
{
  fputs($handle, "QUIT\r\n");
  $handle = fgets($handle);
  return TRUE;
}

// Übersetze STAT-Array in lesbares Format
function pop3_parse_stat($stat_array)
{
  // RETURN ARRAY PARSE_STAT
  $parse_stat_arr = array("mails" => FALSE, "size" => FALSE);

  // Nur parsen, wenn Handle geöffnet oder erfolgreich geschlossen
  if($stat_array[ "handle" ])
  {
   $parse_arr = explode(" ", $stat_array[ "status" ]);
   $parse_stat_arr[ "mails" ] = $parse_arr[ 1 ];
```

```
    $parse_stat_arr[ "size" ] = $parse_arr[ 2 ];
  }
  return $parse_stat_arr;
}
?>
```

Anhang E

Migration zu Arduino 1.0

Ende November 2011 hat das Arduino-Team eine komplett überarbeitete Entwicklungsumgebung (IDE) mit der Version 1.0 freigeschaltet.

Mit dieser neuen Version wurden ein paar markante Änderungen vorgenommen, um bei kommenden Versionen und Änderungen flexibel zu sein.

Für den Arduino-Anwender macht das Anpassungen an seinen bestehenden Arduino-Projekten erforderlich, was in verschiedenen Foren heftig diskutiert wurde.

Nachfolgend sind alle geänderten Punkte und die notwendigen Schritte für die Migration zu Arduino 1.0 aufgelistet.

Die Änderungen der einzelnen Arduino-Versionen sind im Detail jeweils unter den Release Notes beschrieben.

`http://arduino.cc/en/Main/ReleaseNotes`

Dateiendung .pde > .ino

Die bisher verwendete Dateiendung der Arduino-Sketche lautete `.pde`. Die gleiche Dateiendung wurde auch bei Processing verwendet, was natürlich zu Verwirrung und Missverständnissen führen konnte. Um die Programmdateien der beiden Entwicklungsumgebungen, Arduino und Processing, eindeutiger voneinander zu unterscheiden, heißt die neue Dateiendung für Arduino-Sketche ab Version 1.0 nun `.ino`. Die Bezeichnung ist abgeleitet von Ardu**ino**.

Arduino-Sketche mit der Dateiendung `.pde` können in der neuen Entwicklungsumgebung weiterhin geöffnet werden. Beim Speichern wird aber die Dateiendung `.ino` angehängt.

Durch die Änderung der Dateiendung können neue Arduino-Sketches mit der Endung `.ino` in älteren Arduino-Umgebungen nicht mehr geöffnet werden. Es erscheint eine Fehlermeldung mit dem Hinweis auf die Dateiendung (Abbildung E.1).

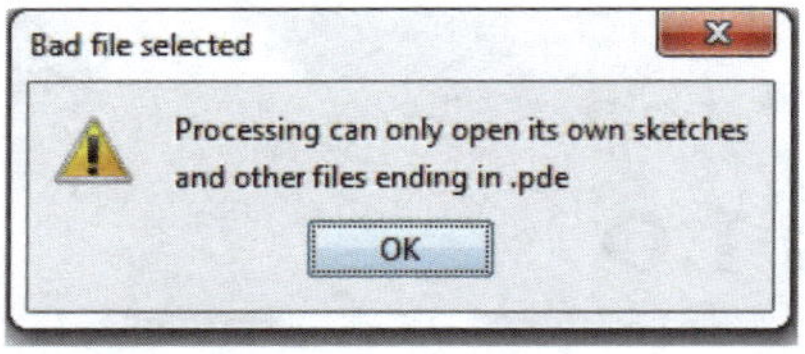

Abb. E.1: Alte Dateiendung .pde

Änderung Dateiendung:

Version <= 0023	Version >= 1.00
`.pde`	`.ino`

Anpassungen generell

Die Anpassungen an den Libraries betrifft eine Reihe von Programmanweisungen, die nachfolgend erläutert sind.

Wird eine vorhandene Bibliothek in der Entwicklungsumgebung 1.00 geladen, zeigt sich schnell, ob der Programmcode noch kompatibel ist. Andernfalls bekommt man einen Kompilierungsfehler, der darauf deutet, dass Dateien fehlen. In diesem Fall lohnt sich ein Blick in den Code der Bibliothek. Oder man prüft, ob die verwendete Bibliothek bereits für Version 1.0 verfügbar ist.

Codezeilen im eigenen Code, die für Version 1.0 angepasst werden müssen, meldet der Compiler mit einer konkreten Fehlermeldung (Abbildung E.2).

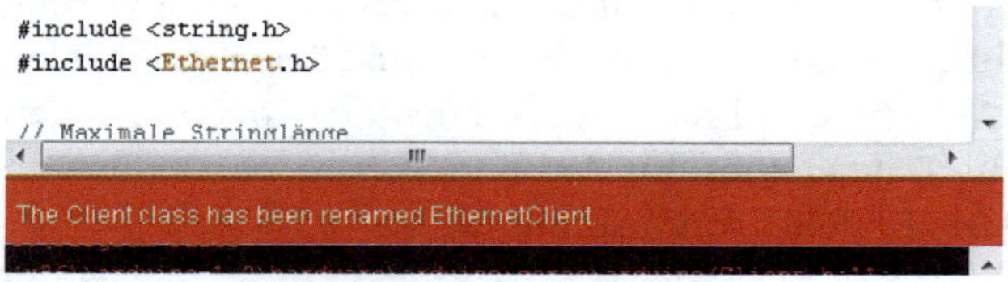

Abb. E.2: Fehlermeldung des Compilers

Anpassungen an Libraries

Viele verfügbaren Arduino-Libraries sind für Versionen 0023 und früher geschrieben. Diese Bibliotheken nutzen ihrerseits meist einzelne Arduino-Bibliotheken, die bei Bedarf eingefügt wurden. Dazu gehören die folgenden Bibliotheken:

```
wiring.h
WProgram.h
WConstants.h
pins_arduino.h
```

Mit Version 1.0 wurden diese zu einer eigenen Bibliothek `Arduino.h` zusammengefasst.

Änderungen an Libraries:

Version <= 0023	Version >= 1.00

`#include "wiring.h"`
`#include "WProgram.h"`
`#include "WConstants.h"`
`#include "pins_arduino.h"`
	`#include "Arduino.h"`

Das bedeutet nun in der Praxis, dass viele der vorhandenen Bibliotheken angepasst werden müssen. Um diese Bibliotheken auch abwärtskompatibel zu halten, muss im Code der einzelnen Bibliotheken folgender Code eingefügt werden.

```
#if ARDUINO >= 100
 #include "Arduino.h"
#else
 #include "WProgram.h"
#endif
```

Der Begriff ARDUINO ist eine Systemkonstante und liefert die Versionsnummer der Entwicklungsumgebung. Im Code wird somit bei einer Arduino-Version 1.0 und neuer die neue Arduino-Bibliothek `Arduino.h` geladen. Andernfalls wird die alte Bibliothek `WProgram.h` genutzt.

Der Wert für Version 1.00 ergibt dabei die Zahl 100, bei der Version 0023 ergibt sich der Wert 23.

Anpassungen im Code (Übersicht)

Serial-Klasse

Bei der Ausgabe mit `print()` und `println()` konnte bisher beim Senden von Daten als Byte das Schlüsselwort BYTE mitübergeben werden. Ab Version 1.00 wird das Senden von Byte-Daten mit der Methode `write()` vorgenommen.

Version <= 0023	Version >= 1.00
`Serial.print(Wert, BYTE)`	`Serial.write(Wert)`

Weiter muss bei Bibliotheken, die die `Write`-Methode nutzen, der bisherige Rückgabetyp `void` angepasst werden, der bedeutet, dass es keinen Rückgabewert gibt. Ab Version 1.0 wird ein Rückgabewert geliefert und somit muss der Rückgabetyp auf `size_t` angepasst werden. Es wird die Anzahl der übertragenen Zeichen zurückgegeben.

Version <= 0023	Version >= 1.00
`void write`	`size_t write`

Wire-Library

An der Wire-Library, die zur I^2C-Kommunikation benötigt wird, sind folgende Anpassungen nötig.

Version <= 0023	Version >= 1.00
`Wire.send()`	`Wire.write()`
`Wire.receive()`	`Wire.read()`
`Wire.write(0x10)`	`Wire.write((byte)0x10)`

Ethernet-Library

In der Ethernet-Library, die die Ethernet-Kommunikation regelt, sind folgende Anpassungen vorzunehmen.

Version <= 0023	Version >= 1.00
`client client(server, 80)`	`EthernetClient client;`
`if(client.connect())`	`if(client.connect(serverName, 80)>0)`
`Server server(80)`	`EthernetServer server(80)`
`UDP`	`EthernetUDP`

Stichwortverzeichnis

B

E

L

M

N

O

S

T

X

Y

Z

Brett Slatkin

Effektiv Python programmieren

59 Wege für bessere Python-Programme

- **Bewährte Verfahren, Tipps und Tricks für robusten, leistungsfähigen und wartungsfreundlichen Code**
- **Grundlegende Aufgaben besser und effektiver erledigen**
- **Lösungen für das Debuggen, Testen und Optimieren zur Verbesserung von Qualität und Performance**

Der Einstieg in die Python-Programmierung ist einfach, daher ist die Sprache auch so beliebt. Pythons einzigartige Stärken und Ausdrucksmöglichkeiten sind allerdings nicht immer offensichtlich, und zudem gibt es diverse verborgene Fallstricke, über die man leicht stolpern kann.

Dieses Buch vermittelt insbesondere eine Python-typische Herangehensweise an die Programmierung. Brett Slatkin nutzt dabei die Vorzüge von Python zum Schreiben von außerordentlich robustem und leistungsfähigem Code. Er stellt 59 bewährte Verfahren, Tipps und Tricks vor, die er anhand praxisnaher Codebeispiele erläutert. Er setzt dabei den kompakten, an Fallbeispielen orientierten Stil von Scott Meyers populärem Buch »Effektiv C++ programmieren« ein.

Auf der Basis seiner jahrelangen Erfahrung mit der Python-Infrastruktur bei Google demons-triert Slatkin weniger bekannte Eigenarten und Sprachelemente, die großen Einfluss auf das Verhalten des Codes und die Performance haben. Sie erfahren, wie sich grundlegende Aufgaben am besten erledigen lassen, damit Sie leichter verständlichen, wartungsfreundlicheren und einfach zu verbessernden Code schreiben können.

Probekapitel und Infos erhalten Sie unter:
www.mitp.de/181

ISBN 978-3-95845-181-0